#상위권_정복

#신유형_서술형_고난도

일등전략

Chunjae
Makes
Chunjae

▼

[일등전략] 중학 과학 2-2

개발총괄	김은숙
편집개발	김은송, 민경미, 이강순, 김창원, 김용하, 김선영, 박준우, 박유미, 김설희, 이선아, 이영웅, 김은지
디자인총괄	김희정
표지디자인	윤순미, 권오현
내지디자인	박희춘, 안정승
제작	황성진, 조규영
조판	동국문화

발행일	2022년 6월 15일 초판 2022년 6월 15일 1쇄
발행인	(주)천재교육
주소	서울시 금천구 가산로9길 54
신고번호	제2001-000018호
고객센터	1577-0902
교재 내용문의	02)6333-1873

※ 정답 분실 시에는 천재교육 교재 홈페이지에서 내려받으세요.

시험에 잘 나오는

대표 유형 ZIP

중학 과학 2-2

BOOK 1

시험에 잘 나오는

대표 유형 ZIP

중학 과학 2-2

BOOK 1

중간고사 대비

이 책의 **차례**

BOOK 1

대표 유형 01 동물의 구성 단계

그림은 동물의 구성 단계를 나타낸 것이다.

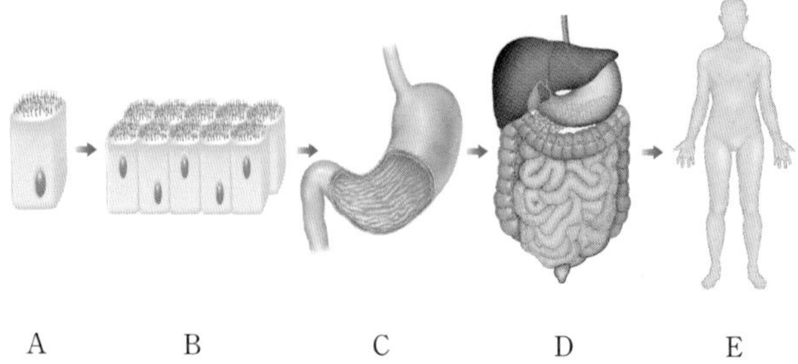

각 단계에 대한 설명으로 옳지 않은 것은?

① A－생물체를 구성하는 기본 단위이다.
② B－모양과 기능이 비슷한 세포들의 모임이다.
③ C－동물의 구성 단계 중 기관에 해당한다.
④ D－구조와 기능이 비슷한 조직들의 모임이다.
⑤ E－여러 기관계로 이루어진 독립된 생물체이다.

답 ④

1 읽기 전략

① 문제에서 핵심 키워드 찾기

동물의 구성 단계, 세포, 기관, 조직, 기관계

② 제시된 그림에서 동물의 구성 단계 찾기

- A: 구성 단계 중 가장 기본이 되는 단위 → 세포
- B: 여러 세포들이 모여 있는 상태, 세포의 바로 다음 단계 → 조직
- C: 위를 나타내는 그림, 위는 소화 기관임, 조직의 바로 다음 단계 → 기관
- D: 위, 간, 소장, 대장 등이 모여 있음, 기관의 바로 다음 단계 → 기관계
- E: 사람을 나타내는 그림, 동물의 구성 단계 중 가장 상위 단계 → 개체

생물의 구성 단계

동물과 식물의 구성 단계 중 ❶ ______ 는 동물에만, 조직계는 식물에만 있다.

- 동물의 구성 단계: 세포 → 조직 → ❷ ______ → 기관계 → 개체
- 식물의 구성 단계: 세포 → 조직 → 조직계 → 기관 → 개체

2 풀이 전략 각 그림에 맞는 동물의 구성 단계를 특징에 따라 옳게 연결해 보자.

① 제시된 그림과 A~E 연결하기

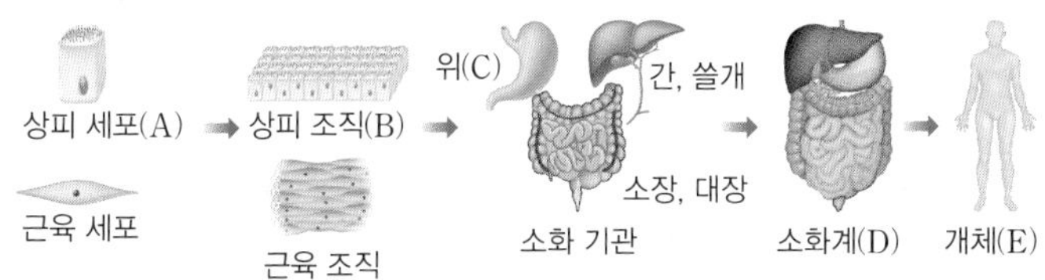

② 각 단계의 특징 확인하기

단계	특징
세포(A)	생물체를 구성하는 기본 단위
조직(B)	모양과 기능이 비슷한 ❸ ______ 들의 모임
기관(C)	여러 조직이 모여 일정한 형태와 기능을 갖춘 것
기관계(D)	서로 연관된 기능을 수행하는 기관들의 모임
개체(E)	여러 기관계로 이루어진 독립된 생물체

③ 선택지 분석

① 상피 세포(A): 생물체를 구성하는 기본 단위이다. → 세포(○)
② 상피 조직(B): 모양과 기능이 비슷한 세포들의 모임이다. → 조직(○)
③ 위(C): 동물의 구성 단계 중 기관에 해당한다. → 기관(○)
④ 소화계(D): 구조와 기능이 비슷한 조직들의 모임이다. → 기관 (×)
→ 서로 연관된 기능을 수행하는 기관들의 모임이다. → 기관계(○)
⑤ 사람(E): 여러 기관계로 이루어진 독립된 생물체이다. → 개체(○)

답 ❶ 기관계 ❷ 기관 ❸ 세포

3 암기 전략

동물의 구성 단계

세포 → 조직 → 기관 → 기관계 → 개체
세(새) 조 기 관 개

대표 유형 02 영양소 검출 반응

어떤 음식물 속에 들어 있는 영양소의 종류를 알아보기 위해 음식물을 시험관 A~D에 같은 양씩 나누어 담은 후, 다음과 같이 실험하여 표와 같은 결과를 얻었다.

| 실험 |

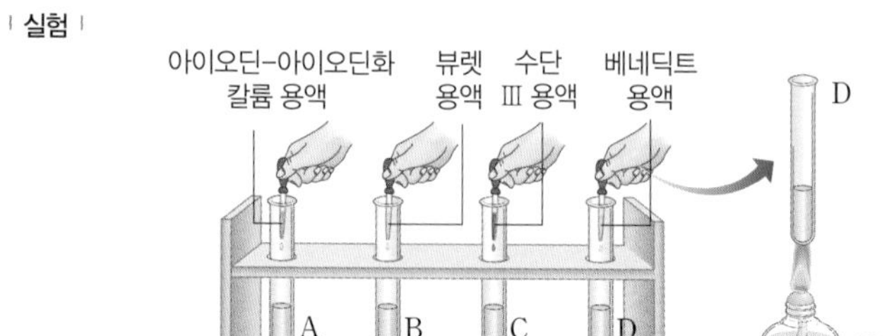

- 시험관 A: 아이오딘-아이오딘화 칼륨 용액 첨가
- 시험관 B: 뷰렛 용액(5 % 수산화 나트륨 수용액+1 % 황산 구리 수용액) 첨가
- 시험관 C: 수단 Ⅲ 용액 첨가
- 시험관 D: 베네딕트 용액 첨가 후 가열

| 실험 결과 |

시험관	A	B	C	D
반응 결과	청람색	보라색	선홍색	반응 없음

실험 결과를 토대로 음식물 속에 들어 있는 영양소를 모두 쓰시오.

답 녹말, 단백질, 지방

1 읽기 전략

① 문제에서 핵심 키워드 찾기

영양소, 아이오딘-아이오딘화 칼륨 용액, 뷰렛 용액(5 % 수산화 나트륨 수용액 + 1 % 황산 구리 수용액), 수단 Ⅲ 용액, 베네딕트 용액

② 실험 결과 확인하기

시험관 A, B, C에서 특정 색깔이 나타났고 D에서는 반응이 없으므로, A ~ C 용액으로 검출되는 영양소가 음식물 속에 있음을 알 수 있다.

영양소 검출 반응

영양소마다 다른 특정한 검출 용액 + 영양소

- 검출 용액과 영양소가 반응 → 검출 용액의 색깔 변화

2 풀이 전략 영양소 검출 반응으로 음식물 속에 든 영양소를 유추해 보자.

① 영양소 검출 반응

영양소	녹말	❶	단백질	지방
검출 반응	❷ 반응	베네딕트 반응	뷰렛 반응	수단 Ⅲ 반응
검출 용액	아이오딘-아이오딘화 칼륨 용액	베네딕트 용액 +가열	뷰렛 용액(5 % 수산화 나트륨 수용액+1 % 황산 구리 수용액)	수단 Ⅲ 용액
검출 결과	청람색	황적색	보라색	선홍색

② 실험 결과 확인하기

시험관	A (아이오딘 반응)	B (뷰렛 반응)	C (수단 Ⅲ 반응)	D (베네딕트 반응)
반응 결과	청람색	보라색	선홍색	반응 없음
확인	반응함 → 녹말 있음	반응함 → 단백질 있음	반응함 → ❸ 있음	반응 안 함 → 포도당 없음

오답 피하는 법

- 단백질을 검출하는 '5 % 수산화 나트륨 수용액과 1 % 황산 구리 수용액'을 '뷰렛 용액'이라고 하며, 단백질 검출 반응을 '뷰렛 반응'이라고 한다.
- 베네딕트 반응에서는 베네딕트 용액을 첨가한 후 가열하는 과정이 필요하다.
- 베네딕트 반응은 포도당뿐만 아니라 설탕을 제외한 엿당, 젖당과 같은 일부 당류 검출도 가능하다.

답 ❶ 포도당 ❷ 아이오딘 ❸ 지방

3 암기 전략

영양소 검출 반응

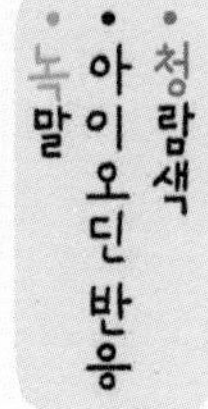

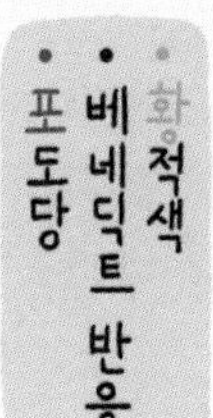

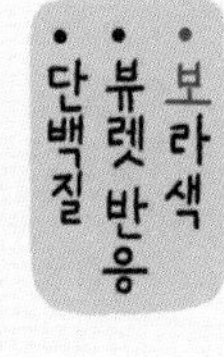

• 지방
• 수단 Ⅲ 반응
• 선홍색

대표 유형 03 소화 과정

그림은 탄수화물(녹말), 단백질, 지방이 소화되는 과정을 나타낸 것이다.

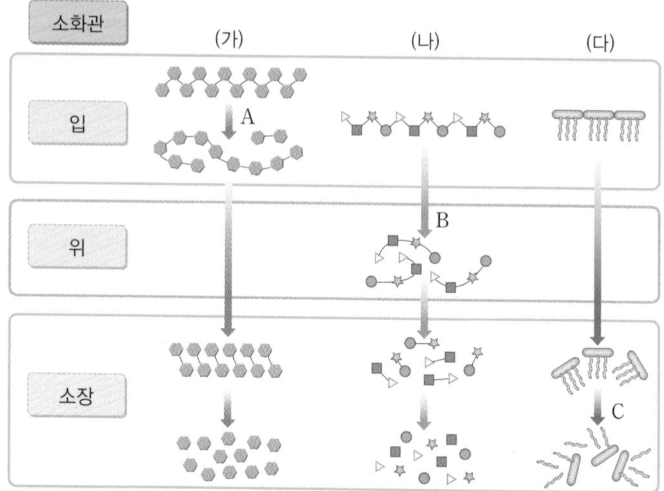

영양소 (가)~(다)와 소화 효소 A~C에 해당하는 것을 | 보기 | 에서 각각 골라 쓰시오.

| 보기 |

㉠ 지방 ㉡ 펩신 ㉢ 단백질
㉣ 아밀레이스 ㉤ 라이페이스 ㉥ 탄수화물(녹말)

답 (가): ㉥, (나): ㉢, (다): ㉠, A: ㉣, B: ㉡, C: ㉤

1 읽기 전략

① 문제에서 핵심 키워드 찾기

영양소, 소화 효소

② 소화되는 영양소의 종류와 소화 효소에 의한 소화가 일어나는 소화 기관 찾기

- 소화되는 영양소: 탄수화물(녹말), 단백질, 지방
- 자료 해석: 영양소별 화학적 소화가 일어나는 소화 기관

영양소	소화되는 곳(소화 효소)
(가)	입(A), ❶
(나)	위(B), 소장
(다)	소장(C)

소화

음식물 속의 큰 영양소를 흡수 가능한 작은 크기로 분해하는 과정

2 풀이 전략 탄수화물, 단백질, 지방이 소화되는 과정을 이해하자.

① 영양소의 종류에 따른 소화

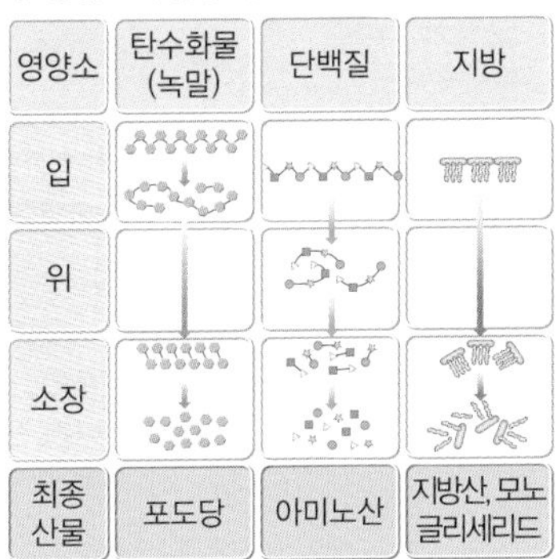

영양소	탄수화물(녹말)	단백질	지방
입			
위			
소장			
최종 산물	포도당	아미노산	지방산, 모노글리세리드

• 소화가 일어나는 소화 기관
– 탄수화물(녹말)(가): 입, 소장
– 단백질(나): 위, 소장
– 지방(다): 소장
→ 소장은 3대 영양소의 최종 소화가 일어나는 곳이다.

② 영양소의 종류에 따른 소화 효소

• 녹말: 입(녹말 $\xrightarrow{\text{아밀레이스(A)}}$ 엿당)

소장(녹말 $\xrightarrow{\text{아밀레이스}}$ 엿당 $\xrightarrow{\text{탄수화물 소화 효소}}$ ❷)

• 단백질: 위(단백질 $\xrightarrow{\text{펩신(B)}}$ 작은 크기의 단백질)

소장(단백질 $\xrightarrow{\text{트립신}}$ 작은 크기의 단백질 $\xrightarrow{\text{단백질 소화 효소}}$ ❸)

• 지방: 소장(지방 $\xrightarrow{\text{라이페이스(C)}}$ 지방산, 모노글리세리드)

오답 피하는 법

쓸개즙: 소화액(○), 소화 효소(×)
→ 쓸개즙에는 소화 효소는 없지만 지방 덩어리를 작은 알갱이로 만들어 지방이 잘 소화되도록 돕는다.

답 ❶ 소장 ❷ 포도당 ❸ 아미노산

3 암기 전략

영양소에 따른 소화 효소

녹말 – 아밀레이스
단백질 – 펩신, 트립신
지방 – 라이페이스

대표 유형 04 영양소의 흡수와 이동

그림은 소장 융털의 구조를 나타낸 것이다.

A로 흡수되는 영양소로 옳은 것을 |보기|에서 모두 고른 것은?

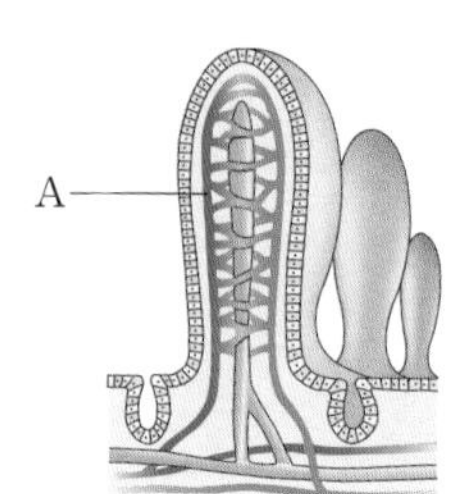

보기

ㄱ. 녹말 ㄴ. 엿당 ㄷ. 포도당
ㄹ. 지방산 ㅁ. 아미노산 ㅂ. 모노글리세리드

① ㄱ, ㄴ ② ㄷ, ㅁ ③ ㄴ, ㄷ, ㅁ
④ ㄹ, ㅁ, ㅂ ⑤ ㄷ, ㄹ, ㅁ, ㅂ

답 ②

1 읽기 전략 키워드 → 소장 융털의 구조, 포도당, 지방산, 아미노산, 모노글리세리드

2 해결 전략 최종 산물로 분해된 영양소가 소장 융털의 모세 혈관과 암죽관으로 흡수된다는 것을 기억하자.

융털		소장 내부 구조의 ❶ ____ 을 넓혀 영양소가 효율적으로 흡수될 수 있게 한다.
영양소의 흡수	모세 혈관 (A)	포도당, 아미노산, 수용성 바이타민(바이타민 B, C), 무기 염류 등 수용성 영양소 흡수
	❷ ____	지방산, 모노글리세리드, 지용성 바이타민(바이타민 A, D, E, K) 등 지용성 영양소 흡수
영양소의 이동		흡수된 영양소는 모두 심장으로 이동된 후 온몸으로 운반된다. → 몸의 구성 성분이 되거나 몸의 기능을 조절하는 데 이용되며, 에너지원으로도 이용된다.

답 ❶ 표면적 ❷ 암죽관

3 암기 전략

영양소의 흡수

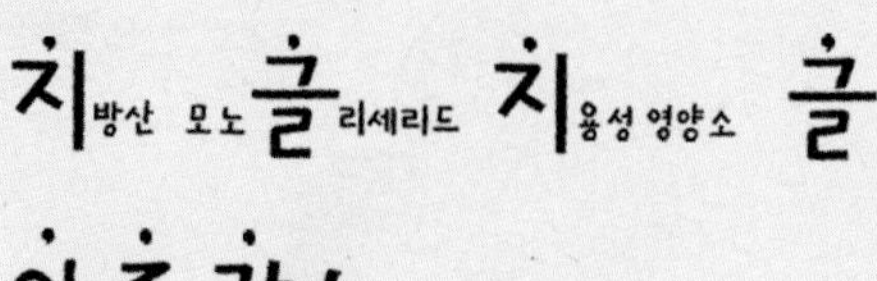

대표 유형 05 심장의 구조와 기능

그림은 사람의 심장 구조를 나타낸 것이다.

이에 대한 설명으로 옳지 않은 것은?

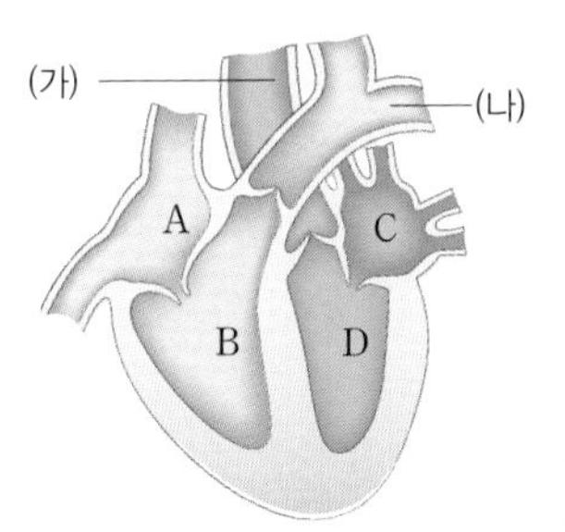

① A는 우심방이다.
② A와 C는 정맥과 연결되어 있다.
③ (가)는 폐동맥이고, (나)는 대동맥이다.
④ A와 B 사이에는 판막이 있어 혈액이 B에서 A로 흐르는 것을 막는다.
⑤ 심장으로 혈액이 들어오는 곳은 A와 C이다.

답 ③

1 읽기 전략 키워드 → **심장 구조, 우심방, 폐동맥, 대동맥, 판막**

2 해결 전략 심장에서 나가는 혈관은 동맥, 심장으로 들어오는 혈관은 정맥임을 기억하자.

심방	혈액을 받아들이는 곳, ❶ ( ) 과 연결	
	좌심방(C)	폐를 지나온 산소가 많은 혈액이 폐정맥을 통해 들어오는 곳
	우심방(A)	온몸을 지나온 산소가 적은 혈액이 대정맥을 통해 들어오는 곳
심실	혈액을 내보내는 곳, ❷ ( ) 과 연결	
	좌심실(D)	대동맥(가)을 통해 온몸으로 혈액을 내보내는 곳
	우심실(B)	폐동맥(나)을 통해 폐로 혈액을 내보내는 곳
판막	심방과 심실 사이, 심실(다)과 동맥 사이에 있어 혈액이 ❸ ( ) 흐르는 것을 막는다. → 혈액은 심방에서 심실로, 심실에서 동맥으로만 흐른다.	

답 ❶ 정맥 ❷ 동맥 ❸ 거꾸로

3 암기 전략

심장의 구조

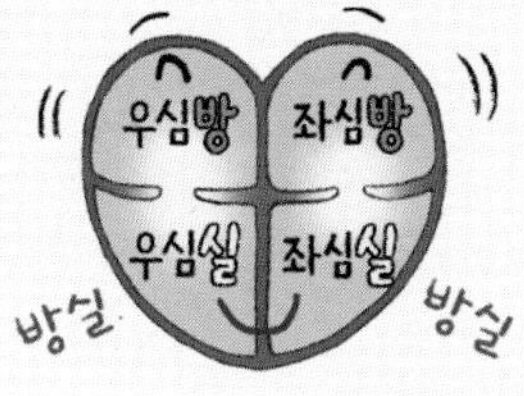

위에는 방, 아래에는 실
왼쪽, 오른쪽은 바꿔!

대표 유형 06 혈액의 구성 성분

그림은 혈액의 구성 성분을 나타낸 것이다.

(가)~(다)에 해당하는 혈액 성분의 기호와 이름을 옳게 짝 지은 것은?

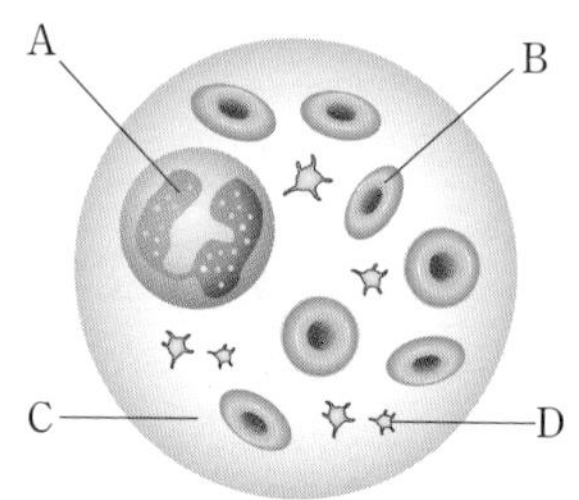

(가) 산소를 운반하고, 부족하면 빈혈 증상이 나타난다.
(나) 핵이 있으며, 식균 작용을 한다.
(다) 영양소와 노폐물을 운반하고, 체온의 급격한 변화를 막아준다.

	(가)	(나)	(다)
①	A－적혈구	B－백혈구	D－혈소판
②	A－백혈구	B－적혈구	C－혈장
③	B－적혈구	A－혈소판	D－혈장
④	B－적혈구	A－백혈구	C－혈장
⑤	D－혈소판	B－백혈구	A－적혈구

답 ④

1 읽기 전략

① 문제에서 핵심 키워드 찾기

혈액의 구성 성분, 산소 운반, 식균 작용, 영양소와 노폐물 운반

② 혈액의 구성 성분(A~D) 구분하기

혈액의 구성 성분에는 혈액의 세포 성분인 혈구와 혈액의 액체 성분인 혈장이 있다.

- 혈구에는 적혈구, 백혈구, 혈소판이 있다.
- 혈장의 대부분은 물로 구성되어 있으며, 영양소와 노폐물이 포함된다.
- 적혈구는 수가 가장 많고 붉은색이며, 백혈구는 크고 핵이 있다. ❶ [ ] 은 세포의 조각으로 잘 관찰되지 않는다.

혈구

혈액의 세포 성분으로 적혈구, 백혈구, 혈소판이 있으며 백혈구에는 핵이 있다.

2 풀이 전략 혈액을 구성하는 성분 각각의 특징을 그림과 연관지어 기억하자.

① 혈액의 성분 구분하기

혈구	적혈구 (B)	•조직 세포에 ❷ [ ] 를 전달한다. •헤모글로빈이 있어 붉은색을 띤다. •핵이 없고 가운데가 오목한 원반 모양이다.
	백혈구 (A)	•몸속에 침입한 세균 등을 잡아먹는 ❸ [ ] 작용을 한다. •혈구 중 크기가 가장 크며 모양이 불규칙하고 핵이 있다.
	혈소판 (D)	•상처 부위의 출혈을 멈추게 하는 혈액 응고 작용을 한다. •혈구 중 크기가 가장 작으며 모양이 일정하지 않고 핵이 없다.
혈장(C)		•대부분 물로 이루어져 있다. •영양소를 조직 세포로 운반하고, 조직 세포에서 생긴 이산화 탄소와 노폐물을 받아서 운반한다.

② (가)~(다)를 A~D와 연결하기

• (가): 산소 운반 → 적혈구(B)
• (나): 핵이 있고, 식균 작용 → 백혈구(A)
• (다): 영양소와 노폐물 운반, 체온 유지 → 혈장(C)
(물은 비열이 커서 온도 변화가 크지 않아 체온의 급격한 변화를 막는 데 유리하다.)

오답 피하는 법

• 가장 수가 많고 붉은색을 띠는 혈구: 적혈구
• 가장 크고 핵이 보라색으로 염색된 혈구: 백혈구(백혈구는 무색이고 핵이 있으므로 김사액에 의해 핵이 보라색으로 염색된다.)
• 모양이 불규칙하고 핵이 없는 혈구: 혈소판
• 혈구가 아닌 혈액 성분: 혈장

답 ❶ 혈소판 ❷ 산소 ❸ 식균

3 암기 전략

혈액의 구성 성분

혈액 = 혈구 + 혈장
혈구 = 혈액 − 혈장
= 적혈구 + 백혈구 + 혈소판

대표 유형 07 혈액의 순환

그림은 사람의 혈액 순환 경로를 나타낸 것이다.

다음 빈칸에 A~D, (가)~(라) 중 알맞은 부분의 기호와 이름을 넣어 혈액 순환 경로를 완성하시오.

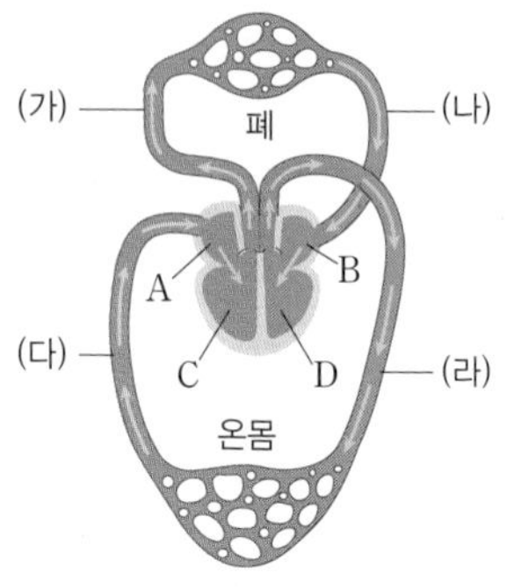

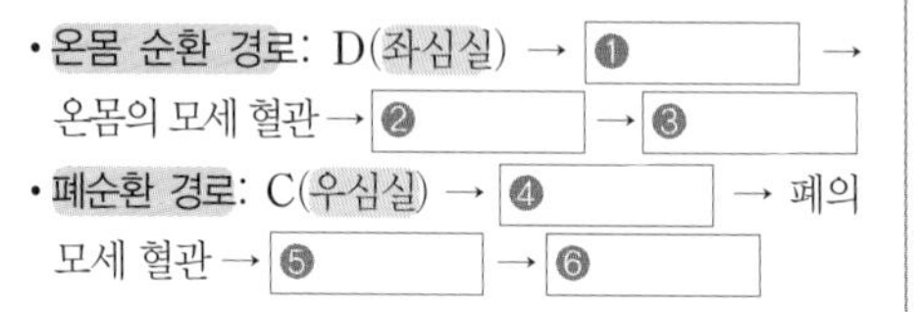

- 온몸 순환 경로: D(좌심실) → ❶ [ ] → 온몸의 모세 혈관 → ❷ [ ] → ❸ [ ]
- 폐순환 경로: C(우심실) → ❹ [ ] → 폐의 모세 혈관 → ❺ [ ] → ❻ [ ]

답 ❶ (라) 대동맥, ❷ (다) 대정맥, ❸ A(우심방), ❹ (가) 폐동맥, ❺ (나) 폐정맥, ❻ B(좌심방)

1 읽기 전략 키워드 → 혈액 순환 경로, 온몸 순환 경로, 폐순환 경로

2 해결 전략 그림을 보면서 혈액 순환 경로를 이해하도록 하자.

구분	특징
온몸 순환	• 심장에서 나온 혈액이 온몸의 조직 세포에 산소와 영양소를 공급하고 이산화 탄소와 노폐물을 받아 심장으로 돌아오는 과정 • 좌심실에서 나간 혈액은 온몸을 돌아 ❶ [ ] 으로 들어온다. • 좌심실(D) → 대동맥(라) → 온몸의 모세 혈관 → 대정맥(다) → 우심방(A)
폐순환	• 심장에서 나온 혈액이 폐를 지나면서 이산화 탄소를 내보내고 산소를 얻어 심장으로 돌아오는 과정 • 우심실에서 나간 혈액은 폐를 돌아 ❷ [ ] 으로 들어온다. • 우심실(C) → 폐동맥(가) → 폐의 모세 혈관 → 폐정맥(나) → 좌심방(B)

답 ❶ 우심방 ❷ 좌심방

3 암기 전략

혈액 순환 경로

폐순환 우심실 → 폐동맥 → 폐 → 폐정맥 → 좌심방

온몸순환 좌심실 → 대동맥 → 온몸 → 대정맥 → 우심방

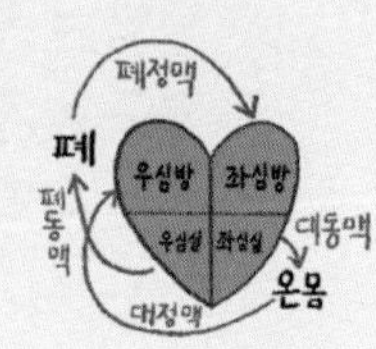

대표 유형 08 호흡 기관

그림은 사람의 호흡 기관을 나타낸 것이다.

각 부분에 대한 설명으로 옳은 것은?

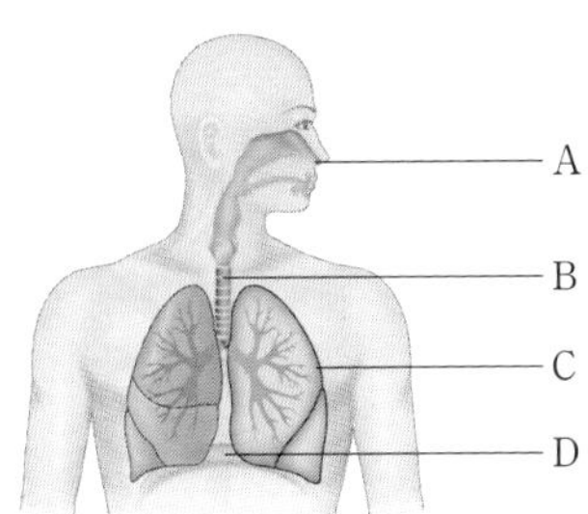

① A는 이산화 탄소가 많은 공기를 들이마시고, 산소가 많은 공기를 내쉬는 곳이다.
② B의 내벽은 한 겹의 세포층으로 되어 있어 모세 혈관으로 기체가 확산된다.
③ C는 근육이 발달되어 있어 스스로 운동한다.
④ D는 가슴과 배를 나누는 얇은 막으로, 상하 운동을 한다.
⑤ 외부 공기의 이동 경로는 C → B → D이다.

답 ④

1 읽기 전략 키워드 → 사람의 호흡 기관

2 해결 전략 호흡 기관 그림을 보면서 각 부분의 특징을 익혀 보자.

부분	특징
코(A)	가는 털과 끈끈한 액체로 먼지와 세균을 걸러 낸다.
기관(B), 기관지	•기관은 두 개의 기관지로 갈라져 좌우 ❶ (　　　)와 연결된다. •기관의 안쪽에 가는 섬모가 있어 먼지와 세균을 걸러 낸다.
폐(C)	•갈비뼈와 가로막(D)으로 둘러싸인 흉강에 들어 있다. •근육이 없다. •수많은 ❷ (　　　)로 이루어져 있어 공기와 접하는 표면적이 매우 넓다. •폐포: 한 층의 얇은 세포층으로 이루어져 있으며 모세 혈관으로 둘러싸여 있어 폐포와 모세 혈관 사이에서 산소와 이산화 탄소가 교환된다.

•공기의 이동 경로: 코(A) → 기관(B) → 기관지 → 폐(C)

답 ❶ 폐 ❷ 폐포

3 암기 전략

사람의 호흡 기관

기관지폐
고기
(코)관

공기의 이동 경로: 코 → 기관 → 기관지 → 폐

대표 유형 09 호흡 운동의 원리

그림은 호흡 운동의 원리를 알아보기 위한 실험 장치를 나타낸 것이다.

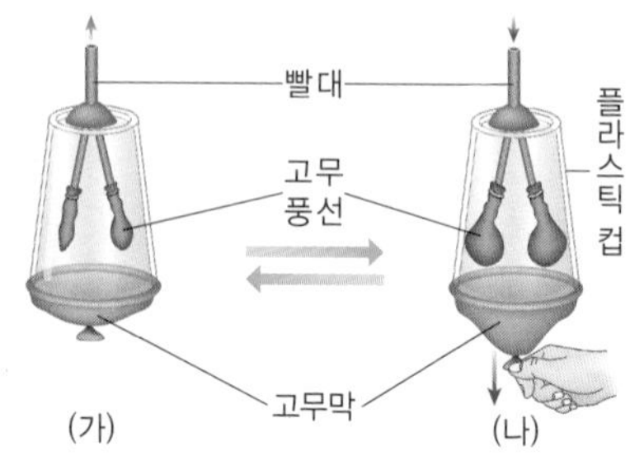

이에 대한 설명으로 옳지 않은 것은?

① 빨대는 우리 몸에서 기관과 기관지, 고무풍선은 폐, 고무막은 가로막에 해당한다.
② (가)는 날숨, (나)는 들숨에 해당한다.
③ (나)처럼 고무막을 잡아당기면 플라스틱 컵 속의 압력이 높아져 공기가 밖에서 고무풍선 안으로 들어온다.
④ 잡아당겼던 고무막을 놓으면 플라스틱 컵 속의 압력이 높아진다.
⑤ 실제 호흡 과정에서 (가)에 해당하는 숨에는 (나)에 해당하는 숨보다 이산화 탄소가 더 많이 포함되어 있다.

답 ③

1 읽기 전략

① 문제에서 핵심 키워드 찾기

호흡 운동의 원리, 날숨, 들숨, 고무막, 플라스틱 컵 속의 압력

② 고무막을 잡아당기고 놓을 때 고무풍선의 변화 이해하기

고무막	내부 부피	내부 압력	공기 이동	고무풍선 변화
당길 때	커진다	낮아진다	외부 → 고무풍선	부풀어오른다
놓을 때	작아진다	높아진다	고무풍선 → 외부	오므라든다

③ 호흡 운동 모형과 우리 몸 비교하기

모형	빨대	고무풍선	고무막	플라스틱 컵 안의 공간
우리 몸	기관(기관지)	❶	가로막	흉강

들숨 산소가 많은 공기가 폐 안으로 들어오는 것으로, 흉강의 부피가 커지고 압력이 낮아지면서 폐의 압력이 낮아져 공기가 폐 속으로 들어온다.

2 해결 전략 호흡 운동이 일어나는 원리를 호흡 운동 모형을 통해 이해하자.

① 사람의 호흡 운동 원리 이해하기

구분	갈비뼈	가로막	흉강 부피	흉강 압력	폐 부피	폐 압력	공기 이동
들숨	올라간다	내려간다	커진다	낮아진다	❷	낮아진다	외부 → 폐
날숨	내려간다	올라간다	작아진다	높아진다	❸	높아진다	폐 → 외부

② 호흡 운동 모형과 사람의 호흡 운동 비교

들숨(고무막을 잡아당길 때)		날숨(고무막을 놓을 때)	
호흡 운동 모형	호흡 기관	호흡 운동 모형	호흡 기관
고무막	갈비뼈(올라감), 가로막(내려감)	고무막	갈비뼈(내려감), 가로막(올라감)
고무막 잡아당김 ↓ 컵 속 부피 증가, 압력 낮아짐 ↓ 공기가 밖에서 고무풍선 안으로 들어옴	갈비뼈가 올라가고 가로막이 내려감 ↓ 흉강과 폐 부피 증가, 압력 낮아짐 ↓ 공기가 몸 밖에서 폐 안으로 들어옴	고무막 놓음 ↓ 컵 속 부피 감소, 압력 높아짐 ↓ 공기가 고무풍선 안에서 밖으로 나감	갈비뼈가 내려가고 가로막이 올라감 ↓ 흉강과 폐 부피 감소, 압력 높아짐 ↓ 공기가 폐 안에서 몸 밖으로 나감

오답 피하는 법

- 호흡 운동 모형 중 갈비뼈를 나타내는 것은 없다.
- 고무막을 아래로 당기는 것은 들숨, 당겼던 고무막을 놓는 것은 날숨에 해당한다.

답 ❶ 폐 ❷ 커진다 ❸ 작아진다

3 암기 전략

호흡 운동 모형에서의 들숨과 날숨

들숨이 마신 당길 때 날숨 놔(놓을 때)

대표 유형 10 기체 교환의 원리

그림은 사람의 몸에서 일어나는 기체 교환 과정을 나타낸 것이다.

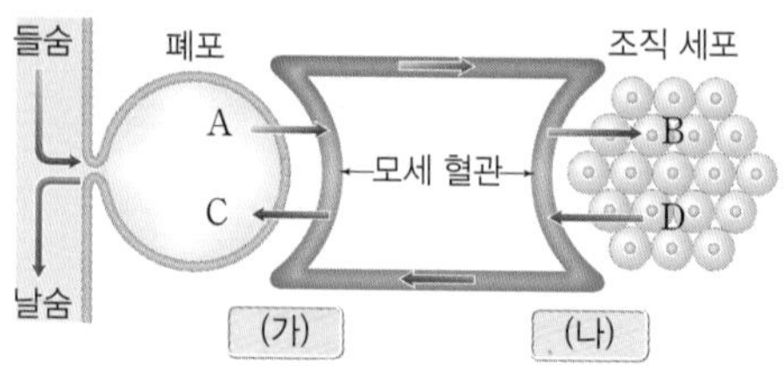

이에 대한 설명으로 옳은 것을 |보기| 에서 모두 고른 것은?

보기

ㄱ. (가)에서 산소의 농도는 폐포보다 모세 혈관이 높다.
ㄴ. (나)에서 이산화 탄소의 농도는 조직 세포가 모세 혈관보다 높다.
ㄷ. A와 B는 산소, C와 D는 이산화 탄소이다.

① ㄱ ② ㄴ ③ ㄱ, ㄷ ④ ㄴ, ㄷ ⑤ ㄱ, ㄴ, ㄷ

답 ④

1 읽기 전략

① 문제에서 핵심 키워드 찾기

기체 교환 과정, 폐포, 모세 혈관, 산소, 이산화 탄소

② 폐포와 조직 세포에서의 기체 농도 판단하기

- 조직 세포의 세포 호흡에서 산소를 소모하고, 이산화 탄소가 생성되므로 조직 세포는 산소의 농도가 낮고 이산화 탄소의 농도가 높다.
- 폐는 들숨에 의해 산소가 많은 공기를 포함하고 있으므로 산소의 농도가 높고, 날숨에 의해 이산화 탄소가 많은 공기를 외부로 배출하므로 이산화 탄소 농도가 낮다.

확산

기체나 액체 성분이 농도가 높은 쪽에서 낮은 쪽으로 이동하여 퍼져 나가는 현상

예 향수를 뿌렸더니 향수 냄새가 방 전체로 퍼진다.

2 해결 전략

폐포와 조직 세포에서 일어나는 기체 교환은 확산에 의해 일어난다는 것을 기억하자.

① 기체의 종류(A~D) 파악하기

구분	산소	이산화 탄소
농도	폐포>모세 혈관>조직 세포	조직 세포>모세 혈관>폐포
이동 방향	폐포 $\xrightarrow{A}$ 모세 혈관 $\xrightarrow{B}$ 조직 세포	조직 세포 $\xrightarrow{D}$ 모세 혈관 $\xrightarrow{C}$ 폐포

② (가)와 (나)에서 일어나는 기체 교환 과정 해석하기

폐에서의 기체 교환(가)	조직 세포에서의 기체 교환(나)
폐동맥, 이산화 탄소, 폐포, 산소, 모세 혈관, 적혈구, 폐정맥	모세 혈관, 산소, 이산화 탄소, 조직 세포
•산소: 모세 혈관보다 폐포에 더 많으므로 ❶ ______ 에서 ❷ ______ 으로 확산 •이산화 탄소: 폐포보다 모세 혈관에 더 많으므로 모세 혈관에서 폐포로 확산	•산소: 조직 세포보다 모세 혈관에 더 많으므로 ❸ ______ 에서 ❹ ______ 로 확산 •이산화 탄소: 모세 혈관보다 조직 세포에 더 많으므로 조직 세포에서 모세 혈관으로 확산

오답 피하는 법

기체는 실제로 양방향으로 이동하지만, 확산에 의해 이루어지는 기체 이동의 방향은 기체의 농도가 높은 쪽에서 낮은 쪽으로 이동하는 것을 기준으로 표현한다. 즉, 실제로는 폐포에서 모세 혈관으로도 이산화 탄소가 이동하지만, 폐포에서 모세 혈관으로 이동하는 이산화 탄소의 양보다 모세 혈관에서 폐포로 이동하는 이산화 탄소의 양이 많으므로 이산화 탄소의 이동 방향은 '모세 혈관 → 폐포'로 표현한다.

답 ❶ 폐포 ❷ 모세 혈관 ❸ 모세 혈관 ❹ 조직 세포

3 암기 전략

폐와 조직 세포에서의 산소 이동

대패 삼겹살 모조

대기 / 폐 / 모세 혈관 / 조직 세포

산소 이동 : 대기 → 폐 → 모세 혈관 → 조직 세포.

대표 유형 11 노폐물의 생성과 배설

그림은 영양소의 분해 과정에서 생성되는 노폐물과 배설 과정을 나타낸 것이다.

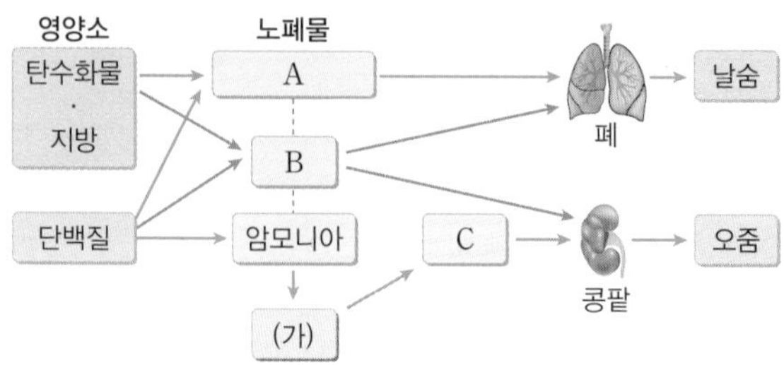

물질 A~C와 기관 (가)의 이름을 쓰시오.

답 A: 이산화 탄소, B: 물, C: 요소, (가) 간

1 읽기 전략 키워드 → 영양소의 분해 과정, 노폐물

2 해결 전략 몸속에서 생긴 노폐물은 날숨과 오줌의 형태로 몸 밖으로 나간다는 것을 기억하자.

① 노폐물의 생성

영양소	노폐물
탄수화물, 지방	이산화 탄소, 물
단백질	이산화 탄소, 물, ❶

② 노폐물의 배설 방법

- 이산화 탄소(A): 폐에서 날숨을 통해 몸 밖으로 나간다.
- 물(B): 체내에서 사용하거나 날숨과 ❷ 을 통해 몸 밖으로 나간다.
- 암모니아: 간(가)에서 독성이 약한 요소(C)로 바뀐 후 콩팥에서 걸러져 오줌으로 배설된다.

답 ❶ 암모니아 ❷ 오줌

3 암기 전략

단백질의 분해와 배설

다(단)백질
암모니아
소
요소
강(간)

나 때는 말이야~

단백질은 암모니아로 분해되고 암모니아는 간에서 요소로 바뀐다.

대표 유형 12 배설 기관

그림은 사람의 배설 기관을 나타낸 것이다.

각 부분에 대한 설명으로 옳지 않은 것은?

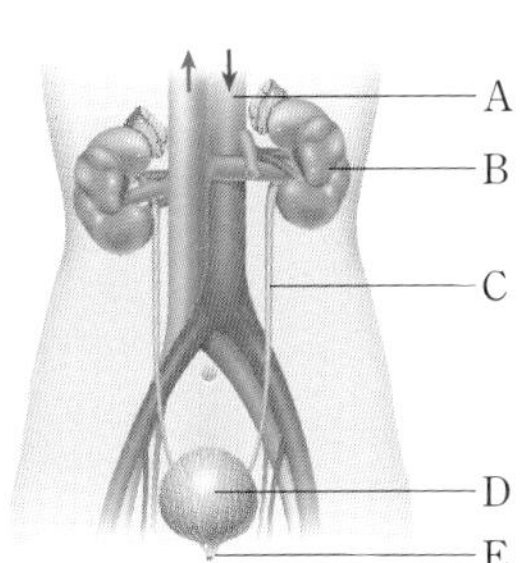
A
B
C
D
E

① A는 콩팥 동맥으로, 콩팥으로 들어가는 혈액이 흐른다.
② B는 콩팥으로, 혈액 속 노폐물을 걸러 오줌을 만든다.
③ C는 콩팥에서 만들어진 오줌을 방광으로 보내는 오줌관이다.
④ D는 오줌을 저장하는 콩팥 깔때기이다.
⑤ E는 오줌을 몸 밖으로 내보내는 통로인 요도이다.

답 ④

1 읽기 전략 키워드 → 배설 기관, 콩팥 동맥, 콩팥, 오줌관, 콩팥 깔때기, 요도

2 해결 전략 그림과 연계하여 배설 기관 각 부분의 기능을 알아두자.

구분	설명
콩팥 동맥(A)	콩팥으로 들어가는 혈액이 흐르는 혈관
콩팥 정맥	콩팥에서 나가는 혈액이 흐르는 혈관
콩팥(B)	•혈액 속의 노폐물을 걸러 오줌을 만드는 기관 •네프론: 사구체, ❶ ______, 세뇨관으로 이루어진 콩팥의 구조적, 기능적 단위
오줌관(C)	콩팥과 ❷ ______을 연결하는 긴 관
방광(D)	콩팥에서 만들어진 오줌을 모아 두는 곳
요도(E)	방광에 모인 오줌이 몸 밖으로 나가는 통로

답 ❶ 보먼주머니 ❷ 방광

3 암기 전략

콩팥

콩 팥
콩팥은 왜 콩팥일까?
콩 팥
콩 모양인데
팥 색깔이기 때문이지!
나 콩팥

대표 유형 13 오줌의 생성 과정

그림은 오줌이 생성되는 과정을 나타낸 것이다.

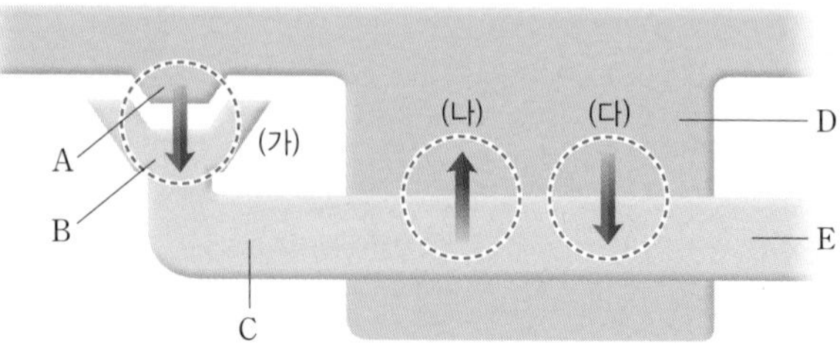

이에 대한 설명으로 옳지 않은 것은?

① A+B+C를 네프론이라고 하며, 오줌을 생성하는 기본 단위이다.
② (가)는 사구체의 혈액 속에 있던 성분 중 단백질, 혈구, 포도당, 아미노산 등이 보먼주머니로 이동하는 여과이다.
③ B에 여과액이 있으며, 재흡수와 분비를 거쳐 생성된 오줌이 콩팥 깔때기로 이동한다.
④ D에서 세뇨관으로 사구체에서 여과되지 못한 노폐물이 분비된다.
⑤ 요소의 농도는 C보다 E에서 높다.

답 ②

1 읽기 전략

① 문제에서 핵심 키워드 찾기

오줌이 생성되는 과정, 네프론, 여과, 여과액, 재흡수, 분비, 요소의 농도

② 네프론의 구조 파악하기

2 해결 전략

오줌이 생성되는 과정을 그림을 통해 이해하자.

① 네프론의 구조: 사구체 + 보먼주머니 + 세뇨관
- 사구체(A): 콩팥 동맥에서 갈라져 나온 모세 혈관이 실뭉치처럼 동그랗게 뭉친 부분이다.
- 보먼주머니(B): 사구체를 둘러싸는 주머니 모양의 구조이다.
- 세뇨관(C): 보먼주머니와 연결된 가늘고 긴 관으로, 모세 혈관으로 둘러싸여 있다.

네프론

콩팥에서 오줌을 생성하는 기본 단위로, 콩팥 겉질과 콩팥 속질에 분포한다. 사구체, 보먼주머니, 세뇨관으로 이루어져 있다.

② 오줌의 생성 과정 확인하기

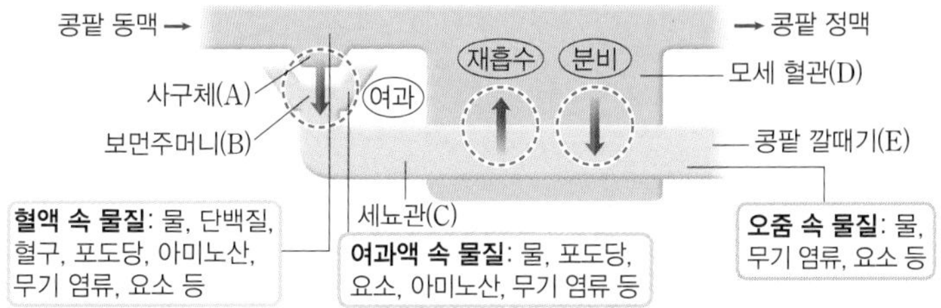

여과 (가)	사구체(A) → 보먼주머니(B)	•사구체의 높은 압력에 의해 요소, 포도당, 아미노산 등 크기가 작은 물질이 물과 함께 사구체에서 보먼주머니로 이동한다. •혈구와 단백질같이 크기가 큰 물질은 ❶ ☐ 되지 않는다.
재흡수 (나)	세뇨관(C) → 모세 혈관(D)	여과액이 세뇨관을 지나는 동안 포도당, 아미노산, 물과 같이 우리 몸에 필요한 성분이 모세 혈관으로 이동한다. → 포도당, 아미노산은 모두 ❷ ☐ 되고, 물과 무기 염류는 필요량만큼 재흡수된다.
분비 (다)	모세 혈관(D) → 세뇨관(C)	사구체에서 미처 여과되지 못하고 혈액에 남아 있던 ❸ ☐ 이 모세 혈관에서 세뇨관으로 이동한다.

③ 오줌의 생성 과정에서 요소의 농도

- 콩팥 동맥을 통해 콩팥으로 들어온 혈액 성분 중 요소와 물 등이 오줌으로 생성되어 배설되고 남은 성분이 콩팥 정맥을 통해 이동 → 콩팥 동맥 > 콩팥 정맥
- 사구체에서 보먼주머니로 이동한 여과액이 세뇨관을 지나는 동안 물이 모세 혈관으로 재흡수되므로 요소의 농도가 점점 농축되고 이렇게 생성된 오줌이 콩팥 깔때기로 이동
  → 세뇨관(여과액) < 콩팥 깔때기(오줌)

오답 피하는 법

혈액 속 노폐물인 요소의 일부가 콩팥에서 오줌 생성 과정을 통해 오줌으로 배설되는 것이며, 요소 전부가 오줌으로 배설되는 것이 아니다!

답 ❶ 여과 ❷ 재흡수 ❸ 노폐물

3 암기 전략

오줌의 생성 과정

여과 **사**구체 **보**먼주머니

재흡수 **세**뇨관 **모**세 혈관

분비 **모**세 혈관 **세**뇨관

대표 유형 14 기관계의 통합적 작용

그림은 우리 몸에서 일어나는 여러 기관계의 작용을 나타낸 것이다.

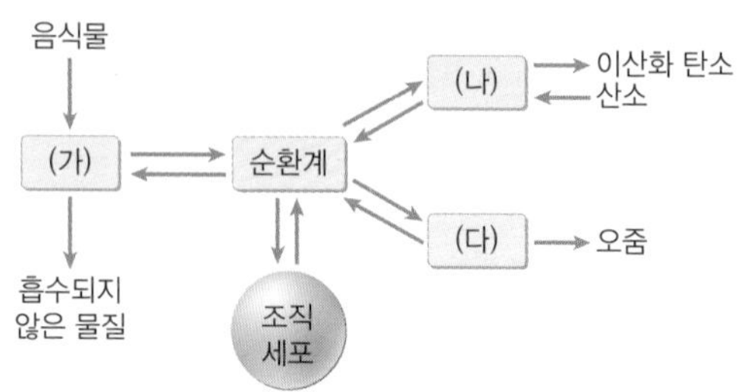

이에 대한 설명으로 옳은 것은?

① 간과 소장은 (가)에 속하는 기관이다.
② (가)에서 영양소가 이산화 탄소와 물로 분해된다.
③ (나)를 통해 흡수된 기체는 배설계를 통해 조직 세포에 공급된다.
④ (다)에서 소화되지 않은 물질이 몸 밖으로 배설된다.
⑤ 세포 호흡 결과 생성된 노폐물은 (다)를 통해 조직 세포에 공급된다.

답 ①

1 읽기 전략

① 문제에서 핵심 키워드 찾기
기관계의 작용, 세포 호흡 결과 생성된 노폐물

② 기관계의 통합적 작용 이해하기
소화계, 순환계, 호흡계, 배설계는 서로 유기적으로 작용하여 조직 세포의 세포 호흡에 필요한 물질을 공급하고, ❶ ______ 결과 생성된 물질을 몸 밖으로 내보낸다.

세포 호흡
조직 세포에서 영양소가 산소와 결합하여 분해되면서 에너지를 얻는 과정

2 해결 전략 소화, 순환, 호흡, 배설의 전 과정이 유기적으로 연결되어 있음을 기억하자.

① 각 기관계의 작용 이해하기

소화계(가)	섭취한 음식물을 소화하고 영양소를 흡수한다.
순환계	영양소와 산소를 온몸의 조직 세포로 운반하고, 조직 세포에서 생성된 노폐물과 이산화 탄소를 운반한다.
호흡계(나)	산소를 받아들이고 이산화 탄소를 몸 밖으로 내보낸다.
배설계(다)	조직 세포에서 생성된 노폐물을 걸러 오줌으로 만들어 몸 밖으로 내보낸다.

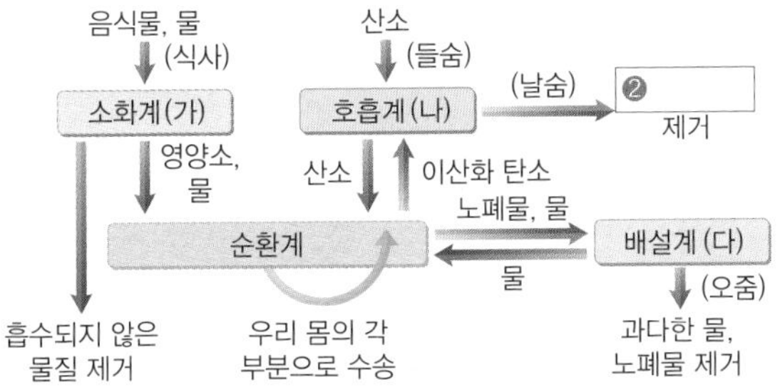

• 조직 세포: 산소를 이용해 영양소를 분해하여 생활에 필요한 ❸ ______ 를 얻는다.

② 기관계의 통합적 작용의 중심 파악하기

순환계는 소화계, 호흡계, 배설계와 상호 작용하여 영양소와 산소, 이산화 탄소, 노폐물의 이동에 관여한다.

③ 각 기관계에 속한 기관 구분하기

• 소화계: 입, 식도, 위, 소장, 대장, 간, 쓸개, 이자 등
• 호흡계: 코, 기관, 기관지, 폐 등
• 배설계: 콩팥, 오줌관, 방광, 요도 등
• 순환계: 심장, 혈관 등

오답 피하는 법

• 항문을 통해 대변이 배출되는 것: 배설계(×), 소화계(○)
• 체내외로 물질이 출입하는 기관계: 소화계(음식물/흡수되지 않은 물질), 호흡계(산소/이산화 탄소)

답 ❶ 세포 호흡 ❷ 이산화 탄소 ❸ 에너지

3 암기 전략

기관계의 통합적 작용

소순호배
화환흡설
계계계계

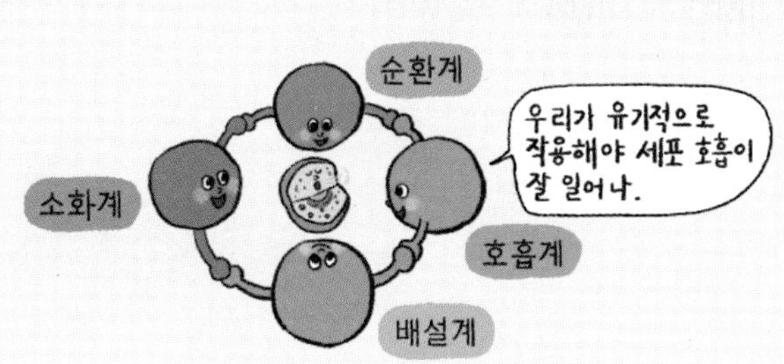

대표 유형 15 순물질과 혼합물

그림은 몇 가지의 순물질 또는 혼합물을 입자 모형으로 나타낸 것이다.

이에 대한 설명으로 옳은 것을 |보기|에서 모두 고른 것은?

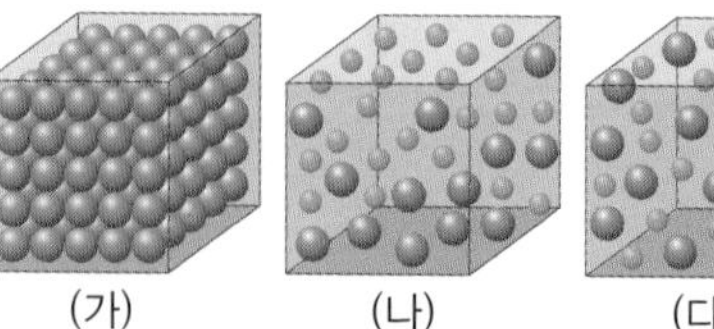

보기

ㄱ. (가)는 한 가지 원소로 이루어져 있다.
ㄴ. (나)는 끓는점과 녹는점이 일정하다.
ㄷ. (나)를 이루는 성분 물질은 고르게 섞여 있다.
ㄹ. (다)는 성분 물질의 성질을 그대로 가지고 있다.

① ㄱ, ㄴ　② ㄱ, ㄷ　③ ㄱ, ㄹ　④ ㄴ, ㄷ　⑤ ㄷ, ㄹ

답 ③

1 읽기 전략 키워드 → 순물질, 혼합물, 성분 물질

2 해결 전략 순물질과 혼합물의 특징을 이해하자.

① 입자 모형 분석
- (가): 한 종류의 입자로 이루어진 ❶
- (나): 두 종류의 입자가 고르지 않게 섞여 있는 불균일 혼합물
- (다): 두 종류의 입자가 고르게 섞여 있는 균일 혼합물

② 〈보기〉 분석

ㄴ. (나)는 ❷ 이므로 끓는점과 녹는점이 ❸ .
ㄷ. (나)를 이루는 성분 물질은 고르게 섞여 있지 않다.

답 ❶ 순물질 ❷ 혼합물 ❸ 일정하지 않다

3 암기 전략

2가지 이상의 순물질이 섞이면 혼합물이 된다

대표 유형 16 순물질과 혼합물의 어는점 비교

그래프는 물과 설탕물의 냉각 곡선이다. 이와 같은 원리로 설명할 수 있는 현상을 |보기|에서 모두 고른 것은?

온도(℃) 8 4 0 −4 −8 −12
얼기 시작
물
냉각 시간(분)
설탕물

보기
ㄱ. 국수를 삶을 때 물에 소금을 넣는다.
ㄴ. 자동차의 워셔액은 추운 겨울철에도 얼지 않는다.
ㄷ. 눈이 쌓인 도로에 염화 칼슘을 뿌리면 영하의 기온에서도 녹은 눈이 다시 얼지 않는다.

① ㄱ, ㄴ ② ㄱ, ㄷ ③ ㄴ, ㄷ ④ ㄴ, ㄹ ⑤ ㄷ, ㄹ

답 ③

1 읽기 전략 키워드 → 물과 설탕물의 냉각 곡선, 영하의 기온에서 얼지 않음

2 해결 전략 혼합물의 끓는점, 어는점, 녹는점 중 무엇과 관련이 있는 현상인지 구분하자.

① 제시된 그래프에서 순물질과 혼합물의 어는점을 비교하기
→ 물(순물질)의 어는점은 0 ℃로 일정하지만, 설탕물(혼합물)이 얼 때의 온도는 ❶ ______.

② 〈보기〉 분석
ㄱ. 소금물이 끓기 시작하는 온도는 물보다 높다. 이 예는 혼합물의 ❷ ______에 대한 것이며, 제시 자료의 어는점에 관한 원리와 관계없다.

답 ❶ 일정하지 않다 ❷ 끓는점

3 암기 전략

순물질과 혼합물의 끓는점과 어는점

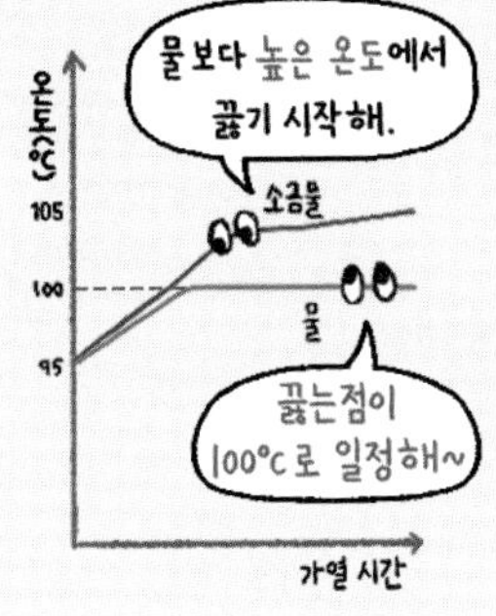

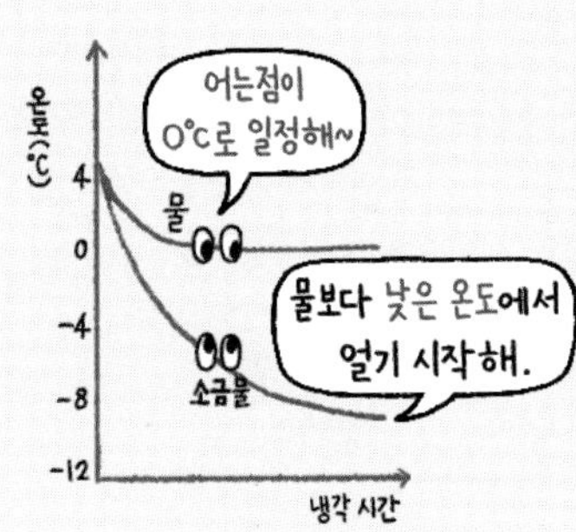

대표 유형 17 순물질의 끓는점

그래프는 순수한 액체 물질 A~D의 가열 곡선이다.

이에 대한 설명으로 옳은 것을 모두 고르면? [정답 2개]

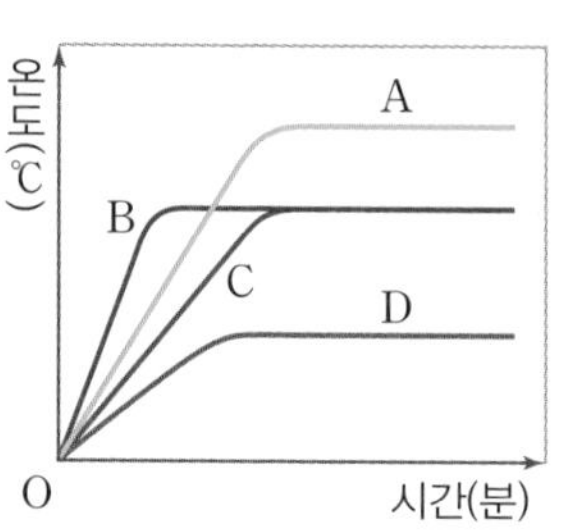

① 끓는점이 가장 높은 물질은 A이다.
② B는 C보다 질량이 더 크다.
③ B와 C는 같은 종류의 물질이다.
④ 가장 빨리 끓기 시작하는 물질은 D이다.
⑤ 가열하는 화력의 세기를 강하게 하면 모든 물질의 끓는점이 높아진다.

답 ①, ③

1 읽기 전략 키워드 → 액체 물질의 가열 곡선, 끓는점

2 해결 전략 끓는점에 도달하는 데 걸리는 시간과 끓는점을 각각 비교하자.

① 그래프 분석
- 끓는점에 도달하는 데 걸리는 시간 비교: B<D<A=C
- 끓는점 비교: A>B=C>D

② 선택지 분석
- B는 C보다 먼저 끓었으므로 B의 질량이 C보다 더 ❶ [ ].
- 가장 빨리 끓기 시작하는 물질은 ❷ [ ]이다.
- 물질의 ❸ [ ]은 화력의 세기에 따라 변하지 않는다.

답 ❶ 작다 ❷ B ❸ 끓는점

3 암기 전략

끓는점은 물질의 특성이다

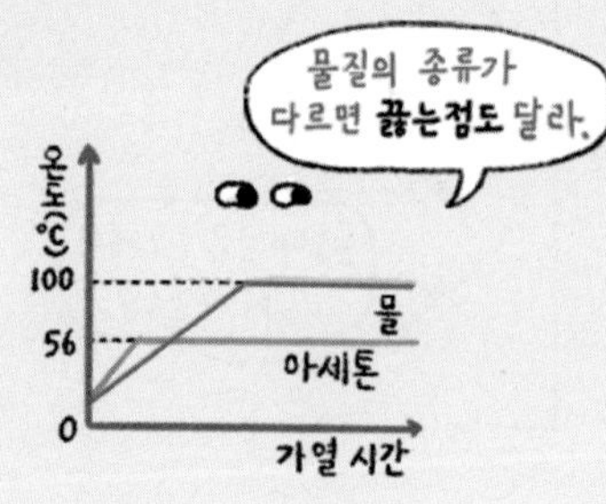

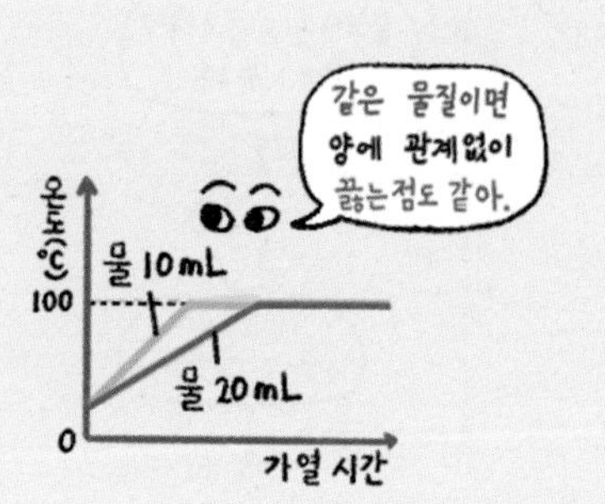

대표 유형 18 순물질의 녹는점과 어는점

그래프는 순수한 고체 물질 A의 가열 · 냉각 곡선을 나타낸 것이다.

온도(℃) 70, 53, 0 / (가) (나) (다) (라) (마) (바) / 시간(분)

이에 대한 설명으로 옳은 것을 모두 고르면?

[정답 2개]

① (가)와 (바) 구간에서 A는 액체 상태이다.
② (나) 구간에서 일정한 온도는 A의 녹는점이다.
③ (다)와 (라) 구간에서 A는 상태 변화를 한다.
④ (마) 구간에서 A는 액체와 고체 상태가 공존한다.
⑤ 그래프에서 가장 높은 온도인 70 ℃는 A의 끓는점이다.

답 ②, ④

1 읽기 전략 키워드 → 고체 물질의 가열 · 냉각 곡선, 녹는점, 상태 변화

2 해결 전략 고체 물질의 가열 · 냉각 곡선에서 각 구간별 물질의 상태를 파악하자.

① 그래프 분석
- 각 구간별 물질의 상태: (가) 고체, (나) 고체+액체, (다) 액체, (라) 액체, (마) 액체+고체, (바) 고체
- (나)에서 일정한 온도: ❶
- (마)에서 일정한 온도: ❷

② 선택지 분석
- (가)와 (바) 구간에서 A는 ❸ 상태이다.
- (나)와 (마) 구간에서 A는 상태 변화를 한다.
- 70 ℃는 이 물질의 끓는점이 아니고, A가 가열되어 도달한 가장 높은 온도이다.

답 ❶ 녹는점 ❷ 어는점 ❸ 고체

3 암기 전략

녹는점과 어는점은 물질의 특성이다

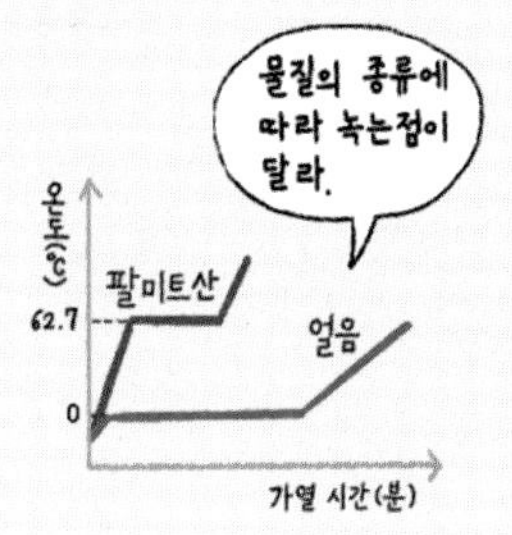

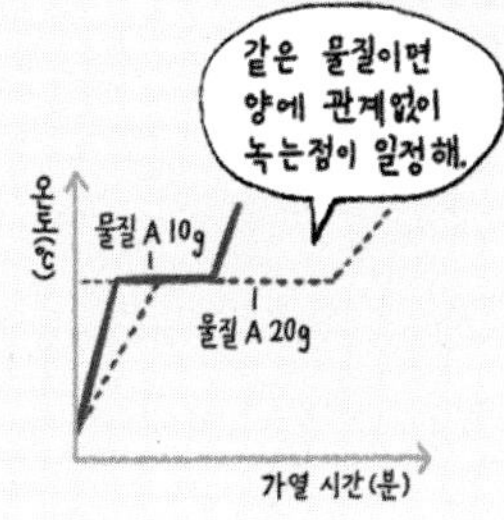

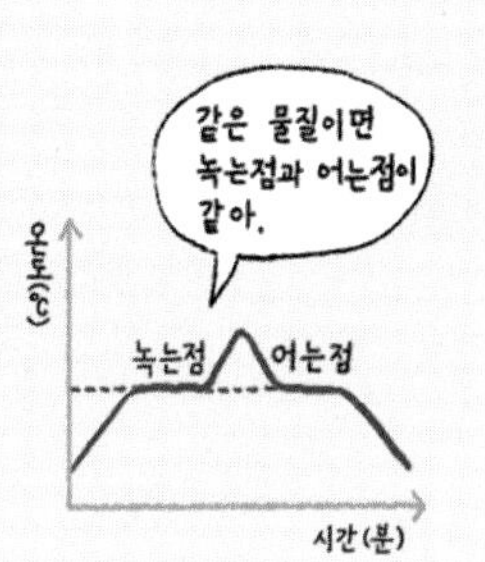

대표 유형 19 단위 부피당 물질의 질량 비교

다음은 단위 부피당 물질의 질량을 비교하는 실험이다.

| 실험 과정 |

(가) 전자저울을 이용하여 철과 알루미늄의 작은 조각과 큰 조각의 질량을 각각 측정한다.

(나) 20.0 mL의 물이 든 눈금실린더를 이용하여 (가)에서 질량을 측정한 금속 조각의 부피를 각각 측정한다.

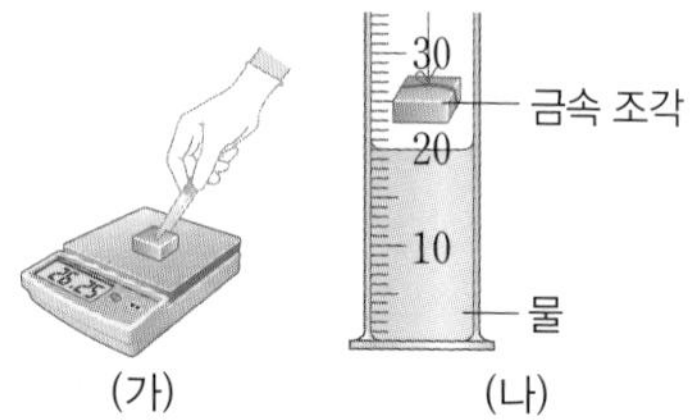

| 실험 결과 |

구분	철		알루미늄	
	작은 조각	큰 조각	작은 조각	큰 조각
질량(g)	7.9	39.5	2.7	40.5
부피(cm^3)	1.0	5.0	1.0	15.0
1 cm^3 당 질량	ⓐ	ⓑ	ⓒ	ⓓ

이에 대한 설명으로 옳은 것을 | 보기 | 에서 모두 고른 것은?

| 보기 |

ㄱ. (가)에서 전자저울의 영점 단추를 눌러 영점을 맞춘 후 금속 조각의 질량을 측정한다.

ㄴ. (나)에서 금속 조각의 부피는 물이 든 눈금실린더에 금속 조각을 넣었을 때 수면에 해당하는 눈금을 읽어서 구한다.

ㄷ. ⓑ는 ⓐ의 5배이다.

ㄹ. ⓐ와 ⓒ는 다르고, ⓒ와 ⓓ는 같다.

① ㄱ, ㄴ ② ㄱ, ㄹ ③ ㄴ, ㄷ ④ ㄴ, ㄹ ⑤ ㄷ, ㄹ

답 ②

1 읽기 전략

① 문제에서 핵심 키워드 찾기

단위 부피당 물질의 질량, 전자저울, 눈금실린더, 1 cm^3 당 질량

② 실험 과정 (가)에서 금속 조각의 질량을 측정할 때 유의할 점 생각하기

③ 실험 과정 (나)에서 금속 조각의 부피를 구하는 방법 생각하기

④ 밀도인 1 cm^3당 질량 ⓐ~ⓓ의 값 구하기

⑤ 〈보기〉의 ㄱ~ㄹ의 옳고 그름을 판단하기

2 풀이 전략 금속 조각의 밀도를 계산하자.

① 실험 과정 (가)에서 유의할 점 생각하기

→ 전자저울을 수평한 곳에 놓고, 영점 단추를 눌러 0.0 g이 되는지 확인한 다음 각 금속 조각의 질량을 측정한다.

② 실험 과정 (나)에서 금속 조각의 부피를 구하는 방법 생각하기

$$\text{금속 조각의 부피} = \left(\begin{array}{c}\text{물이 든 눈금실린더에 금속 조각을}\\ \text{넣었을 때 물의 부피}\end{array}\right) - \text{물의 처음 부피}$$

③ ⓐ~ⓓ의 값 구하기

$$1\,\text{cm}^3\text{ 당 질량(단위 부피당 질량)} = \frac{\text{질량}}{\text{부피}} = \boxed{❶\quad}$$

구분	ⓐ	ⓑ	ⓒ	ⓓ
밀도 (g/cm^3)	$\frac{7.9}{1.0} = 7.9$	$\frac{39.5}{5.0} = 7.9$	$\frac{2.7}{1.0} = 2.7$	$\frac{40.5}{15.0} =$ ❷

④ 〈보기〉 분석

ㄴ. (나)에서 금속 조각의 부피는 물이 든 눈금 실린더에 금속 조각을 넣었을 때 물의 부피에서 ❸ 를 빼면 된다.

ㄷ. 철의 작은 조각과 큰 조각은 같은 종류의 물질이므로 밀도는 서로 같다. 따라서, ⓑ는 ⓐ와 같다.

답 ❶ 밀도 ❷ 2.7 ❸ 물의 처음 부피

3 암기 전략

밀도는 단위 부피당 질량으로 물질의 특성이다

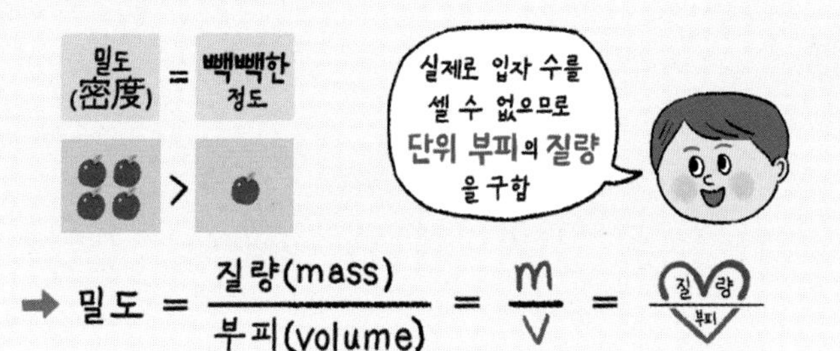

밀도 (密度) = 빽빽한 정도
실제로 입자 수를 셀 수 없으므로 단위 부피의 질량을 구함
→ 밀도 = 질량(mass) / 부피(volume) = m / V = 질량 / 부피

대표 유형 20 밀도 비교

그래프는 물질 (가)~(라)의 부피와 질량을 측정한 결과를 나타낸 것이다.

이에 대한 설명으로 옳은 것을 |보기|에서 모두 고른 것은? (단, 물의 밀도는 $1\ g/cm^3$이다.)

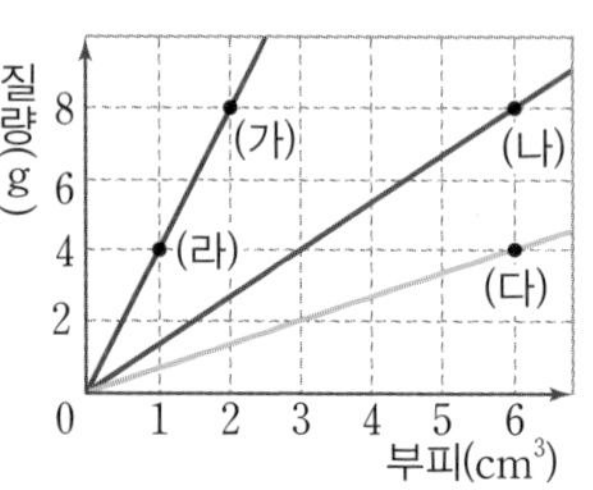

보기

ㄱ. (가)는 (나)보다 밀도가 크다.
ㄴ. (나)와 (다)는 모두 물에 뜬다.
ㄷ. (가)를 반으로 자르면 (라)가 된다.
ㄹ. (가)~(라)는 모두 다른 종류의 물질이다.

① ㄱ, ㄴ ② ㄱ, ㄷ ③ ㄴ, ㄷ ④ ㄴ, ㄹ ⑤ ㄷ, ㄹ

답 ②

1 읽기 전략 키워드 → 부피와 질량, 밀도

2 해결 전략 각 물질의 밀도를 구하고, 밀도를 물과 비교해 보자.

구분	(가)	(나)	(다)	(라)
밀도 (g/cm^3)	$\frac{8}{2}$ = ❶	$\frac{8}{6} \fallingdotseq 1.33$	$\frac{4}{6} \fallingdotseq 0.67$	$\frac{4}{1} = 4$

- 물보다 밀도가 큰 (나)는 물에 넣으면 가라앉고, 물보다 밀도가 ❷ (다)는 물에 넣으면 뜬다.
- (가)와 (라)는 밀도가 ❸ 므로 같은 종류의 물질이다.

답 ❶ 4 ❷ 작은 ❸ 같으

3 암기 전략

밀도로 알 수 있는 사실

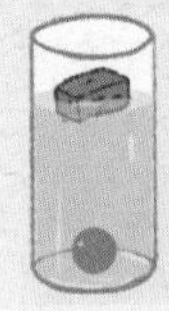

밀도가 크면 아래로 가라앉음

대표 유형 21 용해도 곡선

그래프는 물에 대한 여러 가지 고체의 용해도 곡선을 나타낸 것이다. 이에 대한 설명으로 옳은 것을 모두 고르면? [정답 2개]

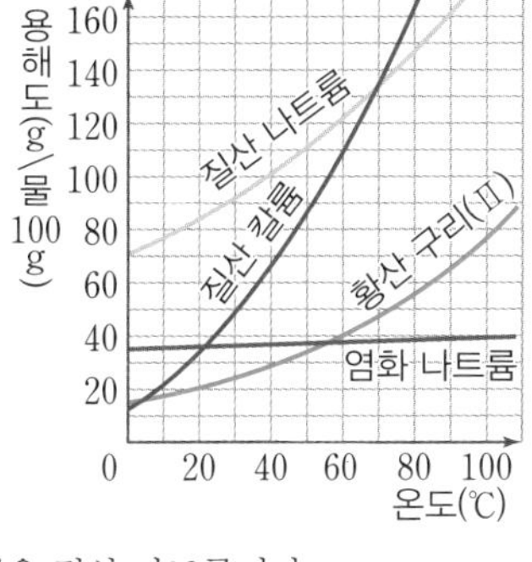

① 40 ℃의 물 50 g에 황산 구리(Ⅱ) 30 g이 모두 녹는다.
② 온도에 따른 용해도 변화가 가장 큰 물질은 질산 나트륨이다.
③ 온도에 따른 용해도 변화가 가장 작은 물질은 염화 나트륨이다.
④ 80 ℃의 물 100 g에 가장 많이 녹일 수 있는 용질은 질산 나트륨이다.
⑤ 60 ℃의 물 100 g에 질산 칼륨 100 g을 모두 녹인 다음 0 ℃로 냉각시키면 질산 칼륨 결정이 석출된다.

답 ③, ⑤

1 읽기 전략 키워드 → 고체의 용해도 곡선, 온도에 따른 용해도 변화

2 해결 전략 용해도는 물 100 g을 기준으로 한다는 것을 기억하자.

용해도 곡선을 바탕으로 선택지 분석하기

- 40 ℃의 물 ❶ ______ g에 황산 구리(Ⅱ)가 약 30 g 녹을 수 있으므로 40 ℃의 물 50 g에는 황산 구리(Ⅱ)가 약 15 g만 녹는다.
- 온도에 따른 용해도 변화가 가장 큰 물질은 곡선의 기울기가 가장 큰 ❷ ______ 이다.
- 80 ℃의 물 100 g에 가장 많이 녹일 수 있는 용질은 80 ℃에서 용해도가 가장 큰 물질인 ❸ ______ 이다.

답 ❶ 100 ❷ 질산 칼륨 ❸ 질산 칼륨

3 암기 전략

용해도 곡선

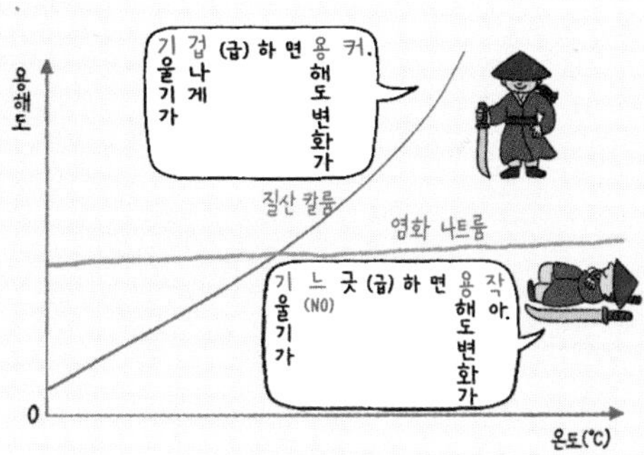

대표 유형 22 온도에 따른 고체의 용해도

다음은 온도에 따른 고체의 용해도를 비교하는 실험이다.

| 실험 과정 |

(가) 시험관 4개에 각각 물 10 g을 넣고 질산 칼륨을 6 g, 9 g, 12 g, 15 g씩 넣는다.

(나) 비커에 물을 채우고 (가)의 시험관 4개를 넣은 다음 용질이 모두 녹을 때까지 가열한다.

(다) 시험관대에 (나)의 시험관을 세우고 상온에 이를 때까지 냉각시키면서 결정이 생기기 시작할 때의 용액의 온도를 측정하여 기록한다.

(라) 질산 칼륨 대신 질산 나트륨을 이용하여 (가)~(다)의 과정을 반복한다.

| 실험 결과 |

용질의 질량(g)		6	9	12	15
결정이 생기기 시작한 온도(℃)	질산 칼륨	38	53	65	75
	질산 나트륨	–	26	57	82

이에 대한 설명으로 옳은 것을 | 보기 | 에서 모두 고른 것은?

| 보기 |

ㄱ. 온도가 높을수록 질산 칼륨의 용해도가 증가한다.

ㄴ. 65 ℃에서 질산 칼륨의 용해도는 12 g/물 100 g이다.

ㄷ. 질산 나트륨 6 g이 든 시험관의 용액을 상온 이하로 계속 낮추어 주면 결정이 생성될 것이다.

ㄹ. 일정한 양의 용매에 녹는 용질의 양이 온도에 따라 달라지므로 용해도는 물질의 특성에 해당되지 않는다.

① ㄱ, ㄴ ② ㄱ, ㄷ ③ ㄴ, ㄷ ④ ㄴ, ㄹ ⑤ ㄷ, ㄹ

답 ②

1 읽기 전략

① 문제에서 핵심 키워드 찾기
고체의 용해도, 결정이 생기기 시작한 온도(℃)

② 결정이 생기기 시작한 온도의 의미 파악하기

③ 〈보기〉의 ㄱ~ㄹ의 옳고 그름을 판단하기

2 풀이 전략 결정이 생기기 시작한 온도의 의미와 용해도의 정의를 비교하고 이해하자.

① 결정이 생기기 시작한 온도의 의미 파악하기

- 용액에서 결정이 석출되는 이유: 용액의 온도가 내려감에 따라 용해도가 감소하여 용질이 용매에 더 이상 녹아 있을 수 없을 때 녹아 있던 용질은 결정으로 석출된다. 결정이 생기기 시작할 때 용액은 포화 상태가 된다. ❶ [ ] 상태란 어떤 온도에서 일정한 양의 용매에 용질이 최대로 녹아 있는 상태이다.
- 이 실험에서는 물 10 g에 용질을 녹였지만, 용해도의 정의는 '어떤 온도의 물 ❷ [ ] g에 최대한 녹을 수 있는 용질의 g수'이다. → 각 온도에서 용해도는 결정이 생기기 시작한 온도에서의 용질 질량의 10배에 해당하므로 다음과 같다.

온도(℃)	38	53	65	75
질산 칼륨의 용해도(g/물 100 g)	60	90	❸ [ ]	150

온도(℃)	26	57	82
질산 나트륨의 용해도(g/물 100 g)	90	120	150

② 〈보기〉 분석

ㄱ. 질산 칼륨과 질산 나트륨은 모두 온도가 높을수록 용해도가 증가한다.

ㄴ. 65 ℃에서 질산 칼륨의 용해도는 120 g/물 100 g이다.

ㄷ. 질산 나트륨 6 g이 든 시험관에서는 상온이 될 때까지 냉각해도 결정이 생기지 않았다. 하지만 계속 냉각하여 온도를 더 낮추면 결정이 생성될 수 있다.

ㄹ. 일정한 양의 용매에 녹는 용질의 양이 온도에 따라 달라지지만, 같은 물질의 경우 어떤 온도의 물 100 g에 최대한 녹을 수 있는 양이 일정하므로 용해도는 물질의 특성이다.

답 ❶ 포화 ❷ 100 ❸ 120

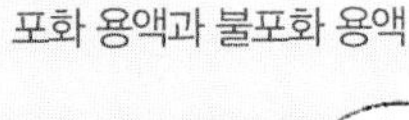

포화 용액과 불포화 용액

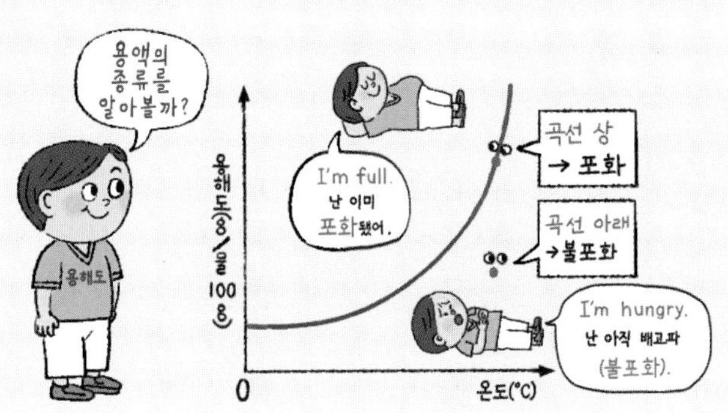

대표 유형 23 온도와 압력에 따른 기체의 용해도

그림과 같이 시험관 6개에 탄산음료를 넣고 3개만 고무마개로 막은 후 여러 온도의 물이 들어 있는 비커에 담가 두었다.

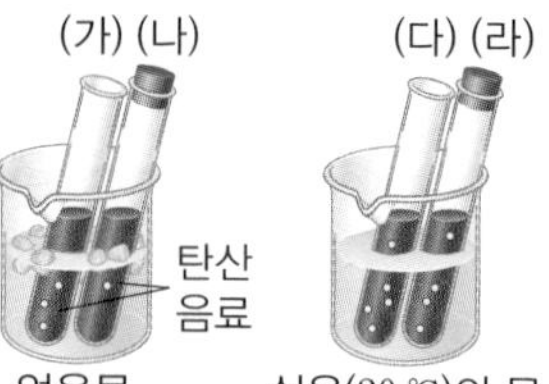

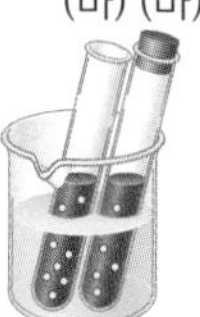

이에 대한 설명으로 옳은 것을 | 보기 | 에서 모두 고른 것은?

보기
ㄱ. 기체의 용해도가 클수록 기포가 많이 발생한다.
ㄴ. 발생하는 기포의 양이 가장 많은 것은 (마)이다.
ㄷ. (나)와 (라)를 비교하여 기체의 용해도와 압력 사이의 관계를 설명할 수 있다.
ㄹ. (가), (다), (마)를 비교하여 기체의 용해도와 온도 사이의 관계를 설명할 수 있다.

① ㄱ, ㄴ ② ㄱ, ㄷ ③ ㄴ, ㄷ ④ ㄴ, ㄹ ⑤ ㄷ, ㄹ

답 ④

1 읽기 전략 키워드 → 기체의 용해도와 압력 사이의 관계, 기체의 용해도와 온도 사이의 관계

2 해결 전략 탄산음료 캔의 뚜껑을 열었을 때의 변화를 떠올려 보자.

① 시험관 (가)~(바)의 조건 비교하기

구분	압력은 같지만, 온도는 다름	온도는 같지만, 압력은 다름
시험관 비교	[(가), (다), (마)], [(나), (라), (바)]	[(가), (나)], [(다), (라)], [(마), (바)]
결론	온도가 낮을수록 기체 용해도 증가	압력이 높을수록 기체 용해도 증가

② 〈보기〉 분석

ㄱ. 기포가 많이 발생할수록 기체의 용해도가 ❶ ______ 경우이다.
ㄴ. 발생하는 기포의 양이 가장 많은 것은 온도가 가장 높고 압력이 낮은 ❷ ______ 이다.
ㄷ. (나)와 (라)를 비교하여 기체의 용해도와 ❸ ______ 의 관계를 설명할 수 있다.

답 ❶ 작은 ❷ (마) ❸ 온도

3 암기 전략

기체의 용해도

톡 쏘는 사이다를 원해?
저온(-온도 낮게)! 고압(압력 높게)!

대표 유형 24 끓는점 차를 이용한 혼합물 분리의 예

그림은 우리 조상들이 탁주를 가열하여 소주를 만들 때 사용했던 소줏고리를 나타낸 것이다.

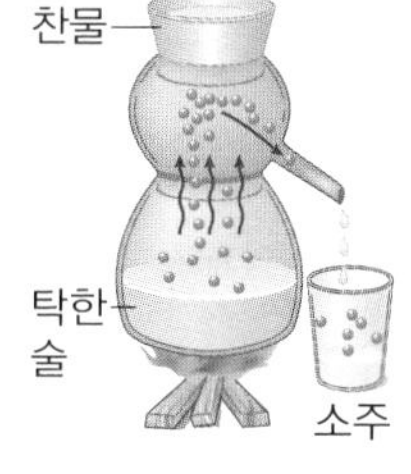

이와 같은 원리로 분리하기에 적당한 혼합물을 |보기|에서 모두 고른 것은?

보기	
ㄱ. 물과 메탄올	ㄴ. 물과 식용유
ㄷ. 물과 에탄올	ㄹ. 간장과 참기름
ㅁ. 물과 사염화 탄소	ㅂ. 질산 칼륨과 염화 나트륨

① ㄱ, ㄴ ② ㄱ, ㄷ ③ ㄴ, ㄹ, ㅂ ④ ㄷ, ㅁ, ㅂ ⑤ ㄹ, ㅁ, ㅂ

답 ②

1 읽기 전략 키워드 → 소줏고리, 같은 원리로 분리하기에 적당한 혼합물

2 해결 전략 혼합물을 이루는 성분 물질의 특성 차를 분석하자.

① 소줏고리의 원리 파악하기

에탄올의 비율이 낮은 탁주를 가열하면 끓는점이 낮은 에탄올이 주로 기화한다. 따라서 이 기체를 다시 액화하여 모으면 에탄올의 비율이 높은 소주를 얻을 수 있다. 즉, ❶ ______ 차를 이용하여 혼합물을 분리할 수 있다.

② 〈보기〉 분석

ㄴ. 물과 식용유, ㄹ. 간장과 참기름, ㅁ. 물과 사염화 탄소: ❷ ______ 차를 이용하여 분리

ㅂ. 질산 칼륨과 염화 나트륨: 온도에 따른 ❸ ______ 차를 이용하여 분리

답 ❶ 끓는점 ❷ 밀도 ❸ 용해도

3 암기 전략

증류로 분류하기에 적합한 혼합물

서로 섞이는 액체와 고체 혼합물이나 서로 다른 액체 혼합물
- 소금물(소금+물)
- 소주(물+에탄올)

대표 유형 25 물과 에탄올 혼합물의 분리

다음은 물과 에탄올의 혼합물을 분리하는 실험이다.

| 실험 과정 |

(가) 가지 달린 삼각 플라스크에 물과 에탄올의 혼합 용액을 끓임쪽과 함께 넣는다.

(나) 삼각 플라스크를 그림과 같이 장치하고, 혼합 용액을 가열하면서 1분 간격으로 온도를 측정한다.

(다) 혼합 용액을 가열할 때 나오는 물질을 시험관 A~D에 각각 모은다.

- 시험관 A: 가열하기 시작할 때부터 첫 번째로 끓기 전까지 나오는 물질
- 시험관 B: 첫 번째로 온도가 일정하게 끓는 동안 나오는 물질
- 시험관 C: 온도가 다시 올라갈 때부터 두 번째로 끓기 전까지 나오는 물질
- 시험관 D: 두 번째로 온도가 일정하게 끓는 동안 나오는 물질

B C D
A
끓임쪽

| 실험 결과 |

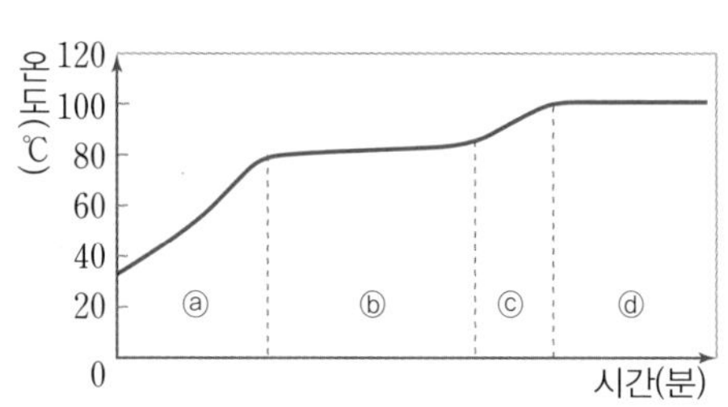

이에 대한 설명으로 옳은 것을 | 보기 | 에서 모두 고른 것은?

보기

ㄱ. 끓임쪽은 액체가 갑자기 끓어오르는 것을 방지한다.

ㄴ. 시험관 B에는 물보다 끓는점이 낮은 에탄올이 주로 분리된다.

ㄷ. 시험관 D에 모이는 물질은 수증기가 응해된 것이다.

ㄹ. 그래프의 ⓑ 구간에서 일정한 온도와 ⓓ 구간에서 일정한 온도의 차가 작을수록 혼합 용액을 잘 분리할 수 있다.

① ㄱ, ㄴ 　 ② ㄱ, ㄷ 　 ③ ㄴ, ㄷ 　 ④ ㄷ, ㄹ 　 ⑤ ㄱ, ㄷ, ㄹ

 ①

1 읽기 전략

① 문제에서 핵심 키워드 찾기

물과 에탄올의 혼합물을 분리, 첫 번째로 온도가 일정하게 끓는 동안 나오는 물질, 두 번째로 온도가 일정하게 끓는 동안 나오는 물질, 끓는점

② 시험관 A~D에 모이는 물질 예상하기

③ 그래프 ⓑ와 ⓓ에서 일정한 온도의 의미 파악하기

④ 〈보기〉의 ㄱ~ㄹ을 읽으면서 진위 여부 파악하기

2 해결 전략

물과 에탄올의 혼합물을 가열하는 과정에서 나타나는 현상을 이해하자.

① 시험관 A~D에 모이는 물질 예상하기

시험관 A	그래프의 ⓐ 구간에서 나오는 물질을 모은 것으로, 물과 에탄올 모두 끓는점에 도달하지 않았으므로 시험관 A에 모이는 물질은 거의 없다.
시험관 B	그래프의 ⓑ 구간에서 주로 나오는 에탄올을 모은 것이다. 에탄올은 가지 달린 삼각 플라스크에서 가열되어 기체 상태로 변했다가 찬물에 담긴 시험관에서 다시 ❶ ______ 상태로 변한다.
시험관 C	그래프의 ⓒ 구간에서 나오는 물질을 모은 것으로, 소량의 에탄올과 물이 모인다.
시험관 D	그래프의 ⓓ 구간에서 나오는 물을 모은 것이다.

② 그래프 ⓑ와 ⓓ에서 일정한 온도의 의미 파악하기

- 그래프의 ⓑ 구간에서 일정한 온도는 에탄올의 끓는점보다 약간 높은 온도이다.
- 그래프의 ⓓ 구간에서 일정한 온도는 물의 ❷ ______ 이다.

③ 〈보기〉의 ㄱ~ㄹ을 읽으면서 진위 여부 파악하기

ㄷ. 시험관 D에 모이는 물질은 수증기가 액체 상태로 변한 것이다. 즉, 수증기가 ❸ ______ 된 것이다.

ㄹ. 그래프의 ⓑ 구간에서 일정한 온도와 ⓓ 구간에서 일정한 온도의 차가 클수록 혼합 용액을 잘 분리할 수 있다. 끓는점 차를 이용하여 분리할 수 있는 액체 혼합물은 성분 액체가 서로 잘 섞여야 하고, 끓는점 차가 클수록 쉽게 분리할 수 있다.

답 ❶ 액체 ❷ 끓는점 ❸ 액화

3 암기 전략

끓는점 차를 이용한 증류 이용

- 끓는점이 낮은 물질이 먼저 끓어 나와 분리된다.
- 혼합물을 이루는 성분 물질의 끓는점 차이가 클수록 분리가 잘 된다.

대표 유형 26 밀도 차를 이용한 액체 혼합물 분리

그림은 어떤 혼합물을 분리하기 위한 장치를 나타낸 것이다.

이에 대한 설명으로 옳은 것을 |보기|에서 모두 고른 것은?

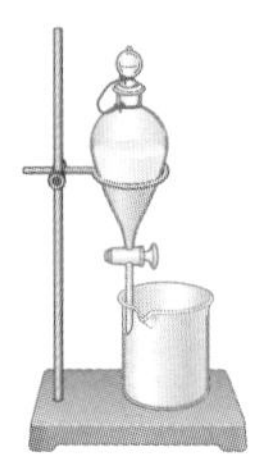

보기

ㄱ. 밀도 차를 이용하여 서로 잘 섞이지 않는 액체 혼합물을 분리하는 장치이다.

ㄴ. 마개를 열고 분별 깔때기의 꼭지를 천천히 돌리면 밀도가 작은 물질이 비커에 분리된다.

ㄷ. 밀도가 작은 물질은 위로 뜨고, 밀도가 큰 물질은 아래로 가라앉는 원리를 이용하여 액체 혼합물을 분리한다.

① ㄱ ② ㄴ ③ ㄱ, ㄴ ④ ㄱ, ㄷ ⑤ ㄴ, ㄷ

답 ④

1 읽기 전략 키워드 → 밀도 차를 이용하여 분리, 분별 깔때기, 밀도가 작은 물질은 위로, 밀도가 큰 물질은 아래로

2 해결 전략 분별 깔때기로 분리할 수 있는 혼합물의 특징을 파악하자.

① 밀도 차를 이용하여 분리할 수 있는 액체 혼합물의 조건 떠올리기

- 성분 물질이 서로 섞이지 않고, ❶ ______ 가 차이가 나야 한다.

② 〈보기〉 분석하기

ㄴ. 분별 깔때기의 마개를 열고 꼭지를 천천히 돌리면 아래쪽에 위치하고 있는 밀도가 ❷ ______ 물질을 먼저 분리할 수 있다.

답 ❶ 밀도 ❷ 큰

3 암기 전략

밀도 차를 이용한 액체 혼합물 분리

서로 섞이지 않고, 밀도 차가 나는 액체 혼합물을 분별 깔때기로 분리할 수 있다.

대표 유형 27 밀도 차를 이용한 고체 혼합물 분리

그림은 소금물을 이용하여 오래된 달걀과 신선한 달걀을 분리하는 모습을 나타낸 것이다.

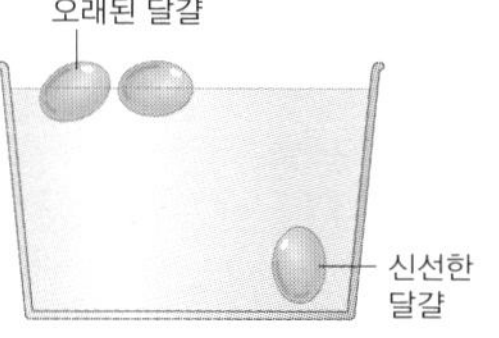

오래된 달걀
신선한 달걀

이에 대한 설명으로 옳은 것을 | 보기 | 에서 모두 고른 것은?

보기
ㄱ. 밀도는 신선한 달걀 > 소금물 > 오래된 달걀이다.
ㄴ. 같은 원리를 이용하여 바닷물에서 식수를 얻을 수 있다.
ㄷ. 달걀을 녹일 수 있는 액체를 사용하는 것이 좋다.

① ㄱ ② ㄷ ③ ㄱ, ㄴ ④ ㄱ, ㄷ ⑤ ㄴ, ㄷ

답 ①

1 읽기 전략 키워드 → 오래된 달걀과 신선한 달걀을 분리, 밀도

2 해결 전략 밀도 차를 이용하여 고체 혼합물을 분리할 때 사용하는 액체의 조건에 대해 알아두자.

① 밀도 차를 이용한 고체 혼합물 분리 방법에서 사용하는 액체의 조건
- 고체 혼합물을 녹이지 않고, 밀도가 두 고체의 중간 정도이다.

② 〈보기〉 분석하기

ㄴ. 끓는점 차를 이용한 ❶ ______ 를 이용하면 바닷물에서 식수를 얻을 수 있다.

ㄷ. 밀도 차를 이용하여 고체 혼합물을 분리할 때 각 고체 물질을 녹이지 않고, 밀도가 각 고체 물질의 ❷ ______ 정도인 액체를 사용하는 것이 좋다.

답 ❶ 증류 ❷ 중간

3 암기 전략

밀도 차를 이용한 고체 혼합물의 분리

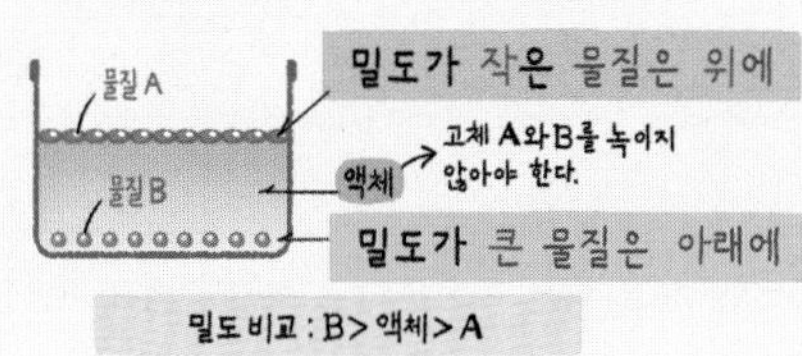

물질 A
물질 B
밀도가 작은 물질은 위에
액체
고체 A와 B를 녹이지 않아야 한다.
밀도가 큰 물질은 아래에
밀도 비교 : B > 액체 > A

기사 작위는 큰아가 받아야지.

대표 유형 28 질산 칼륨의 불순물 제거하기

다음은 질산 칼륨에서 불순물을 제거하여 순수한 질산 칼륨을 분리하는 실험이다.

| 실험 과정 |

(가) 40 ℃의 물 100 g에 질산 칼륨 35 g과 황산 구리(Ⅱ) 1 g을 섞어 만든 혼합물을 넣고 모두 녹인다.

(나) 얼음물이 든 비커에 (가)의 비커를 담가 0 ℃까지 냉각시킨다.

(다) 결정이 더 생기지 않으면 용액을 거름 장치로 거르고, 석출된 물질을 분리한다.

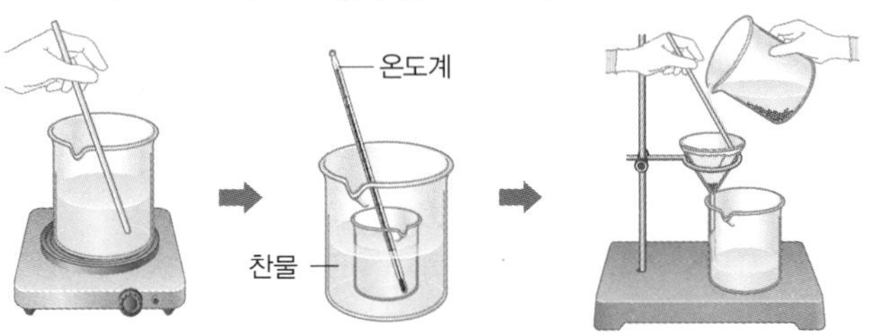

| 실험 결과 |

물질	40 ℃의 물 100 g에 녹아 있는 양(g)	0 ℃의 물 100 g에 녹을 수 있는 양(g)	석출량(g)
질산 칼륨	35	13.6	ⓐ
황산 구리(II)	1	14.2	ⓑ

이에 대한 설명으로 옳은 것을 | 보기 | 에서 모두 고른 것은?

| 보기 |

ㄱ. ⓐ는 21.4 g이고, ⓑ는 13.2 g이다.

ㄴ. 거름종이 위에는 석출된 질산 칼륨이 남는다.

ㄷ. 온도에 따른 용해도 차를 이용하여 혼합물을 분리한다.

ㄹ. (다)에서 거름종이를 통과한 용액에는 질산 칼륨이 녹아 있지 않다.

① ㄱ, ㄴ ② ㄱ, ㄷ ③ ㄴ, ㄷ ④ ㄴ, ㄹ ⑤ ㄷ, ㄹ

답 ③

1 읽기 전략 ① 문제에서 핵심 키워드 찾기

순수한 질산 칼륨을 분리, 질산 칼륨 35 g, 황산 구리(II) 1 g, 녹인다, 냉각, 거름장치

② ⓐ와 ⓑ에 들어갈 알맞은 숫자 생각하기

③ 〈보기〉의 ㄱ~ㄹ을 읽으면서 진위 여부 파악하기

2 해결 전략 재결정의 방법으로 혼합물을 분리할 때 석출되는 물질의 특징을 생각해 보자.

① ⓐ와 ⓑ에 들어갈 알맞은 숫자 생각하기

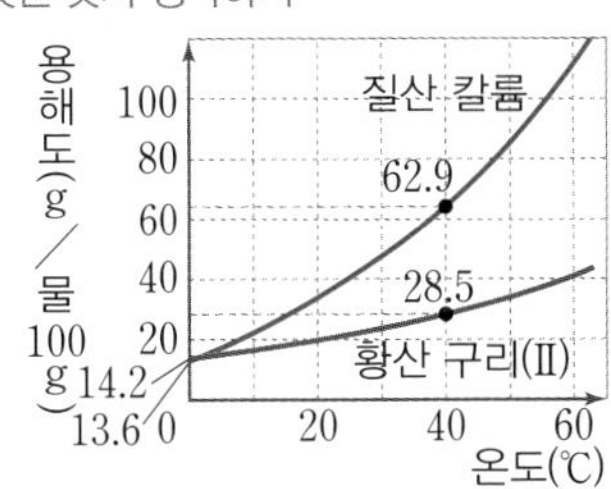

물질	실험 과정 (가)	실험 과정 (나)	석출량
질산 칼륨	40 ℃에서 질산 칼륨의 용해도는 62.9 g/물 100 g이므로 40 ℃의 물 100 g에 질산 칼륨 35 g이 모두 녹는다.	0 ℃에서 질산 칼륨의 용해도는 13.6 g/물 100 g이므로 0 ℃의 물 100 g에 13.6 g만 녹을 수 있고, 나머지 35 − 13.6 = ❶ ___ g이 용액 속에 녹아 있지 못하고 석출된다.	ⓐ= ❶ ___ g
황산 구리(II)	40 ℃에서 황산 구리(II)의 용해도는 28.5 g/물 100 g이므로 40 ℃의 물 100 g에 황산 구리(II) 1 g이 모두 녹는다.	0 ℃에서 황산 구리(II)의 용해도는 14.2 g/물 100 g이므로 0 ℃의 물 100 g에 1 g은 석출되지 않고 계속 녹아 있다.	ⓑ= ❷ ___ g

② 〈보기〉의 ㄱ~ㄹ을 읽으면서 진위 여부 파악하기

ㄱ. ⓐ는 ❶ ___ 이고, ⓑ는 ❷ ___ 이다.

ㄹ. (다)에서 거름종이를 통과한 용액에는 석출되지 않은 질산 칼륨 ❸ ___ g과 황산 구리(II) 1 g이 녹아 있다.

답 ❶ 21.4 ❷ 0 ❸ 13.6

3 암기 전략

재결정

용해도 차를 이용한 혼합물의 분리 방법으로,

혼합물을 용매에 녹인 후 냉각시켜 석출되는 순수한 물질을 얻는 방법

뜨거운 물에 녹이기 ➜ 냉각하기 ➜(석출) 거르기

대표 유형 29 온도에 따른 용해도 차를 이용한 혼합물의 분리

그래프는 염화 나트륨과 붕산의 용해도 곡선을 나타낸 것이다.

80 ℃의 물 100 g에 염화 나트륨 30 g과 붕산 15 g을 섞은 혼합물을 모두 녹인 다음, 20 ℃로 냉각시켰다. 이때 석출되는 물질과 그 질량을 옳게 짝 지은 것은?

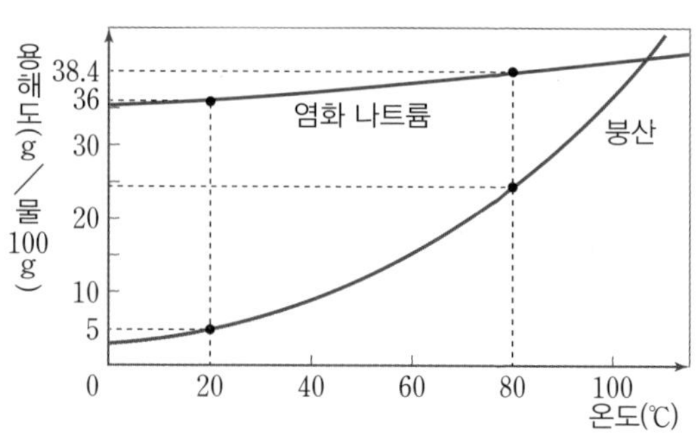

① 붕산 5 g ② 붕산 10 g ③ 붕산 15 g
④ 염화 나트륨 6 g ⑤ 염화 나트륨 25 g

답 ②

1 읽기 전략 키워드 → 염화 나트륨과 붕산의 용해도 곡선

2 해결 전략 용해도 곡선을 이용하여 석출되는 물질의 양을 구하자.

석출되는 용질의 양 = 녹아 있던 용질의 양 − ❶ ☐ 시킨 온도에서 녹을 수 있는 용질의 양

- 20 ℃에서 붕산의 용해도는 5 g/물 100 g이므로 20 ℃의 물 100 g에 5 g만 녹을 수 있고, 나머지 15 g−5 g= ❷ ☐ g이 용액 속에 녹아 있지 못하고 석출된다.
- 20 ℃에서 염화 나트륨의 용해도는 36 g/물 100 g이므로 20 ℃의 물 100 g에 30 g의 염화 나트륨은 석출되지 않고 계속 녹아 있다.

답 ❶ 냉각 ❷ 10

3 암기 전략

온도에 따른 용해도 차를 이용한 혼합물의 분리

온도에 따른 용해도 차가 큰 물질과 작은 물질의 혼합물을 온도가 높은 용매에 녹인 후 냉각하면, **온도에 따른 용해도 차가 큰 물질이 석출**되어 분리된다.

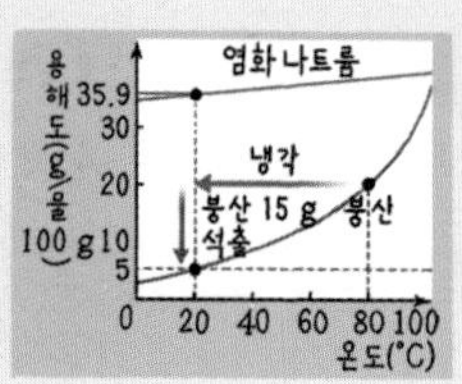

대표 유형 30 크로마토그래피 결과 분석

그림은 다섯 가지 물질의 크로마토그래피 결과를 나타낸 것이다.

이에 대한 설명으로 옳은 것을 |보기|에서 모두 고른 것은?

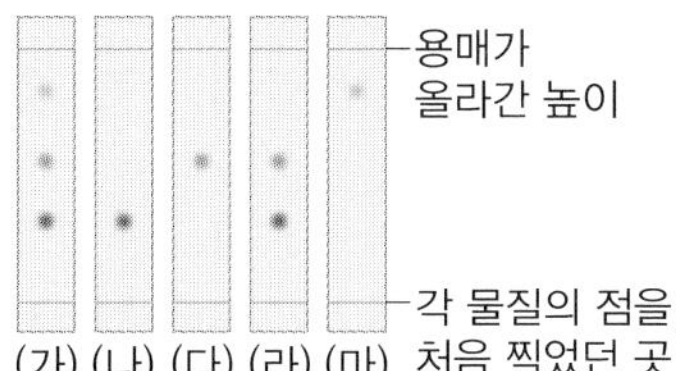

보기

ㄱ. (가)는 최소 3가지 성분으로 구성된다.
ㄴ. (라)에는 (나)와 (다) 성분이 들어 있다.
ㄷ. (나)는 (마)보다 용매와 함께 이동하는 속도가 빠르다.
ㄹ. 용매의 종류를 바꾸어도 분리되는 결과가 같게 나타난다.

① ㄱ, ㄴ ② ㄱ, ㄷ ③ ㄴ, ㄷ ④ ㄴ, ㄹ ⑤ ㄷ, ㄹ

답 ①

1 읽기 전략 키워드 → 크로마토그래피 결과, 용매와 함께 이동하는 속도, 용매의 종류

2 해결 전략 크로마토그래피 결과에서 각 성분 물질이 이동한 거리로부터 이동 속도를 비교해 보자.

① 크로마토그래피 결과 분석하기

• 성분 물질이 용매와 함께 이동하는 속도는 물질의 이동 거리가 클수록 ❶ [빈칸].

→ 물질 (나), (다), (마)의 속도: (나)<(다)<(마)

• 물질 (가)에는 물질 (나), (다), (마)가, 물질 (라)에는 물질 (나), (다)가 포함되어 있다.

② 〈보기〉 분석하기

ㄷ. (나)는 (마)보다 용매와 함께 이동하는 속도가 ❷ [빈칸].

ㄹ. 용매의 종류를 바꾸면 분리되는 성분 물질의 개수나 이동 거리가 달라질 수 있다.

답 ❶ 빠르다 ❷ 느리다

3 암기 전략

크로마토그래피

크로마토그래피
혼합물을 이루는 각 물질이 용매를 따라 이동하는 속도의 차를 이용한 혼합물의 분리 방법

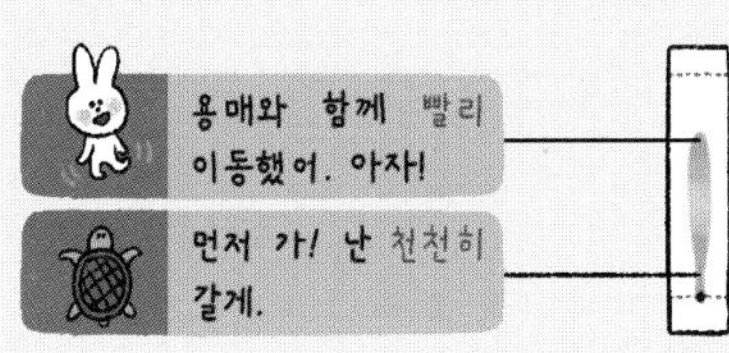

용매와 함께 빨리 이동했어. 아자!
먼저 가! 난 천천히 갈게.

대표 유형 31 사인펜 잉크의 색소 분리

다음은 사인펜 잉크의 색소를 분리하는 실험이다.

| 실험 과정 |

(가) 거름종이를 비커에 맞게 자른 후 거름종이의 아래쪽에서 1 cm 정도 떨어진 곳에 연필로 선을 긋고, 검은색 유성 사인펜과 검은색 수성 사인펜으로 다른 위치에 각각 점을 찍는다.

(나) 거름종이를 유리판에 셀로판테이프로 붙이고 물이 든 비커에 넣어 거름종이가 물에 닿도록 한다.

(다) 거름종이가 유리판 가까이까지 젖으면 거름종이를 꺼내어 말린 다음 색을 관찰한다.

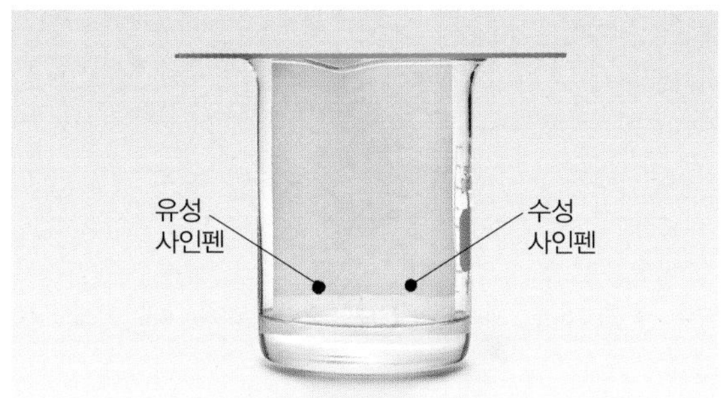

| 실험 결과 |

- 검은색 유성 사인펜에서 분리된 색: 분리되지 않음.
- 검은색 수성 사인펜에서 분리된 색: 보라색, 주황색, 파란색 등

이에 대한 설명으로 옳은 것을 | 보기 | 에서 모두 고른 것은?

| 보기 |

ㄱ. (가)에서 점은 작고, 진하게, 여러 번 찍는다.
ㄴ. (나)에서 사인펜으로 찍은 점이 물 속에 잠기도록 해야 한다.
ㄷ. (다)에서 유리판으로 입구를 막아 물이 증발하지 않도록 한다.
ㄹ. 물 대신 유성 사인펜의 잉크를 녹일 수 있는 용매를 사용해도 실험 결과가 같다.
ㅁ. 검은색 수성 사인펜에 포함된 여러 가지 색소가 용매와 함께 이동하는 속도가 다르기 때문에 여러 가지 색소로 분리된다.

① ㄱ, ㄷ ② ㄴ, ㄹ ③ ㄷ, ㅁ ④ ㄱ, ㄷ, ㅁ ⑤ ㄴ, ㄹ, ㅁ

 ④

1 읽기 전략

① 문제에서 핵심 키워드 찾기

사인펜 잉크의 색소를 분리, 검은색 유성 사인펜, 검은색 수성 사인펜

② 검은색 유성 사인펜과 검은색 수성 사인펜의 분리 결과가 다른 이유 생각해 보기

③ 〈보기〉의 ㄱ~ㅁ을 읽으면서 진위 여부 파악하기

2 해결 전략

크로마토그래피의 원리를 이해하고, 실험 시 유의 사항을 알아두자.

① 검은색 유성 사인펜과 검은색 수성 사인펜의 분리 결과가 다른 이유 생각해 보기

- 거름종이의 끝에 물이 닿으면 물이 거름종이에 흡수되면서 위로 이동한다. 이때 검은색 수성 사인펜 잉크에 들어 있는 색소도 물과 함께 이동하는데, 잉크의 색소별로 이동하는 ❶ [ ]가 다르므로 몇 개의 띠가 생긴다.

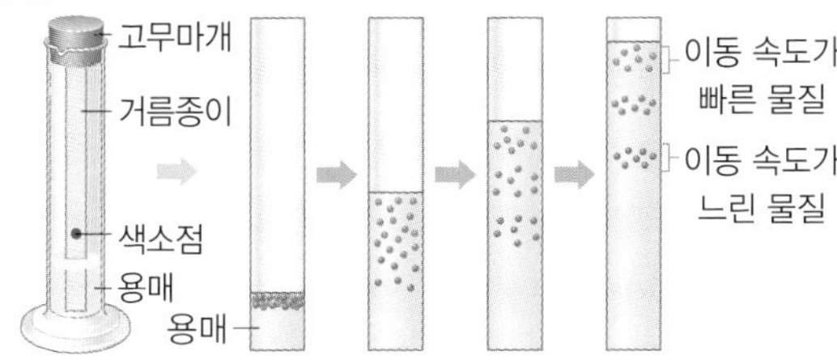

- 검은색 유성 사인펜의 색소는 물에 용해되지 않기 때문에 분리되지 않는다. 물 대신 아세톤과 같이 유성 사인펜의 잉크를 녹일 수 있는 용매를 사용하면 유성 사인펜의 잉크도 분리 가능하다.

② 〈보기〉의 ㄱ~ㅁ을 읽으면서 진위 여부 파악하기

ㄴ. (나)에서 사인펜으로 찍은 점이 물에 잠기지 않도록 해야 한다. 사인펜으로 찍은 점이 물에 잠기면 색소가 물에 녹아서 거름종이에 분리되지 않는다.

ㄹ. 물 대신 유성 사인펜의 잉크를 녹일 수 있는 ❷ [ ]를 사용하면 유성 사인펜의 색소가 분리된다.

답 ❶ 속도 ❷ 용매

3 암기 전략

크로마토그래피의 장점

- 다른 분리 방법에 비해 간편하다.
- 여러 가지 성분을 한 번에 분리할 수 있다.
- 양이 적거나 특성이 비슷하여 다른 방법으로 분리가 어려운 혼합물도 분리할 수 있다.

크로마토그래피의 활용

사인펜 잉크의 색소 분리, 과학 수사, 운동 선수의 도핑 테스트, 엽록소의 색소 분리

memo

시험에 잘 나오는

대표 유형 ZIP

중학 과학 2-2

BOOK 2

특목고 대비

일등 전략

중학 과학 2-2

BOOK 1

중간고사 대비

이 책의 구성과 활용

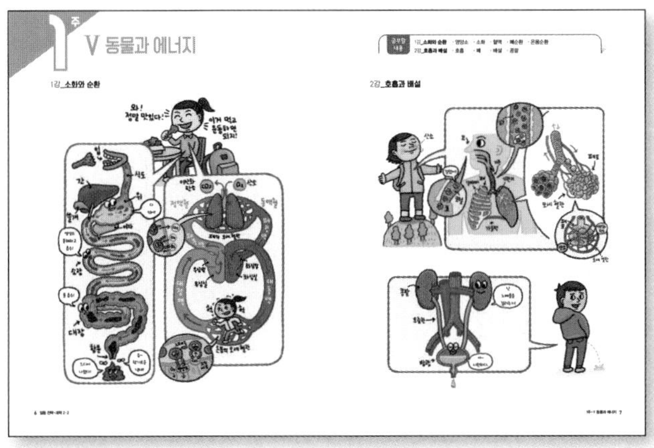

주 도입

이번 주에 배울 내용이 무엇인지 안내하는 부분입니다. 재미있는 개념 삽화를 통해 앞으로 배울 학습 내용을 미리 떠올려 봅니다.

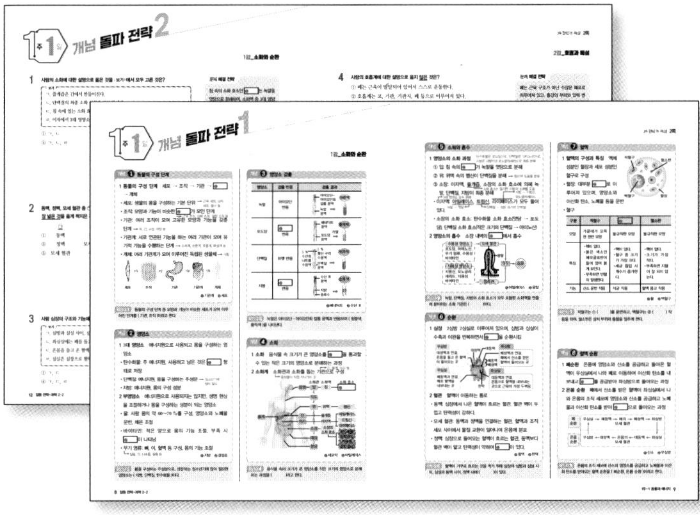

1일 개념 돌파 전략

주제별로 꼭 알아야 하는 핵심 개념을 익히고 문제를 풀며 개념을 잘 이해했는지 확인합니다.

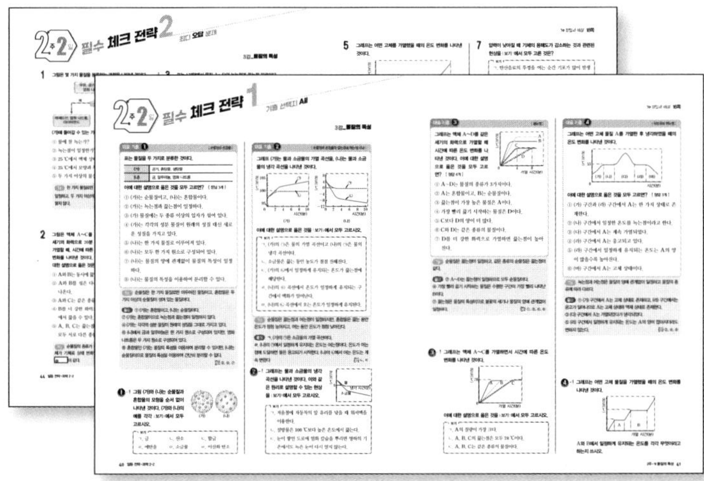

2일, 3일 필수 체크 전략

꼭 알아야 할 대표 기출 유형 문제를 쌍둥이 문제와 함께 풀어 보며 문제에 접근하는 과정과 해결 방법을 체계적으로 연습합니다.

부록 시험에 잘 나오는 **대표 유형 ZIP**

부록을 뜯으면 미니북으로 활용할 수 있습니다. 시험 전에 대표 유형을 확실하게 익혀 보세요.

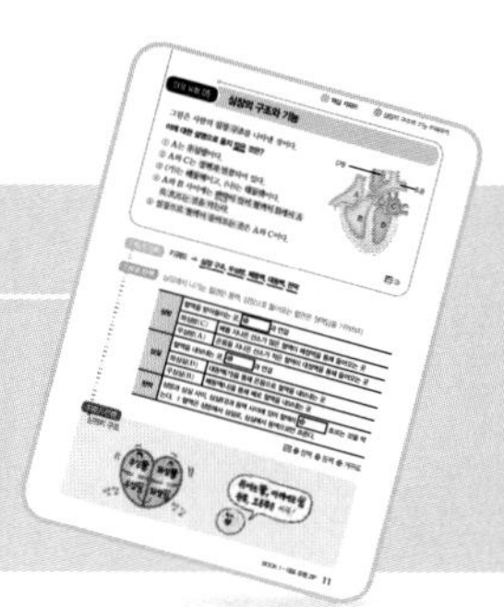

주 마무리 코너

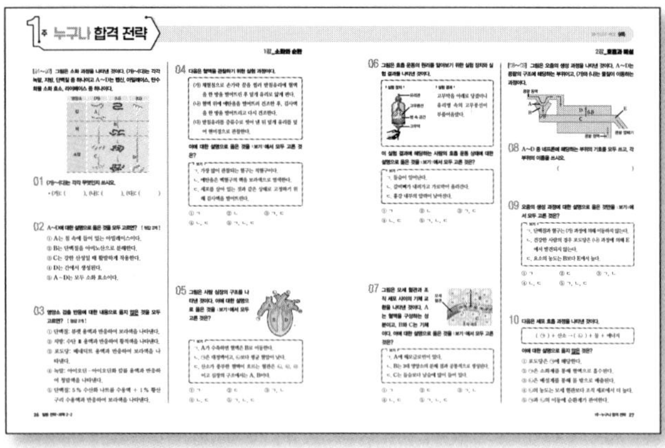

누구나 합격 전략

기초 이해력을 점검할 수 있는 종합 문제로 학습 자신감을 가질 수 있습니다.

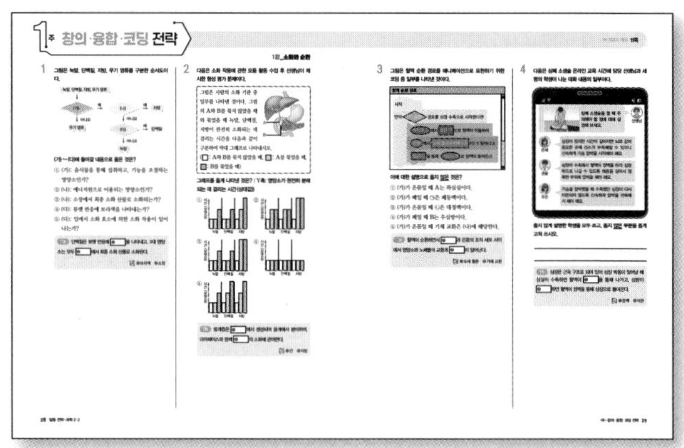

창의·융합·코딩 전략

융·복합적 사고력과 문제 해결력을 길러 주는 문제로 구성하였습니다.

중간고사 마무리 코너

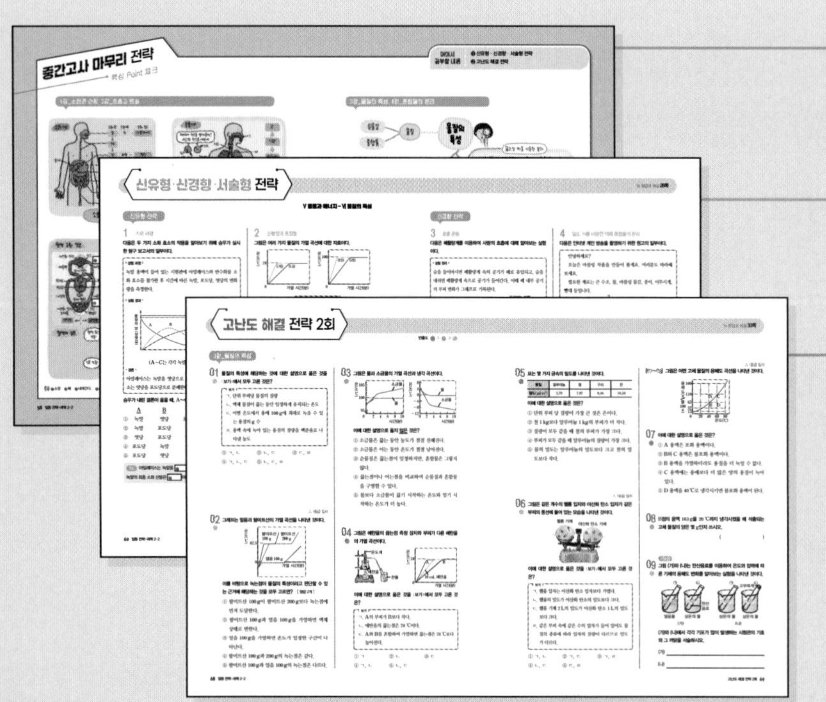

중간고사 마무리 전략

학습 내용을 마인드 맵으로 정리하여 앞에서 공부한 개념을 한눈에 파악할 수 있습니다.

신유형·신경향·서술형 전략

신유형 · 신경향 · 서술형 문제를 집중적으로 풀며 문제 적응력을 높일 수 있습니다.

고난도 해결 전략

실제 시험에 대비할 수 있는 고난도의 실전 문제로 2회 분량으로 구성하였습니다.

이 책의 **차례** BOOK 1

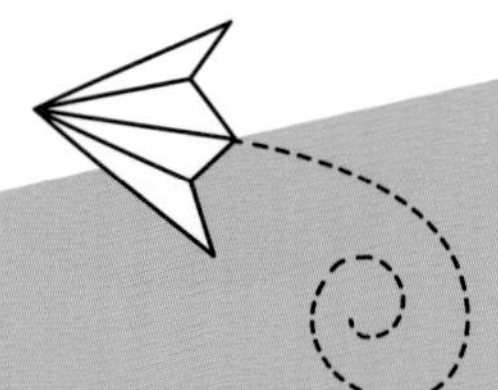

1주 V 동물과 에너지

1강_소화와 순환

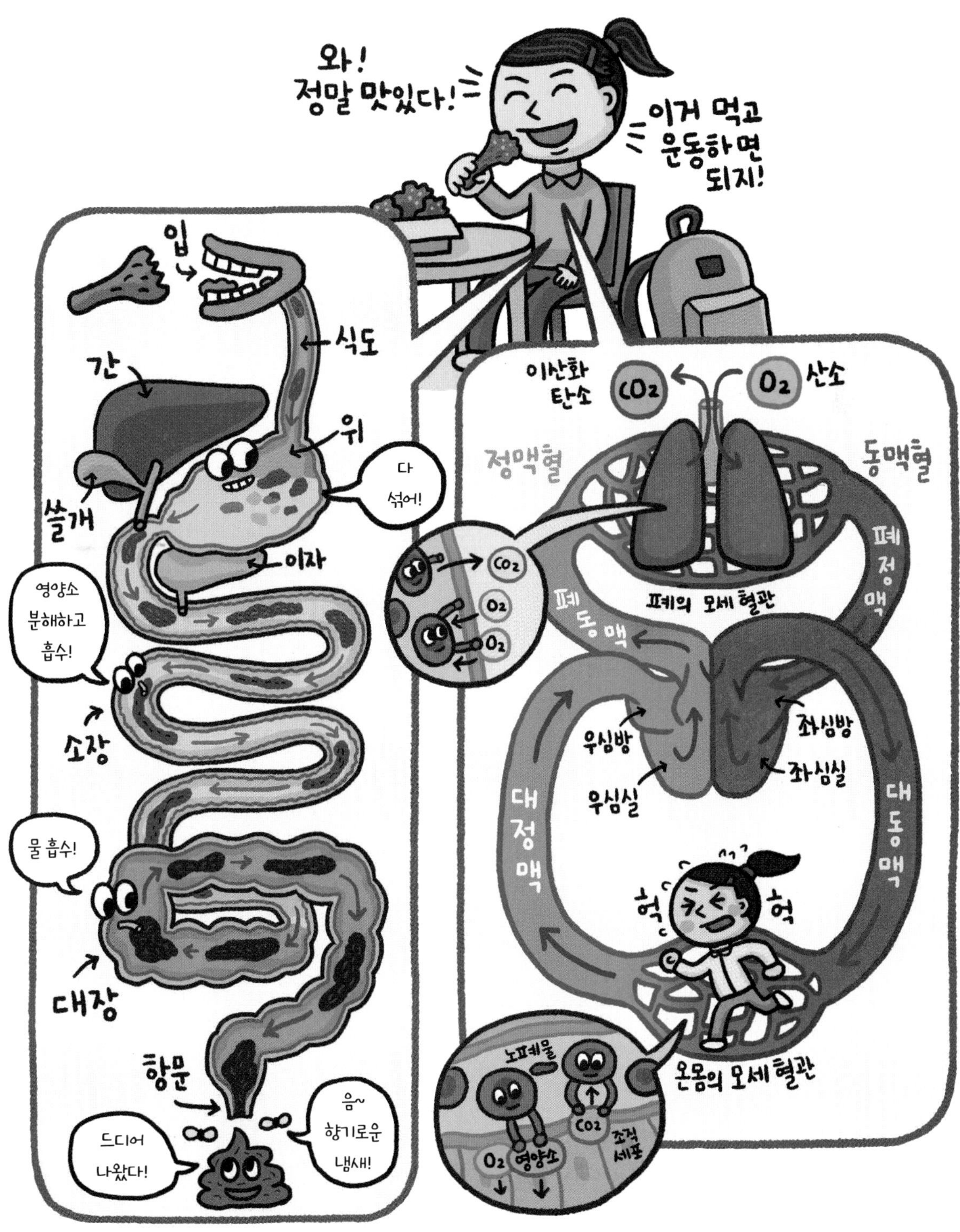

공부할 내용	1강_**소화와 순환** • 영양소 • 소화 • 혈액 • 폐순환 • 온몸순환
	2강_**호흡과 배설** • 호흡 • 폐 • 배설 • 콩팥

2강_호흡과 배설

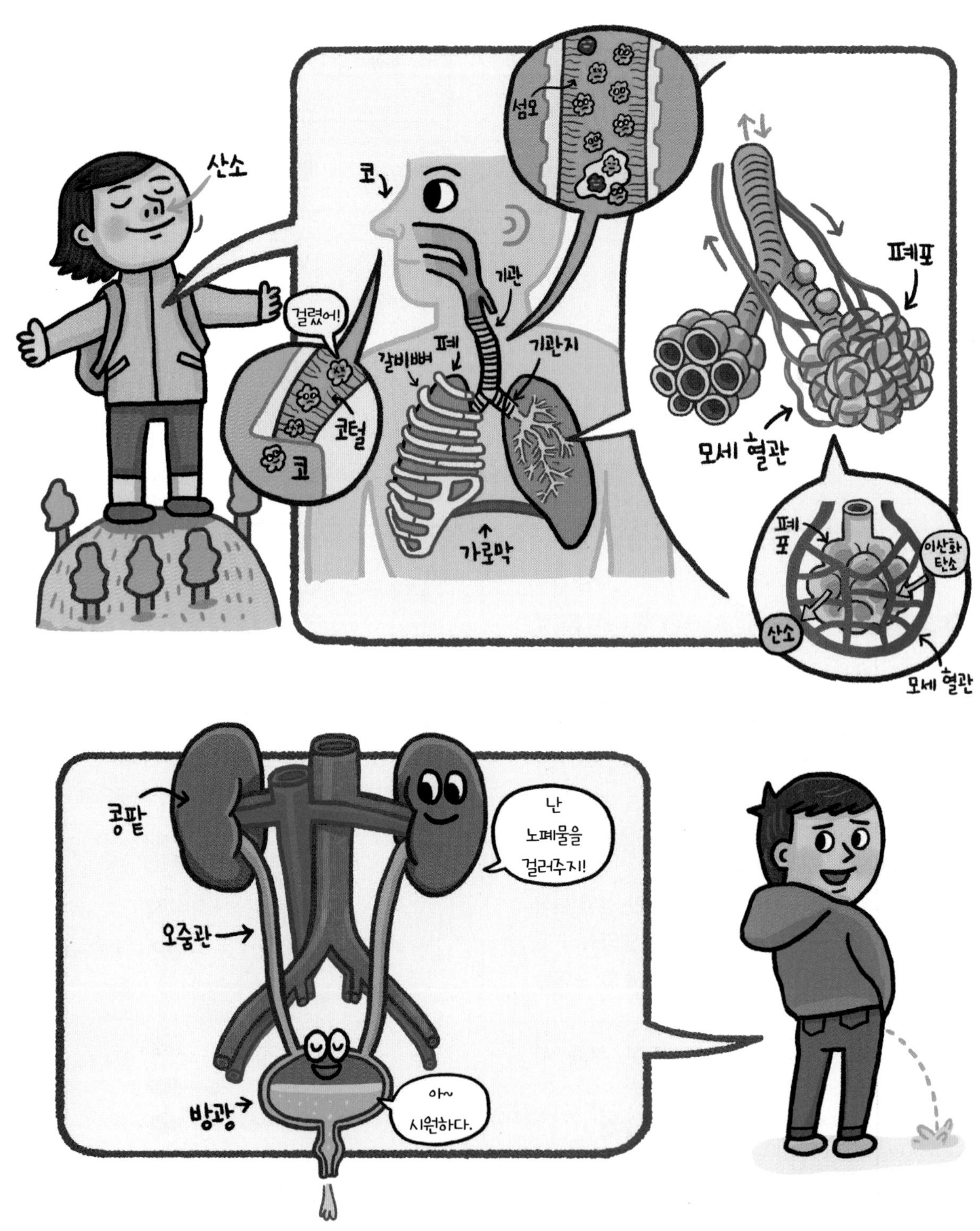

개념 1 동물의 구성 단계

1 동물의 구성 단계 세포 → 조직 → 기관 → ❶ → 개체

- 세포: 생물의 몸을 구성하는 기본 단위 → 근육 세포, 상피 세포, 혈구 등
- 조직: 모양과 기능이 비슷한 ❷ 가 모인 단계 → 근육 조직, 상피 조직, 결합 조직 등
- 기관: 여러 조직이 모여 고유한 모양과 기능을 갖춘 단계 → 위, 간, 소장, 대장 등
- 기관계: 서로 연관된 기능을 하는 여러 기관이 모여 유기적 기능을 수행하는 단계 → 소화계, 순환계, 호흡계, 배설계 등
- 개체: 여러 기관계가 모여 이루어진 독립된 생물체 → 사람

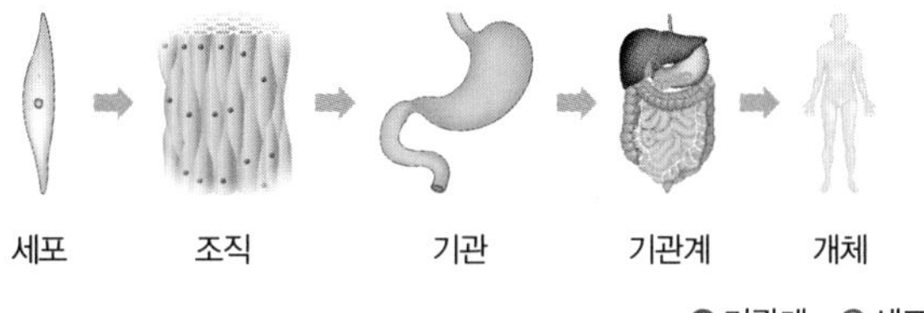

❶ 기관계 ❷ 세포

확인Q 1 동물의 구성 단계 중 모양과 기능이 비슷한 세포가 모여 이루어진 단계를 (기관, 조직)이라고 한다.

개념 2 영양소

1 3대 영양소 에너지원으로 사용되고 몸을 구성하는 영양소

- 탄수화물: 주 에너지원, 사용하고 남은 것은 ❶ 형태로 저장
- 단백질: 에너지원, 몸을 구성하는 주성분 → 청소년기에 많이 필요
- 지방: 에너지원, 몸의 구성 성분

2 부영양소 에너지원으로 사용되지는 않지만, 생명 현상을 조절하거나 몸을 구성하는 성분이 되는 영양소

- 물: 사람 몸의 약 60~70 %를 구성, 영양소와 노폐물 운반, 체온 조절
- 바이타민: 적은 양으로 몸의 기능 조절, 부족 시 ❷ 이 나타남
- 무기 염류: 뼈, 이, 혈액 등 구성, 몸의 기능 조절 → 칼슘, 인, 나트륨, 칼륨 등

❶ 지방 ❷ 결핍증

확인Q 2 몸을 구성하는 주성분으로, 성장하는 청소년기에 많이 필요한 영양소는 (지방, 단백질, 탄수화물)이다.

개념 3 영양소 검출

영양소	검출 반응	검출 결과
녹말	아이오딘 반응	아이오딘-아이오딘화 칼륨 용액, 녹말 용액 → 청람색
포도당	❶ 반응	베네딕트 용액, 포도당 용액, 가열 → 황적색
단백질	뷰렛 반응	5 % 수산화 나트륨 수용액, 1 % 황산 구리 수용액, 단백질 용액 → 보라색
지방	❷ 반응	수단 Ⅲ 용액, 지방, 증류수 → 선홍색

❶ 베네딕트 ❷ 수단 Ⅲ

확인Q 3 녹말은 아이오딘-아이오딘화 칼륨 용액과 반응하여 (청람색, 황적색)을 나타낸다.

개념 4 소화

1 소화 음식물 속 크기가 큰 영양소를 ❶ 을 통과할 수 있는 작은 크기의 영양소로 분해하는 과정

2 소화계 소화관과 소화를 돕는 기관으로 구성 (소화관 → 음식물이 직접 지나가는 곳 / 소화를 돕는 기관 → 간, 쓸개, 이자 등)

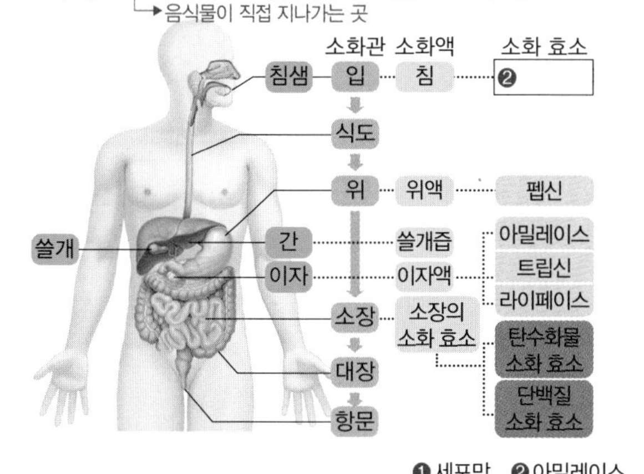

❶ 세포막 ❷ 아밀레이스

확인Q 4 음식물 속의 크기가 큰 영양소를 작은 크기의 영양소로 분해하는 과정을 (   )라고 한다.

개념 5 소화와 흡수

1 영양소의 소화 과정 탄수화물은 포도당으로, 단백질은 아미노산으로, 지방은 지방산과 모노글리세리드로 최종 분해

① 입: 침 속의 ❶ [ ]가 녹말을 엿당으로 분해

② 위: 위액 속의 펩신이 단백질을 분해 → 염산의 도움을 받음

③ 소장: 이자액, 쓸개즙, 소장의 소화 효소에 의해 녹말, 단백질, 지방이 최종 분해 (3대 영양소 모두 분해)
(쓸개즙 → 소화 효소는 없지만 지방의 소화를 도움)
(지방 → 지방산, 모노글리세리드)

- 이자액: 아밀레이스, 트립신, 라이페이스가 모두 들어 있다.
(아밀레이스: 녹말 → 엿당, 트립신: 단백질 → 작은 크기의 단백질)
- 소장의 소화 효소: 탄수화물 소화 효소(엿당 → 포도당), 단백질 소화 효소(작은 크기의 단백질 → 아미노산)

2 영양소의 흡수 소장 내벽의 ❷ [ ]에서 흡수

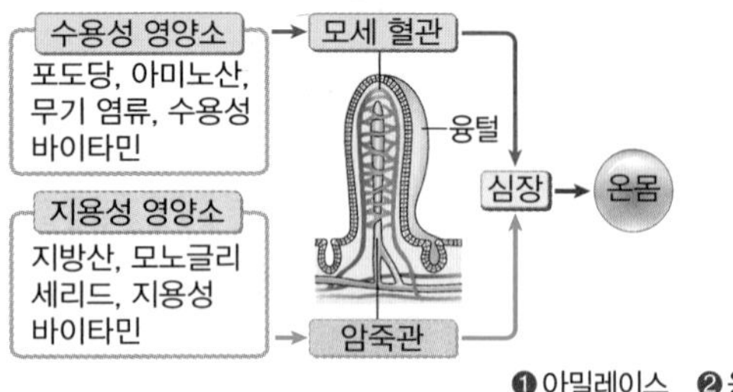

❶ 아밀레이스 ❷ 융털

확인Q 5 녹말, 단백질, 지방의 소화 효소가 모두 포함된 소화액을 만들어 분비하는 소화 기관은 (   )이다.

개념 6 순환

1 심장 2심방 2심실로 이루어져 있으며, 심방과 심실이 수축과 이완을 반복하면서 ❶ [ ]을 순환시킴

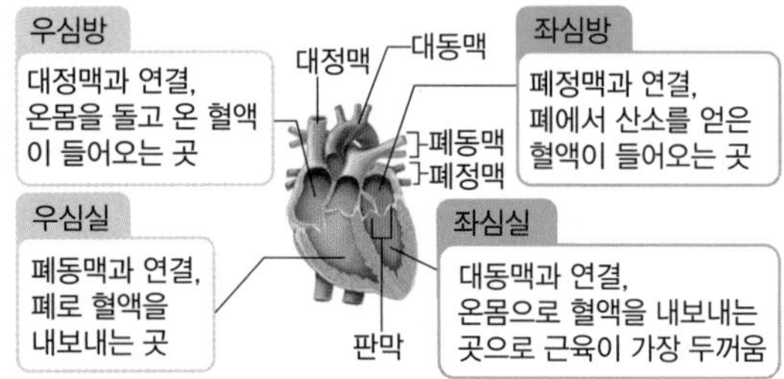

2 혈관 혈액이 이동하는 통로

- 동맥: 심장에서 나온 혈액이 흐르는 혈관, 혈관 벽이 두껍고 탄력성이 강하다.
- 모세 혈관: 동맥과 정맥을 연결하는 혈관, 혈액과 조직 세포 사이에서 물질 교환이 일어나며 온몸에 분포
- 정맥: 심장으로 들어오는 혈액이 흐르는 혈관, 동맥보다 혈관 벽이 얇고 탄력성이 약하며 ❷ [ ]이 있다.

❶ 혈액 ❷ 판막

확인Q 6 혈액이 거꾸로 흐르는 것을 막기 위해 심장의 심방과 심실 사이, 심실과 동맥 사이, 정맥 내에 (   )이 있다.

개념 7 혈액

1 혈액의 구성과 특징 액체 성분인 혈장과 세포 성분인 혈구로 구성

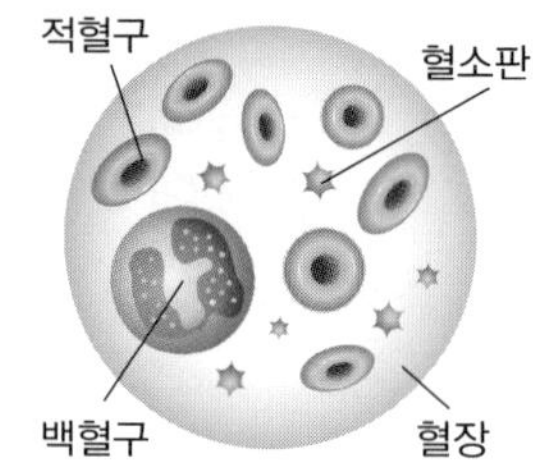

- 혈장: 대부분 ❶ [ ]로 이루어져 있으며, 영양소와 이산화 탄소, 노폐물 등을 운반
- 혈구

구분	적혈구	❷ [ ]	혈소판
모양	가운데가 오목한 원반 모양	불규칙한 모양	불규칙한 모양
특징	• 핵이 없다. • 붉은 색소인 헤모글로빈이 들어 있어 붉게 보인다. • 부족하면 빈혈이 발생한다.	• 핵이 있다. • 혈구 중 크기가 가장 크다. • 세균 침입 시 개수가 증가한다.	• 핵이 없다. • 크기가 가장 작다. • 부족하면 지혈이 잘 되지 않는다.
기능	산소 운반 작용	식균 작용	혈액 응고 작용

❶ 물 ❷ 백혈구

확인Q 7 적혈구는 ① (   )를 운반하고, 백혈구는 ② (   ) 작용을 하며, 혈소판은 상처 부위의 출혈을 멈추게 한다.

개념 8 혈액 순환

1 폐순환 온몸에 영양소와 산소를 공급하고 돌아온 혈액이 우심실에서 나와 폐로 이동하여 이산화 탄소를 내보내고 ❶ [ ]를 공급받아 좌심방으로 돌아오는 과정

2 온몸 순환 폐에서 산소를 받은 혈액이 좌심실에서 나와 온몸의 조직 세포에 영양소와 산소를 공급하고 노폐물과 이산화 탄소를 받아 ❷ [ ]으로 돌아오는 과정

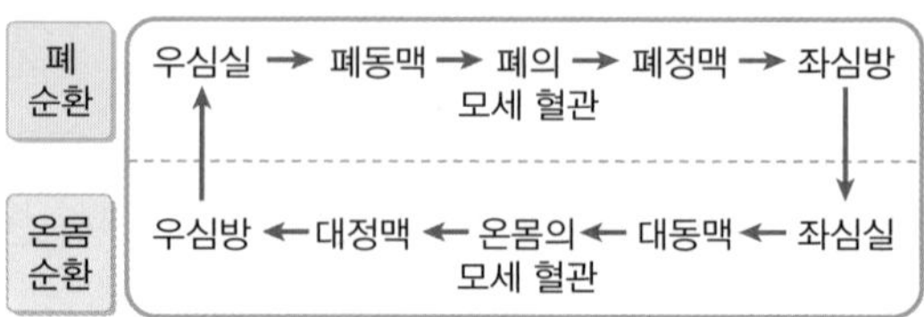

❶ 산소 ❷ 우심방

확인Q 8 온몸의 조직 세포에 산소와 영양소를 공급하고 노폐물과 이산화 탄소를 받아오는 혈액 순환을 (폐순환, 온몸 순환)이라고 한다.

개념 1 호흡

1 호흡 생명 활동을 위해 공기 중의 ❶ [ ] 를 받아들이고 몸속에서 생긴 이산화 탄소를 내보내는 작용

2 호흡계

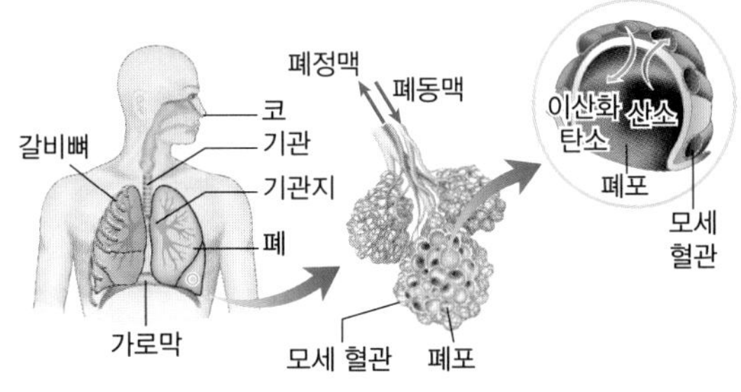

코	•공기를 들이마시고 내보내는 곳 •콧속의 털과 끈끈한 액체가 먼지나 세균을 걸러 낸다.
기관, 기관지	•기관의 안쪽 벽에 섬모가 있어 먼지와 세균을 걸러 낸다. •기관은 두 개의 기관지로 나누어져 좌우 폐와 연결된다.
폐	•갈비뼈와 가로막으로 둘러싸인 흉강 속에 좌우 한 개씩 있다. •근육이 없어 스스로 수축·이완할 수 없다. •폐는 한 겹의 얇은 세포층으로 이루어진 수많은 ❷ [ ] 로 이루어져 있어 공기와 닿는 표면적이 넓다. ➡ 폐포와 폐포를 둘러싼 모세 혈관 사이에서 산소와 이산화 탄소의 기체 교환이 효율적으로 일어나게 한다.

❶산소 ❷폐포

확인Q 1 폐에서 공기와 닿는 표면적을 넓혀 기체 교환이 효율적으로 일어나게 하는 부분은 ( )이다.

개념 2 호흡 운동(1)

1 들숨과 날숨

• 들숨: 들이마시는 숨

• 날숨: 내쉬는 숨

날숨에는 들숨보다 ❶ [ ] 는 적고, 이산화 탄소는 많다.

2 호흡 운동의 원리 폐는 ❷ [ ] 이 없어 스스로 움직이지 못하므로 흉강을 둘러싸고 있는 갈비뼈와 가로막의 움직임에 따라 흉강과 폐의 부피와 압력이 변하여 호흡 운동이 일어난다.

❶산소 ❷근육

확인Q 2 호흡 운동 모형에서 고무막을 아래로 잡아당겼을 때는 실제 호흡에서 (들숨, 날숨)에 해당한다.

개념 3 호흡 운동(2)

1 들숨과 날숨이 일어나는 과정

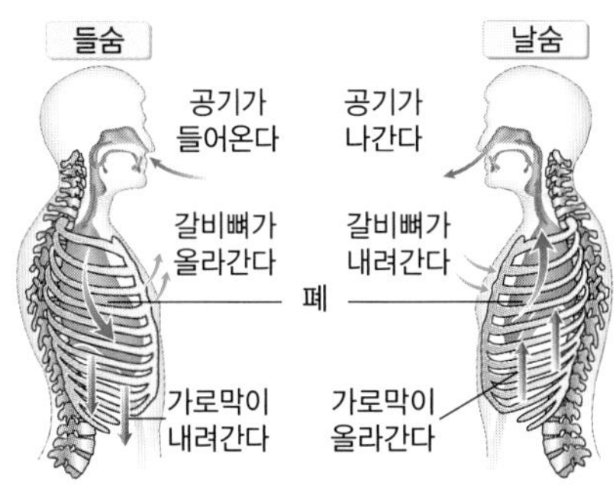

• 들숨: 갈비뼈 올라감, 가로막 내려감 → 흉강 부피 커짐, 흉강 압력 낮아짐 → 폐 부피 커짐, 폐 내부 압력 ❶ [ ] → 몸 밖에서 폐 안으로 공기가 들어옴

• 날숨: 갈비뼈 내려감, 가로막 올라감 → 흉강 부피 작아짐, 흉강 압력 높아짐 → 폐 부피 작아짐, 폐 내부 압력 ❷ [ ] → 폐 안에서 몸 밖으로 공기가 나감

❶낮아짐 ❷높아짐

확인Q 3 들숨일 때 갈비뼈는 ① (올라가고, 내려가고), 가로막은 ② (올라간다, 내려간다).

개념 4 기체 교환

1 기체 교환의 원리 기체의 농도 차에 따른 ❶ [ ] 에 의해 산소와 이산화 탄소가 교환된다.

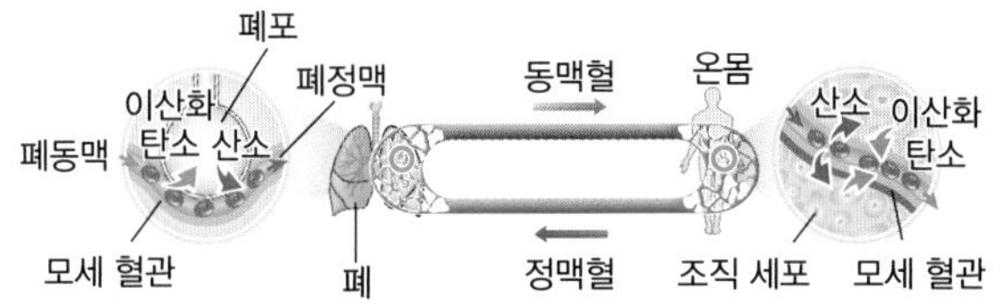

2 폐와 조직 세포에서의 기체 교환

구분	기체 농도 비교	기체의 이동 방향
산소	폐포 > 모세 혈관 > 조직 세포	폐포 → 모세 혈관 → 조직 세포
❷ [ ]	조직 세포 > 모세 혈관 > 폐포	조직 세포 → 모세 혈관 → 폐포

❶확산 ❷이산화 탄소

확인Q 4 산소는 ① (폐포, 모세 혈관)에서 ② (폐포, 모세 혈관)으로 확산되고, 혈액에 의해 온몸의 조직 세포로 전달된다.

개념 5 노폐물의 생성과 배설

1 노폐물의 생성 세포에서 생명 활동에 필요한 에너지를 얻기 위해 ❶ ( ) 를 분해할 때 노폐물이 만들어진다.

노폐물	분해되는 영양소	몸 밖으로 배출
이산화 탄소	탄수화물, 지방, 단백질	폐에서 날숨을 통해 몸 밖으로 나간다.
물	탄수화물, 지방, 단백질	체내에서 다시 사용하거나 날숨과 오줌을 통해 몸 밖으로 나간다.
암모니아	단백질	간에서 독성이 약한 ❷ ( ) 로 바뀐 후 콩팥에서 걸러져 오줌을 통해 몸 밖으로 나간다.

2 배설 혈액 속 노폐물을 걸러 내어 오줌으로 내보내는 작용으로, 배설계가 배설 기능을 담당한다.

❶ 영양소 ❷ 요소

확인Q 5 우리 몸에서 ① ( )이 분해될 때 생성되는 암모니아는 ② ( )에서 독성이 약한 요소로 바뀌어 오줌을 통해 몸 밖으로 내보내진다.

개념 6 배설계

1 배설 기관의 구조와 기능

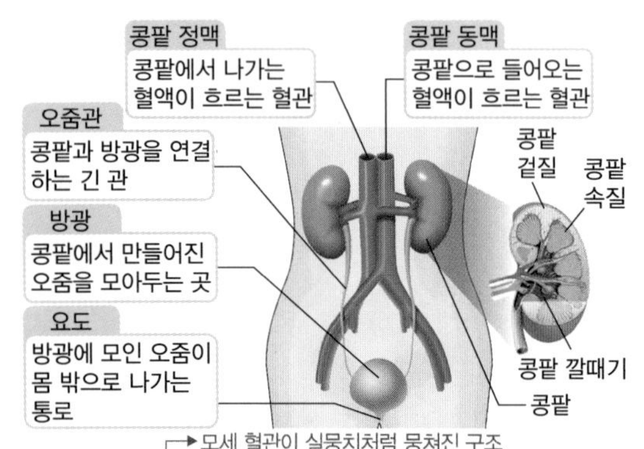

- 콩팥: 혈액 속의 노폐물을 걸러 ❶ ( ) 생성
- 네프론: 사구체(모세 혈관이 실뭉치처럼 뭉쳐진 구조), 보먼주머니(사구체에서 걸러진 여과액이 이동), 세뇨관(세뇨관 주변을 모세 혈관이 감싸고 있음)으로 이루어진 콩팥의 구조적, 기능적 단위

2 오줌의 배설 경로 콩팥 동맥 → ❷ ( ) → 보먼주머니 → 세뇨관 → 콩팥 깔때기 → 오줌관 → 방광 → 요도 → 몸 밖

❶ 오줌 ❷ 사구체

확인Q 6 사구체, 보먼주머니, 세뇨관으로 이루어진 콩팥의 구조적, 기능적 단위를 ( )이라고 한다.

개념 7 오줌의 생성 과정

1 오줌의 생성 과정

구분	이동 방향	특징
여과	사구체 → 보먼주머니	사구체의 높은 압력에 의해 요소, 포도당 등 크기가 작은 물질이 물과 함께 사구체에서 ❶ ( ) 로 여과된다. → 혈구나 단백질과 같이 크기가 큰 물질은 여과되지 못한다.
재흡수	세뇨관 → 모세 혈관	여과액이 세뇨관을 지나는 동안 포도당, 아미노산, 물과 같이 우리 몸에 필요한 성분은 세뇨관에서 모세 혈관으로 재흡수된다.
분비	모세 혈관 → ❷ ( )	사구체에서 미처 여과되지 못하고 혈액에 남아 있던 노폐물은 모세 혈관에서 세뇨관으로 분비된다.

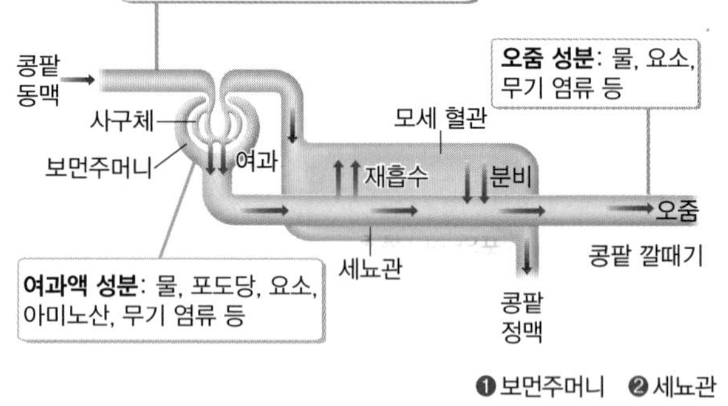

❶ 보먼주머니 ❷ 세뇨관

확인Q 7 여과되지 않은 노폐물이 모세 혈관에서 세뇨관으로 이동하는 현상을 (여과, 재흡수, 분비)라고 한다.

개념 8 소화, 순환, 호흡, 배설의 관계

1 세포 호흡 조직 세포에서 영양소가 산소와 결합하여 물과 이산화 탄소로 분해되면서 ❶ ( ) 를 얻는 과정

➡ 세포 호흡으로 얻은 에너지는 여러 가지 생명 활동에 이용되거나 열로 방출된다.

영양소 + 산소 → 이산화 탄소 + 물 + 에너지

2 소화, 순환, 호흡, 배설의 유기적 관계 ❷ ( ) 호흡이 잘 일어나려면 소화, 순환, 호흡, 배설의 전 과정이 유기적으로 작용해야 한다.

❶ 에너지 ❷ 세포

확인Q 8 호흡계에서 흡수한 산소와 소화계에서 흡수한 영양소는 순환계에 의해 조직 세포로 운반되어 ( )에 사용된다.

1주 1일 개념 돌파 전략 2

1 사람의 소화에 대한 설명으로 옳은 것을 |보기|에서 모두 고른 것은?

보기
ㄱ. 쓸개즙은 간에서 만들어진다.
ㄴ. 단백질의 최종 소화 산물은 포도당이다.
ㄷ. 침 속에 있는 소화 효소는 지방을 분해한다.
ㄹ. 이자에서 3대 영양소의 소화 효소가 모두 생성된다.

① ㄱ, ㄴ ② ㄱ, ㄹ ③ ㄴ, ㄷ
④ ㄱ, ㄴ, ㄹ ⑤ ㄴ, ㄷ, ㄹ

문제 해결 전략

침 속의 소화 효소인 ❶ 는 녹말을 엿당으로 분해하며, 소화액 중 3대 영양소의 소화 효소가 모두 포함된 것은 ❷ 이다.

답 ❶ 아밀레이스 ❷ 이자액

2 동맥, 정맥, 모세 혈관 중 ㉠ 평균 혈압이 가장 높은 것과 ㉡ 혈관의 총 단면적이 가장 넓은 것을 옳게 짝지은 것은?

	㉠	㉡		㉠	㉡
①	동맥	정맥	②	동맥	모세 혈관
③	정맥	모세 혈관	④	정맥	동맥
⑤	모세 혈관	동맥			

문제 해결 전략

심장에서 나가는 혈액이 흐르는 혈관인 ❶ 은 혈관 벽이 두껍고 탄력성이 강하며, 동맥과 정맥을 연결하는 혈관인 ❷ 은 몸 전체에 퍼져 있고 혈액이 흐르는 속도가 느리다.

답 ❶ 동맥 ❷ 모세 혈관

3 사람 심장의 구조와 기능에 대한 설명으로 옳은 것을 |보기|에서 모두 고른 것은?

보기
ㄱ. 심방과 심실 사이, 심실과 동맥 사이에는 판막이 있다.
ㄴ. 좌심실에는 폐를 돌고 와 산소가 풍부한 정맥혈이 흐른다.
ㄷ. 온몸을 돌고 온 혈액은 대정맥을 통해 우심방으로 들어온다.
ㄹ. 심실은 심장으로 혈액이 들어오는 부분으로, 정맥과 연결되어 있다.

① ㄱ, ㄷ ② ㄴ, ㄹ ③ ㄱ, ㄴ, ㄷ
④ ㄱ, ㄷ, ㄹ ⑤ ㄴ, ㄷ, ㄹ

문제 해결 전략

폐순환은 우심실에서 ❶ 으로 나온 혈액이 폐의 모세 혈관을 거쳐 심장으로 돌아오는 과정이며, 온몸 순환은 좌심실에서 ❷ 으로 나온 혈액이 온몸의 모세 혈관을 거쳐 심장으로 돌아오는 과정이다.

답 ❶ 폐동맥 ❷ 대동맥

4 **사람의 호흡계에 대한 설명으로 옳지 않은 것은?**

① 폐는 근육이 발달되어 있어서 스스로 운동한다.
② 호흡계는 코, 기관, 기관지, 폐 등으로 이루어져 있다.
③ 기관의 안쪽 벽에는 섬모가 있어 세균과 먼지가 걸러진다.
④ 들숨이 일어날 때 갈비뼈가 올라가고 가로막이 내려가 흉강의 부피가 커진다.
⑤ 공기가 몸 안으로 들어왔다 나가는 동안 폐에서 기체 교환이 이루어지므로 들숨과 날숨의 기체 성분에 차이가 난다.

문제 해결 전략

폐는 근육 구조가 아닌 수많은 폐포로 이루어져 있고, 흉강의 부피와 압력 변화에 의해 호흡 운동이 일어난다. 들숨일 때 흉강의 부피가 ❶ ____ 지고 압력이 ❷ ____ 진다.

답 ❶ 커 ❷ 낮아

5 **오줌의 생성 과정에 대한 설명으로 옳은 것을 |보기|에서 모두 고르시오.**

보기
ㄱ. 네프론은 사구체, 보먼주머니, 세뇨관으로 구성된다.
ㄴ. 혈액 속에 남아 있던 노폐물이 모세 혈관에서 세뇨관으로 이동하는 것을 재흡수라고 한다.
ㄷ. 사구체를 지나는 혈액 속 물질이 높은 혈압에 의해 보먼주머니로 이동하는 것을 여과라고 한다.

문제 해결 전략

사구체, 보먼주머니, 세뇨관으로 이루어진 콩팥의 구조적, 기능적 단위를 ❶ ____ 이라고 하며, 세뇨관 주변을 ❷ ____ 이 감싸고 있어 재흡수와 분비가 일어난다.

답 ❶ 네프론 ❷ 모세 혈관

6 **그림과 다음 설명은 우리 몸에서 일어나는 여러 가지 기관계의 유기적 작용을 나타낸 것이다.**

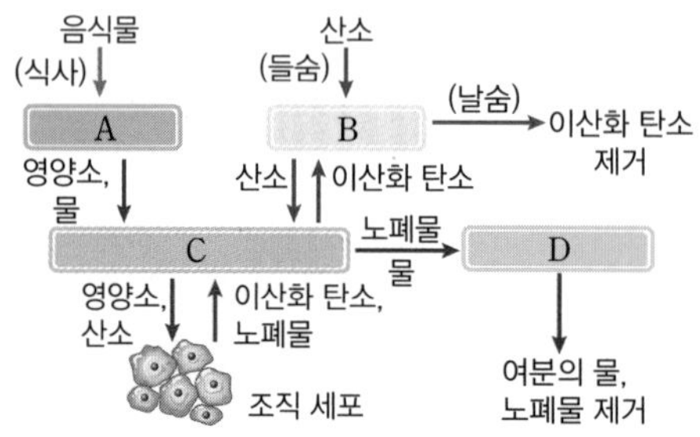

(C)는 (A)에서 음식물을 분해하여 흡수한 영양소와 (B)를 통해 들어온 산소를 온몸의 조직 세포로 운반하고, 노폐물을 (D)로 운반한다.

A~D에 해당하는 기관계의 이름을 옳게 짝지은 것은?

	A	B	C	D
①	소화계	호흡계	순환계	배설계
②	호흡계	순환계	소화계	배설계
③	배설계	소화계	호흡계	순환계
④	순환계	소화계	호흡계	배설계
⑤	순환계	배설계	소화계	호흡계

문제 해결 전략

조직 세포에서 영양소와 산소가 결합하여 생명 활동에 필요한 ❶ ____ 를 얻는 과정을 ❷ ____ 이라고 하며, 이를 위해 소화, 순환, 호흡, 배설의 전 과정이 유기적으로 작용해야 한다.

답 ❶ 에너지 ❷ 세포 호흡

대표 기출 1

| 동물의 구성 단계 |

그림은 동물의 구성 단계를 나타낸 것이다.

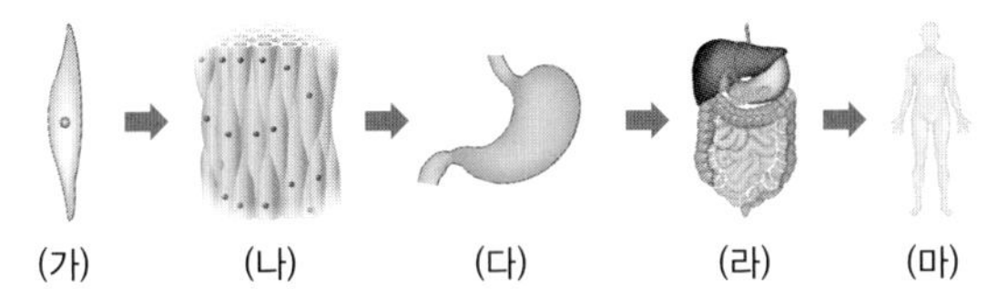

각 단계에 대한 설명으로 옳지 않은 것을 모두 고르면? [정답 2개]

① (가)는 생물을 구성하는 기본 단위이다.
② (나)는 동물의 구성 단계 중 조직에 해당한다.
③ (다)는 비슷한 기능을 하는 조직들의 모임이다.
④ (라)는 구조와 기능이 비슷한 세포들의 모임이다.
⑤ (라)는 연관된 기능을 수행하는 기관들의 모임이다.
⑥ (마)는 하나의 기관계로 이루어진 독립된 생물체이다.

Tip 구조와 기능이 비슷한 세포들의 모임을 조직이라고 하며, 여러 기관계로 이루어진 독립된 생물을 개체라고 한다.

풀이 (가)는 세포, (나)는 조직, (다)는 기관, (라)는 기관계, (마)는 개체이다.
④ (라)는 기관계로, 서로 연관된 기능을 수행하는 기관들의 모임이다.
⑥ 여러 기관계로 이루어진 독립된 생물체를 개체라고 한다. 사람은 소화계, 순환계, 호흡계, 배설계 등 여러 기관계로 이루어져 있다.

답 ④, ⑥

대표 기출 2

| 영양소 검출 반응 |

그림은 어떤 음식물 속에 들어 있는 영양소를 검출하기 위한 실험 과정을 나타낸 것이다.

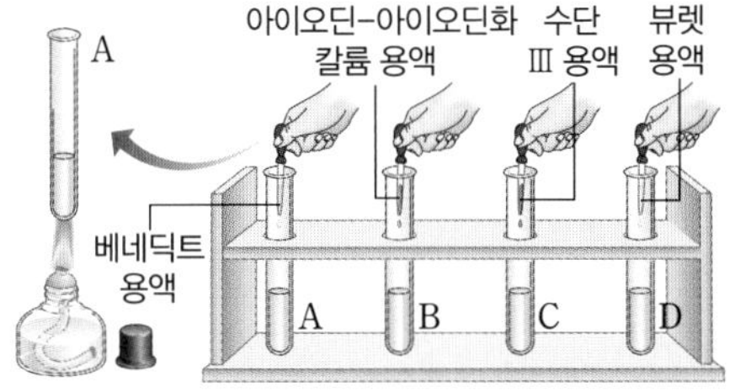

이 실험에 대한 설명으로 옳지 않은 것을 모두 고르면? [정답 2개]

① A는 당 검출 반응이다.
② 음식물 속에 녹말이 있을 경우 B에서 반응이 일어나 청람색이 나타난다.
③ C는 지방 검출 반응이다.
④ D에서 영양소 검출 반응이 일어나면 선홍색이 나타난다.
⑤ 녹말의 최종 소화 산물은 A에서 황적색이 나타나는 것으로 검출된다.
⑥ 베네딕트 용액은 5 % 수산화 나트륨 수용액과 1 % 황산 구리 수용액으로 구성된다.

Tip 포도당은 베네딕트 반응에 의해 황적색이, 녹말은 아이오딘 반응에 의해 청람색이, 지방은 수단 Ⅲ 반응에 의해 선홍색이, 단백질은 뷰렛 반응에 의해 보라색이 나타나는 것으로 검출된다.

풀이 A는 포도당, B는 녹말, C는 지방, D는 단백질 검출 반응 실험이다.
④ D는 단백질 검출 반응으로, 단백질이 검출되면 보라색이 나타난다.
⑥ 뷰렛 용액은 5 % 수산화 나트륨 수용액과 1 % 황산 구리 수용액으로 구성된다.

답 ④, ⑥

1-1 그림은 동물의 구성 단계를 순서 없이 나타낸 것이다.

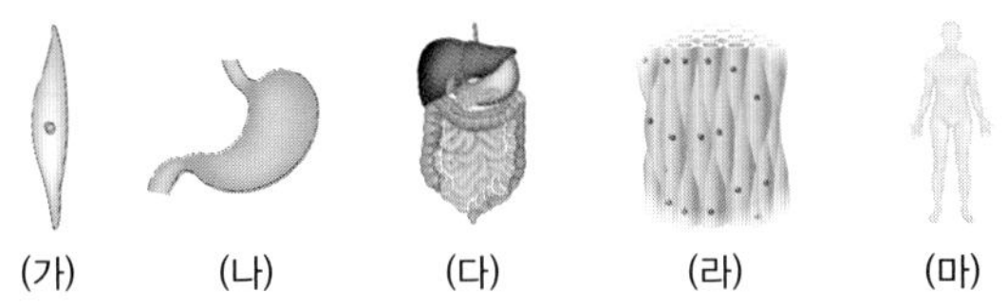

(가)~(마)를 범위가 작은 단계부터 순서대로 나열하시오.

2-1 표는 여러 가지 영양소의 검출 반응과 반응 색깔을 나타낸 것이다.

영양소	검출 반응	반응 색깔
포도당	베네딕트 반응(가열)	(㉠)
(㉡)	뷰렛 반응	보라색

㉠, ㉡에 알맞은 말을 쓰시오.

대표 기출 3 | 소화 |

그림은 사람의 소화 기관을 나타낸 것이다. 이에 대한 설명으로 옳은 것을 모두 고르면? [정답 3개]

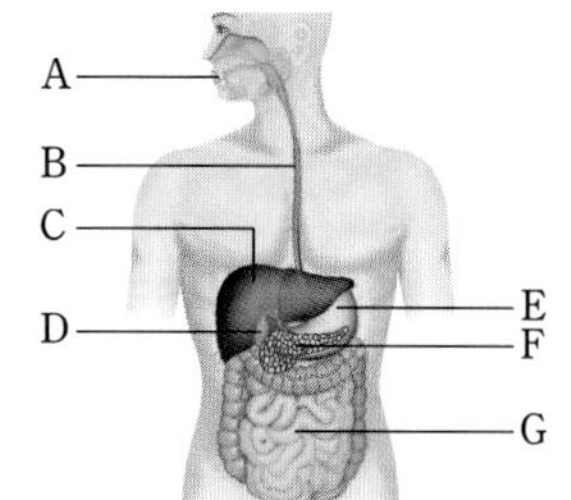

① A~G는 모두 음식물이 직접 지나가는 곳이다.
② 녹말이 최초로 분해되는 곳은 B이다.
③ 쓸개즙은 C에서 생성되어 D에 저장되었다가 분비된다.
④ E에서 트립신이 분비되어 단백질을 분해한다.
⑤ 지방을 분해하는 소화 효소는 F에서만 생성된다.
⑥ G는 소장으로, 3대 영양소가 모두 최종 산물로 소화되어 흡수된다.

Tip 녹말은 입과 소장, 단백질은 위와 소장, 지방은 소장에서 소화된다.

풀이 A는 입, B는 식도, C는 간, D는 쓸개, E는 위, F는 이자, G는 소장이다.
① 음식물은 입(A), 식도(B), 위(E), 소장(G)을 지나간다. 간(C), 쓸개(D), 이자(F)는 음식물이 직접 지나가는 곳은 아니지만 소화액의 생성과 분비에 관여하여 소화를 돕는 기관이다.
② 녹말이 최초로 분해되는 곳은 입(A)이며, 녹말은 침 속의 아밀레이스에 의해 엿당으로 분해된다.
④ 트립신은 이자액 속에 포함된 단백질 소화 효소이다. 답 ③, ⑤, ⑥

대표 기출 4 | 영양소의 흡수 |

그림은 소장의 융털을 나타낸 것이다. 이에 대한 설명으로 옳지 않은 것을 모두 고르면? [정답 3개]

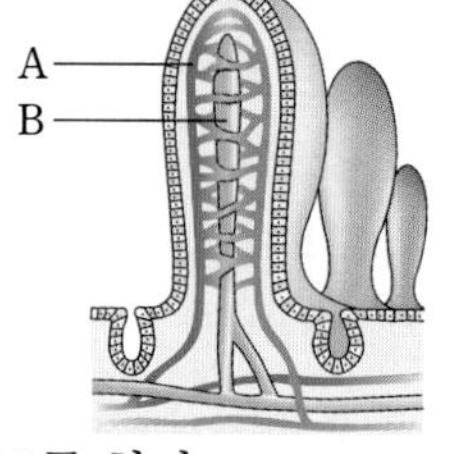

① 융털의 구조는 음식물과 닿는 표면적을 넓혀 주어 영양소를 효과적으로 흡수할 수 있도록 한다.
② A는 모세 혈관이고, B는 암죽관이다.
③ 녹말과 단백질은 A로 흡수되는 영양소이다.
④ 포도당과 아미노산은 B로 흡수된다.
⑤ 지용성 영양소는 A로 흡수된다.
⑥ A와 B로 흡수된 영양소는 모두 심장으로 이동한다.
⑦ 수용성 바이타민과 무기 염류는 A로 흡수된다.

Tip 융털 내부는 가운데에 암죽관이 있고, 그 주변을 모세 혈관이 둘러싸고 있다.

풀이 A는 모세 혈관이고, B는 암죽관이다.
③ 녹말과 단백질은 융털에서 흡수 가능한 크기가 아니며 소화 과정을 통해 각각 더 작은 크기인 포도당과 아미노산으로 분해된 후 모세 혈관(A)으로 흡수된다.
④ 포도당과 아미노산 등 수용성 영양소는 모세 혈관(A)으로 흡수된다.
⑤ 지방산, 모노글리세리드, 지용성 바이타민 등 지용성 영양소는 암죽관(B)으로 흡수된다. 답 ③, ④, ⑤

3-1 그림은 사람의 소화 기관 중 일부를 나타낸 것이다. 이에 대한 설명으로 옳지 않은 것은?

A B C D

① A는 간이다.
② B에서 쓸개즙이 분비된다.
③ C를 지나는 음식물은 소장으로 이동한다.
④ C에서 3대 영양소의 소화 효소가 모두 생성된다.
⑤ D에서 이자액이 생성된다.

4-1 그림은 소장 융털의 내부 구조를 나타낸 것이다. A로 흡수되는 영양소를 |보기|에서 모두 고른 것은?

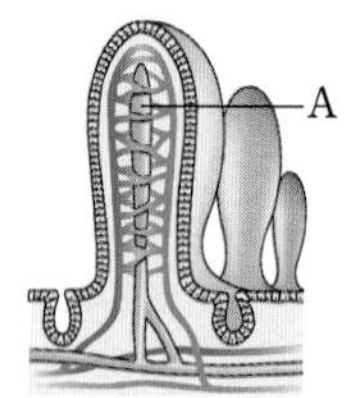

| 보기 |
ㄱ. 포도당 ㄴ. 지방산 ㄷ. 아미노산
ㄹ. 무기 염류 ㅁ. 지용성 바이타민

① ㄱ, ㄴ ② ㄴ, ㅁ ③ ㄷ, ㄹ
④ ㄱ, ㄷ, ㄹ ⑤ ㄴ, ㄹ, ㅁ

대표 기출 5 | 심장의 구조와 기능 |

그림은 사람의 심장 구조를 나타낸 것으로, (가)~(라)는 혈관이다. 이에 대한 설명으로 옳은 것을 모두 고르면? [정답 3개]

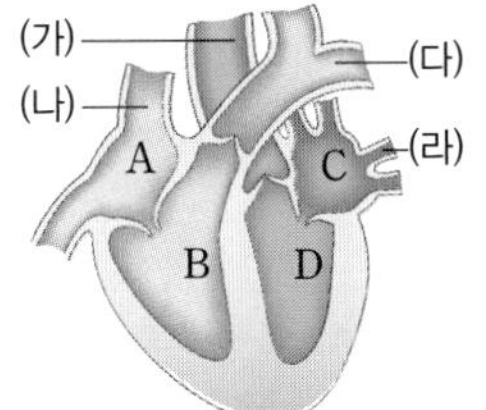

① 2심방 1심실 구조이다.
② 심장으로 혈액이 들어오는 곳은 B와 D이다.
③ 판막이 있어 혈액이 B에서 A로 흐르는 것을 막는다.
④ C는 좌심실로, 폐정맥과 연결되어 있다.
⑤ (가)는 대동맥이고, (다)는 폐동맥이다.
⑥ (나)와 (라)는 심장의 심실 부위와 연결되어 있다.
⑦ B는 폐동맥을 통해 혈액을 내보내는 우심실이다.

Tip 혈액은 심장의 심실에서 동맥으로 나가고, 정맥을 통해 심방으로 들어온다.

풀이 A는 우심방, B는 우심실, C는 좌심방, D는 좌심실, (가)는 대동맥, (나)는 대정맥, (다)는 폐동맥, (라)는 폐정맥이다.
① 사람의 심장은 2심방 2심실 구조이다.
② 심장으로 혈액이 들어오는 곳은 우심방(A)과 좌심방(C)이다.
④ C는 좌심방으로, 폐정맥과 연결되어 있다.
⑥ (나)는 대정맥으로 우심방과 연결되어 있고, (라)는 폐정맥으로 좌심방과 연결되어 있다.

답 ③, ⑤, ⑦

대표 기출 6 | 혈관의 종류와 구조 |

그림은 우리 몸을 이루는 혈관의 구조를 나타낸 것이다.

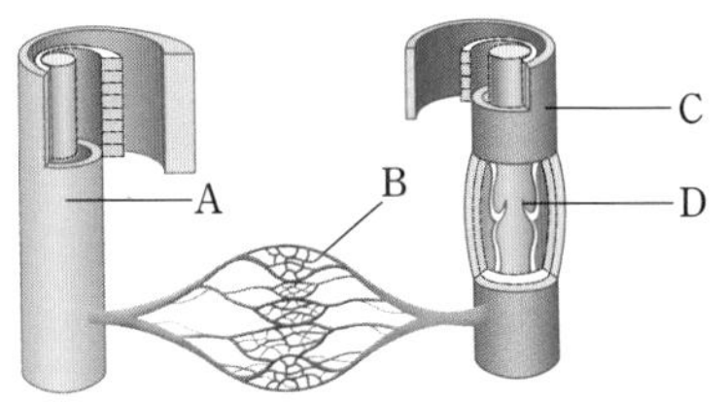

각 혈관에 대한 설명으로 옳지 않은 것을 모두 고르면? [정답 2개]

① 맥박은 A에서 나타난다.
② A는 심장으로 들어가는 혈액이 흐르는 혈관이다.
③ B에서는 주변 세포와 물질 교환이 이루어진다.
④ 혈류 속도는 B보다 A에서 더 빠르다.
⑤ A에도 D가 있다.
⑥ C는 A에 비해 혈관 벽이 두껍고 탄력성이 크다.
⑦ 혈액은 A → B → C 방향으로 흐른다.

Tip 동맥은 심장에서 나가는 혈액이 흐르는 혈관으로, 혈압이 높고 혈류 속도가 빠르며 맥박이 나타난다.

풀이 A는 동맥, B는 모세 혈관, C는 정맥, D는 판막이다.
② 동맥(A)은 심장에서 나가는 혈액이 흐르는 혈관이다.
⑤ 혈관 내부에 있는 판막은 혈압이 낮아 혈액이 역류할 수 있는 정맥(C)에 있다.
⑥ 높은 혈압을 견뎌야 하는 동맥(A)의 혈관 벽이 가장 두껍고 탄력성이 크다.

답 ②, ⑤, ⑥

5-1 그림은 사람 심장의 구조를 나타낸 것이다. 이에 대한 설명으로 옳은 것은?

A C B D

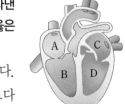

① A는 폐정맥과 연결되어 있다.
② B의 근육이 D의 근육보다 두껍다.
③ C와 대동맥 사이에 판막이 있어 혈액의 역류를 막는다.
④ D가 수축하면 혈액이 폐로 나간다.
⑤ 심장에서 혈액은 A → B, C → D 방향으로만 흐른다.

6-1 그림은 우리 몸 속 혈관의 구조를 나타낸 것이다.

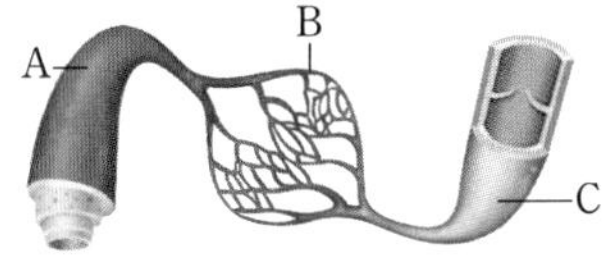

이에 대한 설명으로 옳은 것을 | 보기 | 에서 모두 고른 것은?

| 보기 |
ㄱ. A~C 중 C의 혈압이 가장 낮다.
ㄴ. B는 혈관 벽이 한 층의 세포로 되어 있다.
ㄷ. 혈관의 총 단면적은 A~C 중 A가 가장 넓다.

① ㄱ ② ㄴ ③ ㄱ, ㄴ
④ ㄴ, ㄷ ⑤ ㄱ, ㄴ, ㄷ

대표 기출 7

| 혈액의 구성 |

그림은 혈액의 구성 성분을 나타낸 것이다. A~D에 대한 설명으로 옳지 않은 것을 모두 고르면? [정답 2개]

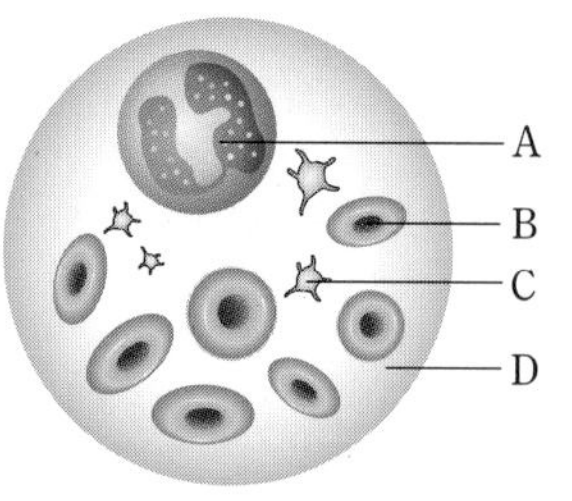

① A는 핵이 있고 식균 작용을 한다.
② A에는 산소 운반 기능을 하는 색소인 헤모글로빈이 들어 있다.
③ B는 상처 부위의 혈액을 응고시켜 출혈을 멈추게 한다.
④ C는 핵이 없고 모양이 일정하지 않다.
⑤ D는 영양소와 노폐물을 운반한다.
⑥ A, B, C는 혈구에 해당한다.
⑦ A~C 중 크기가 가장 큰 것은 A이다.

Tip 적혈구, 백혈구, 혈소판은 혈액 성분 중 혈구이고, 적혈구는 산소 운반, 백혈구는 식균 작용, 혈소판은 혈액 응고 작용을 한다.

풀이 A는 백혈구, B는 적혈구, C는 혈소판, D는 혈장이다.
② 산소 운반 기능을 하는 색소인 헤모글로빈이 들어 있는 것은 적혈구(B)이다.
③ 상처 부위의 혈액을 응고시켜 출혈을 멈추게 하는 것은 혈소판(C)이다.

답 ②, ③

대표 기출 8

| 혈액의 순환 |

그림은 사람의 혈액 순환 경로를 나타낸 것이다. 이에 대한 설명으로 옳지 않은 것을 모두 고르면? [정답 3개]

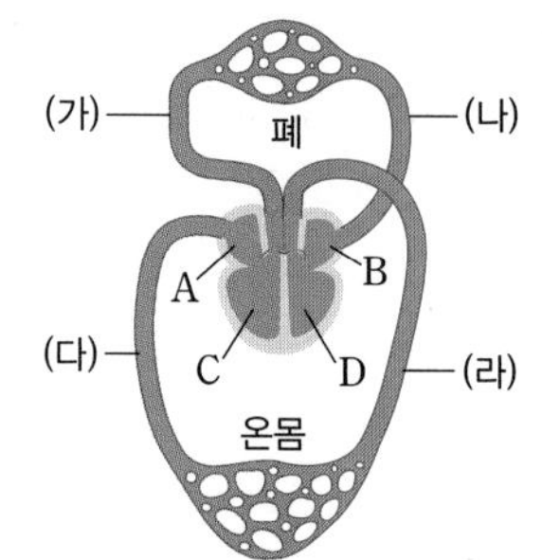

① A에는 B보다 산소가 많은 혈액이 흐른다.
② (가)와 (라)는 동맥이다.
③ (나)는 폐정맥으로, 산소가 많은 혈액이 흐른다.
④ (라)에는 (다)보다 이산화 탄소가 많은 혈액이 흐른다.
⑤ 온몸 순환의 경로는 D → (라) → 온몸의 모세 혈관 → (다) → A이다.
⑥ 폐순환의 경로는 B → (나) → 폐의 모세 혈관 → (가) → A이다.

Tip 온몸 순환은 좌심실에서 나간 혈액이 온몸의 조직 세포에 산소를 공급하고 우심방으로 돌아오는 경로이고, 폐순환은 우심실에서 나간 산소가 적은 혈액이 폐를 지나 산소가 많은 혈액이 되어 좌심방으로 돌아오는 경로이다.

풀이 A는 우심방, B는 좌심방, C는 우심실, D는 좌심실이고 (가)는 폐동맥, (나)는 폐정맥, (다)는 대정맥, (라)는 대동맥이다.
① 우심방(A)에는 온몸의 조직 세포를 지나면서 산소가 적어진 혈액이 흐르고, 좌심방(B)에는 폐를 지나면서 산소가 많아진 혈액이 흐른다.
④ 대동맥(라)에는 산소가 많고 이산화 탄소가 적은 혈액이 흐르고, 대정맥(다)에는 산소가 적고 이산화 탄소가 많은 혈액이 흐른다.
⑥ 폐순환의 경로는 우심실(C) → 폐동맥(가) → 폐의 모세 혈관 → 폐정맥(나) → 좌심방(B)이다.

답 ①, ④, ⑥

7-1 혈액을 채취하여 시험관에 넣고 분리하였더니 그림과 같이 A와 B로 분리되었다. A와 B에 대한 설명으로 옳은 것을 | 보기 |에서 모두 고른 것은?

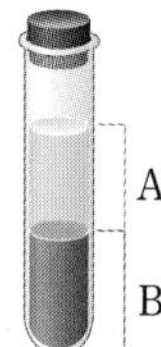

보기
ㄱ. 혈소판은 A에 포함되어 있다.
ㄴ. A는 이산화 탄소를 운반한다.
ㄷ. A는 액체 성분으로 물이 주성분이다.
ㄹ. B에는 적혈구, 백혈구, 혈소판이 있다.

① ㄱ, ㄴ ② ㄴ, ㄷ ③ ㄷ, ㄹ
④ ㄱ, ㄴ, ㄷ ⑤ ㄴ, ㄷ, ㄹ

8-1 그림은 사람의 혈액 순환 경로를 나타낸 것이다.

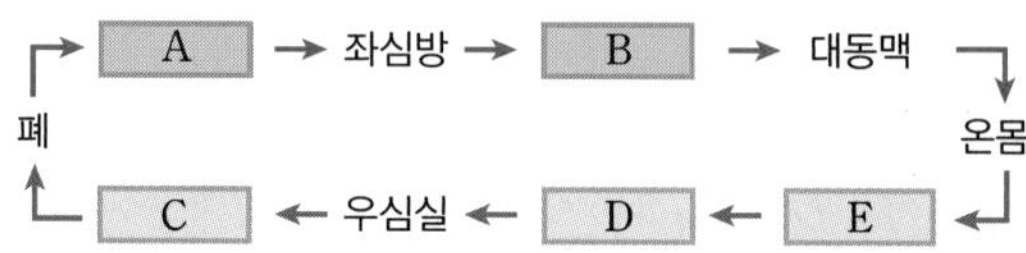

A~E에 들어갈 혈관이나 심장 부위의 이름을 각각 쓰시오.

1 표는 동물의 구성 단계 일부와 각각의 예를 나타낸 것으로, (가)~(다)는 세포, 조직, 기관을 순서 없이 나타낸 것이다. 이에 대한 설명으로 옳은 것을 |보기|에서 모두 고른 것은?

구성 단계	예
(가)	?
(나)	적혈구
(다)	위, 심장

보기
ㄱ. 상피 조직은 (가)의 예이다.
ㄴ. (나)는 생물의 몸을 구성하는 기본 단위이다.
ㄷ. 여러 종류의 조직이 모여 (다)를 이룬다.

① ㄱ ② ㄴ ③ ㄷ
④ ㄱ, ㄴ ⑤ ㄱ, ㄴ, ㄷ

Tip 동물의 구성 단계 중 조직들이 모여 일정한 형태를 이루며 특정한 기능을 수행하는 단계는 [   ]이다. 답 기관

2 그림과 같이 셀로판 주머니에 녹말 용액과 포도당 용액을 넣고 시간이 지난 후 비커 A의 물과 셀로판 주머니 안의 용액에는 각각 아이오딘 반응을, 비커 B의 물과 셀로판 주머니 안의 용액에는 각각 베네딕트 반응 실험을 하였다.

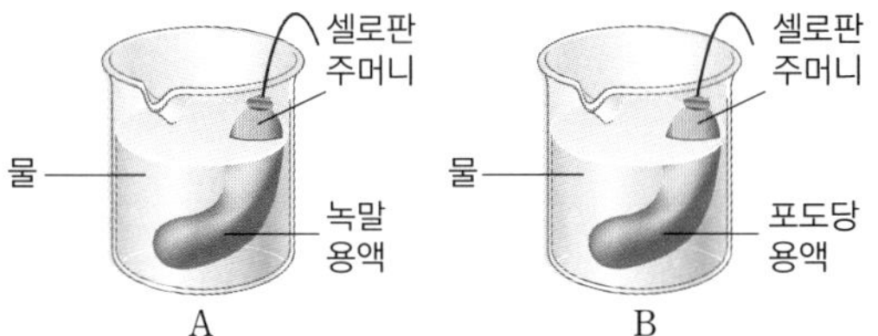

이에 대한 설명으로 옳은 것을 |보기|에서 모두 고르시오.

보기
ㄱ. 비커 A의 물에서 청람색이 나타난다.
ㄴ. 비커 B의 물에서 청람색이 나타난다.
ㄷ. 비커 A의 셀로판 주머니 안의 용액에서 황적색이 나타난다.
ㄹ. 비커 B의 셀로판 주머니 안의 용액에서 황적색이 나타난다.

Tip 녹말은 크기가 커서 ❶[   ]을 통과하기 위해 크기가 작은 포도당으로 분해되어야 한다. 답 ❶세포막

3 그림은 3대 영양소의 소화 과정을 나타낸 것이다.

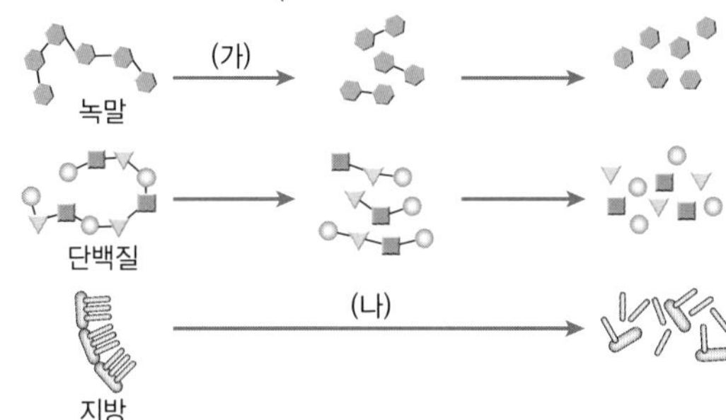

이에 대한 설명으로 옳은 것을 |보기|에서 모두 고른 것은?

보기
ㄱ. (가) 과정은 입과 소장에서 일어난다.
ㄴ. 단백질의 최종 소화 산물은 포도당이다.
ㄷ. 이자에서 (나) 과정이 일어난다.

① ㄱ ② ㄴ ③ ㄱ, ㄷ
④ ㄴ, ㄷ ⑤ ㄱ, ㄴ, ㄷ

Tip 단백질은 ❶[   ]와 소장에서 소화되며, 단백질의 최종 소화 산물은 ❷[   ]이다. 답 ❶위 ❷아미노산

4 표는 영양소 검출 실험 결과이고, 그림은 소장 융털의 구조를 나타낸 것이다. A~C는 각각 포도당, 단백질, 지방 중 하나이다.

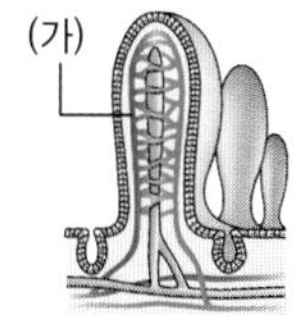

혼합 용액	뷰렛 반응	베네딕트 반응	수단 Ⅲ 반응
A+B	보라색	청색	선홍색
B+C	보라색	황적색	붉은색

이에 대한 설명으로 옳은 것을 |보기|에서 모두 고른 것은?

보기
ㄱ. A는 (가)로 흡수된다.
ㄴ. B는 위에서 펩신에 의해 소화된다.
ㄷ. C는 탄수화물에 해당된다.

① ㄱ ② ㄴ ③ ㄷ
④ ㄴ, ㄷ ⑤ ㄱ, ㄴ, ㄷ

Tip 포도당, 아미노산 등 ❶[   ] 영양소는 소장 융털의 ❷[   ]으로 흡수된다. 답 ❶수용성 ❷모세 혈관

5 그림은 사람의 심장 박동 과정 중 어떤 시기의 심장 구조와 혈액의 흐름을 나타낸 것이다. 이 시기에 대한 설명으로 옳은 것을 | 보기 |에서 모두 고른 것은?

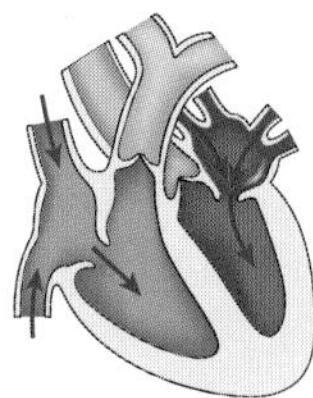

| 보기 |

ㄱ. 심방과 심실 사이의 판막이 열려 있다.
ㄴ. 우심실에서 폐동맥으로 혈액이 이동한다.
ㄷ. 좌심실이 강하게 수축하여 혈액이 대동맥으로 이동한다.

① ㄱ ② ㄴ ③ ㄷ
④ ㄴ, ㄷ ⑤ ㄱ, ㄴ, ㄷ

Tip 심방에서 심실로 혈액이 이동할 때 심방과 심실 사이의 판막이 ❶ [ ]고, 심실이 수축할 때 심실에서 ❷ [ ]으로 혈액이 이동한다.

답 ❶열리 ❷동맥

6 그림은 사람의 혈액 순환 경로를 나타낸 것으로 A~D는 혈관을, E~H는 심장 구조를 나타낸 것이다. 이에 대한 설명으로 옳은 것을 | 보기 |에서 모두 고른 것은?

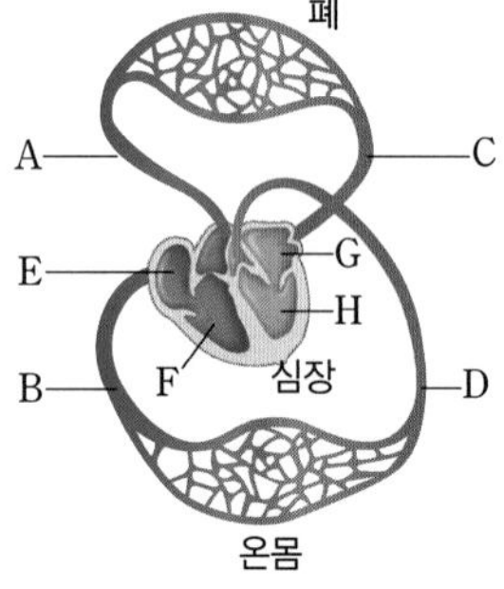

| 보기 |

ㄱ. 폐순환 경로에서 혈액은 F → E → A → 폐 → C로 흐른다.
ㄴ. 온몸 순환 경로에서 조직 세포에 공급하는 혈액은 H가 수축할 때 D를 통해 이동한다.
ㄷ. G의 혈액이 H로 이동하는 과정에서 혈액의 산소량이 감소하고 이산화 탄소량이 증가한다.

① ㄱ ② ㄴ ③ ㄱ, ㄷ
④ ㄴ, ㄷ ⑤ ㄱ, ㄴ, ㄷ

Tip 폐순환 경로에서 혈액은 우심실 → ❶ [ ] → 폐(모세 혈관) → 폐정맥 → ❷ [ ]으로 이동한다.

답 ❶폐동맥 ❷좌심방

7 다음은 혈구를 관찰하기 위한 실험 과정이고, 그림은 혈액의 구성 성분을 나타낸 것이다.

| 실험 과정 |

(가) 혈액을 받침유리 위에 한 방울 떨어뜨린다.
(나) 혈액 위에 ㉠ 에탄올을 한 방울 떨어뜨리고 말린다.
(다) ㉡ 김사액을 2~3방울 떨어뜨려 염색한 다음 물로 씻어낸 후 현미경으로 관찰한다.

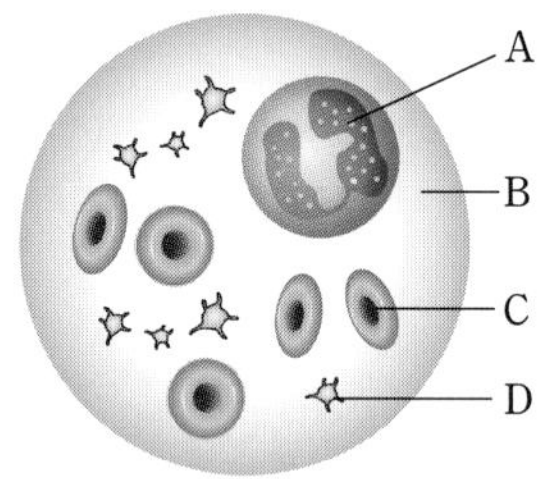

이에 대한 설명으로 옳은 것을 | 보기 |에서 모두 고른 것은?

| 보기 |

ㄱ. ㉠은 혈구를 살아 있는 상태에 가깝게 고정하는 과정이다.
ㄴ. ㉡은 C를 명확하게 관찰하기 위한 과정이다.
ㄷ. D의 수가 정상인에 비해 부족할 경우 상처 부위의 혈액이 잘 응고되지 않는다.

① ㄱ ② ㄴ ③ ㄱ, ㄷ
④ ㄴ, ㄷ ⑤ ㄱ, ㄴ, ㄷ

Tip 혈구에는 헤모글로빈이 있는 적혈구, 식균 작용을 하는 백혈구, 출혈 시 혈액 응고를 담당하는 ❶ [ ]이 있으며, 김사액은 ❷ [ ]의 핵을 보라색으로 염색한다.

답 ❶혈소판 ❷백혈구

1주 3일 필수 체크 전략 1

기출 선택지 All

대표 기출 1 | 호흡계 |

그림은 사람의 호흡계를 나타낸 것이다. 각 부분에 대한 설명으로 옳지 않은 것을 모두 고르면? [정답 3개]

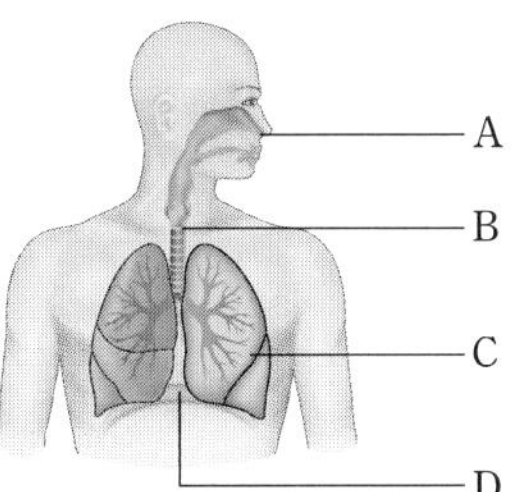

① A는 공기가 드나드는 출입구이다.
② A는 체내로 들어오는 공기의 온도와 습도를 알맞게 조절한다.
③ B는 폐포와 연결된다.
④ B 속에는 섬모가 있어 공기 중의 먼지를 걸러낸다.
⑤ C는 근육이 발달되어 있어 스스로 운동을 한다.
⑥ D는 가슴과 배를 나누는 막으로 움직이지 않는다.

Tip 폐는 근육이 없기 때문에 스스로 수축하거나 이완할 수 없다.

풀이 A는 코, B는 기관, C는 폐, D는 가로막이다.
③ 기관지가 폐포와 연결된다.
⑤ 사람의 폐(C)는 근육으로 되어 있지 않아 갈비뼈와 가로막(D)의 상하 운동으로 호흡 운동을 한다.
⑥ 가로막(D)은 가슴과 배를 나누는 근육으로 된 막으로 상하로 움직인다.

답 ③, ⑤, ⑥

1-1 그림은 사람의 호흡계의 구조를 나타낸 것이다.

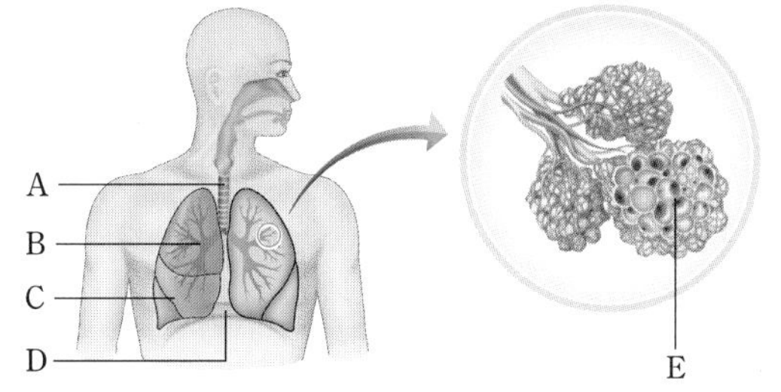

이에 대한 설명으로 옳은 것을 | 보기 | 에서 모두 고르시오.

| 보기 |

ㄱ. A는 기관지이다.
ㄴ. B는 C 속에서 더 많은 가지로 갈라져 E와 연결된다.
ㄷ. C는 갈비뼈와 D로 둘러싸인 흉강에 들어 있다.

대표 기출 2 | 호흡 운동 |

그림은 호흡 운동 시 일어나는 우리 몸의 변화를 나타낸 것이다.

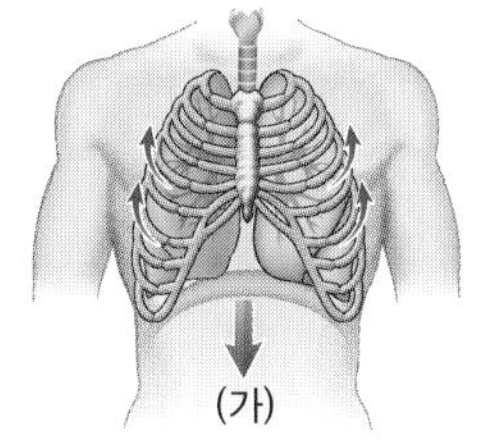

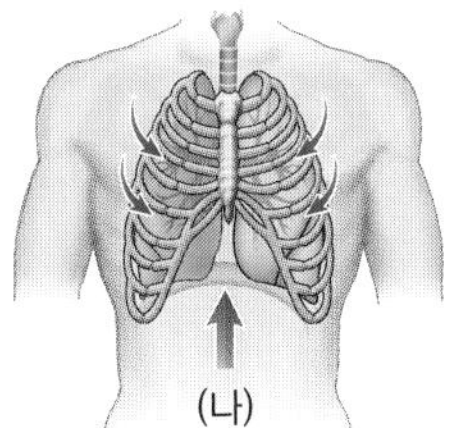

이에 대한 설명으로 옳은 것을 모두 고르면? [정답 2개]

① (가)는 날숨일 때의 모습이다.
② (가)일 때 갈비뼈는 위로 올라간다.
③ (가)일 때 이산화 탄소 농도가 높은 공기가 폐에서 외부로 이동한다.
④ (나)일 때 공기의 압력은 폐>외부이다.
⑤ (나)일 때 산소 농도가 높은 공기가 외부에서 폐로 이동한다.
⑥ (가)보다 (나)일 때 흉강의 부피가 크다.

Tip 갈비뼈가 올라가고 가로막이 내려가면 흉강의 부피가 커지고 압력이 낮아져 들숨이 일어난다.

풀이 ① (가)는 들숨, (나)는 날숨일 때의 모습이다.
③ 들숨(가)일 때는 산소 농도가 높은 공기가 외부에서 폐로 이동한다.
⑤ 날숨(나)일 때는 이산화 탄소 농도가 높은 공기가 폐에서 외부로 이동한다.
⑥ 들숨(가)일 때가 날숨(나)일 때보다 흉강의 부피가 크다.

답 ②, ④

2-1 들숨과 날숨 시 우리 몸에서 일어나는 변화로 옳지 않은 것은?

구분	들숨	날숨
① 갈비뼈	올라간다	내려간다
② 가로막	올라간다	내려간다
③ 흉강 부피	커진다	작아진다
④ 폐 내부 압력	낮아진다	높아진다
⑤ 공기의 흐름	외부 → 폐	폐 → 외부

대표 기출 3 | 호흡 운동의 원리 |

그림은 호흡 운동의 원리를 알아보는 실험 장치를 나타낸 것이다. 이에 대한 설명으로 옳지 않은 것을 모두 고르면? [정답 3개]

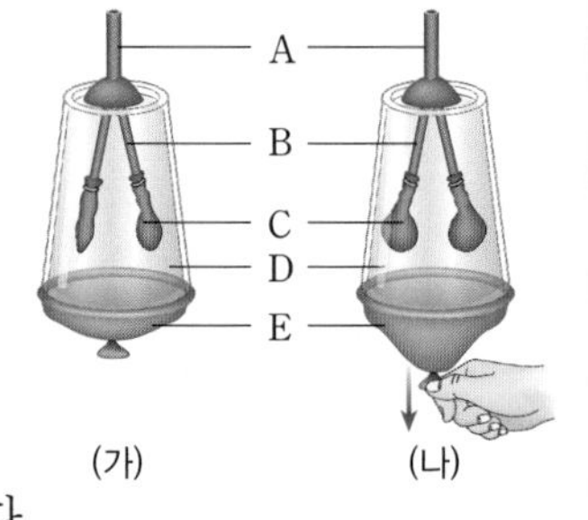

① A는 사람의 호흡 기관 중 기관에 해당한다.
② B는 사람의 호흡 기관 중 갈비뼈에 해당한다.
③ C는 사람의 호흡 기관 중 폐에 해당한다.
④ D는 사람의 호흡 기관 중 흉강에 해당한다.
⑤ E는 사람의 호흡 기관 중 가로막에 해당한다.
⑥ (나)와 같이 고무막을 아래로 잡아당기는 것은 날숨일 때에 해당한다.
⑦ (나)와 같이 고무막을 아래로 잡아당기면 D 안쪽 공간의 압력이 높아진다.

Tip 호흡 운동 모형에서 고무막을 아래로 잡아당기면 고무풍선이 커지는 것으로 보아 공기가 밖에서 안으로 들어왔음을 알 수 있다.

풀이 A는 기관, B는 기관지, C는 폐, D는 흉강, E는 가로막에 해당한다.
② 호흡 운동 모형에서 갈비뼈에 해당하는 부분은 없다.
⑥ (나)와 같이 고무막을 아래로 잡아당기는 것은 들숨일 때에 해당한다.
⑦ 고무막을 아래로 잡아당기면 플라스틱 컵 내 부피가 커져 압력이 낮아지게 된다. **답** ②, ⑥, ⑦

3-1 그림은 호흡 운동의 원리를 알아보는 실험 장치를 나타낸 것이다. 이에 대한 설명으로 옳은 것을 | 보기 |에서 모두 고르시오.

| 보기 |
ㄱ. 고무풍선은 우리 몸의 흉강에 해당한다.
ㄴ. 고무막을 아래로 당기는 것은 날숨에 해당한다.
ㄷ. 고무막을 아래로 당겼다가 놓으면 부피가 커졌던 고무풍선이 작아지면서 공기가 밖으로 빠져나간다.

대표 기출 4 | 기체 교환 과정 |

그림은 사람의 몸에서 일어나는 기체 교환 과정을 나타낸 것이다.

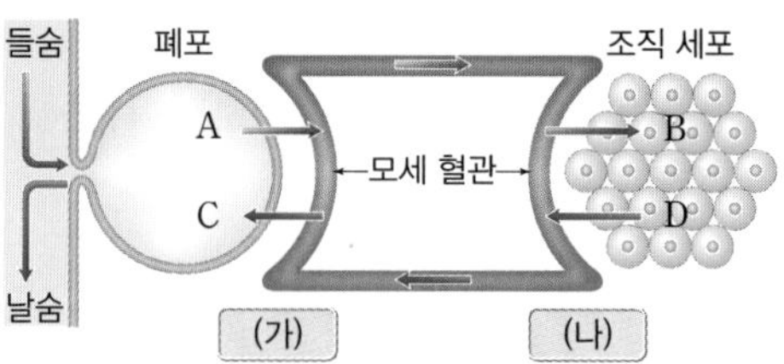

이에 대한 설명으로 옳은 것을 모두 고르면? [정답 2개]

① A는 이산화 탄소, B는 산소이다.
② C는 날숨보다 들숨에 많이 들어 있다.
③ D는 석회수를 뿌옇게 흐려지게 한다.
④ (가)에서 산소의 농도는 폐포보다 모세 혈관에서 더 높다.
⑤ (나)에서 이산화 탄소의 농도는 모세 혈관이 조직 세포에서보다 높다.
⑥ (가)와 (나)에서 기체 교환은 농도 차이에 따른 확산에 의해 일어난다.

Tip 폐포와 모세 혈관, 조직 세포와 모세 혈관에서 산소와 이산화 탄소는 농도가 높은 곳에서 낮은 곳으로 확산된다.

풀이 (가)는 폐포와 모세 혈관 사이, (나)는 조직 세포와 모세 혈관 사이의 기체 교환이다.
① A와 B는 산소이다.
② C는 이산화 탄소이며, 들숨보다 날숨에 많이 들어 있다.
④ 폐포의 산소 농도가 모세 혈관보다 높아 폐포에서 모세 혈관으로 산소가 이동한다.
⑤ 조직 세포의 이산화 탄소 농도가 모세 혈관에서보다 높아 조직 세포에서 모세 혈관으로 이산화 탄소가 이동한다. **답** ③, ⑥

4-1 그림은 폐포와 모세 혈관 사이의 기체 교환을 나타낸 것이다. 이에 대한 설명으로 옳은 것을 | 보기 |에서 모두 고르시오.

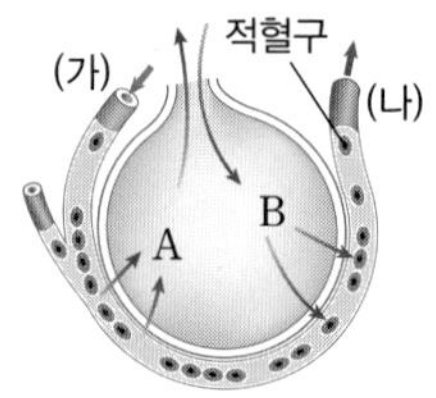

| 보기 |
ㄱ. (가)는 폐정맥이다.
ㄴ. A의 농도는 폐포보다 모세 혈관에서 더 높다.
ㄷ. 혈액 속 B의 농도는 (가)보다 (나)에서 더 높다.

대표 기출 5 | 노폐물의 생성과 배설 |

그림은 영양소가 분해될 때 생성되는 노폐물이 몸 밖으로 나가는 과정을 나타낸 것이다.

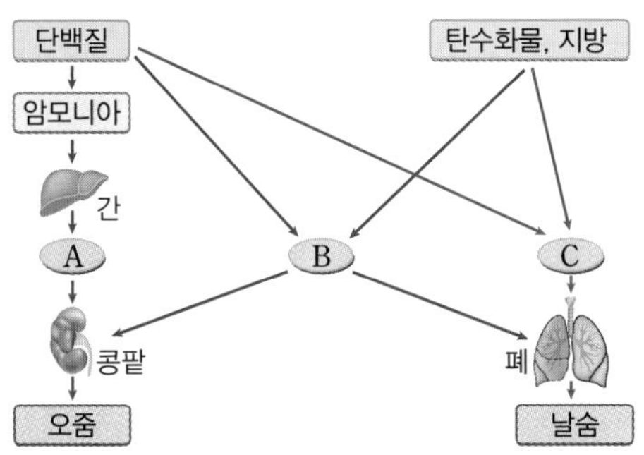

이에 대한 설명으로 옳지 않은 것을 모두 고르면? [정답 2개]

① A는 요소로, 암모니아보다 독성이 강하다.
② B는 이산화 탄소로, 단백질이 분해될 때 생성된다.
③ C는 3대 영양소가 분해될 때 공통적으로 생성되는 노폐물이다.
④ C의 농도는 폐정맥보다 폐동맥에서 높다.
⑤ 녹색의 BTB 용액에 C를 넣으면 황색으로 변한다.

Tip 영양소가 분해될 때 생성된 노폐물 중 요소는 오줌으로, 물은 오줌와 날숨으로, 이산화 탄소는 날숨으로 배출된다.

풀이 A는 요소, B는 물, C는 이산화 탄소이다.
① 암모니아는 독성이 강해 간에서 독성이 약한 요소(A)로 전환된 후 오줌을 통해 배설된다.
② 조직 세포에서 3대 영양소가 분해될 때 공통적으로 생성되는 물(B)은 콩팥에서 오줌으로, 폐에서 날숨으로 배출된다. 이산화 탄소(C)는 폐에서 날숨으로 배출된다.

답 ①, ②

5-1 그림은 영양소의 분해 과정에서 생성되는 노폐물과 노폐물이 몸 밖으로 나가는 과정을 나타낸 것이다.

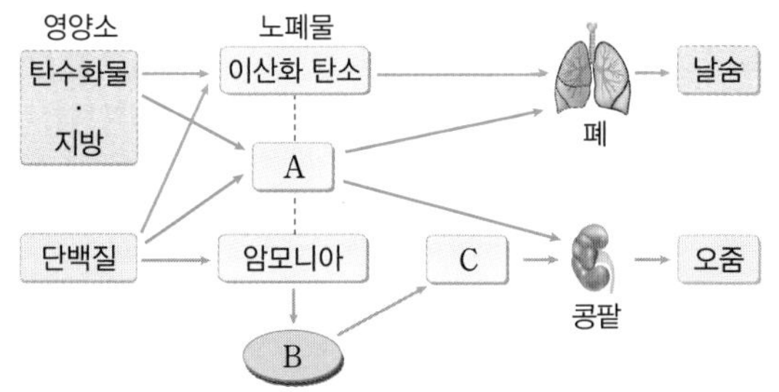

A～C에 해당하는 물질이나 기관의 이름을 쓰시오.(B는 기관에 해당한다.)

대표 기출 6 | 배설계 |

그림은 사람의 배설 기관을 나타낸 것이다.

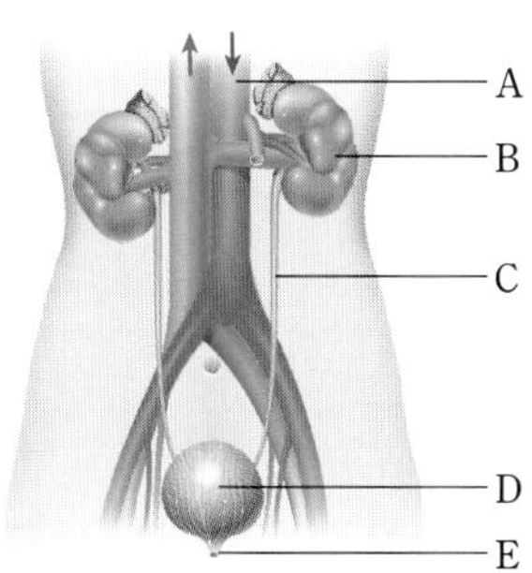

각 부분에 대한 설명으로 옳은 것을 모두 고르면? [정답 2개]

① A는 콩팥 정맥이다.
② B는 혈액 속 노폐물을 걸러 오줌을 만든다.
③ C는 콩팥에서 만들어진 오줌을 방광으로 보내는 세뇨관이다.
④ D는 방광으로, 요도와 연결되어 있다.
⑤ E는 오줌을 저장하는 오줌관이다.
⑥ A의 혈액 성분은 B에서 모두 여과된다.

Tip 콩팥은 콩팥 동맥으로부터 사구체로 이동한 혈액 성분의 일부를 오줌으로 생성한다.

풀이 A는 콩팥 동맥, B는 콩팥, C는 오줌관, D는 방광, E는 요도이다.
① A는 콩팥 동맥이다.
③ C는 오줌관이다.
⑤ E는 오줌을 몸 밖으로 내보내는 통로인 요도이다.
⑥ 콩팥 동맥(A)에서 사구체로 흐르는 혈액 성분 중 혈구와 단백질 같이 큰 물질을 제외한 성분이 사구체에서 보먼주머니로 여과되어 세뇨관으로 들어간다.

답 ②, ④

6-1 그림은 사람의 콩팥 일부분을 나타낸 것이다.

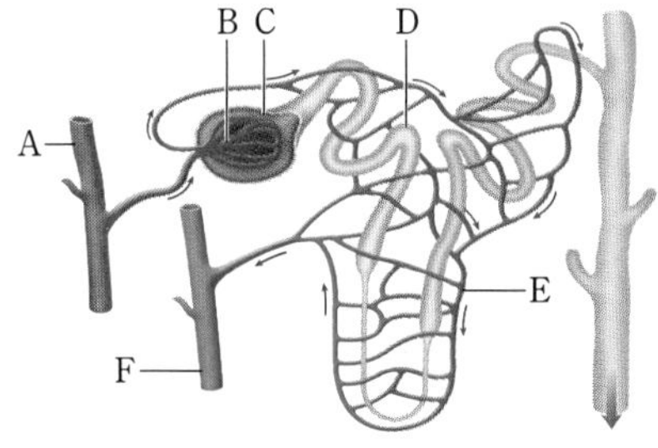

네프론에 해당하는 곳의 기호를 모두 쓰시오.

대표 기출 7

| 오줌의 생성 과정 |

그림은 오줌의 생성 과정을 나타낸 것이다.

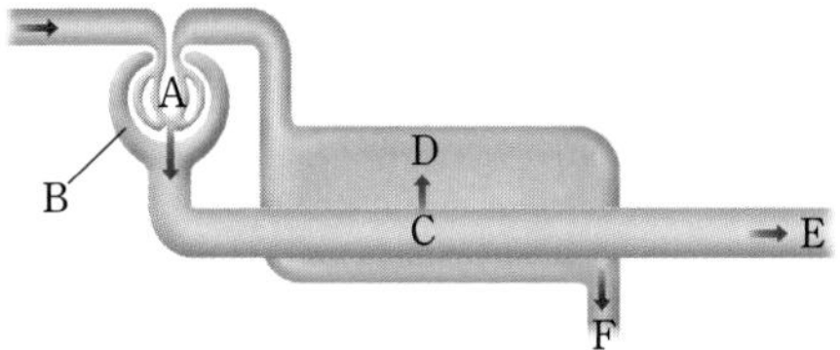

이에 대한 설명으로 옳은 것을 모두 고르면? [정답 3개]

① A에서 B로 적혈구와 단백질이 이동한다.
② C에서 D로 포도당과 물이 이동한다.
③ 방광으로 가는 오줌은 E로 흐른다.
④ B보다 E에서 요소의 농도가 더 진하다.
⑤ C에서 D로 단백질과 지방이 분비된다.
⑥ F를 지난 물질은 방광을 거쳐 몸 밖으로 나간다.

Tip 사구체로 들어온 혈액 성분 중 일부가 보먼주머니로 이동하는 것이 여과, 세뇨관에서 모세 혈관으로 포도당과 물 등이 이동하는 것이 재흡수이다.

풀이 A는 사구체, B는 보먼주머니, C는 세뇨관, D는 모세 혈관, E는 콩팥 깔때기, F는 콩팥 정맥이다.
① 사구체(A)로 들어온 혈액 중 혈구와 단백질과 같이 큰 물질을 제외한 혈장 성분이 높은 혈압에 의해 사구체(A)에서 보먼주머니(B)로 여과된다.
⑤ 여과액 중 포도당, 물, 아미노산, 무기 염류 등이 세뇨관(C)에서 모세 혈관(D)으로 재흡수된다.
⑥ F는 콩팥 정맥으로 혈액이 흐르고 있으며, 방광으로 가는 오줌은 콩팥 깔때기(E)로 이동한다. **답** ②, ③, ④

7-1 그림은 오줌의 생성 과정을 나타낸 것이다. A~C에 해당하는 과정을 옳게 짝지은 것은?

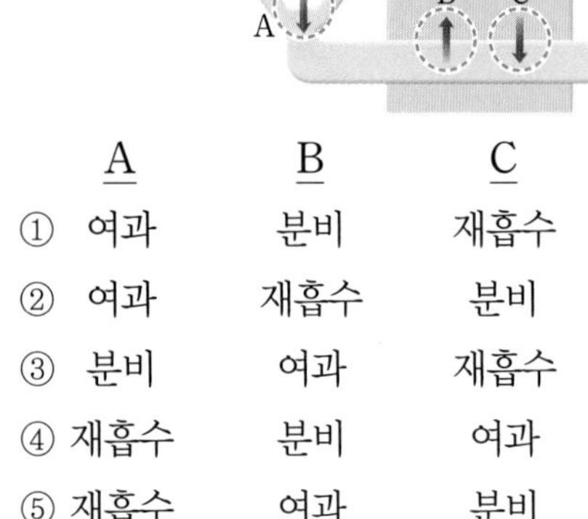

	A	B	C
①	여과	분비	재흡수
②	여과	재흡수	분비
③	분비	여과	재흡수
④	재흡수	분비	여과
⑤	재흡수	여과	분비

대표 기출 8

| 소화계, 순환계, 호흡계, 배설계의 유기적 관계 |

그림은 우리 몸의 기관계 (가)~(라)의 작용을 나타낸 것이다.

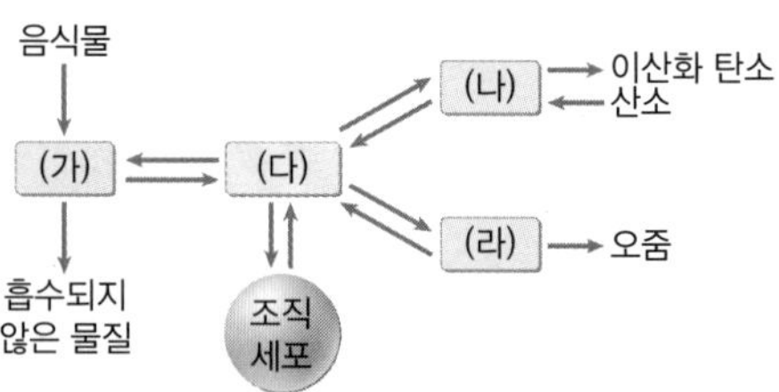

이에 대한 설명으로 옳지 않은 것을 모두 고르면? [정답 2개]

① 간은 (가)에 속한 기관이다.
② (가)에서 노폐물이 걸러진다.
③ (나)는 기체 교환을 담당한다.
④ (다)는 영양소와 산소를 조직 세포로 운반한다.
⑤ (라)에서 소화되지 않은 물질을 몸 밖으로 내보낸다.
⑥ (가)~(라)가 서로 유기적으로 작용해야 건강하게 생명을 유지할 수 있다.

Tip 순환계를 중심으로 소화계, 호흡계, 배설계가 유기적으로 작용하여 조직 세포에서 세포 호흡을 통해 지속적으로 에너지가 생성된다.

풀이 (가)는 소화계, (나)는 호흡계, (다)는 순환계, (라)는 배설계이다.
② 소화계(가)에서 음식물 속의 영양소가 흡수 가능한 크기로 분해된 후 소장에서 흡수된다.
⑤ 세포 호흡 결과 생성된 노폐물을 몸 밖으로 내보낸다. **답** ②, ⑤

8-1 다음은 우리 몸의 기관계의 상호 작용에 대해 설명한 것이다.

> 섭취한 음식물은 (가)를 통해 소화 및 흡수되고, 흡수된 영양소는 (나)를 거쳐 조직 세포로 이동하여 (다)를 통해 들어온 산소와 함께 분해된다. 그 결과 생긴 노폐물 중 물과 요소는 (라)를 통해 오줌으로 배설된다.

(가)~(라)에 해당하는 기관계를 옳게 짝지은 것은?

	(가)	(나)	(다)	(라)
①	소화계	순환계	호흡계	배설계
②	소화계	호흡계	배설계	순환계
③	배설계	소화계	호흡계	순환계
④	호흡계	소화계	순환계	배설계
⑤	순환계	호흡계	소화계	배설계

1 그림은 사람의 호흡 기관을 나타낸 것이다.

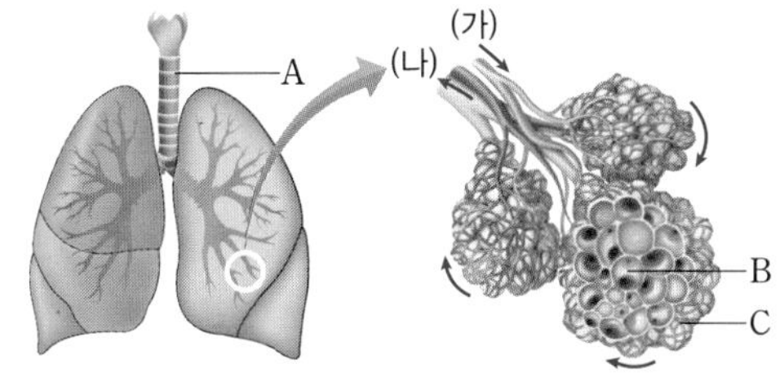

이에 대한 설명으로 옳은 것을 보기 에서 모두 고르시오.

보기
ㄱ. A 내부에 섬모가 있어 공기 중의 먼지를 걸러 낸다.
ㄴ. (가)보다 (나)의 혈액에 이산화 탄소가 더 많다.
ㄷ. B와 C 사이에서 기체는 농도가 높은 곳에서 낮은 곳으로 확산된다.

Tip 호흡 기관 중 공기가 드나드는 통로인 ❶ [ ]에는 섬모가 있어 먼지를 걸러내고, 폐는 수많은 ❷ [ ]로 구성되어 있다.

답 ❶ 기관 ❷ 폐포

2 그림은 사람의 몸에서 일어나는 기체 교환 과정을 나타낸 것이다.

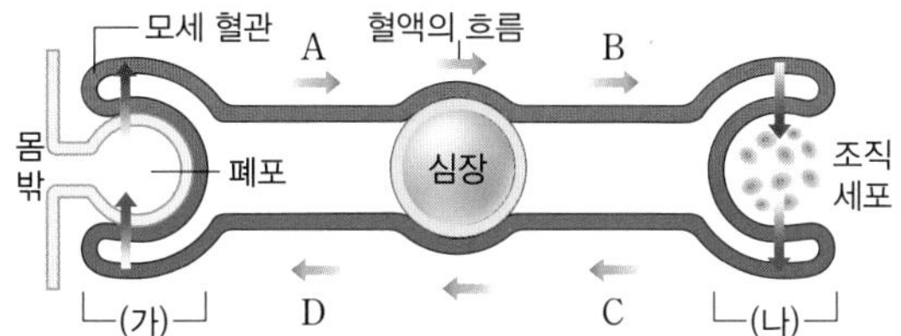

이에 대한 설명으로 옳은 것은?

① 산소는 A보다 D의 혈액에 많다.
② 이산화 탄소는 B보다 C의 혈액에 많다.
③ A와 D는 온몸 순환 경로에서 일어나는 혈액의 흐름이다.
④ (가) 과정에서 생활에 필요한 에너지가 생성된다.
⑤ (나)는 갈비뼈와 가로막의 운동에 의해 일어난다.

Tip 기체 교환 과정에서 ❶ [ ]는 폐포에서 모세 혈관 쪽으로, 모세 혈관에서 ❷ [ ] 쪽으로 이동한다.

답 ❶ 산소 ❷ 조직 세포

3 그림 (가)는 호흡 운동의 원리를 알아보기 위한 모형을 나타낸 것이고, (나)는 호흡 운동을 하는 동안 폐 내부의 압력 변화를 시간에 따라 나타낸 것이다.

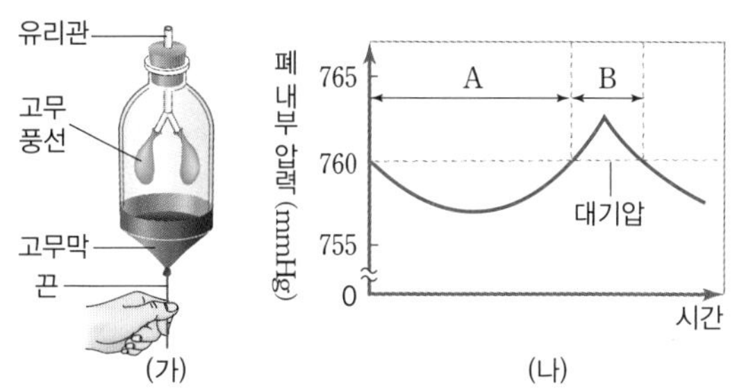

이에 대한 설명으로 옳은 것을 보기 에서 모두 고른 것은?

보기
ㄱ. 고무막은 가로막, 고무풍선은 폐에 해당한다.
ㄴ. A 구간은 (가)에서 끈을 아래로 잡아당길 때에 해당한다.
ㄷ. B 구간에서는 흉강의 압력이 외부보다 높아져 폐 속의 공기가 몸 밖으로 빠져나간다.

① ㄱ ② ㄴ ③ ㄱ, ㄷ
④ ㄴ, ㄷ ⑤ ㄱ, ㄴ, ㄷ

Tip 호흡 운동에서 ❶ [ ]이 일어날 때 갈비뼈는 위로, 가로막은 아래로 내려가 흉강의 부피가 커지면서 폐 내부 압력이 ❷ [ ]진다.

답 ❶ 들숨 ❷ 낮아

>> 정답과 해설 8쪽

4 그림은 사람의 배설계를 나타낸 것이다.

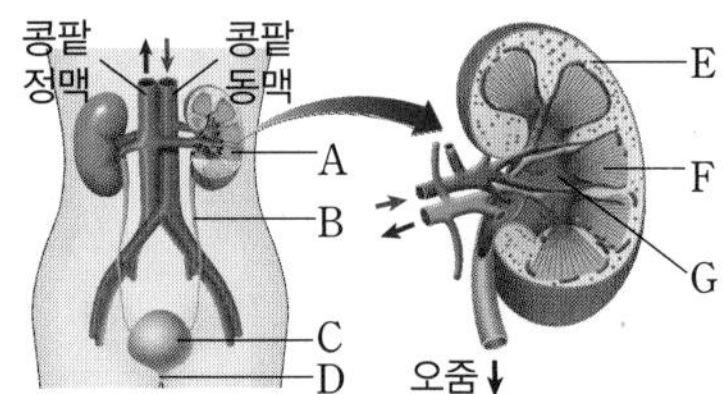

이에 대한 설명으로 옳지 않은 것을 모두 고르면? [정답 2개]

① A는 여러 조직으로 구성되어 있다.
② B는 콩팥에서 만들어진 오줌이 방광으로 이동하는 통로인 오줌관이다.
③ 오줌이 생성되어 이동하는 경로는 콩팥 정맥 → A → B → C → D이다.
④ E 부분에 사구체와 보먼주머니가 있다.
⑤ F 부분에 콩팥 깔때기가 있고, G 부분에 모세 혈관으로 둘러싸인 세뇨관이 모여 있다.

> **Tip** 심장에서 노폐물이 많은 혈액이 ❶ ☐ 을 통해 콩팥으로 이동하며, 콩팥에서 생성된 오줌은 ❷ ☐ 을 통해 방광으로 이동한다. 답 ❶콩팥 동맥 ❷오줌관

5 그림은 네프론에서 물질이 이동하는 방식을 나타낸 것이다.

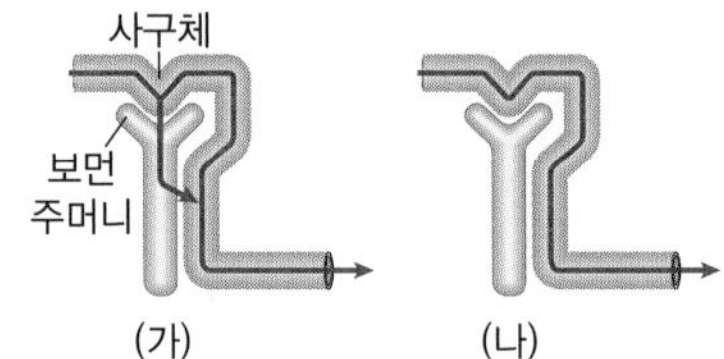

이에 대한 설명으로 옳은 것을 보기 에서 모두 고른 것은?

> 보기
> ㄱ. 포도당은 (가)의 방식으로 이동한다.
> ㄴ. (나)는 분비 과정을 나타낸 것이다.
> ㄷ. 요소는 (나)의 방식으로 이동한다.

① ㄱ ② ㄴ ③ ㄱ, ㄷ
④ ㄴ, ㄷ ⑤ ㄱ, ㄴ, ㄷ

> **Tip** 오줌 생성 과정에서 ❶ ☐, 아미노산은 세뇨관에서 모세 혈관으로 100 % ❷ ☐ 된다. 답 ❶포도당 ❷재흡수

6 표는 건강한 사람의 혈장, 여과액, 오줌 속 물질의 농도를 비교한 것으로, A~D는 각각 요소, 물, 포도당, 단백질 중 하나이다.

물질	혈장	여과액	오줌
A	92	92	95
B	7	0	0
C	0.03	0.03	2
D	0.1	0.1	0

(단위: g/100 mL)

이에 대한 설명으로 옳은 것을 모두 고르면? [정답 2개]

① A는 물이다.
② B는 100 % 재흡수되는 물질이다.
③ C는 간에서 생성된다.
④ D는 여과되지 않는 물질이다.
⑤ A~D 중 오줌 속에서 가장 많이 농축된 물질은 A이다.

> **Tip** 요소, 물, 포도당, 단백질 중 혈장, 여과액, 오줌에 가장 많이 들어 있는 물질은 ❶ ☐ 이고, ❷ ☐ 는 물이 재흡수되기 때문에 오줌에서 가장 많이 농축된다. 답 ❶물 ❷요소

7 그림은 사람 몸에 있는 순환계와 기관계 A~C의 통합적 작용을, 표는 A~C 각각에 속하는 기관의 예를 나타낸 것이다. A~C는 각각 배설계, 소화계, 호흡계 중 하나이고, ㉠~㉢은 각각 폐, 소장, 콩팥 중 하나이다.

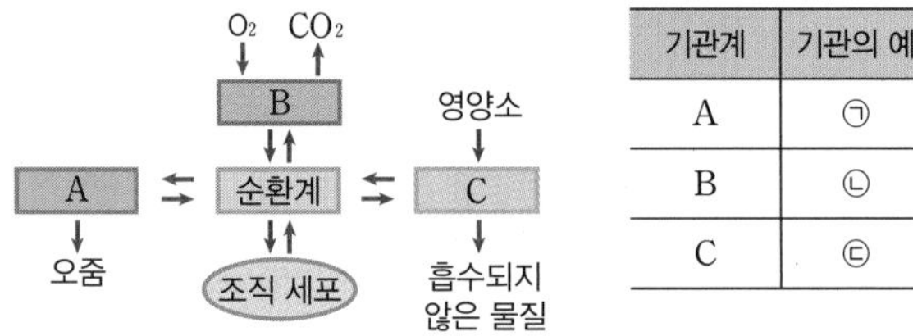

기관계	기관의 예
A	㉠
B	㉡
C	㉢

이에 대한 설명으로 옳은 것을 보기 에서 모두 고르시오.

> 보기
> ㄱ. A를 통해 요소가 배설된다.
> ㄴ. ㉠~㉢에는 모두 상피 조직이 있다.
> ㄷ. ㉢에서 아미노산이 흡수된다.

> **Tip** 기관계 중 노폐물이 오줌으로 배설되는 곳은 ❶ ☐ 이고, 영양소가 흡수 가능한 크기로 분해되는 곳은 ❷ ☐ 이다. 답 ❶배설계 ❷소화계

[01~02] 그림은 소화 과정을 나타낸 것이다. (가)~(다)는 각각 녹말, 지방, 단백질 중 하나이고 A~D는 펩신, 아밀레이스, 탄수화물 소화 효소, 라이페이스 중 하나이다.

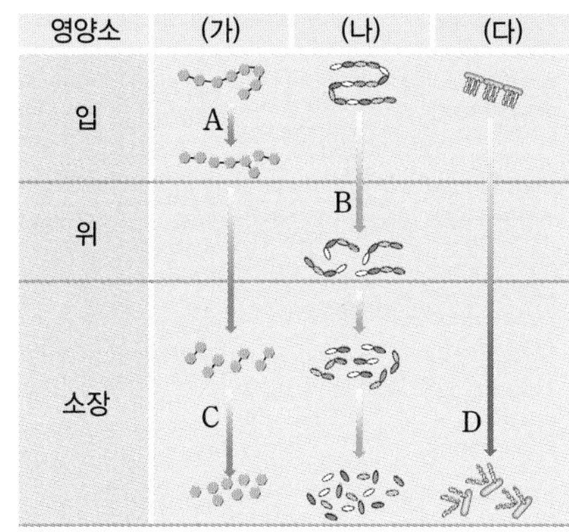

01 (가)~(다)는 각각 무엇인지 쓰시오.

• (가): (　　　　), (나): (　　　　), (다): (　　　　)

02 A~D에 대한 설명으로 옳은 것을 모두 고르면? [정답 2개]

① A는 침 속에 들어 있는 아밀레이스이다.
② B는 단백질을 아미노산으로 분해한다.
③ C는 강한 산성일 때 활발하게 작용한다.
④ D는 간에서 생성된다.
⑤ A~D는 모두 소화 효소이다.

03 영양소 검출 반응에 대한 내용으로 옳지 않은 것을 모두 고르면? [정답 2개]

① 단백질: 뷰렛 용액과 반응하여 보라색을 나타낸다.
② 지방: 수단 Ⅲ 용액과 반응하여 황적색을 나타낸다.
③ 포도당: 베네딕트 용액과 반응하여 보라색을 나타낸다.
④ 녹말: 아이오딘-아이오딘화 칼륨 용액과 반응하여 청람색을 나타낸다.
⑤ 단백질: 5 % 수산화 나트륨 수용액 + 1 % 황산 구리 수용액과 반응하여 보라색을 나타낸다.

04 다음은 혈액을 관찰하기 위한 실험 과정이다.

(가) 채혈침으로 손가락 끝을 찔러 받침유리에 혈액을 한 방울 떨어뜨린 후 덮개 유리로 얇게 편다.
(나) 혈액 위에 에탄올을 떨어뜨려 건조한 후, 김사액을 한 방울 떨어뜨리고 다시 건조한다.
(다) 받침유리를 증류수로 씻어 낸 뒤 덮개 유리를 덮어 현미경으로 관찰한다.

이에 대한 설명으로 옳은 것을 |보기|에서 모두 고른 것은?

보기
ㄱ. 가장 많이 관찰되는 혈구는 적혈구이다.
ㄴ. 에탄올은 백혈구의 핵을 보라색으로 염색한다.
ㄷ. 세포를 살아 있는 것과 같은 상태로 고정하기 위해 김사액을 떨어뜨린다.

① ㄱ ② ㄴ ③ ㄱ, ㄷ
④ ㄴ, ㄷ ⑤ ㄱ, ㄴ, ㄷ

05 그림은 사람 심장의 구조를 나타낸 것이다. 이에 대한 설명으로 옳은 것을 |보기|에서 모두 고른 것은?

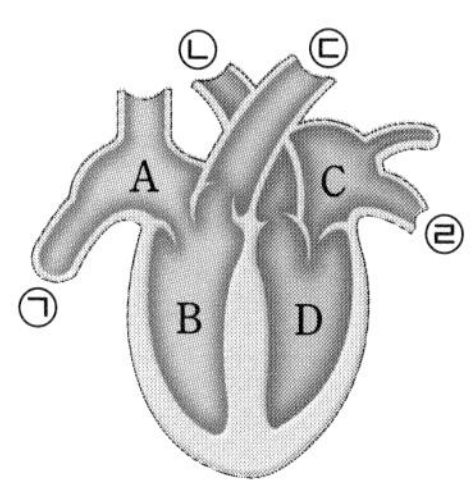

보기
ㄱ. A가 수축하면 혈액은 B로 이동한다.
ㄴ. ㉠은 대정맥이고, ㉡보다 평균 혈압이 낮다.
ㄷ. 산소가 풍부한 혈액이 흐르는 혈관은 ㉡, ㉢, ㉣이고 심장의 구조에서는 A, B이다.

① ㄱ ② ㄷ ③ ㄱ, ㄴ
④ ㄴ, ㄷ ⑤ ㄱ, ㄴ, ㄷ

06 그림은 호흡 운동의 원리를 알아보기 위한 실험 장치와 실험 결과를 나타낸 것이다.

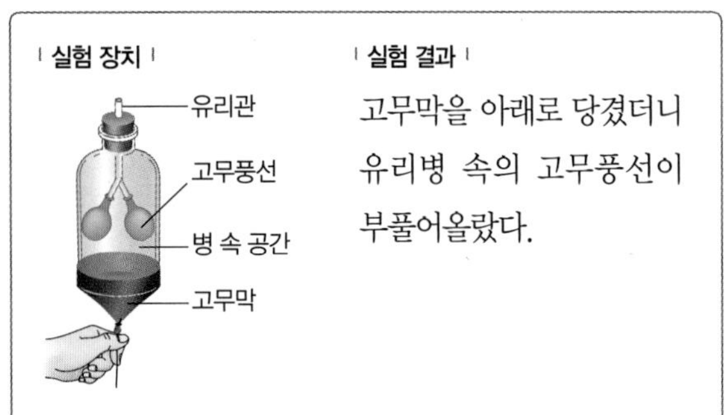

실험 장치
유리관
고무풍선
병 속 공간
고무막
실험 결과
고무막을 아래로 당겼더니 유리병 속의 고무풍선이 부풀어올랐다.

이 실험 결과에 해당하는 사람의 호흡 운동 상태에 대한 설명으로 옳은 것을 보기에서 모두 고른 것은?

보기
ㄱ. 들숨이 일어난다.
ㄴ. 갈비뼈가 내려가고 가로막이 올라간다.
ㄷ. 흉강 내부의 압력이 낮아진다.

① ㄱ ② ㄴ ③ ㄱ, ㄷ
④ ㄴ, ㄷ ⑤ ㄱ, ㄴ, ㄷ

07 그림은 모세 혈관과 조직 세포 사이의 기체 교환을 나타낸 것이다. A는 혈액을 구성하는 성분이고, B와 C는 기체이다. 이에 대한 설명으로 옳은 것을 보기에서 모두 고른 것은?

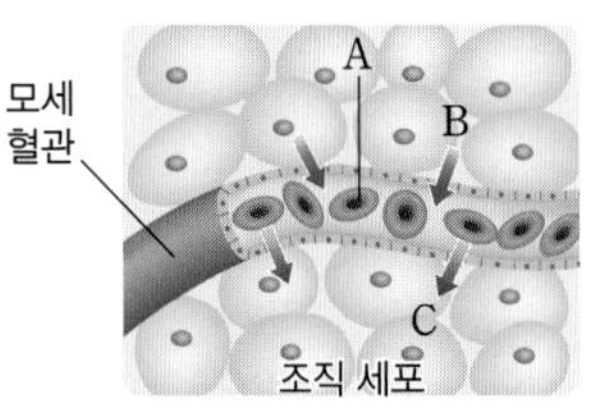

보기
ㄱ. A에 헤모글로빈이 있다.
ㄴ. B는 3대 영양소의 분해 결과 공통적으로 생성된다.
ㄷ. C는 들숨보다 날숨에 많이 들어 있다.

① ㄱ ② ㄷ ③ ㄱ, ㄴ
④ ㄴ, ㄷ ⑤ ㄱ, ㄴ, ㄷ

[08~09] 그림은 오줌의 생성 과정을 나타낸 것이다. A~D는 콩팥의 구조에 해당하는 부위이고, (가)와 (나)는 물질이 이동하는 과정이다.

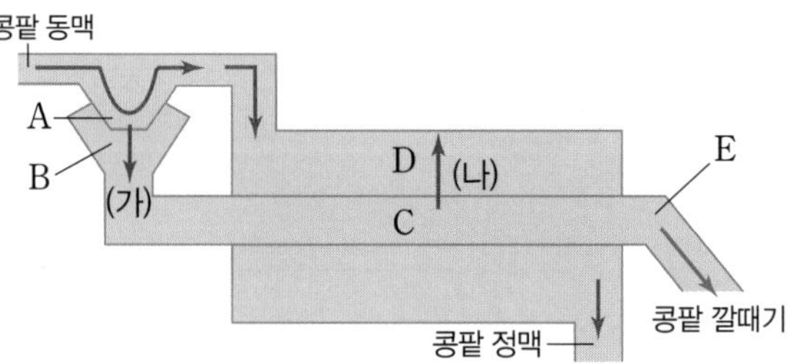

08 A~D 중 네프론에 해당하는 부위의 기호를 모두 쓰고, 각 부위의 이름을 쓰시오.

( )

09 오줌의 생성 과정에 대한 설명으로 옳은 것만을 보기에서 모두 고른 것은?

보기
ㄱ. 단백질과 혈구는 (가) 과정에 의해 이동하지 않는다.
ㄴ. 건강한 사람의 경우 포도당은 (나) 과정에 의해 E에서 발견되지 않는다.
ㄷ. 요소의 농도는 B보다 E에서 높다.

① ㄱ ② ㄷ ③ ㄱ, ㄴ
④ ㄴ, ㄷ ⑤ ㄱ, ㄴ, ㄷ

10 다음은 세포 호흡 과정을 나타낸 것이다.

(㉠) + 산소 → (㉡) + 물 + 에너지

이에 대한 설명으로 옳지 않은 것은?

① 포도당은 ㉠에 해당한다.
② ㉠은 소화계를 통해 혈액으로 흡수된다.
③ ㉡은 배설계를 통해 몸 밖으로 배출된다.
④ ㉡의 농도는 모세 혈관보다 조직 세포에서 더 높다.
⑤ ㉠과 ㉡의 이동에 순환계가 관여한다.

1주 창의·융합·코딩 전략

1 그림은 녹말, 단백질, 지방, 무기 염류를 구분한 순서도이다.

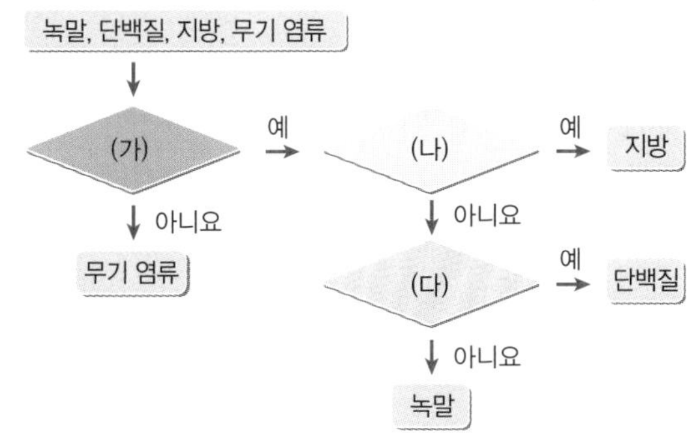

(가)～(다)에 들어갈 내용으로 옳은 것은?

① (가): 음식물을 통해 섭취하고, 기능을 조절하는 영양소인가?
② (나): 에너지원으로 이용되는 영양소인가?
③ (나): 소장에서 최종 소화 산물로 소화되는가?
④ (다): 뷰렛 반응에 보라색을 나타내는가?
⑤ (다): 입에서 소화 효소에 의한 소화 작용이 일어나는가?

Tip 단백질은 뷰렛 반응에 ❶ ______ 을 나타내고, 3대 영양소는 모두 ❷ ______ 에서 최종 소화 산물로 소화된다.

답 ❶보라색 ❷소장

2 다음은 소화 작용에 관한 모둠 활동 수업 후 선생님이 제시한 형성 평가 문제이다.

그림은 사람의 소화 기관 중 일부를 나타낸 것이다. 그림의 A와 B를 묶지 않았을 때와 묶었을 때 녹말, 단백질, 지방이 완전히 소화되는 데 걸리는 시간을 다음과 같이 구분하여 막대 그래프로 나타내시오.

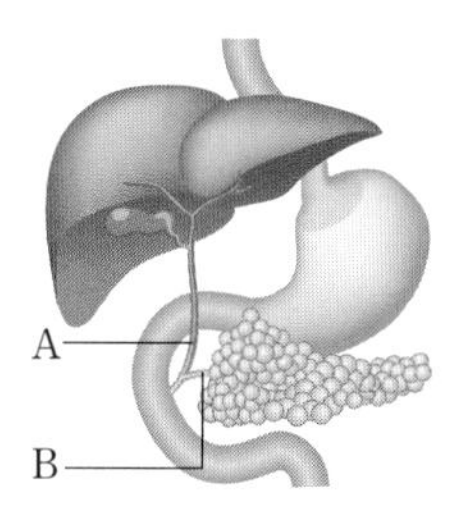

(□: A와 B를 묶지 않았을 때, ▨: A를 묶었을 때, ■: B를 묶었을 때)

그래프를 옳게 나타낸 것은? (Y축: 영양소가 완전히 분해되는 데 걸리는 시간(상대값))

①
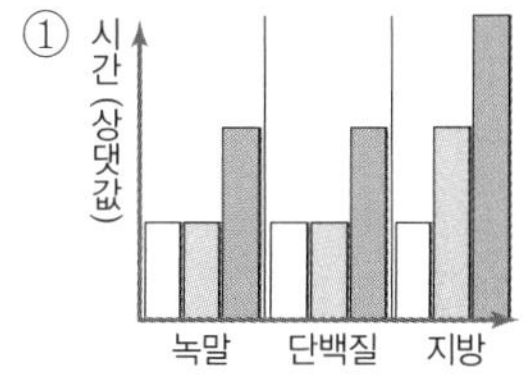

②
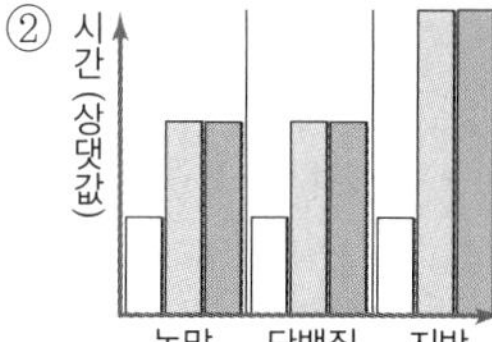

③
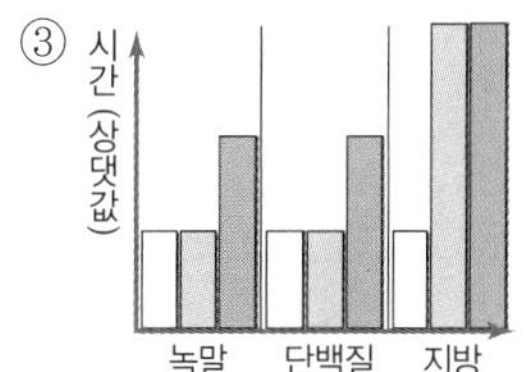

④
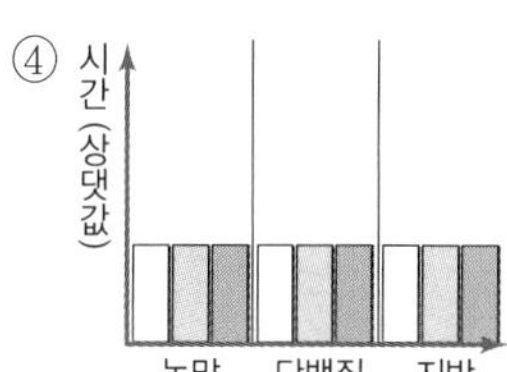

⑤
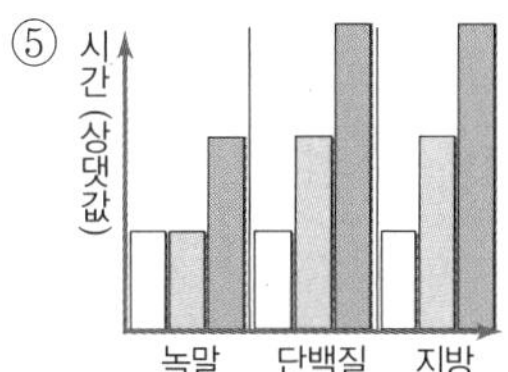

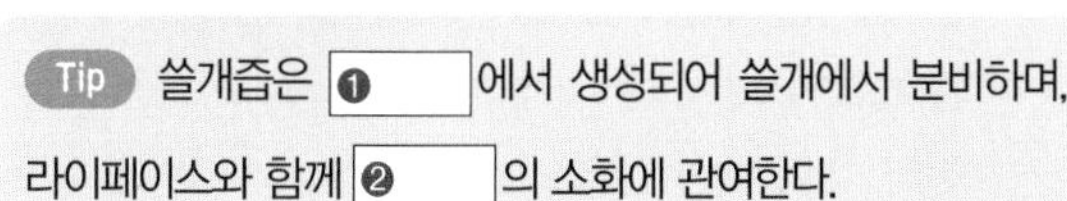

Tip 쓸개즙은 ❶ ______ 에서 생성되어 쓸개에서 분비하며, 라이페이스와 함께 ❷ ______ 의 소화에 관여한다.

답 ❶간 ❷지방

3 그림은 혈액 순환 경로를 애니메이션으로 표현하기 위한 코딩 중 일부를 나타낸 것이다.

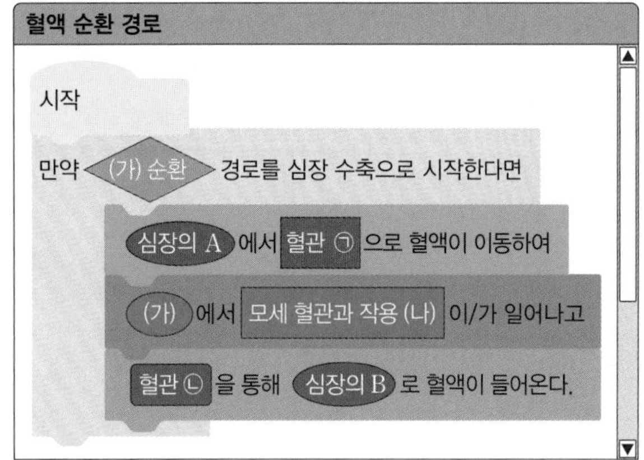
혈액 순환 경로
시작
만약 (가) 순환 경로를 심장 수축으로 시작한다면
심장의 A 에서 혈관 ㉠ 으로 혈액이 이동하여
(가) 에서 모세 혈관과 작용 (나) 이/가 일어나고
혈관 ㉡ 을 통해 심장의 B 로 혈액이 들어온다.

이에 대한 설명으로 옳지 않은 것은?

① (가)가 온몸일 때 A는 좌심실이다.
② (가)가 폐일 때 ㉠은 폐동맥이다.
③ (가)가 온몸일 때 ㉡은 대정맥이다.
④ (가)가 폐일 때 B는 우심방이다.
⑤ (가)가 온몸일 때 기체 교환은 (나)에 해당한다.

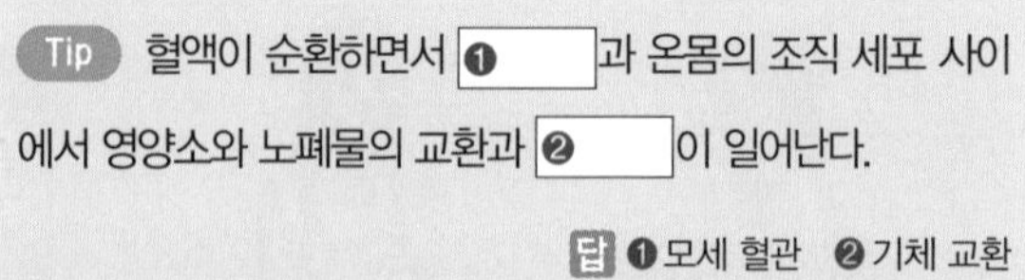
Tip 혈액이 순환하면서 ❶ ____과 온몸의 조직 세포 사이에서 영양소와 노폐물의 교환과 ❷ ____이 일어난다.

답 ❶ 모세 혈관 ❷ 기체 교환

4 다음은 심폐 소생술 온라인 교육 시간에 담당 선생님과 세 명의 학생이 나눈 대화 내용의 일부이다.

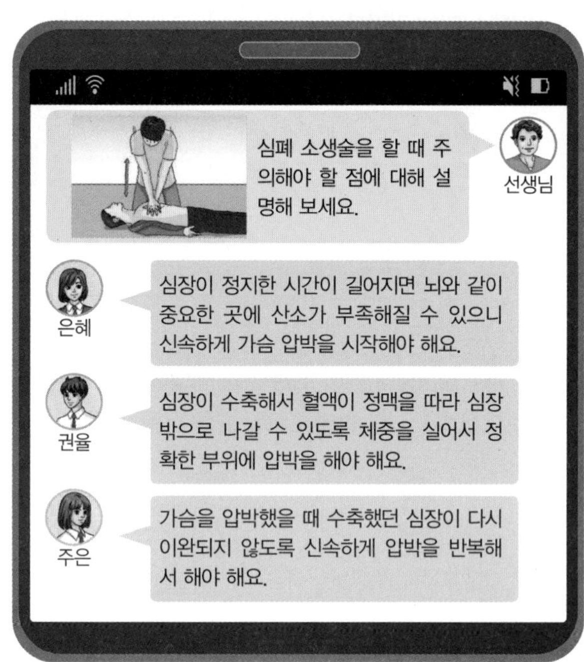
심폐 소생술을 할 때 주의해야 할 점에 대해 설명해 보세요.
선생님
은혜
심장이 정지한 시간이 길어지면 뇌와 같이 중요한 곳에 산소가 부족해질 수 있으니 신속하게 가슴 압박을 시작해야 해요.
권율
심장이 수축해서 혈액이 정맥을 따라 심장 밖으로 나갈 수 있도록 체중을 실어서 정확한 부위에 압박을 해야 해요.
주은
가슴을 압박했을 때 수축했던 심장이 다시 이완되지 않도록 신속하게 압박을 반복해서 해야 해요.

옳지 않게 설명한 학생을 모두 쓰고, 옳지 않은 부분을 옳게 고쳐 쓰시오.

Tip 심장은 근육 구조로 되어 있어 심장 박동이 일어날 때 심실이 수축하면 혈액이 ❶ ____을 통해 나가고, 심방이 ❷ ____하면 혈액이 정맥을 통해 심장으로 들어온다.

답 ❶ 동맥 ❷ 이완

5 그림 (가)는 사람의 호흡 운동 모형을, (나)는 이 모형으로 호흡 운동 원리를 설명하기 위한 영상의 한 장면 중 일부를 나타낸 것이다.

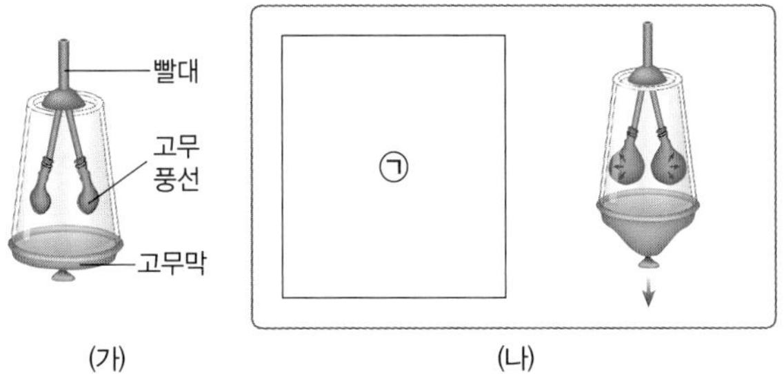

(가) (나)

㉠에 들어갈 사람의 호흡 운동 상태에 대한 그림이나 설명을 옳게 제시한 학생을 모두 고른 것은?

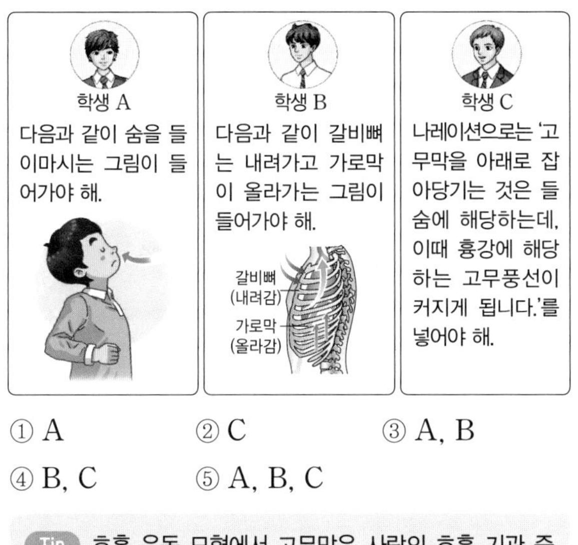

학생 A
다음과 같이 숨을 들이마시는 그림이 들어가야 해.
학생 B
다음과 같이 갈비뼈는 내려가고 가로막이 올라가는 그림이 들어가야 해.
갈비뼈 (내려감)
가로막 (올라감)
학생 C
나레이션으로는 '고무막을 아래로 잡아당기는 것은 들숨에 해당하는데, 이때 흉강에 해당하는 고무풍선이 커지게 됩니다.'를 넣어야 해.

① A ② C ③ A, B
④ B, C ⑤ A, B, C

Tip 호흡 운동 모형에서 고무막은 사람의 호흡 기관 중 ❶ ___에 해당하고, 고무풍선은 ❷ ___에 해당한다.

답 ❶ 가로막 ❷ 폐

6 다음은 승우가 목에 어떤 물체가 걸려 기도가 막혔을 때 이를 제거하는 방법에 대해 발표하면서 사용한 프리젠테이션 자료의 일부이다.

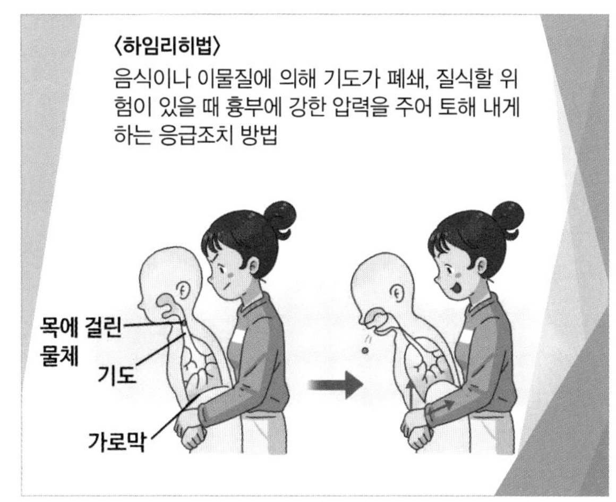

〈하임리히법〉
음식이나 이물질에 의해 기도가 폐쇄, 질식할 위험이 있을 때 흉부에 강한 압력을 주어 토해 내게 하는 응급조치 방법
목에 걸린 물체

발표를 본 학생 A~C의 대화 내용 중 옳게 설명한 학생을 모두 고른 것은?

복부를 눌러 흉강의 압력이 낮아지면서 물체가 제거되는 거야.
압박을 가해서 가로막이 아래로 내려가도록 하는 거지.
폐의 압력이 대기압보다 높아졌을 때 물체가 제거되는 거야.
학생 A
학생 B
학생 C

① A ② C ③ A, B
④ B, C ⑤ A, B, C

Tip 갈비뼈가 내려가고 ❶ ___이 올라가면서 폐의 압력이 대기압보다 높아질 때 폐에서 외부로 공기가 빠져나가는 ❷ ___이 일어난다.

답 ❶ 가로막 ❷ 날숨

>> 정답과 해설 11쪽

7 다음은 건강한 사람의 몸에서 쓰이는 영양소의 특성과 배설 과정을 학습하기 위한 게임 활동이다.

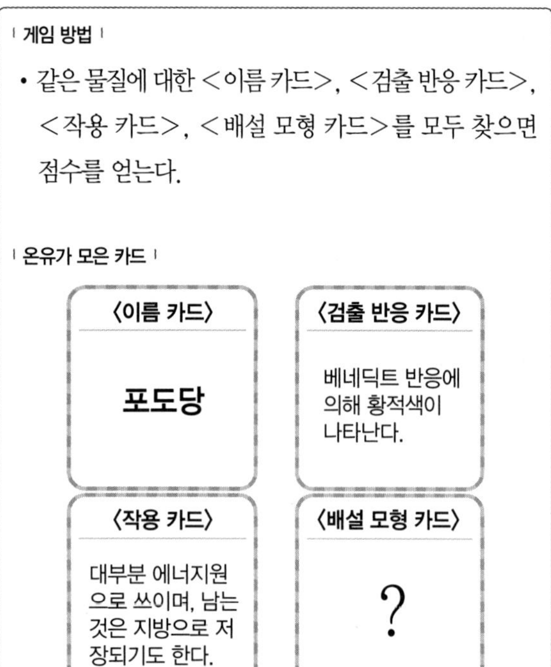

게임 방법
• 같은 물질에 대한 <이름 카드>, <검출 반응 카드>, <작용 카드>, <배설 모형 카드>를 모두 찾으면 점수를 얻는다.
온유가 모은 카드
〈이름 카드〉
포도당
〈검출 반응 카드〉
베네딕트 반응에 의해 황적색이 나타난다.
〈작용 카드〉
대부분 에너지원으로 쓰이며, 남는 것은 지방으로 저장되기도 한다.
〈배설 모형 카드〉
?

온유가 게임에서 점수를 얻었을 때 <배설 모형 카드>에 들어갈 그림으로 옳은 것은?

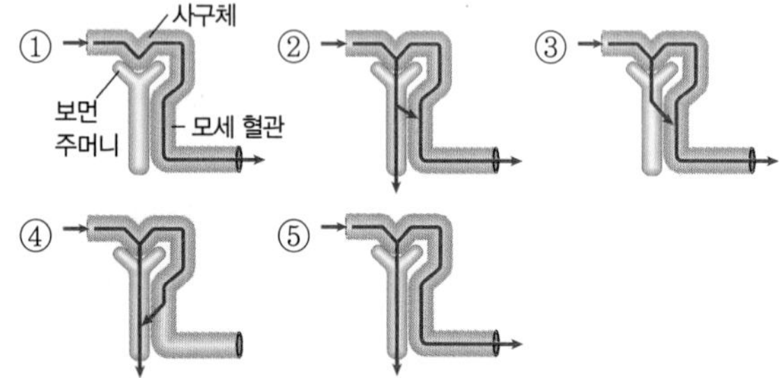

Tip 건강한 사람의 경우 포도당과 아미노산은 사구체에서 보먼주머니로 ❶ ___ 된 후 세뇨관에서 모세 혈관으로 100 % ❷ ___ 된다.

답 ❶ 여과 ❷ 재흡수

8 그림은 기관계의 통합적 작용을 나타낸 것이다.

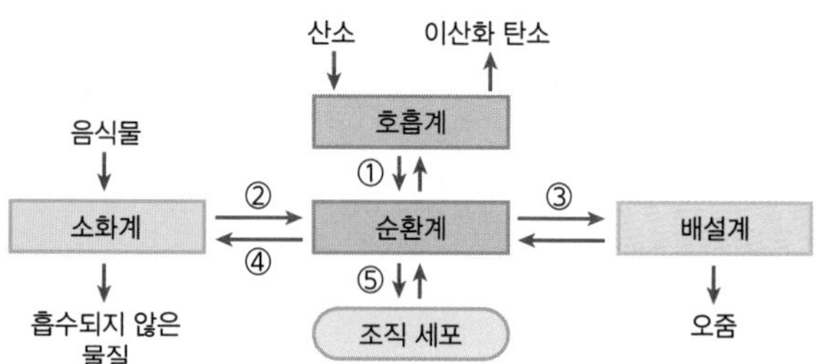

학생들이 기관계 또는 조직 세포가 그려진 옷을 입고 역할 놀이를 할 때, ①~⑤를 표현한 것으로 옳지 않은 것은?

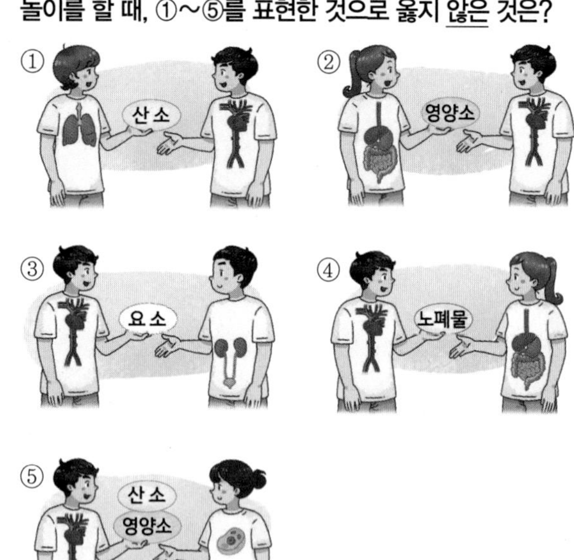

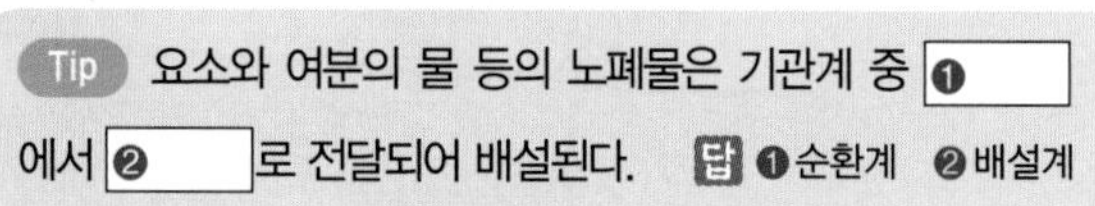

Tip 요소와 여분의 물 등의 노폐물은 기관계 중 ❶ ___ 에서 ❷ ___ 로 전달되어 배설된다.

답 ❶ 순환계 ❷ 배설계

2주 Ⅵ 물질의 특성

3강_물질의 특성

공부할 내용	3강_물질의 특성 • 순물질과 혼합물 • 끓는점 · 녹는점 · 어는점 • 밀도 • 용해도
	4강_혼합물의 분리 • 증류 • 분별 깔때기법 • 재결정 • 크로마토그래피

4강_혼합물의 분리

개념 ❶ 물질의 분류

1 순물질 한 가지 물질로 이루어진 물질

구분	홑원소 물질	화합물
정의	한 가지 원소로 이루어진 순물질	두 가지 이상의 ❶ [ ]로 이루어진 순물질
성질	끓는점, 녹는점, 밀도 등 물질의 특성이 일정함	

2 혼합물 두 가지 이상의 순물질이 섞여 있는 물질

구분	균일 혼합물	불균일 혼합물
정의	성분 물질이 고르게 섞여 있는 혼합물	성분 물질이 고르지 않게 섞여 있는 혼합물
성질	혼합 비율에 따라 물질의 특성이 ❷ [ ].	

3 물질의 특성 그 물질만의 고유한 성질

예 겉보기 성질, 끓는점, 녹는점, 어는점, 밀도, 용해도 등 → 양에 관계없이 일정하다.

❶ 원소 ❷ 달라짐

확인Q 1 보기 에서 순물질을 모두 고르시오.

보기
ㄱ. 공기 ㄴ. 식초 ㄷ. 설탕 ㄹ. 산소

개념 ❷ 순물질과 혼합물의 끓는점과 어는점 비교

1 물과 소금물의 끓는점과 어는점(=녹는점) 비교 (물 → 순물질, 소금물 → 혼합물)

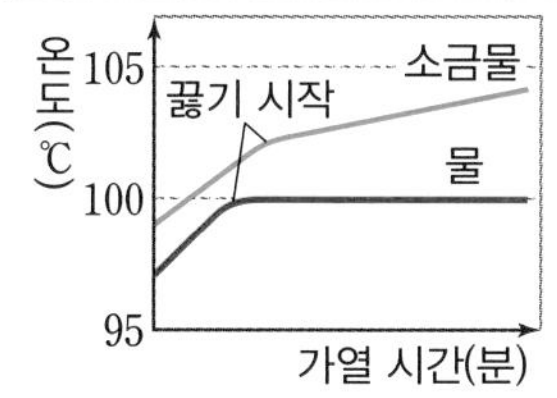

• 물은 100 ℃에서 끓고, 끓는점이 ❶ [ ].
• 소금물은 100 ℃보다 높은 온도에서 끓기 시작하고, 끓는점이 일정하지 않다.

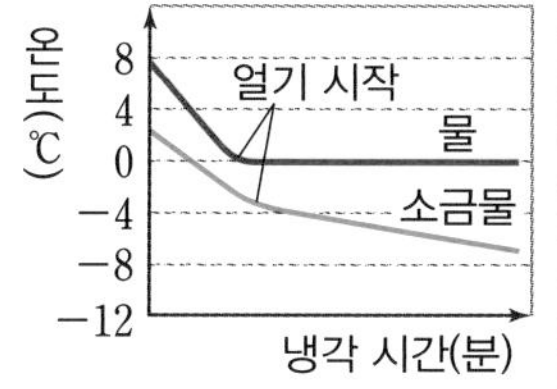

• 물은 0 ℃에서 얼고, 어는점이 일정하다.
• 소금물은 0 ℃보다 ❷ [ ] 온도에서 얼기 시작하고, 어는점이 일정하지 않다.

❶ 일정하다 ❷ 낮은

확인Q 2 소금물은 혼합물이며, 0 ℃보다 (   ) 온도에서 언다.

개념 ❸ 끓는점

1 끓는점 액체가 끓어 기체가 되는 동안 일정하게 유지되는 온도 → 입자 사이에 작용하는 힘이 클수록 끓는점이 높아진다.

물질의 종류와 끓는점	물질의 양과 끓는점
물질의 종류에 따라 끓는점이 다르다.	같은 물질은 양에 관계없이 끓는점이 ❶ [ ].
온도(℃) 100, 78 / 물, 에탄올 / 0 가열 시간(분)	온도(℃) 100 / 물 10 mL, 물 20 mL / 0 가열 시간(분)

2 외부 압력과 끓는점 끓는점은 외부 압력이 ❷ [ ]하면 높아지고, 외부 압력이 감소하면 낮아진다.

• 높은 산에서는 기압이 낮아 물이 100 ℃보다 낮은 온도에서 끓는다.
• 압력솥은 내부 압력이 커서 물이 100 ℃보다 높은 온도에서 끓는다.

❶ 같다 ❷ 증가

확인Q 3 순물질의 양을 두 배로 늘리면 끓는점은 변하지 않고, 외부 압력이 높아지면 끓는점은 (   )진다.

개념 ❹ 녹는점과 어는점

1 녹는점과 어는점

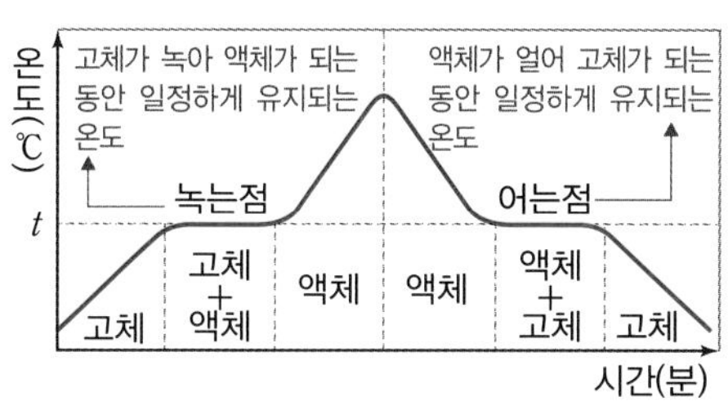

• 순물질의 녹는점과 ❶ [ ]은 같고, 양에 관계없이 일정하다.
• 물질의 종류가 다르면 녹는점(어는점)이 다르다.

2 물질에 따라 녹는점(어는점)이 다른 까닭 물질에 따라 입자 사이에 작용하는 ❷ [ ]이 다르기 때문이다.

❶ 어는점 ❷ 인력

확인Q 4 보기 에서 어는점이 나머지 셋과 다른 것을 한 가지 고르시오.

보기
ㄱ. 물 10 g ㄴ. 물 20 g ㄷ. 물 50 mL ㄹ. 바닷물 50 mL

개념 5 밀도

1 밀도 물질의 질량을 ❶ [   ]로 나눈 값, 즉 물질의 단위 부피당 질량이다. → A>B>D

$$밀도=\frac{질량}{부피}$$ (단위: g/cm³, g/mL)

- 밀도는 물질의 종류에 따라 다르다. → A≠B≠D
- 같은 물질이면 ❷ [   ]에 관계없이 일정하다. → B=C

2 밀도에 영향을 주는 요인

- 온도: 온도가 높아지면 부피가 증가 → 밀도 감소
- 압력: 압력이 높아지면 부피가 감소 → 밀도 증가

❶부피 ❷양

확인Q 5 표는 물질 A~C의 질량과 부피를 측정한 결과이다. 밀도가 같은 물질을 두 가지 쓰시오.

구분	A	B	C
질량(g)	75	60	48
부피(cm³)	50	50	32

개념 6 뜨고 가라앉는 현상과 밀도

1 물질의 상태와 밀도 일반적으로 고체>액체>기체 순이다. (물은 예외: 물(4 ℃)>얼음>수증기)

2 밀도의 비교 밀도가 큰 물질은 밀도가 작은 물질 아래로 가라앉고, 밀도가 작은 물질은 밀도가 큰 물질 ❶ [   ]로 뜬다.

3 혼합물의 밀도 성분 물질이 섞여 있는 비율에 따라 밀도가 달라진다. 예 달걀을 물에 넣으면 달걀이 가라앉지만, 물에 소금을 계속 넣어 녹이면 소금물 농도가 진해지면서 소금물의 밀도가 ❷ [   ]므로 달걀이 점차 떠오른다.

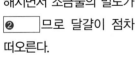

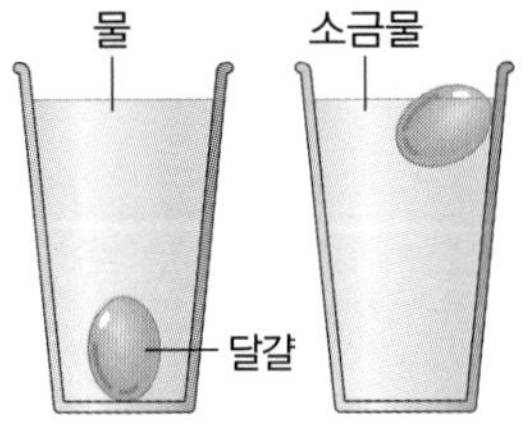

❶위 ❷커지

확인Q 6 그림은 서로 층을 이루고 있는 액체 A와 B에 고체 C를 넣었을 때의 모습이다. A~C의 밀도를 비교하시오.

(　　　)<(　　　)<(　　　)

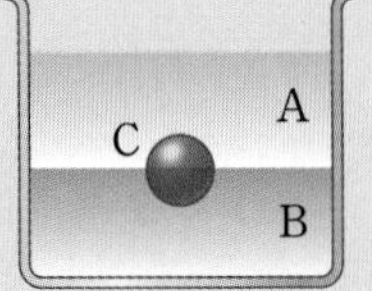

개념 7 용해도

1 포화 용액과 불포화 용액

포화 용액	불포화 용액
어떤 온도에서 일정한 양의 용매에 용질이 최대로 녹아 있는 용액	어떤 온도에서 포화 용액일 때보다 적은 양의 용질이 녹아 있는 용액

2 용해도 어떤 온도에서 용매 ❶ [   ] g에 최대로 녹을 수 있는 용질의 g수 (고체는 대부분 온도가 높을수록 용해도가 증가하며, 압력의 영향은 거의 받지 않는다.)

- 용해도는 일정한 온도에서 물질(용질)의 종류에 따라 다르므로 물질의 특성이다.
- 용해도는 용매의 종류나 온도에 따라 달라진다.

3 용해도 곡선 곡선의 기울기가 ❷ [   ]수록 온도 변화에 따른 용해도 차이가 크다.

❶100 ❷클

확인Q 7 그림은 고체 물질의 용해도 곡선이다. A와 B 중 온도에 따른 용해도 차이가 큰 물질을 쓰시오.

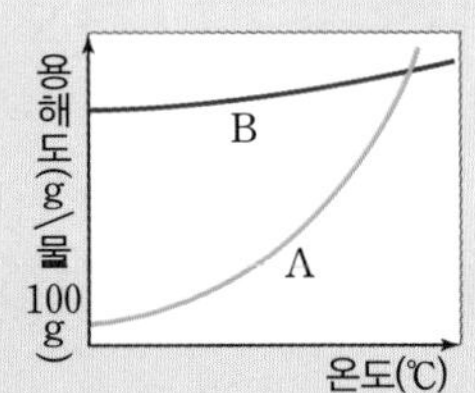

개념 8 기체의 용해도

1 기체의 용해도 온도와 압력의 영향을 크게 받는다. (기체의 용해도를 표시할 때 온도와 압력을 함께 표시해야 한다.)

2 온도와 압력에 따른 기체의 용해도 변화

- 온도가 높을수록 기체의 용해도가 감소한다. 예 차게 보관한 탄산음료보다 실온의 탄산음료에서 기포가 더 ❶ [   ] 발생한다. 온도가 높을수록 이산화 탄소의 용해도가 감소하기 때문

- 압력이 ❷ [   ]수록 기체의 용해도가 감소한다. 예 탄산음료 병의 뚜껑을 열면 기포가 발생한다.
뚜껑을 열면 압력이 낮아져 이산화 탄소의 용해도가 감소하기 때문

C　D
사이다
25 ℃의 물　25 ℃의 물
기포 발생량: A > B

❶많이 ❷낮을(작을)

확인Q 8 탄산음료에 녹아 있는 이산화 탄소의 용해도는 온도가 ㉠(　　　　)수록, 압력이 ㉡(　　　　)수록 증가한다.

개념 1 끓는점 차를 이용한 분리(1)

1 **증류** 액체 상태의 혼합물을 가열하여 나오는 기체를 다시 ❶ [ ]하여 순수한 액체 물질을 얻는 방법

2 **액체와 고체의 혼합물 분리** 소금물을 가열하면 소금보다 ❷ [ ]이 낮은 물이 먼저 기화하여 수증기가 되고, 이 수증기를 냉각하면 순수한 물을 얻을 수 있다.

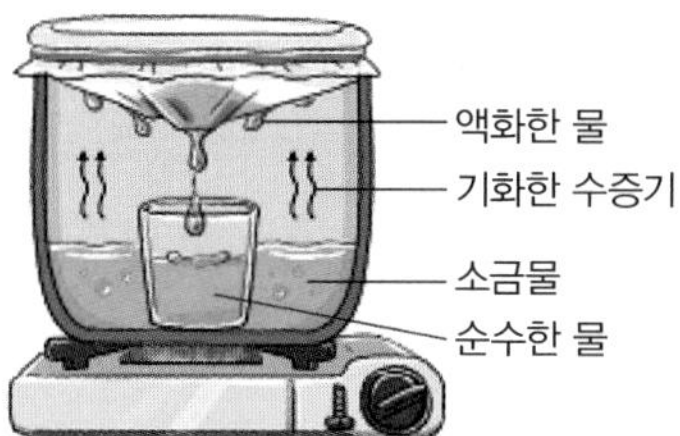

❶냉각 ❷끓는점

확인Q 1 증류는 (녹는점, 끓는점) 차를 이용하여 혼합물을 분리하는 방법이다.

개념 2 끓는점 차를 이용한 분리(2)

1 **서로 섞이는 액체 혼합물의 분리** 물과 에탄올의 혼합물을 가열하면 끓는점이 낮은 ❶ [ ]이 먼저 끓어 나오고, 끓는점이 높은 ❷ [ ]이 나중에 끓어 나온다.

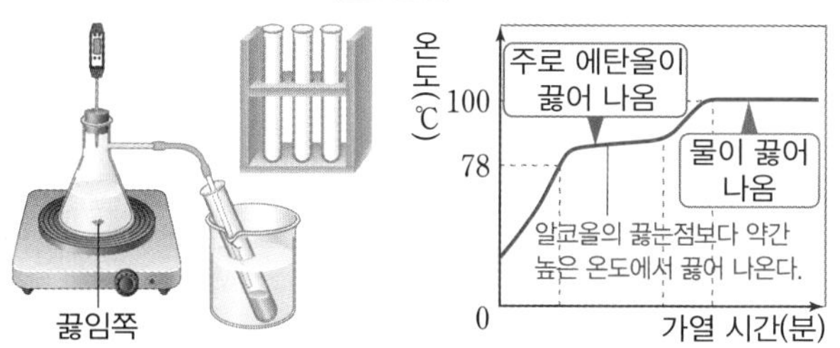

➡ 각 구간에서 끓어 나온 기체를 냉각하면 액체 상태의 에탄올과 물을 분리할 수 있다.

❶에탄올 ❷물

확인Q 2 그림은 물과 에탄올 혼합물의 가열 곡선을 나타낸 것이다. 에탄올이 주로 끓어 나오는 구간을 쓰시오.

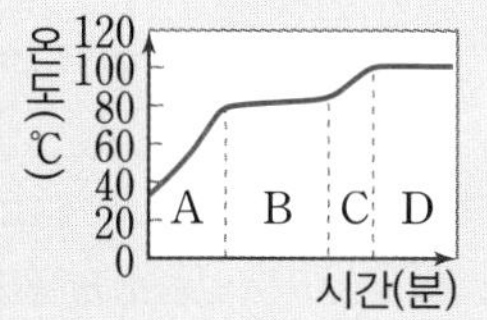

개념 3 끓는점 차를 이용한 분리의 예

1 **원유의 분리** 원유를 높은 온도로 가열하여 증류탑으로 보내면 끓는점이 낮은 물질은 ❶ [ ]쪽, 끓는점이 높은 물질은 아래쪽에서 분리된다. → 증류탑 안에서 기화와 액화 과정이 반복된다.

2 **소줏고리** 탁한 술을 가열하면 끓는점이 낮은 에탄올이 먼저 끓어 나오고, 이 기체가 찬물이 담긴 그릇에 닿아 냉각되면서 ❷ [ ]되어 맑은 술(소주)이 분리 → 에탄올 비율이 높은 술

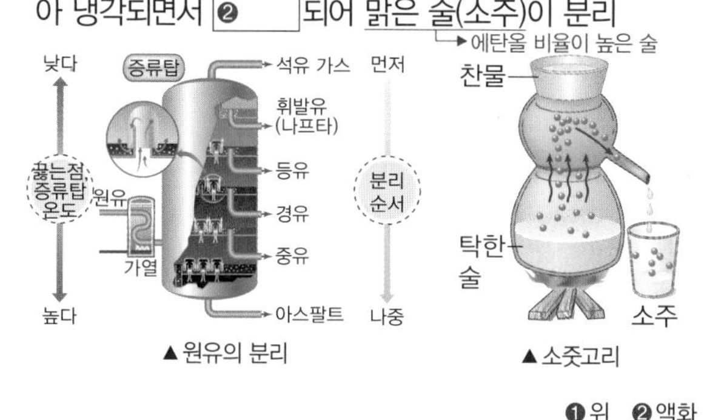

▲원유의 분리 ▲소줏고리

❶위 ❷액화

확인Q 3 원유를 증류하면 끓는점이 높은 물질은 증류탑의 (위쪽, 아래쪽)에서 얻을 수 있다.

개념 4 밀도 차를 이용한 분리

1 **고체 혼합물의 분리** 밀도가 다른 두 고체 혼합물은 고체를 녹이지 않고 밀도가 두 고체의 ❶ [ ] 정도인 액체에 넣어 분리

2 **액체 혼합물의 분리** 밀도가 다르고 서로 섞이지 않는 액체 혼합물은 ❷ [ ]를 이용하여 분리 → 양이 적을 때는 스포이트 이용

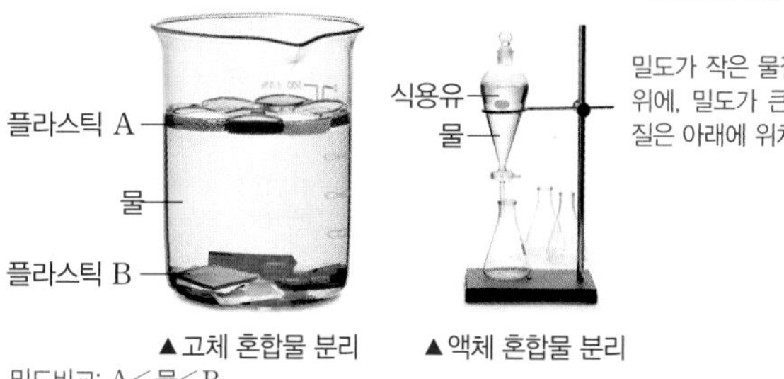

▲고체 혼합물 분리 ▲액체 혼합물 분리

밀도비교: A < 물 < B

❶중간 ❷ 분별 깔때기

확인Q 4 서로 섞이지 않는 액체 혼합물에서 밀도가 큰 물질은 위층과 아래층 중 어디에 위치하는가?

개념 5 밀도 차를 이용한 분리의 예

1 밀도 차를 이용한 분리의 예

구분	원리
바다에 유출된 기름 제거	바다에 유출된 기름은 바닷물보다 밀도가 작아 바닷물 위에 떠서 넓게 퍼지므로 기름막이를 설치하고 ❶ [ ]를 사용하여 제거
혈액 분리	혈액을 원심 분리기에 넣고 분리하면 혈장은 위로, 혈구는 아래로 분리 → 밀도 비교: 혈구>혈장
사금 채취	사금이 섞인 모래를 쟁반에 담아 물속에서 흔들면 모래는 떠내려가고, 밀도가 큰 금만 남음
볍씨 고르기	볍씨를 소금물에 담그면 ❷ [ ]는 위로 뜨고, 잘 여문 속이 찬 볍씨는 아래로 가라앉음

→ 밀도 비교: 좋은 볍씨>쭉정이

❶ 흡착포 ❷ 쭉정이

확인Q 5 오래된 달걀과 신선한 달걀 중 소금물에 넣었을 때 아래로 가라앉는 것은?

개념 6 용해도 차를 이용한 분리(1)

1 **거름** 두 고체 혼합물 중 한 가지 성분만 녹이는 ❶ [ ]에 녹여 거름 장치로 걸러 분리하는 방법

2 **재결정** 두 물질의 온도에 따른 용해도 차를 이용하여 불순물을 제거하고 순수한 결정을 얻는 방법 예 천일염의 정제, 아스피린의 정제 등
→ 해열제, 진통제 등으로 쓰임

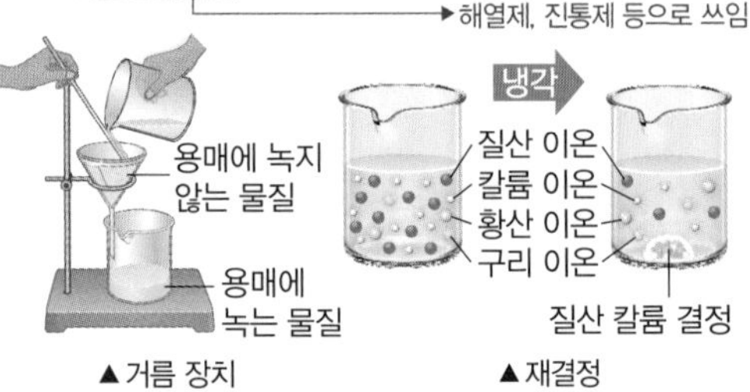

▲ 거름 장치 ▲ 재결정

3 **질산 칼륨의 불순물 제거하기** 소량의 황산 구리(II)가 섞여 있는 질산 칼륨을 높은 온도의 물에 녹인 다음 용액의 온도를 낮추면 온도에 따른 용해도 차가 큰 ❷ [ ]이 석출된다. ➡ 용액을 거름 장치로 거르면 순수한 질산 칼륨을 분리할 수 있다.

❶ 용매 ❷ 질산 칼륨

확인Q 6 합성한 아스피린은 불순물이 포함되어 있기 때문에 ( )을 이용해 순도를 높여 의약품으로 사용한다.

개념 7 용해도 차를 이용한 분리(2)

1 염화 나트륨과 붕산이 섞인 혼합물의 분리

① 염화 나트륨 20 g과 붕산 20 g이 섞인 혼합물을 100 ℃의 물 100 g에 완전히 녹인다.

② 혼합 용액을 20 ℃로 냉각하여 거른다.

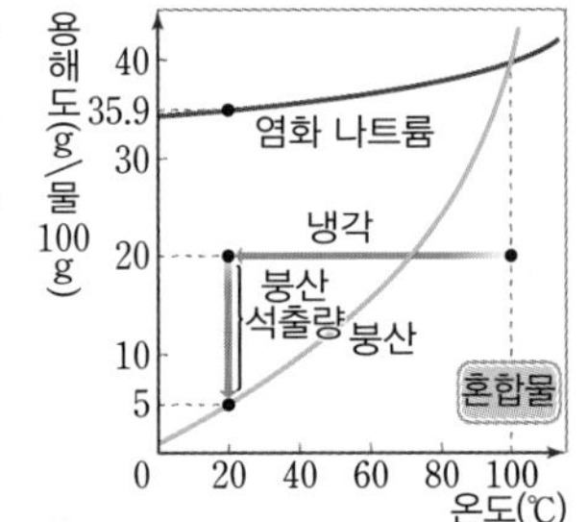

▲ 용해도 곡선

➡ 20 ℃에서 용해도가 약 ❶ [ ] g/물 100 g인 염화 나트륨은 모두 그대로 녹아 있다.

➡ 20 ℃에서 용해도가 약 5 g/물 100 g인 붕산은 5 g만 녹고, 나머지 15 g이 ❷ [ ]된다.

❶ 35.9 ❷ 석출

확인Q 7 위 용해도 곡선에 나타난 염화 나트륨과 붕산 중 온도에 따른 용해도 차가 더 큰 물질은?

개념 8 크로마토그래피

1 **크로마토그래피** 혼합물을 이루는 각 물질이 용매를 따라 이동하는 ❶ [ ]의 차를 이용하여 혼합물을 분리하는 방법 예 사인펜 잉크의 색소 분리, 식물의 엽록소 분리, 도핑 테스트, 과학 수사 등

(용매의 종류를 다르게 하면 분리되는 성분 물질의 수나 이동한 거리가 달라진다.)

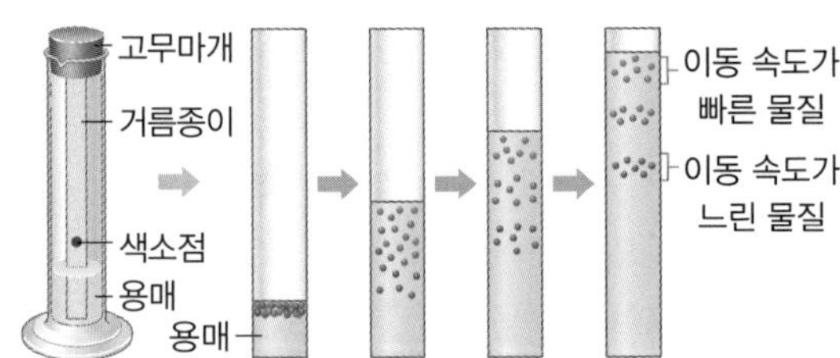

2 **크로마토그래피의 특징** 매우 ❷ [ ] 양의 혼합물도 분리할 수 있고, 성분이 비슷하거나 여러 성분이 섞여 있는 혼합물도 한 번에 분리할 수 있다. → 다른 분리 방법에 비해 간편하다.

❶ 속도 ❷ 적은

확인Q 8 사인펜 잉크의 색소 분리, 도핑 테스트 등을 할 때 이용하는 혼합물의 분리 방법은 ( )이다.

1 순물질로 옳은 것을 | 보기 | 에서 모두 고른 것은?

보기		
ㄱ. 물	ㄴ. 공기	ㄷ. 암석
ㄹ. 산소	ㅁ. 액화 석유 가스	

① ㄱ, ㄴ　② ㄱ, ㄷ　③ ㄱ, ㄹ
④ ㄴ, ㄷ, ㄹ　⑤ ㄱ, ㄹ, ㅁ

문제 해결 전략

한 가지 물질로만 이루어진 물질을 ❶ [　　] 이라고 하고, 두 가지 이상의 순물질이 섞여 있는 물질을 ❷ [　　] 이라고 한다.

답 ❶ 순물질 ❷ 혼합물

2 그림은 어떤 금속 도막의 부피를 측정하는 과정을 나타낸 것이다.

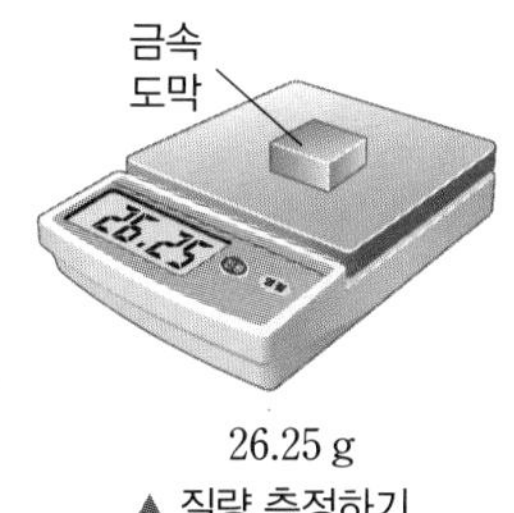

▲ 질량 측정하기

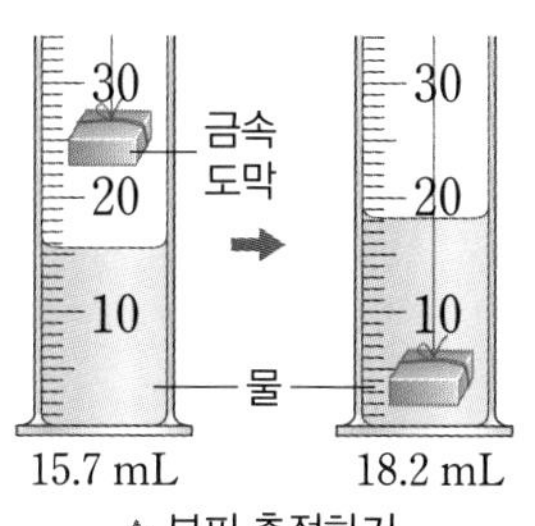

▲ 부피 측정하기

이 금속의 밀도로 옳은 것은?

① 5 g/mL　② 8.1 g/mL　③ 10.5 g/mL
④ 11.0 g/mL　⑤ 13.6 g/mL

문제 해결 전략

단위 부피당 물질의 질량을 ❶ [　　] 라고 하고, 단위는 g/cm^3, g/mL 등을 사용한다. 밀도를 식으로 나타내면 다음과 같다.

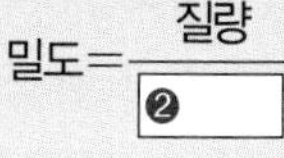

답 ❶ 밀도 ❷ 부피

3 그림은 고체 물질의 물에 대한 용해도 곡선이다. 60 ℃의 물 100 g에 용질을 최대로 녹여 만든 포화 용액을 20 ℃로 냉각시킬 때, 석출되는 양이 가장 적은 용액과 가장 많은 용액을 순서대로 옳게 나열한 것은?

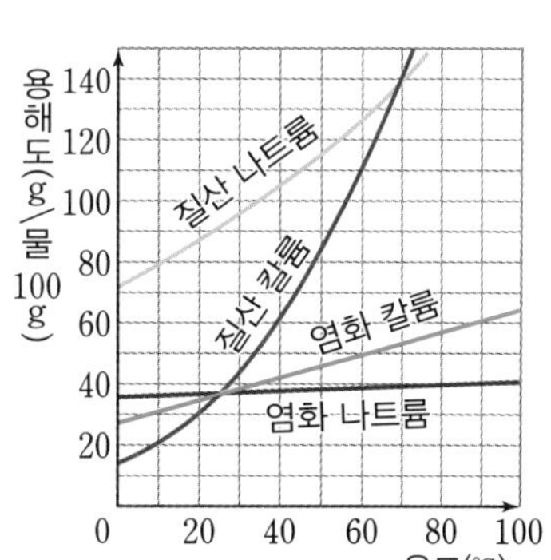

① 질산 칼륨 용액, 염화 칼륨 용액
② 질산 칼륨 용액, 염화 나트륨 용액
③ 질산 나트륨 용액, 질산 칼륨 용액
④ 염화 나트륨 용액, 질산 칼륨 용액
⑤ 염화 나트륨 용액, 질산 나트륨 용액

문제 해결 전략

어떤 온도에서 용매 100 g에 최대로 녹을 수 있는 용질의 g 수를 ❶ [　　] 라고 한다. 용해도 곡선에서 곡선의 기울기가 클수록 온도에 따른 용해도 차가 ❷ [　　].

답 ❶ 용해도 ❷ 크다

4 **그림과 같이 물과 에탄올의 혼합물을 가지 달린 삼각 플라스크에 넣고 가열하였다. 이에 대한 설명으로 옳은 것은? (단, 물의 끓는점은 100 ℃, 에탄올의 끓는점은 78.3 ℃이다.)**

① 물이 에탄올보다 먼저 기화한다.
② 끓는점이 높은 물질이 먼저 기화한다.
③ 온도가 일정한 구간이 나타나지 않는다.
④ 끓는점이 낮은 물질이 시험관 (가)에서 먼저 액화된다.
⑤ 78.3 ℃보다 약간 낮은 온도에서 에탄올이 먼저 끓어 나온다.

문제 해결 전략

액체 상태의 혼합물을 가열할 때 기화한 기체를 다시 냉각하여 순수한 액체 물질을 얻는 방법을 ❶ [ ] 라고 한다. 혼합물을 증류로 분리하면 끓는점이 낮은 물질이 먼저 기화되었다가 ❷ [ ] 되어 분리된다.

답 ❶ 증류 ❷ 액화

5 **그림은 서로 섞이지 않는 액체 혼합물을 분리할 때 이용하는 장치를 나타낸 것이다. 이 장치를 이용하여 분리할 수 있는 혼합물로 가장 적절한 것은?**

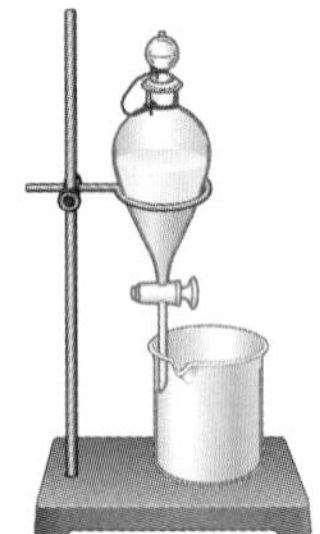

① 물과 소금
② 물과 에탄올
③ 꽃잎의 색소
④ 간장과 식용유
⑤ 질산 칼륨과 모래

문제 해결 전략

서로 섞이지 않고 밀도가 다른 액체의 혼합물은 ❶ [ ] 를 이용하여 분리할 수 있다. 이때 밀도가 ❷ [ ] 물질이 아래쪽에 위치한다.

답 ❶ 분별 깔때기 ❷ 큰

6 **그림은 사인펜 잉크의 색소를 분리하는 장치를 나타낸 것이다. 이에 대한 설명으로 옳지 않은 것은?**

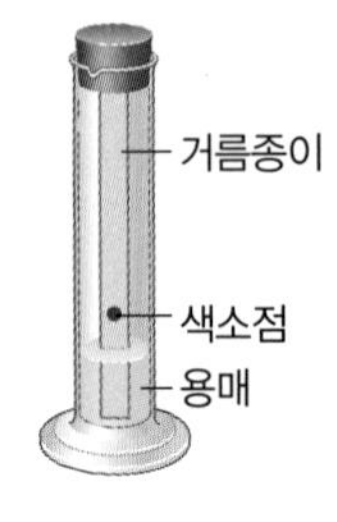

① 크로마토그래피를 이용한 것이다.
② 혼합물의 양이 적어도 분리할 수 있다.
③ 물의 증발을 막기 위해 입구를 고무마개로 막는다.
④ 색소가 용매를 따라 이동하는 속도 차를 이용한다.
⑤ 가장 위쪽에 분리되는 색소의 이동 속도가 가장 느리다.

문제 해결 전략

각 물질이 용매를 따라 이동하는 ❶ [ ] 의 차를 이용한 혼합물의 분리 방법을 ❷ [ ] 라고 한다.

답 ❶ 속도 ❷ 크로마토그래피

2주 2일 필수 체크 전략 1 기출 선택지 All

대표 기출 1 | 순물질과 혼합물 |

표는 물질을 두 가지로 분류한 것이다.

(가)	공기, 흙탕물, 설탕물
(나)	금, 알루미늄, 염화 나트륨

이에 대한 설명으로 옳은 것을 모두 고르면? [정답 3개]

① (가)는 순물질이고, (나)는 혼합물이다.
② (가)는 녹는점과 끓는점이 일정하다.
③ (가) 물질에는 두 종류 이상의 입자가 섞여 있다.
④ (가)는 각각의 성분 물질이 원래의 성질 대신 새로운 성질을 가지고 있다.
⑤ (나)는 한 가지 물질로 이루어져 있다.
⑥ (나)는 모두 한 가지 원소로 구성되어 있다.
⑦ (나)는 물질의 양에 관계없이 물질의 특성이 일정하다.
⑧ (나)는 물질의 특성을 이용하여 분리할 수 있다.

Tip 순물질은 한 가지 물질로만 이루어진 물질이고, 혼합물은 두 가지 이상의 순물질이 섞여 있는 물질이다.

풀이 ① (가)는 혼합물이고, (나)는 순물질이다.
② (가)는 혼합물이므로 녹는점과 끓는점이 일정하지 않다.
④ (가)는 각각의 성분 물질이 원래의 성질을 그대로 가지고 있다.
⑥ (나)에서 금과 알루미늄은 한 가지 원소로 구성되어 있지만, 염화 나트륨은 두 가지 원소로 구성되어 있다.
⑧ 혼합물인 (가)는 물질의 특성을 이용하여 분리할 수 있지만, (나)는 순물질이므로 물질의 특성을 이용하여 간단히 분리할 수 없다.

답 ③, ⑤, ⑦

1-1

그림 (가)와 (나)는 순물질과 혼합물의 모형을 순서 없이 나타낸 것이다. (가)와 (나)의 예를 각각 |보기|에서 모두 고르시오.

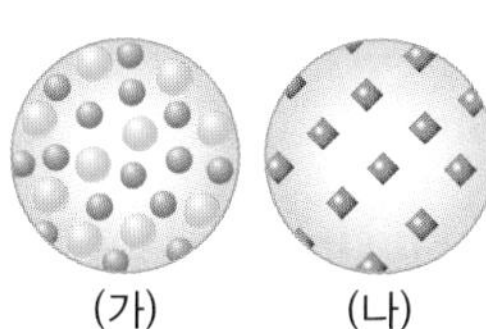
(가) (나)

|보기|
ㄱ. 금 ㄴ. 산소 ㄷ. 합금
ㄹ. 에탄올 ㅁ. 소금물 ㅂ. 이산화 탄소

대표 기출 2 | 순물질과 혼합물의 끓는점과 어는점 비교 |

그래프 (가)는 물과 소금물의 가열 곡선을, (나)는 물과 소금물의 냉각 곡선을 나타낸 것이다.

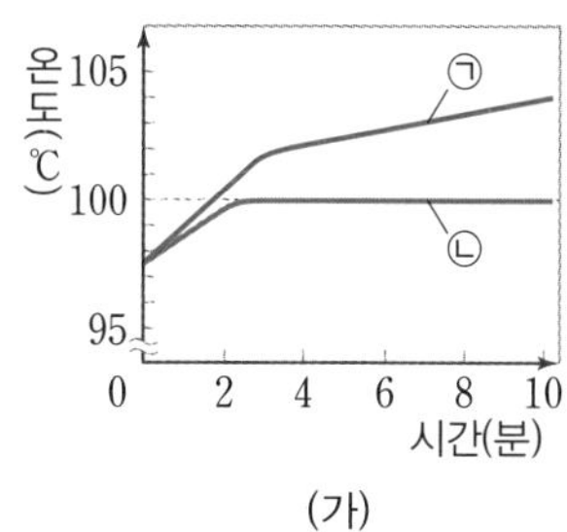

(가)

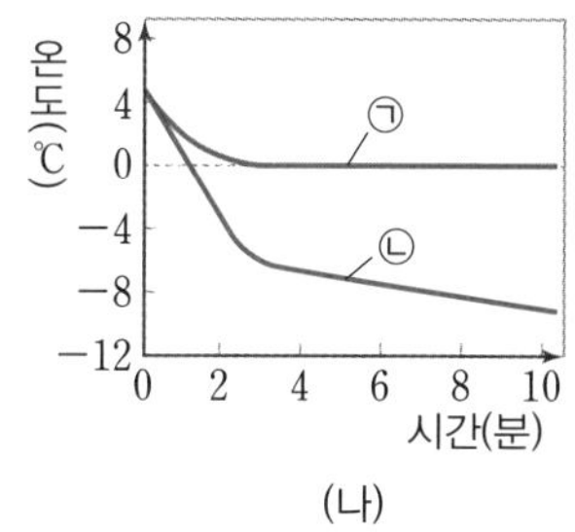

(나)

이에 대한 설명으로 옳은 것을 |보기|에서 모두 고르시오.

|보기|
ㄱ. (가)의 ㉠은 물의 가열 곡선이다.
ㄴ. 소금물은 끓는 동안 농도가 점점 진해진다.
ㄷ. (가)의 ㉡에서 일정하게 유지되는 온도가 끓는점이다.
ㄹ. (나)의 ㉠의 온도가 일정한 구간에서 액화가 일어난다.
ㅁ. (나)의 ㉡에서 어는 온도가 일정하게 유지된다.

Tip 순물질은 끓는점과 어는점이 일정하지만, 혼합물은 끓는 동안 온도가 점점 높아지고, 어는 동안 온도가 점점 낮아진다.

풀이 ㄱ. (가)의 ㉠은 소금물의 가열 곡선이다.
ㄹ. (나)의 ㉠의 온도가 일정한 구간에서 물이 응고된다.
ㅁ. (나)의 ㉡에서 소금물이 어는 온도는 계속 변한다

답 ㄴ, ㄷ

2-1

그래프는 물과 소금물의 냉각 곡선을 나타낸 것이다. 이와 같은 원리로 설명할 수 있는 현상을 |보기|에서 모두 고르시오.

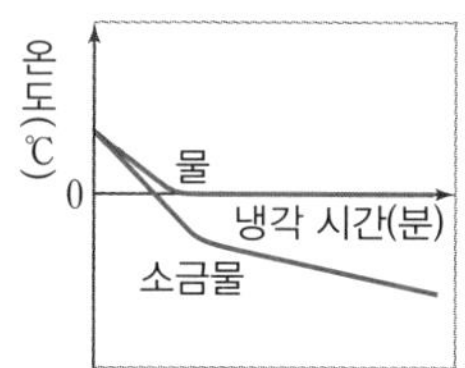

|보기|
ㄱ. 겨울철에 자동차의 앞 유리를 닦을 때 워셔액을 이용한다.
ㄴ. 물에 스프를 넣고 가열하면 100 ℃보다 높은 온도에서 끓는다.
ㄷ. 눈이 쌓인 도로에 염화 칼슘을 뿌리면 영하의 기온에서도 녹은 눈이 다시 얼지 않는다.

대표 기출 3 | 끓는점 |

그래프는 액체 A~D를 같은 세기의 화력으로 가열할 때 시간에 따른 온도 변화를 나타낸 것이다. 이에 대한 설명으로 옳은 것을 모두 고르면? [정답 4개]

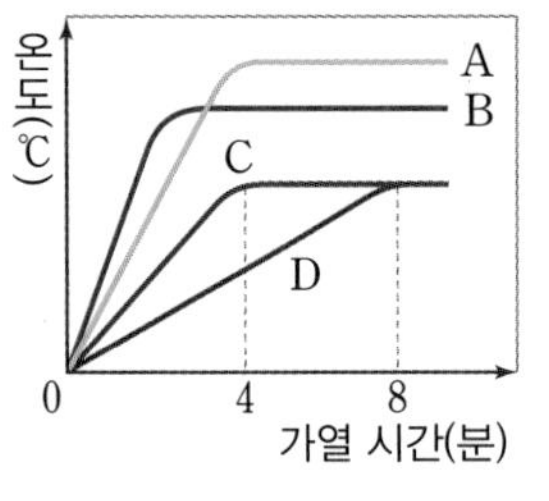

① A~D는 물질의 종류가 3가지이다.
② A는 혼합물이고, B는 순물질이다.
③ 끓는점이 가장 높은 물질은 A이다.
④ 가장 빨리 끓기 시작하는 물질은 D이다.
⑤ C보다 D의 양이 더 많다.
⑥ C와 D는 같은 종류의 물질이다.
⑦ D를 더 강한 화력으로 가열하면 끓는점이 높아진다.

Tip 순물질은 끓는점이 일정하고, 같은 종류의 순물질은 끓는점이 같다.

풀이 ② A~D는 끓는점이 일정하므로 모두 순물질이다.
④ 가장 빨리 끓기 시작하는 물질은 수평한 구간이 가장 빨리 나타난 B이다.
⑦ 끓는점은 물질의 특성이므로 불꽃의 세기나 물질의 양에 관계없이 일정하다.

답 ①, ③, ⑤, ⑥

3-1

그래프는 액체 A~C를 가열하면서 시간에 따른 온도 변화를 나타낸 것이다.

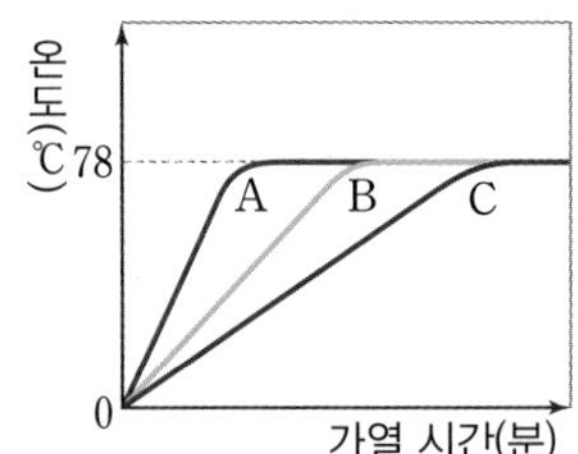

이에 대한 설명으로 옳은 것을 | 보기 |에서 모두 고르시오.

보기
ㄱ. A의 질량이 가장 크다.
ㄴ. A, B, C의 끓는점은 모두 78 ℃이다.
ㄷ. A, B, C는 같은 종류의 물질이다.

대표 기출 4 | 녹는점과 어는점 |

그래프는 어떤 고체 물질 A를 가열한 후 냉각하였을 때의 온도 변화를 나타낸 것이다.

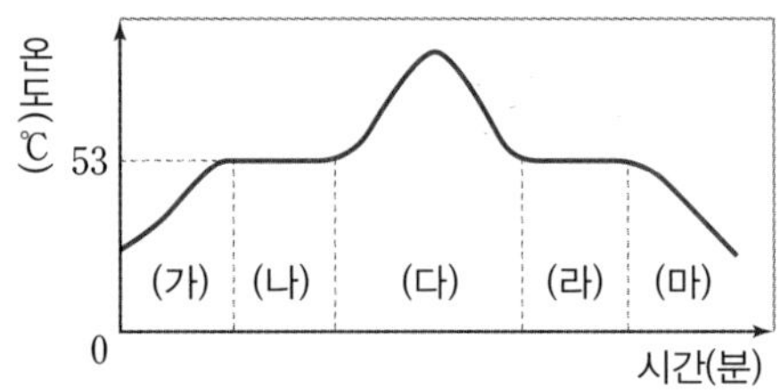

이에 대한 설명으로 옳은 것을 모두 고르면? [정답 3개]

① (가) 구간과 (라) 구간에서 A는 한 가지 상태로 존재한다.
② (나) 구간에서 일정한 온도를 녹는점이라고 한다.
③ (다) 구간에서 A는 계속 가열되었다.
④ (라) 구간에서 A는 응고되고 있다.
⑤ (라) 구간에서 일정하게 유지되는 온도는 A의 양이 많을수록 높아진다.
⑥ (마) 구간에서 A는 고체 상태이다.

Tip 녹는점과 어는점은 물질의 양에 관계없이 일정하고 물질의 종류에 따라 다르다.

풀이 ① (가) 구간에서 A는 고체 상태로 존재하고, (라) 구간에서는 응고가 일어나므로 A는 고체 상태와 액체 상태로 존재한다.
③ (다) 구간에서 A는 가열되었다가 냉각되었다.
⑤ (라) 구간에서 일정하게 유지되는 온도는 A의 양이 많아지더라도 변하지 않는다.

답 ②, ④, ⑥

4-1

그래프는 어떤 고체 물질을 가열했을 때의 온도 변화를 나타낸 것이다.

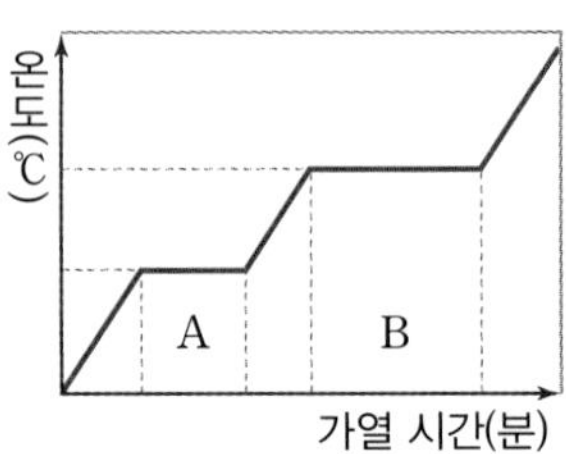

A와 B에서 일정하게 유지되는 온도를 각각 무엇이라고 하는지 쓰시오.

대표 기출 5

| 밀도 비교 |

그림은 물에 녹지 않는 고체 물질 A~D의 질량과 부피를 나타낸 것이다. 이에 대한 설명으로 옳은 것을 모두 고르면? (단, 물의 밀도는 1.0 g/mL 이다.) [정답 2개]

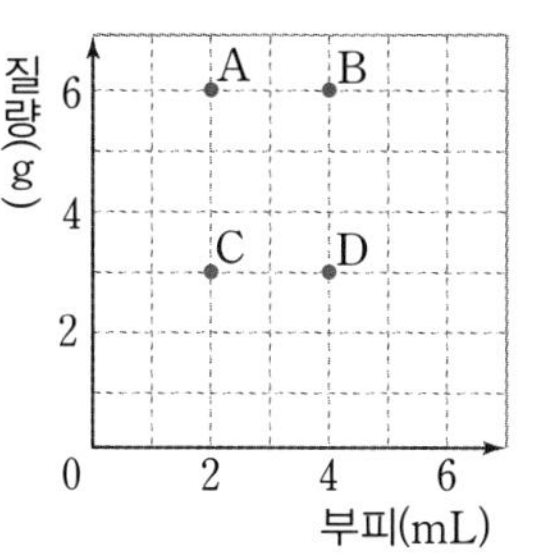

① A의 밀도가 가장 크다.
② C와 D의 밀도는 같다.
③ D보다 B의 밀도가 크다.
④ 제시된 물질의 종류는 총 4가지이다.
⑤ 물에 넣었을 때 가라앉는 물질은 없다.
⑥ B를 반으로 자르면 A와 밀도가 같아진다.
⑦ 질량이 같을 때 부피가 가장 작은 물질은 C이다.

Tip 밀도는 단위 부피당 질량이므로 밀도가 같으면 같은 종류의 물질이다.

물질	A	B	C	D
밀도(g/mL)	$\frac{6}{2}=3$	$\frac{6}{4}=1.5$	$\frac{3}{2}=1.5$	$\frac{3}{4}=0.75$

풀이 ② C와 D의 밀도는 다르다.
④ B와 C가 같은 물질이므로 물질의 종류는 총 3가지이다.
⑤ 물에 넣었을 때 가라앉는 물질은 A, B, C이다.
⑥ A와 B는 밀도가 다르며, B를 반으로 잘라도 B의 밀도가 변하지 않으므로 B와 A의 밀도는 다르다.
⑦ 질량이 같을 때 부피가 가장 작은 물질은 밀도가 가장 큰 물질인 A이다.

답 ①, ③

대표 기출 6

| 뜨고 가라앉는 현상과 밀도 |

그림은 여러 가지 물질이 컵 안에서 층을 이룬 모습을 나타낸 것이다. 이에 대한 설명으로 옳은 것을 모두 고르면? (단, 물의 밀도는 1.0 g/mL이다.) [정답 2개]

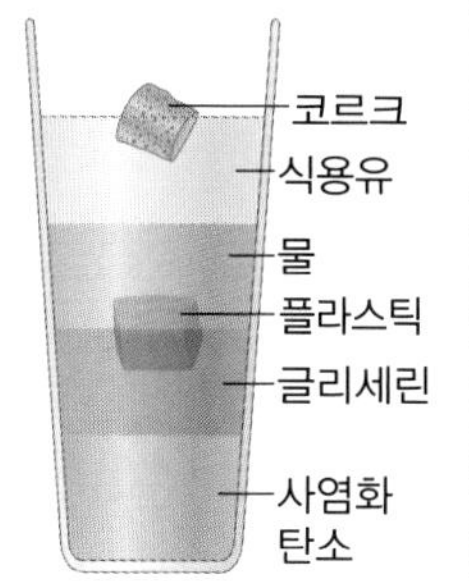

① 밀도가 클수록 위로 뜬다.
② 플라스틱은 물보다 밀도가 작다.
③ 밀도가 가장 큰 물질은 사염화 탄소이다.
④ 코르크의 크기가 2배로 크다면 코르크가 식용유 아래로 가라앉는다.
⑤ 같은 질량의 코르크와 플라스틱의 부피를 비교하면, 코르크의 부피가 더 작다.
⑥ 같은 부피의 물과 글리세린의 질량을 비교하면, 물의 질량이 더 작다.

Tip 밀도가 다른 물질보다 크면 그 물질의 아래로 가라앉고, 밀도가 다른 물질보다 작으면 그 물질의 위로 뜬다.

풀이 ① 밀도가 작을수록 위로 뜬다.
② 플라스틱은 물에 가라앉으므로 플라스틱의 밀도는 1.0 g/mL보다 크다. 플라스틱은 종류에 따라 밀도가 다르다.
④ 코르크의 크기에 따라 밀도가 달라지지 않으므로 크기가 2배인 코르크도 식용유 위에 뜬다.
⑤ 같은 질량의 코르크와 플라스틱의 부피를 비교하면, 코르크가 밀도가 더 작으므로 코르크의 부피가 더 크다.

답 ③, ⑥

5-1 표는 물에 녹지 않는 여러 가지 물질의 질량과 부피를 측정한 것이다.

물질	A	B	C	D	E
질량(g)	10	10	30	15	15
부피(mL)	20	5	20	10	20

A~E 중에서 물보다 밀도가 작은 물질을 모두 고르시오. (단, 물의 밀도는 1 g/mL이다.)

6-1 그림과 같이 여러 가지 액체가 담긴 컵에 밀도가 2.7 g/cm^{3}인 금속 조각을 넣을 때, 금속 조각의 위치로 옳은 것은? (단, 컵 속의 액체는 섞이지 않고, 숫자는 각 물질의 밀도(단위: g/cm^3)이다.)

① 에탄올의 위
② 에탄올과 식용유 사이
③ 식용유와 글리세린 사이
④ 글리세린과 수은 사이
⑤ 컵의 바닥

대표 기출 7

| 고체의 용해도 |

그림은 고체 A와 B의 온도에 따른 용해도 곡선을 나타낸 것이다.

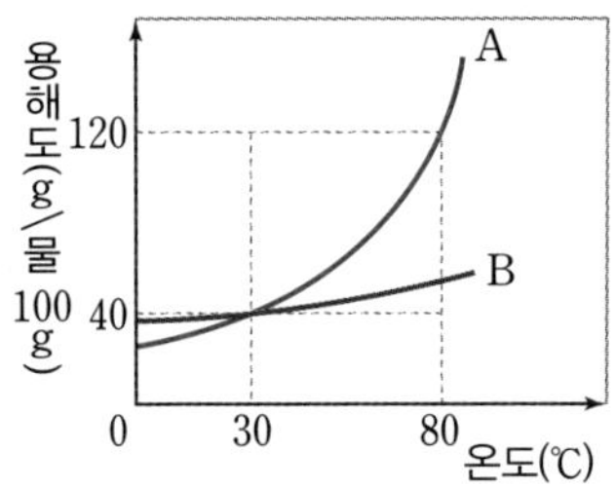

이에 대한 설명으로 옳은 것을 모두 고르면? [정답 3개]

① 0 ℃에서 용해도는 A가 B보다 크다.
② 온도가 올라갈수록 A와 B의 용해도는 증가한다.
③ 30 ℃의 물 100 g에 최대로 녹을 수 있는 B의 질량은 40 g이다.
④ 80 ℃의 A 포화 용액 220 g을 30 ℃로 냉각시키면 40 g의 용질이 석출된다.
⑤ 30 ℃와 80 ℃ 사이에서 온도에 따른 용해도의 차는 A가 B보다 크다.

Tip 어떤 온도에서 용매 100 g에 최대로 녹을 수 있는 용질의 g수를 용해도라고 한다.

풀이 ① 0 ℃에서 용해도는 A가 B보다 작다.
④ 80 ℃의 A 포화 용액 220 g에는 물 100 g과 A 용질 120 g이 들어 있다. 이 용액을 30 ℃로 냉각시키면 30 ℃에서 A 물질의 용해도가 40(g/물 100 g)이므로 120−40=80(g)의 용질이 석출된다.

답 ②, ③, ⑤

대표 기출 8

| 기체의 용해도 |

시험관 A~F에 같은 양의 탄산음료를 넣고 그림과 같이 장치한 후 발생하는 기포를 관찰하였다.

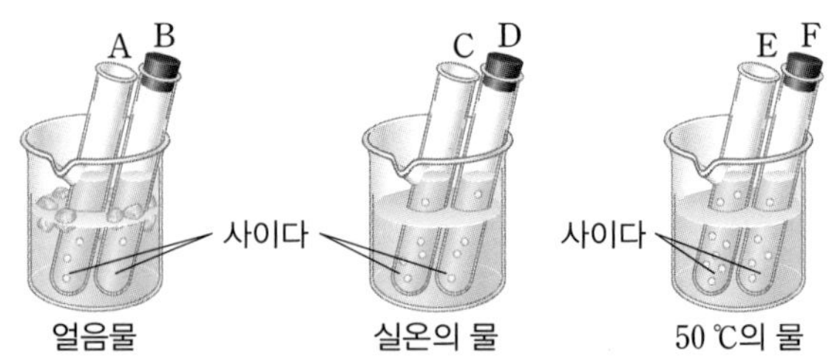

이에 대한 설명으로 옳은 것을 모두 고르면? [정답 2개]

① 발생하는 기포는 이산화 탄소 기체이다.
② 기포가 가장 많이 발생하는 시험관은 F이다.
③ B의 고무마개를 열면 기포 발생량이 감소한다.
④ 기포가 많이 발생할수록 기체의 용해도가 크다.
⑤ A와 F를 비교하면 기체의 용해도와 압력 사이의 관계를 알 수 있다.
⑥ A, C, E를 비교하면 기체의 용해도와 온도 사이의 관계를 알 수 있다.

Tip 기체의 용해도는 온도가 낮을수록, 압력이 높을수록 증가한다.

풀이 ② 기포가 가장 많이 발생하는 시험관은 E이다.
③ B의 고무마개를 열면 기포 발생량이 증가한다.
④ 기포가 많이 발생할수록 기체의 용해도가 작다.
⑤ 기체의 용해도와 압력 사이의 관계에 대해 알아보려면 온도 조건이 같은 A와 B 또는 C와 D, E와 F를 비교하면 된다.

답 ①, ⑥

7-1 그림은 어떤 고체 물질 X의 용해도 곡선이고, A~D는 물 100 g에 X를 녹인 용액을 나타낸 것이다. A~D에서 포화 용액을 모두 고르시오.

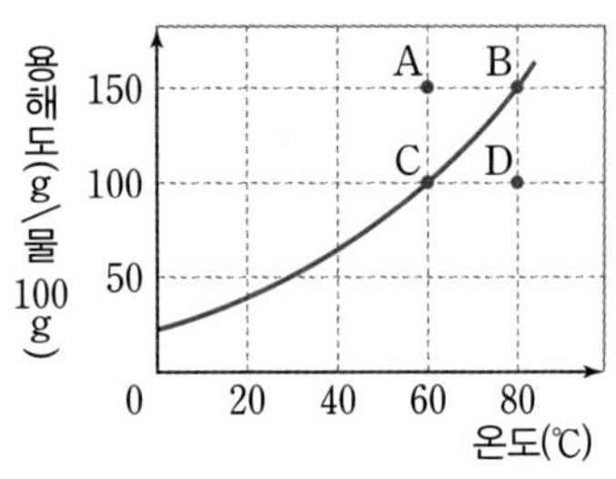

8-1 그림과 같이 감압 용기에 탄산음료를 넣고 용기 안에서 공기를 빼내면서 변화를 관찰하여, 그 결과를 다음과 같이 정리하였다. 빈칸에 알맞은 말을 고르시오.

> 기포 발생량이 증가한다. 왜냐하면 용기 안의 압력이 ㉠(감소 / 증가)하면서 이산화 탄소의 용해도가 ㉡(감소 / 증가)하기 때문이다.

1 그림은 몇 가지 물질을 분류하는 과정을 나타낸 것이다.

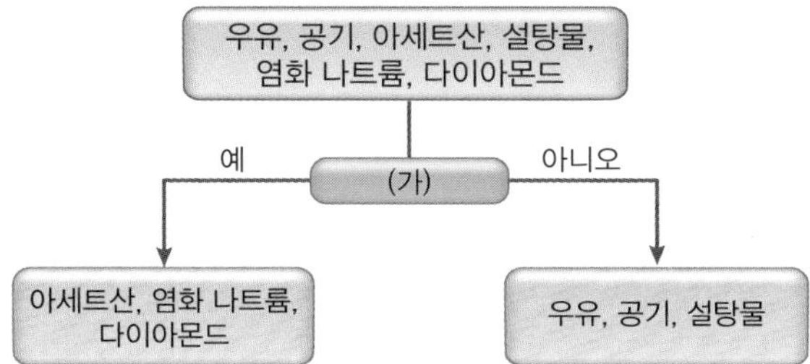

(가)에 들어갈 수 있는 기준으로 옳은 것은?

① 물에 잘 녹는가?
② 녹는점이 일정한가?
③ 25 ℃에서 액체 상태인가?
④ 25 ℃에서 모양과 부피가 일정한가?
⑤ 두 가지 이상의 물질이 혼합되어 있는가?

Tip 한 가지 물질로만 이루어진 ❶ [ ] 은 물질의 특성이 일정하고, 두 가지 이상의 순물질이 섞여 있는 ❷ [ ] 은 그렇지 않다.

답 ❶순물질 ❷혼합물

2 그림은 액체 A~C를 같은 세기의 화력으로 20분 동안 가열할 때, 시간에 따른 온도 변화를 나타낸 것이다. 이에 대한 설명으로 옳은 것은?

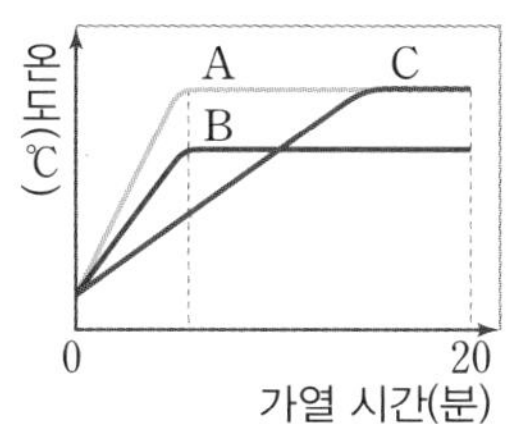

① A와 B는 동시에 끓었으므로 같은 종류의 물질이다.
② A와 B를 섞은 다음 가열하면 C와 같은 결과가 나온다.
③ A와 C는 같은 종류의 물질로 양이 서로 다르다.
④ B를 더 강한 화력으로 가열하면 A와 같은 온도에서 끓을 수 있다.
⑤ A, B, C는 끓는점이 모두 다르므로 A, B, C는 모두 서로 다른 종류의 물질이다.

Tip 순물질의 종류가 같으면 양이나 화력에 관계없이 액체가 기체로 상태 변화할 때 일정하게 유지되는 온도인 ❶ [ ] 이 같다.

답 ❶끓는점

3 표는 1기압에서 물질 A~D의 녹는점과 끓는점 자료이다.

물질	녹는점(℃)	끓는점(℃)
A	1538.0	2861.0
B	0	100
C	−114.1	78.3
D	−218.8	−183.0

실온에서의 상태에 따라 물질 A~D를 옳게 구분한 것은?

	고체	액체	기체
①	A	B, C	D
②	A	B, D	C
③	A, B	C	D
④	B, C	A	D
⑤	D	B, C	A

Tip 녹는점이 실온보다 높으면 실온에서 ❶ [ ] 상태로 존재하고, 끓는점이 실온보다 낮으면 실온에서 ❷ [ ] 상태로 존재한다.

답 ❶고체 ❷기체

4 표는 고체 라우르산과 팔미트산을 질량을 달리하여 가열하면서 온도가 일정하게 유지될 때의 온도를 나타낸 것이다.

구분	라우르산		팔미트산	
질량(g)	10	20	10	20
온도(℃)	43.2	43.2	62.3	62.3

이에 대한 설명으로 옳은 것은?

① 팔미트산은 62.3 ℃에서 액화된다.
② 라우르산은 질량에 따라 녹는점이 달라진다.
③ 라우르산은 43.2 ℃에서 액체 상태로만 존재한다.
④ 같은 종류의 물질은 질량에 관계없이 녹는점이 같다.
⑤ 30 g의 라우르산을 가열하면 62.3 ℃에서 온도가 일정하게 유지된다.

Tip 녹는점에서 물질은 고체 상태에서 액체 상태로 ❶ [ ] 하고, 녹는점은 물질의 ❷ [ ] 이다.

답 ❶융해 ❷특성

5 그래프는 어떤 고체를 가열했을 때의 온도 변화를 나타낸 것이다.

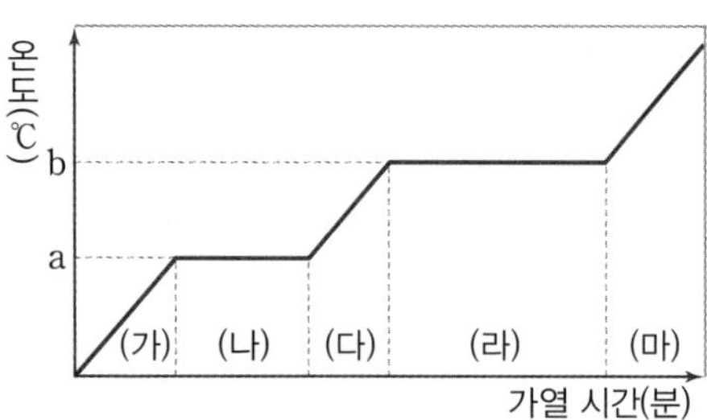

이 물질의 양을 2배로 하여 가열할 경우에 대한 설명으로 옳은 것은?

① (가) 구간의 길이가 짧아진다.
② (나) 구간의 길이가 짧아진다.
③ (나) 구간의 온도가 높아진다.
④ (다) 구간의 기울기가 급해진다.
⑤ (라) 구간의 온도는 변하지 않는다.

Tip 녹는점과 끓는점은 물질의 양에 따라 달라지지 않는 물질의 ❶ ______ 에 해당한다. 답 ❶특성

6 그림은 물이 가득 들어 있는 항아리에 질량이 같은 순금, 왕관, 순은을 넣었을 때 넘친 물의 부피를 나타낸 것이다.

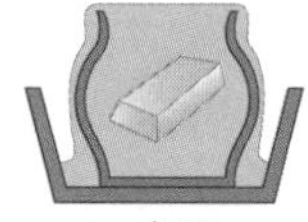

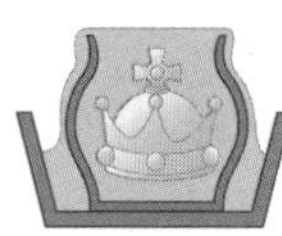
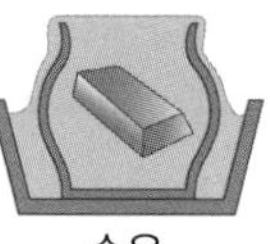

순금 왕관 순은

이에 대한 설명으로 옳은 것은?

① 순금의 부피가 가장 크다.
② 순은의 밀도가 가장 크다.
③ 순금의 밀도가 왕관의 밀도보다 작다.
④ 흘러넘친 물의 부피는 각 물체의 부피보다 작다.
⑤ 순금과 왕관의 부피가 다르므로 왕관은 순금으로 만들어지지 않았다.

Tip 밀도는 물질의 종류에 따라 다른 물질의 ❶ ______ 에 해당한다. 질량이 같은 경우, 밀도가 작을수록 물질의 부피가 ❷ ______ . 답 ❶특성 ❷크다

7 압력이 낮아질 때 기체의 용해도가 감소하는 것과 관련된 현상을 | 보기 | 에서 모두 고른 것은?

보기
ㄱ. 탄산음료의 뚜껑을 여는 순간 기포가 많이 발생한다.
ㄴ. 꿀을 냉장고에 보관하면 흰색 포도당 결정이 생긴다.
ㄷ. 수돗물을 가열하면 수돗물에 남아 있는 소량의 염소 기체를 제거할 수 있다.
ㄹ. 깊은 바닷속의 잠수부가 너무 빨리 수면으로 올라오면 잠수병에 걸릴 수 있다.

① ㄱ, ㄷ ② ㄱ, ㄹ ③ ㄴ, ㄷ
④ ㄴ, ㄹ ⑤ ㄷ, ㄹ

Tip 기체의 용해도는 ❶ ______ 이 낮을수록, ❷ ______ 가 높을수록 감소한다. 답 ❶압력 ❷온도

8 그래프는 여러 가지 고체 물질의 용해도 곡선을 나타낸 것이다. 이에 대한 설명으로 옳지 않은 것은?

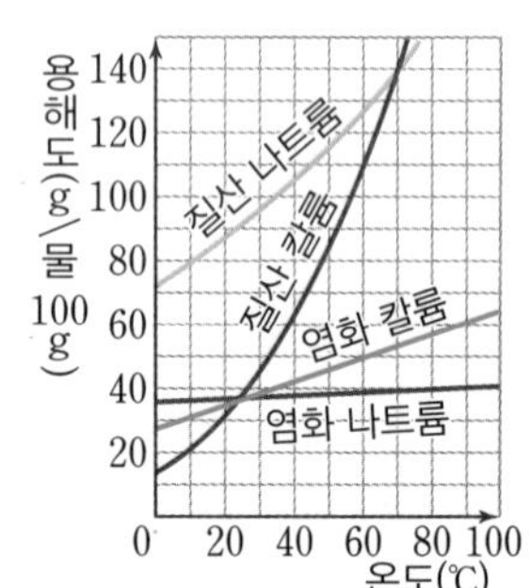

① 고체의 용해도는 온도가 높아질수록 증가한다.
② 40 ℃에서 용해도가 가장 작은 물질은 염화 나트륨이다.
③ 온도에 따른 용해도 차가 가장 큰 물질은 질산 칼륨이다.
④ 고체의 용해도는 일정한 온도에서 물질의 종류에 따라 다르므로 물질의 특성이다.
⑤ 70 ℃의 포화 용액을 10 ℃로 냉각하면 질산 나트륨이 가장 많이 석출된다.

Tip ❶ ______ 되는 용질의 양=녹아 있던 용질의 양－❷ ______ 시킨 온도에서 최대로 녹을 수 있는 용질의 양 답 ❶석출 ❷냉각

대표 기출 1 | 끓는점 차를 이용한 혼합물의 분리 |

그래프는 물과 에탄올 혼합물의 가열 곡선을 나타낸 것이다.

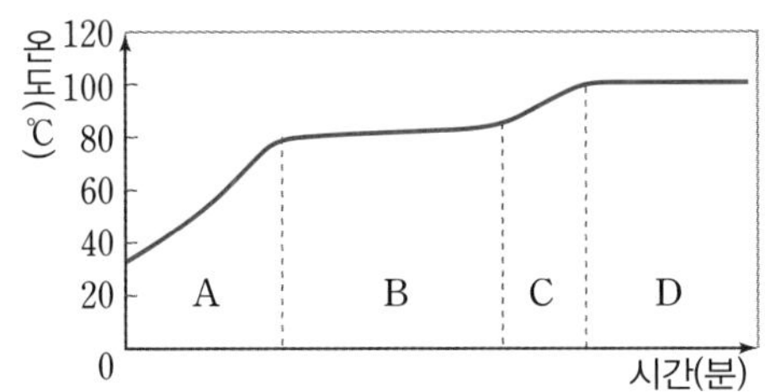

이에 대한 설명으로 옳지 않은 것을 모두 고르면? [정답 2개]
(단, 물의 끓는점은 100 ℃, 에탄올의 끓는점은 78.3 ℃이다.)

① A 구간에서 기화가 가장 활발하게 일어난다.
② B 구간에서는 주로 에탄올이 기화된다.
③ B 구간의 온도는 에탄올의 끓는점보다 약간 높다.
④ D 구간에서는 물이 기화된다.
⑤ D 구간에서 일정한 온도는 물의 끓는점에 해당한다.
⑥ 물과 에탄올의 혼합물을 가열하면 끓는점이 높은 물질이 먼저 분리된다.

Tip 액체 상태의 혼합물을 가열하면서 기화한 기체를 다시 냉각하여 순수한 액체 물질을 얻는 방법을 증류라고 한다.

풀이 ① A 구간에서는 혼합물을 구성하는 성분 물질의 끓는점에 도달하지 못하였으므로 기화가 활발하게 일어나지 않는다.
⑥ 물과 에탄올의 혼합물을 가열하면 끓는점이 낮은 물질인 에탄올이 먼저 분리된다.

답 ①, ⑥

대표 기출 2 | 끓는점 차를 이용한 혼합물의 분리의 예 |

그림은 원유를 분리하는 장치인 증류탑을 나타낸 것이다.

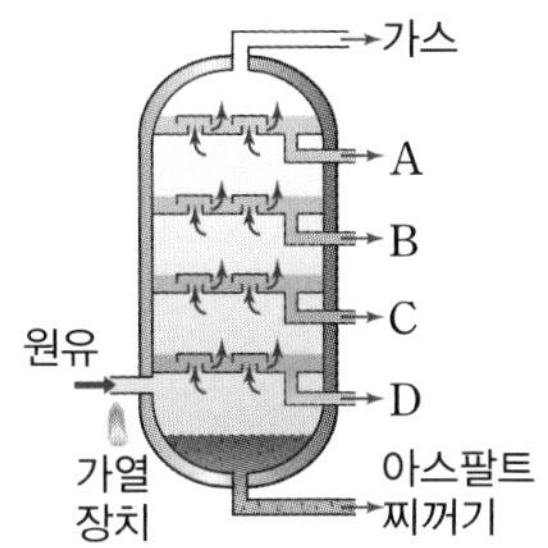

이에 대한 설명으로 옳은 것을 모두 고르면? [정답 3개]

① 소량의 원유를 주로 분리한다.
② 끓는점 차를 이용하여 원유를 분리한다.
③ 증류탑 안에서 기화와 액화 과정이 반복된다.
④ 증류탑의 온도는 위쪽으로 올라갈수록 높아진다.
⑤ 끓는점이 높은 물질일수록 증류탑의 위쪽에서 분리된다.
⑥ 원유를 높은 온도로 가열하여 증류탑으로 보내어 분리한다.

Tip 땅속에서 뽑아낸, 정제하지 않은 기름을 원유라고 한다. 원유에 포함된 여러 가지 물질은 끓는점 차를 이용하여 분리할 수 있다.

풀이 ① 증류탑을 이용하면 대량의 원유를 한꺼번에 분리할 수 있다.
④ 증류탑의 온도는 위쪽으로 올라갈수록 낮아진다.
⑤ 끓는점이 낮은 물질일수록 증류탑의 위쪽까지 기체 상태로 이동할 수 있으므로 증류탑의 위쪽에서 액화되어 분리된다.

답 ②, ③, ⑥

1-1 표는 어떤 액체 혼합물을 구성하는 성분 물질의 끓는점을, 그림은 이를 분리하기 위한 장치를 나타낸 것이다.

성분 물질	A	B	C
끓는점(℃)	100	78.3	64.7

혼합물을 가열했을 때 가장 먼저 분리되는 물질은?

2-1 그림은 우리 조상들이 사용했던 소줏고리를 나타낸 것이다. 이와 같은 (가) 혼합물의 분리 방법과 이때 이용한 (나) 물질의 특성을 쓰시오.

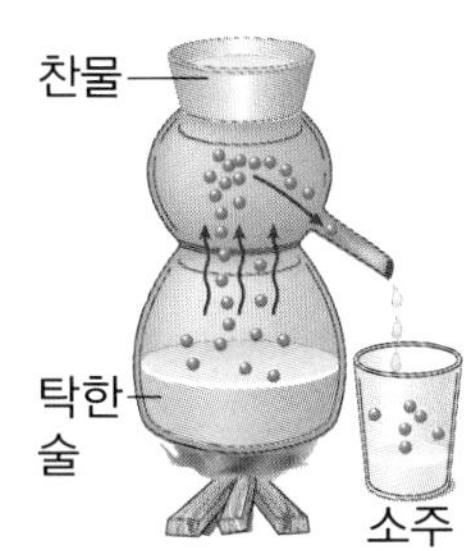

대표 기출 3 | 밀도 차를 이용한 고체 혼합물의 분리 |

그림은 스타이로폼 조각과 모래의 혼합물을 물에 넣은 모습이다.

이에 대한 설명으로 옳은 것을 모두 고르면? [정답 2개]

① 스타이로폼 조각의 밀도가 가장 크다.
② 모래를 가장 먼저 건져 내어 분리한다.
③ 녹는점 차를 이용한 혼합물 분리 방법이다.
④ 물은 혼합물의 성분 물질을 잘 녹이는 성질이 있다.
⑤ 물의 밀도는 스타이로폼 조각과 모래의 중간 정도이다.
⑥ 오래된 달걀과 신선한 달걀도 이와 비슷한 방법으로 분리할 수 있다.

Tip 고체 혼합물은 성분 물질을 녹이지 않으면서 밀도가 성분 물질의 중간 정도인 액체를 이용하여 분리할 수 있다.

풀이 ① 스타이로폼 조각의 밀도가 가장 작다.
② 스타이로폼 조각을 가장 먼저 건져 내어 분리한다.
③ 밀도 차를 이용하여 혼합물을 분리하는 방법이다.
④ 물은 고체 혼합물의 성분 물질을 잘 녹이지 않는다.

답 ⑤, ⑥

3-1 그림은 물을 이용하여 플라스틱 A와 B의 혼합물을 분리하는 방법을 나타낸 것이다.

플라스틱 A와 B, 물의 밀도를 옳게 비교한 것은?

① 플라스틱 A<물<플라스틱 B
② 플라스틱 A=물<플라스틱 B
③ 플라스틱 A=플라스틱 B<물
④ 플라스틱 A<플라스틱 B<물
⑤ 플라스틱 B=물<플라스틱 A

대표 기출 4 | 밀도 차를 이용한 액체 혼합물의 분리 |

그림 (가)와 (나)는 어떤 혼합물을 분리하기 위한 장치이다.

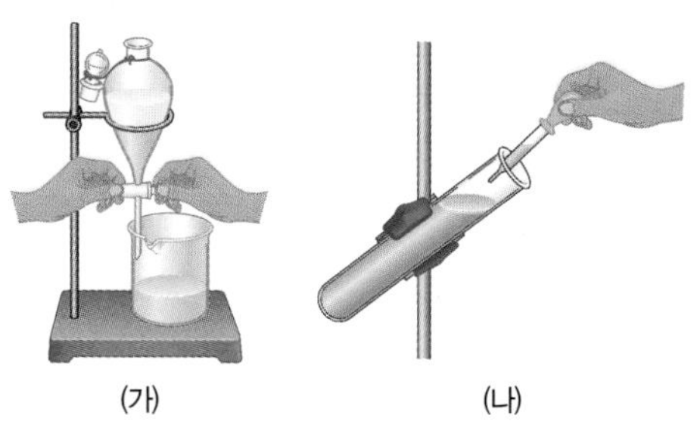

이에 대한 설명으로 옳은 것을 모두 고르면? [정답 3개]

① 밀도 차를 이용한 분리 장치이다.
② 물과 에탄올의 혼합물을 분리할 수 있다.
③ (나)를 이용하면 밀도가 상대적으로 큰 액체를 먼저 분리하기 쉽다.
④ (가)를 이용하면 밀도가 상대적으로 작은 액체를 먼저 분리하기 쉽다.
⑤ (가)에서 마개를 열고 꼭지를 돌리면 아래층의 액체를 먼저 분리할 수 있다.
⑥ (가)와 (나)는 서로 섞이지 않는 액체 혼합물을 분리할 때 이용하는 장치이다.

Tip 서로 섞이지 않고, 밀도 차가 나는 액체 혼합물은 분별 깔때기나 스포이트를 이용하여 분리할 수 있다.

풀이 ② 물과 에탄올의 혼합물은 끓는점 차를 이용하여 분리할 수 있다.
③ (나)를 이용하면 밀도가 상대적으로 작은 위층의 액체를 먼저 분리할 수 있다.
④ (가)를 이용하면 밀도가 상대적으로 큰 아래층의 액체를 먼저 분리할 수 있다.

답 ①, ⑤, ⑥

4-1 그림과 같은 장치를 이용하기에 가장 적절한 경우는?

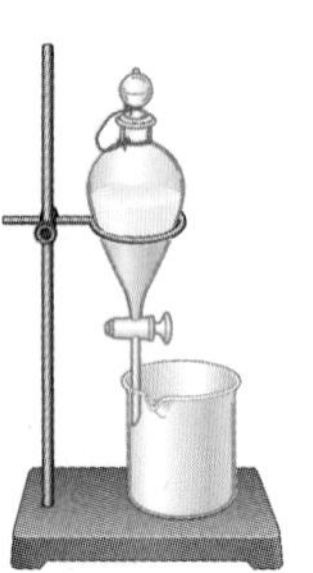

① 염전에서 소금 얻기
② 꽃잎의 색소 분리하기
③ 탁한 술에서 맑은 술 얻기
④ 물과 식용유의 혼합물 분리하기
⑤ 염화 나트륨과 붕산의 혼합물 분리하기

대표 기출 5 | 재결정 |

그림은 염화 나트륨과 붕산의 용해도 곡선을 나타낸 것이다. 염화 나트륨 20 g과 붕산 20 g을 100 ℃의 물 100 g에 모두 녹인 혼합물을 20 ℃로 냉각시켰다.

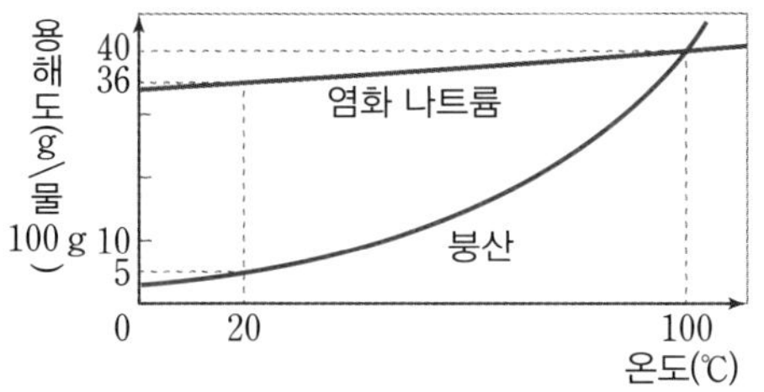

이에 대한 설명으로 옳은 것을 모두 고르면? [정답 3개]

① 흰색 결정이 생긴다.
② 석출된 결정의 무게는 20 g이다.
③ 석출된 결정의 종류는 붕산이다.
④ 용액에는 염화 나트륨만 녹아 있다.
⑤ 용해도 차를 이용하여 혼합물을 분리하였다.
⑥ 냉각시킨 용액을 거름 장치로 거르면 혼합물에서 염화 나트륨을 분리할 수 있다.

Tip 두 물질의 온도에 따른 용해도 차를 이용하여 불순물을 제거하고 순수한 결정을 얻는 방법을 재결정이라고 한다.

풀이 ② 붕산은 20 g−5 g=15 g이 석출된다.
④ 용액에는 염화 나트륨 20 g과 석출되지 않은 붕산 5 g이 녹아 있다.
⑥ 냉각시킨 용액을 거름 장치로 거르면 혼합물에서 붕산 일부를 분리할 수 있다.

답 ①, ③, ⑤

5-1 그림은 불순물이 포함된 질산 칼륨에서 순수한 질산 칼륨을 얻는 과정이다.

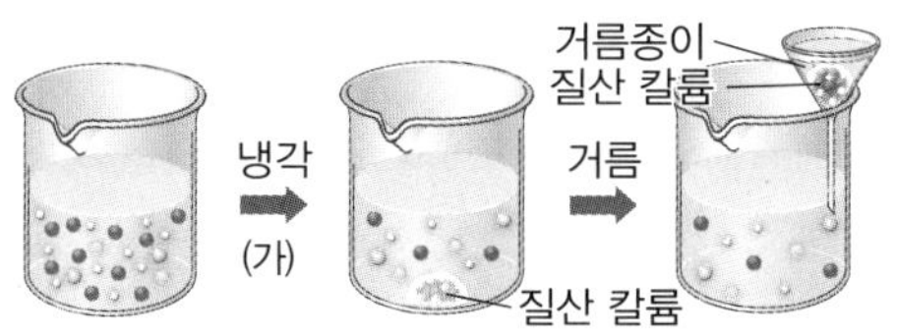

이와 같은 (가) 혼합물의 분리 방법과 이때 이용한 (나) 물질의 특성을 쓰시오.

대표 기출 6 | 크로마토그래피 실험 방법 |

그림은 사인펜 잉크의 색소를 분리하기 위한 장치를 나타낸 것이다. 이에 대한 설명으로 옳은 것을 모두 고르면? [정답 3개]

거름종이
색소점
용매

① 사인펜으로 점을 매우 연하게 찍는다.
② 색소점이 용매에 충분히 잠기게 한다.
③ 용매의 증발을 막기 위해 입구를 막는다.
④ 다른 용매를 사용해도 실험 결과는 항상 같다.
⑤ 사인펜 잉크를 녹일 수 있는 용매를 사용한다.
⑥ 특성이 비슷한 색소가 섞여 있으면 분리할 수 없다.
⑦ 사인펜의 색소가 용매를 따라 이동하는 속도가 다른 원리를 이용한 장치이다.

Tip 혼합물을 이루는 각 물질이 용매를 따라 이동하는 속도의 차를 이용한 혼합물의 분리 방법을 크로마토그래피라고 한다.

풀이 ① 사인펜으로 점을 작고 진하게, 여러 번 찍는다.
② 색소점이 용매에 잠기지 않도록 주의한다.
④ 용매의 종류를 다르게 하면 용매를 따라 색소가 이동하는 속도가 달라지므로 실험 결과는 다르게 나타난다.
⑥ 특성이 비슷한 색소가 섞여 있어도 쉽게 분리할 수 있다.

답 ③, ⑤, ⑦

6-1 크로마토그래피를 이용하여 사인펜 잉크의 색소를 분리하기 위한 장치를 옳게 설치한 것은?

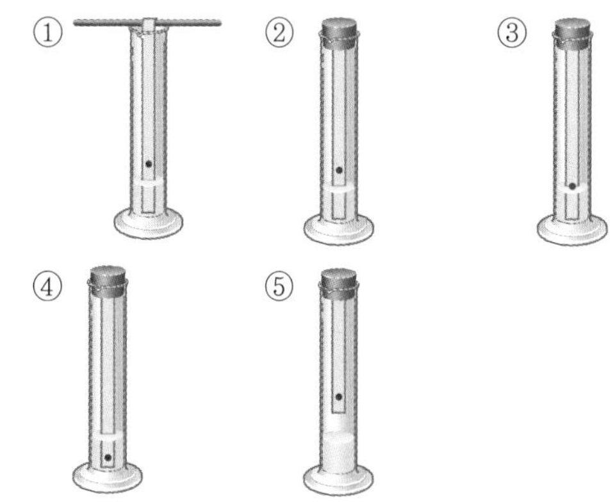

대표 기출 7 | 크로마토그래피 결과 분석 |

그림은 크로마토그래피를 이용하여 (가)~(마)의 색소를 모두 분리한 결과를 나타낸 것이다.

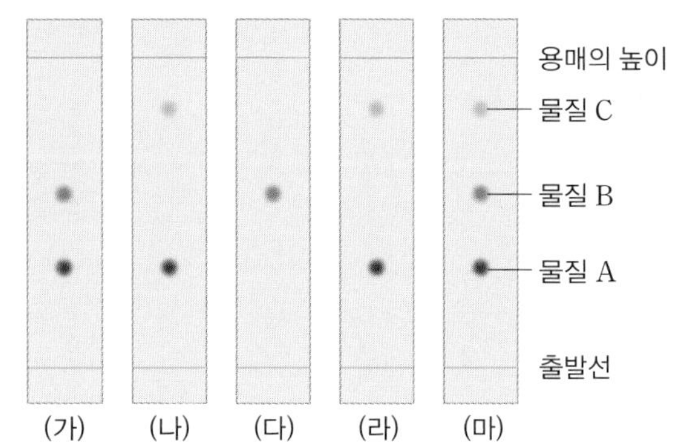

이에 대한 설명으로 옳은 것을 모두 고르면? [정답 4개]

(단, 물질 A~C는 순물질이다.)

① (가)는 혼합물이다.
② (다)는 순물질이다.
③ (마)는 (다)와 (라)의 혼합물이다.
④ (가)와 (나)는 같은 성분을 포함하지 않는다.
⑤ (나)와 (라)에 포함된 순물질의 종류가 같다.
⑥ 물질이 용매를 따라 이동하는 속도는 A>B>C 이다.

Tip 용매의 높이가 같을 때 색소가 용매를 따라 이동한 거리가 같으면 용매를 따라 이동하는 속도가 같으므로 같은 종류의 물질이다.

풀이 ④ (가)와 (나)는 물질 A를 포함한다.
⑥ 물질이 용매를 따라 이동하는 속도는 A<B<C이다.

답 ①, ②, ③, ⑤

대표 기출 8 | 복잡한 혼합물의 분리 |

그림은 물, 모래, 소금, 식용유가 섞인 혼합물을 분리하는 과정을 나타낸 것이다.

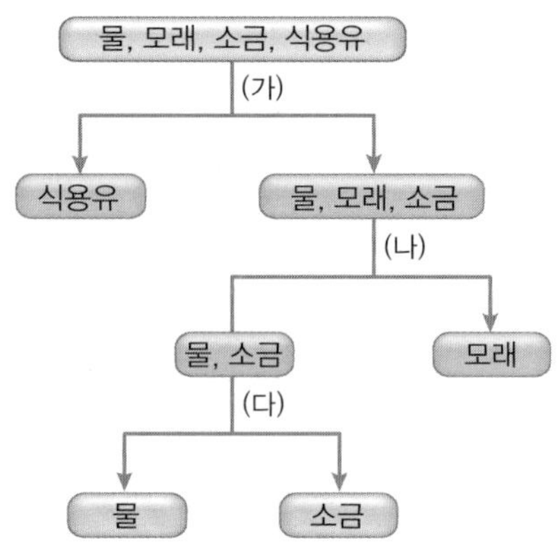

이에 대한 설명으로 옳은 것을 모두 고르면? [정답 3개]

① (가)에서는 용해도 차를 이용하여 분리할 수 있다.
② (나)에서는 거름 장치를 이용하여 분리할 수 있다.
③ (다)에서는 녹는점 차를 이용하여 분리할 수 있다.
④ (가)에서는 스포이트를 이용하여 식용유를 분리할 수 있다.
⑤ (다)에서는 증류 장치를 이용하여 순수한 물을 얻을 수 있다.

Tip 혼합물을 구성하는 성분 물질이 지닌 물질의 특성 차를 이용하여 혼합물을 순물질로 분리할 수 있다.

풀이 ① (가)에서는 밀도 차를 이용하여 식용유를 분리할 수 있다.
③ (다)에서는 끓는점 차를 이용하여 물과 소금을 분리할 수 있다.

답 ②, ④, ⑤

7-1 그림은 크로마토그래피를 이용하여 물질 A~D와 혼합물의 색소를 분리한 결과를 나타낸 것이다.

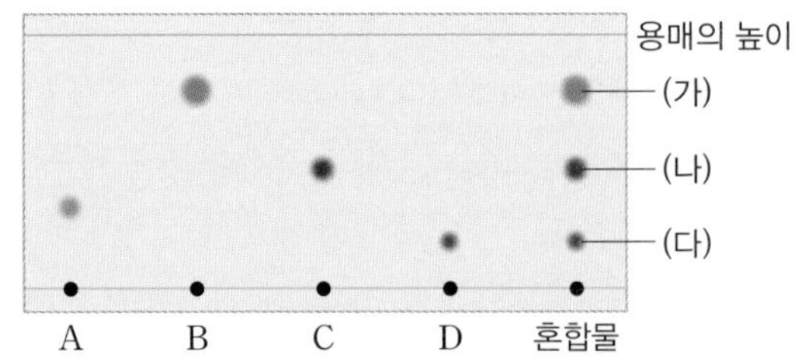

A~D 중에서 혼합물에 포함된 색소를 모두 고르시오. (단, 물질 A~D는 순물질이다).

8-1 그림과 같이 물, 에탄올, 소금, 모래의 혼합물을 분리하였다.

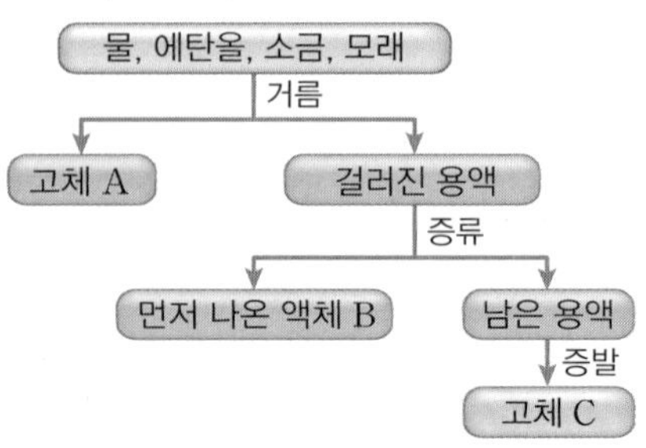

A, B, C에 해당하는 물질을 각각 쓰시오.

1 그림은 원유를 높은 온도로 가열하여 증류탑으로 보내 분리하는 과정을 나타낸 것이다.

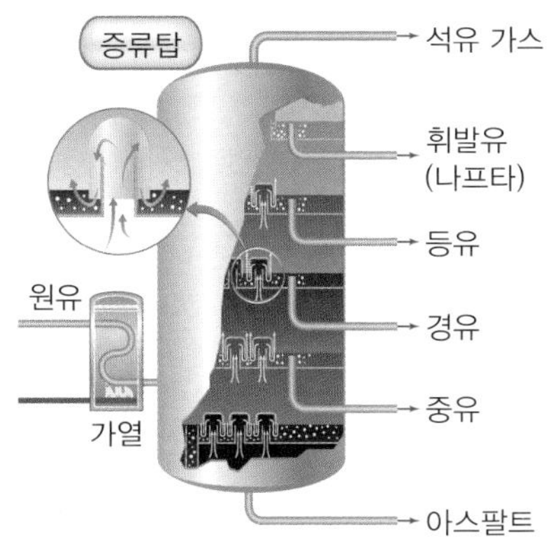

이에 대한 설명으로 옳은 것을 보기에서 모두 고른 것은?

보기
ㄱ. 증류탑 안에서 증류가 여러 번 일어난다.
ㄴ. 끓는점이 낮은 물질은 증류탑의 위쪽에서, 끓는점이 높은 물질은 증류탑의 아래쪽에서 분리된다.
ㄷ. 각 층에서 끓는점이 비슷한 물질끼리 분리된다.
ㄹ. 증류탑 내부 온도는 높이에 관계없이 모두 같다.

① ㄱ, ㄴ ② ㄱ, ㄷ ③ ㄴ, ㄹ
④ ㄱ, ㄴ, ㄷ ⑤ ㄴ, ㄷ, ㄹ

Tip 증류탑은 여러 개의 층으로 되어 있고 각 층에서 기화와 ❶ [ ]를 반복하는데, 층별로 온도가 달라 ❷ [ ]에 따라 물질을 분류할 수 있다.

답 ❶ 액화 ❷ 끓는점

2 그림과 같은 장치를 이용하여 분리할 수 있는 혼합물을 보기에서 모두 고른 것은?

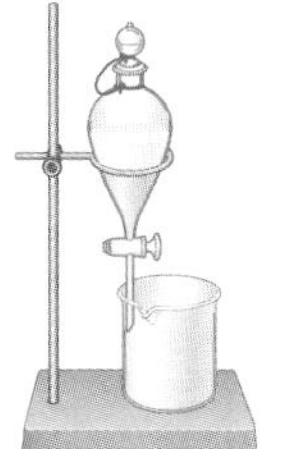

보기
ㄱ. 물과 소금 ㄴ. 물과 메탄올
ㄷ. 물과 에탄올 ㄹ. 물과 포도씨유
ㅁ. 간장과 참기름 ㅂ. 물과 사염화 탄소

① ㄱ, ㄴ ② ㄴ, ㄷ ③ ㄹ, ㅂ
④ ㄱ, ㄷ, ㅁ ⑤ ㄹ, ㅁ, ㅂ

Tip ❶ [ ]는 서로 섞이지 않고 ❷ [ ] 차가 큰 액체 혼합물을 분리하는 데 쓰인다.

답 ❶ 분별 깔때기 ❷ 밀도

3 혼합물의 분리 방법과 혼합물을 분리할 때 이용하는 물질의 특성을 옳게 짝 지은 것은?

	혼합물	분리 방법	물질의 특성
①	원유	거름	끓는점
②	소금물	증류	녹는점
③	물과 식용유	재결정	밀도
④	사인펜 잉크의 색소	크로마토그래피	끓는점
⑤	붕산과 염화 나트륨	재결정	용해도

Tip 물질의 특성을 이용하여 혼합물을 순물질로 분리하는 방법에는 ❶ [ ], 거름, 분별 깔때기법, 재결정, 크로마토그래피 등이 있다. 이 중 크로마토그래피는 물질이 용매와 함께 이동하는 ❷ [ ] 차를 이용하여 혼합물을 순물질로 분리한다.

답 ❶ 증류 ❷ 속도

4 그림은 프로페인과 뷰테인의 혼합물을 분리하기 위한 실험 과정을 나타낸 것이다. (단, 프로페인의 끓는점은 -42.1 ℃이고, 뷰테인의 끓는점은 -0.5 ℃이며, (나)에서 플라스크 내부의 온도는 -10 ℃이다.)

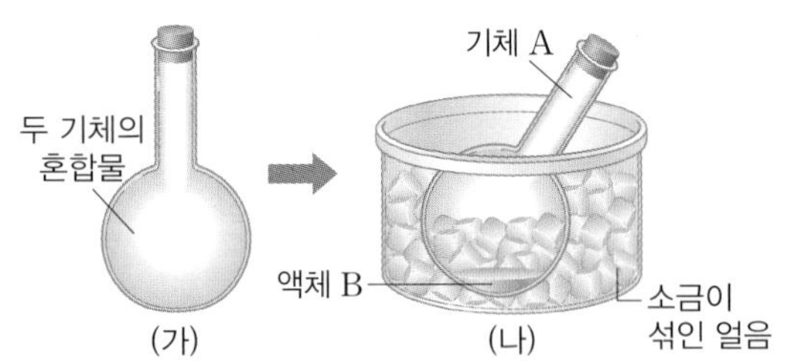

이에 대한 설명으로 옳은 것을 | 보기 |에서 모두 고른 것은?

보기
ㄱ. 기체 A는 프로페인이다.
ㄴ. 액체 B는 뷰테인이다.
ㄷ. 기체 혼합물을 분리할 때 이용한 물질의 특성은 어는점 차이다.

① ㄱ ② ㄷ ③ ㄱ, ㄴ
④ ㄴ, ㄷ ⑤ ㄱ, ㄴ, ㄷ

Tip 물질은 주변의 온도가 끓는점보다 높으면 ❶ ___ 상태, 낮으면 ❷ ___ 상태로 존재한다. 답 ❶ 기체 ❷ 액체

5 표는 온도에 따른 질산 칼륨과 질산 나트륨의 용해도(g/물 100 g)를 나타낸 것이다.

온도(℃)	0	20	40	60	80
질산 칼륨	13.3	31.6	63.9	110	169
질산 나트륨	73	88	105	125	148

80 ℃의 물 200 g에 질산 칼륨과 질산 나트륨이 각각 100 g씩 섞인 혼합물을 모두 녹인 다음, 20 ℃로 냉각시켰다. 이때 석출되는 물질과 그 질량은?

① 질산 칼륨 31.6 g ② 질산 칼륨 36.8 g
③ 질산 칼륨 68.4 g ④ 질산 나트륨 12 g
⑤ 질산 나트륨 76 g

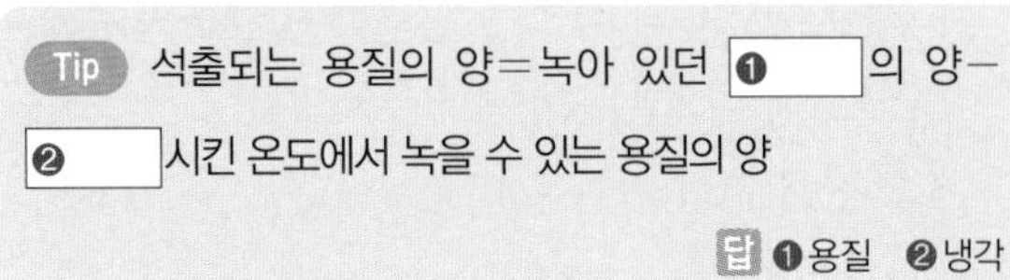
Tip 석출되는 용질의 양=녹아 있던 ❶ ___ 의 양−❷ ___ 시킨 온도에서 녹을 수 있는 용질의 양

답 ❶ 용질 ❷ 냉각

6 그림은 여러 가지 물질을 종이 크로마토그래피로 분리한 결과를 나타낸 것이다.

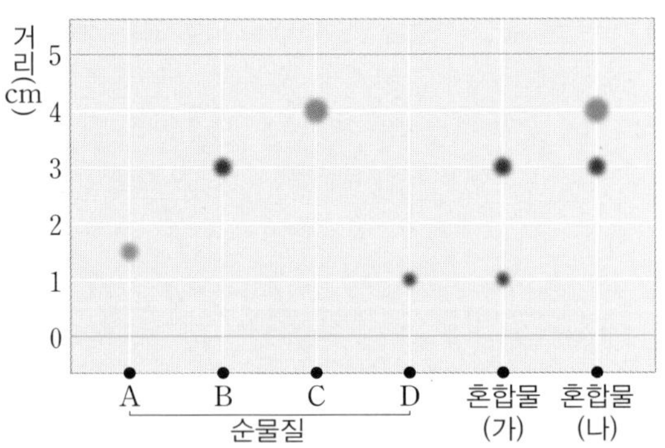

이에 대한 설명으로 옳은 것을 | 보기 |에서 모두 고른 것은?

보기
ㄱ. A는 B보다 용매를 따라 이동하는 속도가 빠르다.
ㄴ. A~D 중에서 용매를 따라 이동하는 속도가 가장 빠른 것은 D이다.
ㄷ. 혼합물 (가)와 (나)에는 같은 종류의 순물질이 한 가지 포함되어 있다.
ㄹ. 혼합물 (가)와 (나)를 섞은 다음, 크로마토그래피로 분리하면 3종류의 성분 물질로 분리된다.

① ㄱ, ㄴ ② ㄱ, ㄷ ③ ㄴ, ㄷ
④ ㄴ, ㄹ ⑤ ㄷ, ㄹ

Tip 크로마토그래피에서 색소가 이동한 ❶ ___ 가 멀수록 색소가 용매를 따라 이동하는 속도가 ❷ ___.

답 ❶ 거리 ❷ 빠르다

01 물질의 특성인 것을 보기에서 모두 고른 것은?

보기
ㄱ. 길이 ㄴ. 밀도 ㄷ. 부피 ㄹ. 질량
ㅁ. 끓는점 ㅂ. 녹는점 ㅅ. 용해도

① ㄱ, ㄴ, ㄷ ② ㄱ, ㄷ, ㄹ ③ ㄴ, ㄹ, ㅁ
④ ㅁ, ㅂ, ㅅ ⑤ ㄴ, ㅁ, ㅂ, ㅅ

02 순물질과 혼합물에 대한 설명으로 옳지 않은 것은?

① 순물질은 물질의 특성이 일정하다.
② 순물질은 한 종류의 물질로 이루어져 있다.
③ 혼합물의 양이 달라져도 성분 물질의 비율은 항상 일정하다.
④ 혼합물에서 성분 물질은 고유한 성질을 그대로 가지고 있다.
⑤ 균일 혼합물은 성분 물질이 고르게 섞여 있는 혼합물이다.

03 그래프는 물과 소금물의 가열 곡선이다.

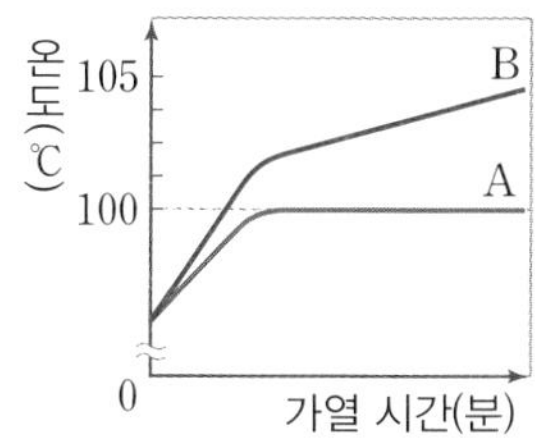

이에 대한 설명으로 옳지 않은 것은?

① A는 물의 가열 곡선이다.
② B는 소금물의 가열 곡선이다.
③ B는 끓는 동안 온도가 계속 변한다.
④ 물질 A의 질량을 2배로 늘리면 끓는점이 높아진다.
⑤ 물질 B는 2가지 이상의 순물질이 섞여 있는 혼합물이다.

04 그래프는 물질 (가)~(라)의 부피와 질량을 나타낸 것이다. 물질 (가)~(라)의 밀도 크기를 등호나 부등호를 이용하여 비교하시오.

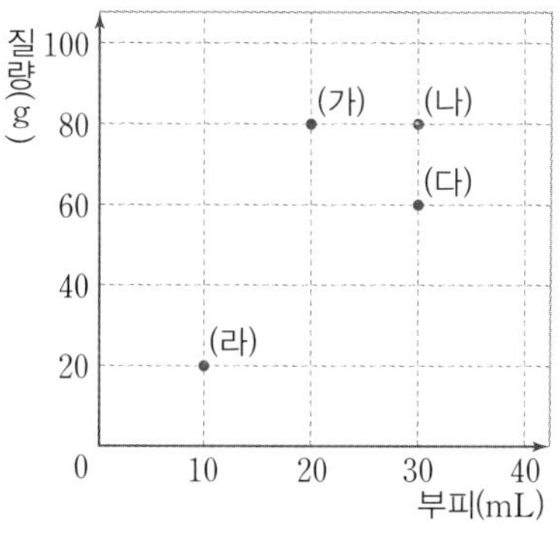

05 그림은 시험관 A~D에 같은 양의 탄산음료를 넣고 D만 뚜껑을 닫은 다음, 온도를 달리 한 물에 담가 둔 모습을 나타낸 것이다.

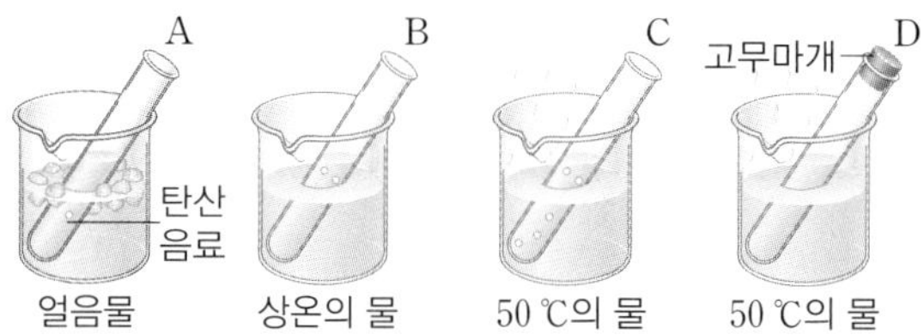

이에 대한 설명으로 옳은 것은?

① C에서 가장 적은 양의 기포가 발생한다.
② 온도가 높을수록 기체의 용해도가 증가한다.
③ 압력이 낮을수록 기체의 용해도가 감소한다.
④ A, B, C의 결과를 비교하여 압력이 기체의 용해도에 미치는 영향을 알 수 있다.
⑤ C와 D의 결과를 비교하여 온도가 기체의 용해도에 미치는 영향을 알 수 있다.

06 물과 에탄올의 혼합물을 분리할 수 있는 실험 장치로 가장 적절한 것은?

①
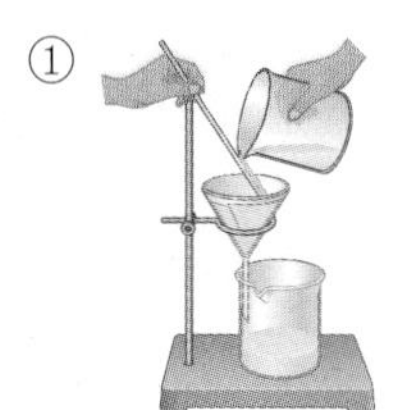

②
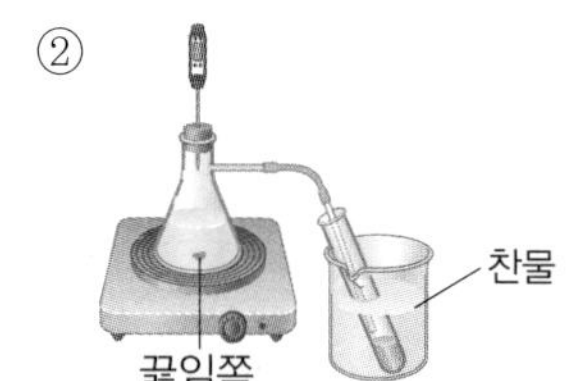

③
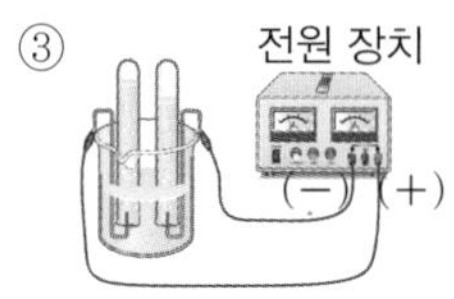

④

⑤
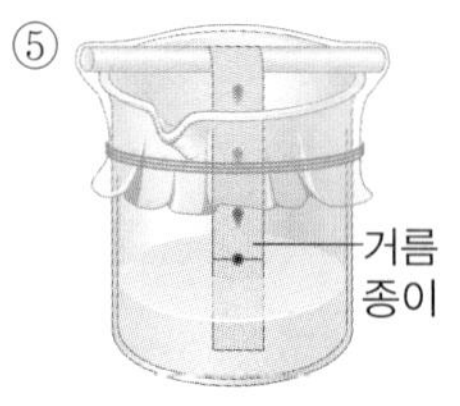

07 그림은 염화 나트륨과 붕산의 용해도 곡선을 나타낸 것이다. 염화 나트륨 30 g과 붕산 20 g을 섞은 혼합물을 80 ℃의 물 100 g에 모두 녹인 다음, 20 ℃로 냉각하여 거름 장치로 걸렀다.

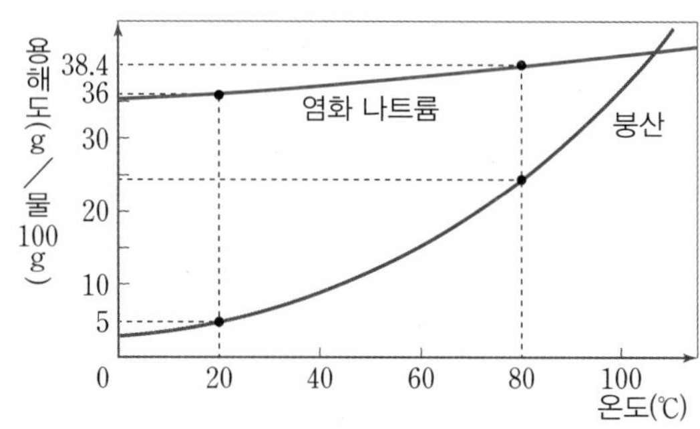

이에 대한 설명으로 옳지 않은 것은?

① 거름종이 위에 붕산이 남는다.
② 붕산 15 g이 결정으로 석출된다.
③ 거른 용액에는 염화 나트륨과 붕산이 들어 있다.
④ 온도에 따른 용해도 차를 이용한 혼합물 분리 방법이다.
⑤ 0 ℃로 냉각하면 염화 나트륨과 붕산이 모두 결정으로 석출된다.

08 다음에서 혼합물을 분리할 때 공통적으로 이용한 물질의 특성으로 옳은 것은?

- 재활용을 위해 작게 자른 폐플라스틱을 물에 넣어서 분리한다.
- 바다에 기름이 유출되었을 때 바닷물 위에 뜬 기름을 분리한다.
- 신선한 달걀을 고르기 위해 달걀을 소금물에 넣어 분리한다.
- 혈액을 원심 분리기에 넣고 회전시켜 혈구와 혈장으로 분리한다.

① 밀도 ② 용해도 ③ 끓는점
④ 녹는점 ⑤ 어는점

09 그림은 사인펜 잉크의 색소를 분리하기 위한 장치를 나타낸 것이다.

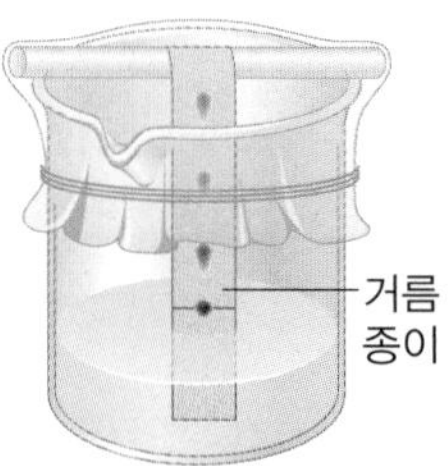

이와 같은 원리로 혼합물을 분리하는 예로 옳은 것을 보기에서 모두 고른 것은?

보기
ㄱ. 과학 수사
ㄴ. 도핑 테스트
ㄷ. 아스피린의 정제
ㄹ. 엽록소의 색소 분리

① ㄱ, ㄴ ② ㄱ, ㄷ ③ ㄱ, ㄴ, ㄷ
④ ㄱ, ㄴ, ㄹ ⑤ ㄴ, ㄷ, ㄹ

2주 창의·융합·코딩 전략

1 다음은 순물질과 혼합물에 대해 선생님과 학생들이 나눈 SNS 대화 내용이다.

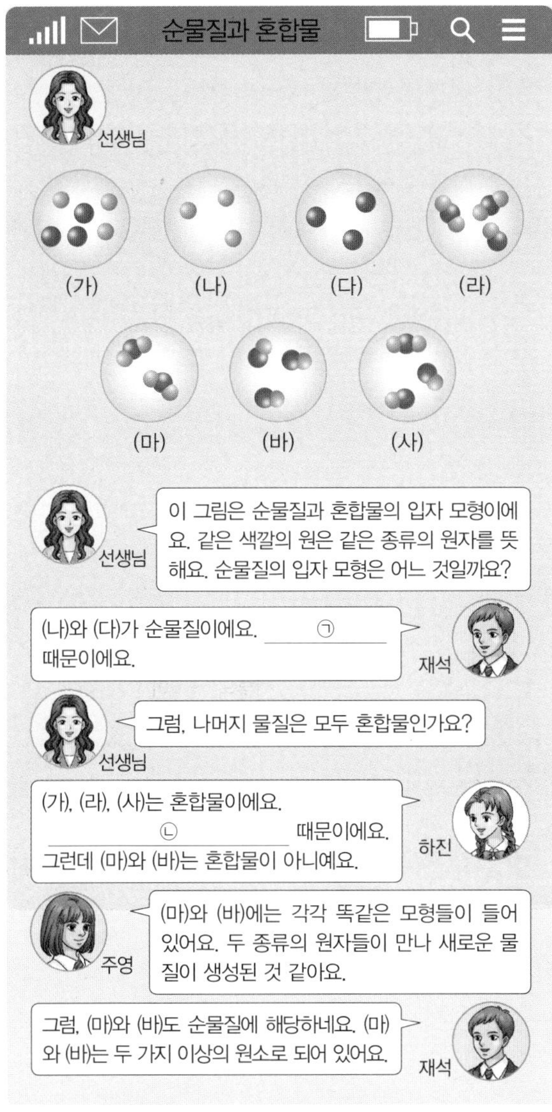

㉠, ㉡에 들어갈 알맞은 이유를 각각 서술하시오.

> **Tip** 한 가지 물질로만 이루어진 물질을 ❶ ☐, 두 가지 이상의 순물질이 섞여 있는 물질을 ❷ ☐이라고 한다.
>
> 답 ❶순물질 ❷혼합물

2 다음은 튀김 요리를 할 때 주의 사항을 설명한 것이다.

새우 튀김을 할 때 뜨거운 기름에 수분이 많은 재료를 넣으면 기름이 튀어 화상을 입을 위험이 있기 때문에 주의해야 한다.

물과 기름은 서로 섞이지 않고, 물의 ㉠(　　) 는 기름보다 크다. 따라서 끓고 있는 기름에 수분이 많은 재료를 넣으면 ㉠(　　) 차이 때문에 재료가 가라앉게 된다.

보통 식용유의 끓는점은 150 ℃ 이상이고 물의 끓는점은 100 ℃이므로, 기름에 가라앉은 재료 속 수분은 주변의 높은 온도 때문에 순식간에 ㉡(　　) 에 도달하여 기화하게 된다. 그러면 수분이 수증기로 변하면서 부피가 약 1700배 증가하고, 이 수증기가 기름 밖으로 빠르게 빠져나가면서 기름이 튀는 것이다.

(1) ㉠에 공통적으로 들어갈 물질의 특성을 쓰시오.

(　　　　　　　　)

(2) ㉡에 들어갈 물질의 특성을 쓰시오.

(　　　　　　　　)

(3) 튀김 요리를 할 때 기름이 튀는 것을 감소시킬 수 있는 방법을 재료의 성분과 관련지어 서술하시오.

> **Tip** 주위 물질보다 ❶ ☐가 큰 물질은 가라앉고, 액체가 가열되어 온도가 ❷ ☐에 이르면 액체가 끓어서 기체로 변한다. 액체가 기화하면 입자 사이의 거리가 멀어져 ❸ ☐가 크게 증가한다.
>
> 답 ❶밀도 ❷끓는점 ❸부피

3 그림은 액화 석유 가스(LPG)와 액화 천연가스(LNG)의 안전한 사용 방법을 나타낸 것이다.

(1) 표는 LPG, LNG, 공기의 밀도를 나타낸 것이다. (단, 20 ℃, 1기압에서의 밀도이다.)

구분	LPG	LNG	공기
밀도(g/mL)	0.00186	0.00075	0.00121

LPG, LNG, 공기의 밀도를 부등호를 이용하여 비교하시오.

( )>( )>( )

(2) 위 그림에서 제시한 LPG와 LNG 누출 시 대처 방법을 각 물질의 밀도와 관련지어 서술하시오.

(3) LPG와 LNG 가스 누출 경보기를 설치하기에 적절한 위치를 밀도와 관련지어 서술하시오.

Tip 주위 물질보다 밀도가 ❶ 가라앉고, 주위 물질보다 밀도가 ❷ 뜬다. 답 ❶크면 ❷작으면

4 다음은 주사기를 이용하여 기체의 용해도와 압력 사이의 관계를 알아보는 실험이다.

| 실험 과정 |

(가) 탄산음료를 주사기에 $\frac{1}{3}$ 정도 넣는다.

(나) 손가락으로 주사기 끝을 막고 피스톤을 천천히 당기면서 기포의 발생 정도를 관찰한다.

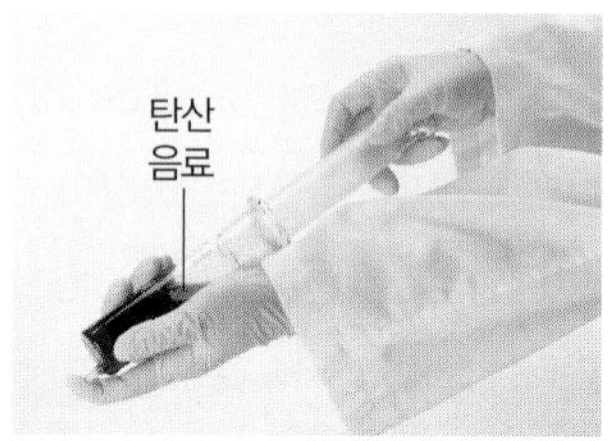

| 실험 결과 |

• 피스톤을 당길 때 기포가 더 많이 발생한다.

이 실험에 대한 대화 중 옳지 않은 친구의 이름을 쓰시오.

기포에는 이산화 탄소 기체가 들어 있어.
피스톤을 당기면 주사기 내부의 압력이 작아져.
기포가 많이 발생하는 것은 기체의 용해도가 작아졌기 때문이야.
철수
미영
정은
영희
인수
피스톤을 밀거나 당겨 주사기 속 압력의 크기를 조절할 수 있어.
당겼던 피스톤을 다시 밀면 발생하는 기포의 양은 변하지 않을 거야.

( )

Tip 기체의 용해도가 감소할수록 기포가 많이 발생한다. 압력이 낮아지면 기체의 용해도가 ❶ 하고, 압력이 높아지면 기체의 용해도가 ❷ 한다. 답 ❶감소 ❷증가

5 다음은 적정 기술이 적용된 물을 얻는 장치인 워터콘(watercone)에 대한 설명이다.

> 적정 기술이란 해당 지역의 환경과 사회 여건에 맞는 기술을 말한다. 적정 기술이 적용된 워터콘은 바닷물에서 마실 수 있는 물을 얻는 장치이다.
> 햇빛이 잘 비치는 곳에 검은색 팬을 놓은 다음 바닷물을 붓고 콘 모양의 워터콘을 덮고 기다린다. 시간이 지나면 태양열에 의해 바닷물 속의 물이 ㉠(　　　)되어 위로 올라간다. 워터콘의 안쪽 표면에서 수증기가 ㉡(　　　)되어 물이 되고, 아래로 흘러내려 모인다. 일정한 시간이 지난 뒤 워터콘을 뒤집어 증류된 물을 병에 담는다. 워터콘을 이용하면 하루에 약 1.5 L의 물을 얻을 수 있다.
>
> 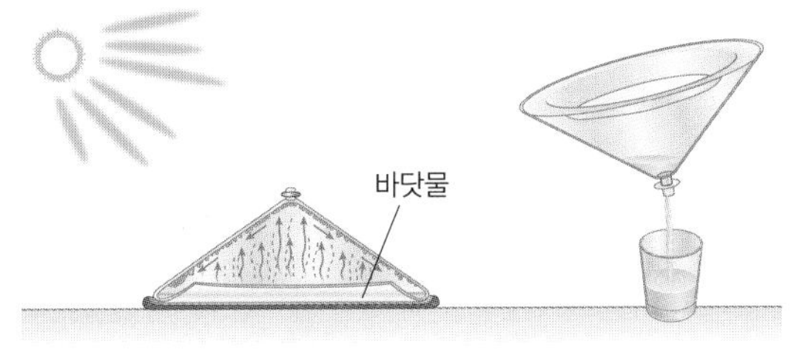
>

(1) ㉠과 ㉡에 들어갈 알맞은 상태 변화의 종류를 각각 쓰시오.

• ㉠: (　　　　　　), ㉡: (　　　　　　)

(2) 이와 비슷하게 성분 물질을 기화시켰다가 냉각시켜 혼합물을 분리하는 예를 2가지 쓰시오.

Tip 바닷물을 가열하면 성분 물질의 끓는점 차이에 의해 물만 ❶ 　　하여 수증기가 되고, 이 수증기가 냉각하여 ❷ 　　되면 순수한 물을 얻을 수 있다.

답 ❶ 기화 ❷ 액화

6 다음은 어떤 학생이 작성한 실험 보고서의 일부이다.

> **실험 보고서**
>
> 2학년 ○반 □□□
>
> **| 실험 과정 |**
>
> (가) 질산 칼륨 80 g과 염화 나트륨 30 g을 섞은 혼합물을 물 100 g에 넣고, 가열하여 모두 녹인다.
>
> (나) 이 혼합물이 든 비커를 찬물에 넣어 20 ℃로 냉각시킨다.
>
> (다) 냉각시킨 용액을 거름 장치로 거른 다음, 거름종이에 걸러진 고체를 건조시켜 질량을 측정한다.
>
> 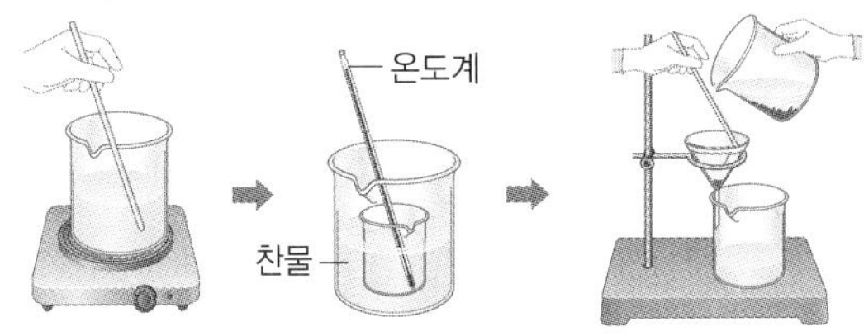
>
>
> **| 실험 결과 |**
>
> ㉠(　　　)이 ㉡(　　　)g 석출되었다.
>
> **| 참고 |**
>
> 20 ℃에서 염화 나트륨의 용해도는 35.9 g/물 100 g, 질산 칼륨의 용해도는 30 g/물 100 g이다.

이 실험에 대해 잘못 설명한 사람은?

㉠에 들어갈 물질은 질산 칼륨이야.
㉡에 들어갈 숫자는 50이야.
거름 장치를 통과한 용액은 순수한 염화 나트륨 수용액이야.
① 철수
② 정은
③ 민수
④ 미영
⑤ 영희
온도에 따른 용해도 차를 이용하여 혼합물을 분리했어.
거름종이 위에 걸러진 고체는 순물질이야.

Tip 재결정으로 혼합물을 분리하면 ❶ 　　에 따른 용해도 차가 ❷ 　　 물질이 결정으로 석출된다.

답 ❶ 온도 ❷ 큰

7 다음은 혼합물의 분리에 대한 발표 자료 중 일부이다.

㉠ (　　　) 차를 이용한 혼합물 분리의 예

2학년 ○반 □□ 모둠

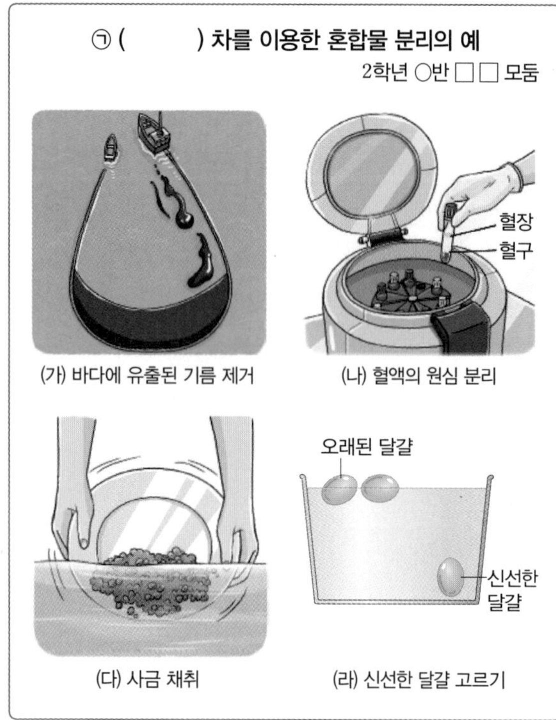

(가) 바다에 유출된 기름 제거　(나) 혈액의 원심 분리

(다) 사금 채취　(라) 신선한 달걀 고르기

(1) ㉠에 들어갈 알맞은 물질의 특성을 쓰시오.

(　　　　)

(2) 위 예에서 혼합물의 성분 물질 중 밀도가 작은 것을 각각 쓰시오.

- (가): (　　　　), (나): (　　　　)
- (다): (　　　　), (라): (　　　　)

Tip 밀도가 다른 두 고체 혼합물은 두 물질을 녹이지 않고, ❶　　가 두 물질의 중간 정도인 ❷　　를 이용하여 분리할 수 있다.

답 ❶ 밀도 ❷ 액체

8 다음은 갈비탕 식당의 요리사와 진행한 인터뷰를 나타낸 것이다.

기자: 안녕하세요? 갈비탕에서 기름을 모두 걷어 내어 맛있다는 소문을 듣고 왔습니다. 갈비탕의 기름을 모두 걷어 낸 비결이 있을까요?

요리사: 물에 갈비와 한방 약재를 넣고 푹 끓이면 기름이 위쪽으로 떠오릅니다. 이는 국물보다 기름의 ㉠ (　　　)이/가 작기 때문이에요. 가정에서는 이 기름을 숟가락으로 걷어 내는 경우가 많은데, 식당에서 갈비탕을 대량으로 끓일 때에는 이 방법이 적절하지 않아요.

기자: 그러면 어떤 방법을 사용하시나요?

요리사: 끓인 갈비탕을 냉장고에 넣고 시간이 지나면 위쪽의 기름 성분이 하얗게 굳는데 이것을 제거하면 맑은 국물만 남습니다.

기자: 기름이 굳는다고요?

요리사: 네, 그렇습니다. 냉장고 안의 온도가 기름의 ㉡ (　　　) 보다 낮기 때문에 기름이 액체에서 고체로 변해요.

기자: 갈비탕 한 그릇에도 과학의 원리가 숨어 있군요. 오늘 인터뷰 감사합니다.

㉠와 ㉡에 들어갈 알맞은 물질의 특성을 순서대로 쓰시오.

- ㉠: (　　　　), ㉡: (　　　　)

Tip 기름은 물보다 ❶　　가 작아 물 위에 뜬다. 물질은 ❷　　보다 낮은 온도에서 고체 상태로 존재한다.

답 ❶ 밀도 ❷ 어는점

중간고사 마무리 전략

핵심 Point 체크

1강_소화와 순환, 2강_호흡과 배설

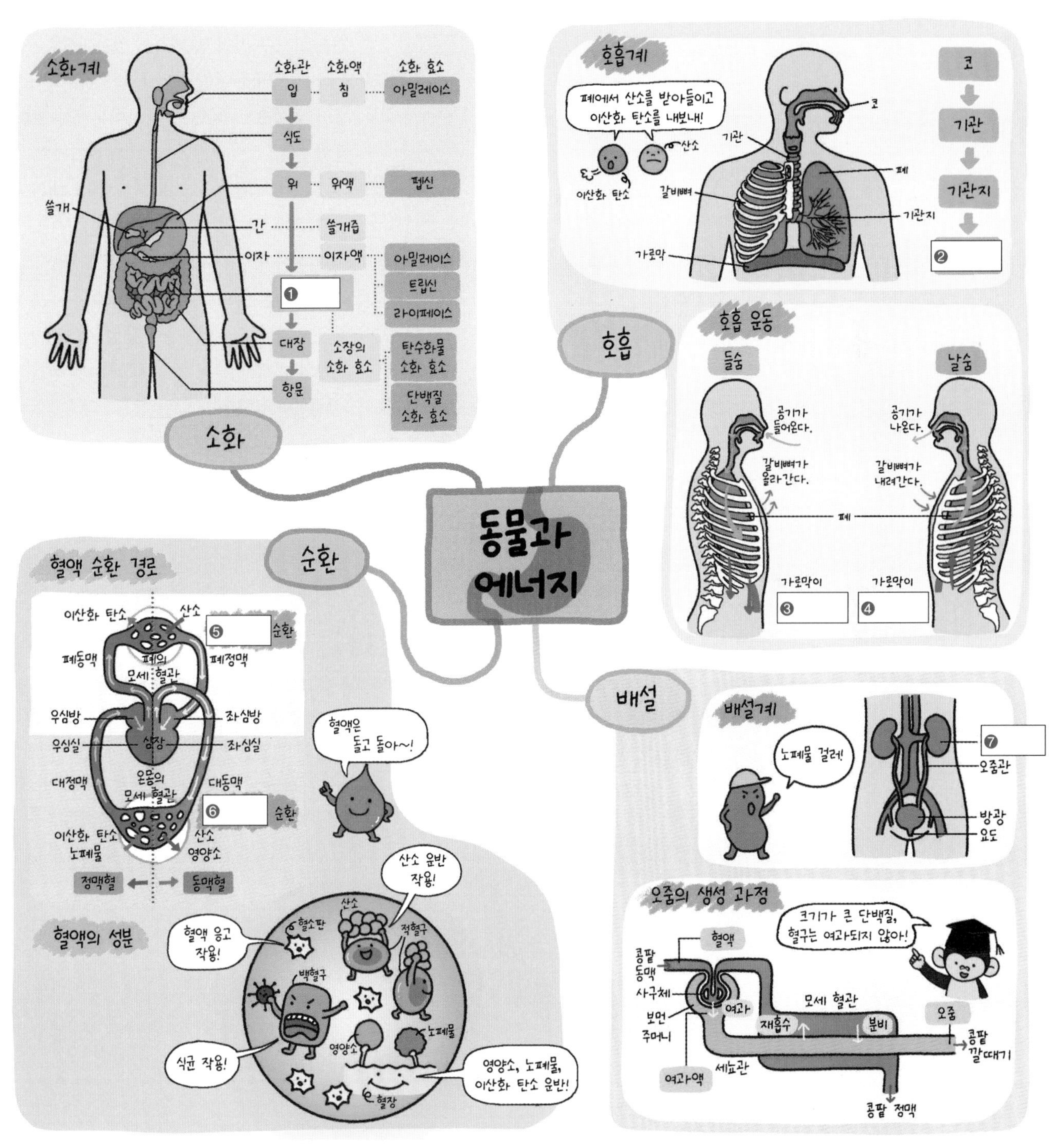

답 ❶소장 ❷폐 ❸내려간다. ❹올라간다. ❺폐 ❻온몸 ❼콩팥

이어서 공부할 내용	❶ 신유형 · 신경향 · 서술형 전략 ❷ 고난도 해결 전략

3강_물질의 특성, 4강_혼합물의 분리

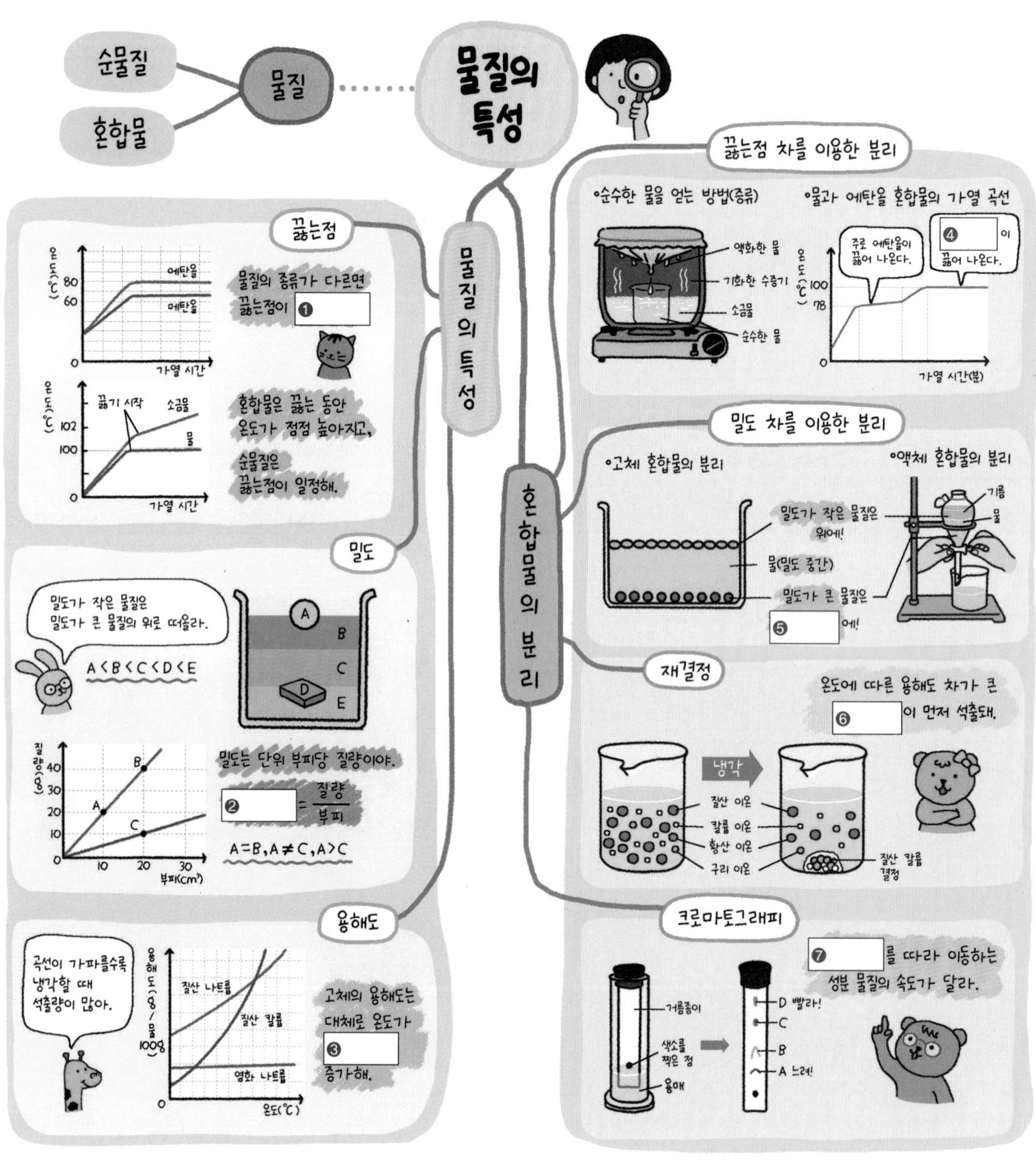

답 ❶ 달라. ❷ 밀도 ❸ 높을수록 ❹ 물 ❺ 아래 ❻ 질산 칼륨 ❼ 용매

신유형·신경향·서술형 전략

신유형 전략

1 소화 과정

다음은 두 가지 소화 효소의 작용을 알아보기 위해 승우가 실시한 탐구 보고서의 일부이다.

| 실험 과정 |

녹말 용액이 들어 있는 시험관에 아밀레이스와 탄수화물 소화 효소를 첨가한 후 시간에 따른 녹말, 포도당, 엿당의 변화량을 측정한다.

| 실험 결과 |

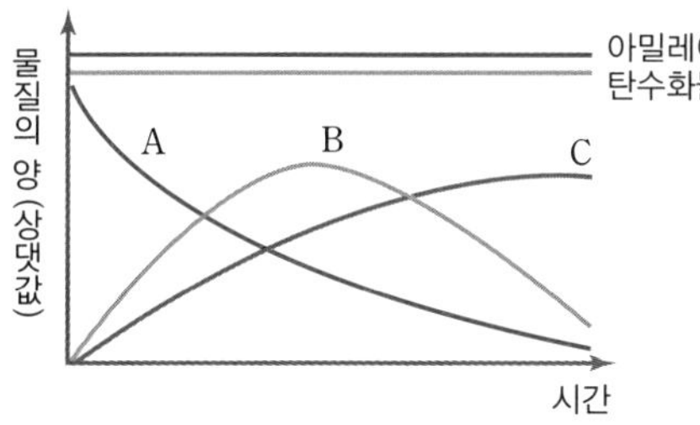

(A~C는 각각 녹말, 포도당, 엿당 중 하나이다.)

| 결론 |

아밀레이스는 녹말을 엿당으로 분해하고, 탄수화물 소화 효소는 엿당을 포도당으로 분해한다.

승우가 내린 결론이 옳을 때, A~C를 옳게 짝지은 것은?

	A	B	C
①	녹말	엿당	포도당
②	녹말	포도당	엿당
③	엿당	포도당	녹말
④	포도당	녹말	엿당
⑤	포도당	엿당	녹말

Tip 아밀레이스는 녹말을 ❶ [ ]으로 분해하는 소화 효소이고, 녹말의 최종 소화 산물은 ❷ [ ]이다.

답 ❶ 엿당 ❷ 포도당

2 순물질과 혼합물

그림은 여러 가지 물질의 가열 곡선에 대한 자료이다.

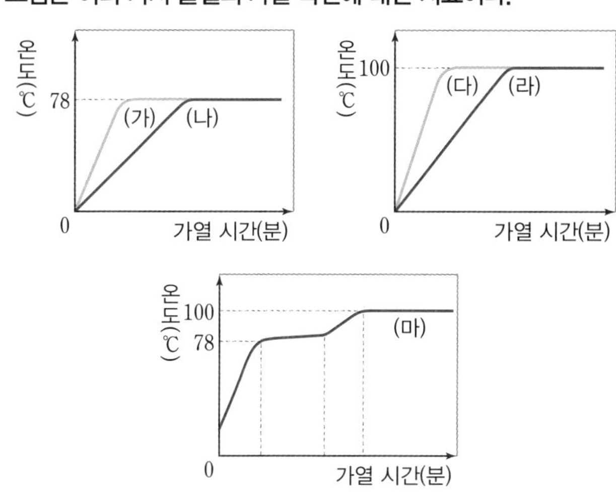

위의 그래프에 대해 옳게 설명한 학생을 모두 고르시오.

같은 질량의 에탄올과 물을 같은 세기의 화력으로 가열하면 (가)와 (나) 같은 가열 곡선이 나타나.
그래프 (다)와 (라)는 질량이 서로 다른 물의 가열 곡선이야.
그래프 (마)는 끓는점이 약 78 ℃인 물질과 100 ℃인 물질의 혼합물의 가열 곡선이야.
명수
세리
아름

( )

Tip 두 가지의 순물질인 ❶ [ ]가 섞인 혼합물의 가열 곡선에서 온도가 일정한 구간은 ❷ [ ] 군데 나타난다.

답 ❶ 액체 ❷ 2(두)

>> 정답과 해설 28쪽

신경향 전략

3 호흡 운동

다음은 폐활량계를 이용하여 사람의 호흡에 대해 알아보는 실험이다.

| 실험 원리 |

숨을 들이마시면 폐활량계 속의 공기가 폐로 유입되고, 숨을 내쉬면 폐활량계 속으로 공기가 들어간다. 이때 폐 내부 공기의 부피 변화가 그래프로 기록된다.

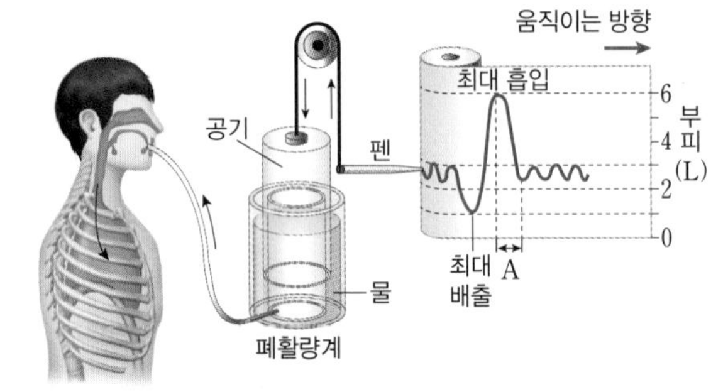

이에 대한 설명으로 옳은 것을 | 보기 |에서 모두 고른 것은?

보기

ㄱ. 숨을 내쉬면 폐활량계 내부의 공기 부피가 증가한다.
ㄴ. A 구간에서 갈비뼈가 내려가고 가로막이 올라간다.
ㄷ. 위 사람이 최대로 들이마셨다가 최대로 내쉴 수 있는 공기량은 5 L이다.

① ㄱ　② ㄴ　③ ㄱ, ㄷ
④ ㄴ, ㄷ　⑤ ㄱ, ㄴ, ㄷ

Tip 들숨이 일어날 때 ❶ [　　] 가 올라가고 가로막이 내려가 폐의 부피가 ❷ [　　].
답 ❶ 갈비뼈 ❷ 증가한다

4 밀도 차를 이용한 액체 혼합물의 분리

다음은 인터넷 개인 방송을 촬영하기 위한 원고의 일부이다.

안녕하세요?

오늘은 마블링 작품을 만들어 볼게요. 여러분도 따라해 보세요.

필요한 재료는 큰 수조, 물, 마블링 물감, 종이, 이쑤시개, 빨대 등입니다.

먼저 큰 수조에 물을 $\frac{2}{3}$ 정도 넣어 주세요. 다음으로 기름 성분인 마블링 물감을 조금씩 물에 떨어뜨리세요. 마블링 물감이 물에 뜨는 것을 볼 수 있지요? 이것은 기름은 물보다 ㉠(　　　)가 작아서 물 위에 뜨고, 물과 기름은 ㉡(　　　) 때문이에요.

원하는 색깔의 마블링 물감을 여러 군데 떨어뜨린 다음, 빨대로 입바람을 불어서 미리 생각해 둔 모양을 만들어요. 또, 이쑤시개로 물감을 이리저리 휘저어 환상적인 모양을 만들 수도 있습니다. 오늘 만든 모양이 마음에 드나요?

지금 만든 멋진 모습을 나중에도 감상할 수 있도록 종이로 찍어내 봅시다. (잠시 후) 마블링의 멋진 모습이 종이에 기록되었군요. 이제 종이를 말리면 완성입니다.

〈완성 작품〉

빈칸 ㉠과 ㉡에 들어갈 알맞은 말을 물과 기름의 특성과 관련지어 쓰시오.

• ㉠: (　　　　　　　　), ㉡: (　　　　　　　　)

Tip 밀도가 다른 물질보다 ❶ [　　] 가라앉고, 밀도가 다른 물질보다 ❷ [　　] 뜬다.
답 ❶ 크면 ❷ 작으면

서술형 전략

5 날숨의 성분

다음은 휴식 상태와 운동한 후 날숨의 차이를 알아보기 위한 실험이다.

| 실험 과정 |

(가) 휴식 상태의 날숨 100 mL를 주사기 속에 넣은 후, 그림 ㉠과 같이 장치한다.

(나) 그림 ㉡과 같이 주사기 속 공기를 KOH 용액이 가득 들어 있는 눈금실린더 속으로 모두 밀어 넣은 후, 눈금실린더 속 공기 부피(B)를 측정한다.(KOH 용액은 이산화 탄소를 흡수한다.)

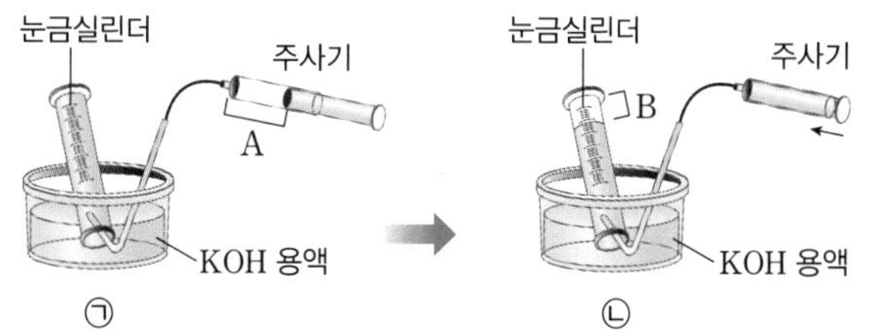

(다) 산책 후의 날숨과 100 m 달리기 후의 날숨으로 각각 (가)와 (나)의 과정을 반복한다.

| 실험 결과 |

(단위: mL)

구분	휴식 시	산책 후	100 m 달리기 후
주사기 속 날숨 부피(A)	100	100	100
눈금실린더 속 공기 부피(B)	96	95	92

(1) A보다 B의 부피가 작은 까닭을 서술하시오.

(2) 실험 결과를 해석하여 알 수 있는 사실을 서술하시오.

Tip 세포 호흡의 결과 생성되는 기체인 ❶ ☐는 호흡 운동 시 ❷ ☐에 포함되어 몸 밖으로 배출된다. 답 ❶ 이산화 탄소 ❷ 날숨

6 오줌의 생성 과정

그림 (가)와 (나)는 콩팥에서의 물질 이동 형태를 나타낸 것이고, 표는 물질 A~C의 여과량과 배설량을 나타낸 것이다.

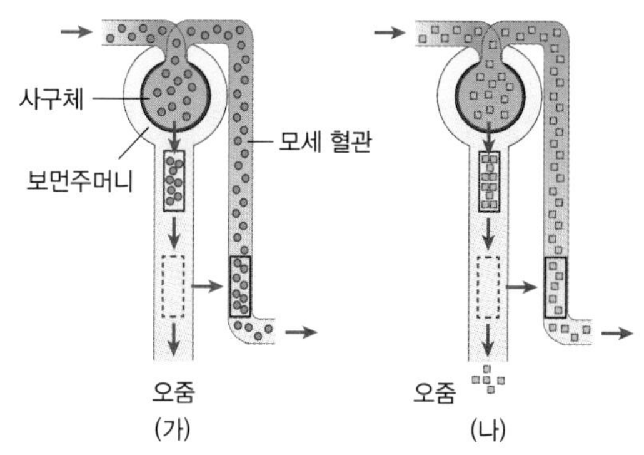

구분	여과량(g/일)	배설량(g/일)
A	150.0	0
B	1.5	1.8
C	50.0	25.0

(1) (가)와 (나)의 공통점과 차이점을 각각 여과, 재흡수, 분비 과정을 중심으로 서술하시오.

(2) (가)와 (나)에서 이동하는 물질에 해당하는 것을 A~C에서 각각 찾아 쓰고, 그렇게 판단한 까닭을 서술하시오.

Tip 건강한 사람의 경우 포도당은 여과된 후 세뇨관에서 ❶ ☐으로 100 % ❷ ☐되므로 오줌으로 배설되지 않는다.

답 ❶ 모세 혈관 ❷ 재흡수

7 물질의 특성인 밀도

다음은 철과 알루미늄의 단위 부피당 질량을 구하는 실험이다.

실험 과정

(가) 전자저울을 이용하여 철과 알루미늄의 작은 조각과 큰 조각의 질량을 각각 측정한다.

(나) 20.0 mL의 물이 든 눈금실린더를 이용하여 (가)에서 질량을 측정한 금속 조각의 부피를 각각 측정한다.

실험 결과

구분	철		알루미늄	
	작은 조각	큰 조각	작은 조각	큰 조각
질량(g)	7.9	39.5	2.7	40.5
부피(cm^3)	1.0	5.0	1.0	15.0
1 cm^3 당 질량	㉠	㉡	㉢	㉣

(1) 과정 (나)에서 금속 조각의 부피를 측정하는 방법을 서술하시오.

(2) 실험 결과의 ㉠~㉣에 들어갈 값을 구하고, 이를 통해 알 수 있는 사실을 물질의 특성과 관련지어 서술하시오. (단위: g/cm^3)

Tip 단위 부피당 질량을 ❶ [ ] 라고 하며, 이는 물질의 종류에 따라 다르므로 물질의 ❷ [ ] 이다.

답 ❶ 밀도 ❷ 특성

8 끓는점 차를 이용한 혼합물의 분리

그림 (가)는 물과 에탄올의 혼합물을 분리하기 위한 장치를, 그림 (나)는 이 혼합물의 가열 곡선을 나타낸 것이다.

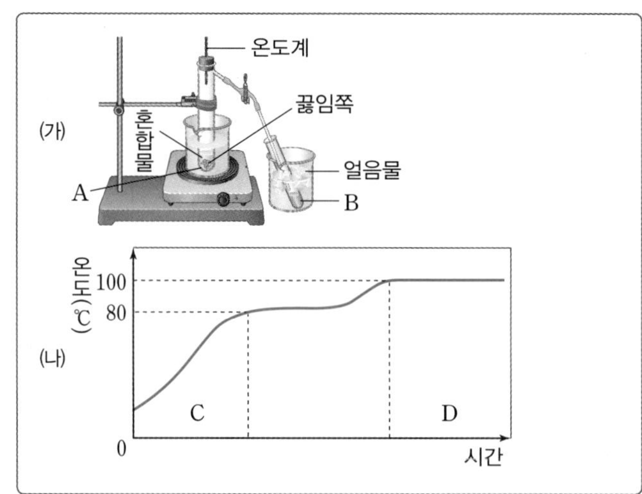

(1) 그림 (가)의 시험관 B에서 상태 변화는 어떻게 일어나는지 서술하시오.

(2) 그림 (나)의 C와 D 구간에서 그림 (가)의 시험관 A에 담긴 액체의 입자 모형을 다음 그림에 각각 나타내시오. (단, 물 입자 모형은 ●(회색), 에탄올 입자 모형은 ●(검은색)으로 나타낸다.)

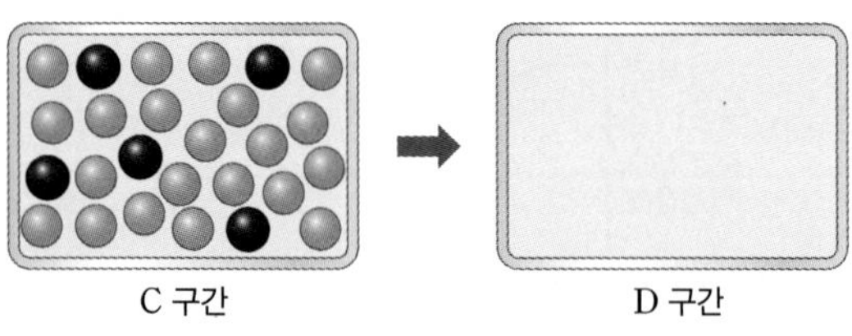

Tip 증류 장치에서 물과 에탄올의 혼합물을 가열하면 ❶ [ ] 이 낮은 에탄올이 먼저 ❷ [ ] 되어 얼음물에 담긴 시험관에서 액화된다.

답 ❶ 끓는점 ❷ 기화

고난도 해결 전략 1회

빈출도 ● > ● > ●

1강_소화와 순환

01 다음은 동물의 구성 단계를 나타낸 것이다. A~C는 기관, 기관계, 조직을 순서 없이 나타낸 것이고, (가)~(다)는 A~C를 순서 없이 나타낸 것이다.

세포 → A → B → C → 개체

구성 단계	(가)	(나)	(다)
예	?	상피 조직	소화계

이에 대한 설명으로 옳은 것을 | 보기 |에서 모두 고른 것은?

보기
ㄱ. B는 기관계이다.
ㄴ. 간은 (가)의 예이다.
ㄷ. (나)는 A에 해당한다.

① ㄱ ② ㄴ ③ ㄱ, ㄷ
④ ㄴ, ㄷ ⑤ ㄱ, ㄴ, ㄷ

⁂ 1등급 킬러

02 (가)는 녹말, 단백질, 지방이 소화관을 지나는 동안 소화 효소에 의한 소화가 진행되는 과정을, (나)는 소장의 융털을 나타낸 것이다.

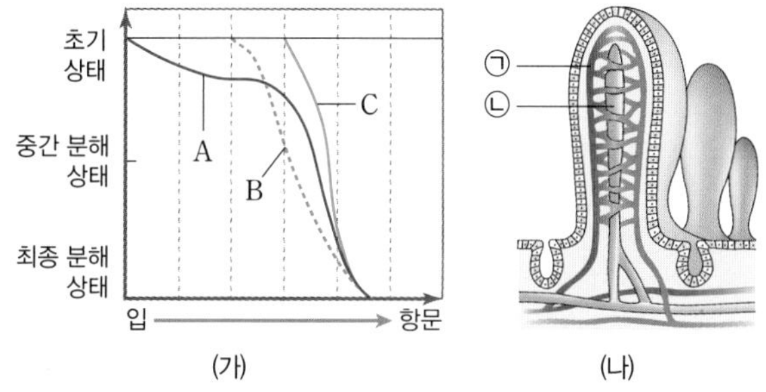

(가) (나)

이에 대한 설명으로 옳은 것을 | 보기 |에서 모두 고른 것은?

보기
ㄱ. A의 최종 소화 산물은 ㉠으로 흡수된다.
ㄴ. B는 위에서 최종 소화 산물로 소화되어 ㉡으로 흡수된다.
ㄷ. C를 분해하는 소화 효소는 쓸개에서 분비된다.

① ㄱ ② ㄷ ③ ㄱ, ㄴ
④ ㄴ, ㄷ ⑤ ㄱ, ㄴ, ㄷ

03 표는 녹말이 포함된 음식물의 부피와 표면적에 따른 아밀레이스의 엿당 생성 속도를 비교한 결과이다.

표면적(cm^2)	6	12	24
부피(cm^3)	1	1	1
엿당 생성 속도	느리다	보통이다	빠르다

부피에 대한 표면적의 비와 엿당 생성 속도의 관계를 나타낸 그래프로 옳은 것은? (단, 아밀레이스의 농도는 일정하다.)

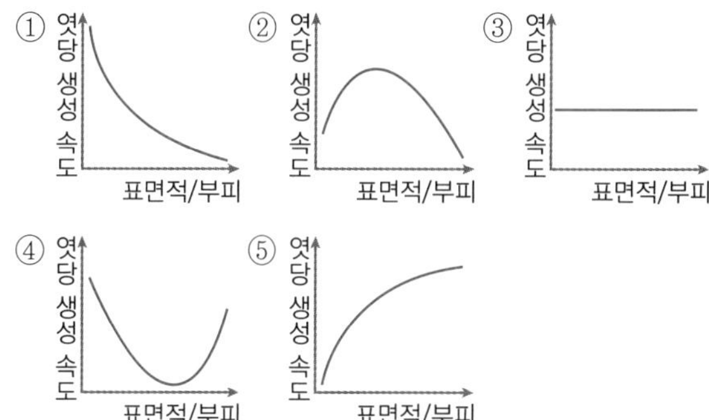

서술형

04 다음은 음식물 A와 B에 포함된 영양소를 검출하는 실험이다.

| 실험 과정 |
(가) 시험관 세 개에 음식물 A를 각각 5 mL씩 넣는다.
(나) 각각의 시험관에 차례로 아이오딘 반응, 뷰렛 반응, 수단 Ⅲ 반응을 시켜 용액의 색깔을 관찰한다.
(다) 음식물 B도 (가), (나)의 과정으로 실험한다.

| 실험 결과 |

검출 반응 \ 음식물	아이오딘 반응	뷰렛 반응	수단 Ⅲ 반응
A	청람색	보라색	선홍색
B	청람색	보라색	적색

B에는 없고 A에만 들어 있는 영양소는 무엇인지 쓰고, 그 영양소의 기능을 두 가지 서술하시오.

⁂ 1등급 킬러

05

그래프는 동맥, 정맥, 모세 혈관의 총단면적과 혈압을 나타낸 것이다.

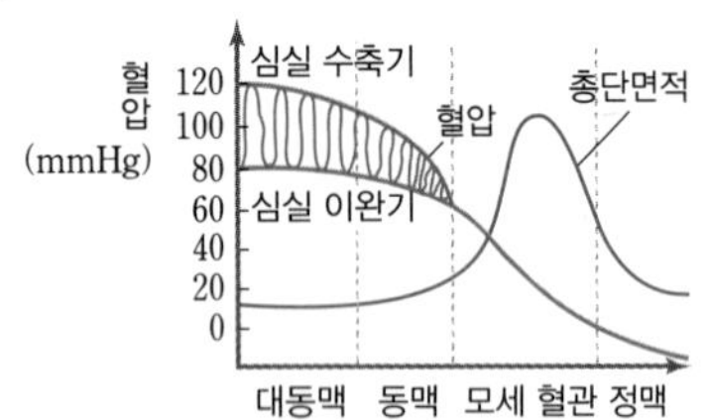

이를 근거로 각 혈관의 혈류 속도를 그래프로 옳게 나타낸 것은?

①
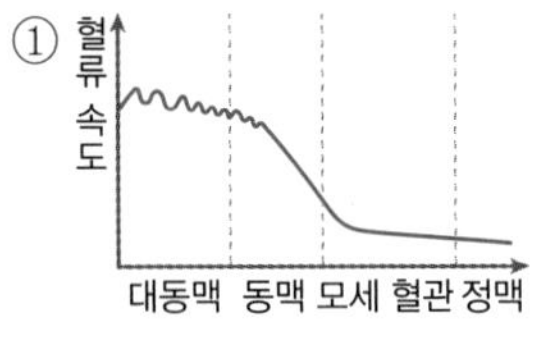

②
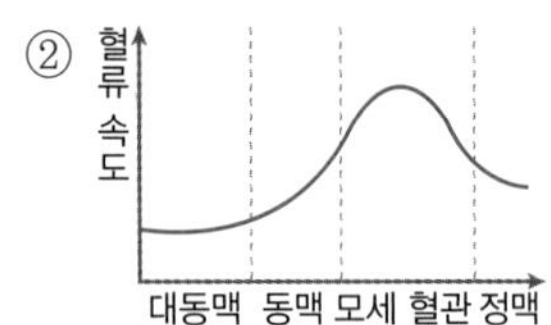

③
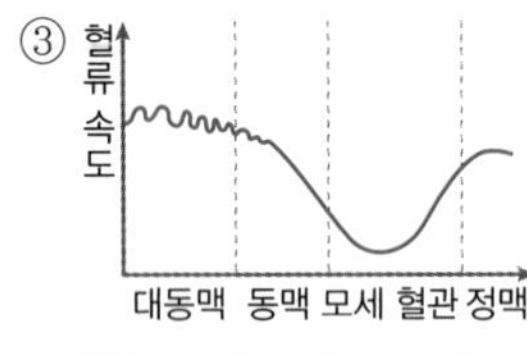

④
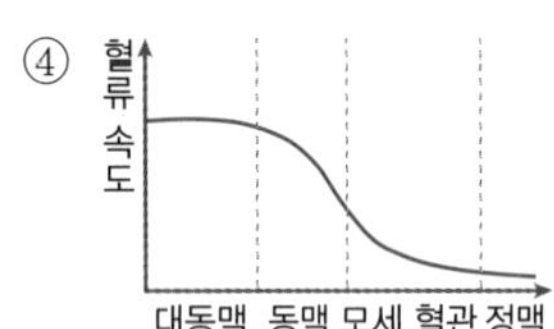

⑤
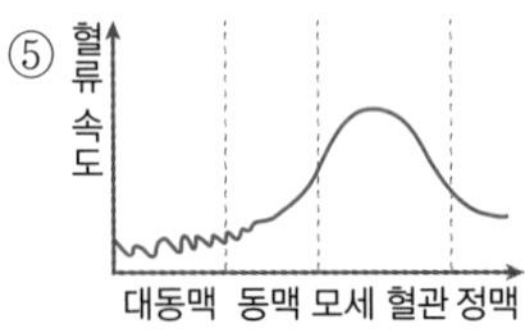

06

그림은 은수의 혈장과 혈액에 동일한 양의 산소를 주입한 후 산소 용해량을 조사하여 나타낸 것이다.

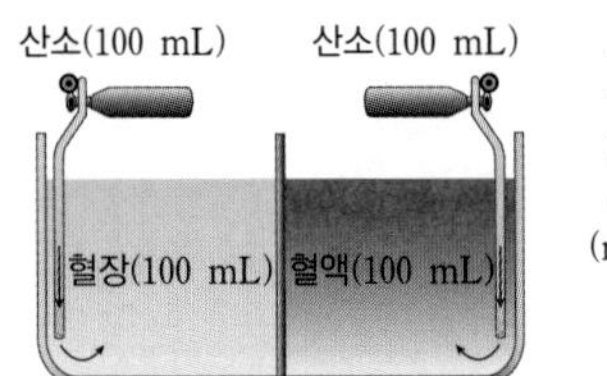

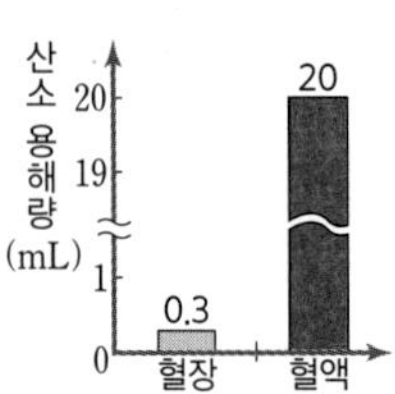

이에 대한 설명으로 옳은 것을 보기 에서 고르시오.

보기
ㄱ. 혈액에는 산소 운반에 관여하는 세포가 존재한다.
ㄴ. 혈액을 통해 운반되는 산소는 모두 헤모글로빈과 결합되어 있다.
ㄷ. 은수보다 적혈구 수가 더 많은 사람의 혈액으로 실험하면 혈액의 산소 용해량이 더 많을 것이다.

서술형

07

다음은 사람의 혈액을 관찰하기 위한 실험 과정이다.

실험 과정
(가) 손가락 끝을 소독하고 채혈침으로 찔러 혈액 한 방울을 받침유리에 떨어뜨린 후 덮개 유리로 얇게 편다.
(나) 받침유리에 에탄올을 떨어뜨려 3분 동안 건조시킨다.
(다) 혈액 위에 김사액을 한 방울 떨어뜨린 다음 3분 후에 남은 김사액을 물로 씻어 내고 덮개 유리를 덮는다.
(라) 현미경으로 관찰한다.

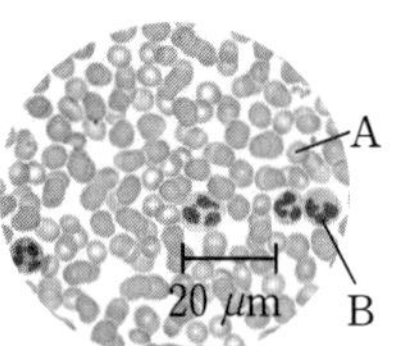

〈실험 결과〉

(1) A와 B가 무엇인지 각각 쓰시오.
• A: (　　　　　), B: (　　　　　)

(2) 과정 (나)와 (다)를 실시하는 까닭을 각각 서술하시오.

08

그림은 사람의 혈액 순환 경로의 일부를 나타낸 것이다. ㉠과 ㉡은 각각 대동맥과 폐동맥 중 하나이고, A는 기체 교환을 담당하는 기관이다. 이에 대한 설명으로 옳은 것을 보기 에서 모두 고른 것은?

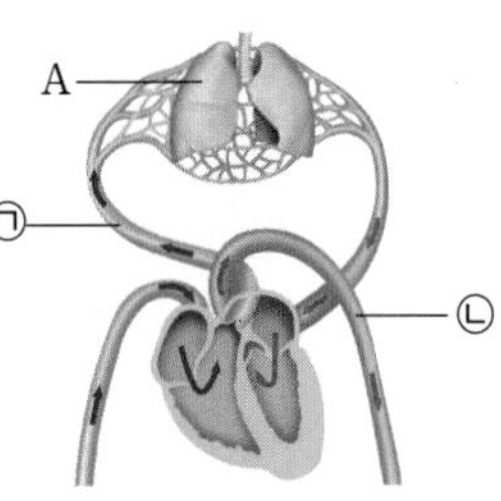

보기
ㄱ. A는 순환계에 속하는 기관이다.
ㄴ. ㉠은 심장의 우심실과 연결되어 있다.
ㄷ. 혈액의 단위 부피당 $\frac{O_2\text{의 양}}{CO_2\text{의 양}}$은 ㉠보다 ㉡에서 크다.

① ㄱ　② ㄴ　③ ㄱ, ㄷ　④ ㄴ, ㄷ　⑤ ㄱ, ㄴ, ㄷ

2강_호흡과 배설

빈출도 ● > ● > ●

서술형

09 다음은 폐와 폐포의 구조에 대한 자료이다.

(가) 폐포는 한 층의 얇은 세포층으로 이루어져 있으며, 모세 혈관으로 둘러싸여 있다.
(나) 폐는 크기가 매우 작은 폐포가 여러 개 모여 이루어져 있다.

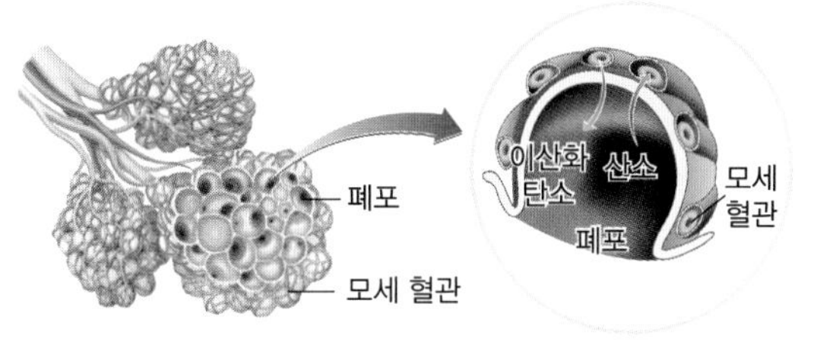

(가)와 (나)의 구조적 특징이 각각 호흡에서 유리한 점은 무엇인지 서술하시오.

~~~~~~~~~~~~~~~~~~~~

~~~~~~~~~~~~~~~~~~~~

1등급 킬러

10 (가)는 사람의 호흡 기관을, (나)는 1회 호흡 시 폐포와 흉강의 압력 변화와 폐의 부피 변화를 나타낸 것이다.

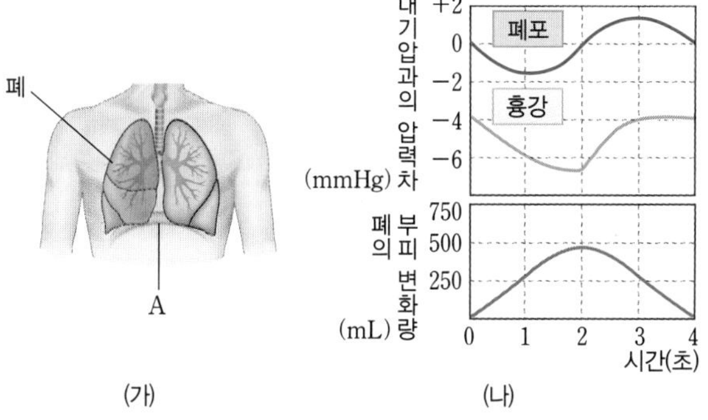

이에 대한 설명으로 옳은 것을 보기에서 모두 고르시오.

보기
ㄱ. 0~2초 사이에 공기가 폐로 들어온다.
ㄴ. 2초일 때 A는 최대로 내려가 있다.
ㄷ. 폐포의 압력이 최저가 되었을 때 폐로 들어온 공기의 양은 최대가 된다.

① ㄱ ② ㄷ ③ ㄱ, ㄴ
④ ㄴ, ㄷ ⑤ ㄱ, ㄴ, ㄷ

11 그림은 사람의 호흡 과정에서 갈비뼈의 움직임을 앞과 옆에서 본 모습으로 나타낸 것이다.

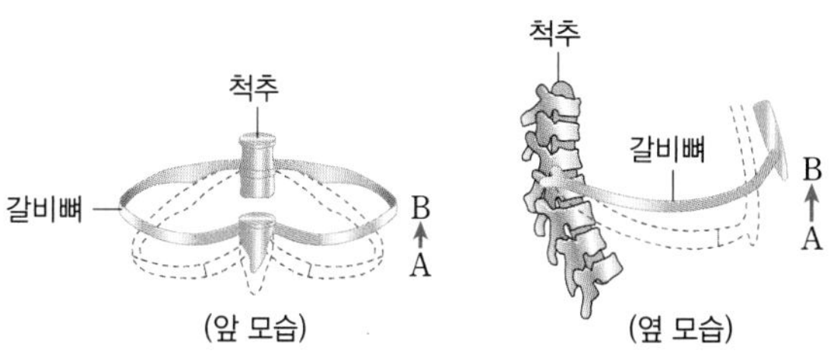

갈비뼈가 A에서 B로 이동할 때 나타나는 현상에 대한 설명으로 옳은 것을 보기에서 모두 고른 것은?

보기
ㄱ. 들숨이 일어난다.
ㄴ. 가로막이 내려간다.
ㄷ. 흉강의 부피가 커진다.

① ㄱ ② ㄷ ③ ㄱ, ㄴ
④ ㄴ, ㄷ ⑤ ㄱ, ㄴ, ㄷ

12 그림은 우리 몸의 폐포와 조직 세포에서 일어나는 기체 교환을 나타낸 것이다.

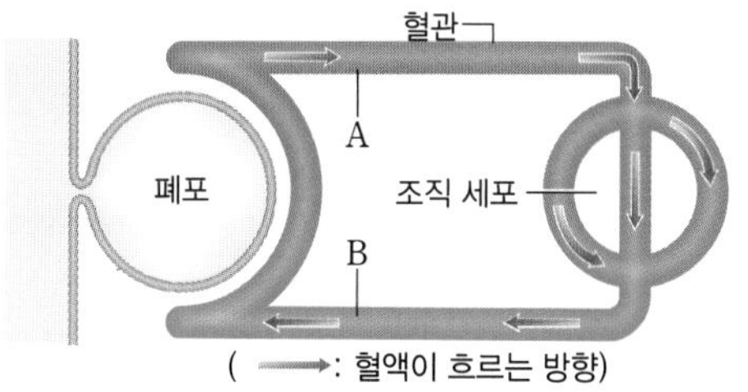

이에 대한 설명으로 옳은 것을 보기에서 모두 고른 것은?

보기
ㄱ. A에 포함된 산소는 조직 세포에서 에너지를 생성하는 데 이용된다.
ㄴ. 산소 농도는 B가 폐포보다 더 높다.
ㄷ. 이산화 탄소 농도는 A가 조직 세포보다 더 높다.

① ㄱ ② ㄴ ③ ㄱ, ㄷ
④ ㄴ, ㄷ ⑤ ㄱ, ㄴ, ㄷ

1등급 킬러

13 그림은 사람의 몸에서 일어나는 물질대사 과정의 일부와 노폐물 ㉠~㉢이 기관계 A와 B를 통해 몸 밖으로 나가는 경로를 나타낸 것이다. ㉠~㉢은 물, 요소, 이산화 탄소를 순서 없이 나타낸 것이고, A와 B는 호흡계와 배설계 중 하나이다.

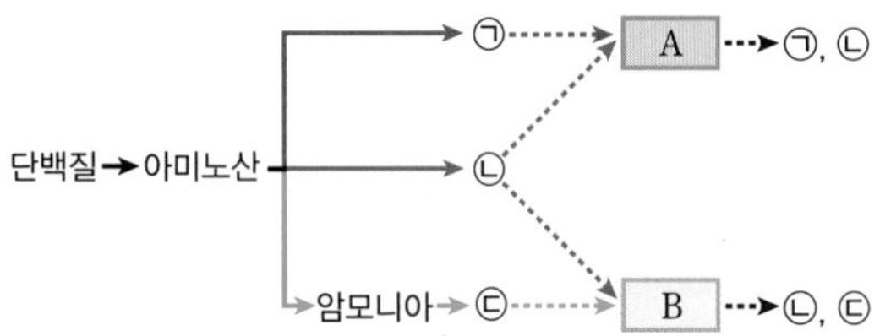

이에 대한 설명으로 옳은 것을 |보기|에서 모두 고른 것은?

|보기|
ㄱ. 폐는 A에 속하는 기관이다.
ㄴ. ㉠은 물이다.
ㄷ. B에서 ㉡의 재흡수가 일어난다.

① ㄱ ② ㄴ ③ ㄱ, ㄷ
④ ㄴ, ㄷ ⑤ ㄱ, ㄴ, ㄷ

1등급 킬러

14 그림은 사람 콩팥의 일부분을 네프론을 중심으로 나타낸 것이고, 표는 네 사람을 대상으로 (가)~(라)에서 채취한 물질을 검사한 결과이다.

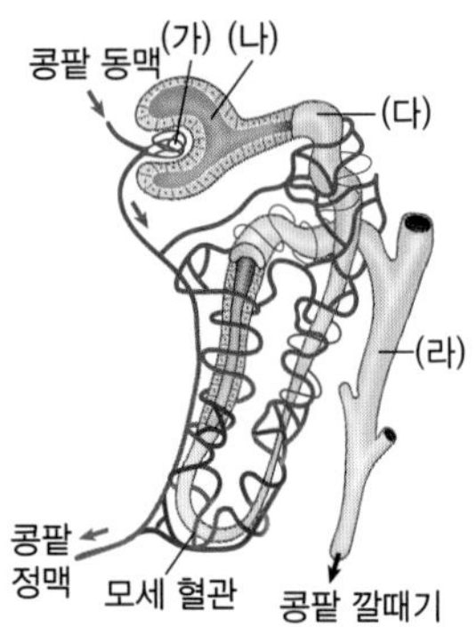

사람	검사 결과
A	(가)에서 단백질, 혈구, 포도당, 아미노산이 모두 검출된다.
B	(나)에서 단백질과 혈구가 검출되지 않는다.
C	(다)에서 다량의 단백질이 검출된다.
D	(라)에서 아미노산과 포도당이 다량 검출된다.

콩팥의 기능에 이상이 있는 것이 확실한 사람을 모두 고른 것은?

① A, B ② A, C ③ B, C
④ B, D ⑤ C, D

서술형

15 다음은 콩팥에서 일어나는 현상을 알아보기 위한 모의 실험이다.

| 실험 과정 |

(가) 포도당 수용액과 달걀흰자 희석액을 준비한다.
(나) 그림과 같이 장치하여 A의 깔때기에는 포도당 수용액을, B의 깔때기에는 달걀흰자 희석액을 붓는다.

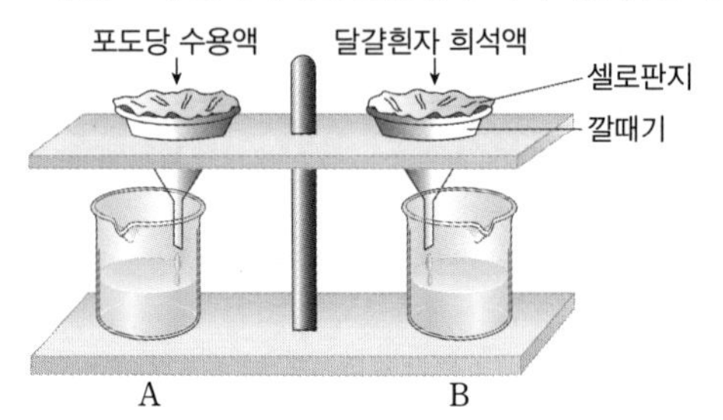

(다) A의 비커 용액에는 베네딕트 반응을, B의 비커 용액에는 뷰렛 반응을 실시한다.

| 실험 결과 |

- A의 비커 용액은 황적색을, B의 비커 용액은 연한 청색을 띠었다.

(1) 이 실험은 네프론에서 일어나는 오줌 생성 과정 중 하나인 ㉠에 대해 알아보기 위한 것이다. ㉠이 여과, 재흡수, 분비 중 어느 것에 해당하는지 쓰고, 이때 셀로판지와 깔때기는 각각 네프론의 어느 부위에 해당하는지 쓰시오.

- ㉠: ( )
- 셀로판지: ( ), 깔때기: ( )

(2) 이 실험 결과로 알 수 있는 ㉠의 특징을 서술하시오.

고난도 해결 전략 2회

빈출도 ● > ● > ●

3강_물질의 특성

01 물질의 특성에 해당하는 것에 대한 설명으로 옳은 것을 |보기|에서 모두 고른 것은?

보기
ㄱ. 물질의 단위 부피당 질량
ㄴ. 액체 물질이 끓는 동안 일정하게 유지되는 온도
ㄷ. 어떤 온도에서 용매 100 g에 최대로 녹을 수 있는 용질의 g수
ㄹ. 용액 속에 녹아 있는 용질의 질량을 백분율로 나타낸 농도

① ㄱ, ㄴ ② ㄴ, ㄷ ③ ㄷ, ㄹ
④ ㄱ, ㄴ, ㄷ ⑤ ㄴ, ㄷ, ㄹ

∴ 1등급 킬러

02 그래프는 얼음과 팔미트산의 가열 곡선을 나타낸 것이다.

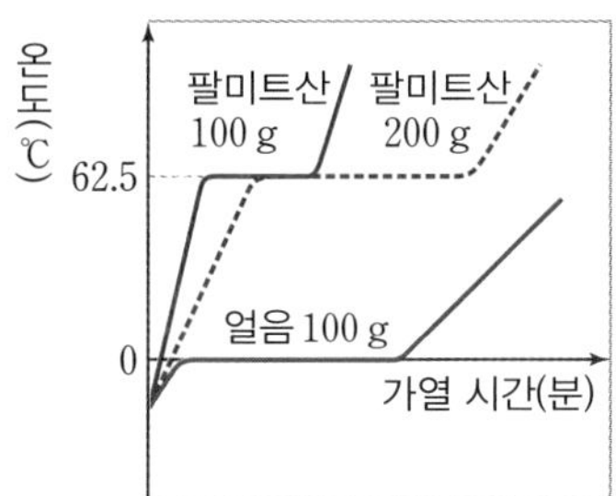

이를 바탕으로 녹는점이 물질의 특성이라고 판단할 수 있는 근거에 해당하는 것을 모두 고르면? [정답 2개]

① 팔미트산 100 g이 팔미트산 200 g보다 녹는점에 먼저 도달한다.
② 팔미트산 100 g과 얼음 100 g을 가열하면 액체 상태로 변한다.
③ 얼음 100 g을 가열하면 온도가 일정한 구간이 나타난다.
④ 팔미트산 100 g과 200 g의 녹는점은 같다.
⑤ 팔미트산 100 g과 얼음 100 g의 녹는점은 다르다.

03 그림은 물과 소금물의 가열 곡선과 냉각 곡선이다.

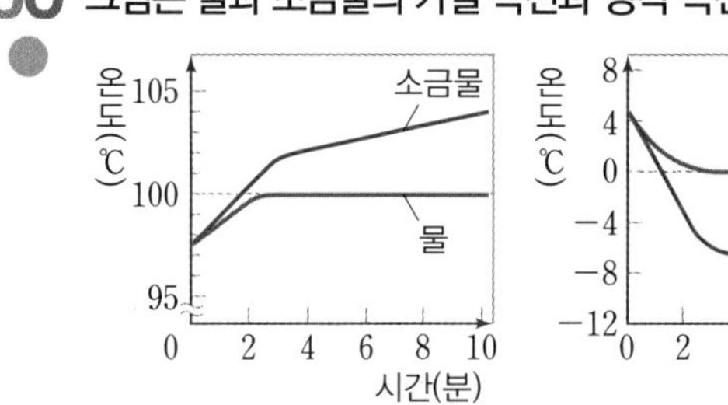

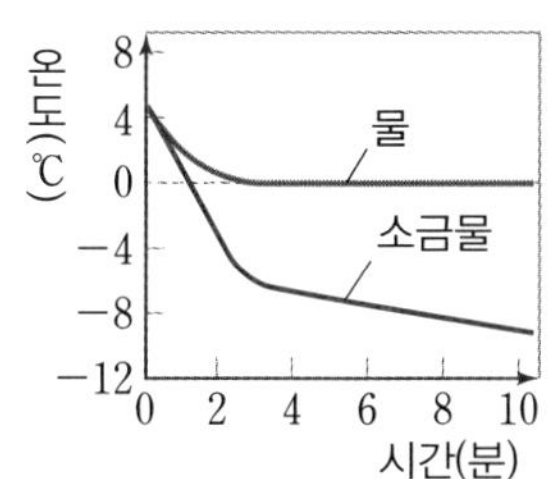

이에 대한 설명으로 옳지 않은 것은?

① 소금물은 끓는 동안 농도가 점점 진해진다.
② 소금물은 어는 동안 온도가 점점 낮아진다.
③ 순물질은 끓는점이 일정하지만, 혼합물은 그렇지 않다.
④ 끓는점이나 어는점을 비교하여 순물질과 혼합물을 구별할 수 있다.
⑤ 물보다 소금물이 끓기 시작하는 온도와 얼기 시작하는 온도가 더 높다.

04 그림은 에탄올의 끓는점 측정 장치와 부피가 다른 에탄올의 가열 곡선이다.

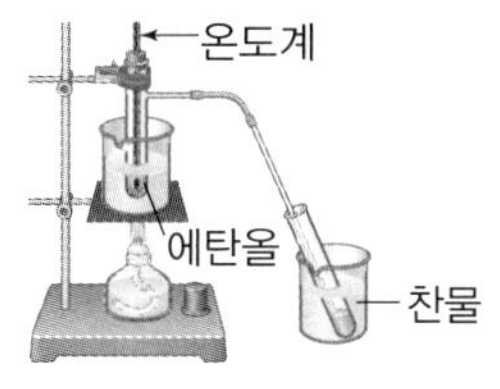

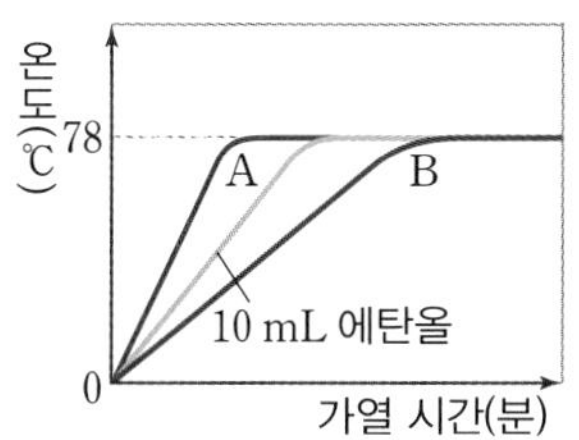

이에 대한 설명으로 옳은 것을 |보기|에서 모두 고른 것은?

보기
ㄱ. A의 부피가 B보다 작다.
ㄴ. 에탄올의 끓는점은 78 ℃이다.
ㄷ. A와 B를 혼합하여 가열하면 끓는점은 78 ℃보다 높아진다.

① ㄱ ② ㄴ ③ ㄷ
④ ㄱ, ㄴ ⑤ ㄴ, ㄷ

05 표는 몇 가지 금속의 밀도를 나타낸 것이다.

물질	알루미늄	철	구리	은
밀도(g/cm^3)	2.70	7.87	8.96	10.50

이에 대한 설명으로 옳은 것은?

① 단위 부피당 질량이 가장 큰 것은 은이다.

② 철 1 kg보다 알루미늄 1 kg의 부피가 더 작다.

③ 질량이 모두 같을 때 철의 부피가 가장 크다.

④ 부피가 모두 같을 때 알루미늄의 질량이 가장 크다.

⑤ 물의 밀도는 알루미늄의 밀도보다 크고 철의 밀도보다 작다.

⁂ 1등급 킬러

06 그림은 같은 개수의 헬륨 입자와 이산화 탄소 입자가 같은 부피의 풍선에 들어 있는 모습을 나타낸 것이다.

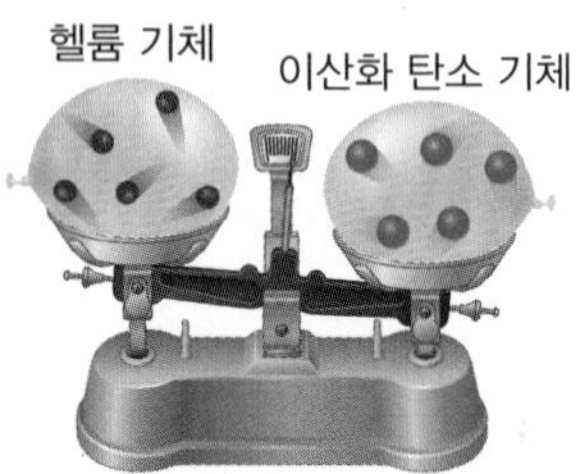

이에 대한 설명으로 옳은 것을 보기에서 모두 고른 것은? (단, 온도는 20 ℃, 기압은 1기압으로 일정하다.)

보기

ㄱ. 헬륨 입자는 이산화 탄소 입자보다 가볍다.

ㄴ. 헬륨의 밀도가 이산화 탄소의 밀도보다 크다.

ㄷ. 헬륨 기체 2 L의 밀도가 이산화 탄소 기체 1 L의 밀도보다 크다.

ㄹ. 같은 부피 속에 같은 수의 입자가 들어 있어도 물질의 종류에 따라 입자 1개의 질량이 다르므로 밀도가 다르다.

① ㄱ, ㄴ ② ㄱ, ㄷ ③ ㄱ, ㄹ ④ ㄴ, ㄷ ⑤ ㄷ, ㄹ

⁂ 1등급 킬러

[07~08] 그림은 어떤 고체 물질의 용해도 곡선을 나타낸 것이다.

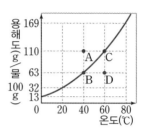

용해도(g/물 100 g): 169, 110, 63, 32, 13
온도(℃): 0, 20, 40, 60, 80
A, B, C, D

07 이에 대한 설명으로 옳은 것은?

① A 용액은 포화 용액이다.

② B와 C 용액은 불포화 용액이다.

③ B 용액을 가열하더라도 용질을 더 녹일 수 없다.

④ C 용액에는 용매보다 더 많은 양의 용질이 녹아 있다.

⑤ D 용액을 40 ℃로 냉각시키면 불포화 용액이 된다.

08 B점의 용액 163 g을 20 ℃까지 냉각시켰을 때 석출되는 고체 물질의 양은 몇 g인지 쓰시오.

(　　　　　　)

서술형

09 그림 (가)와 (나)는 탄산음료를 이용하여 온도와 압력에 따른 기체의 용해도 변화를 알아보는 실험을 나타낸 것이다.

(가)와 (나)에서 각각 기포가 많이 발생하는 시험관의 기호와 그 까닭을 서술하시오.

4강_혼합물의 분리

빈출도 ● > ● > ●

10 그림은 바닷물에서 식수를 얻기 위한 장치를 나타낸 것이다.

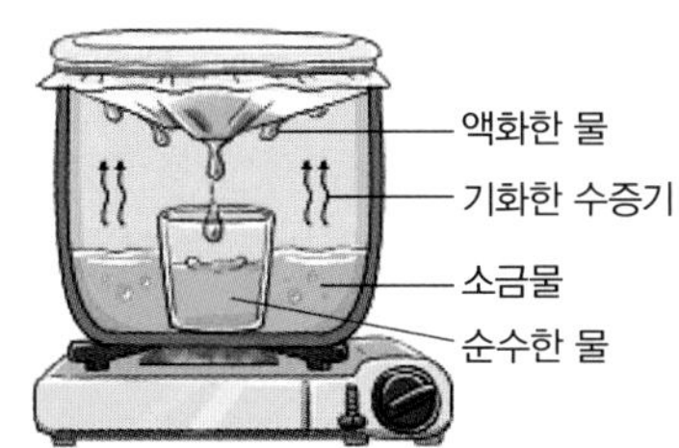

이에 대한 설명으로 옳지 않은 것은?

① 액화한 물은 순물질이다.
② 소금물 중에서 물이 기화된다.
③ 기화한 수증기는 순물질이 아니다.
④ 소금과 물의 끓는점 차를 이용하여 혼합물을 분리한다.
⑤ 소금물은 순수한 물의 끓는점보다 높은 온도에서 끓기 시작한다.

11 그림은 물과 에탄올 혼합물의 가열 곡선을 나타낸 것이다.

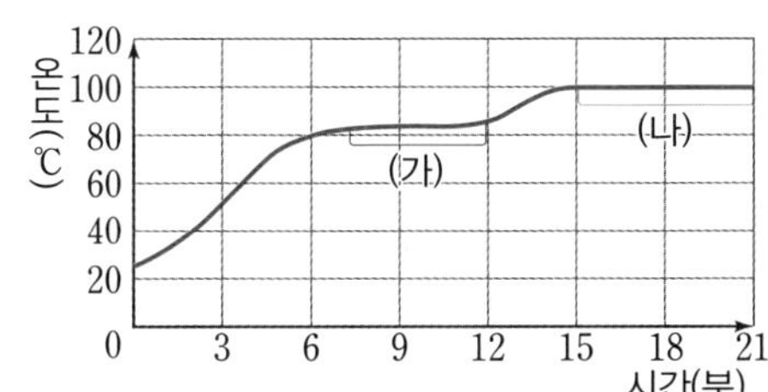

이에 대한 설명으로 옳은 것을 보기에서 모두 고른 것은?

보기
ㄱ. (가)에서는 주로 물이 분리된다.
ㄴ. (가)에서 일정한 온도는 에탄올의 끓는점보다 약간 높다.
ㄷ. (나)에서 일정한 온도는 물의 끓는점보다 약간 높다.

① ㄱ ② ㄴ ③ ㄷ
④ ㄱ, ㄴ ⑤ ㄴ, ㄷ

⁂ 1등급 킬러

12 다음은 여러 가지 물질의 성질을 정리한 것이다.

물질	성질
A	녹는점 800.7 ℃, B에 녹음.
B	끓는점 100 ℃, 밀도 1 g/cm³, C와 섞이지 않음.
C	끓는점 76.8 ℃, 밀도 1.59 g/cm³, B와 섞이지 않음.
D	녹는점 455 ℃, 밀도 5.56 g/cm³, B와 C에 섞이지 않음.

오른쪽 장치를 이용하여 분리할 수 있는 혼합물로 가장 적절한 것은?

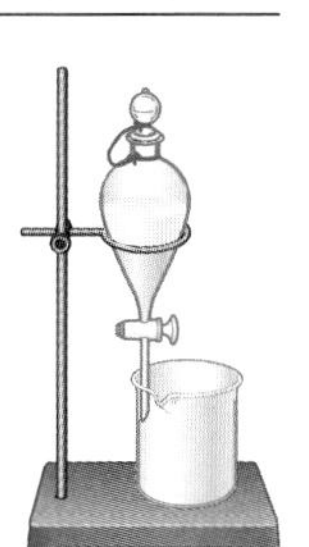

① A와 B
② A와 C
③ A와 D
④ B와 C
⑤ B와 D

13 그림은 물을 이용하여 두 종류의 플라스틱을 분리하는 과정을 나타낸 것이다.

이에 대한 설명으로 옳은 것을 보기에서 모두 고른 것은?

보기
ㄱ. 플라스틱 A와 B는 단위 부피당 질량이 같다.
ㄴ. 밀도는 플라스틱 A<물<플라스틱 B이다.
ㄷ. 물에 소금을 많이 녹이면 플라스틱 A와 B가 모두 가라앉을 것이다.

① ㄱ ② ㄴ ③ ㄷ
④ ㄱ, ㄴ ⑤ ㄱ, ㄴ, ㄷ

[14~15] 그림은 질산 칼륨과 황산 구리(Ⅱ)의 혼합물을 물에 넣고 가열하여 모두 녹인 다음 용액을 냉각시켰을 때 질산 칼륨 결정이 생성되는 것을 입자 모형으로 나타낸 것이다.

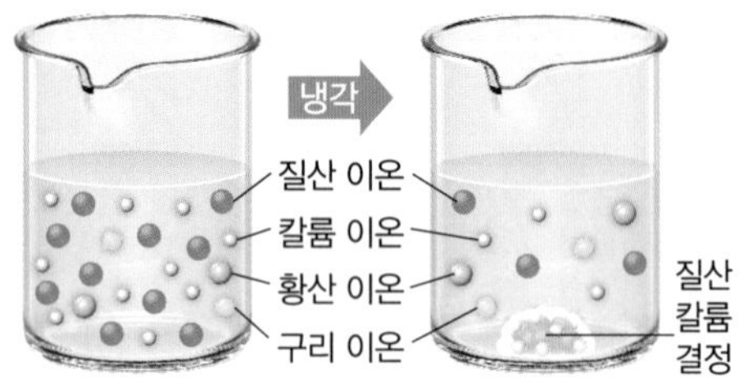

14 이와 같은 혼합물의 분리 방법을 무엇이라고 하는지 쓰시오.

( )

15 이와 같은 원리로 혼합물을 분리하는 예로 옳은 것을 보기에서 모두 고른 것은?

보기
ㄱ. 소줏고리를 이용하여 소주를 만든다.
ㄴ. 하수 처리장의 침사지에서 이물질을 분리한다.
ㄷ. 바다에 유출된 기름을 제거하기 위해 기름막이를 설치한다.
ㄹ. 불순물이 포함된 아스피린의 순도를 높여 의약품으로 사용한다.
ㅁ. 천일염을 물에 녹여 가열한 뒤 물을 증발시키거나 냉각하여 제재염을 만든다.

① ㄱ, ㄴ ② ㄱ, ㄷ ③ ㄴ, ㄹ
④ ㄷ, ㅁ ⑤ ㄹ, ㅁ

16 혼합물의 분리 방법과 그 예가 잘못 짝 지은 것은?

① 거름－소금과 모래
② 증류－물과 에탄올
③ 분별 깔때기법－소금물
④ 재결정－붕산과 염화 나트륨
⑤ 크로마토그래피－시금치 색소

17 그림은 염화 나트륨과 붕산의 용해도 곡선을 나타낸 것이다.

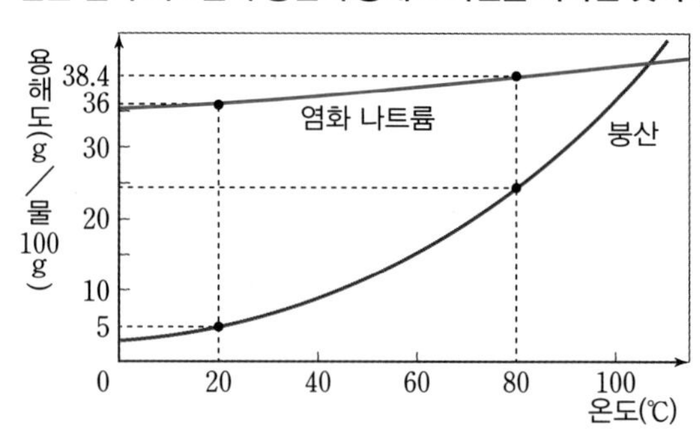

염화 나트륨 33 g과 붕산 22 g이 섞여 있는 혼합물을 80 ℃의 물 100 g에 모두 녹인 다음, 이 용액을 20 ℃로 냉각시켰을 때 얻을 수 있는 물질의 종류와 양을 쓰시오.

( )

서술형

18 그림은 물질 A~E의 성분을 알아보기 위해 크로마토그래피로 분리한 결과를 나타낸 것이다. (단, 혼합물은 모두 순물질로 분리된다.)

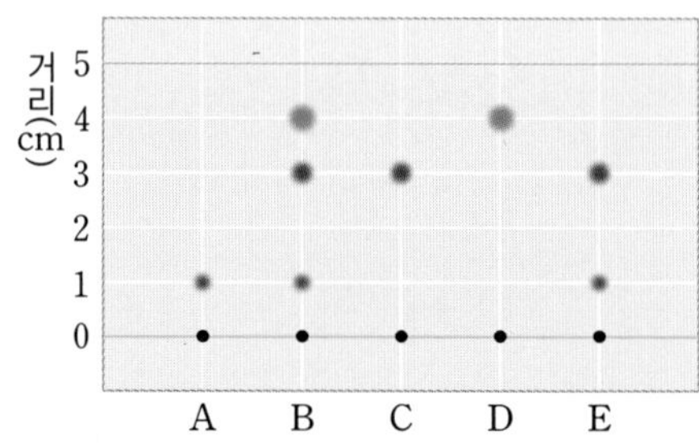

(1) 물질을 구성하는 순물질의 종류가 가장 많은 것의 기호를 쓰시오.

( )

(2) 물질 E에 들어 있는 순물질 성분의 기호를 모두 쓰고, 그렇게 생각한 까닭을 아래 용어를 사용하여 서술하시오.

용매, 속도

memo

단기간 고득점을 위한 2주

전략 질주

중학 전략

내신 전략 시리즈

국어/영어/수학

필수 개념을 꽉~ 잡아 주는 초단기 내신 대비서!

일등전략 시리즈

국어/영어/수학/사회/과학 (국어는 3주 1권 완성)

철저한 기출 분석으로 상위권 도약을 돕는 고득점 전략서!

일등공략 필승학습!
단기간에 끝장내자!

중학 과학 2-2

BOOK 2

book.chunjae.co.kr

시험에 잘 나오는

대표 유형 ZIP

시험에 잘 나오는

대표 유형 ZIP

중학 과학 2-2

BOOK 2

기말고사 대비

이 책의 차례 BOOK 2

대표 유형 01 지구계와 수권

다음은 우주에서 촬영한 지구의 모습과 그에 대한 설명이다.

우주에서 촬영한 둥근 지구 사진을 '블루 마블'이라고도 한다. 깜깜한 우주에 있는 지구가 마치 파란색 유리구슬같아서 붙여진 별명이다.

이에 대한 설명으로 옳은 것을 보기 에서 모두 고른 것은?

보기

ㄱ. 지구는 표면의 70 % 이상이 물로 덮여 있어서 파랗게 보인다.
ㄴ. 지구에 물이 존재하는 영역을 수권이라고 한다.
ㄷ. 액체 상태의 물은 행성에 생명체가 존재하기 위해 반드시 필요한 요소이다.

① ㄱ　② ㄷ　③ ㄱ, ㄴ　④ ㄴ, ㄷ　⑤ ㄱ, ㄴ, ㄷ

답 ⑤

1 읽기 전략 키워드 → 블루 마블, 파란색 유리구슬같은 지구

2 해결 전략 우주에서 본 지구가 파란색인 이유는?

① 지구 표면에 ❶ 　　　 상태의 물이 대량으로 존재
→ 70 % 이상이 물로 덮여 있으므로 우주에서 본 지구는 파란색!
② 액체 상태의 물은 생명체가 존재하기 위해 반드시 필요한 요소
→ 태양계에서 물이 액체 상태로 존재하는 행성은 현재까지 지구가 유일!
③ 이렇게 지구에서 물이 존재하는 영역을 ❷ 　　　 이라고 함
→ 지권, 기권, 생물권 등 지구계의 다른 요소들과 상호 작용!

답 ❶ 액체 ❷ 수권

3 암기 전략

지구에서 물에 존재하는 영역

푸른 행성 지구
⇒ 표면의 70% 이상은 물!!
지구에서 물이 존재하는 영역 수권 水

대표 유형 02 수권에서 물의 존재 형태

그림은 수권에서 물이 존재하는 형태 중 하나(→ 빙하)를 나타낸 것이다. **이에 대한 설명으로 옳은 것을 |보기|에서 모두 고른 것은?**

보기
ㄱ. 소금기가 있어 짠맛(→ 해수)이 난다.
ㄴ. 대부분 극지방이나 고산 지대에 분포한다.
ㄷ. 눈이 쌓여 굳어서 만들어진 고체 상태의 물이다. → 얼음

① ㄱ ② ㄴ ③ ㄱ, ㄷ ④ ㄴ, ㄷ ⑤ ㄱ, ㄴ, ㄷ

답 ④

1 읽기 전략 키워드 → 수권에서 물의 존재 형태

2 해결 전략 수권에서 물은 어떤 형태로 존재하고 있는지 알아 두자.

구분	사진	특징
해수		•바다에 분포하는 물로, 수권 전체 물의 대부분을 차지 •(❶)가 있어 짠맛이 나는 물
빙하		•눈이 쌓여 굳어서 만들어진 얼음 •담수 중 가장 많은 양을 차지 •대부분 극지방이나 고산 지대에 분포
지하수		•땅속을 흐르는 물, 주로 (❷)이 지하로 스며들어 생성 •담수 중 두 번째로 많은 양을 차지 •물이 부족할 때 개발하여 이용 가능
하천수와 호수		•우리가 쉽게 이용할 수 있는 물 •수권 전체에서 매우 적은 양을 차지

답 ❶ 소금기 ❷ 비 또는 눈

3 암기 전략

수권에서 물이 존재하는 형태

해수와 담수 — 빙하 (얼음) / 지하수(땅속) / 하천수와 호수(땅 위)

(짠물) (짜지 않은 물)

짜지 않아 담백하지~

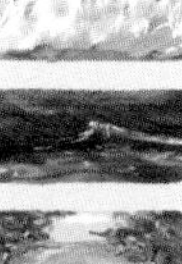

대표 유형 03 수권에서 물의 분포 비율

그림은 수권에서 물이 존재하는 형태별로 분포하는 비율을 나타낸 것이다.

A~E에 알맞은 물의 존재 형태를 각각 쓰시오.

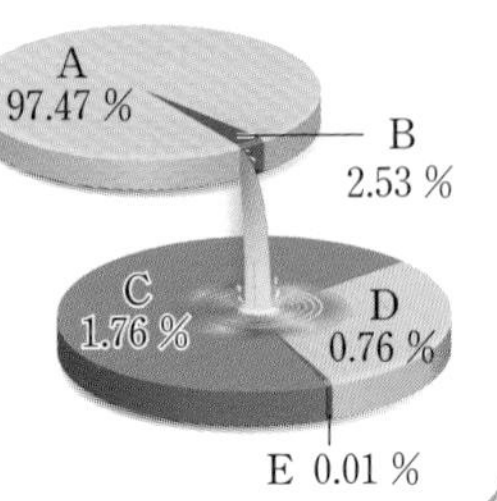

답 해수, 담수, 빙하, 지하수, 하천수와 호수

1 읽기 전략 키워드 → 물의 분포 비율, 물의 존재 형태

2 해결 전략 수권에서 물이 존재하는 형태별로 분포 비율을 알아 두자.

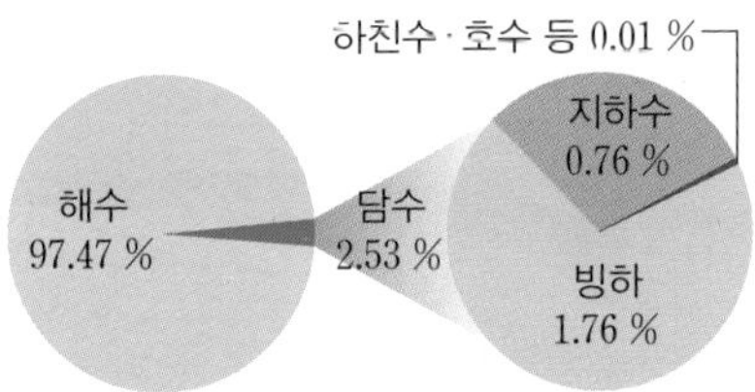

① 지구에 분포하는 물은 대부분 ❶ ______(약 97.47 %)이고, 나머지는 담수(약 2.53 %)이다.

② 물의 형태별 분포 비율: 해수＞빙하＞지하수＞❷ ______와 호수

답 ❶ 해수 ❷ 하천수

3 암기 전략

물의 종류별 존재 비율

수권에서 물은?? 해빙지하호~
많은 것부터~
수 하 하 천 수
수 수

대표 유형 04 우리나라의 수자원 현황

그림은 우리나라의 수자원 현황을 나타낸 것이다.

이에 대한 설명으로 옳은 것을 |보기|에서 모두 고른 것은?

보기
ㄱ. 수자원 총량의 약 57 %를 직접 이용하고 있다. (→ 약 28 %)
ㄴ. 강수량이 연중 고르게 분포되어 있어 바다로 유실되는 양이 많다. (→ 강수량이 특정 시기에 집중)
ㄷ. 댐 건설이나 지하수 개발 등은 수자원을 안정적으로 확보할 수 있는 방안이다.

① ㄴ ② ㄷ ③ ㄱ, ㄴ ④ ㄱ, ㄷ ⑤ ㄱ, ㄴ, ㄷ

답 ②

1 읽기 전략 키워드 → 수자원 현황

2 해결 전략 우리나라는 수자원을 어떻게 확보하고 얼마나 이용하는지 알아 두자.

① 2015년 기준 총 이용량은 수자원 총량 대비 약 28 %이다.

② 강수량이 특정 시기에 집중되어 있어 홍수 시 ❶ ______ 등의 저류 시설에 유출된 수자원을 저장하였다가 이용한다.

③ 안정적으로 수자원을 확보하기 위해 댐 건설 또는 ❷ ______ 개발 등을 해야 한다.

답 ❶ 댐 ❷ 지하수

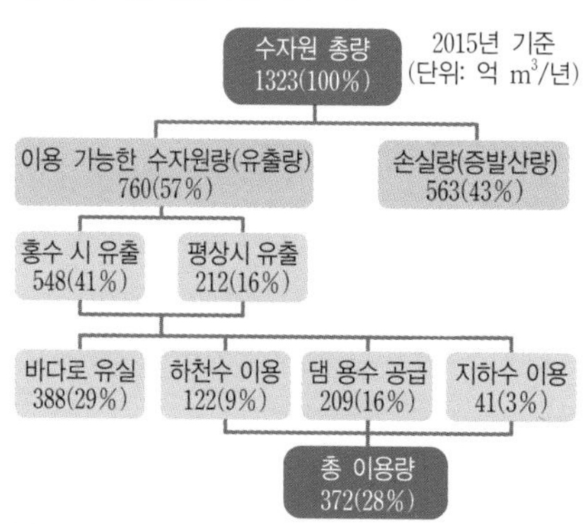

3 암기 전략

우리나라의 수자원

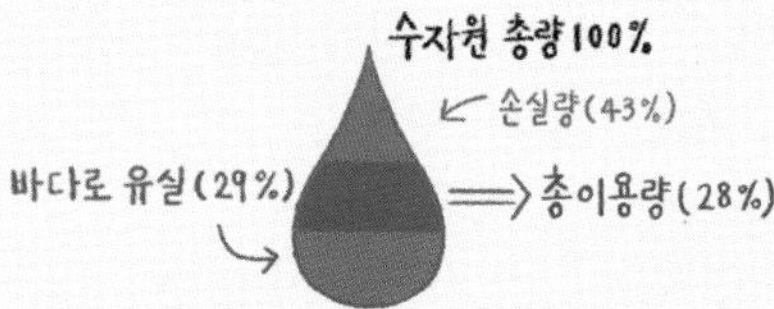

• 강수량이 특정 시기에 집중
• 안정적인 수자원 확보
⟹ 댐 건설, 지하수 개발

대표 유형 05 우리나라의 물 이용

표는 연평균 강수량의 세계 평균과 우리나라 평균 및 1인당 강수량의 세계 평균과 우리나라 평균을 비교한 것이다.

우리나라의 연평균 강수량은 세계 평균 강수량보다 많지만, 1인당 강수량은 세계 평균에 비해 적게 나타나는 이유로 옳은 것을 |보기|에서 모두 고른 것은?

연평균 강수량(mm)	
세계	우리나라
813	1300

1인당 강수량(m^3/년)	
세계	우리나라
15044	2546

보기

ㄱ. 강수량의 대부분이 여름철에 집중되어 있다.

ㄴ. 좁은 국토에 인구가 많아 인구 밀도가 높다.

ㄷ. 우리나라는 1인당 물 사용량이 세계 평균에 비해 적은 편이다. → 우리나라는 인구 1인당 물 사용량이 많은 편이다.

ㄹ. 국토의 약 70 %가 산악 지역이므로 바다로 흘러드는 물의 양이 많다.

① ㄱ, ㄴ ② ㄴ, ㄷ ③ ㄱ, ㄴ, ㄹ ④ ㄱ, ㄷ, ㄹ ⑤ ㄴ, ㄷ, ㄹ

답 ③

1 읽기 전략 키워드 → 연평균 강수량, 1인당 강수량

2 해결 전략 우리나라의 연평균 강수량과 1인당 강수량을 세계 평균과 비교해 보자.

우리나라의 연평균 강수량은 1300 mm로 세계 평균의 1.6배이다. 하지만 1인당 강수량은 연간 2546 m^3로 세계 평균의 약 $\frac{1}{6}$에 불과하다. 왜냐하면 우리나라는 ❶ [　　] 가 높고, 국토의 약 70 %가 산악 지형이어서 바다로 흘러가는 물의 양이 많으며, ❷ [　　] 의 대부분이 여름철에 집중되어 있기 때문이다.

답 ❶ 인구 밀도 ❷ 강수량

3 암기 전략

연평균 강수량과 1인당 강수량

산맥
국토의 70%가 산악 지역
⇒ 바다로 유실되는 양이 많아.
게다가 비는 여름철에
주로 내리지.
연평균 강수량은 많지만
인구 밀도가 높아서
1인당 강수량이 적어.

대표 유형 06 우리나라의 용도별 수자원 이용 현황

그림은 우리나라의 용도별 수자원 이용 현황을 나타낸 것이다.

생활용수 C 20 %
유지용수 33 %
공업용수 → B 6 %
A 41 % 농업용수

이에 대한 설명으로 옳은 것을 보기 에서 모두 고른 것은?

> 보기
> ㄱ. A는 농사(→농업용수)를 짓거나 가축을 기를 때 이용되는 물이다.
> ㄴ. B는 일상생활(→생활용수)에서 먹거나 씻는 데 이용되는 물이다.
> ㄷ. C는 공장(→공업용수)에서 물건을 만들 때 이용되는 물이다.

① ㄱ ② ㄴ ③ ㄱ, ㄷ ④ ㄴ, ㄷ ⑤ ㄱ, ㄴ, ㄷ

답 ①

1 읽기 전략 키워드 → 우리나라, 용도별 수자원 이용 현황

2 해결 전략 우리나라의 수자원 주요 이용 용도와 현황을 알아 두자.

① 우리나라는 수자원을 ❶ [ ] 용수로 가장 많이(약 41 %) 이용한다.

② 농업용수 외에 유지용수(약 33 %), 생활용수(약 20 %), ❷ [ ] 용수(약 6 %) 순으로 이용한다.

답 ❶ 농업 ❷ 공업

3 암기 전략

우리나라의 수자원 이용 용도

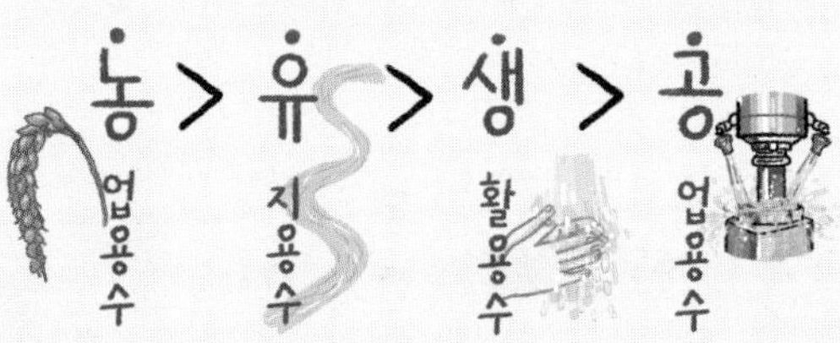

대표 유형 07 우리나라 용도별 수자원 이용 현황의 변화

그림은 우리나라 수자원의 용도별 이용량의 변화를 나타낸 것이다.

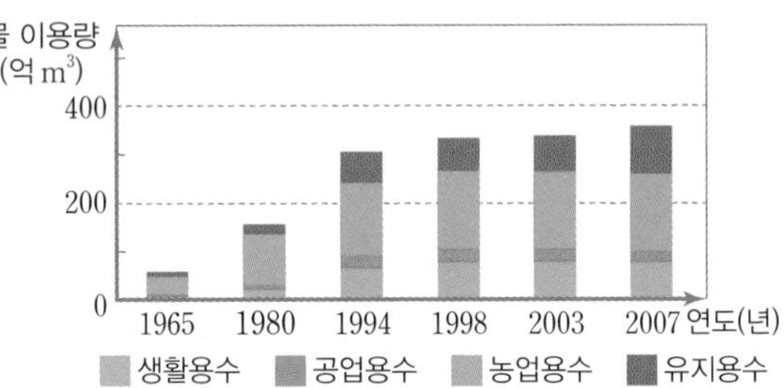

이에 대한 설명에서 빈칸 ㉠~㉢에 알맞은 말을 쓰시오.

> 우리나라에서 수자원이 가장 많이 이용되는 곳은 (㉠)이고, 가장 적게 이용되는 곳은 (㉡)이다. 또한, 우리나라의 인구가 늘어남에 따라 수자원의 총 이용량은 꾸준히 (㉢) 있어, 앞으로 수자원을 확보하기 위해 지하수를 개발하는 등의 노력이 필요하다.

답 ㉠: 농업용수, ㉡: 공업용수, ㉢: 늘어나고

1 읽기 전략 키워드 → 수자원의 용도별 이용량 변화

2 해결 전략 우리나라에서 수자원이 이용되는 주요 용도와 현황을 알아 두자.

구분	설명
농업용수(약 41 %)	농사를 짓거나 가축을 기를 때 이용되는 물
유지용수(약 33 %)	❶ (　　) 으로서의 기능을 유지하기 위해 필요한 물
생활용수(약 20 %)	일상생활에서 먹거나 씻는 데 이용되는 물
공업용수(약 6 %)	❷ (　　) 에서 물건을 만들 때 이용되는 물

답 ❶ 하천 ❷ 공장

3 암기 전략

수자원 이용 용도

- 농업용수 ➡ 농사, 가축
- 생활용수 ➡ 일상생활
- 유지용수 ➡ 하천유지
- 공업용수 ➡ 공장 가동

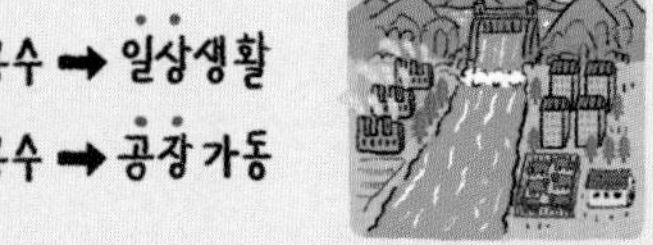

대표 유형 08 수자원의 가치

다음은 수자원에 대한 설명이다.

사람이 살아가는 데 이용되는 물을 수자원이라고 한다. 즉, 지구상에 존재하는 모든 물 중에서 사람이 자원으로 이용할 수 있는 물을 말한다. 지구 표면의 70 % 정도를 덮고 있는 바다는 지구의 온도가 급격히 변하는 것을 막아주는데, 그 덕분에 사람을 포함한 지구의 모든 생물이 살아갈 수 있다. 이외에도 수자원은 다양하게 이용되며, 우리에게 꼭 필요한 자원이다.

수자원의 가치에 대한 설명으로 옳은 것을 | 보기 | 에서 모두 고른 것은?

보기

ㄱ. 다양한 공산품 생산에 직접 이용된다.
ㄴ. 인간이 여가를 즐기고 풍족하게 사는 데 많은 역할을 한다.
ㄷ. 수력 발전이나 조력 발전 등 물을 이용하여 전기를 얻을 수 있다.

① ㄱ ② ㄷ ③ ㄱ, ㄴ ④ ㄴ, ㄷ ⑤ ㄱ, ㄴ, ㄷ

답 ⑤

1 읽기 전략 키워드 → 자원으로서의 물, 수자원의 가치

2 해결 전략 자원으로서 물은 어떤 가치를 가지는지 알아 두자.

① 다양한 공산품 생산에 직접 이용한다.
② ❶ ______ 유지에 꼭 필요하며, 다양한 생물에게 서식지를 제공한다.
③ 인류 문명 발달에 필요하며, 삶의 질이 높아질수록 필요한 물의 양이 ❷ ______ 진다.
④ 수력 발전, 조력 발전 등의 방법으로 전기를 만든다.

답 ❶ 생명 ❷ 많아

3 암기 전략

수자원의 가치

수자원은 ?? 공산품 생산 ~ 전기를 생산 ~ Yo!
생명을 유지 ~ 생물 서식지 ~ Check!
문명의 발달 ~ 삶의 질 발달 ~ Come on!

대표 유형 09 지하수의 개발

그림은 지하수를 끌어올리는 시설의 모습을 나타낸 것이다.

지하수와 지하수 개발에 대한 설명으로 옳은 것을 |보기|에서 모두 고른 것은?

보기

ㄱ. 수자원을 안정적으로 확보하기 위해 매우 중요하다.
ㄴ. 간단한 정수 과정을 거치면 바로 사용이 가능하다.
ㄷ. 주로 빗물이 지하로 스며들어 생성되므로 고갈의 염려가 없다.
ㄹ. 무분별한 개발로 주변 지반이 침하되지 않도록 주의를 기울여야 한다.

→ 비나 눈이 지하로 스며드는 양보다 지하수의 사용량이 많으면 고갈될 수 있다.

① ㄱ, ㄴ ② ㄱ, ㄷ ③ ㄷ, ㄹ ④ ㄱ, ㄴ, ㄹ ⑤ ㄴ, ㄷ, ㄹ

답 ④

1 읽기 전략 키워드 → 지하수, 지하수 개발

2 해결 전략 지하수 개발의 필요성과 주의할 점을 알아 두자.

① 수자원을 확보하는 데 매우 중요하다.
② 하천수에 비해 양이 ❶ ( ) 하고, 간단한 정수 과정을 거쳐 바로 사용할 수 있다.
③ 식수, 농업용수로 많이 이용되며, 냉난방 등에도 활용할 수 있다.
④ 무분별한 개발로 지반 침하, 지하수 고갈 또는 ❷ ( ) 이 발생하지 않도록 주의해야 한다.

답 ❶ 풍부 ❷ 오염

3 암기 전략

지하수의 가치

땅속에 숨어있지만 하천수보다 많아~

수자원 확보에 중요해!

간단하게 정수하면 바로 쓸 수 있어~

하지만 지반 침하, 지하수 고갈등은 주의!

대표 유형 10 수자원의 확보

다음은 수자원 확보의 필요성에 대한 설명이다.

> 전 지구적으로 볼 때 인구가 증가하고 산업이 발달하면서 물의 사용량은 증가하는 추세에 있다. 하지만 기후 변화로 인해 가뭄이나 홍수 등의 기상 이변이 자주 발생하면서 물을 확보하고 효율적으로 관리하는 것이 어려워지고 있다.
>
> 물은 인류의 생존에 꼭 필요한 자원이지만, 수자원의 양은 무한하지 않기 때문에 항상 물을 깨끗하게 관리하고 아껴쓰는 습관을 가져야 한다.

실천 가능한 수자원의 확보 방안으로 옳지 않은 것은?

① 양치나 세수는 물을 받아서 한다.
② 음식물 쓰레기를 분리하여 배출한다.
③ 설거지를 할 때 세제의 사용량을 최소화한다.
④ 빗물을 저장하여 화분에 물을 주는 데 사용한다.
⑤ 과학 실험 후 나오는 폐수는 하수구를 통해 흘려보낸다.

→ 실험 폐수를 함부로 버리면 수자원이 오염된다.

답 ⑤

1 읽기 전략 키워드 → 수자원 확보, 실천 가능한 방안

2 해결 전략 실천 가능한 수자원의 확보 방안을 생각해 보자.

1. 수자원을 아끼는 방법: 변기 물통에 벽돌을 넣어 두거나 양치나 세수를 할 때 물을 ❶ [　　　] 사용한다.
2. 수자원의 양을 늘리는 방법: 빗물을 저장하여 화장실 또는 화분의 물로 사용하거나 ❷ [　　　]를 개발하여 이용한다.
3. 수자원의 오염을 막는 방법: 과학 실험 후 폐수를 함부로 버리지 않고, 가능하면 살충제나 제초제를 사용하지 않으며, 세제 사용량을 줄이고 음식물 쓰레기를 분리 배출한다.

답 ❶ 받아서 ❷ 지하수

3 암기 전략

수자원 확보 방안

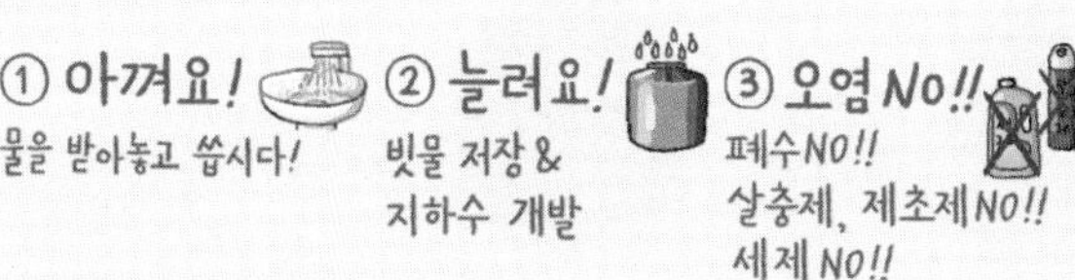

① 아껴요!
물을 받아놓고 씁시다!
② 늘려요!
빗물 저장 &
지하수 개발
③ 오염 No!!
폐수 NO!!
살충제, 제초제 NO!!
세제 NO!!

대표 유형 11 전 세계 해수의 표층 수온 분포

그림은 전 세계 해수의 표층 수온 분포를 나타낸 것이다.

이에 대한 설명으로 옳은 것을 |보기|에서 모두 고른 것은?

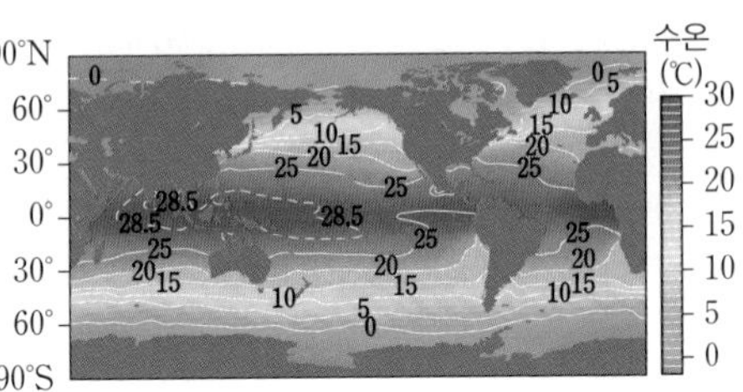

| 보기 |

ㄱ. 해수 표층의 등온선은 대체로 위도와 나란하게 분포한다.

ㄴ. 적도 지방에서 극지방으로 갈수록 해수의 표층 수온이 증가한다. → 감소

ㄷ. 해수의 표층 수온 분포에 가장 큰 영향을 주는 요인은 해저 지형이다. → 태양 에너지의 양

① ㄱ ② ㄷ ③ ㄱ, ㄴ ④ ㄴ, ㄷ ⑤ ㄱ, ㄴ, ㄷ

답 ①

1 읽기 전략 키워드 → 해수의 표층 수온 분포

2 해결 전략 전 세계 해수의 표층 수온에 영향을 주는 요인과 분포를 이해하자.

1. 해수 표층의 등온선이 위도와 대체로 나란하게 분포하는 이유

① 바닷물은 ❶ ______ 에너지를 흡수하여 따뜻해진다.

② 지구로 들어오는 태양 에너지의 양은 적도 지방에서 가장 많고, 고위도로 갈수록 감소한다.

→ 표층 수온도 적도 지역에서 가장 높고 ❷ ______ 로 갈수록 낮아진다.

2. 표층 수온에 영향을 주는 요인

→ 태양 에너지, 해안선 모양, 해저 지형, 해류, 담수의 유입 등

답 ❶ 태양 ❷ 고위도

3 암기 전략

위도별 해수의 표층 수온

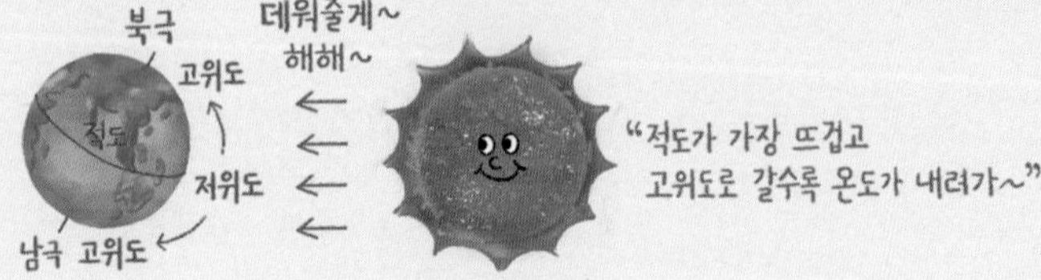

대표 유형 12 해수의 층상 구조

그림은 중위도 어느 해역에서 해수의 연직 수온 분포를 나타낸 것이다.

해수의 연직 수온 분포에 따라 구분한 A~C 층의 이름을 쓰시오.

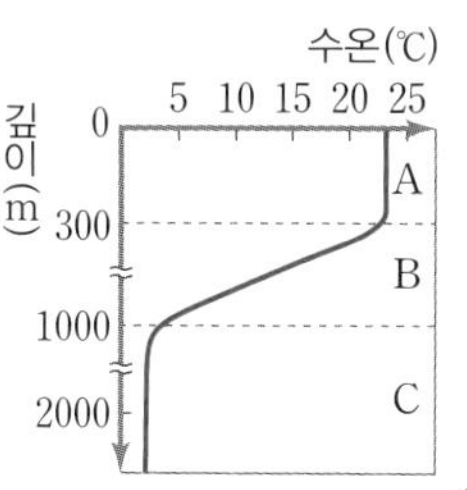

답 A: 혼합층, B: 수온 약층, C: 심해층

1 읽기 전략 키워드 → 연직 수온 분포, 층상 구조

2 해결 전략 해수는 연직 수온 분포에 따라 세 개의 층으로 나눌 수 있다.

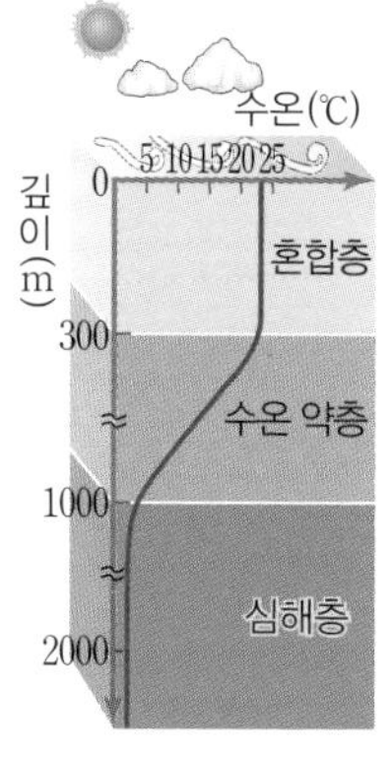

혼합층	•태양 에너지를 많이 흡수하여 수온이 높음 •바람의 영향으로 해수가 섞여 수온이 ❶ •바람이 강하게 불수록 두껍게 발달
수온 약층	•혼합층과 심해층 사이에서 수온이 급격히 감소 •해수가 위아래로 섞이지 않아 안정함
심해층	•태양 에너지가 도달하지 못해 수온이 ❷ •전체 해수의 약 80 %를 차지 •계절이나 위도에 따른 수온 차이가 거의 없음

답 ❶ 일정함 ❷ 낮음

3 암기 전략

깊이에 따른 해수의 수온 분포

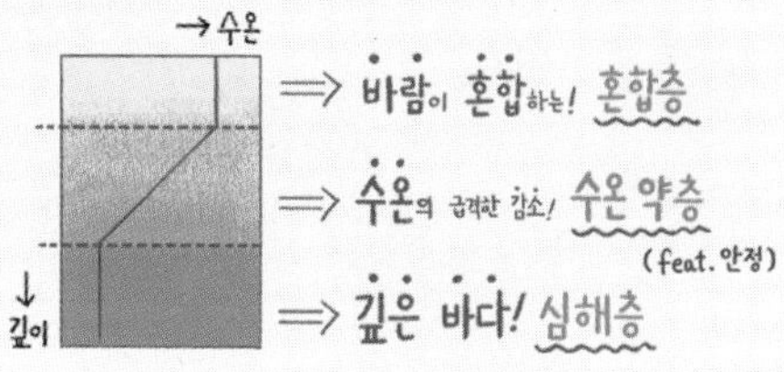

대표 유형 13 해수의 층상 구조 실험

다음은 해수의 연직 수온 분포를 알아보기 위한 실험 과정을 나타낸 것이다.

1. 수조에 물을 $\frac{2}{3}$ 가량 채우고, 수면에서 3, 6, 9, 12, 15 cm 깊이에 온도계를 설치한 후 각 깊이의 온도를 측정한다.
2. 수면 위 약 30 cm 높이에서 적외선 전등을 비추고 15분 후 각 깊이의 온도를 측정한다. (→ 태양의 역할)
3. 적외선 전등을 그대로 켜 두고, 수면 위에서 2분 동안 부채로 바람을 일으킨 다음 각 깊이의 온도를 측정한다. (→ 해수 표층의 바람 역할)

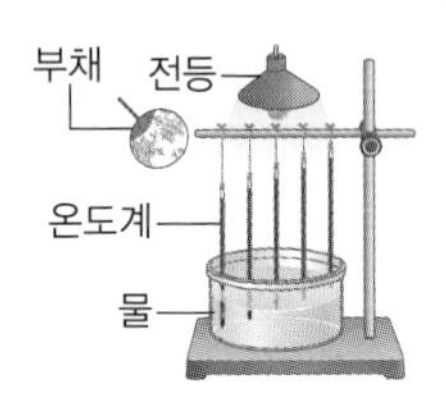

이에 대한 설명으로 옳은 것을 보기에서 모두 고른 것은?

보기
ㄱ. 부채질은 바람, 적외선 전등은 태양의 역할을 한다.
ㄴ. 과정 2에서 수온은 수면에 가까울수록 감소할 것이다. (→ 증가)
ㄷ. 과정 3에서 부채질을 하면 수면 근처에 수온이 일정한 층이 생성된다. (→ 혼합층)

① ㄱ ② ㄴ ③ ㄱ, ㄷ ④ ㄴ, ㄷ ⑤ ㄱ, ㄴ, ㄷ

답 ③

1 읽기 전략 키워드 → 해수의 연직 수온 분포 실험

2 해결 전략 바람에 의해 해수의 표층 수온이 일정해지는 혼합층의 생성을 이해하자.

① 적외선 전등 → ❶ [ ], 부채질 → 바람
② 과정 1에서 온도계의 눈금이 모두 같은지 확인
③ 적외선 전등 → 수면 부근 수온 상승, 점점 깊어지면서 수온 낮아짐
④ 부채질 → 수면 근처 수온이 ❷ [ ]한 층(혼합층) 생성

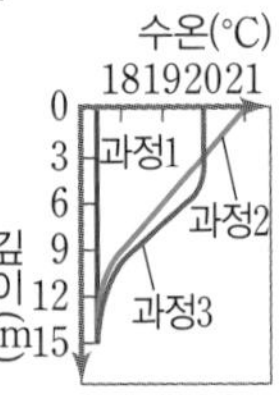

답 ❶ 태양 ❷ 일정

3 암기 전략

전등과 부채의 역할

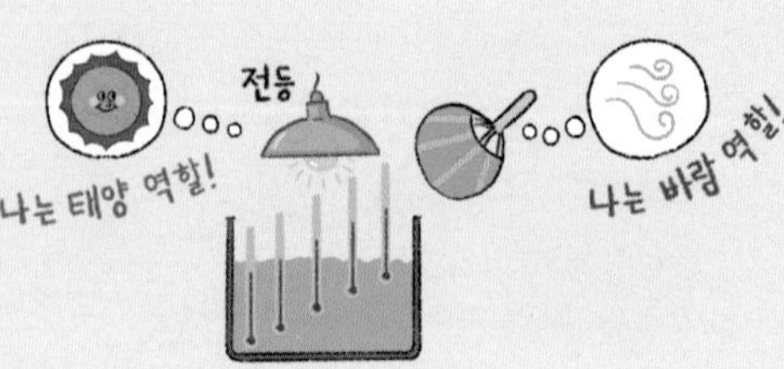

대표 유형 14 위도에 따른 해수의 층상 구조

그림은 위도에 따른 해수의 층상 구조와 수온의 연직 분포를 나타낸 것이다.

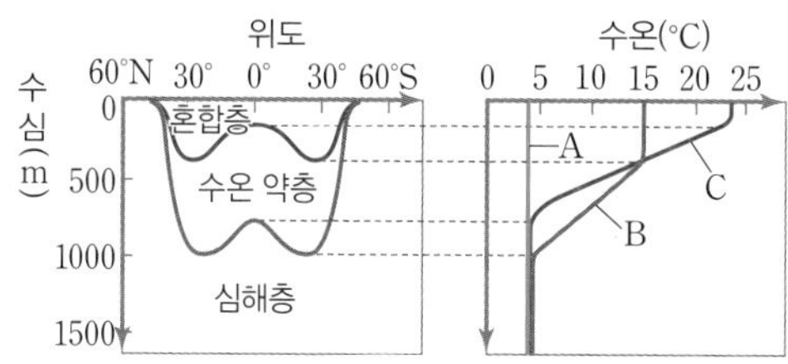

A~C가 각각 저위도, 중위도, 고위도 중 한 해역의 층상 구조를 순서 없이 나타낸 것이라고 할 때, 이에 대한 설명으로 옳은 것을 | 보기 | 에서 모두 고른 것은?

| 보기 |

ㄱ. A는 저위도 해역의 층상 구조를 나타낸다. (→ 고위도)

ㄴ. B는 C보다 바람이 강한 해역의 층상 구조이다.

ㄷ. A~C 중 태양 에너지는 C 해역에 가장 많이 들어온다.

① ㄱ　② ㄷ　③ ㄱ, ㄴ　④ ㄴ, ㄷ　⑤ ㄱ, ㄴ, ㄷ

답 ④

1 읽기 전략 키워드 → 위도에 따른, 층상 구조, 연직 분포

2 해결 전략 해수의 층상 구조가 위도에 따라 어떻게 달라지는지 이해하자.

① 혼합층은 ❶ [　　] 이 강하게 부는 중위도에서 가장 두껍게 발달한다.

② 수온 약층은 혼합층의 온도가 높은 저위도에서 잘 발달한다.

③ 고위도는 표층 수온이 매우 ❷ [　　] 해수의 층상 구조가 잘 나타나지 않는다.

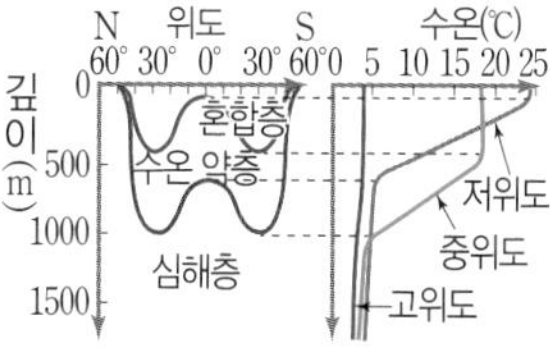

답 ❶ 바람 ❷ 낮아서

3 암기 전략

위도별 해수의 연직 수온 분포

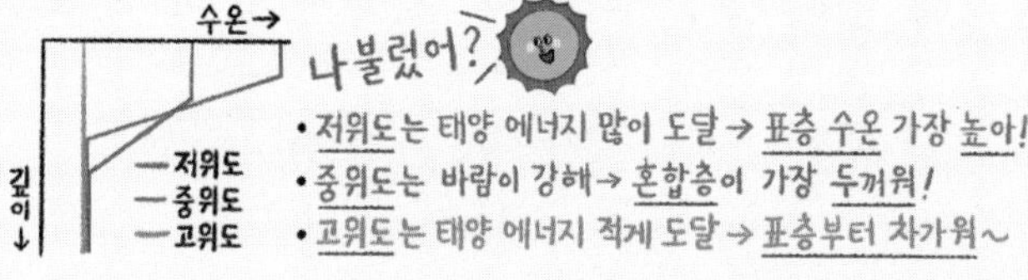

수온→
깊이↓
저위도
중위도
고위도
나 불렀어?
• 저위도는 태양 에너지 많이 도달 → 표층 수온 가장 높아!
• 중위도는 바람이 강해 → 혼합층이 가장 두꺼워!
• 고위도는 태양 에너지 적게 도달 → 표층부터 차가워~

대표 유형 15 염류와 염분

그림은 어느 해역의 해수 1 kg 속에 녹아 있는 염류의 양을 나타낸 것이다.

이에 대한 설명으로 옳은 것을 |보기|에서 모두 고른 것은?

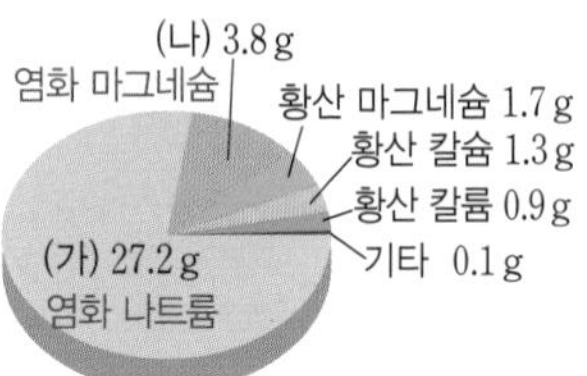

보기
ㄱ. 이 해역의 염분은 35 psu이다. (→ 해수 1 kg 속에 녹아 있는 염류의 총량을 g 수로 나타낸 것)
ㄴ. (가)는 염화 나트륨이다.
ㄷ. 바닷물에서 짠맛이 나는 이유는 (나) 때문이다. (→ 염화 나트륨 때문)

① ㄱ ② ㄷ ③ ㄱ, ㄴ ④ ㄴ, ㄷ ⑤ ㄱ, ㄴ, ㄷ

답 ③

1 읽기 전략 키워드 → 해수 1 kg, 염류의 양

2 해결 전략 염류와 염분을 이해하고 문제에 적용하자.

1. **염류**: 바닷물에 녹아 있는 여러 가지 물질(염화 나트륨, 염화 마그네슘, 황산 마그네슘 등)
   → 바닷물에서 짠맛이 나는 이유는 염류 중 ❶ [   ]이 가장 많은 양을 차지하기 때문이다.
2. **염분**: 바닷물 1 kg에 녹아 있는 염류의 총량을 g 수로 나타낸 것
   ① 단위: psu(실용 염분 단위)
   ② 전 세계 해수의 평균 염분은 약 35 psu이다.
   → 바닷물 1 kg 속에 염류가 ❷ [   ]g 녹아 있다는 의미이다.

답 ❶ 염화 나트륨 ❷ 35

3 암기 전략 염류와 염분

바닷물이 짠 건 내가 가장 많아서야~

☆ 염류 대표! 염화 나트륨 → 짠맛
염화 마그네슘 → 쓴맛

☆ 염분은? 바닷물 1 kg 속에 녹아 있는 염류를 g 수로...
단위는 뭐예유? 피에스유~ psu

대표 유형 16 염분비 일정 법칙

표는 서로 다른 세 해역 A~C의 염류의 양과 염분을 나타낸 것이다.

해역	염화 나트륨(g)	염화 마그네슘(g)	염분(psu)
A	(가)	3.3	30
B	27.3	(나)	35
C	31.2	4.4	(다)

(가)~(다)의 값을 구하시오.

염화 나트륨의 비율: $\frac{27.3}{35}\times100=78(\%)$ 염화 마그네슘의 비율: $\frac{3.3}{30}\times100=11(\%)$

답 (가): 23.4, (나): 3.85, (다): 40

1 읽기 전략 키워드 → 서로 다른 해역, 염류의 양, 염분

2 해결 전략 염분비 일정 법칙을 알고 염류의 양과 염분을 계산하자.

염분비 일정 법칙: 바다의 염분은 지역이나 계절에 따라 다르지만, 해수에 녹아 있는 염류 사이의 ❶ [　　　] 은 어느 해역에서나 항상 일정하다.

→ 오랜 세월 동안 바닷물이 끊임없이 순환하면서 ❷ [　　　] 가 골고루 섞였기 때문이다.

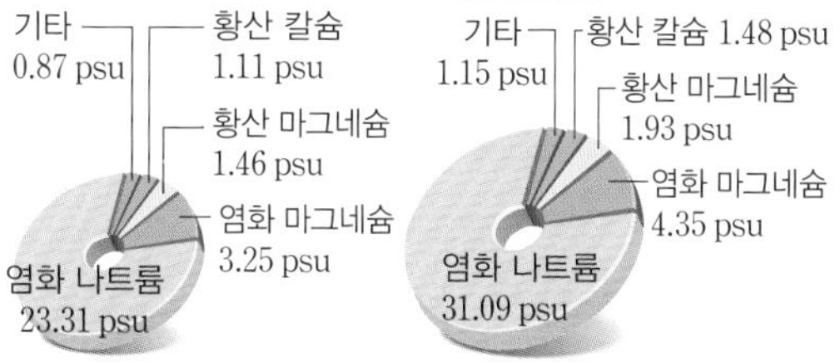

답 ❶ 비율 ❷ 염류

3 암기 전략

해역별 염류 사이의 비율

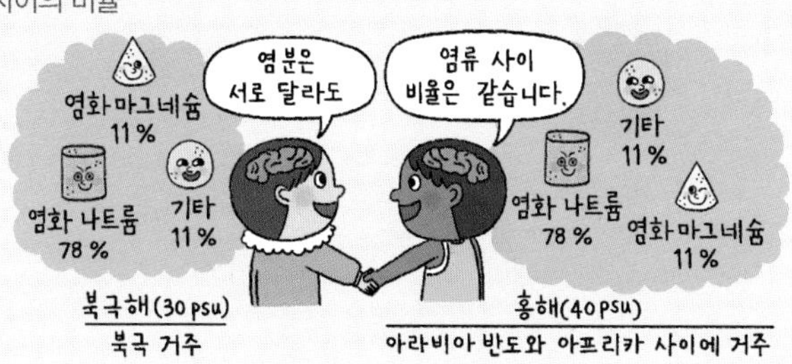

대표 유형 17 표층 염분에 영향을 주는 요인

그림은 서로 다른 해역 A~E의 증발량 및 강수량과 담수의 유입량을 조사하여 그래프에 표시한 것이다.

A~E 중 표층 염분이 가장 높은 해역(㉠)과 표층 염분이 가장 낮은 해역(㉡)의 기호를 각각 쓰시오.

→ ㉠ 증발량 ↑, 강수량+담수 유입량 ↓

→ ㉡ 증발량 ↓, 강수량+담수 유입량 ↑

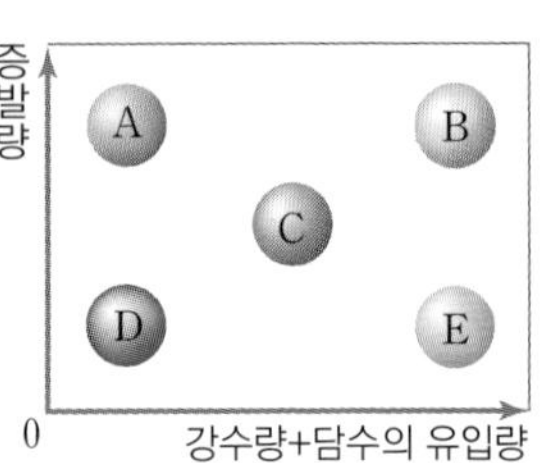

답 A, E

1 읽기 전략 키워드 → 증발량, 강수량, 담수의 유입량

2 해결 전략 표층 염분에 영향을 주는 요인을 알아 두자.

① 증발량과 강수량, ❶ [   ]의 유입, 해수의 결빙과 해빙 등

② 표층 염분 분포는 지역이나 ❷ [   ]에 따라 다르게 나타난다.

요인	염분이 높은 바다	염분이 낮은 바다
증발량과 강수량	증발량>강수량	증발량<강수량
담수의 유입	담수 유입 없음	담수 유입 있음
해수의 결빙과 해빙	해수 결빙	해빙

답 ❶ 담수 ❷ 계절

3 암기 전략

표층 염분에 영향을 미치는 요인

대표 유형 18 우리나라 주변의 표층 염분 분포

그림 (가)는 2월, (나)는 8월의 우리나라 주변 표층 염분 분포를 나타낸 것이다.

우리나라 주변의 표층 염분 분포에 대한 설명으로 옳은 것을 |보기|에서 모두 고른 것은?

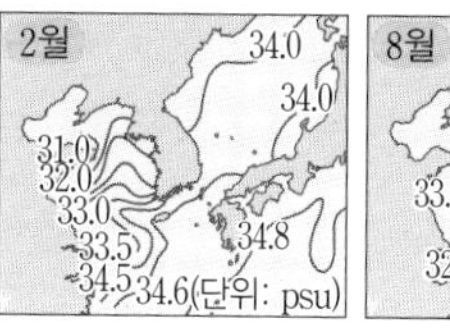

(가)

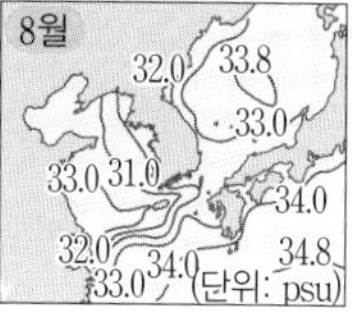

(나)

보기

ㄱ. 동해가 황해보다 표층 염분이 더 높다. (→ 황해에는 많은 양의 강물(담수)이 흘러든다.)

ㄴ. 대체로 남해의 표층 염분은 2월보다 8월에 더 높다. (→ 낮다.(여름철 강수량이 겨울철보다 많음))

ㄷ. 우리나라 주변 표층 염분을 변화시키는 주된 요인은 해수의 결빙과 해빙이다. (→ 담수의 유입, 강수)

① ㄱ ② ㄷ ③ ㄱ, ㄴ ④ ㄴ, ㄷ ⑤ ㄱ, ㄴ, ㄷ

답 ①

1 읽기 전략 키워드 → 2월(겨울), 8월(여름), 표층 염분 분포

2 해결 전략 우리나라와 세계 해수의 표층 염분 분포를 변화시키는 요인을 알아 두자.

① 지역별 분포: 우리나라는 강이 대부분 ❶ ______ 로 흐르기 때문에 황해의 염분이 가장 낮다.

② 계절별 분포: 우리나라는 여름에 비가 많이 오기 때문에 여름철에 염분이 가장 낮다.

③ 전 세계의 위도별 분포

- 저위도(적도 부근): 강수량>증발량 → 염분이 낮다.
- 중위도: 강수량<증발량 → 염분이 높다.
- 고위도: 표층 해수는 염분이 ❷ ______ . (결빙 후 남은 해수는 염분이 높아져 가라앉기 때문)

답 ❶ 황해 ❷ 낮다

3 암기 전략

우리나라 주변 해역의 표층 염분

<담수 유입>

황해쪽으로 강물 유입 많음
→ 동해보다 황해의 염분이 낮음

<강수량>

여름에 강수량이 많음
→ 겨울보다 여름에 염분이 낮음

대표 유형 19 우리나라 주변을 흐르는 해류

그림은 우리나라 주변을 흐르는 해류를 나타낸 것이다.

이에 대한 설명으로 옳은 것을 | 보기 | 에서 모두 고른 것은?

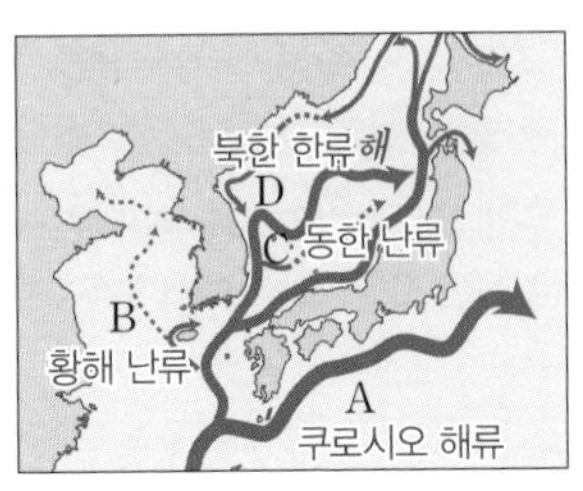

| 보기 |
ㄱ. A는 우리나라 주변을 흐르는 해류의 근원이다.
ㄴ. B는 황해를 따라 흐르는 한류이다. → 난류(저위도 → 고위도)
ㄷ. C는 D와 만나 동해에 조경 수역을 형성한다.

① ㄱ ② ㄴ ③ ㄱ, ㄷ ④ ㄴ, ㄷ ⑤ ㄱ, ㄴ, ㄷ

답 ③

1 읽기 전략 키워드 → 우리나라 주변을 흐르는 해류

2 해결 전략 우리나라 주변 해류의 종류와 특징을 알아 두자.

① 우리나라 주변의 해류
- 난류: 쿠로시오 해류, 동한 난류, 황해 난류
- 한류: 연해주 한류, ❶ ______ 한류

② 조경 수역
- 난류와 한류가 만나는 해역으로, 영양 염류와 플랑크톤이 풍부하므로 다양한 어종이 모여 좋은 어장을 형성한다.
- 우리나라는 ❷ ______ 에서 동한 난류와 북한 한류가 만나 조경 수역을 형성한다.

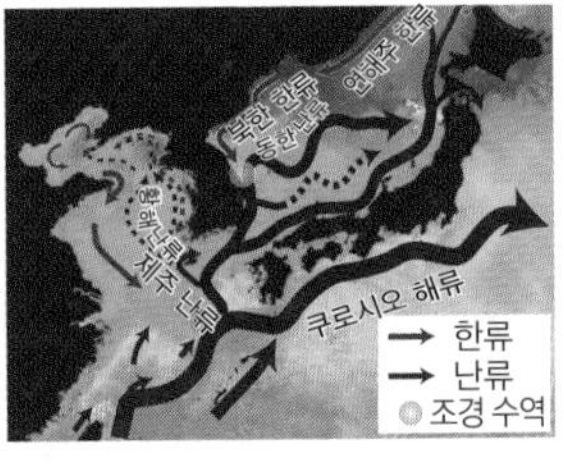

답 ❶ 북한 ❷ 동해

3 암기 전략

우리나라 주변의 난류와 한류

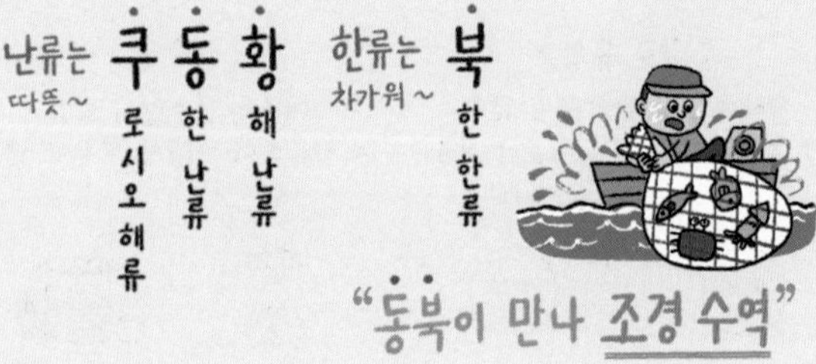

대표 유형 20 조석 현상

그림은 어느 지역에서 하루 동안 측정한 해수면의 높이 변화를 나타낸 것이다.

이에 대한 설명으로 옳은 것을 | 보기 | 에서 모두 고른 것은?

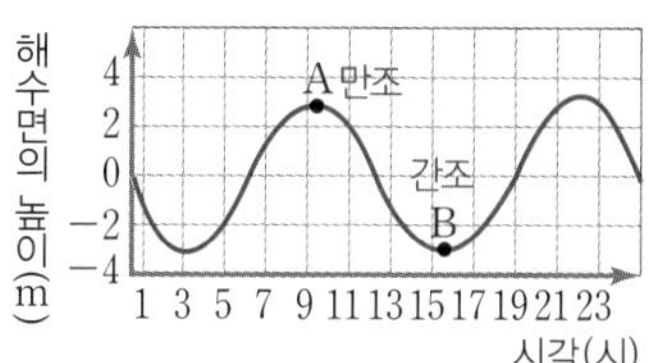

| 보기 |
ㄱ. A는 만조이다.
ㄴ. A와 B 사이에는 썰물이 있었다.
ㄷ. 이날 이 지역 조차는 2 m보다 작았다. → 만조 때 2 m보다 높았고, 간조 때 −2 m보다 낮았으므로 이날 조차는 4 m 이상이었다.

① ㄱ ② ㄷ ③ ㄱ, ㄴ ④ ㄴ, ㄷ ⑤ ㄱ, ㄴ, ㄷ

답 ③

1 읽기 전략 키워드 → 하루, 해수면 높이 변화

2 해결 전략 조석 현상과 만조, 간조, 조차 및 조석 주기 개념을 구분하자.

① 조석: 밀물과 썰물로 해수면이 주기적으로 높아졌다 낮아지는 현상
② 만조: ❶ ______ 로 해수면이 가장 높아졌을 때
③ 간조: 썰물로 해수면이 가장 낮아졌을 때
④ 조차: 만조와 간조의 ❷ ______ 높이 차이
⑤ 조석 주기: 만조에서 다음 만조까지, 또는 간조에서 다음 간조까지 걸린 시간 → 약 12시간 25분, 하루에 대략 두 번의 만조와 간조가 생긴다.

만조의 해수면
조차 간조의 해수면

답 ❶ 밀물 ❷ 해수면

3 암기 전략

조석 주기 그래프

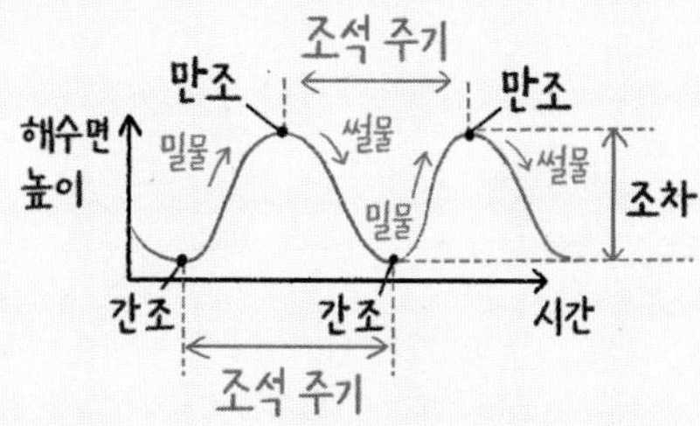

대표 유형 21 사리와 조금

그림은 한 달 동안 어느 해안의 해수면 높이 변화를 나타낸 것이다.

이에 대한 설명으로 옳은 것을 | 보기 | 에서 모두 고른 것은?

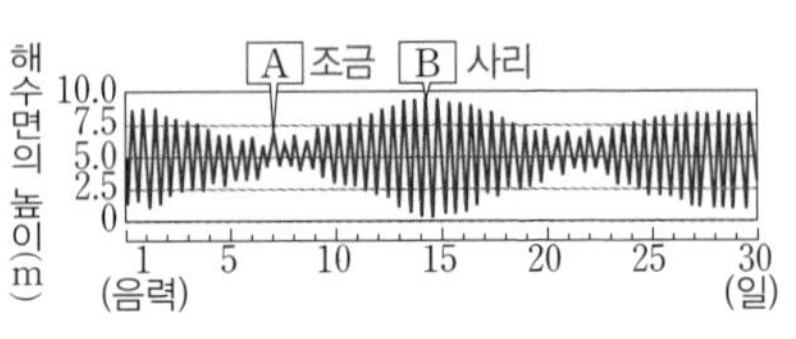

보기

ㄱ. A일 때를 사리라고 부른다.
ㄴ. B일 때 한 달 중 조차가 가장 작다.
ㄷ. 태양과 달 중 조석 현상에 더 큰 영향을 미치는 것은 달이다.

① ㄴ　② ㄷ　③ ㄱ, ㄴ　④ ㄱ, ㄷ　⑤ ㄱ, ㄴ, ㄷ

답 ②

1 읽기 전략 키워드 → 한 달, 해수면 높이 변화

2 해결 전략 한 달 동안의 해수면 높이 변화를 통해 사리와 조금을 구분하여 알아 두자.

① 조석 현상의 원인: 달과 태양의 영향으로 발생하며, 이 중 ❶ ______ 의 영향이 더 크다.

② 사리와 조금: 한 달 중 조차가 가장 크게 나타나는 시기를 사리, 조차가 가장 작게 나타나는 시기를 조금이라고 한다. → 사리와 조금은 한 달에 약 ❷ ______ 씩 생긴다.

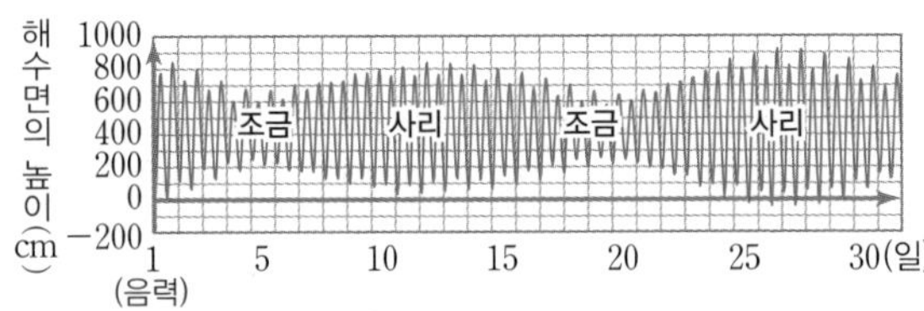

답 ❶ 달 ❷ 두 번

3 암기 전략

사리와 조금이 일어나는 조건

조금
사리
사리
조금

• 조차가 가장 큰 사리 (라면 사리 아님 주의)
• 조차가 가장 작은 조금 (조차가 조금~)

대표 유형 22 조석 현상을 이용한 예

표는 우리나라 어느 지역에서 만조와 간조가 일어난 시각과 그때의 해수면 높이를 나타낸 것이다.

→ 해수면이 낮아 갯벌이 드러난 시간

갯벌 체험을 하기에 가장 적당한 때는?

날짜	시 : 분 해수면 높이	시 : 분 해수면 높이	시 : 분 해수면 높이	시 : 분 해수면 높이
6월 1일	04 : 33 841 cm	10 : 45 184 cm	16 : 58 749 cm	23 : 10 81 cm
6월 2일	05 : 23 862 cm	11 : 35 153 cm	17 : 48 774 cm	24 : 00 67 cm

① 6월 1일 오전 10시 ~ 오전 11시 사이
② 6월 1일 오후 3시 ~ 오후 4시 사이
③ 6월 1일 오후 5시 ~ 오후 6시 사이
④ 6월 2일 오전 5시 ~ 오전 6시 사이
⑤ 6월 2일 오후 6시 ~ 오후 7시 사이

답 ①

1 읽기 전략 키워드 → 만조, 간조, 시각, 해수면 높이

2 해결 전략 만조와 간조 시각, 해수면 높이를 보고 조석 현상을 실제 바닷가 환경에 적용하자.

① 어업 활동, 배가 바다로 나가거나 들어올 때, 바다 갈라짐 체험을 할 때 조석 현상을 이용한다.
② 조력 발전소나 조류 발전소에서 조석 현상을 이용하여 ❶ ______ 를 생산한다.
③ 조석 현상으로 생긴 ❷ ______ 은 다양한 생물의 서식지가 된다.

▲ 만조(왼쪽)와 간조(오른쪽)의 모습

답 ❶ 전기 ❷ 갯벌

3 암기 전략

조석 현상의 예

와~ 바다가 갈라지네?
웅성웅성
기적을 보여주겠노라! (지금은 간조)

대표 유형 23 온도와 입자 운동

그림과 같이 차가운 물과 뜨거운 물에 스포이트로 잉크를 동시에 한 방울씩 떨어뜨린 다음 잉크가 퍼지는 모습을 관찰하였다.

(1) 차가운 물과 뜨거운 물 중에서 잉크가 더 잘 퍼지는 것을 쓰시오.

(2) 차가운 물과 뜨거운 물 중에서 입자 운동이 더 활발한 것을 쓰시오.

답 (1) 뜨거운 물 (2) 뜨거운 물

1 읽기 전략 키워드 → 차가운 물, 뜨거운 물, 잉크, 입자 운동

2 해결 전략 물체의 온도 차를 물체를 구성하는 입자의 운동으로 이해하자.

① 온도와 입자 운동

- 온도는 물체를 구성하는 입자의 운동이 활발한 정도를 나타낸다.
- 물체의 온도가 낮으면 물체를 구성하는 입자 운동이 ❶ ______, 온도가 높으면 물체를 구성하는 입자 운동이 ❷ ______.

② 그림 분석

잉크는 차가운 물보다 뜨거운 물에서 더 빨리 퍼진다. 그 까닭은 물의 온도가 높을수록 물을 구성하는 입자들이 더 활발하게 운동하기 때문이다.

답 ❶ 둔하고 ❷ 활발하다

3 암기 전략

온도와 입자 운동

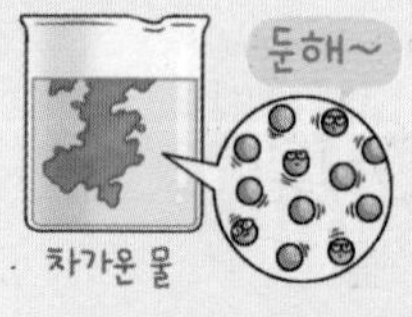

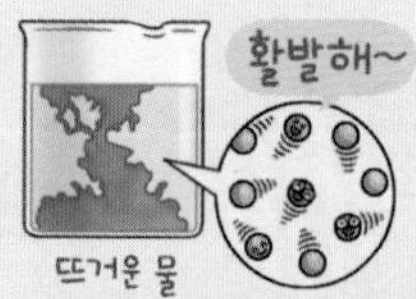

"온도↑" ⇨ "입자 운동↑"

대표 유형 24 전도

그림은 보일러 온수관이 지나는 부분 주위로 방바닥이 따뜻해지는 과정을 나타낸 것이다.

온수관이 지나는 부분

이에 대한 설명으로 옳지 않은 것은?

① 입자의 운동이 전달되는 것이다.
② 고체에서 열이 이동하는 방법이다.
③ 이와 같은 열의 이동 방법을 전도라고 한다.
④ 물을 끓이면 물 전체가 골고루 따뜻해지는 것과 같은 열의 이동 방법이다.
⑤ 데워진 입자가 활발하게 운동하면서 이웃한 입자와 충돌하여 열이 이동한다.

답 ④

1 읽기 전략 키워드 → 보일러 온수관, 입자의 운동, 전도

2 해결 전략 전도에 의해 열이 이동하는 방법에 대해 알아보자.

① 전도
- 물질을 구성하는 이웃한 입자들 사이의 충돌에 의해 열이 이동하는 방법을 ❶ [ ] 라고 한다.
- 전도는 주로 ❷ [ ] 에서 일어나는 열의 이동 방법이다.

② 그림 분석
보일러를 켜면 온수관이 지나는 부분 주위로 방바닥이 따뜻해진다. 이는 방바닥에서 데워진 부분의 입자가 활발하게 운동하면서 이웃한 입자와 충돌하여 이웃한 입자의 운동도 활발해지기 때문이다.

답 ❶ 전도 ❷ 고체

3 암기 전략
전도에 의한 열의 이동

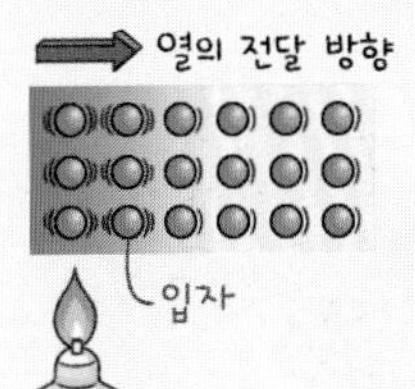

전도는 이웃한 입자들의 충돌로 열이 이동

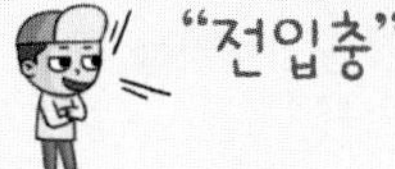

대표 유형 25 복사

그림과 같이 벽난로에 손을 가까이 하면 따뜻함이 느껴진다.

이와 같은 열의 이동 방법에 대한 설명으로 옳은 것을 | 보기 | 에서 모두 고른 것은?

보기
ㄱ. 열이 물질의 도움 없이 직접 이동하는 방법이다.
ㄴ. 가스레인지 위의 프라이팬이 뜨거워지는 것과 열의 이동 방법이 같다.
ㄷ. 햇빛이 비치는 곳에 있으면 따뜻함을 느끼는 것과 열의 이동 방법이 같다.
ㄹ. 액체 상태의 입자가 직접 이동하면서 열이 이동하는 방법이다.

① ㄱ, ㄴ ② ㄱ, ㄷ ③ ㄱ, ㄹ ④ ㄴ, ㄷ ⑤ ㄷ, ㄹ

답 ②

1 읽기 전략 키워드 → 벽난로, 열의 이동 방법, 물질의 도움 없이

2 해결 전략 열의 이동 방법 중 복사에 의한 열의 이동 방법에 대해 알아보자.

① 그림 분석
난로 앞에 앉으면 바로 따뜻해지지만, 난로가 가려지면 따뜻함을 느끼지 못하는 것은 열이 다른 물질의 도움 없이 ❶ ______ 이동하기 때문이다.

② 복사
- 물질을 이루는 입자의 도움 없이 열이 직접 이동하는 현상
- 햇빛 아래에서 따뜻한 것도 태양열이 ❷ ______ 의 형태로 전달되기 때문이다.

답 ❶ 직접 ❷ 복사

3 암기 전략
복사

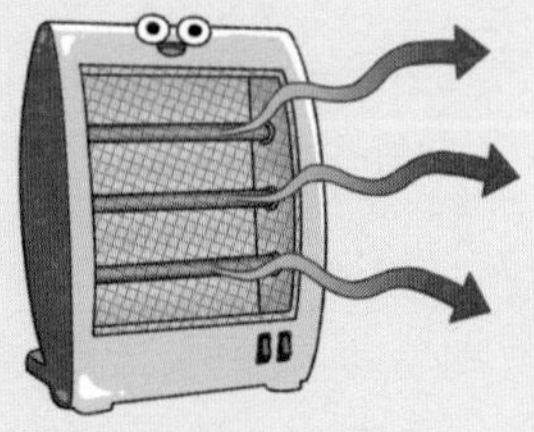

복사는 열이 직접 이동
"복직이"

대표 유형 26 열의 이동 방법

그림은 일상생활에서 열을 이용하여 음식을 조리하는 여러 가지 방법을 나타낸 것이다.

(가) 토스터기로 빵을 굽는다.	(나) 프라이팬에 달걀을 익힌다.	(다) 냄비 안에 담긴 물을 끓인다.

(1) (가)에서 음식 조리에 주로 이용한 열의 이동 방법을 쓰시오.

(2) (나)에서 음식 조리에 주로 이용한 열의 이동 방법을 쓰시오.

(3) (다)에서 음식 조리에 주로 이용한 열의 이동 방법을 쓰시오.

답 (1) 복사 (2) 전도 (3) 대류

1 읽기 전략 키워드 → 토스터기, 프라이팬, 냄비 안에 담긴 물, 열의 이동 방법

2 해결 전략 음식을 조리할 때 사용하는 여러 가지 열의 이동 방법을 구분하자.

그림 분석

- 토스터기: 토스터기로 ❶ [ ] 에 의해 식빵을 굽는다.
- 프라이팬: 프라이팬은 ❷ [ ] 에 의한 열의 이동을 이용하여 달걀을 익힌다.
- 냄비 안에 담긴 물 끓이기: 냄비의 아래쪽을 가열하면 대류에 의해 물 전체가 데워진다.

답 ❶ 복사열 ❷ 전도

3 암기 전략

음식을 만들 때 열의 이동 방법

대표 유형 27 냉 • 난방 기구의 효율적 이용

그림은 여러 가지 냉 · 난방 기구를 나타낸 것이다. 이러한 냉 · 난방 기구를 사용할 때 열의 이동을 고려하면 에너지를 적게 사용하면서도 냉방 또는 난방의 효과를 높일 수 있다.

전기장판

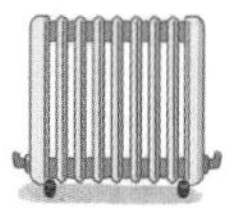
전기히터

에어컨

이에 대한 설명으로 옳은 것을 | 보기 | 에서 모두 고른 것은?

보기
ㄱ. 전기장판은 전도가 잘 일어나는 바닥재를 사용한다.
ㄴ. 찬 공기는 아래로 내려오므로 에어컨은 방 안의 위쪽에 설치한다.
ㄷ. 따뜻한 공기는 위로 올라가므로 전기히터는 방 안의 아래쪽에 설치한다.

① ㄱ ② ㄴ ③ ㄷ ④ ㄴ, ㄷ ⑤ ㄱ, ㄴ, ㄷ

답 ⑤

1 읽기 전략 키워드 → 냉 · 난방 기구, 전기장판, 에어컨, 전기히터

2 해결 전략 냉 · 난방기를 열의 이동을 고려하여 효율적으로 사용하는 방법을 알아보자.

〈보기〉 분석
ㄱ. 전기장판에서는 전도에 의해 열이 잘 이동된다.
ㄴ, ㄷ. 냉 • 난방 기구를 설치할 때는 대류가 잘 일어나도록 냉방기(에어컨)는 방 안의 ❶ [ ]에, 난방기(전기히터)는 방 안의 ❷ [ ]에 설치하는 것이 좋다.

답 ❶ 위쪽 ❷ 아래쪽

3 암기 전략
냉 · 난방 기구의 효율적 이용

대표 유형 28 단열 방법

그림 (가)는 뜨거운 냄비를 잡을 때 고무로 만든 부엌용 장갑을 사용하는 것을 나타낸 것이고, (나)는 음식 배달 가방 속이 알루미늄 소재로 되어 있는 것을 나타낸 것이다.

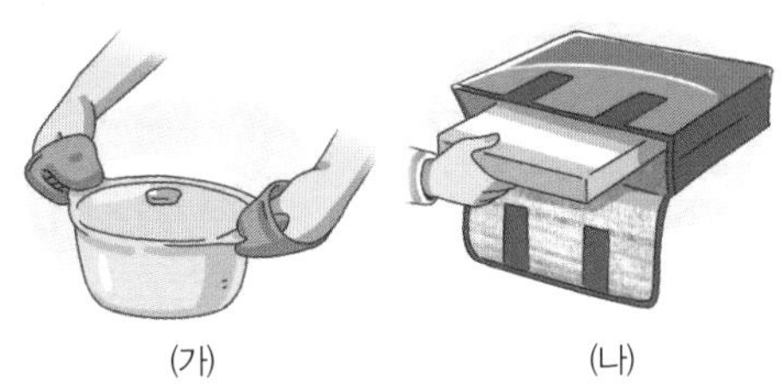

(가) (나)

(가)와 (나)에서 막고자 하는 열의 이동 방법을 옳게 짝 지은 것은?

	(가)	(나)
①	전도	대류
②	전도	복사
③	대류	전도
④	대류	복사
⑤	복사	대류

답 ②

1 읽기 전략 키워드 → 부엌용 장갑, 음식 배달 가방, 전도, 복사

2 해결 전략 열의 이동 방법을 막아 단열을 하는 방법에 대해 알아보자.

① 부엌용 장갑
뜨거운 냄비를 잡을 때 사용하여 냄비의 열이 손으로 ❶ [ ] 되는 것을 막는다.

② 음식 배달 가방
음식 배달 가방 속이 알루미늄 소재로 되어 있어 ❷ [ ] 로 열이 빠져나가는 것을 막는다.

답 ❶ 전도 ❷ 복사

3 암기 전략

보온병에서의 단열 방법

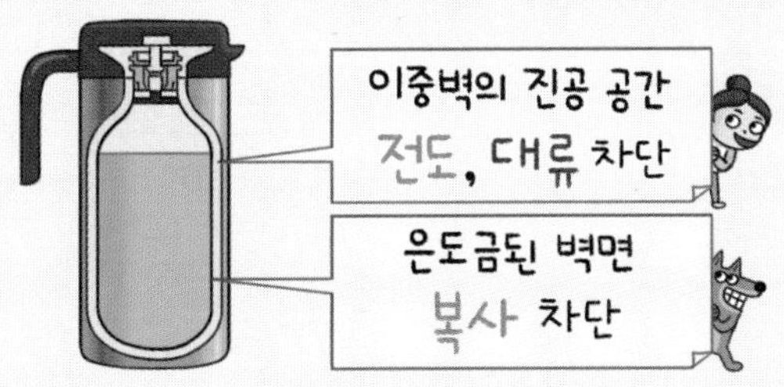

대표 유형 29 열평형 상태

그림은 얼음 속에 미지근한 음료수병을 넣은 것을 나타낸 것이다.

이에 대한 설명으로 옳은 것을 |보기|에서 모두 고른 것은?

보기

ㄱ. 얼음에서 음료수로 냉기가 이동한다.

ㄴ. 시간이 지나면 음료수와 얼음의 온도가 같아진다.

ㄷ. 시간이 지날수록 얼음과 음료수 사이의 열의 이동은 많아진다.

① ㄱ ② ㄴ ③ ㄱ, ㄷ ④ ㄴ, ㄷ ⑤ ㄱ, ㄴ, ㄷ

답 ②

1 읽기 전략 키워드 → 얼음, 음료수, 온도가 같아진다, 열의 이동

2 해결 전략 열평형 상태에 이르는 과정을 알아 두자.

① 그림 분석

미지근한 음료수병을 얼음 속에 넣어 두면 음료수는 주변 온도와 같아질 때까지 ❶ ______ 을 잃고 시원해진다.

② 〈보기〉 분석

ㄱ. 온도가 높은 음료수에서 낮은 얼음으로 열이 이동한다.

ㄴ. 시간이 지나면 열평형 상태가 되어 음료수와 얼음의 온도가 같아진다.

ㄷ. 온도 차가 작아지면 음료수와 얼음 사이의 열의 이동은 ❷ ______.

답 ❶ 열 ❷ 줄어든다

3 암기 전략

음료 차갑게 유지하기

대표 유형 30 열평형과 입자 운동

그림 (가)는 차가운 물이 든 비커에 뜨거운 물이 든 삼각 플라스크를 넣고 1분마다 물의 온도를 측정하는 것을 나타낸 것이고, (나)는 시간에 따른 온도 변화를 그래프로 나타낸 것이다.

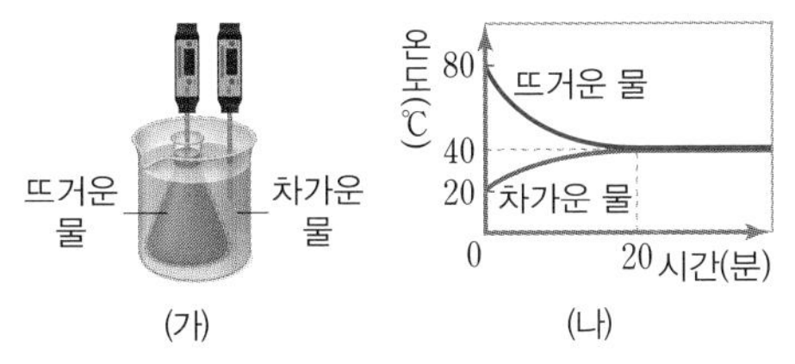

(1) 열평형에 도달할 때까지 뜨거운 물의 입자 운동의 변화를 쓰시오.

(2) 열평형에 도달할 때까지 차가운 물의 입자 운동의 변화를 쓰시오.

답 (1) 점점 둔해진다. (2) 점점 활발해진다.

1 읽기 전략 키워드 → 차가운 물, 뜨거운 물, 열평형, 입자 운동의 변화

2 해결 전략 열평형에 도달할 때까지의 차가운 물과 뜨거운 물의 온도 변화를 입자 운동의 변화로 이해하자.

① 열의 이동과 입자 운동

- 온도가 높은 물체는 열을 잃어 입자 운동이 ❶ .
- 온도가 낮은 물체는 열을 얻어 입자 운동이 ❷ .

② 차가운 물과 뜨거운 물의 입자 운동 변화

차가운 물과 뜨거운 물이 접촉하면 열평형이 될 때까지 열이 뜨거운 물에서 차가운 물로 이동하여 뜨거운 물의 입자 운동은 둔해지고, 차가운 물의 입자 운동은 활발해진다.

답 ❶ 둔해진다 ❷ 활발해진다

3 암기 전략

열평형과 입자 운동

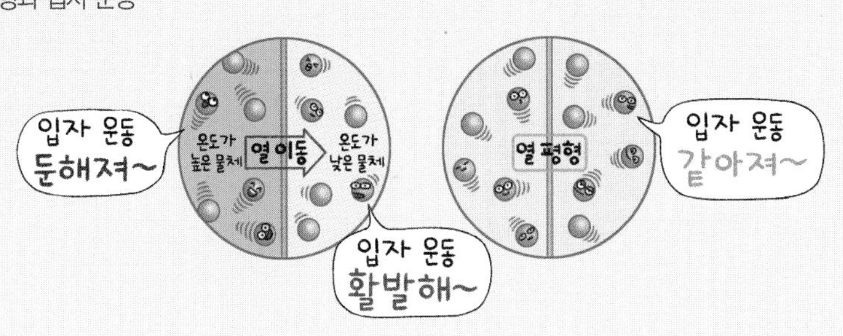

대표 유형 31 열평형 실험

다음은 온도가 다른 물의 온도 변화를 통해 열평형 상태에 도달하는 과정을 알아보는 실험이다.

| 실험 과정 |

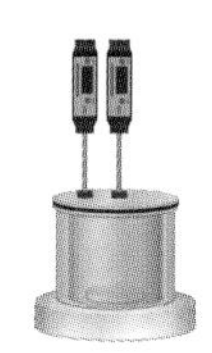

(가) 차가운 물 200 mL를 열량계에 넣는다.

(나) 그림과 같이 알루미늄 컵에 뜨거운 물 100 mL를 넣은 후 차가운 물이 든 열량계 속에 넣고, 차가운 물과 뜨거운 물에 각각 온도계를 꽂는다.

(다) 열량계와 알루미늄 컵 속 물의 온도를 2분마다 측정하여 기록하고, 온도 변화를 그래프로 그린다.

| 실험 결과 |

측정 시간(분)	0	2	4	6	8	10	12
차가운 물 온도(℃)	20.0	28.4	29.7	30.0	30.0	30.0	30.0
뜨거운 물 온도(℃)	50.0	34.8	30.8	30.0	30.0	30.0	30.0

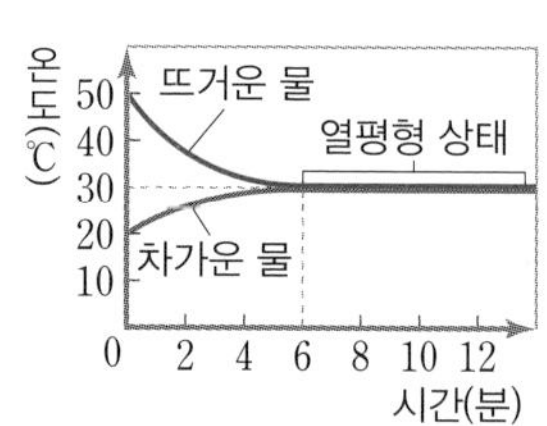

이 실험에 대한 설명으로 옳지 않은 것은?

① 차가운 물의 온도는 올라간다.

② 뜨거운 물의 온도는 내려간다.

③ 6분 후에 열평형 상태가 된다.

④ 차가운 물은 열을 얻어 입자 운동이 활발해진다.

⑤ 열평형 상태가 되면 차가운 물의 입자 운동이 뜨거운 물의 입자 운동보다 활발해진다.

답 ⑤

1 읽기 전략

① 문제에서 핵심 키워드 찾기

열평형, 뜨거운 물, 차가운 물, 온도 변화, 입자 운동

② 뜨거운 물과 차가운 물의 입자 운동 변화 예측하기

- 온도는 물체의 차고 뜨거운 정도를 수치로 나타낸 것이며, 그 물체를 이루는 입자 운동의 활발한 정도를 나타낸 것이다.
- 물체가 열을 얻으면 입자 운동이 활발해지고, 반대로 열을 잃으면 입자 운동이 둔해진다.
  → 온도가 높을수록 그 물체를 이루는 입자들의 운동이 활발해진다.

2 해결 전략

① 차가운 물과 뜨거운 물의 온도 변화

- 차가운 물과 뜨거운 물이 접촉하면 뜨거운 물에서 차가운 물로 열이 이동한다.
- 열을 얻은 차가운 물은 온도가 올라가고, 열을 잃은 뜨거운 물은 온도가 내려간다.
- 시간이 지나면 차가운 물과 뜨거운 물의 온도가 같아진다. 이 상태를 열평형이라고 한다.
- 열평형이 되면 차가운 물과 뜨거운 물의 온도는 같아지고 더 이상 온도 변화가 없다.

② 차가운 물과 뜨거운 물의 입자 운동 변화

- 차가운 물은 열을 얻어 입자 운동이 활발해진다.
- 뜨거운 물은 열을 잃어 입자 운동이 둔해진다.
- 열평형 상태가 되면 차가운 물과 뜨거운 물의 입자 운동은 ❶ ＿＿＿＿.

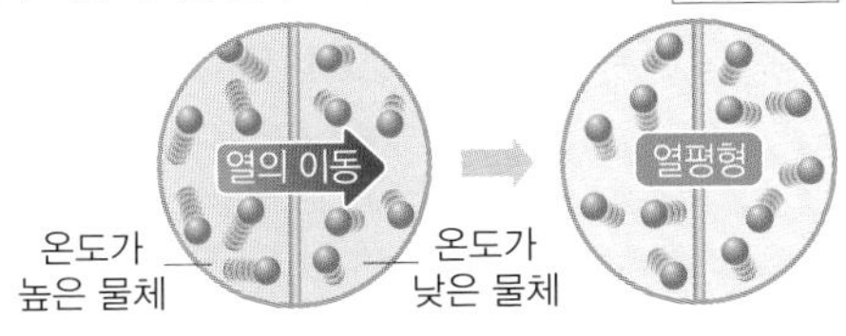

③ 열평형

- 온도가 다른 두 물체가 접촉하면 열이 온도가 높은 물체에서 온도가 낮은 물체로 이동하여 두 물체의 온도가 같아진다.
- 온도가 높은 물체는 열을 잃어 입자 운동이 둔해지고, 온도가 낮은 물체는 열을 얻어 입자 운동이 활발해진다.
- 열이 이동하여 두 물체의 온도가 같아진 상태를 ❷ ＿＿＿＿이라고 한다.

답 ❶ 같아진다 ❷ 열평형

3 암기 전략

시간에 따른 온도 변화 그래프와 열평형

대표 유형 32 열평형의 이용

그림과 같이 여름철에 수박과 같은 과일을 차가운 물에 담가 두면 시원해진다.

이와 관계 있는 현상이 아닌 것은?

① 냉장고에 음식을 보관한다.
② 보온병 내부에 은도금을 한다.
③ 온도계로 음식물의 온도를 측정한다.
④ 냉동 즉석 식품을 뜨거운 물에 넣어둔다.
⑤ 방금 삶은 뜨거운 달걀을 차가운 물에 넣어둔다.

답 ②

1 읽기 전략 키워드 → 과일, 차가운 물, 담가 두면

2 해결 전략 일상생활에서 열평형을 이용하는 예를 알아보자.

① 그림 분석
미지근한 과일을 차가운 물에 담가 두면 ❶ ______ 에 의해 과일이 차가워진다.

② 선택지 분석
①, ③, ④, ⑤ 열평형을 이용한 예이다.
② 보온병 내부에 은도금을 하면 ❷ ______ 에 의한 열의 이동을 막을 수 있다.

답 ❶ 열평형 ❷ 복사

3 암기 전략

다양한 열평형의 이용

과일 —열 이동→ 물 —시간이 흐른 후→ 열평형 차가워진 과일

대표 유형 33 비열에 의한 현상

그림과 같이 흙으로 만든 뚝배기와 스테인리스로 만든 냄비에 찌개를 끓였을 때, 스테인리스 냄비보다 뚝배기에 담긴 찌개가 오랫동안 따뜻한 상태를 유지한다.

뚝배기

스테인리스 냄비

그 까닭을 설명할 수 있는 것은?

① 열평형 ② 비열 ③ 액체의 열팽창
④ 고체의 열팽창 ⑤ 온도와 입자 운동

답 ②

1 읽기 전략 키워드 → 흙으로 만든 뚝배기, 스테인리스로 만든 냄비, 비열

2 해결 전략 일상생활에서 비열의 차로 일어나는 현상을 알아보자.

① 비열
어떤 물질 1 kg의 온도를 1 ℃ 높이는 데 필요한 열량을 ❶ ______ 이라고 하며, 비열은 물질의 종류에 따라 ❷ ______ .

② 그림 분석
뚝배기의 비열이 스테인리스로 만든 냄비의 비열보다 크다. 따라서 뚝배기는 냄비보다 천천히 식어 오랫동안 따뜻한 상태를 유지할 수 있다.

답 ❶ 비열 ❷ 다르다

3 암기 전략

비열에 의한 현상

뚝배기 비열 > 냄비 비열
비열이 작을 수록 온도가 잘 변해~
온도 잘 안 변해~
온도 잘 변해~

대표 유형 34 여러 가지 물질의 비열

그림은 여러 가지 물질의 비열을 나타낸 것이다.

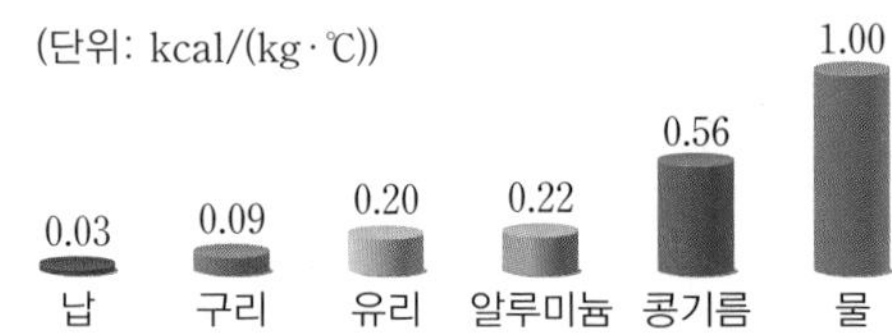

같은 질량에 같은 열량을 가할 때 (가) 온도 변화가 가장 큰 물질과 (나) 온도 변화가 가장 작은 물질을 각각 쓰시오.

(가): (   ), (나): (   )

답 (가) 납 (나) 물

1 읽기 전략 키워드 → 비열, 온도 변화가 가장 큰 물질, 온도 변화가 가장 작은 물질

2 해결 전략 물질에 따라 비열이 다름을 알고 비열의 차이에 따라 온도 변화도 다름을 기억하자.

① 그림 분석

비열이 가장 큰 물질은 물이고, 비열이 가장 작은 물질은 납이다.

② 비열과 온도 변화

- 비열이 클수록 같은 온도를 높이는 데 더 많은 열량이 필요하다.
- 질량이 같은 물질에 같은 열량을 가했을 때, 비열이 큰 물질은 비열이 작은 물질에 비해 온도 변화가 ❶ ______.
- 같은 질량일 때 비열이 ❷ ______ 물질은 적은 열량을 얻어도 온도가 크게 변한다.

답 ❶ 작다 ❷ 작은

3 암기 전략

여러 가지 물질의 비열 비교

비열은 물질에 따라 달라.

물의 비열이 비교적 커!

대표 유형 35 비열의 비교

그림은 질량이 같은 두 물질 A, B를 같은 세기의 불꽃으로 동시에 가열하였을 때 시간에 따른 온도 변화를 나타낸 것이다.

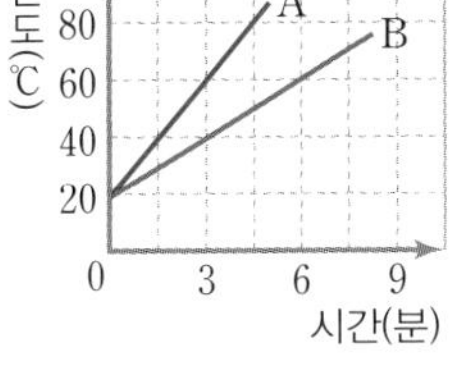

이에 대한 설명으로 옳은 것을 | 보기 | 에서 모두 고른 것은?

보기
ㄱ. A는 B보다 비열이 작다.
ㄴ. A와 B는 서로 다른 물질이다.
ㄷ. 온도를 60 ℃만큼 높이는 데 걸리는 시간은 B가 A보다 길다.

① ㄱ ② ㄷ ③ ㄱ, ㄴ ④ ㄴ, ㄷ ⑤ ㄱ, ㄴ, ㄷ

답 ⑤

1 읽기 전략 키워드 → 온도 변화, 비열, 걸리는 시간

2 해결 전략 물질의 종류에 따라 온도를 높이는 데 필요한 열량이 다르다는 것을 알아 두자.

① 그래프 분석

ㄱ. 같은 시간 동안 온도 변화는 ❶ ____ 가 더 크다. → 비열이 작다.

ㄷ. 같은 온도만큼 높이는 데 필요한 시간은 ❷ ____ 가 더 길다.

② 〈보기〉 분석

ㄴ. A와 B를 동시에 가열할 때 시간에 따른 온도 변화가 다르므로 서로 다른 물질임을 알 수 있다.

답 ❶ A ❷ B

3 암기 전략

질량이 같을 때 온도 변화로 비열 비교

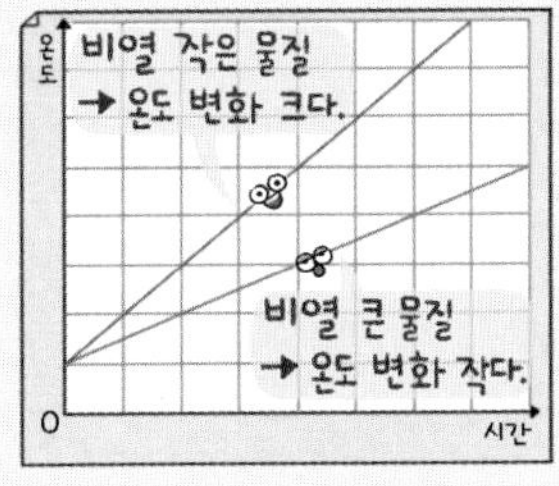

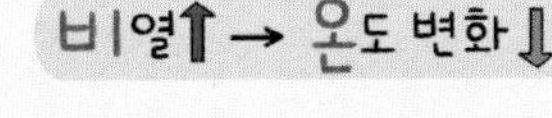

대표 유형 36 질량이 같은 물질의 비열 비교 실험

다음은 질량이 같은 물과 식용유를 가열하면서 온도 변화를 측정하는 실험이다.

| 실험 과정 |

(가) 두 개의 비커에 물과 식용유를 각각 100 g씩 넣는다.
(나) 그림과 같이 두 비커를 핫플레이트 위에 올려놓고 온도계로 처음 온도를 측정한다.
(다) 핫플레이트로 두 비커를 가열하면서, 5분 동안 두 액체의 온도를 1분 간격으로 측정하여 기록한다.

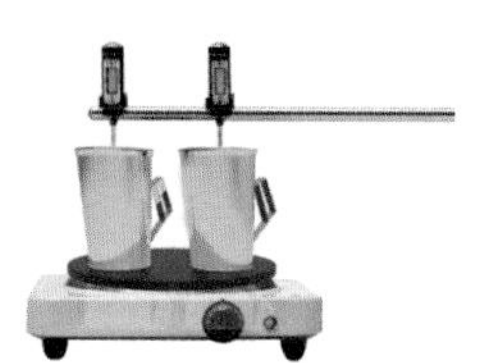

| 실험 결과 |

시간(분)	0	1	2	3	4	5
물의 온도(℃)	30.0	31.9	33.8	35.9	38.1	40.0
식용유의 온도(℃)	30.0	34.5	39.1	43.9	48.3	53.0

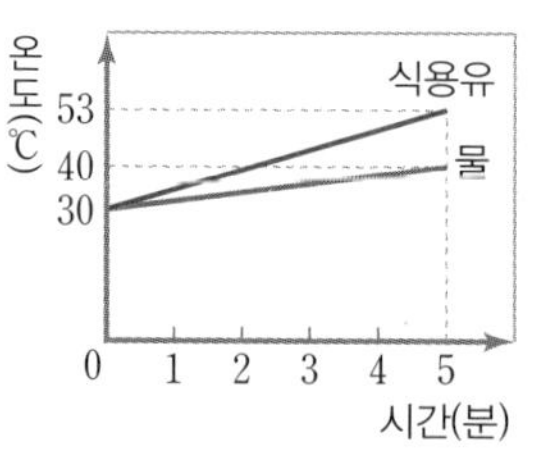

이 실험에 대한 설명으로 옳은 것은?

① 5분 후 물의 온도가 식용유보다 높다.
② 5분 동안 물의 온도 변화가 식용유보다 크다.
③ 같은 시간 동안 물과 식용유가 받은 열량은 같다.
④ 가한 열량과 질량이 같다면 온도 변화는 물질에 관계없이 같다.
⑤ 같은 온도만큼 높이는 데 필요한 열량은 식용유가 물보다 많다.

답 ③

1 읽기 전략

① 문제에서 핵심 키워드 찾기
질량이 같은, 온도 변화, 가열

② 변인통제 찾기
• 두 물질의 질량이 같아야 한다.
→ 물과 식용유를 각각 100 g씩 사용한다.
• 두 물질에 가한 열량이 같아야 한다.
→ 핫플레이트로 물과 식용유를 동시에 가열한다.

2 해결 전략 ① 물과 식용유의 질량을 같게 하는 까닭

- 물질에 열량을 가하면 온도가 올라가는데, 가한 열량이 같을 때 물질의 온도 변화는 질량이 클수록 ❶ ______.
  → 물질의 온도 변화는 질량과 관계가 있으므로, 질량에 의한 요인을 없애기 위해서는 물과 식용유의 질량을 같게 하고 실험해야 한다.

② 비열

- 어떤 물질 1 kg의 온도를 1 ℃ 높이는 데 필요한 열량을 비열이라고 한다.
- 비열은 물질의 종류에 따라 다르므로 물질을 구별하는 특징이다.
- 질량이 같은 납과 알루미늄에 같은 열량을 가하면 납의 온도가 알루미늄보다 빨리 높아진다.
  → 물질의 종류에 따라 온도를 높이는 데 필요한 열량이 다르기 때문이다.

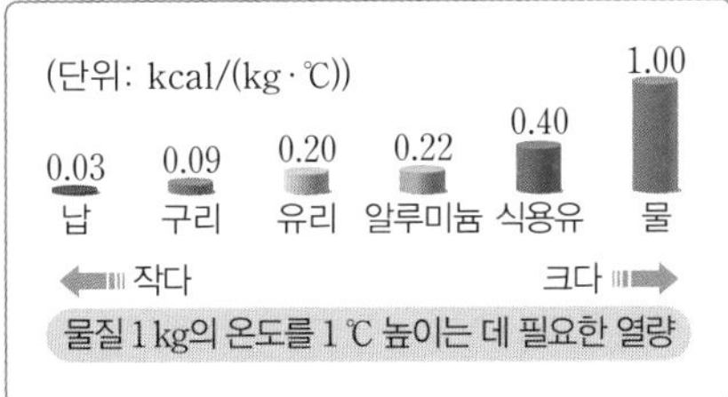

▲ 여러 가지 물질의 비열

③ 물과 식용유의 비열

- 질량이 같은 물과 식용유를 같은 열량과 시간 동안 가열하면 식용유의 온도가 물의 온도보다 많이 올라간다.
  → 물 100 g의 온도를 1 ℃ 높이는 데 필요한 열량과 식용유 100 g의 온도를 1 ℃ 높이는 데 필요한 열량이 다르기 때문이다.
  → 물 1 kg의 온도를 1 ℃ 높이는 데 필요한 열량이 식용유 1 kg의 온도를 1 ℃ 높이는 데 필요한 열량보다 많다.
  → 물의 비열이 식용유의 비열보다 ❷ ______.

답 ❶ 작다 ❷ 크다

3 암기 전략

질량과 가한 열량이 같은 두 물질의 비열

난 먼저 끓는다.
왜 난 아직 안 끓지?
식용유
물
비열이 작을수록 온도가 더 빨리 올라가~

대표 유형 37 고체의 열팽창

그림은 기차선로의 틈을 나타낸 것이다.

이와 관련 있는 현상에 대한 설명으로 옳은 것을 보기 에서 모두 고른 것은?

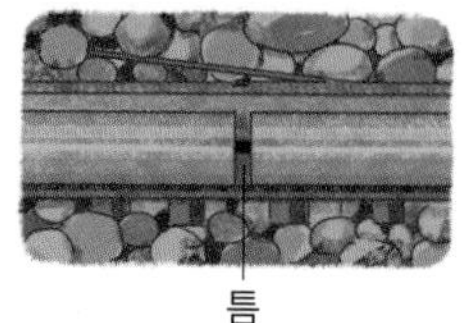

보기
ㄱ. 온도가 높아지면 물체의 길이나 부피가 증가한다.
ㄴ. 온도가 높아지면 입자 운동이 활발해져 입자들 사이의 거리가 멀어진다.
ㄷ. 물질의 종류에 관계없이 열팽창 정도는 같다.

① ㄱ ② ㄷ ③ ㄱ, ㄴ ④ ㄴ, ㄷ ⑤ ㄱ, ㄴ, ㄷ

답 ③

1 읽기 전략 키워드 → 기차선로의 틈, 물체의 길이, 부피, 입자 운동

2 해결 전략 기차 선로의 틈은 고체의 열팽창과 관련이 있음을 기억하자.

① 그림 분석
기차선로의 중간 중간에 약간의 틈을 두면 여름철 온도가 높아져 선로의 길이가 팽창했을 때 선로가 휘어지는 것을 방지할 수 있다.

② 〈보기〉 분석
ㄱ, ㄴ. 열을 받아 온도가 높아지면 입자 운동이 활발해져 입자들 사이의 거리가 ❶ ____, 이에 따라 입자들이 차지하는 공간이 늘어나 물질의 길이나 부피가 ❷ ____.

답 ❶ 멀어지고 ❷ 증가한다

3 암기 전략
고체의 열팽창

대표 유형 38 고체의 열팽창의 이용

그림과 같이 구리와 철을 붙여 만든 바이메탈을 가열하였더니 철 방향으로 휘었다.

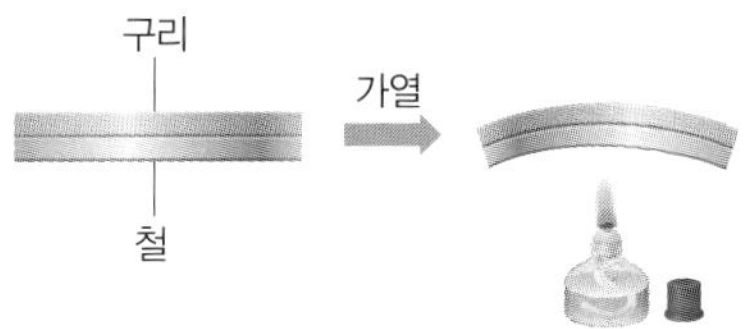

이에 대한 설명으로 옳은 것은?

① 가열하면 구리만 길이가 늘어난다.
② 철의 열팽창 정도가 구리보다 크다.
③ 냉각시켜도 철 방향으로 휘어진다.
④ 바이메탈은 열팽창 정도가 같음을 이용한 것이다.
⑤ 가열하면 구리와 철 모두 입자 운동이 활발해진다.

답 ⑤

1 읽기 전략 키워드 → 구리, 철, 바이메탈, 길이, 열팽창, 입자 운동

2 해결 전략 바이메탈은 두 금속의 열팽창 정도가 다름을 이용한 것임을 알아 두자.

① 그림 분석
- 가열할 때 철 방향으로 휘어지므로 ❶ [ ] 의 열팽창 정도가 더 크다.
- 가열하면 구리, 철 모두 입자 운동이 활발해지므로 길이가 늘어난다.

② 선택지 분석
① 가열하면 구리, 철 모두 길이가 늘어난다.
② 구리가 철보다 열팽창 정도가 크다.
③ 냉각시키면 ❷ [ ] 방향으로 휘어진다.
④ 바이메탈은 두 금속의 열팽창 정도가 다른 것을 이용한 것이다.

답 ❶ 구리 ❷ 구리

3 암기 전략 바이메탈

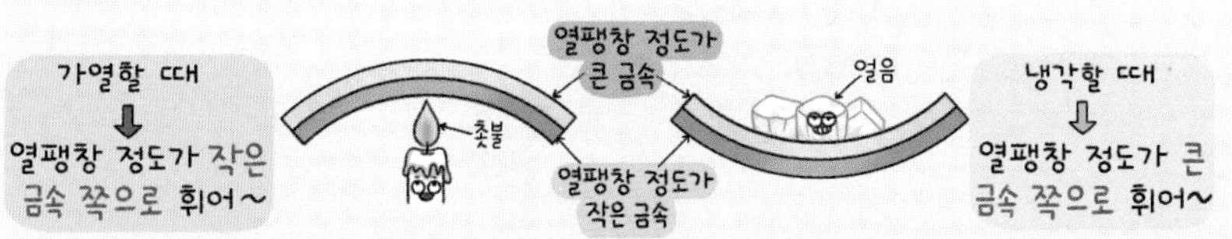

대표 유형 39 액체의 열팽창

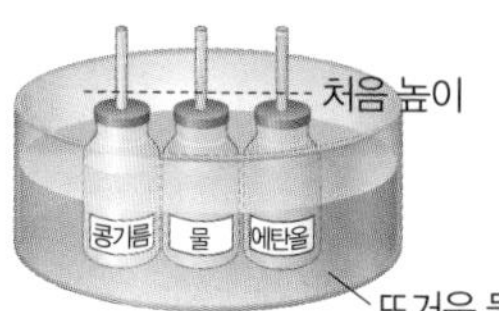

콩기름, 물, 에탄올을 같은 양만큼 유리병에 넣고 입구를 막은 후 뜨거운 물이 담긴 수조에 넣었더니 각 액체의 부피가 그림과 같이 증가하였다.

이에 대한 설명으로 옳은 것을 | 보기 | 에서 모두 고른 것은?

보기
ㄱ. 열을 받으면 액체의 부피가 증가한다.
ㄴ. 열을 받으면 액체를 구성하는 입자의 운동이 활발해진다.
ㄷ. 질량이 같고 가한 열량이 같아도 액체의 종류에 따라 열팽창 정도가 다르다.

① ㄱ ② ㄷ ③ ㄱ, ㄴ ④ ㄴ, ㄷ ⑤ ㄱ, ㄴ, ㄷ

답 ⑤

1 읽기 전략 키워드 → 콩기름, 물, 에탄올, 액체의 부피, 입자의 운동

2 해결 전략 액체는 열을 받으면 팽창하며, 열팽창 정도는 물질에 따라 다름을 알아 두자.

① 그림 분석

- 열을 얻으면 액체의 부피가 ❶ ______ 한다.
- 각 액체마다 유리관을 따라 올라온 높이가 다르므로 물질의 종류에 따라 열팽창 정도가 ❷ ______.

② 〈보기〉 분석

액체가 열을 받으면 입자의 운동이 활발해지면서 입자 사이의 거리가 멀어지기 때문에 부피가 증가한다.

답 ❶ 증가 ❷ 다르다

3 암기 전략

액체의 열팽창

대표 유형 40 열팽창의 이용

그림 (가)~(라)는 일상생활에서 열팽창을 경험할 수 있는 것들을 나타낸 것이다.

		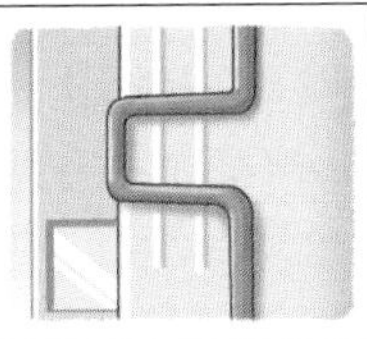	
(가) 다리의 이음매	(나) 알코올 온도계	(다) 굽은 가스관	(라) 채워지지 않은 음료수병

(1) 고체의 열팽창과 관련 있는 것을 모두 쓰시오.

(2) 액체의 열팽창과 관련 있는 것을 모두 쓰시오.

답 (1) (가), (다) (2) (나), (라)

1 읽기 전략 키워드 → 고체의 열팽창, 액체의 열팽창

2 해결 전략 고체의 열팽창과 액체의 열팽창에 의해 일어나는 현상이나 이용하는 예를 알아보자.

① 다리의 이음매
다리의 중간에 다리 이음매를 설치하면 여름철에 온도가 높아져 다리의 길이가 ❶ ______ 하였을 때 다리가 파손되는 것을 방지할 수 있다.

② 음료수병
액체의 ❷ ______ 으로 음료수병이 깨지는 것을 방지하기 위해서 병에 음료를 가득 채우지 않는다.

답 ❶ 팽창 ❷ 열팽창

3 암기 전략
열팽창 정도가 비슷한 물질의 이용

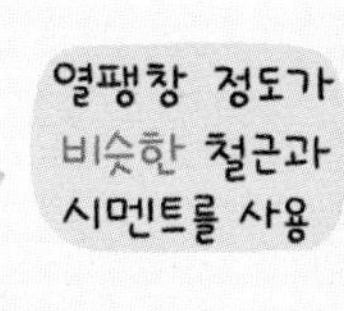

철근 콘크리트 구조물

치아와 열팽창 정도가 비슷한 물질 사용

치아 충전재

대표 유형 41 자연 재해 · 재난의 특징

그림은 자연 현상으로 발생하는 자연 재해 · 재난 중에서 태풍을 나타낸 것이다.

이와 같은 자연 재해 · 재난에 대한 설명으로 옳지 않은 것은?

① 태풍은 열대 저기압으로 집중 호우와 폭풍을 동반한다.
② 지진으로 발생하는 피해는 대체로 규모가 작은 지진일수록 크다.
③ 기상 재해는 태풍, 홍수, 가뭄, 폭설 등으로 발생하는 재해이다.
④ 황사는 호흡기 질환을 일으키고, 항공과 운수 산업에 큰 피해를 주기도 한다.
⑤ 화산 기체가 대기 중으로 퍼져 항공기 운행 중단이 되기도 한다.

답 ②

1 읽기 전략 키워드 → 자연 재해 · 재난, 태풍, 지진, 기상 재해, 황사, 화산 기체

2 해결 전략 자연 재해 · 재난의 종류와 특징에 대해 알아 두자.

① 자연 재해 · 재난
- 태풍, 홍수, 호우, 해일, 낙뢰, 가뭄, 지진, 화산 활동 등과 같이 자연적으로 발생하는 재해를 ❶ [ ] 이라고 한다.
- 자연 재해 • 재난은 자연 현상으로 인해 발생하므로 예방하기 어려우며, 비교적 ❷ [ ] 지역에 걸쳐 발생한다.

② 선택지 분석
- 대체로 규모가 큰 지진일수록 발생하는 피해도 크다.

답 ❶ 자연 재해 · 재난 ❷ 넓은

3 암기 전략

재해 · 재난의 유형

• 자연 재난은 자연적으로 발생
발생

• 사회 재난은 인간 활동으로 발생

대표 유형 42 재해 · 재난의 대처 방안

그림은 인간의 부주의로 발생하는 사회 재해 · 재난 중 운송 수단 사고를 나타낸 것이다.

운송 수단 사고에 대한 설명이나 대처 방안으로 옳지 않은 것은?

① 열차, 항공기, 선박 등에서 발생하는 사고이다.
② 안전 관리 소홀, 안전 규정 무시 등이 원인이다.
③ 선박, 비행기, 열차 등의 고장 여부는 운행 시에만 점검한다.
④ 운송 수단의 종류에 따른 대피 방법을 미리 알아 두는 것이 좋다.
⑤ 사고가 발생하면 빠르고 정확하게 상황을 판단하여 대피해야 한다.

답 ③

1 읽기 전략 키워드 → 사회 재해 · 재난, 운송 수단 사고, 안전 관리 소홀, 안전 규정 무시

2 해결 전략 운송 수단으로 발생하는 재해 · 재난에 대한 대처 방안을 알아 두자.

① 운송 수단 사고
- 열차, 항공기, 선박 등에서 발생하는 사고를 ❶ [ ] 라고 한다.

② 선택지 분석
③ 선박, 비행기, 열차 등의 고장 여부는 ❷ [ ] 로 점검한다.
④ 운송 수단을 이용할 때에는 운송 수단의 종류에 따른 대피 방법을 미리 알아 두는 것이 좋다.

답 ❶ 운송 수단 사고 ❷ 수시

3 암기 전략

운송 수단 사고의 대처 방안

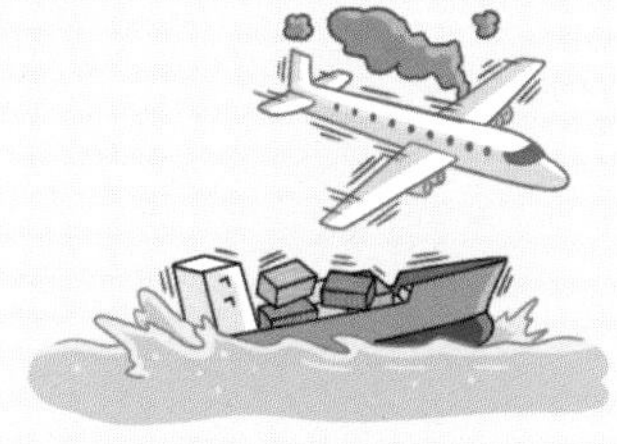

대처 방안 셋
1. 수시 점검
2. 신호 준수
3. 안전 속도 유지

memo

시험에 잘 나오는

대표 유형 ZIP

중학 **과학** 2-2

BOOK 2

기말고사 대비

이 책의 구성과 활용

주 도입

이번 주에 배울 내용이 무엇인지 안내하는 부분입니다. 재미있는 개념 삽화를 통해 앞으로 배울 학습 내용을 미리 떠올려 봅니다.

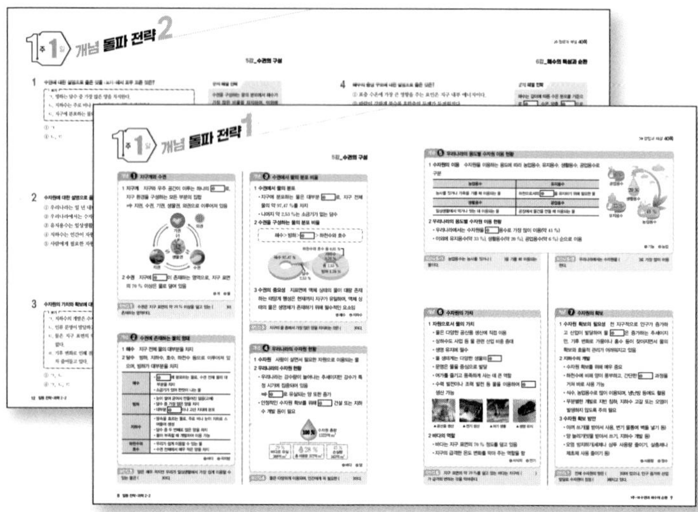

1일 개념 돌파 전략

주제별로 꼭 알아야 하는 핵심 개념을 익히고 문제를 풀며 개념을 잘 이해했는지 확인합니다.

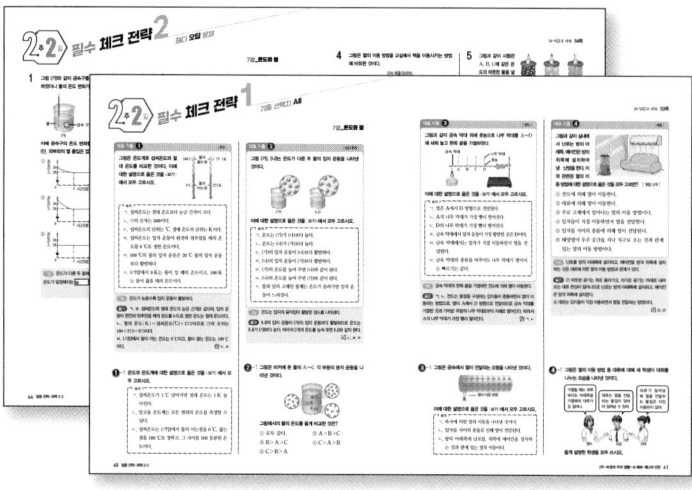

2일, 3일 필수 체크 전략

꼭 알아야 할 대표 기출 유형 문제를 쌍둥이 문제와 함께 풀어 보며 문제에 접근하는 과정과 해결 방법을 체계적으로 연습합니다.

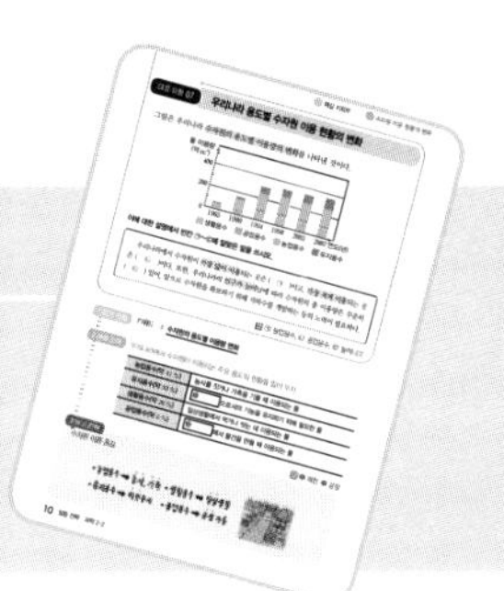

부록 시험에 잘 나오는 **대표 유형 ZIP**

부록을 뜯으면 미니북으로 활용할 수 있습니다. 시험 전에 대표 유형을 확실하게 익혀 보세요.

주 마무리 코너

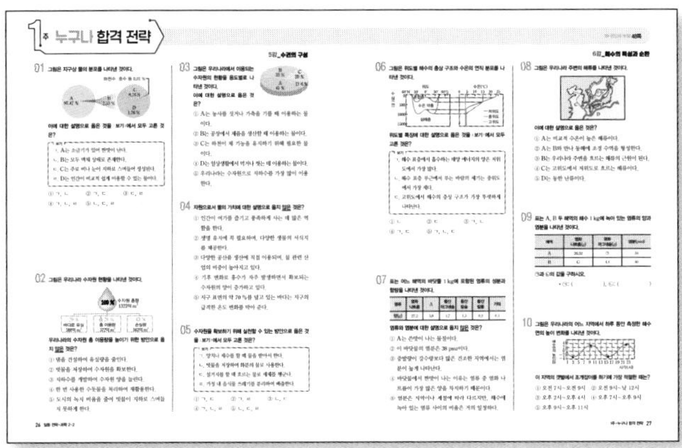

누구나 합격 전략

기초 이해력을 점검할 수 있는 종합 문제로 학습 자신감을 가질 수 있습니다.

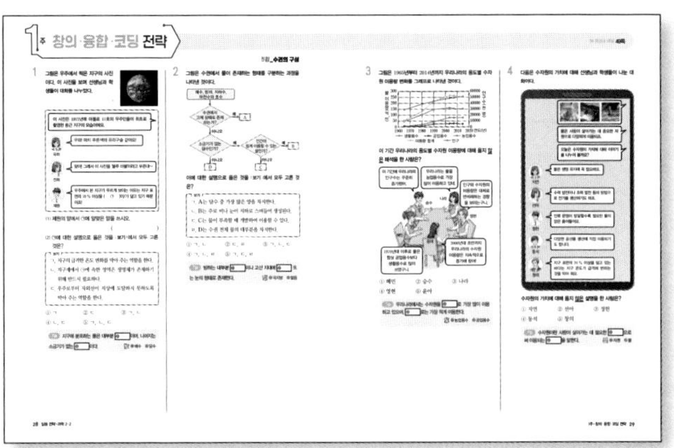

창의·융합·코딩 전략

융·복합적 사고력과 문제 해결력을 길러 주는 문제로 구성하였습니다.

기말고사 마무리 코너

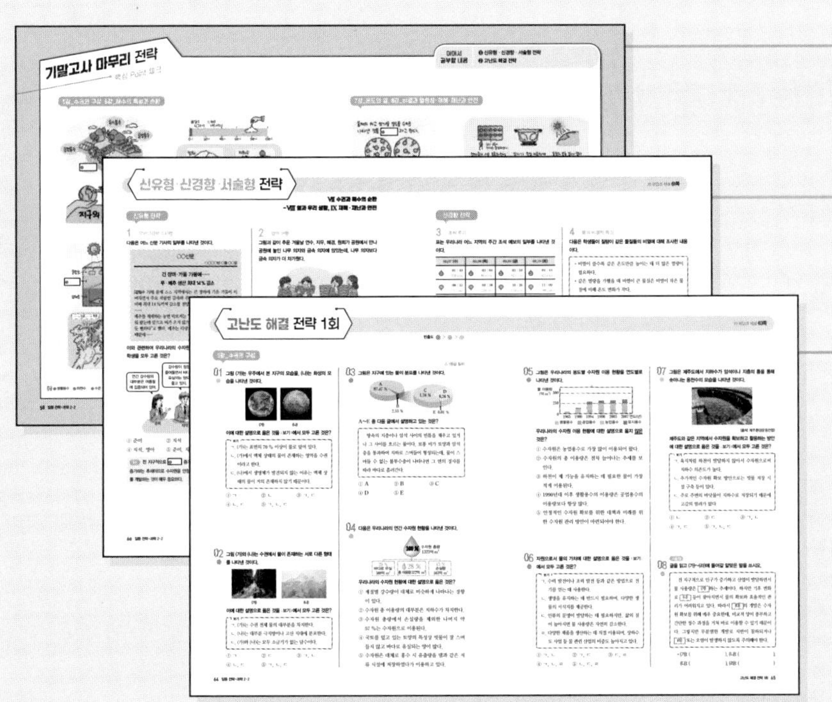

기말고사 마무리 전략

학습 내용을 마인드 맵으로 정리하여 앞에서 공부한 개념을 한눈에 파악할 수 있습니다.

신유형·신경향·서술형 전략

신유형·신경향·서술형 문제를 집중적으로 풀며 문제 적응력을 높일 수 있습니다.

고난도 해결 전략

실제 시험에 대비할 수 있는 고난도의 실전 문제를 2회 분량으로 구성하였습니다.

이 책의 차례 BOOK 2

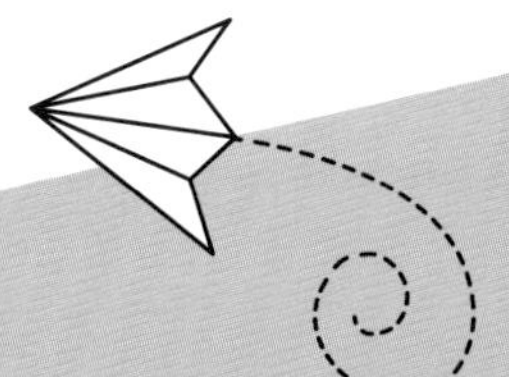

1주

Ⅶ 수권과 해수의 순환

5강_수권의 구성

공부할 내용

5강_**수권의 구성**	• 지구계와 수권	• 물의 분포	• 수자원의 이용과 가치		
6강_**해수의 특징과 순환**	• 표층 수온 분포	• 해수의 층상 구조	• 염분	• 해류	• 조석

6강_해수의 특성과 순환

개념 1 지구계와 수권

1 **지구계** 지구와 우주 공간이 이루는 하나의 ❶ [ ]로, 지구 환경을 구성하는 모든 부분의 집합
➡ 지권, 수권, 기권, 생물권, 외권으로 이루어져 있음

2 **수권** 지구에 ❷ [ ]이 존재하는 영역으로, 지구 표면의 70 % 이상은 물로 덮여 있음

❶계 ❷물

확인Q 1 수권은 지구 표면의 약 70 % 이상을 덮고 있는 ( )이 존재하는 영역이다.

개념 2 수권에 존재하는 물의 형태

1 **해수** 지구 전체 물의 대부분을 차지
2 **담수** 빙하, 지하수, 호수, 하천수 등으로 이루어져 있으며, 빙하가 대부분을 차지

해수	• ❶ [ ]에 분포하는 물로, 수권 전체 물의 대부분을 차지 • 소금기가 있어 짠맛이 나는 물
빙하	• 눈이 쌓여 굳어서 만들어진 얼음(고체) • 담수 중 가장 많은 양을 차지 • 대부분 ❷ [ ]이나 고산 지대에 분포
지하수	• 땅속을 흐르는 물로, 주로 비나 눈이 지하로 스며들어 생성 • 담수 중 두 번째로 많은 양을 차지 • 물이 부족할 때 개발하여 이용 가능
하천수와 호수	• 우리가 쉽게 이용할 수 있는 물 • 수권 전체에서 매우 적은 양을 차지

❶바다 ❷극지방

확인Q 2 양은 매우 적지만 우리가 일상생활에서 가장 쉽게 이용할 수 있는 물은 ( )이다.

개념 3 수권에서 물의 분포 비율

1 **수권에서 물의 분포**
• 지구에 분포하는 물은 대부분 ❶ [ ]로, 지구 전체 물의 약 97.47 %를 차지
• 나머지 약 2.53 %는 소금기가 없는 담수

2 **수권을 구성하는 물의 분포 비율**

해수 > 빙하 > ❷ [ ] > 하천수와 호수

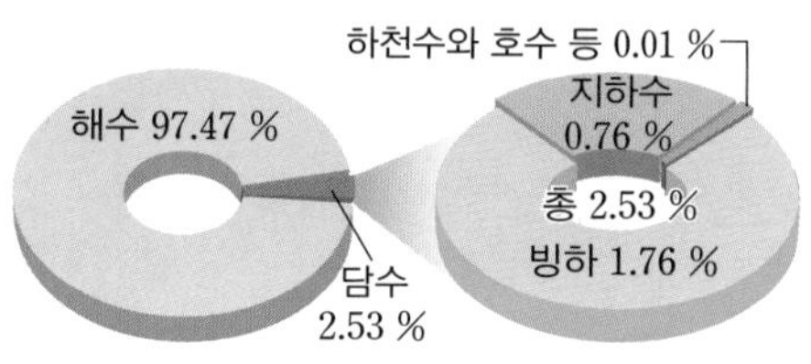

3 **수권의 중요성** 지표면에 액체 상태의 물이 대량 존재하는 태양계 행성은 현재까지 지구가 유일하며, 액체 상태의 물은 생명체가 존재하기 위해 필수적인 요소임

❶해수 ❷지하수

확인Q 3 지구의 물 중에서 가장 많은 양을 차지하는 것은 ( )이다.

개념 4 우리나라의 수자원 현황

1 **수자원** 사람이 살면서 필요한 자원으로 이용되는 물
2 **우리나라의 수자원 현황**
• 우리나라는 강수량이 늘어나는 추세이지만 강수가 특정 시기에 집중되어 있음
➡ ❶ [ ]로 유실되는 양 또한 증가
• 안정적인 수자원 확보를 위해 ❷ [ ] 건설 또는 지하수 개발 등이 필요

❶바다 ❷댐

확인Q 4 물은 다양하게 이용되며, 인간에게 꼭 필요한 ( )이다.

개념 5 우리나라의 용도별 수자원 이용 현황

1 수자원의 이용 수자원을 이용하는 용도에 따라 농업용수, 유지용수, 생활용수, 공업용수로 구분

농업용수	유지용수
농사를 짓거나 가축을 기를 때 이용되는 물	하천으로서의 ❶ 을 유지하기 위해 필요한 물
생활용수	**공업용수**
일상생활에서 먹거나 씻는 데 이용되는 물	공장에서 물건을 만들 때 이용되는 물

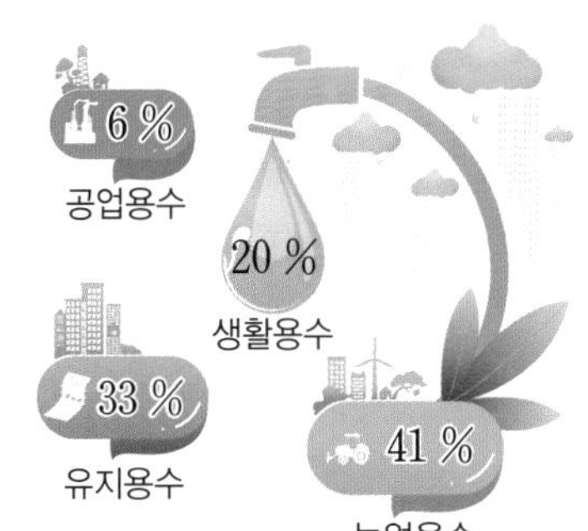

2 우리나라의 용도별 수자원 이용 현황

- 우리나라에서는 수자원을 ❷ 용수로 가장 많이 이용(약 41 %)
- 이외에 유지용수(약 33 %), 생활용수(약 20 %), 공업용수(약 6 %) 순으로 이용

❶ 기능 ❷ 농업

확인Q 5-1 농업용수는 농사를 짓거나 ( )을 기를 때 이용되는 물이다.

확인Q 5-2 우리나라에서는 수자원을 ( )로 가장 많이 이용한다.

개념 6 수자원의 가치

1 자원으로서 물의 가치

- 물은 다양한 공산품 생산에 직접 이용
- 상하수도 사업 등 물 관련 산업 비중 증대
- 생명 유지에 필수
- 물 생태계는 다양한 생물의 ❶
- 문명은 물을 중심으로 발달
- 여가를 즐기고 풍족하게 사는 데 큰 역할
- 수력 발전이나 조력 발전 등 물을 이용하여 ❷ 생산 가능

▲공산품 생산

▲전기 생산

▲여가 생활

▲생명 유지

2 바다의 역할

- 바다는 지구 표면의 70 % 정도를 덮고 있음
- 지구의 급격한 온도 변화를 막아 주는 역할을 함

❶ 서식지 ❷ 전기

확인Q 6 지구 표면의 약 70 %를 덮고 있는 바다는 지구의 ( )가 급격히 변하는 것을 막아준다.

개념 7 수자원의 확보

1 수자원 확보의 필요성 전 지구적으로 인구가 증가하고 산업이 발달하여 물 ❶ 은 증가하는 추세이지만, 기후 변화로 가뭄이나 홍수 등이 잦아지면서 물의 확보와 효율적 관리가 어려워지고 있음

2 지하수의 개발

- 수자원 확보를 위해 매우 중요
- 하천수에 비해 양이 풍부하고, 간단한 ❷ 과정을 거쳐 바로 사용 가능
- 식수, 농업용수로 많이 이용되며, 냉난방 등에도 활용
- 무분별한 개발로 지반 침하, 지하수 고갈 또는 오염이 발생하지 않도록 주의 필요

3 수자원 확보 방안

- 아껴 쓰기(물 받아서 사용, 변기 물통에 벽돌 넣기 등)
- 양 늘리기(빗물 받아서 쓰기, 지하수 개발 등)
- 오염 방지하기(세제나 샴푸 사용량 줄이기, 살충제나 제초제 사용 줄이기 등)

❶ 사용량 ❷ 정수

확인Q 7 전체 수자원의 양은 ( )되어 있으나, 인구 증가와 산업 발달로 수자원이 점점 ( )해지고 있다.

개념 1 해수 표층의 수온 분포

1 **표층 수온 분포** 해수는 태양 에너지를 흡수하여 따뜻해짐

- 지구로 들어오는 [❶] 에너지의 양은 적도 지방에서 가장 많고 고위도로 갈수록 줄어듦
- 표층 수온 역시 적도 지역에서 가장 높고 고위도로 갈수록 대체로 낮아짐
  ➡ 등온선은 대체로 [❷]와 나란하게 분포

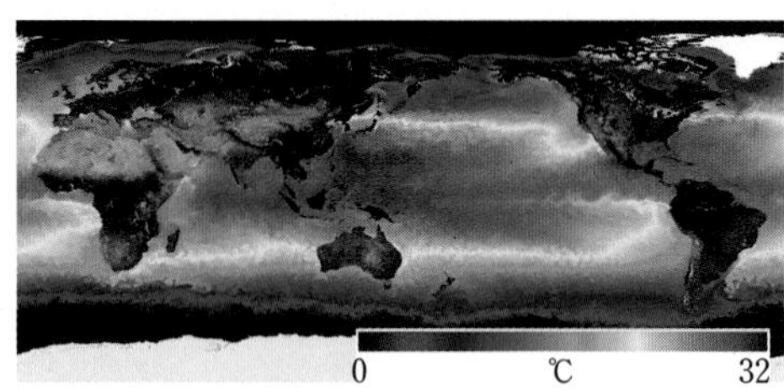

▲해수의 표층 수온 분포

2 **표층 수온에 영향을 주는 요인** 태양 복사 에너지 외에 해안선 모양, 해저 지형, 해류, 담수의 유입 등이 있음

❶태양 ❷위도

확인Q 1 표층 수온 분포에 가장 큰 영향을 주는 요인은 (   ) 에너지의 양이다.

개념 2 해수의 층상 구조

1 **해수의 층상 구조** 깊이에 따른 [❶] 분포를 기준으로 혼합층, 수온 약층, 심해층으로 구분

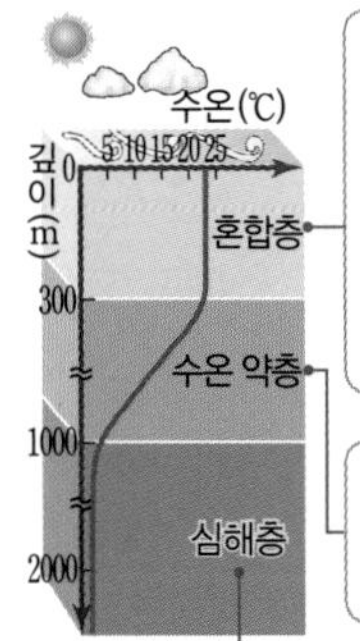

- 혼합층
  - 태양 에너지를 많이 흡수하여 수온이 높음
  - 바람의 영향으로 해수가 섞여 수온이 일정함
  - [❷]이 강하게 불수록 두껍게 발달
- 수온 약층
  - 수온이 급격히 감소
  - 해수가 위아래로 잘 섞이지 않아서 안정함
- 심해층
  - 태양 에너지가 도달하지 못하여 수온이 낮음
  - 전체 해수의 약 80 %를 차지함
  - 계절이나 위도에 따른 수온 차이가 거의 없음

❶수온 ❷바람

확인Q 2 수온 약층에서는 밀도가 높고 차가운 해수가 아래에, 밀도가 낮고 따뜻한 해수가 위에 있으므로 (   )가 잘 일어나지 않는다.

개념 3 염류와 염분

1 **염류**

- **염류**: 염화 나트륨, 염화 마그네슘, 황산 마그네슘 등 바닷물에 녹아 있는 여러 가지 물질
- 바닷물에서 짠맛이 나는 이유는 염류 중 [❶]이 가장 많은 양을 차지하기 때문

2 **염분**

- **염분**: 바닷물 1 kg에 녹아 있는 염류의 총량을 g 수로 나타낸 것
- **단위**: [❷](실용 염분 단위)
- 전 세계 바다의 평균 염분 ➡ 약 35 psu

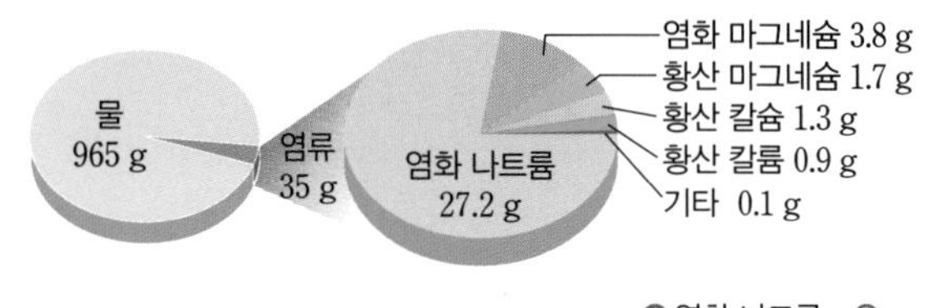

❶염화 나트륨 ❷psu

확인Q 3 바닷물 1 kg에 녹아 있는 염류의 양(g)을 염분이라고 하며, 염분의 단위는 (   )이다.

개념 4 표층 염분 분포

1 **표층 염분에 영향을 주는 요인** 증발량과 강수량, 해수의 결빙과 해빙, [❶]의 유입 등

- 염분이 높은 바다
  ① 증발량이 강수량보다 많은 건조한 지역
  ② 바닷물이 어는 지역
- 염분이 낮은 바다
  ① 강수량이 증발량보다 많은 지역
  ② 담수가 흘러드는 지역, 빙하가 녹는 지역

2 **염분비 일정 법칙** 바다의 염분은 지역이나 계절에 따라 다르지만, 해수에 녹아 있는 염류 사이의 [❷]은 모든 해역에서 거의 일정함

❶담수 ❷비율

확인Q 4 전 세계 바다의 표층 염분 분포에서 적도 부근은 중위도 지역보다 염분이 (   ) 나타난다.

개념 5 우리나라 주변의 해류

1 해류 일정한 방향으로 움직이는 지속적인 해수의 흐름

구분	난류	한류
해류의 방향	저위도 → 고위도	고위도 → 저위도
수온	비교적 따뜻함	비교적 차가움

2 우리나라 주변의 해류

- **쿠로시오 해류**: 북태평양 서쪽 해역에서 북상하는 난류로, 우리나라 주변을 흐르는 해류의 근원
- **동한 난류**: 동해안을 따라 ❶ ______ 으로 흐르는 해류
- **제주 난류, 황해 난류**: 쿠로시오 해류에서 갈라져 나와 제주도와 황해로 흐르는 해류
- **북한 한류**: 연해주 한류에서 갈라져 나온 해류

3 조경 수역

- 난류와 한류가 만나는 해역
- 영양 염류와 플랑크톤이 풍부
  ➡ 다양한 어종이 모여들어 좋은 어장을 형성
- 우리나라에서는 동한 난류와 북한 한류가 만나는 ❷ ______ 에 형성됨

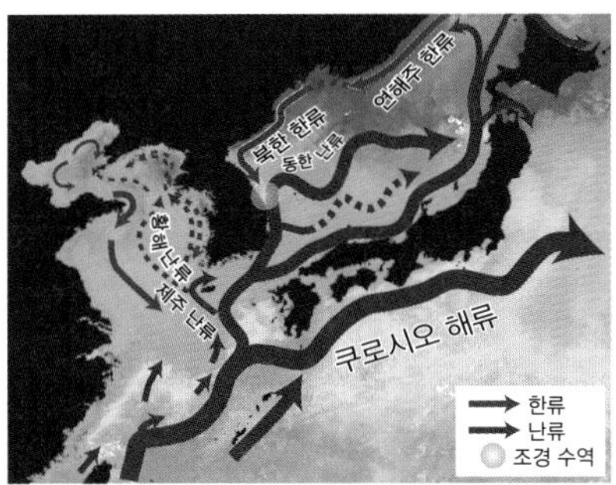

❶ 북쪽 ❷ 동해

확인Q 5 (1) 난류인 ( ) 는 우리나라 주변을 흐르는 해류의 근원이 된다.
(2) 동한 난류와 북한 한류가 만나는 동해에는 ( ) 이 형성되어 있다.

개념 6 조석 주기

1 조석 밀물과 썰물로 해수면이 주기적으로 높아졌다 다시 낮아지는 현상

- **만조**: 밀물로 해수면이 가장 높아졌을 때
- **간조**: 썰물로 해수면이 가장 낮아졌을 때

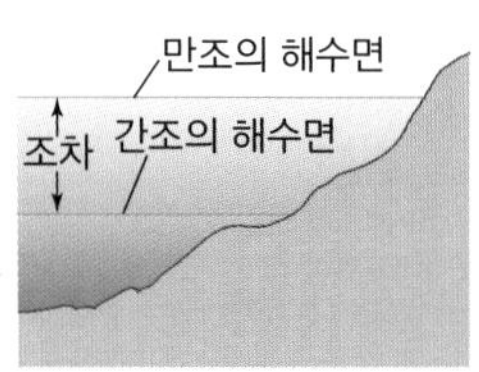

- **조차**: 만조와 간조 때의 ❶ ______ 높이 차이

2 조석 주기 만조에서 다음 만조까지, 또는 간조에서 다음 간조까지 걸린 시간 ➡ 약 12시간 25분으로, 하루에 대략 ❷ ______ 번의 만조와 간조가 생김

❶ 해수면 ❷ 2

확인Q 6 만조와 간조 때의 해수면 높이 차이를 ( ) 라고 하며, 그 차이는 매일 조금씩 달라진다.

개념 7 조석 현상

1 사리와 조금

- **사리**: 한 달 중 조차가 가장 크게 나타나는 시기
- **조금**: 한 달 중 조차가 가장 ❶ ______ 나타나는 시기

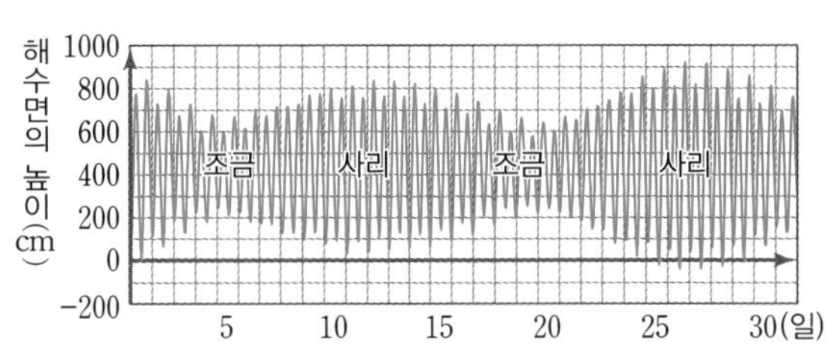

➡ 사리와 조금은 한 달에 약 두 번씩 생김

2 조석 현상의 원인 달과 태양의 영향에 의해 나타나며, 지구로부터 거리가 가까운 ❷ ______ 의 영향이 더 큼
➡ 태양, 달, 지구의 위치 관계에 따라 조차가 달라짐

3 조석 현상을 이용한 예

- **어업 활동**: 죽방렴을 이용한 전통 어업 방식 등
- **전기 생산**: 조력 발전, 조류 발전
- **갯벌**: 다양한 생물의 서식지

❶ 작게 ❷ 달

확인Q 7 사리와 조금은 한 달에 약 ( ) 번씩 나타난다.

1 수권에 대한 설명으로 옳은 것을 | 보기 | 에서 모두 고른 것은?

보기
ㄱ. 빙하는 담수 중 가장 많은 양을 차지한다.
ㄴ. 지하수는 주로 비나 눈이 지하로 스며들어 생성된다.
ㄷ. 지구에 분포하는 물의 대부분은 소금기가 없는 담수이다.

① ㄱ　② ㄷ　③ ㄱ, ㄴ
④ ㄴ, ㄷ　⑤ ㄱ, ㄴ, ㄷ

문제 해결 전략

수권을 구성하는 물의 분포에서 해수가 가장 많은 비율을 차지하며, 이외에 ❶ [　], 지하수, ❷ [　]의 순서로 많다.

답 ❶빙하 ❷하천수와 호수

2 수자원에 대한 설명으로 옳은 것은?

① 우리나라는 일 년 내내 강수량이 일정하게 나타난다.
② 우리나라에서는 수자원을 공업용수로 가장 많이 이용한다.
③ 유지용수는 일상생활에서 먹거나 씻는 데 이용되는 물이다.
④ 지하수는 인간이 자원으로 가장 쉽게 이용할 수 있는 물이다.
⑤ 사람에게 필요한 자원으로써 이용되는 물을 수자원이라고 한다.

문제 해결 전략

우리나라에서는 수자원을 ❶ [　]로 가장 많이 이용하고 있으며, 이는 ❷ [　]를 짓거나 가축을 기를 때 이용되는 물이다.

답 ❶농업용수 ❷농사

3 수자원의 가치와 확보에 대한 설명으로 옳은 것을 | 보기 | 에서 모두 고른 것은?

보기
ㄱ. 지하수의 개발은 수자원 확보를 위해 매우 중요하다.
ㄴ. 인류 문명이 발달하고 삶의 질이 높아질수록 필요한 물의 양은 증가한다.
ㄷ. 물은 지구 표면의 약 70 %를 덮고 있으므로 수자원이 고갈될 염려는 없다.
ㄹ. 기후 변화로 인해 전 지구적으로 가뭄이나 홍수 등이 발생하는 빈도가 점차 줄어들고 있다.

① ㄱ, ㄴ　② ㄱ, ㄹ　③ ㄷ, ㄹ
④ ㄱ, ㄴ, ㄷ　⑤ ㄴ, ㄷ, ㄹ

문제 해결 전략

전 지구적으로 ❶ [　]가 증가하고 산업이 발달해 물 사용량이 ❷ [　]하는 추세이다.

답 ❶인구 ❷증가

>> 정답과 해설 40쪽

6강_해수의 특성과 순환

4 해수의 층상 구조에 대한 설명으로 옳은 것은?

① 표층 수온에 가장 큰 영향을 주는 요인은 지구 내부 에너지이다.
② 바람이 강하게 불수록 혼합층의 두께가 두꺼워진다.
③ 수온 약층에서는 대류 현상이 활발하게 일어난다.
④ 심해층에는 태양 에너지가 가장 많이 도달한다.
⑤ 전체 해수 중 심해층이 차지하는 비율이 가장 작다.

문제 해결 전략

해수는 깊이에 따른 수온 분포를 기준으로 ❶ [ ], 수온 약층, ❷ [ ]으로 구분한다.

답 ❶ 혼합층 ❷ 심해층

5 표층 염분이 가장 높게 나타날 것으로 예상되는 해역은?

① (증발량−강수량)이 음(−)의 값을 나타내는 해역
② 강물이 지속적으로 유입되는 해역
③ 빙하가 녹고 있는 해역
④ 구름이 없고 건조한 날씨가 지속적으로 나타나는 해역
⑤ 대기가 불안정한 적도 부근의 해역

문제 해결 전략

표층 염분에 영향을 주는 요인에는 증발량과 강수량, ❶ [ ]의 유입, 해수의 ❷ [ ]과 해빙 등이 있다.

답 ❶ 담수 ❷ 결빙

6 조석 현상에 대한 설명으로 옳은 것을 보기에서 모두 고른 것은?

보기
ㄱ. 밀물로 해수면이 가장 높아졌을 때를 간조라고 한다.
ㄴ. 사리는 한 달 중 조차가 가장 크게 나타나는 시기이다.
ㄷ. 조석 현상에는 달과 태양 중 달의 영향이 더 크게 작용한다.

① ㄱ ② ㄷ ③ ㄱ, ㄴ
④ ㄴ, ㄷ ⑤ ㄱ, ㄴ, ㄷ

문제 해결 전략

조석 주기는 만조에서 다음 ❶ [ ]까지, 또는 간조에서 다음 ❷ [ ]까지 걸린 시간으로 약 12시간 25분이다.

답 ❶ 만조 ❷ 간조

대표 기출 1 | 지구계와 수권 |

그림은 전 세계 육지와 바다의 분포를 나타낸 것이다.

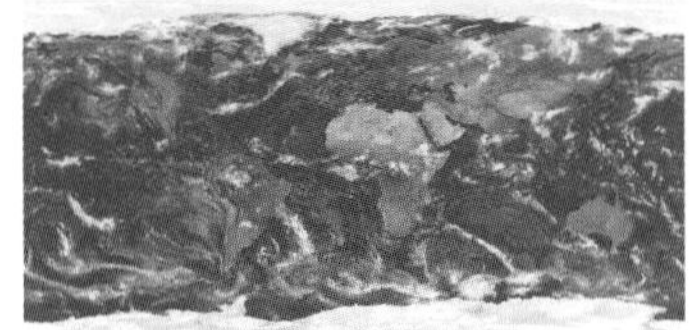

지구계와 수권에 대한 설명으로 옳은 것을 | 보기 |에서 모두 고르시오.

보기
ㄱ. 지구는 물이 풍부한 행성이다.
ㄴ. 수권은 지구에 물이 존재하는 영역이다.
ㄷ. 지구 표면의 70 % 이상은 물로 덮여 있다.
ㄹ. 액체 상태의 물은 생명체가 존재하기 위해 반드시 필요한 요소이다.
ㅁ. 지구계란 지구 환경을 구성하는 모든 부분의 집합으로 우주 공간은 제외한다.
ㅂ. 대부분의 태양계 행성들의 지표면에는 액체 상태의 물이 대량으로 존재하고 있다.

Tip 수권이란 지구에 물이 존재하는 영역으로, 지구 표면의 70 % 이상은 물로 덮여 있다.

풀이 ㅁ. 지구계란 지구와 우주 공간이 이루는 하나의 계로, 지권, 수권, 기권, 생물권, 외권으로 이루어져 있다.
ㅂ. 지표면에 액체 상태의 물이 풍부하게 존재하는 천체는 태양계에서 지구가 유일하다.

답 ㄱ, ㄴ, ㄷ, ㄹ

1-1 그림은 우주에서 바라본 지구의 모습을 나타낸 것이다. 지구계와 수권에 대한 설명으로 옳은 것을 | 보기 |에서 모두 고르시오.

보기
ㄱ. 파랗게 보이는 부분은 바다로, 지구 표면의 약 70 %를 덮고 있다.
ㄴ. 지구에 물이 존재하는 영역을 수권이라고 한다.
ㄷ. 생명체가 존재하기 위해서 액체 상태의 물은 반드시 필요한 요소이다.

대표 기출 2 | 수권에서 물의 형태 |

그림 (가)~(라)는 지구상에서 물이 존재하는 여러 가지 형태를 나타낸 것이다.

(가) 해수

(나) 빙하

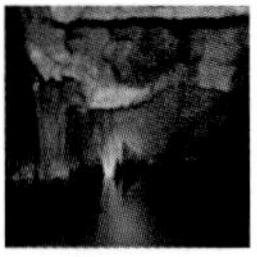
(다) 지하수

(라) 하천수와 호수

이에 대한 설명으로 옳은 것을 | 보기 |에서 모두 고르시오.

보기
ㄱ. (가)는 소금기가 있어 짠맛이 나는 물이다.
ㄴ. (나)는 대부분 극지방이나 고산 지대에 분포한다.
ㄷ. (다)는 담수 중 가장 적은 양을 차지한다.
ㄹ. (라)는 인간이 가장 쉽게 이용할 수 있는 물이다.
ㅁ. (가)~(라) 중 (나)가 수권에서 가장 많은 양을 차지한다.
ㅂ. (나)~(라)를 모두 합쳐도 (가)보다 부피가 작다.

Tip 해수는 지구 전체 물의 대부분을 차지하며, 담수는 빙하, 지하수, 호수, 하천수 등으로 이루어져 있다.

풀이 ㄷ. 담수 중 가장 적은 양을 차지하는 것은 하천수와 호수이다.
ㅁ. 지구 전체 물의 대부분을 차지하는 것은 해수이다.

답 ㄱ, ㄴ, ㄹ, ㅂ

2-1 그림 (가)와 (나)는 지구의 담수가 존재하는 두 가지 형태를 나타낸 것이다.

(가)

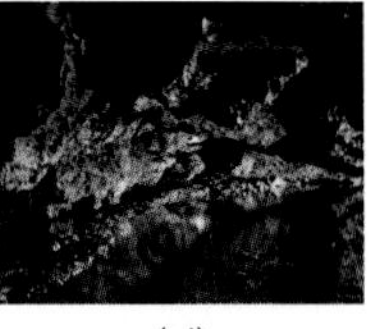
(나)

이에 대한 설명으로 옳은 것을 | 보기 |에서 모두 고르시오.

보기
ㄱ. (가)는 눈이 쌓여 굳어서 만들어진 얼음이다.
ㄴ. (나)는 물이 부족할 때 개발하여 이용할 수 있다.
ㄷ. (가)는 (나)보다 담수에서 차지하는 양이 적다.

대표 기출 3 | 수권에서 물의 분포 비율 |

그림은 수권을 구성하는 물의 분포 비율을 나타낸 것이다.

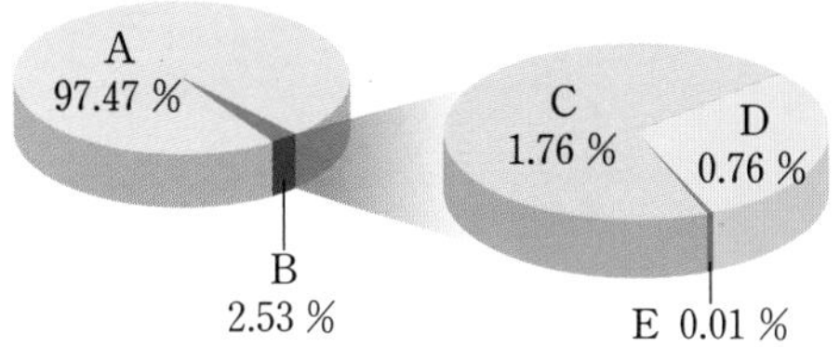

이에 대한 설명으로 옳은 것을 | 보기 | 에서 모두 고르시오.

보기
ㄱ. A는 빙하이다.
ㄴ. B는 소금기가 있어 짠맛이 나는 물이다.
ㄷ. C는 고체 상태로 존재하는 물이다.
ㄹ. D는 지층이나 암석 사이의 빈틈을 채우고 있거나 그 사이를 흐른다.
ㅁ. E는 주로 비나 눈이 지하로 스며들어 생성된다.
ㅂ. A~E 중에서 인간이 가장 쉽게 접근할 수 있는 물은 D이다.

Tip 수권을 구성하는 물의 비율은 해수 > 빙하 > 지하수 > 하천수와 호수의 순으로 분포한다.

풀이 ㄱ. A는 해수이다.
ㄴ. B는 담수로 소금기가 없는 물이다.
ㅁ. E는 하천수와 호수로 지표 부근에 존재한다.
ㅂ. 인간이 가장 쉽게 접근할 수 있는 물은 지표 근처의 하천수와 호수(E)이다.

답 ㄷ, ㄹ

대표 기출 4 | 우리나라의 수자원 현황 |

그림은 우리나라의 수자원 이용 현황을 나타낸 것이다.

2015년 기준 (단위: 억 m^3/년)

수자원 총량 1323(100 %)
- 이용 가능한 수자원량(유출량) 760(57 %)
  - 홍수 시 유출 548(41 %)
  - 평상시 유출 212(16 %)
    - 바다로 유실 388(29 %)
    - 하천수 이용 122(9 %)
    - 댐 용수 공급 209(16 %)
    - 지하수 이용 41(3 %)
    - 총 이용량 372(28 %)
- 손실량(증발산량) 563(43 %)

이에 대한 설명으로 옳은 것을 모두 고르면? [정답 4개]

① 강수량이 특정 시기에 집중되어 있다.
② 수자원의 총 이용량보다 손실량이 더 많다.
③ 안정적으로 수자원을 확보하기 위해 댐을 건설해야 한다.
④ 수자원의 총 이용량이 바다로 유실되는 양보다 많다.
⑤ 지하수 개발로 수자원의 총 이용량을 늘릴 수 있다.
⑥ 하천수로부터 이용되는 수자원의 양이 지하수로부터 이용되는 수자원의 양보다 적다.

Tip 우리나라는 안정적으로 수자원을 확보하기 위해 댐 건설 또는 지하수 개발 등을 해야 한다.

풀이 ④ 수자원 총량 중 수자원의 총 이용량은 28 %, 바다로 유실되는 양은 29 %로, 바다로 유실되는 양이 총 이용량보다 많다.
⑥ 총 이용량 중 하천수로부터 이용되는 양은 9 %, 지하수로부터 이용되는 양은 3 %로, 하천수 이용이 더 많다.

답 ①, ②, ③, ⑤

3-1 그림은 수권에서 물의 분포 비율을 나타낸 것이다.

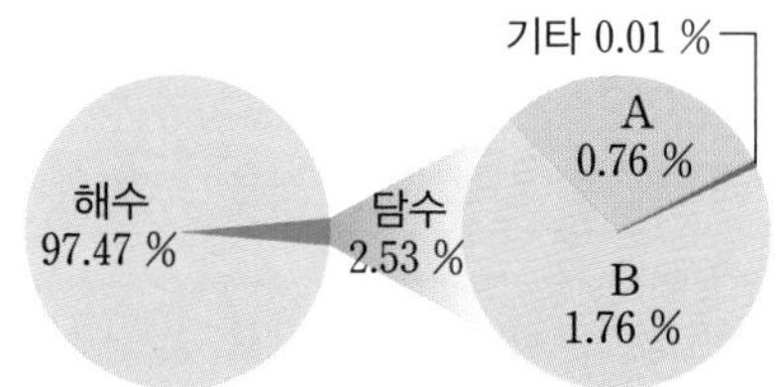

이에 대한 설명으로 옳은 것을 | 보기 | 에서 모두 고르시오.

보기
ㄱ. A는 하천수와 호수이다.
ㄴ. B는 눈이 쌓여 굳어서 만들어진 얼음이다.
ㄷ. B는 대부분 극지방이나 고산 지대에 분포한다.

4-1 그림은 우리나라의 수자원 현황을 나타낸 것이다.

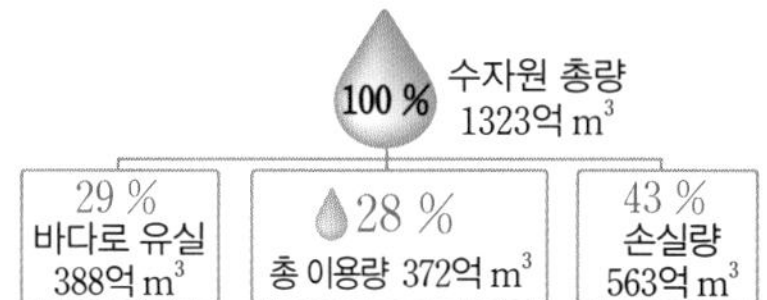

이에 대한 설명으로 옳은 것을 | 보기 | 에서 모두 고르시오.

보기
ㄱ. 수자원의 총 이용량이 손실량보다 많다.
ㄴ. 바다로 유실되는 양이 총 이용량보다 많다.
ㄷ. 댐을 건설하여 유실되는 양을 줄이면 안정적으로 수자원을 확보할 수 있을 것이다.

대표 기출 5 | 우리나라의 용도별 수자원 이용 현황 |

그림 (가)~(라)는 우리나라의 수자원을 이용 용도별로 구분하여 나타낸 것이다.

(가) 유지용수

(나) 농업용수

(다) 생활용수

(라) 공업용수

이에 대한 설명으로 옳은 것을 | 보기 | 에서 모두 고르시오.

보기

ㄱ. (가)는 하천으로서의 기능을 유지하기 위해 필요한 물이다.
ㄴ. (나)는 우리나라의 수자원 이용 중 가장 적은 부분을 차지한다.
ㄷ. (다)는 일상생활에서 이용되는 물이다.
ㄹ. 수자원의 이용에서 (다)가 가장 많은 부분을 차지한다.
ㅁ. (라)는 공장에서 제품을 생산할 때 이용되는 물이다.
ㅂ. 물은 (다)보다 (라)의 용도로 더 많이 이용된다.

Tip 우리나라에서는 수자원을 농업용수로 가장 많이 이용하며, 이 외에 유지용수, 생활용수, 공업용수 순으로 이용한다.

풀이 ㄴ. (나)는 우리나라의 수자원 이용 중 가장 많은 부분을 차지한다.
ㄹ. (다)는 농업용수와 유지용수 다음으로 많이 이용되는 물이다.
ㅂ. 물은 (라)보다 (다)의 용도로 더 많이 이용된다. 답 ㄱ, ㄷ, ㅁ

5-1 그림은 우리나라에서 이용하는 수자원을 용도별로 나타낸 것이다.

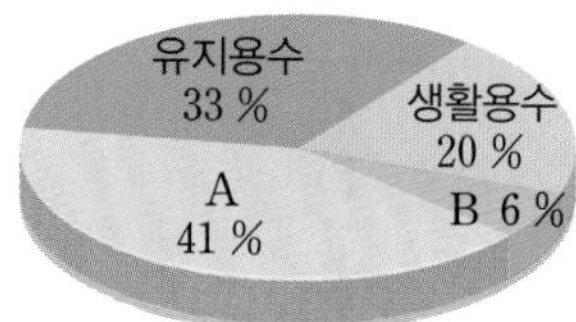

이에 대한 설명으로 옳은 것을 | 보기 | 에서 모두 고르시오.

보기

ㄱ. A는 농사를 짓거나 가축을 기를 때 이용되는 물이다.
ㄴ. B를 이용하여 물건을 생산하기도 한다.
ㄷ. 유지용수는 하천으로서의 기능을 유지하기 위해 필요한 물이다.

5-2 그림은 우리나라의 용도별 수자원 이용 현황을 나타낸 것이다.

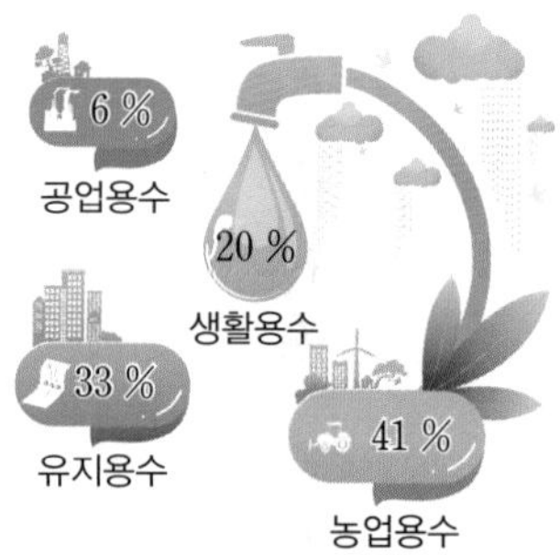

이에 대한 설명으로 옳은 것을 | 보기 | 에서 모두 고르시오.

보기

ㄱ. 우리나라에서는 농사를 짓거나 가축을 기를 때 가장 많은 수자원을 이용한다.
ㄴ. 우리나라의 수자원 중 약 6 %는 하천으로서의 기능을 유지하는 데 이용된다.
ㄷ. 일상생활에서 먹거나 씻는 데 이용되는 물은 전체 수자원 이용량의 약 20 %를 차지한다.

대표 기출 6 | 수자원의 가치 |

그림은 수자원의 이용 분야를 나타낸 것이다.

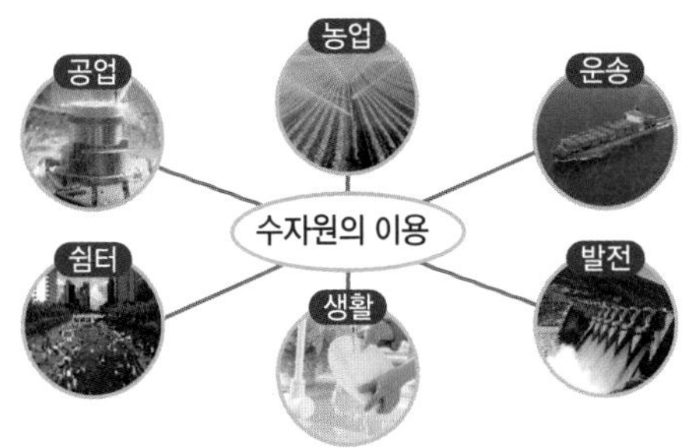

자원으로서 물의 가치에 대한 설명으로 옳은 것을 모두 고르면? [정답 3개]

① 전기를 생산하는 데 이용된다.
② 다양한 생물의 서식지를 제공한다.
③ 인간의 문명은 물을 중심으로 발달하였다.
④ 물 관련 산업의 비중이 점차 줄어들고 있다.
⑤ 삶의 질이 높아질수록 필요한 물의 양은 감소한다.
⑥ 공산품 생산에 직접적으로 이용할 수는 없다.

Tip 물은 다양하게 이용되며, 꼭 필요한 자원이다.

풀이 ④, ⑥ 상하수도 사업 등 물 관련 산업의 비중이 높아지고 있으며, 다양한 공산품 생산에 수자원이 직접 이용되기도 한다.
⑤ 수자원은 인류 문명 발달에 필요하며, 삶의 질이 높아질수록 필요한 물의 양이 증가한다. 답 ①, ②, ③

6-1 그림 (가)와 (나)는 자원으로서 물의 가치를 보여줄 수 있는 수자원 활용 예시를 나타낸 것이다.

(가) 수력 발전

(나) 수상 레저

수자원의 가치에 대한 설명으로 옳은 것을 |보기|에서 모두 고르시오.

보기
ㄱ. (가)와 같은 방법으로 전기를 생산한다.
ㄴ. (나)와 같이 수자원은 인간이 여가를 즐기는 데 많은 역할을 한다.
ㄷ. 인류의 문명이 발달해 삶의 질이 높아질수록 필요한 물의 양이 줄어들 것이다.

대표 기출 7 | 수자원의 확보 |

그림은 지하수의 모습을 나타낸 것이다.

지하수와 수자원의 확보에 대한 설명으로 옳은 것을 모두 고르면? [정답 2개]

① 지하수는 하천수에 비해 양이 적다.
② 지하수는 식수로 사용하는 것이 불가능하다.
③ 지하수의 개발은 수자원 확보를 위해 매우 중요하다.
④ 지하수는 채워지는 속도가 빨라 고갈의 염려가 없다.
⑤ 지하수를 사용하기 위해서는 복잡한 처리 과정을 거쳐야 한다.
⑥ 무분별한 개발로 지반 침하가 발생하지 않도록 주의해야 한다.

Tip 수자원의 확보를 위해 지하수를 개발하는 것은 매우 중요하다.

풀이 ①, ⑤ 지하수는 하천수에 비해 양이 풍부하고, 간단한 정수 과정을 거쳐 바로 사용이 가능하다.
② 지하수는 식수, 농업용수로 많이 이용되며, 냉난방 등에도 활용 가능하다.
④ 지하수는 주로 비나 눈이 지하로 스며들어 생성되므로 무분별하게 개발하면 고갈될 염려가 있다. 답 ③, ⑥

7-1 그림은 제주도의 식수용 빗물 저장 탱크 시설을 나타낸 것이다. 수자원에 대한 설명으로 옳은 것을 |보기|에서 모두 고르시오.

보기
ㄱ. 수자원의 양은 한정되어 있다.
ㄴ. 산업의 발달로 물 사용량은 감소하는 추세이다.
ㄷ. 빗물을 받는 것은 수자원의 오염을 막기 위한 방안 중 하나이다.

1 그림은 지구상 물의 분포를 나타낸 것이다.

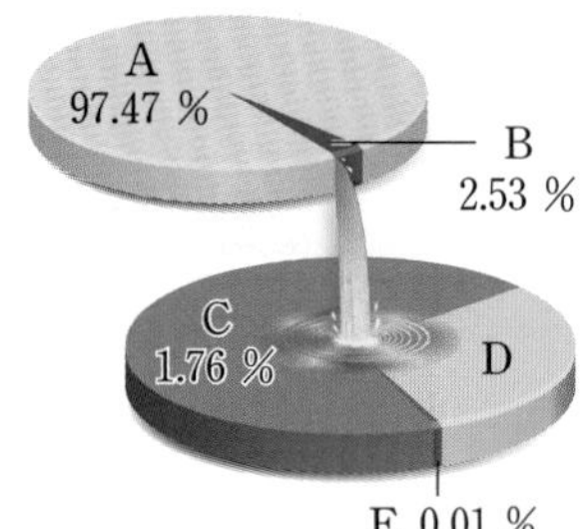

이에 대한 설명으로 옳은 것은?

① A는 인간이 직접 이용할 수 있는 물이다.
② B는 소금기가 있어 짠맛이 나는 물이다.
③ C는 땅속을 흐르는 물이다.
④ D는 주로 고산 지대나 극지방에 분포한다.
⑤ E는 사람이 가장 쉽게 이용할 수 있는 물이다.

Tip 지구 전체 물의 대부분을 차지하는 것은 ❶ [ ]로, 소금기가 있어 ❷ [ ]이 나는 물이다. 답 ❶ 해수 ❷ 짠맛

2 그림은 우리나라의 수자원 이용 현황을 나타낸 것이다.

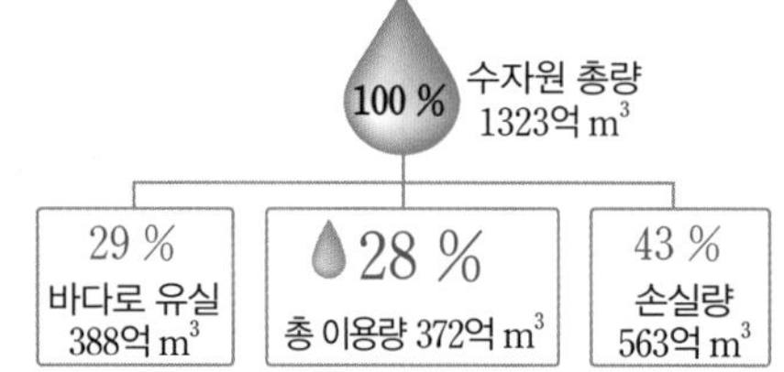

우리나라의 수자원에 대한 설명으로 옳지 않은 것은?

① 댐 건설은 수자원의 확보 방안 중 하나이다.
② 우리나라의 강수량은 특정 시기에 집중되어 있다.
③ 지하수를 개발하면 수자원의 총 이용량을 늘릴 수 있다.
④ 바다로 유실되는 수자원의 양이 총 이용량보다 많다.
⑤ 우리나라의 수자원 총 이용량은 수자원 총량의 약 57 %를 차지한다.

Tip 안정적인 수자원 확보를 위해 ❶ [ ]건설 또는 ❷ [ ]개발 등이 필요하다. 답 ❶ 댐 ❷ 지하수

3 표는 1965년부터 2014년까지 우리나라의 수자원 이용량 변화를 용도에 따라 구분하여 나타낸 것이다.

이용량(억 m^3)	생활용수	공업용수	농업용수	계	인구(천 명)
1965년	2	4	45	51	28705
1980년	19	7	102	128	38124
1990년	42	24	147	213	42869
2003년	76	26	160	262	47892
2007년	77	28	154	259	48684
2014년	76	23	152	251	50747

(출처: '수자원장기종합계획', 2016)

이에 대한 설명으로 옳은 것을 보기에서 모두 고른 것은?

보기
ㄱ. 이 기간에 우리나라의 인구가 늘어나고 있다.
ㄴ. 1965년에는 생활용수가 공업용수보다 더 많이 이용되었다.
ㄷ. 인구가 늘어나면서 수자원의 이용량도 대체로 증가하거나 비슷하게 유지되는 경향을 보인다.
ㄹ. 농업용수는 우리나라의 수자원 이용에서 항상 가장 많은 양을 차지해왔다.

① ㄱ, ㄴ ② ㄱ, ㄷ ③ ㄴ, ㄹ
④ ㄱ, ㄷ, ㄹ ⑤ ㄴ, ㄷ, ㄹ

Tip 농업용수는 ❶ [ ]를 짓거나 ❷ [ ]을 기를 때 이용되는 물이다. 답 ❶ 농사 ❷ 가축

4

그림 (가)는 세계 평균과 우리나라의 연평균 강수량을 비교한 것이고, 그림 (나)는 세계 평균과 우리나라의 1인당 강수량을 비교한 것이다.

813 mm 1300 mm (세계 평균의 1.6배)

(가)

우리나라

15044 (m^3/년) 2546 (m^3/년) (세계 평균의 $\frac{1}{6}$ 배)

(나)

이에 대한 설명으로 옳은 것을 보기에서 모두 고른 것은?

보기

ㄱ. 우리나라의 1인당 강수량은 세계 평균보다 적다.
ㄴ. 우리나라의 연평균 강수량은 세계 평균보다 많다.
ㄷ. 우리나라는 인구 밀도가 세계 평균보다 낮을 것이다.
ㄹ. 우리나라는 1인당 사용할 수 있는 수자원의 양이 세계 평균보다 많을 것이다.

① ㄱ, ㄴ ② ㄱ, ㄷ ③ ㄴ, ㄹ
④ ㄱ, ㄷ, ㄹ ⑤ ㄴ, ㄷ, ㄹ

Tip 우리나라의 연평균 강수량은 세계 평균보다 ❶ ____. 하지만 높은 ❷ ____로 인해 1인당 강수량은 세계 평균보다 적다.

답 ❶ 많다 ❷ 인구 밀도

5

그림은 지하수를 개발하는 모습을 나타낸 것이다.

지하수에 대한 설명으로 옳은 것은?

① 지하수의 양은 거의 무한하다.
② 지하수는 정수 과정이 매우 복잡하다.
③ 수자원의 확보를 위해 매우 중요하다.
④ 식수나 농업용수로는 거의 사용할 수 없다.
⑤ 비나 눈이 땅으로 스며들어 채워지므로 고갈될 염려가 없다.

Tip 지하수를 개발하는 것은 ❶ ____을 확보하기 위해 매우 중요하며, 지하수는 간단한 ❷ ____ 과정을 거쳐 바로 사용할 수 있다.

답 ❶ 수자원 ❷ 정수

6

그림은 바다에 쓰레기가 떠다니는 모습을 나타낸 것이다.

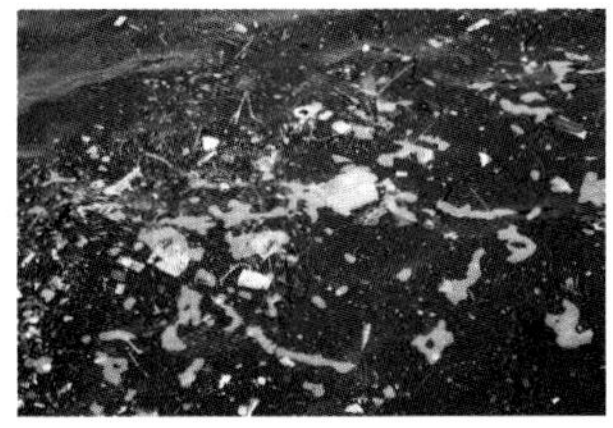

이에 대한 설명으로 옳지 않은 것은? [정답 2개]

① 바닷속 생명체에게 악영향을 줄 수 있다.
② 바다는 매우 넓으므로 모든 쓰레기를 정화할 수 있다.
③ 수자원 확보를 위해서는 물을 깨끗하게 관리해야 한다.
④ 인구가 증가하면서 바다에 버려지는 쓰레기의 양이 증가하고 있다.
⑤ 인간은 대체로 육지에 거주하므로 바다의 쓰레기로부터 피해를 입지는 않는다.

Tip 수자원의 확보 방안에는 크게 ❶ ____쓰기, 수자원 양 늘리기, ❷ ____ 방지하기 등이 있다.

답 ❶ 아껴 ❷ 오염

대표 기출 1 | 표층 해수의 수온 분포 |

그림은 전 세계 바다의 표층 수온 분포를 나타낸 것이다.

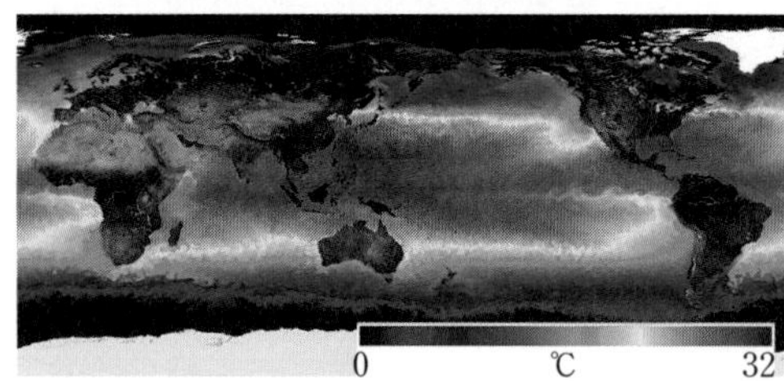

이에 대한 설명으로 옳은 것을 | 보기 |에서 모두 고르시오.

보기
ㄱ. 해수 표층의 등온선은 위도와 대체로 나란하다.
ㄴ. 표층 해수는 태양 에너지를 반사하여 따뜻해진다.
ㄷ. 해류나 담수의 유입 등도 표층 수온에 영향을 줄 수 있다.
ㄹ. 표층 수온은 적도 지방에서 가장 높고 고위도로 갈수록 대체로 낮아진다.
ㅁ. 지구로 들어오는 태양 에너지의 양은 적도 지방에서 고위도로 갈수록 많아진다.
ㅂ. 해수의 표층 수온은 해저 지형의 형태나 해안선 모양에 따라서 달라질 수 있다.

Tip 표층 수온 분포에 가장 큰 영향을 주는 요인은 태양 에너지이다.

풀이 ㄴ, ㅁ. 표층 해수는 태양 에너지를 흡수하여 따뜻해지며, 지구로 들어오는 태양 에너지의 양은 적도 지방에서 고위도로 갈수록 적어진다.

답 ㄱ, ㄷ, ㄹ, ㅂ

대표 기출 2 | 해수의 층상 구조 |

그림은 중위도 어느 해역에서 측정한 연직 수온 분포를 나타낸 것이다. 이에 대한 설명으로 옳은 것을 | 보기 |에서 모두 고르시오.

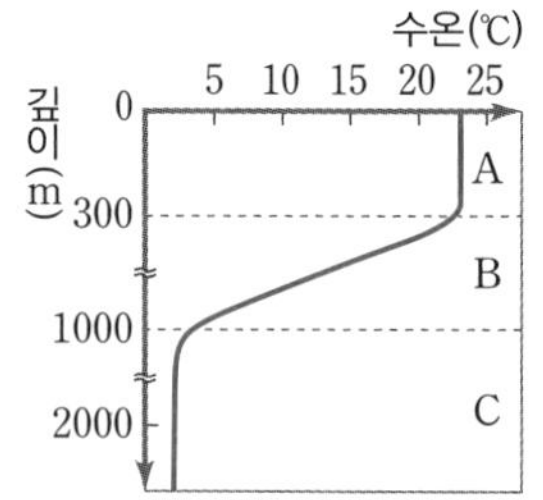

보기
ㄱ. A는 혼합층이다.
ㄴ. 해수 표층 근처의 바람의 세기가 약해지면 A가 두껍게 나타난다.
ㄷ. B에서는 해수가 연직 방향으로 활발하게 움직인다.
ㄹ. C는 계절이나 위도에 따른 수온 차이가 거의 없다.
ㅁ. A~C 중 전체 해수에서 B가 가장 큰 부피를 차지한다.
ㅂ. A와 C의 열과 물질 교환은 B에 의해 활발해진다.

Tip 해수는 깊이에 따른 수온 분포를 기준으로 혼합층, 수온 약층, 심해층으로 구분한다.

풀이 ㄴ. 혼합층은 바람이 강하게 불수록 두껍게 발달한다.
ㄷ. 수온 약층은 수심이 깊어지면서 수온이 급격히 감소하는 층으로 해수가 위아래로 잘 섞이지 않는 안정한 층이다.
ㅁ. 전체 해수의 대부분을 차지하는 것은 심해층이다.
ㅂ. B는 A와 C의 열과 물질 교환을 차단한다.

답 ㄱ, ㄹ

1-1 그림은 우리나라 주변 해양의 연평균 표층 수온 분포를 나타낸 것이다. 이에 대한 설명으로 옳은 것을 | 보기 |에서 모두 고르시오.

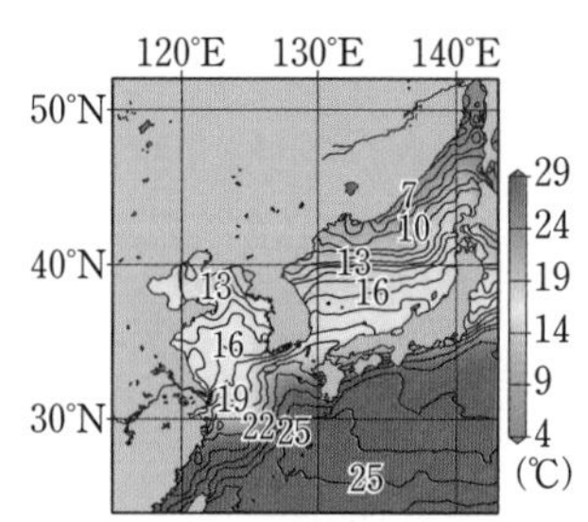

보기
ㄱ. 고위도로 갈수록 표층 수온이 높아진다.
ㄴ. 남해는 동해보다 표층 수온이 대체로 높다.
ㄷ. 해수 표층의 등온선은 위도와 거의 나란하다.

2-1 그림은 위도가 서로 다른 A~C 해역에서 깊이에 따른 수온 분포를 나타낸 것이다. 이에 대한 설명으로 옳은 것을 | 보기 |에서 모두 고르시오.

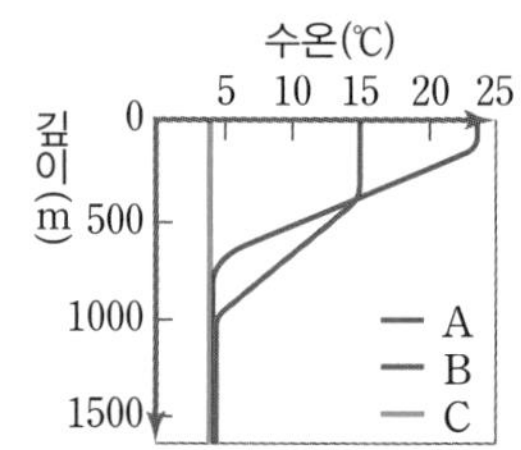

보기
ㄱ. A 해역은 B 해역보다 바람의 세기가 강하다.
ㄴ. A 해역은 C 해역보다 표층에 도달하는 태양 에너지의 양이 많다.
ㄷ. A~C 중 C 해역의 위도가 가장 높다.

대표 기출 3 | 염류와 염분 |

그림은 어느 해역의 해수 1 kg에 녹아 있는 염류의 성분을 분석하여 나타낸 것이다.

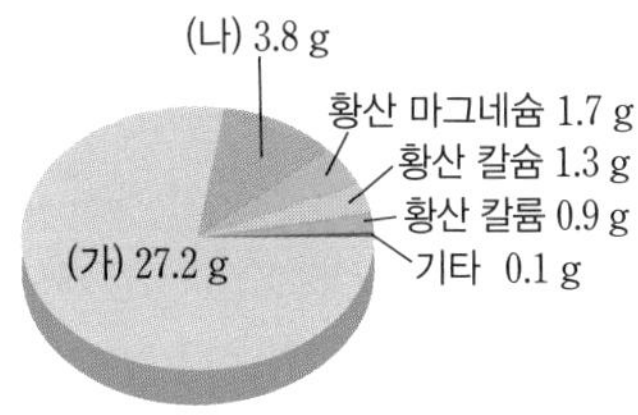

염류와 염분에 대한 설명으로 옳은 것을 모두 고르면? [정답 3개]

① (가)는 염화 마그네슘이다.
② (나)는 쓴맛을 내는 물질이다.
③ 이 해수의 염분은 35 psu이다.
④ 바닷물이 어는 지역에서는 염분이 낮게 나타난다.
⑤ 강수량이 증발량보다 많은 지역에서는 염분이 높게 나타난다.
⑥ 지역마다 염분이 달라도 염류 사이의 비율은 거의 일정하게 나타난다.

Tip 염분은 바닷물 1 kg에 녹아 있는 염류의 총량을 g 수로 나타낸 것으로, psu(실용 염분 단위)를 단위로 사용한다.

풀이 ① (가)는 염화 나트륨이다.
④ 바닷물이 어는 지역에서는 염분이 높게 나타난다.
⑤ 강수량이 증발량보다 많은 지역에서는 염분이 낮게 나타난다.

답 ②, ③, ⑥

대표 기출 4 | 표층 염분 분포 |

그림은 전 세계 바다의 표층 염분 분포를 나타낸 것이다.

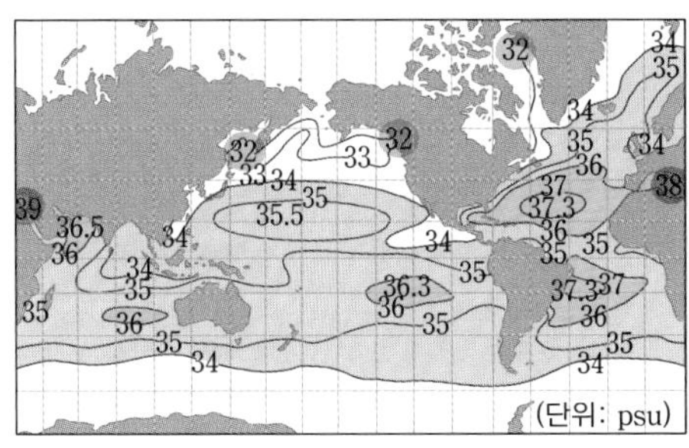

이에 대한 설명으로 옳은 것을 모두 고르면? [정답 3개]

① 빙하가 녹는 지역은 염분이 낮게 나타난다.
② 강물이 다량 유입되는 곳은 염분이 높게 나타난다.
③ 증발량이 많은 건조한 지역은 염분이 높게 나타난다.
④ 비가 많이 내리는 열대 지역은 염분이 높게 나타난다.
⑤ 중위도 지역이 적도 지역보다 염분이 대체로 낮게 나타난다.
⑥ 지역에 따라 염분이 달라도 염류 사이의 비율은 거의 일정하다.

Tip 표층 염분에 영향을 주는 요인에는 증발량과 강수량, 담수의 유입, 해수의 결빙과 해빙 등이 있다.

풀이 ② 담수가 유입되는 곳에서는 염분이 낮게 나타난다.
④ 비가 많이 내리는 지역에서는 염분이 낮게 나타난다.
⑤ 중위도 지역은 대체로 증발량이 강수량보다 많아 건조하므로 표층 염분이 높게 나타난다.

답 ①, ③, ⑥

3-1 그림은 해수에 포함된 염류의 비율을 나타낸 것이다.

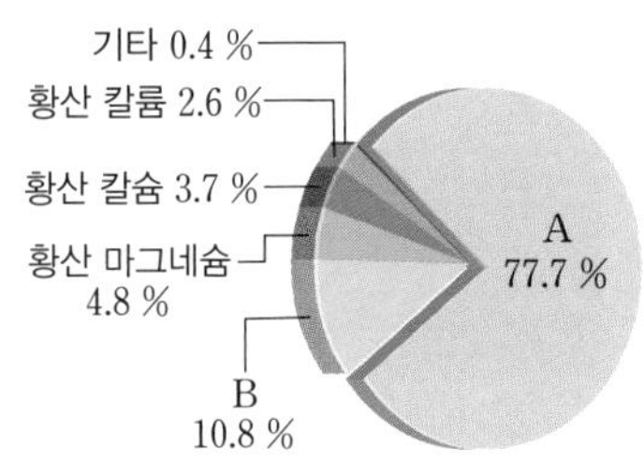

이에 대한 설명으로 옳은 것을 | 보기 | 에서 모두 고르시오.

보기
ㄱ. A는 염화 나트륨이다.
ㄴ. B는 염화 마그네슘이다.
ㄷ. 지역이나 계절에 따라 염분이 달라져도 염류 사이의 비율은 거의 일정하다.

4-1 그림은 우리나라 주변 바다의 표층 염분 분포를 나타낸 것이다.

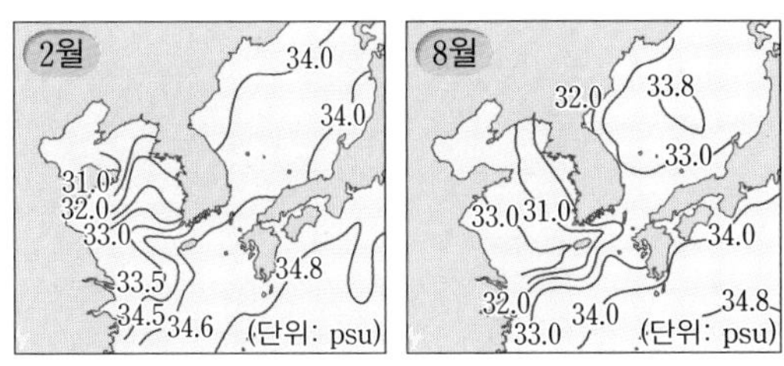

이에 대한 설명으로 옳은 것을 | 보기 | 에서 모두 고르시오.

보기
ㄱ. 서해가 동해보다 염분이 대체로 낮다.
ㄴ. 여름철이 겨울철보다 염분이 대체로 높다.
ㄷ. 담수가 유입되면 표층 염분은 대체로 높아진다.

대표 기출 5

| 해류 |

그림은 우리나라 주변의 해류를 나타낸 것이다.

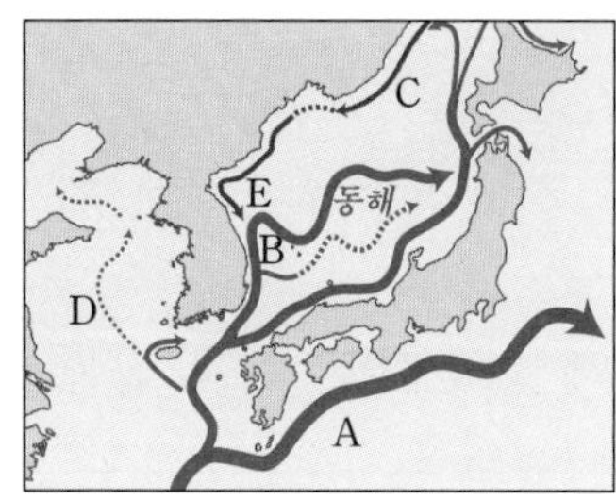

이에 대한 설명으로 옳은 것을 | 보기 | 에서 모두 고르시오.

보기

ㄱ. A는 우리나라 주변을 흐르는 해류의 근원이 된다.

ㄴ. B는 동한 난류이다.

ㄷ. C는 고위도에서 저위도로 흐르는 난류이다.

ㄹ. D는 황해로 흐르는 한류이다.

ㅁ. E는 조경 수역을 형성한다.

ㅂ. B는 E보다 수온이 높은 해류이다.

Tip 해류는 일정한 방향으로 지속적으로 움직이는 해수의 흐름이다. A는 쿠로시오 해류, B는 동한 난류, E는 북한 한류이다.

풀이 ㄷ. C는 연해주 한류로, 고위도에서 저위도로 흐르는 비교적 차가운 해류이다.

ㄹ. D는 황해 난류로, 수온이 비교적 높은 난류이다.

답 ㄱ, ㄴ, ㅁ, ㅂ

대표 기출 6

| 조석 주기 |

그림은 우리나라 어느 지역에서 하루 동안 측정한 해수면의 높이 변화를 나타낸 것이다.

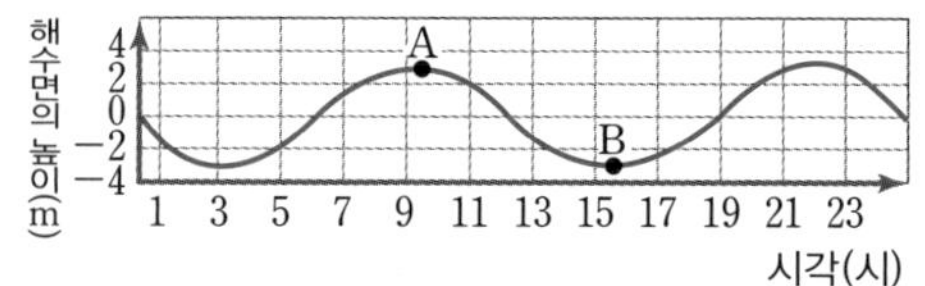

이에 대한 설명으로 옳은 것을 | 보기 | 에서 모두 고르시오.

보기

ㄱ. A는 만조이다.

ㄴ. B일 때는 밀물로 해수면이 가장 낮아졌다.

ㄷ. 이날 조차는 4 m보다 작았다.

ㄹ. 간조와 만조가 각각 두 번씩 나타났다.

ㅁ. 오후 3시~4시경에는 조개잡이를 할 수 없었다.

ㅂ. A 다음의 만조는 22시경이었다.

Tip 조석은 밀물과 썰물로 해수면이 주기적으로 높아졌다 다시 낮아지는 현상이다.

풀이 ㄴ. B는 썰물로 해수면이 가장 낮아진 간조이다.

ㄷ. 이날 해수면의 높이는 만조 때 2 m보다 높고, 간조 때 −2 m보다 낮았으므로 조차는 4 m보다 크다.

ㅁ. 오후 3시~4시경은 간조로 갯벌이 드러나 조개잡이를 할 수 있다.

답 ㄱ, ㄹ, ㅂ

5-1 그림은 우리나라 주변 바다에 흐르는 해류를 나타낸 것이다.

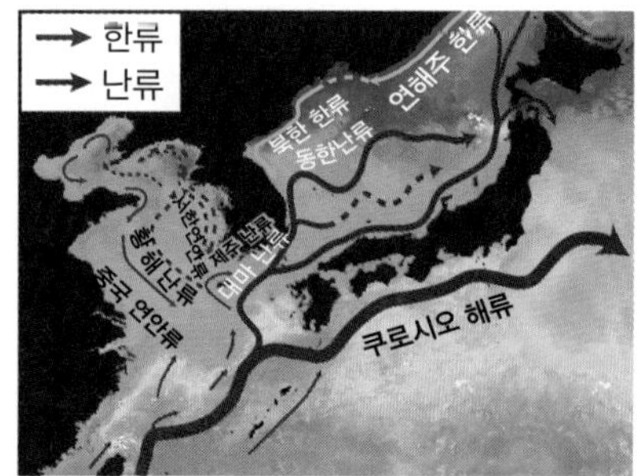

이에 대한 설명으로 옳은 것을 | 보기 | 에서 모두 고르시오.

보기

ㄱ. 쿠로시오 해류는 난류이다.

ㄴ. 우리나라 황해에는 조경 수역이 형성된다.

ㄷ. 한류는 저위도에서 고위도로 향하는 흐름이다.

6-1 그림 (가)와 (나)는 각각 어느 지역에서 하루 중 해수면의 높이가 가장 높아진 때와 가장 낮아진 때의 모습을 나타낸 것이다.

(가)

(나)

이에 대한 설명으로 옳은 것을 | 보기 | 에서 모두 고르시오.

보기

ㄱ. (가)는 만조, (나)는 간조의 모습이다.

ㄴ. (가) 이후 (나)까지 약 12시간 25분이 걸린다.

ㄷ. (가)와 (나)일 때의 해수면 높이 차이를 조차라고 한다.

대표 기출 7

| 조석 현상 |

그림 (가)는 한 달 동안 어느 바닷가의 해수면 높이를 나타낸 그래프이고, 그림 (나)는 어느 날 지구, 달, 태양의 위치 관계를 나타낸 것이다.

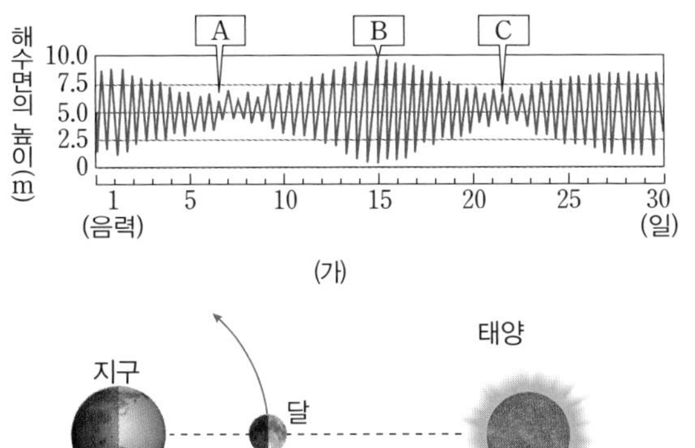

(가)

태양

지구

달

(나)

이에 대한 설명으로 옳은 것을 모두 고르면? [정답 4개]

① A일 때를 사리라고 한다.

② B일 때 조차가 가장 크게 나타난다.

③ (나)일 때 해수면 높이 변화는 C와 같다.

④ A에서 C까지는 약 보름의 시간이 걸린다.

⑤ 조석 현상에는 태양의 영향이 가장 크게 작용한다.

⑥ 우리나라에서 조금과 사리는 한 달에 약 두 번씩 나타난다.

⑦ 지구, 달, 태양의 위치 관계에 따라 조차가 매일 조금씩 다르게 나타난다.

Tip 한 달 중 조차가 가장 크게 나타나는 시기를 사리, 조차가 가장 작게 나타나는 시기를 조금이라고 하며, 사리와 조금은 한 달에 약 두 번씩 생긴다.

풀이 ① A와 C는 조차가 가장 작게 나타나는 조금이다.
③ (나)와 같이 지구－달－태양 순서로 일직선을 이루면 B와 같이 조차가 가장 크게 나타나며, 이때를 사리라고 한다.
⑤ 조석 현상은 지구로부터 거리가 가까운 달의 영향이 더 크게 작용한다.

답 ②, ④, ⑥, ⑦

7-1 그림은 어느 지역의 바닷가에서 해수면의 높이를 한 달 동안 측정한 결과를 나타낸 것이다.

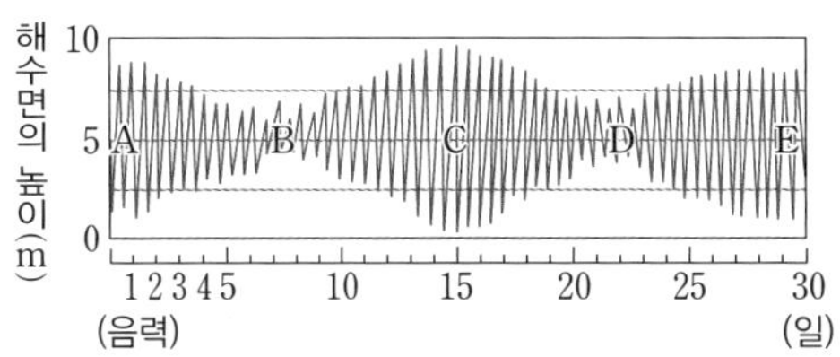

이에 대한 설명으로 옳은 것을 | 보기 |에서 모두 고르시오.

보기

ㄱ. A~E 중 C일 때 조차가 가장 크게 나타난다.

ㄴ. B, D와 같은 시기를 조금이라고 한다.

ㄷ. E일 때 조석 주기가 가장 짧아진다.

7-2 그림은 갯벌에서 조개잡이를 하는 모습이다.

이와 같이 조석 현상을 이용하는 예에 대한 설명으로 옳은 것을 | 보기 |에서 모두 고르시오.

보기

ㄱ. 조력 발전을 통해 전기를 생산할 수 있다.

ㄴ. 밀물과 썰물을 이용해 죽방렴과 같은 전통 어업 활동이 가능하다.

ㄷ. 조석으로 드러나는 갯벌은 다양한 생물의 서식지가 된다.

1 그림은 전 세계 해양의 표층 수온 분포를 나타낸 것이다.

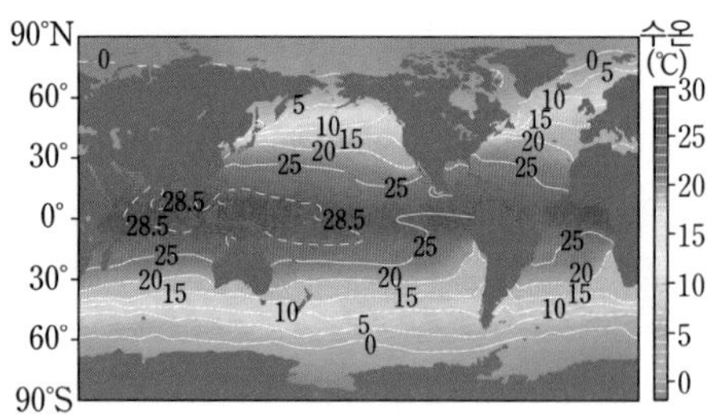

이에 대한 설명으로 옳지 않은 것은?

① 표층 해수는 태양 에너지를 흡수하여 수온이 상승한다.

② 해수 표층의 등온선은 대체로 위도와 나란하게 나타난다.

③ 표층 수온은 적도 지방에서 가장 높고, 고위도로 갈수록 대체로 낮아진다.

④ 해안선의 모양이나 해류 등도 표층 수온 분포에 영향을 미칠 수 있다.

⑤ 지구로 들어오는 태양 에너지양은 적도 지방에서 고위도로 갈수록 많아진다.

> Tip 해수 표층의 ❶ [　　] 은 위도와 대체로 나란하게 분포하며, 바닷물은 태양 에너지를 ❷ [　　] 하여 따뜻해진다.
>
> 답 ❶ 등온선 ❷ 흡수

2 그림은 위도에 따른 해수의 층상 구조와 수온의 연직 분포를 나타낸 것이다.

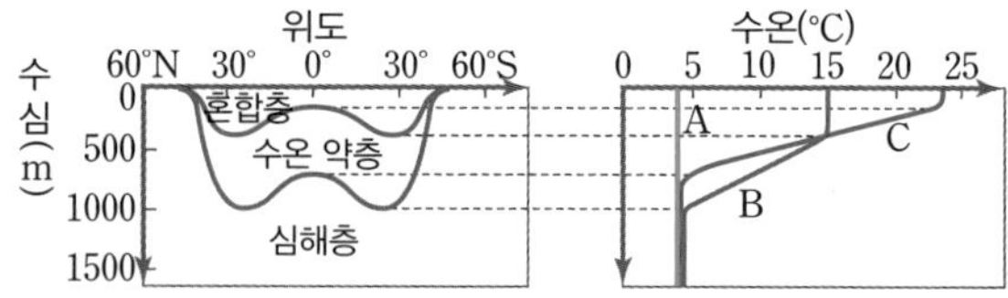

이에 대한 설명으로 옳은 것을 보기 에서 모두 고른 것은?

보기

ㄱ. A는 B보다 고위도 지역이다.

ㄴ. B는 C보다 표층 부근의 바람이 강하게 분다.

ㄷ. A~C 중 해수의 층상 구조는 A에서 가장 잘 나타난다.

ㄹ. C는 B보다 표층에서 흡수하는 태양 에너지의 양이 많다.

① ㄱ, ㄴ　② ㄴ, ㄷ　③ ㄷ, ㄹ　④ ㄱ, ㄴ, ㄹ　⑤ ㄱ, ㄷ, ㄹ

> Tip 해수는 깊이에 따른 수온 분포를 기준으로 ❶ [　　], 수온 약층, ❷ [　　] 으로 구분한다.
>
> 답 ❶ 혼합층 ❷ 심해층

3 그림은 해수 속에 녹아 있는 염류의 비율을 나타낸 것이고, 표는 A 해역과 B 해역의 염분을 나타낸 것이다.

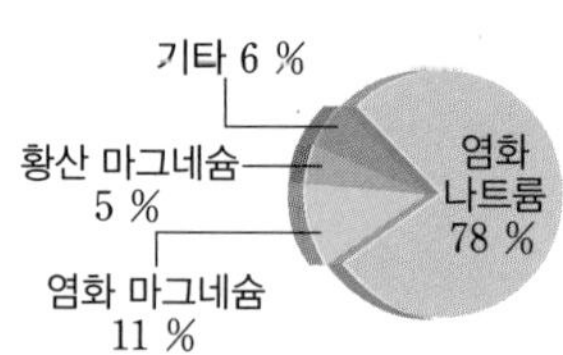

해역	염분 (psu)
A	30
B	36

A 해역의 해수 1 kg 속에 들어 있는 염화 나트륨의 양(㉠)과 B 해역의 해수 1 kg 속에 들어 있는 황산 마그네슘의 양(㉡)을 구하시오.

• ㉠: (　　　　), ㉡: (　　　　)

> Tip 염분은 바닷물 ❶ [　　] 속에 녹아 있는 ❷ [　　] 의 총량을 g 수로 나타낸 것으로, 단위는 psu(실용 염분 단위)이다.
>
> 답 ❶ 1 kg ❷ 염류

>> 정답과 해설 46쪽

4 그림은 A~D 해역의 강수량과 증발량을 나타낸 것이다. A~D 해역의 표층 염분을 비교한 설명으로 옳은 것을 보기에서 모두 고른 것은? (단, 강수량과 증발량 이외에 다른 요인은 무시한다.)

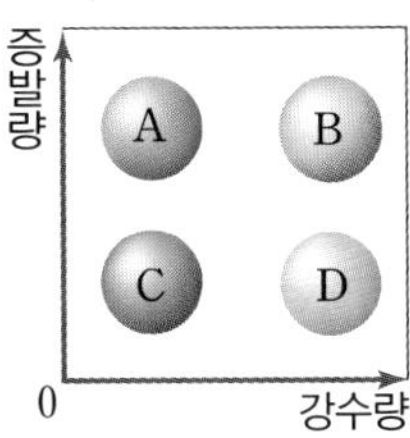

보기
ㄱ. A는 B보다 표층 염분이 낮다.
ㄴ. C는 D보다 표층 염분이 높다.
ㄷ. A~D 중에서 표층 염분이 가장 낮은 해역은 D이다.

① ㄱ ② ㄷ ③ ㄱ, ㄴ
④ ㄴ, ㄷ ⑤ ㄱ, ㄴ, ㄷ

Tip 염분이 높게 나타나는 지역은 증발량이 강수량보다 ❶ [ ] 건조한 지역 또는 바닷물이 ❷ [ ] 지역이다.

답 ❶많은 ❷어는

5 그림은 우리나라 주변을 흐르는 해류의 분포를 나타낸 것이다.

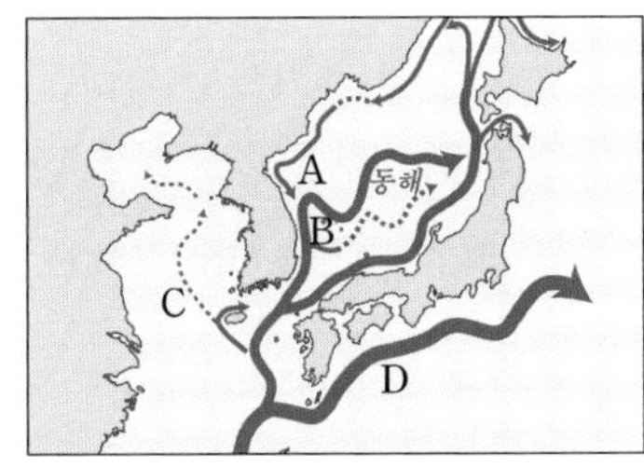

이에 대한 설명으로 옳지 않은 것은?

① A는 북한 한류이다.
② A는 B와 만나 조경 수역을 이룬다.
③ B는 동해안을 따라 흐르는 한류이다.
④ C는 비교적 따뜻한 난류이다.
⑤ D는 우리나라 주변 해류의 근원이다.

Tip 동해에는 난류인 ❶ [ ] 와 한류인 ❷ [ ] 가 흐른다.

답 ❶동한 난류 ❷북한 한류

6 그림은 우리나라 어느 지역에서 하루 동안 측정한 해수면의 높이 변화를 나타낸 것이다.

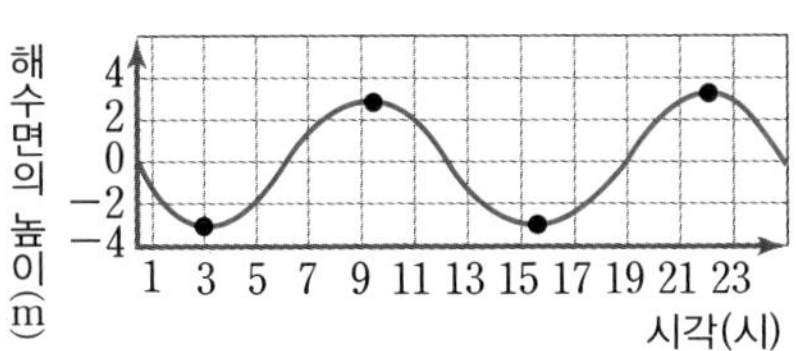

이에 대한 설명으로 옳은 것은?

① 오전 7시경에 썰물이 있다.
② 오전 9시경에는 갯벌이 드러난다.
③ 오후 1시경에는 해수면이 높아지고 있다.
④ 오후 3시~5시 사이에는 조개잡이가 가능하다.
⑤ 이날은 조차가 3 m보다 작게 나타났다.

Tip 조차는 ❶ [ ] 와 간조의 ❷ [ ] 높이 차이이다.

❶만조 ❷해수면

7 그림은 한 달 동안 어느 바닷가의 해수면 높이 변화를 나타낸 것이다.

이에 대한 설명으로 옳은 것을 보기에서 모두 고른 것은?

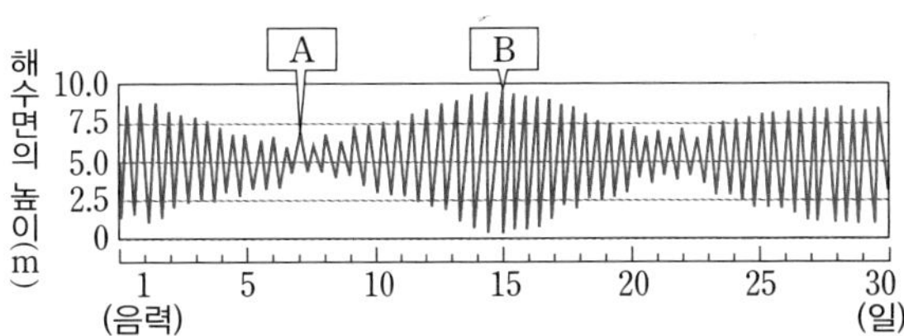

보기
ㄱ. A일 때를 조금이라고 한다.
ㄴ. 조석 주기는 A보다 B일 때 길게 나타난다.
ㄷ. 한 달 중 B일 때 조차가 가장 크게 나타난다.
ㄹ. 조석 현상은 달과 태양의 영향에 의해 나타나며, 둘 중 달의 영향이 더 크다.

① ㄱ, ㄴ ② ㄴ, ㄷ ③ ㄷ, ㄹ
④ ㄱ, ㄴ, ㄹ ⑤ ㄱ, ㄷ, ㄹ

Tip 사리는 한 달 중 ❶ [ ] 가 가장 ❷ [ ] 나타나는 시기이다.

답 ❶조차 ❷크게

01 그림은 지구상 물의 분포를 나타낸 것이다.

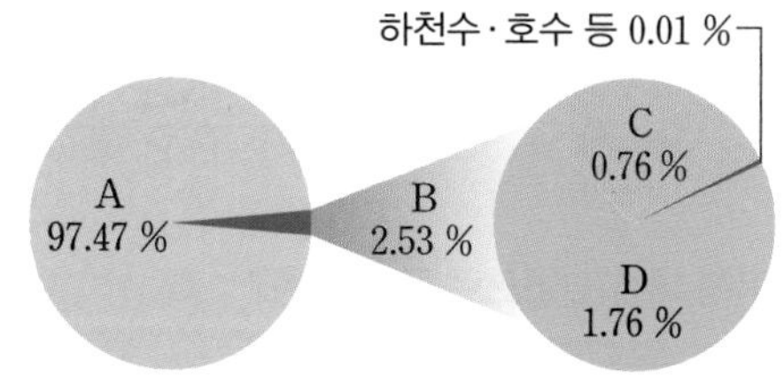

이에 대한 설명으로 옳은 것을 |보기|에서 모두 고른 것은?

보기
ㄱ. A는 소금기가 있어 짠맛이 난다.
ㄴ. B는 모두 액체 상태로 존재한다.
ㄷ. C는 주로 비나 눈이 지하로 스며들어 생성된다.
ㄹ. D는 인간이 비교적 쉽게 이용할 수 있는 물이다.

① ㄱ, ㄴ ② ㄱ, ㄷ ③ ㄷ, ㄹ
④ ㄱ, ㄴ, ㄹ ⑤ ㄴ, ㄷ, ㄹ

02 그림은 우리나라 수자원 현황을 나타낸 것이다.

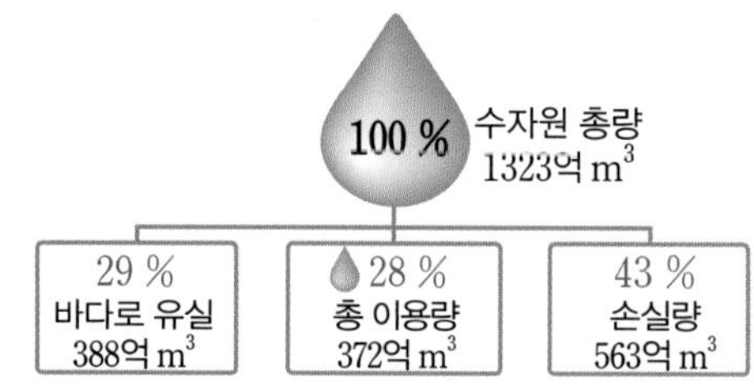

우리나라의 수자원 총 이용량을 높이기 위한 방안으로 옳지 않은 것은?

① 댐을 건설하여 유실량을 줄인다.
② 빗물을 저장하여 수자원을 확보한다.
③ 지하수를 개발하여 수자원 양을 늘린다.
④ 한 번 사용한 수돗물을 처리하여 재활용한다.
⑤ 도시의 녹지 비율을 줄여 빗물이 지하로 스며들지 못하게 한다.

03 그림은 우리나라에서 이용되는 수자원의 현황을 용도별로 나타낸 것이다. 이에 대한 설명으로 옳은 것은?

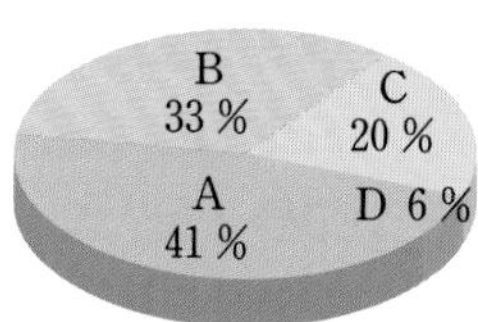

① A는 농사를 짓거나 가축을 기를 때 이용하는 물이다.
② B는 공장에서 제품을 생산할 때 이용하는 물이다.
③ C는 하천이 제 기능을 유지하기 위해 필요한 물이다.
④ D는 일상생활에서 먹거나 씻는 데 이용하는 물이다.
⑤ 우리나라는 수자원으로 지하수를 가장 많이 이용한다.

04 자원으로서 물의 가치에 대한 설명으로 옳지 않은 것은?

① 인간이 여가를 즐기고 풍족하게 사는 데 많은 역할을 한다.
② 생명 유지에 꼭 필요하며, 다양한 생물의 서식지를 제공한다.
③ 다양한 공산품 생산에 직접 이용되며, 물 관련 산업의 비중이 높아지고 있다.
④ 기후 변화로 홍수가 자주 발생하면서 확보되는 수자원의 양이 증가하고 있다.
⑤ 지구 표면의 약 70 %를 덮고 있는 바다는 지구의 급격한 온도 변화를 막아 준다.

05 수자원을 확보하기 위해 실천할 수 있는 방안으로 옳은 것을 |보기|에서 모두 고른 것은?

보기
ㄱ. 양치나 세수를 할 때 물을 받아서 한다.
ㄴ. 빗물을 저장하여 화분의 물로 사용한다.
ㄷ. 설거지를 할 때 흐르는 물로 세제를 헹군다.
ㄹ. 가정 내 음식물 쓰레기를 분리하여 배출한다.

① ㄱ, ㄷ ② ㄱ, ㄹ ③ ㄴ, ㄷ
④ ㄱ, ㄴ, ㄹ ⑤ ㄴ, ㄷ, ㄹ

06 그림은 위도별 해수의 층상 구조와 수온의 연직 분포를 나타낸 것이다.

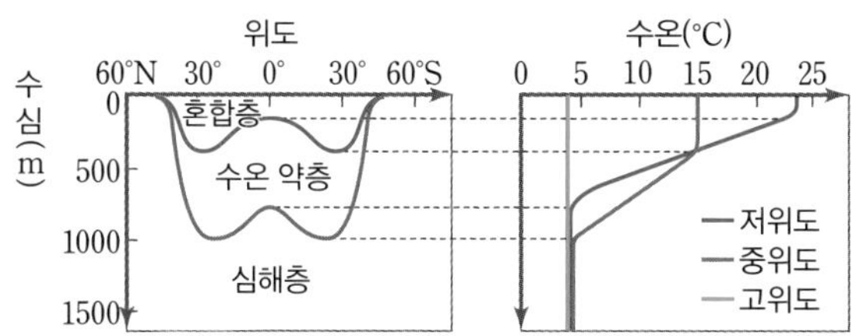

위도별 특징에 대한 설명으로 옳은 것을 |보기|에서 모두 고른 것은?

보기

ㄱ. 해수 표층에서 흡수하는 태양 에너지의 양은 저위도에서 가장 많다.

ㄴ. 해수 표층 부근에서 부는 바람의 세기는 중위도에서 가장 세다.

ㄷ. 고위도에서 해수의 층상 구조가 가장 뚜렷하게 나타난다.

① ㄴ ② ㄷ ③ ㄱ, ㄴ
④ ㄱ, ㄷ ⑤ ㄱ, ㄴ, ㄷ

07 표는 어느 해역의 바닷물 1 kg에 포함된 염류의 성분과 함량을 나타낸 것이다.

염류	염화 나트륨	A	황산 마그네슘	황산 칼슘	황산 칼륨	기타
양(g)	27.2	3.8	1.7	1.3	0.9	0.1

염류와 염분에 대한 설명으로 옳지 않은 것은?

① A는 쓴맛이 나는 물질이다.
② 이 바닷물의 염분은 38 psu이다.
③ 증발량이 강수량보다 많은 건조한 지역에서는 염분이 높게 나타난다.
④ 바닷물에서 짠맛이 나는 이유는 염류 중 염화 나트륨이 가장 많은 양을 차지하기 때문이다.
⑤ 염분은 지역이나 계절에 따라 다르지만, 해수에 녹아 있는 염류 사이의 비율은 거의 일정하다.

08 그림은 우리나라 주변의 해류를 나타낸 것이다.

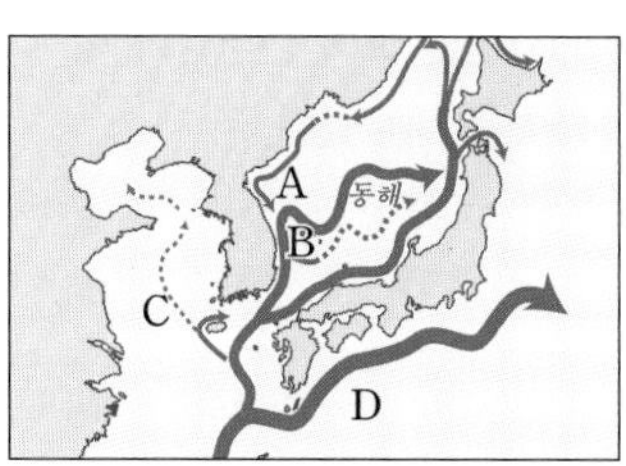

이에 대한 설명으로 옳은 것은?

① A는 비교적 수온이 높은 해류이다.
② A는 B와 만나 동해에 조경 수역을 형성한다.
③ B는 우리나라 주변을 흐르는 해류의 근원이 된다.
④ C는 고위도에서 저위도로 흐르는 해류이다.
⑤ D는 동한 난류이다.

09 표는 A, B 두 해역의 해수 1 kg에 녹아 있는 염류의 양과 염분을 나타낸 것이다.

해역	염화 나트륨(g)	염화 마그네슘(g)	염분(psu)
A	26.52	㉠	34
B	㉡	4.4	40

㉠과 ㉡의 값을 구하시오.

• ㉠: (   ), ㉡: (   )

10 그림은 우리나라의 어느 지역에서 하루 동안 측정한 해수면의 높이 변화를 나타낸 것이다.

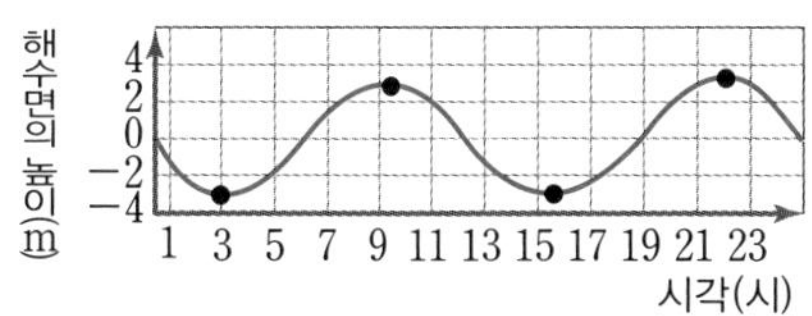

이 지역의 갯벌에서 조개잡이를 하기에 가장 적절한 때는?

① 오전 7시~오전 9시 ② 오전 9시~낮 12시
③ 오후 2시~오후 4시 ④ 오후 7시~오후 9시
⑤ 오후 9시~오후 11시

1 그림은 우주에서 찍은 지구의 사진이다. 이 사진을 보며 선생님과 학생들이 대화를 나누었다.

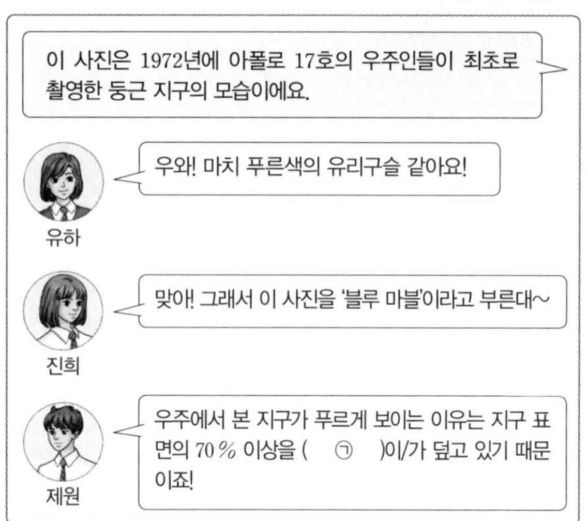

이 사진은 1972년에 아폴로 17호의 우주인들이 최초로 촬영한 둥근 지구의 모습이에요.
우와! 마치 푸른색의 유리구슬 같아요!
유하
맞아! 그래서 이 사진을 '블루 마블'이라고 부른대~
진희
우주에서 본 지구가 푸르게 보이는 이유는 지구 표면의 70 % 이상을 (㉠)이/가 덮고 있기 때문이죠!
제원

(1) 제원의 말에서 ㉠에 알맞은 말을 쓰시오.

( )

(2) ㉠에 대한 설명으로 옳은 것을 |보기|에서 모두 고른 것은?

|보기|
ㄱ. 지구의 급격한 온도 변화를 막아 주는 역할을 한다.
ㄴ. 지구계에서 ㉠에 속한 영역은 생명체가 존재하기 위해 반드시 필요하다.
ㄷ. 우주로부터 자외선이 지상에 도달하지 못하도록 막아 주는 역할을 한다.

① ㄱ ② ㄷ ③ ㄱ, ㄴ
④ ㄴ, ㄷ ⑤ ㄱ, ㄴ, ㄷ

Tip 지구에 분포하는 물은 대부분 ❶ [ ]이며, 나머지는 소금기가 없는 ❷ [ ]이다. 답 ❶해수 ❷담수

2 그림은 수권에서 물이 존재하는 형태를 구분하는 과정을 나타낸 것이다.

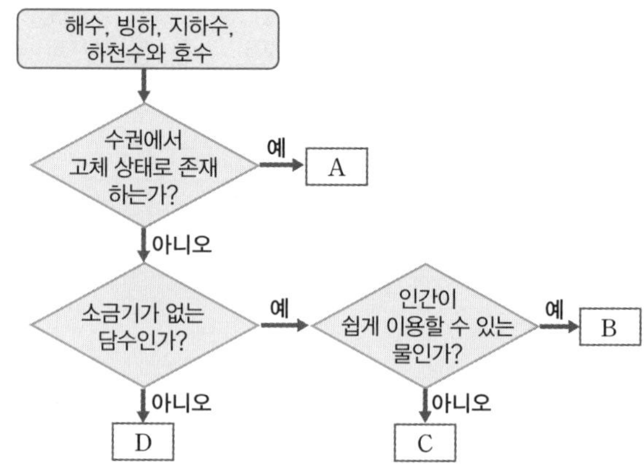

이에 대한 설명으로 옳은 것을 |보기|에서 모두 고른 것은?

|보기|
ㄱ. A는 담수 중 가장 많은 양을 차지한다.
ㄴ. B는 주로 비나 눈이 지하로 스며들어 생성된다.
ㄷ. C는 물이 부족할 때 개발하여 이용할 수 있다.
ㄹ. D는 수권 전체 물의 대부분을 차지한다.

① ㄱ, ㄴ ② ㄷ, ㄹ ③ ㄱ, ㄴ, ㄷ
④ ㄱ, ㄴ, ㄹ ⑤ ㄱ, ㄷ, ㄹ

Tip 빙하는 대부분 ❶ [ ]이나 고산 지대에 ❷ [ ] 또는 눈의 형태로 존재한다. 답 ❶극지방 ❷얼음

3 그림은 1965년부터 2014년까지 우리나라의 용도별 수자원 이용량 변화를 그래프로 나타낸 것이다.

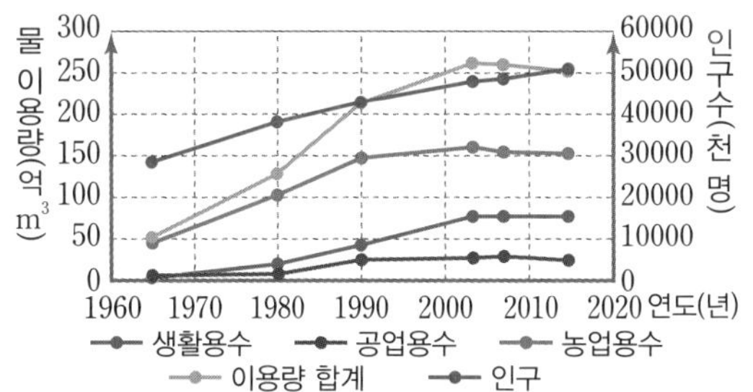

이 기간 우리나라의 용도별 수자원 이용량에 대해 옳지 않은 해석을 한 사람은?

이 기간에 우리나라의 인구수는 꾸준히 증가했어.
우리나라는 물을 농업용수로 가장 많이 이용하고 있네.
인구와 수자원의 이용량은 대체로 반비례하는 경향을 보이는구나.
승수
나라
영현
혜민
윤아
1970년대 이후로 물은 항상 공업용수보다 생활용수로 많이 쓰였구나.
2000년대 초반까지 우리나라의 수자원 이용량은 지속적으로 증가해 왔어!

① 혜민 ② 승수 ③ 나라
④ 영현 ⑤ 윤아

Tip 우리나라에서는 수자원을 ❶ ______ 로 가장 많이 이용하고 있으며, ❷ ______ 로는 가장 적게 이용한다.

답 ❶ 농업용수 ❷ 공업용수

4 다음은 수자원의 가치에 대해 선생님과 학생들이 나눈 대화이다.

물은 사람이 살아가는 데 중요한 자원으로 다양하게 이용되죠.
오늘은 수자원의 가치에 대해 이야기를 나누어 볼까요?
지연
물은 생명 유지에 꼭 필요해요.
선아
수력 발전이나 조력 발전 등의 방법으로 전기를 생산하기도 하죠.
정한
인류 문명이 발달할수록 필요한 물의 양은 줄어들어요.
동석
다양한 공산품 생산에 직접 이용되기도 합니다.
창의
지구 표면의 70 % 이상을 덮고 있는 바다는 지구 온도가 급격히 변하는 것을 막아 줘요.

수자원의 가치에 대해 옳지 않은 설명을 한 사람은?

① 지연 ② 선아 ③ 정한
④ 동석 ⑤ 창의

Tip 수자원이란 사람이 살아가는 데 필요한 ❶ ______ 으로 써 이용되는 ❷ ______ 을 말한다.

답 ❶ 자원 ❷ 물

5 다음은 수온의 연직 분포를 알아보기 위한 실험 과정과 그 결과를 정리한 그래프이다.

| 실험 과정 |

(가) 수조에 물을 절반 이상 채우고, 수면으로부터 1, 3, 5, 7, 9 cm 깊이에 온도계를 설치한 후 각 깊이의 온도를 측정한다.

(나) 수면 위 약 20 cm 높이에서 적외선 전등을 비추고 15분 후 각 깊이의 온도를 측정한다.

(다) 적외선 전등을 그대로 켜 둔 상태에서 수면 위에 2분 동안 휴대용 선풍기로 바람을 일으킨 후 각 깊이의 온도를 측정한다.

| 실험 결과 |

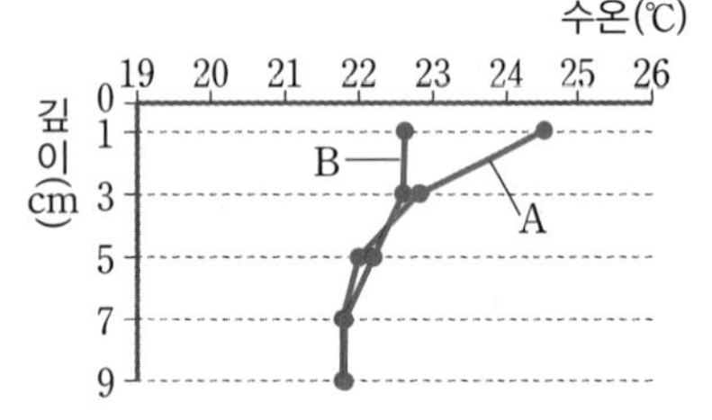

이에 대한 설명으로 옳은 것을 | 보기 |에서 모두 고른 것은?

| 보기 |

ㄱ. (나)의 결과는 실험 결과 그래프의 B와 같다.

ㄴ. 휴대용 선풍기로 바람을 일으키면 물의 표층에서 혼합이 일어난다.

ㄷ. 적외선 전등을 비추는 것은 태양 에너지가 해수면을 가열하는 것과 같다.

① ㄱ ② ㄷ ③ ㄱ, ㄴ
④ ㄴ, ㄷ ⑤ ㄱ, ㄴ, ㄷ

Tip 해수는 깊이에 따른 ❶ [ ] 분포를 기준으로 혼합층, ❷ [ ], 심해층의 층상 구조를 이룬다.

답 ❶수온 ❷수온 약층

6 서로 다른 해역 A~C의 바닷물 1 kg에 녹아 있는 염류의 양을 나타낸 표를 보고, 이에 대해 선생님과 학생들이 대화를 나누었다.

해역	염화 나트륨(g)	염화 마그네슘(g)	염류의 총량(g)
A	24.96	(가)	32
B	(나)	3.85	35
C	31.2	4.4	(다)

바다의 염분은 지역이나 계절에 따라 다르지만 해수에 녹아 있는 염류 사이의 비율은 거의 일정해요. 이것을 (㉠) 이라고 합니다.
그럼 바닷물 속 염류의 총량에 대한 각 염류의 비율을 알면 다른 해역의 염류의 양도 알 수 있겠네요?
경아
음……. 염분은 해수 1 kg에 녹아 있는 염류의 총량을 g 수로 나타낸 것이니까……?
우형
오~ 그러면 해역 B의 염분은 (㉡) psu가 되겠어요!
성준

(1) 선생님이 말한 ㉠은 무엇인지 쓰시오.

( )

(2) ㉡에 알맞은 해역 B의 염분을 구하시오.

( )

(3) 표의 (가)~(다)에 알맞은 값을 구하시오.

• (가): ( )
• (나): ( )
• (다): ( )

Tip 바닷물에 녹아 있는 물질을 ❶ [ ] 라고 하며, 이 중 가장 많은 양을 차지하는 것은 ❷ [ ] 이다.

답 ❶염류 ❷염화 나트륨

7 그림은 우리나라 주변을 흐르는 해류를 구분하는 과정을 나타낸 것이다.

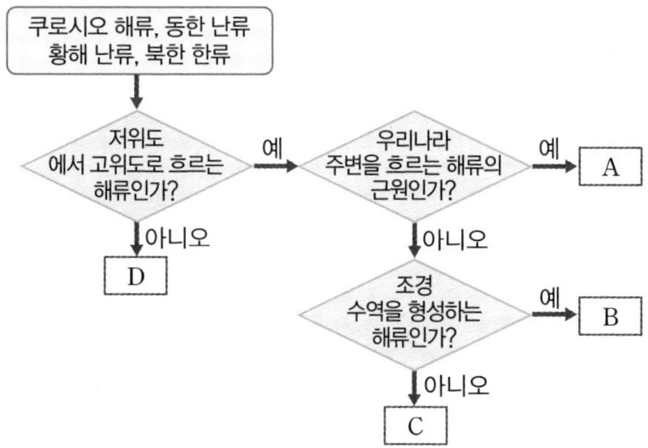
쿠로시오 해류, 동한 난류
황해 난류, 북한 한류
저위도에서 고위도로 흐르는 해류인가?
예
우리나라 주변을 흐르는 해류의 근원인가?
예
A
아니오
D
아니오
조경 수역을 형성하는 해류인가?
예
B
아니오
C

이에 대하여 옳은 설명을 한 학생을 모두 고른 것은?

A는 난류인 쿠로시오 해류지.
B와 C는 우리나라 동해안을 따라 흘러.
D는 황해로 흐르는 해류인 황해 난류야.
정연
영훈
가은

① 정연　② 가은　③ 정연, 영훈
④ 영훈, 가은　⑤ 정연, 영훈, 가은

Tip 우리나라는 ❶ [　] 난류와 북한 한류가 만나는 동해에서 ❷ [　]을 형성한다.　답 ❶ 동한　❷ 조경 수역

8 그림은 우리나라 태안 지역의 어느 날 조석 예보를 나타낸 것이다.

끝으로 오늘 태안 지역의 조석 예보를 전해드리겠습니다. 오늘은 한 달 중 조차가 가장 크게 나타나는 날인데요. 오늘 평균 조차는 약 590 cm로 나타날 전망입니다.
해수면이 가장 높은 시각은 오전 4시 54분과 오후 5시 20분, 해수면이 가장 낮은 시각은 오전 11시 5분과 오후 11시 41분이 되겠습니다. 이상 바다 날씨 전해드렸습니다.

이날 태안 지역의 조석 현상에 대한 설명으로 옳은 것을 | 보기 |에서 모두 고른 것은?

| 보기 |
ㄱ. 이날은 조금이 나타나는 날이다.
ㄴ. 오후 9시경에는 썰물이 있다.
ㄷ. 하루 동안 만조와 간조가 한 번씩 나타난다.
ㄹ. 오전 11시경에 조개잡이를 할 수 있다.

① ㄱ, ㄴ　② ㄱ, ㄷ　③ ㄴ, ㄹ
④ ㄱ, ㄷ, ㄹ　⑤ ㄴ, ㄷ, ㄹ

Tip 밀물과 썰물로 해수면이 주기적으로 높아졌다 다시 낮아지는 현상을 ❶ [　]이라고 하며, ❷ [　]는 만조와 간조의 해수면 높이 차이를 말한다.　답 ❶ 조석　❷ 조차

2주 Ⅷ 열과 우리 생활~ Ⅸ 재해·재난과 안전

7강_온도와 열

공부할 내용	7강_**온도와 열** • 온도와 입자 운동 • 전도, 대류, 복사 • 단열 • 열평형 8강_**비열과 열팽창~재해 • 재난과 안전** • 비열 • 열팽창 • 열팽창의 이용 • 재해 · 재난의 피해와 대처 방안

8강_비열과 열팽창~재해 · 재난과 안전

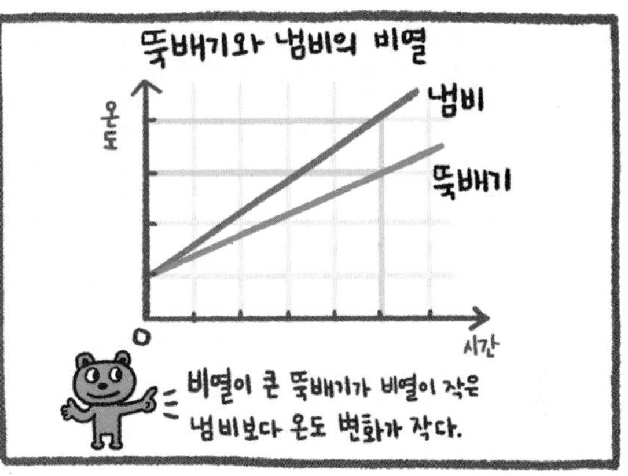

2주 1일 개념 돌파 전략 1

개념 1 온도

1 온도 물체의 차고 뜨거운 정도를 수치로 나타낸 것

2 온도의 종류

눈금 간격은 같다.

구분	섭씨온도	절대 온도
정의	1기압에서 물이 어는 온도를 0 ℃, 물이 끓는 온도를 ❶ ℃로 하고 그 사이를 100 등분한 온도	• 물질을 이루는 입자들의 운동이 활발한 정도를 나타낸 온도 • −273 ℃를 0 K으로, 0 ℃를 273 K으로 정한 온도
단위	℃(섭씨도)	K(켈빈)
관계	절대 온도(K) = 섭씨온도(℃) + ❷	

❶ 100 ❷ 273

확인Q 1 섭씨온도 30 ℃는 절대 온도 몇 K과 같은가?

개념 2 온도와 입자 운동

1 온도 입자의 움직임이 활발한 정도를 나타내는 것

• 입자 운동: 물질을 이루는 입자들의 움직임

2 물체의 온도와 입자 운동 온도가 ❶ 입자 운동이 활발해진다.

➡ 물질은 ❷ 에 따라 입자 운동 모습은 다르지만 온도가 올라가면 모두 입자 운동이 활발해진다.

온도가 낮다. ➡ 입자 운동이 둔하다.

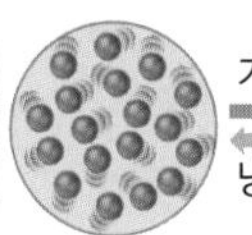

가열 ⇄ 냉각

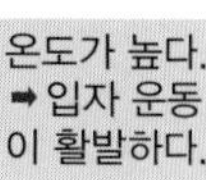

온도가 높다. ➡ 입자 운동이 활발하다.

3 온도에 따라 입자 운동이 달라지는 예

• 설탕은 차가운 물보다 뜨거운 물에서 잘 녹는다.

• 뜨거운 물에 넣은 잉크가 찬물에 넣은 잉크보다 빨리 퍼진다.

❶ 높을수록 ❷ 상태

확인Q 2 물질의 온도가 ( )질수록 물질을 이루는 입자들의 운동이 활발하다.

개념 3 열의 이동(1) – 전도

1 열 온도가 서로 다른 두 물체가 접촉했을 때 온도가 높은 물체에서 온도가 낮은 물체로 이동하는 ❶

2 전도

정의	고체에서 이웃한 입자들 사이의 ❷ 에 의해 열이 이동하는 방법
특징	열을 받은 입자들이 활발하게 움직이면서 이웃한 입자로 열을 전달한다. ➡ 열의 이동 / 금속 막대 / 입자 운동이 전달 / 입자 운동이 활발하다. / 입자 운동이 활발하지 않다.
예	• 겨울철 나무 의자보다 금속 의자가 더 차갑게 느껴진다. (나무: 열이 잘 전도되지 않는 물질, 금속: 열이 잘 전도되는 물질) • 뜨거운 국에 넣어 둔 숟가락이 점점 뜨거워진다. • 냄비 아랫부분을 가열하면 냄비 전체가 뜨거워진다.

❶ 에너지 ❷ 충돌

확인Q 3 물질을 구성하는 입자들이 서로 충돌하면서 열이 이동하는 방법을 (전도, 복사)라고 한다.

개념 4 열의 이동(2) – 대류

1 대류

정의	액체나 기체에서 입자가 ❶ 이동하면서 열이 이동하는 방법
특징	물질을 이루는 입자들이 직접 이동하여 열을 전달한다. 열을 얻어 따뜻해진 물은 위로 이동한다. 온도가 상대적으로 낮은 물은 아래로 이동한다.
예	• 에어컨은 ❷ 쪽에, 난로는 아래쪽에 설치한다. • 주전자에 든 물을 끓일 때 아래쪽만 가열해도 물이 전체적으로 따뜻해진다.

❶ 직접 ❷ 위

확인Q 4 액체나 기체 입자가 직접 이동하여 열을 전달하는 방법을 (전도, 대류)라고 한다.

개념 5 열의 이동(3) – 복사

1 복사

정의	열이 물질의 도움 없이 ❶ ( ) 이동하는 방법
특징	열이 물질을 통하지 않고 ❷ ( )과 같은 형태로 직접 이동한다. 빛의 형태로 이동 / 열 / 태양 / 지구 / 우주 공간: 진공 상태
예	•태양열이 우주 공간을 지나 지구로 온다. •난로나 모닥불 앞에 앉아 있으면 금방 따뜻해진다. •오븐으로 요리를 한다.

❶ 직접 ❷ 빛

확인Q 5 물질의 도움 없이 열이 직접 이동하는 방법을 (전도, 복사)라고 한다.

개념 6 열의 이동을 막는 단열

1 단열 물체와 물체 사이에서 열이 이동하지 못하게 막는 것

• 전도, 대류, 복사에 의한 열의 이동을 모두 막아야 ❶ (   )이 잘 된다.

• 단열이 잘 되면 물체의 온도 변화가 작게 일어난다.

2 단열의 이용 보온병, 이중창, 오븐용 장갑, 음식 배달 가방 등

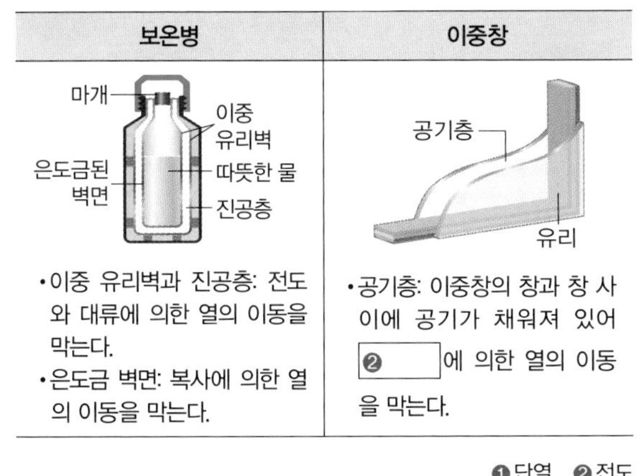

보온병	이중창
•이중 유리벽과 진공층: 전도와 대류에 의한 열의 이동을 막는다. •은도금 벽면: 복사에 의한 열의 이동을 막는다.	•공기층: 이중창의 창과 창 사이에 공기가 채워져 있어 ❷ ( )에 의한 열의 이동을 막는다.

❶ 단열 ❷ 전도

확인Q 6 보온병은 이중 유리벽 사이가 진공층으로 되어 있어서 열의 전도와 (   )가 일어나지 않는다.

개념 7 열평형

1 열평형 온도가 다른 두 물체가 접촉했을 때 온도가 높은 물체에서 낮은 물체로 열이 이동하여 두 물체의 온도가 ❶ (   ) 상태

• 고온의 물체는 열을 잃어 온도가 낮아지고, 저온의 물체는 열을 얻어 온도가 높아진다.

• 열은 두 물체의 온도가 같아질 **때**까지 이동한다.

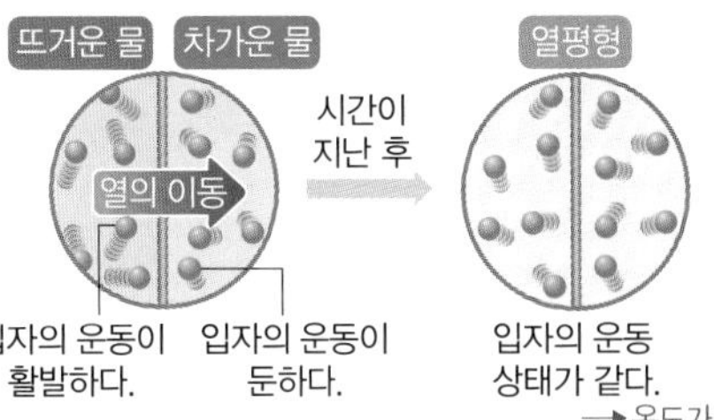

• 고온의 물체가 잃은 열의 양과 저온의 물체가 얻은 열의 양은 ❷ (   ). → 외부와 두 물체 사이에는 열 출입이 없어야 한다.

2 열평형 상태의 이용

• 온도계로 온도를 측정한다.

• 냉장고 속에 음식을 넣어 차게 보관한다.

❶ 같아진 ❷ 같다

확인Q 7 온도가 다른 두 물체가 접촉했을 때 온도가 (   ) 물체에서 (   ) 물체로 열이 이동하여 두 물체의 온도가 같아진다.

개념 8 뜨거운 물과 차가운 물의 열평형(탐구)

1 과정 그림과 같이 열량계에 뜨거운 물을 넣고 차가운 물이 담긴 비커를 열량계에 넣은 후, 열량계의 뚜껑을 닫고 뜨거운 물과 차가운 물에 각각 디지털 온도계를 꽂아 2분 간격으로 온도를 측정한다.

2 결과

• 뜨거운 물의 온도는 ❶ (   ), 차가운 물의 온도는 ❷ (   ).

• 두 물의 온도가 같아진 후부터 온도가 변하지 않는다.

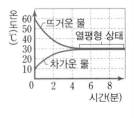

온도(℃) 60 50 40 30 20 10 / 뜨거운 물 / 열평형 상태 / 차가운 물 / 0 2 4 6 8 시간(분)

❶ 낮아지고 ❷ 높아진다

확인Q 8 온도가 높은 물체의 온도는 낮아지고, 온도가 낮은 물체의 온도는 높아져서 두 물체의 온도가 같아진 상태를 무엇이라고 하는가?

개념 ❶ 열량

1 **열량** 온도가 다른 물체 사이에 이동하는 열의 양

• 단위: kcal(킬로칼로리), cal(칼로리) → 1 kcal는 물 1 kg의 온도를 1 ℃ 높이는 데 필요한 열량이다.

➡ 외부와의 열 출입이 없다면 온도가 높은 물체가 잃은 열량은 온도가 낮은 물체가 얻은 열량과 ❶ ___.

2 **열량과 온도 변화** 물체의 온도 변화는 흡수한 열량이 많을수록, 물체의 질량이 ❷ ___ 크다.

물체의 질량이 같을 때	물체에 가한 열량이 같을 때
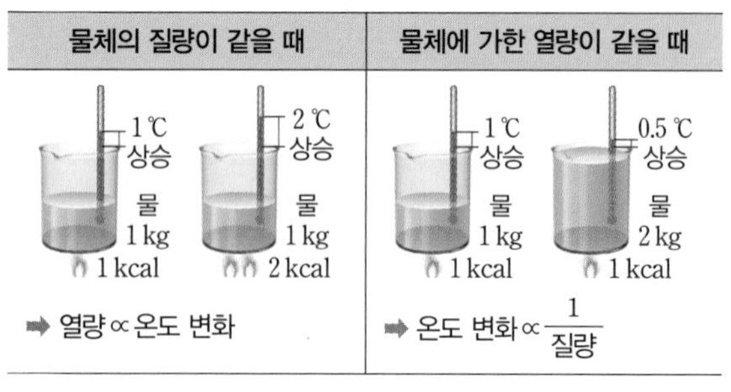 ➡ 열량 ∝ 온도 변화	➡ 온도 변화 ∝ $\frac{1}{\text{질량}}$

❶ 같다 ❷ 작을수록

확인Q 1 온도가 높은 물체에서 온도가 낮은 물체로 이동한 열의 양을 (   )이라고 하며, 단위는 (   ), cal를 사용한다.

개념 ❷ 비열

1 **비열** 어떤 물질 1 kg의 온도를 1 ℃ 높이는 데 필요한 열량

$$\text{비열}(\text{kcal}/(\text{kg}\cdot℃))=\frac{\text{열량}(\text{kcal})}{\text{질량}(\text{kg})\times\text{온도 변화}(℃)}$$

(→ 비열의 단위)

• 비열은 물질마다 ❶ ___ 물질을 구별하는 특성이다.

• 비열이 ❷ ___ 온도를 높이는 데 많은 열량이 필요하여 온도가 잘 변하지 않는다.

2 **열량, 비열, 온도의 관계**

질량이 같은 물질에 같은 열량을 가하면 비열이 큰 물질일수록 온도 변화가 작다.

➡ 온도 변화 ∝ $\frac{1}{\text{비열}}$

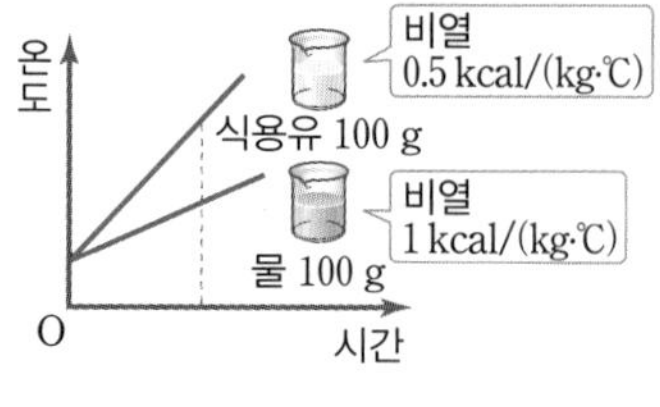

❶ 다르므로 ❷ 클수록

확인Q 2 질량이 10 kg인 물질에 5 kcal의 열량을 가했을 때 물질의 온도 변화가 2 ℃이었다. 이 물질의 비열은 몇 kcal/(kg·℃)인가?

개념 ❸ 비열에 의한 현상

1 **비열과 온도 변화** 비열이 ❶ ___ 물질은 가열할 때 온도가 천천히 올라가고, 식을 때 온도가 천천히 내려간다.

➡ 물은 다른 물질에 비해 비열이 커서 온도 변화가 작아 다양한 현상을 일으킨다.

2 **비열에 의한 현상**

• 해안 지역에서는 낮에는 해풍, 밤에는 육풍이 분다.

➡ ❷ ___이 작은 육지가, 큰 바다보다 빨리 데워지고 빨리 식기 때문

낮: 해풍	밤: 육풍
해풍	육풍
온도: 육지 > 바다	온도: 육지 < 바다

• 뚝배기는 금속 냄비보다 비열이 커서 천천히 뜨거워지고 천천히 식는다.

• 찜질 팩 속에 비열이 큰 뜨거운 물을 넣어 오랫동안 따뜻함을 유지한다.

❶ 큰 ❷ 비열

확인Q 3 비열이 다른 두 물질을 같은 시간 동안 가열했을 때, 비열이 큰 물질의 온도 변화가 (작다, 크다).

개념 ❹ 열팽창

1 **열팽창**

열팽창	물질에 ❶ ___을 가할 때 물질의 길이 또는 부피가 증가하는 현상 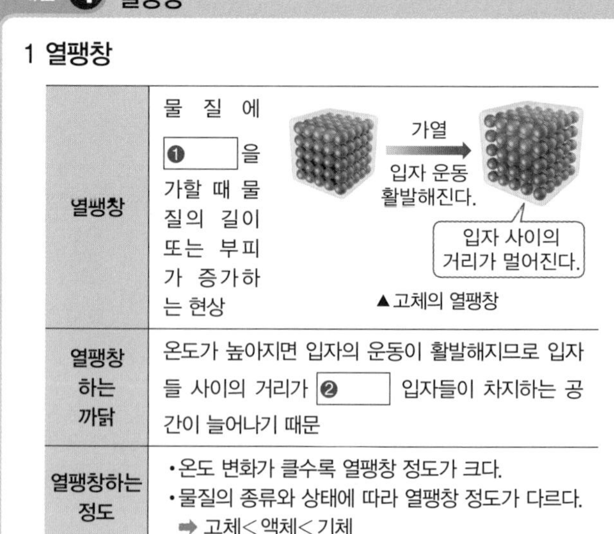 ▲고체의 열팽창
열팽창하는 까닭	온도가 높아지면 입자의 운동이 활발해지므로 입자들 사이의 거리가 ❷ ___ 입자들이 차지하는 공간이 늘어나기 때문
열팽창하는 정도	•온도 변화가 클수록 열팽창 정도가 크다. •물질의 종류와 상태에 따라 열팽창 정도가 다르다. ➡ 고체 < 액체 < 기체

❶ 열 ❷ 멀어져

확인Q 4 물질에 열을 가할 때 물체의 길이 또는 부피가 증가하는 현상을 (   )이라고 한다.

개념 5 열팽창의 이용

1 **고체의 열팽창** → 열에 의해 고체의 길이 또는 부피가 증가하는 현상

- 바이메탈: ❶ [   ] 정도가 다른 두 종류의 금속을 붙여 놓은 것
  ➡ 바이메탈을 가열하면 열팽창 정도가 ❷ [   ] 쪽으로 휘어진다.

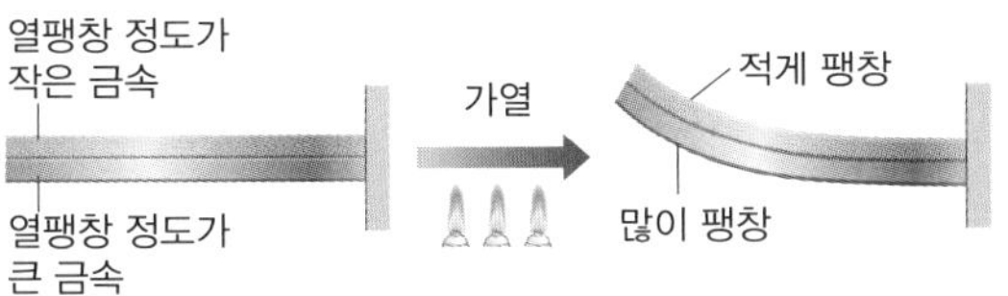

- 바이메탈의 이용: 전기다리미, 화재경보기 등

2 **액체의 열팽창**

- 온도계: 온도계 속 액체의 온도가 올라가면 부피가 팽창하여 눈금이 올라간다.
  → 온도계에는 열팽창 정도가 크고, 온도 변화에 따른 부피 변화가 일정한 알코올이나 수은을 사용한다.

❶ 열팽창 ❷ 작은

확인Q 5 바이메탈의 온도가 올라가면 열팽창 정도가 (   ) 금속 쪽으로 휘어진다.

개념 6 열팽창과 우리 생활

1 **고체의 열팽창과 우리 생활**

선로 사이의 틈	다리 이음매의 틈	가스관의 굽은 부분
여름철 온도가 높아져 선로의 길이가 ❶ [ ] 하였을 때 선로가 휘어지는 것을 방지	여름철 온도가 높아져 다리의 길이가 팽창하였을 때 다리가 파손되는 것을 방지	온도가 올라가면 길이가 길어져 가스관이 파손되는 것을 방지

2 **다양한 열팽창 사례**

- 음료수병: 음료수의 ❷ [   ]으로 병이 터지는 것을 막기 위해 음료를 담을 때 공간을 둔다.
- 치아 충전재: 충치를 치료할 때는 치아와 열팽창 정도가 비슷한 충전재를 사용한다.

❶ 팽창 ❷ 열팽창

확인Q 6 다리 이음매에 틈을 두어 여름철에 다리의 길이가 (   )하여 파손되는 것을 방지한다.

개념 7 재해·재난의 피해와 원인

1 **재해·재난** 인명과 재산에 피해를 주거나 줄 수 있는 것

2 **재해·재난의 피해**

- 자연 재해·재난: ❶ [   ]으로 발생하는 재해·재난
  예 지진, 화산, 태풍, 홍수, 가뭄, 폭설, 황사 등

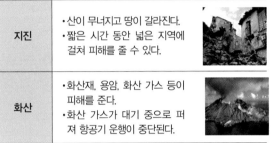

지진	• 산이 무너지고 땅이 갈라진다. • 짧은 시간 동안 넓은 지역에 걸쳐 피해를 줄 수 있다.	
화산	• 화산재, 용암, 화산 가스 등이 피해를 준다. • 화산 가스가 대기 중으로 퍼져 항공기 운행이 중단된다.	

- 사회 재해·재난: ❷ [   ]으로 발생하는 재해·재난
  예 감염성 질병, 화학 약품 유출, 화재, 폭발, 붕괴 등

감염성 질병 확산	병원체가 동물이나 인간에게 침입하여 발생한다.
화학 약품 유출	작업자의 부주의, 시설물의 노후화, 관리 소홀 등이 원인이 되어 폭발, 화재 등의 피해가 발생한다.

❶ 자연 현상 ❷ 인간 활동

확인Q 7 지구에서 일어나는 사건 중에서 인간의 생명과 재산에 위협이 되는 사건을 (   )이라고 한다.

개념 8 재해·재난의 대처 방안

1 **자연 재해·재난의 대처 방안**

지진	건물을 지을 때 ❶ [ ] 설계를 하고 평소에 지진 발생 시 행동 요령을 익힌다.
화산	화산이 폭발할 가능성이 있는 지역에서는 방진 마스크, 예비 의약품 등 필요한 물품을 미리 준비한다.

2 **사회 재해·재난의 대처 방안**

감염성 질병 확산	• 증상, 감염 경로 등의 해당 ❷ [ ]에 대한 정보를 정확히 알고 대처한다. • 병원체가 쉽게 증식할 수 없는 환경을 만든다.
화학 물질 유출	독성 물질을 흡입하지 않게 옷이나 손수건 등으로 코와 입을 감싼 후 최대한 멀리 대피한다.

❶ 내진 ❷ 질병

확인Q 8 감염성 질병 확산을 막기 위해 (   )가 쉽게 증식할 수 없는 환경을 만들고, 확산 경로를 차단한다.

2주 1일 개념 돌파 전략 2

7강_온도와 열

1 그림과 같이 보온병에 물을 넣고 흔들었다. 이에 대한 설명으로 옳지 않은 것은?

① 물의 온도가 올라간다.
② 물의 입자 운동이 활발해진다.
③ 물 입자들은 입자 운동을 한다.
④ 많이 흔들수록 물의 온도가 더 올라간다.
⑤ 많이 흔들수록 물의 입자 수가 더 많아진다.

문제 해결 전략

입자의 움직임이 활발한 정도를 나타내는 것을 ❶ [　　] 라고 하며, 온도가 ❷ [　　] 입자의 운동이 활발해진다.

답 ❶ 온도 ❷ 높을수록

2 그림과 같이 미정이는 방 안의 전기난로 앞에 앉았더니 손과 얼굴이 따뜻해지는 것을 느꼈다. 손과 얼굴이 따뜻해지는 것과 관계 있는 열의 이동 방법은?

① 전도　　② 대류
③ 복사　　④ 열팽창
⑤ 단열

문제 해결 전략

열의 이동 방법에는 ❶ [　　], 대류, 복사가 있는데, 이 중에서 물질의 도움 없이 열이 직접 이동하는 방법을 ❷ [　　] 라고 한다.

답 ❶ 전도 ❷ 복사

3 차가운 물이 든 수조에 뜨거운 물이 든 삼각 플라스크를 넣고 두 물의 온도를 측정하는 실험을 하였다. 이 실험의 결과를 나타낸 그래프로 옳은 것은? (단, 외부와의 열 출입은 없다.)

①
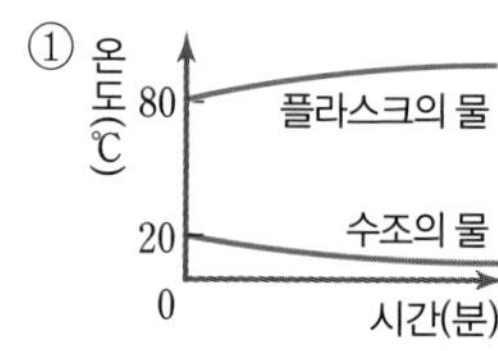

②
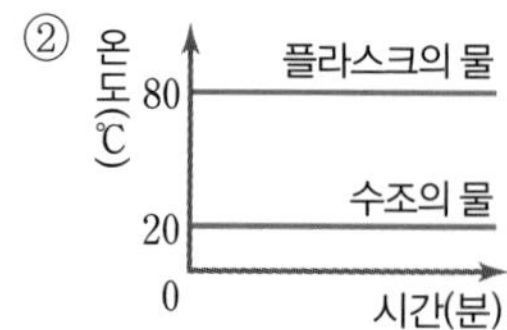

③
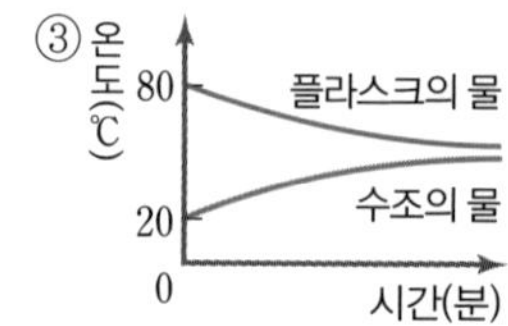

④
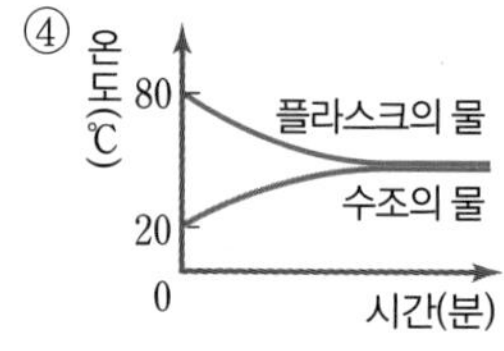

⑤
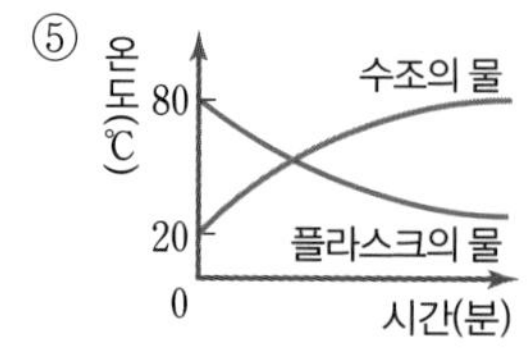

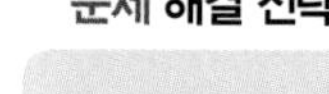

문제 해결 전략

온도가 다른 두 물체가 접촉했을 때 온도가 ❶ [　　] 물체에서 ❷ [　　] 물체로 열이 이동하여 두 물체의 온도가 같아지게 된다.

답 ❶ 높은 ❷ 낮은

4 표는 한 가지 물질로만 이루어진 네 물체 A~D의 비열과 질량을 나타낸 것이다.

물체	A	B	C	D
비열(kcal/(kg·℃))	0.56	1.0	1.0	0.35
질량(kg)	1	2	3	2

A~D 중 같은 종류의 물질로 이루어진 것은?

① A, B ② A, C ③ A, D
④ B, C ⑤ B, D

문제 해결 전략

어떤 물질 1 kg의 온도를 1 ℃ 높이는 데 필요한 열량을 ❶ ____이라고 한다. 비열은 물질마다 다르므로 물질을 구별하는 ❷ ____이 된다.

답 ❶비열 ❷특성

5 그림은 해안 지역에서 낮에 해풍이 불며 육지와 바다 사이에서 일어나는 공기의 순환을 화살표로 나타낸 것이다. 이에 대한 설명으로 옳은 것을 |보기|에서 모두 고른 것은?

|보기|
ㄱ. 낮에는 육지의 온도가 바다의 온도보다 높다.
ㄴ. 물의 열팽창 때문에 일어나는 현상이다.
ㄷ. 밤에도 낮과 같은 방향으로 공기가 순환한다.

① ㄱ ② ㄴ ③ ㄷ
④ ㄱ, ㄴ ⑤ ㄴ, ㄷ

문제 해결 전략

비열이 ❶ ____ 물질은 가열할 때 온도가 천천히 올라가고, 식을 때 온도가 ❷ ____ 내려간다.

답 ❶큰 ❷천천히

6 그림은 다리의 이음매에 만든 틈을 나타낸 것이다. 이처럼 다리의 이음매 부분에 틈을 만든 까닭을 설명할 수 있는 것은?

① 열량 ② 비열
③ 복사 ④ 액체의 열팽창
⑤ 고체의 열팽창

문제 해결 전략

온도가 높아지면 입자의 운동이 ❶ ____해지므로 입자들 사이의 거리가 증가하여 입자들이 차지하는 공간이 늘어나는 ❷ ____을 한다.

답 ❶활발 ❷열팽창

대표 기출 1 | 온도 |

그림은 온도계로 섭씨온도와 절대 온도를 비교한 것이다. 이에 대한 설명으로 옳은 것을 | 보기 | 에서 모두 고르시오.

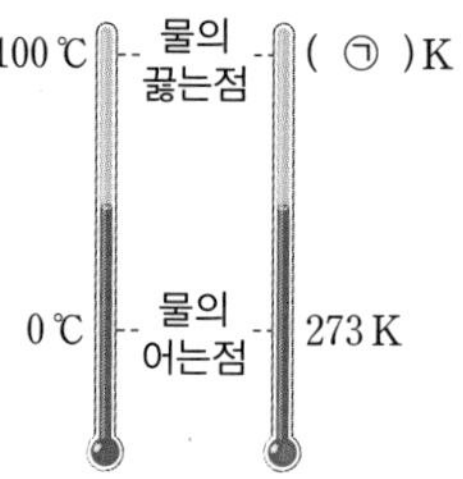

보기

ㄱ. 섭씨온도는 절대 온도보다 눈금 간격이 크다.
ㄴ. ㉠의 숫자는 300이다.
ㄷ. 섭씨온도의 단위는 ℃, 절대 온도의 단위는 K이다.
ㄹ. 섭씨온도는 입자 운동이 완전히 멈추었을 때의 온도를 0 ℃로 정한 온도이다.
ㅁ. 100 ℃의 물의 입자 운동은 20 ℃ 물의 입자 운동보다 활발하다.
ㅂ. 3기압에서 0 K는 물이 얼 때의 온도이고, 100 K는 물이 끓을 때의 온도이다.

Tip 온도가 높을수록 입자 운동이 활발하다.

풀이 ㄱ, ㄹ. 섭씨온도와 절대 온도의 눈금 간격은 같으며, 입자 운동이 완전히 멈추었을 때의 온도를 0 K로 정한 온도는 절대 온도이다.
ㄴ. 절대 온도(K) = 섭씨온도(℃) + 273이므로 ㉠의 숫자는 100+273=373이다.
ㅂ. 1기압에서 물이 어는 온도는 0 ℃이고, 물이 끓는 온도는 100 ℃이다.

답 ㄷ, ㅁ

대표 기출 2 | 입자 운동 |

그림 (가), (나)는 온도가 다른 두 물의 입자 운동을 나타낸 것이다.

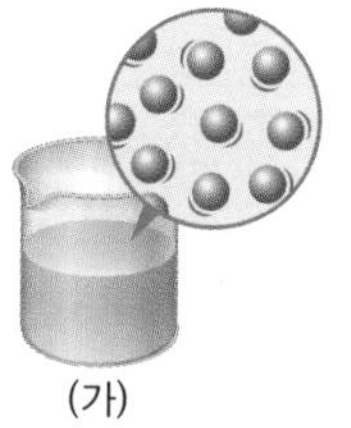
(가)

(나)

이에 대한 설명으로 옳은 것을 | 보기 | 에서 모두 고르시오.

보기

ㄱ. 온도는 (가)가 (나)보다 높다.
ㄴ. 온도는 (나)가 (가)보다 높다.
ㄷ. (가)의 입자 운동이 (나)보다 활발하다.
ㄹ. (나)의 입자 운동이 (가)보다 활발하다.
ㅁ. (가)의 온도를 높여 주면 (나)와 같이 된다.
ㅂ. (나)의 온도를 높여 주면 (가)와 같이 된다.
ㅅ. 물과 달리 고체인 물체는 온도가 올라가면 입자 운동이 느려진다.

Tip 온도는 입자의 움직임이 활발한 정도를 나타낸다.

풀이 (나)의 입자 운동이 (가)의 입자 운동보다 활발하므로 온도는 (나)가 (가)보다 높다. 따라서 (가)의 온도를 높여 주면 (나)와 같이 된다.

답 ㄴ, ㄹ, ㅁ

1-1 온도와 온도계에 대한 설명으로 옳은 것을 | 보기 | 에서 모두 고르시오.

보기

ㄱ. 섭씨온도가 1 ℃ 낮아지면 절대 온도는 1 K 높아진다.
ㄴ. 알코올 온도계는 모든 범위의 온도를 측정할 수 있다.
ㄷ. 섭씨온도는 1기압에서 물의 어는점을 0 ℃, 끓는점을 100 ℃로 정하고, 그 사이를 100 등분한 온도이다.

2-1 그림은 비커에 든 물의 A~C 각 부분의 분자 운동을 나타낸 것이다.

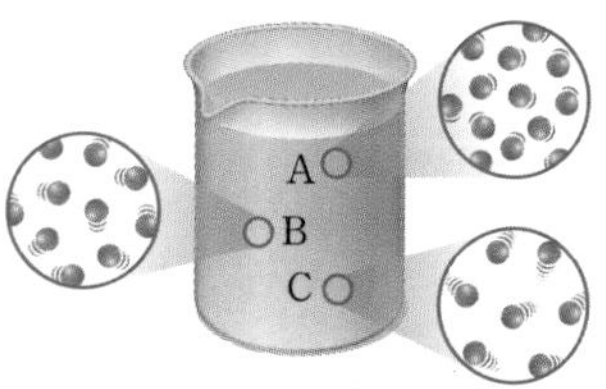

그림에서의 물의 온도를 옳게 비교한 것은?

① 모두 같다.
② A>B>C
③ B>A>C
④ C>A>B
⑤ C>B>A

대표 기출 3 | 전도 |

그림과 같이 금속 막대 위에 촛농으로 나무 막대를 A~D에 세워 놓고 한쪽 끝을 가열하였다.

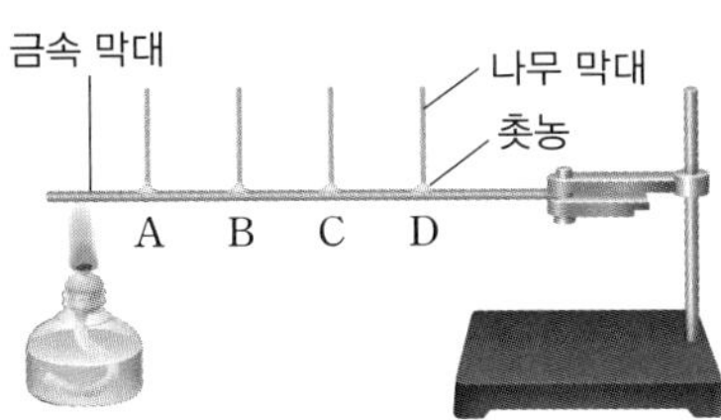

이에 대한 설명으로 옳은 것을 | 보기 |에서 모두 고르시오.

보기
ㄱ. 열은 A에서 D 방향으로 전달된다.
ㄴ. A의 나무 막대가 가장 빨리 떨어진다.
ㄷ. D의 나무 막대가 가장 빨리 떨어진다.
ㄹ. 금속 막대에서 입자 운동이 가장 활발한 곳은 D이다.
ㅁ. 금속 막대에서는 입자가 직접 이동하면서 열을 전달한다.
ㅂ. 금속 막대의 종류를 바꾸어도 나무 막대가 떨어지는 빠르기는 같다.

Tip 금속 막대의 한쪽 끝을 가열하면 전도에 의해 열이 이동한다.

풀이 ㄱ, ㄴ. 전도는 물질을 구성하는 입자들이 충돌하면서 열이 이동하는 방법으로, 열이 A에서 D 방향으로 전달되므로 금속 막대를 가열한 곳과 가까운 부분의 나무 막대로부터 차례로 떨어진다. 따라서 A의 나무 막대가 가장 빨리 떨어진다. **답** ㄱ, ㄴ

대표 기출 4 | 대류 |

그림과 같이 실내에서 난로는 방의 아래쪽, 에어컨은 방의 위쪽에 설치하여 냉·난방을 한다. 이와 관련된 열의 이동 방법에 대한 설명으로 옳은 것을 모두 고르면? [정답 2개]

① 전도에 의해 열이 이동한다.
② 대류에 의해 열이 이동한다.
③ 주로 고체에서 일어나는 열의 이동 방법이다.
④ 입자들이 직접 이동하면서 열을 전달한다.
⑤ 입자들 사이의 충돌에 의해 열이 전달된다.
⑥ 태양열이 우주 공간을 지나 지구로 오는 것과 관계있는 열의 이동 방법이다.

Tip 난로를 방의 아래쪽에 설치하고, 에어컨을 방의 위쪽에 설치하는 것은 대류에 의한 열의 이동 방법과 관계가 있다.

풀이 ② 따뜻한 공기는 위로 올라가고, 차가운 공기는 아래로 내려오는 대류 현상이 일어나므로 난로는 방의 아래쪽에 설치하고, 에어컨은 방의 위쪽에 설치한다.
④ 대류는 입자들이 직접 이동하면서 열을 전달하는 방법이다.
답 ②, ④

3-1 그림은 금속에서 열이 전달되는 모형을 나타낸 것이다.

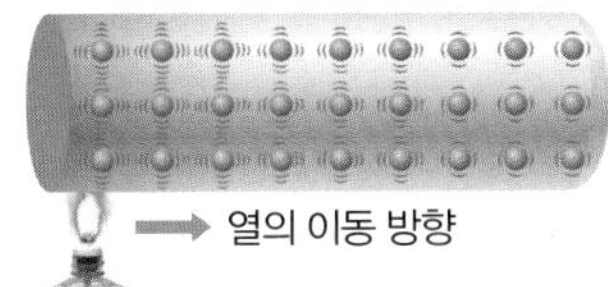

이에 대한 설명으로 옳은 것을 | 보기 |에서 모두 고르시오.

보기
ㄱ. 복사에 의한 열의 이동을 나타낸 것이다.
ㄴ. 입자들 사이의 충돌로 인해 열이 전달된다.
ㄷ. 방의 아래쪽에 난로를, 위쪽에 에어컨을 설치하는 것과 관계 있는 열의 이동이다.

4-1 그림은 열의 이동 방법 중 대류에 대해 세 학생이 대화를 나누는 모습을 나타낸 것이다.

옳게 설명한 학생을 모두 쓰시오.

대표 기출 5 | 복사 |

그림은 난로로부터 열기가 전달되는 모습을 나타낸 것이다. 이와 관련된 열의 이동 방법에 대한 설명으로 옳은 것을 | 보기 |에서 모두 고르시오.

보기

ㄱ. 전도에 의해 열이 이동한다.
ㄴ. 복사에 의해 열이 이동한다.
ㄷ. 입자들이 직접 이동하면서 열을 전달한다.
ㄹ. 물질의 도움 없이 열이 직접 이동한다.
ㅁ. 물질을 구성하는 입자들이 서로 충돌하면서 열이 이동한다.
ㅂ. 고체에서 주로 열이 전달되는 방법이다.
ㅅ. 한약 팩을 뜨거운 물이 담긴 그릇에 넣어 데우는 것과 관계 있다.

Tip 복사에 의한 열의 이동과 관계 있는 예이다.

풀이 ㄴ. 난로 앞에 앉아 있으면 금방 따뜻해지는 것은 복사에 의한 열의 이동과 관계 있다.
ㄹ. 복사는 물질의 도움 없이 열이 직접 이동하는 방법이다. 답 ㄴ, ㄹ

대표 기출 6 | 단열 |

그림은 보온병의 구조를 나타낸 것이다. 이에 대한 설명으로 옳은 것을 | 보기 |에서 모두 고르시오.

보기

ㄱ. 이중 유리벽의 진공층은 복사에 의한 열의 이동을 막는다.
ㄴ. 이중 유리벽의 진공층은 전도와 대류에 의한 열의 이동을 막는다.
ㄷ. 내부 표면은 은으로 도금되어 있어 대류에 의한 열의 이동을 막을 수 있다.
ㄹ. 은도금은 복사에 의한 열의 이동을 막는다.
ㅁ. 마개는 열의 이동을 차단하지 않는다.
ㅂ. 보온병과 같이 열의 이동을 막는 것을 열평형이라고 한다.

Tip 전도, 대류, 복사에 의한 열의 이동을 막는 것을 단열이라고 한다.

풀이 ㄴ. 이중 유리벽의 진공층에서는 열의 전도와 대류가 일어나지 않으므로 전도와 대류에 의한 열의 이동을 막는다.
ㄹ. 은도금은 열을 반사시키므로 복사에 의한 열의 이동을 막는다.

답 ㄴ, ㄹ

5-1 그림은 열의 이동 방법 중 복사에 대해 세 학생이 대화를 나누는 모습을 나타낸 것이다.

옳게 설명한 학생을 모두 쓰시오.

6-1 집을 지을 때는 그림과 같이 공기층이 있는 이중창을 많이 사용한다. 이에 대한 설명으로 옳은 것을 | 보기 |에서 모두 고르시오.

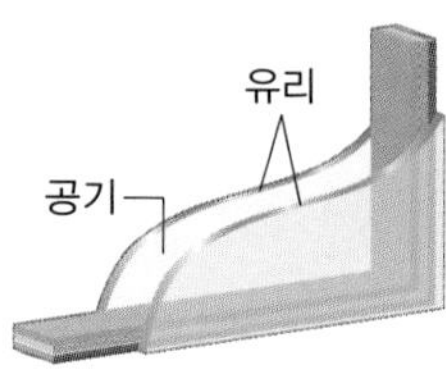

보기

ㄱ. 이중창의 공기층이 열이 전도되는 것을 막아준다.
ㄴ. 이중창의 공기층에 있는 공기가 전도를 잘 하여 열을 전달한다.
ㄷ. 이중창을 설치하면 전자기파를 반사하여 복사로 빠져나가는 열을 막을 수 있다.

대표 기출 7

| 열평형 |

그림과 같이 온도가 다른 두 물체 A, B를 접촉시켰다.

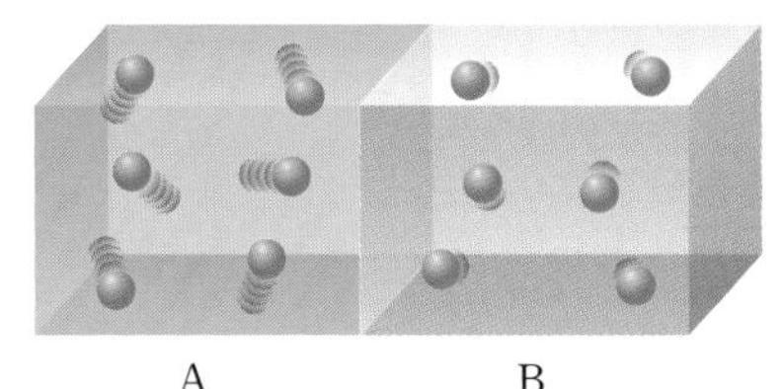

이에 대한 설명으로 옳은 것을 모두 고르면? (단, 열은 A와 B 사이에서만 이동한다.) [정답 3개]

① 열은 A에서 B로 이동한다.
② 열은 B에서 A로 이동한다.
③ 처음 온도는 B가 A보다 높다.
④ A의 입자 운동은 처음보다 활발해진다.
⑤ B의 입자 운동은 처음보다 활발해진다.
⑥ A의 온도는 높아지고 B의 온도는 낮아진다.
⑦ 시간이 흐른 뒤 A, B의 온도는 같아진다.

Tip 열은 온도가 높은 물체에서 낮은 물체로 이동한다.

풀이 ①, ⑦ 고온인 물체 A에서 저온인 물체 B로 열이 이동하여 두 물체의 온도가 같아진다.
⑤ 저온인 물체 B는 열을 얻어 입자 운동이 활발해지고 온도가 높아진다.

답 ①, ⑤, ⑦

대표 기출 8

| 열평형 그래프 |

그림은 어떤 물체 A와 B를 접촉한 상태에서 각각의 온도 변화를 측정한 것이다.

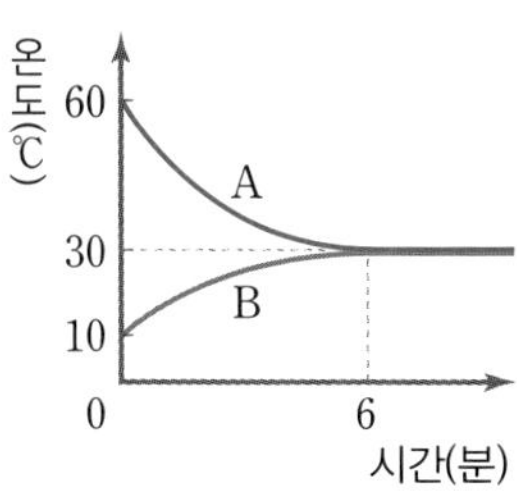

이에 대한 설명으로 옳은 것을 | 보기 |에서 모두 고르시오. (단, 외부와의 열 출입은 없다.)

| 보기 |
ㄱ. 6분 이전에 A는 열을 얻는다.
ㄴ. 6분 이전에 B는 열을 잃는다.
ㄷ. 6분 이전에 열은 A에서 B로 이동한다.
ㄹ. 6분 이전에 열은 B에서 A로 이동한다.
ㅁ. 6분 이후에 A, B는 열평형 상태에 도달했다.
ㅂ. A가 잃은 열의 양은 B가 얻은 열의 양의 2배이다.

Tip 열평형 상태까지 A가 잃은 열의 양은 B가 얻은 열의 양과 같다.

풀이 ㄷ. 열평형 상태에 도달하기까지 A는 열을 잃고 B는 열을 얻으므로 열은 A에서 B로 이동한다.
ㅁ. A, B의 온도가 같아진 6분 이후부터는 열평형 상태가 된다.

답 ㄷ, ㅁ

7-1 그림과 같이 온도가 50 ℃인 금속 추를 물속에 넣고 물의 온도를 측정한 결과가 표와 같았다.

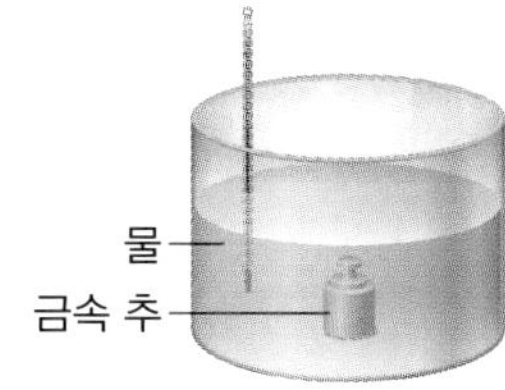

시간(분)	0	2	4	6	8
온도(℃)	20	22	23	23	23

열평형 상태에서 금속 추의 온도는?

① 20 ℃ ② 22 ℃ ③ 23 ℃
④ 47 ℃ ⑤ 50 ℃

8-1 그림은 온도가 서로 다른 물을 접촉시켰을 때 시간에 따른 온도 변화를 나타낸 것이다. 이에 대한 설명으로 옳은 것을 | 보기 |에서 모두 고르시오. (단, 외부와의 열 출입은 없다.)

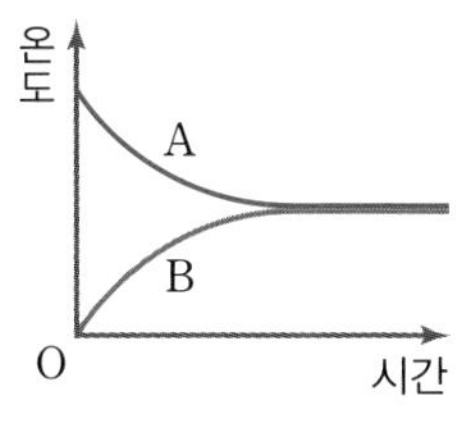

| 보기 |
ㄱ. 열은 A에서 B로 이동한다.
ㄴ. 시간이 지날수록 A의 입자 수는 많아진다.
ㄷ. A가 잃은 열의 양은 B가 얻은 열의 양과 같다.

1 그림 (가)와 같이 금속구를 물속에 넣고 물의 온도를 측정하였더니 물의 온도 변화가 (나)와 같았다.

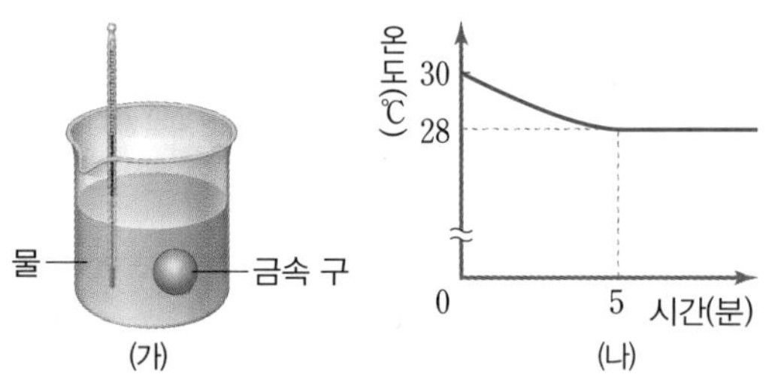

이때 금속구의 온도 변화를 나타낸 그래프로 옳은 것은? (단, 외부와의 열 출입은 없다.)

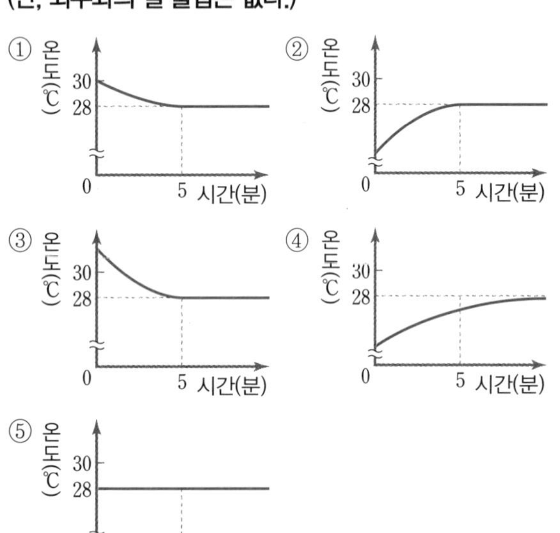

Tip 온도가 다른 두 물체가 접촉하면 ❶ [ ] 이 이동하여 온도가 일정해지는 ❷ [ ] 상태가 된다.

답 ❶열 ❷열평형

2 그림과 같이 뜨거운 물을 찻잔에 부었더니 찻잔의 온도가 높아졌다. 찻잔의 온도가 높아지는 동안 나타나는 현상으로 옳은 것을 |보기|에서 모두 고른 것은?

보기
ㄱ. 찻잔의 입자 운동이 활발해진다.
ㄴ. 찻잔은 뜨거운 물로부터 열을 얻는다.
ㄷ. 물은 열을 얻고, 찻잔은 열을 잃는다.
ㄹ. 모든 물질은 온도가 높아지면 입자 운동이 둔해진다.

① ㄱ, ㄴ ② ㄱ, ㄷ ③ ㄴ, ㄹ
④ ㄷ, ㄹ ⑤ ㄴ, ㄷ, ㄹ

Tip 물질을 가열하면 입자 운동이 ❶ [ ], 냉각하면 입자 운동이 ❷ [ ].

답 ❶활발해지고 ❷둔해진다

3 그림과 같이 차가운 물 500 g이 담긴 수조에 뜨거운 물 100 g이 담긴 비커를 넣고, 담긴 물의 온도를 각각 측정하였다. 이에 대한 설명으로 옳은 것을 |보기|에서 모두 고른 것은? (단, 외부와의 열 출입은 없다.)

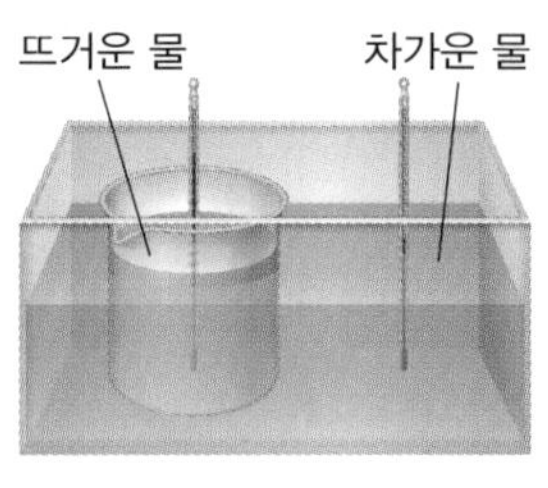

보기
ㄱ. 비커의 물은 열을 얻는다.
ㄴ. 열은 수조의 물에서 비커의 물로 이동한다.
ㄷ. 시간이 지나면 두 물은 열평형 상태에 도달한다.
ㄹ. 열평형 상태에서 질량이 큰 수조의 물이 얻은 열의 양이 더 많다.

① ㄱ ② ㄷ ③ ㄱ, ㄴ
④ ㄴ, ㄹ ⑤ ㄷ, ㄹ

Tip 온도가 다른 두 물체가 접촉해 있을 때 온도가 ❶ [ ] 물체에서 ❷ [ ] 물체로 이동하는 에너지를 열이라고 한다.

답 ❶높은 ❷낮은

4 그림은 열의 이동 방법을 교실에서 책을 이동시키는 방법에 비유한 것이다.

(가) 책을 던진다.
(나) 책을 뒤로 건네준다.
(다) 책을 들고 간다.

이에 대한 설명으로 옳은 것을 | 보기 | 에서 모두 고른 것은?

보기
ㄱ. (가)는 열이 물질의 도움 없이 직접 이동하는 방법을 나타낸다.
ㄴ. 에어컨을 위쪽에 설치하는 것은 (나)의 열의 이동 방법과 관련이 있다.
ㄷ. (다)는 물질을 구성하는 입자의 운동이 이웃한 입자에 차례로 전달되어 열이 이동하는 방법이다.
ㄹ. (다)는 액체나 기체에서의 열의 이동 방법인 대류에 비유한 것이다.

① ㄱ, ㄴ ② ㄱ, ㄹ ③ ㄴ, ㄷ
④ ㄷ, ㄹ ⑤ ㄴ, ㄷ, ㄹ

Tip 물질을 구성하는 입자들이 서로 충돌하면서 열이 이동하는 방법을 ❶ ______, 액체나 기체에서 입자가 직접 이동하며 열을 전달하는 방법을 ❷ ______, 열이 물질의 도움 없이 직접 이동하는 방법을 복사라고 한다. 답 ❶ 전도 ❷ 대류

5 그림과 같이 시험관 A, B, C에 같은 온도의 따뜻한 물을 넣고 동일한 그릇에 넣은 후, 각각 신문지, 솜, 모래를 시험관과 그릇 사이에 채우고 1분마다 시험관 속 물의 온도를 측정하였다. 이에 대한 설명으로 옳은 것을 | 보기 | 에서 모두 고른 것은? (단, 열이 전도되는 정도는 모래 > 신문지 > 솜 순이다.)

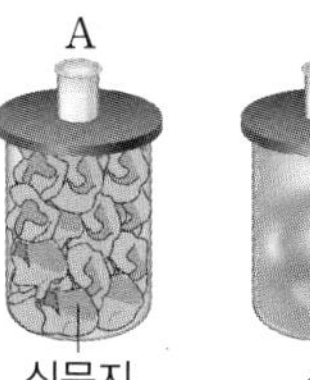

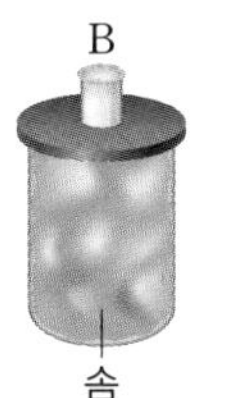

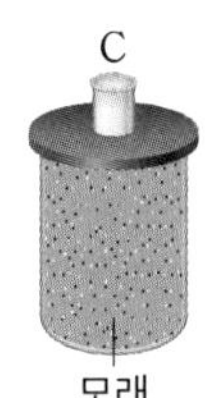

보기
ㄱ. 신문지가 가장 효율적인 단열재이다.
ㄴ. 모래에 싸인 시험관 C 물의 온도 변화가 가장 크다.
ㄷ. 내부에 공기를 포함하는 공간이 많을수록 단열 효과가 작다.

① ㄱ ② ㄴ ③ ㄷ
④ ㄱ, ㄴ ⑤ ㄴ, ㄷ

Tip 전도, 대류, 복사에 의한 ❶ ______의 이동을 막는 것을 ❷ ______이라고 한다. 답 ❶ 열 ❷ 단열

6 그림은 60 ℃의 물 40 g이 든 비커를 10 ℃의 물 60 g이 든 수조에 넣었을 때, 두 물의 온도 변화를 나타낸 것이다.

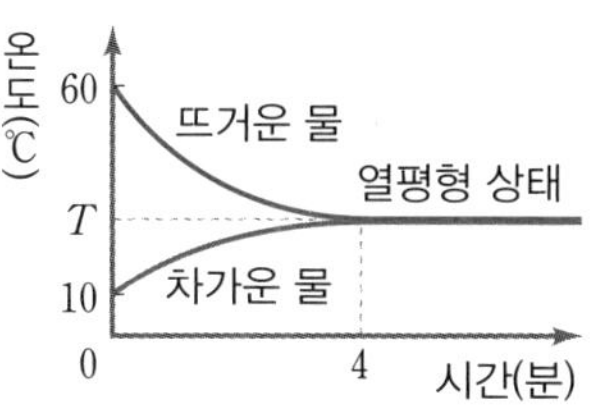

이에 대한 설명으로 옳은 것을 | 보기 | 에서 모두 고른 것은? (단, 물의 비열은 1 kcal/(kg·℃)이고 외부와의 열 출입은 없다.)

보기
ㄱ. 열평형 상태에 도달하는 데 걸린 시간은 4분이다.
ㄴ. 60 ℃의 물은 열평형이 될 때까지 입자 운동이 활발해진다.
ㄷ. 열평형 상태에 도달했을 때의 온도는 30 ℃이다.

① ㄱ ② ㄴ ③ ㄱ, ㄴ
④ ㄱ, ㄷ ⑤ ㄴ, ㄷ

Tip 열평형 상태에서는 양방향으로 이동하는 열의 양이 ❶ ______ 더 이상 ❷ ______가 변하지 않는다.

답 ❶ 같아 ❷ 온도

대표 기출 1 | 비열 |

질량이 각각 100 g인 두 물질 A와 B에 같은 세기의 열을 가했더니 시간에 따른 온도 변화가 그림과 같았다. 이에 대한 설명으로 옳은 것을 |보기|에서 모두 고르시오.

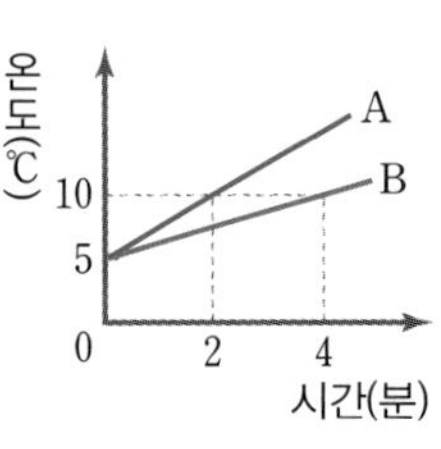

보기
ㄱ. 같은 온도만큼 올라가는 데 걸린 시간은 A가 B의 2배이다.
ㄴ. B의 비열은 A의 2배이다.
ㄷ. B는 4분 동안 온도가 10 ℃ 변했다.
ㄹ. A가 B보다 2배의 열량을 받았다.
ㅁ. B는 A보다 비열이 커서 온도가 잘 변하지 않는다.

Tip 비열은 어떤 물질 1 kg의 온도를 1 ℃ 높이는 데 필요한 열량이다.

풀이 ㄴ. 질량이 같고 같은 온도만큼 올라가는 데 걸린 시간은 B가 A의 2배이므로 B의 비열이 A의 2배이다.
ㅁ. 질량이 같을 때 비열이 큰 물질일수록 온도가 잘 변하지 않는다.

답 ㄴ, ㅁ

대표 기출 2 | 비열에 의한 현상 |

그림 (가), (나)는 해안 지역에서 낮과 밤에 부는 바람을 나타낸 것이다.

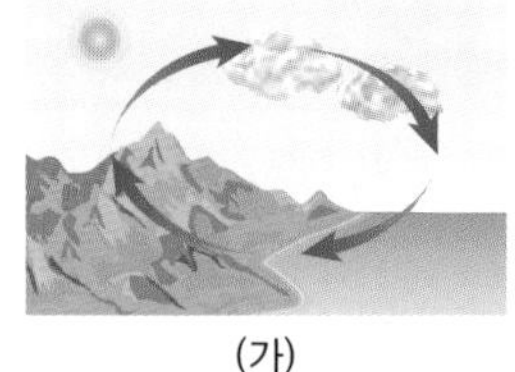
(가)

(나)

이에 대한 설명으로 옳은 것을 |보기|에서 모두 고르시오.

보기
ㄱ. (가)의 바람을 육풍, (나)의 바람을 해풍이라고 한다.
ㄴ. 낮에는 바다의 온도가 육지의 온도보다 높다.
ㄷ. 밤에는 육지의 온도가 바다의 온도보다 높다.
ㄹ. 해륙풍은 바다와 육지의 비열 차 때문에 생긴다.
ㅁ. 비열이 작은 육지가 비열이 큰 바다보다 빨리 데워지고 빨리 식는다.
ㅂ. 비열이 큰 육지가 비열이 작은 바다보다 빨리 데워지고 빨리 식는다.

Tip 낮에는 육지의 온도가 더 높고 밤에는 바다의 온도가 더 높다.

풀이 ㄹ, ㅁ. 비열이 작은 육지가 비열이 큰 바다보다 빨리 데워지고 빨리 식는다. 해륙풍은 이런 바다와 육지의 비열 차 때문에 생긴다.

답 ㄹ, ㅁ

1-1 그림은 물 100 g과 식용유 100 g을 같은 세기의 불꽃으로 가열했을 때의 온도 변화를 시간에 따라 나타낸 것이다. 이에 대한 설명으로 옳은 것을 |보기|에서 모두 고르시오.

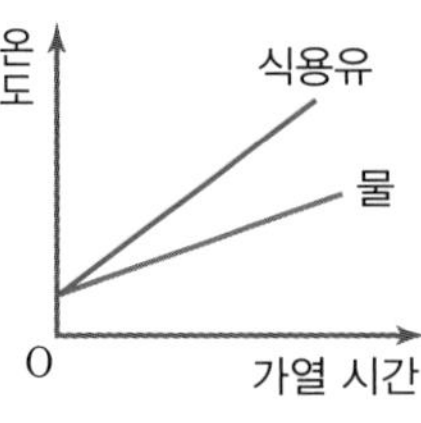

보기
ㄱ. 같은 시간 동안 온도 변화가 더 큰 물질은 물이다.
ㄴ. 식용유와 물 중 비열이 더 큰 것은 물이다.
ㄷ. 비열이 큰 물질일수록 온도를 변화시키는 데 필요한 열량이 적다.

2-1 해안 지역에서는 낮에 해풍이, 밤에 육풍이 분다. 그림은 낮에 해풍이 부는 모습을 나타낸 것이다. 낮과 밤에 부는 바람의 방향이 다른 까닭을 설명한 것으로 가장 옳은 것은? (단, 바람은 기온이 낮은 곳에서 높은 곳으로 분다.)

① 육지가 바닷물보다 무겁기 때문이다.
② 바닷물의 비열이 육지보다 크기 때문이다.
③ 육지의 비열이 바닷물보다 크기 때문이다.
④ 바닷물이 육지보다 태양에 가깝기 때문이다.
⑤ 육지가 바닷물보다 태양에 가깝기 때문이다.

대표 기출 3 | 고체의 열팽창 |

그림 (가)와 (나)는 온도에 따른 고체 입자의 변화를 모형으로 나타낸 것이다.

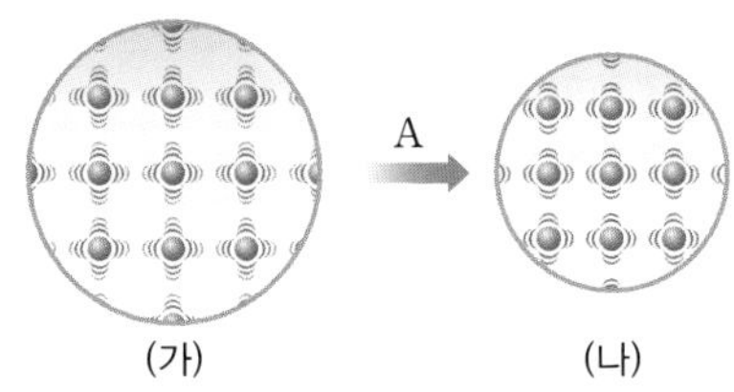

이에 대한 설명으로 옳은 것을 | 보기 |에서 모두 고르시오.

보기
ㄱ. 고체는 열을 받으면 수축한다.
ㄴ. (가)는 (나)보다 입자의 크기가 크다.
ㄷ. (가)는 (나)보다 입자 운동이 활발하다.
ㄹ. (나)는 (가)보다 온도가 높을 때의 모습이다.
ㅁ. A는 고체가 열을 잃을 때의 변화이다.
ㅂ. 온도가 낮을수록 입자 운동이 활발하다.

Tip 고체가 열을 받으면 입자들의 운동이 활발해져서 열팽창 현상이 나타나며, (나)는 (가)보다 온도가 낮을 때의 모습이다.

풀이 ㄷ. 입자 운동이 활발할수록 입자 사이의 거리가 멀어진다. (가)의 입자 사이의 간격이 (나)보다 멀기 때문에 (가)의 입자 운동이 더 활발하다.
ㅁ. (나)는 (가)보다 온도가 낮을 때의 모습이므로 A는 고체가 열을 잃을 때의 변화이다.

답 ㄷ, ㅁ

대표 기출 4 | 액체의 열팽창 |

병에 같은 양의 물, 콩기름, 에탄올을 넣은 후 뜨거운 물속에 넣었더니 그림과 같이 유리관에 표시된 높이만큼 액체가 올라갔다.

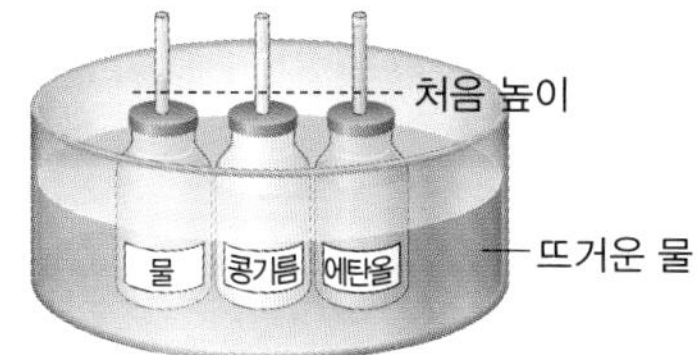

이에 대한 설명으로 옳은 것을 | 보기 |에서 모두 고르시오.

보기
ㄱ. 액체는 열을 받으면 팽창한다.
ㄴ. 물질의 종류에 따라 팽창하는 정도가 다르다.
ㄷ. 액체는 물질에 관계없이 온도가 높아질 때 늘어나는 정도가 같다.
ㄹ. 각 액체를 이루는 입자 사이의 거리는 가까워졌다.
ㅁ. 각 액체를 이루는 입자 사이의 거리는 멀어졌다.
ㅂ. 세 액체 중 열팽창 정도가 가장 큰 것은 물이다.

Tip 액체는 물질의 종류에 따라 열팽창 정도가 다르다.

풀이 ㄱ, ㅁ. 액체는 열을 받으면 입자 운동이 활발해지면서 입자 사이의 거리가 멀어지므로 부피가 늘어난다.
ㄴ. 물질의 종류에 따라 열팽창 정도는 다르다.

답 ㄱ, ㄴ, ㅁ

3-1 그림과 같이 장치하고 금속 막대를 가열하며 이때 일어나는 현상을 관찰하였다.

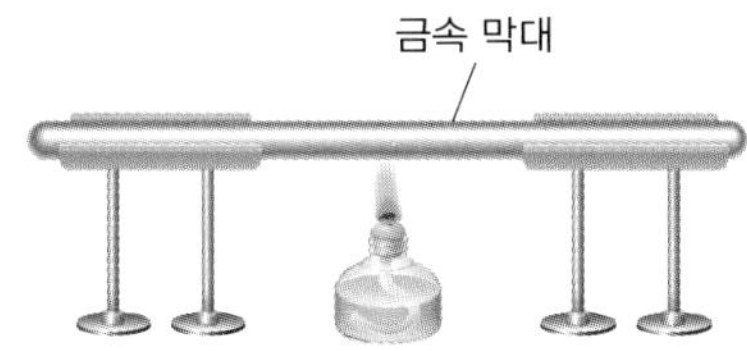

이에 대한 설명으로 옳은 것을 | 보기 |에서 모두 고르시오.

보기
ㄱ. 금속 막대의 온도가 높아진다.
ㄴ. 금속 막대의 길이가 짧아진다.
ㄷ. 금속 막대를 이루는 입자의 운동이 활발해진다.

4-1 20 ℃를 가리키는 알코올 온도계를 그림과 같이 온도가 40 ℃인 물에 넣었다. 이때 일어나는 현상에 대한 설명으로 옳은 것을 | 보기 |에서 모두 고르시오.

보기
ㄱ. 물에서 알코올 온도계로 열이 전달된다.
ㄴ. 알코올의 열팽창을 이용하여 온도를 측정한다.
ㄷ. 온도계의 온도가 올라가면 알코올의 질량이 증가한다.

대표 기출 5

| 바이메탈 |

그림은 서로 다른 두 금속 A와 B를 붙여 만든 바이메탈을 가열했을 때의 모습을 나타낸 것이다.

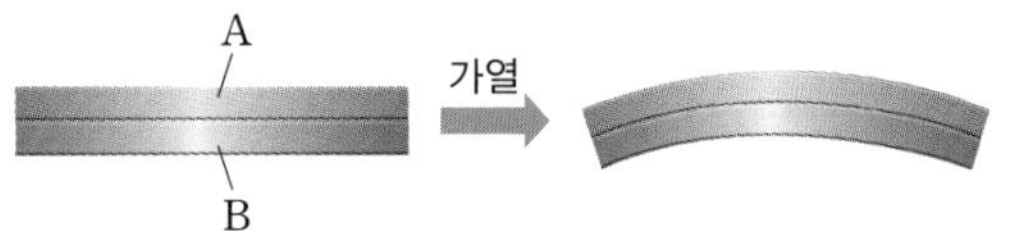

이에 대한 설명으로 옳은 것을 | 보기 | 에서 모두 고르시오.

보기

ㄱ. 바이메탈을 가열하면 A만 팽창한다.
ㄴ. A의 열팽창 정도가 B보다 크다.
ㄷ. 온도가 다시 낮아져도 원래 상태로 돌아가지 않는다.
ㄹ. 두 금속이 열팽창하는 정도가 같은 것을 이용한 것이다.
ㅁ. 바이메탈을 가열하면 질량이 가벼운 금속 쪽으로 휜다.
ㅂ. 온도에 따라 자동으로 작동하거나 전원이 차단되는 제품에 이용된다.

Tip 바이메탈은 두 금속이 열팽창하는 정도가 다른 것을 이용한 것이다.

풀이 ㄴ. 바이메탈을 가열하면 A와 B가 모두 팽창하는데, 열팽창 정도가 작은 금속 쪽으로 휘므로 A의 열팽창 정도가 B보다 크다.
ㅂ. 바이메탈은 온도에 따라 휘어지는 정도가 다른 것을 이용하여 온도에 따라 자동으로 작동하거나 전원이 차단되는 제품에 이용된다.

답 ㄴ, ㅂ

5-1 그림은 일정한 온도가 유지되어야 하는 전기다리미 내부에 쓰인 바이메탈을 나타낸 것이다.

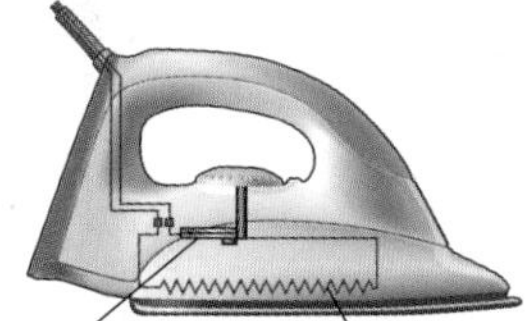

이러한 바이메탈을 이용하여 만들어진 것은?

① 화재경보기 ② 전동기 ③ 전압계
④ 전류계 ⑤ 냉장고

대표 기출 6

| 생활 속 열팽창 |

그림은 열팽창을 고려하여 기차 선로의 사이에 틈을 준 것을 나타낸 것이다. 이와 같은 열팽창과 관련된 여러 현상에 대한 설명으로 옳은 것을 모두 고르면? [정답 2개]

① 여름철에 기차 선로는 수축한다.
② 여름철에 다리 이음매 사이의 간격이 넓어진다.
③ 송전탑의 전선은 여름에는 팽팽하고 겨울에는 늘어진다.
④ 가스관은 여름에 열팽창하여 파손되는 것을 예방하기 위해 중간에 구부러진 부분을 만든다.
⑤ 철로 만든 탑의 높이는 여름철이 겨울철보다 낮다.
⑥ 치아와 충전재 사이의 균열을 방지하기 위해 충전재는 치아와 열팽창 정도가 비슷한 물질을 사용한다.

Tip 여름철에 선로의 길이가 팽창하므로 선로 사이의 틈은 좁아진다.

풀이 ④ 온도가 올라가면 길이가 길어져 가스관이 파손되는 것을 방지하려고 중간에 구부러진 부분을 만든다.
⑥ 치아 충전재는 치아와 열팽창 정도가 비슷한 물질을 사용한다.

답 ④, ⑥

6-1 그림은 다리 중간에 설치한 다리 이음매를 나타낸 것이다. 이러한 다리 이음매를 설치하는 까닭과 관련이 있는 현상으로 옳지 않은 것은?

① 기차 선로의 중간 중간에 약간의 틈을 둔다.
② 송전탑의 전선은 약간 늘어지게 설치한다.
③ 가스관을 설치할 때 중간에 구부러진 부분을 만든다.
④ 에어컨은 위쪽에, 난로는 아래쪽에 설치한다.
⑤ 음료수병에 음료를 넣을 때에는 공간을 두고 담는다.

대표 기출 7

| 자연 재해 · 재난 |

그림은 자연 현상으로 발생한 자연 재난의 한 예를 나타낸 것이다. 이와 같은 자연 재해 · 재난에 대한 설명으로 옳지 않은 것을 모두 고르면? [정답 2개]

① 자연 재난은 태풍, 지진, 화산 활동 등의 자연 현상에 의해 발생하는 재해이다.
② 화재, 지진, 가뭄, 감염성 질병 확산 등은 자연 재난에 해당된다.
③ 지진이 발생하면 땅이 흔들리고 도로나 건물 등이 파손된다.
④ 건물의 벽이나 창문에 대각선으로 지지대를 설치하면 지진 피해를 줄일 수 있다.
⑤ 해저에서 지진이 발생하면 지진 해일이 일어난다.
⑥ 황사, 대설, 가뭄, 폭염 등도 자연 재난에 속한다.
⑦ 자연 재난은 비교적 좁은 지역에 걸쳐 발생하고 예방이 쉽다.

Tip 자연 재해 · 재난은 태풍, 홍수, 호우, 강풍, 해일, 대설, 낙뢰, 가뭄, 지진, 화산 활동 등과 같이 자연 현상에 의해 발생한다.

풀이 ② 화재, 감염성 질환은 사회 재해 · 재난이다.
⑦ 자연 재난은 비교적 넓은 지역에서 발생하며, 예방이 쉽지 않다.

답 ②, ⑦

대표 기출 8

| 사회 재해 · 재난 |

그림은 인간의 활동에 의해 발생하는 사회 재난의 예인 감염성 질병을 나타낸 것이다. 이와 같은 사회 재해 · 재난에 대한 설명으로 옳지 않은 것을 모두 고르면? [정답 2개]

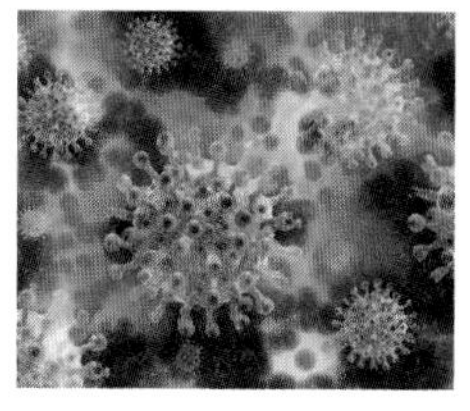

① 태풍, 지진, 가뭄, 감염성 질병 확산 등은 사회 재난에 해당된다.
② 사회 재난은 자연 재난에 비해 상대적으로 좁은 범위에서 발생한다.
③ 감염성 질병이 확산되는 것을 막기 위해서는 병원체가 전달되는 경로를 차단해야 한다.
④ 화학 물질을 안전하게 관리하지 못하면 폭발, 화재, 환경 오염 등이 유발된다.
⑤ 운송 수단 사고는 안전 관리 소홀, 안전 규정 무시, 자체 결함 등으로 발생한다.
⑥ 선박, 항공기, 열차 등은 운행할 때만 점검하고 기상 상태를 미리 확인한다.

Tip 사회 재해 · 재난은 감염성 질병, 화학 약품 유출, 화재, 폭발, 붕괴와 같은 인간 활동으로 발생하는 것이다.

풀이 ① 태풍, 지진, 가뭄은 자연 재해 · 재난이다.
⑥ 선박, 항공기, 열차 등은 수시로 점검하여 안전 상태를 확인한다.

답 ①, ⑥

7-1 그림은 화산이 폭발하는 자연 재해 · 재난이 발생했을 때의 모습을 나타낸 것이다. 이와 같은 자연 재해 · 재난 발생 시 대처 방안으로 옳은 것을 | 보기 |에서 모두 고르시오.

보기
ㄱ. 당황하지 말고 실외에 머문다.
ㄴ. 바람막이숲을 조성한다.
ㄷ. 방진 마스크를 착용한다.

8-1 그림은 사회 재해 · 재난에 대해 세 학생이 대화를 나누는 모습을 나타낸 것이다.

옳게 설명한 학생을 모두 쓰시오.

1 표는 여러 가지 물질의 비열을 나타낸 것이다.

물질	물	식용유	모래	철	구리	납
비열	1.00	0.40	0.19	0.11	0.09	0.03

[단위: kcal/(kg·℃)]

이에 대한 설명으로 옳은 것을 보기에서 모두 고른 것은? (단, 모든 물질의 질량과 처음 온도는 같다.)

보기
ㄱ. 같은 열량을 가할 때 납의 온도 변화가 가장 크다.
ㄴ. 물은 다른 물질에 비해 온도를 높이는 데 가장 큰 열량이 필요하다.
ㄷ. 같은 열량을 가한 후 구리의 온도가 9 ℃ 높아졌다면 납의 온도는 6 ℃ 높아진다.

① ㄱ ② ㄷ ③ ㄱ, ㄴ
④ ㄱ, ㄷ ⑤ ㄴ, ㄷ

Tip 비열은 물질마다 ❶ [ ] 비열이 클수록 온도가 잘 ❷ [ ].

답 ❶다르며 ❷변하지 않는다

2 그림과 같이 서로 다른 종류의 두 금속 A와 B를 붙여서 바이메탈을 만든 다음, 알코올램프로 가열하였더니 휘어졌다. 이에 대한 설명으로 옳은 것을 보기에서 모두 고른 것은?

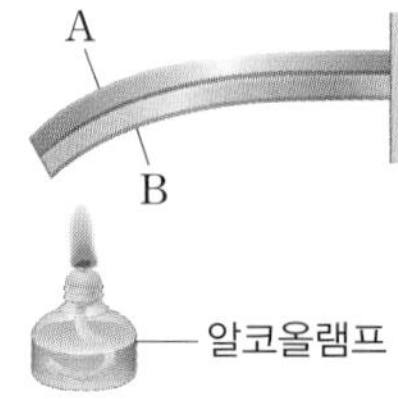

보기
ㄱ. A의 온도가 B보다 높다.
ㄴ. A의 열팽창 정도가 B보다 크다.
ㄷ. 바이메탈은 열팽창 정도의 차가 작은 두 금속을 붙여서 만든다.

① ㄱ ② ㄴ ③ ㄱ, ㄴ
④ ㄱ, ㄷ ⑤ ㄴ, ㄷ

Tip 열팽창 정도가 다른 두 종류의 금속을 붙여 놓은 것을 ❶ [ ]이라고 하며, 열팽창 정도가 ❷ [ ] 금속이 많이 팽창한다.

답 ❶바이메탈 ❷큰

3 그림 (가)와 (나)는 해안 지역에서 낮과 밤에 부는 바람을 나타낸 것이다.

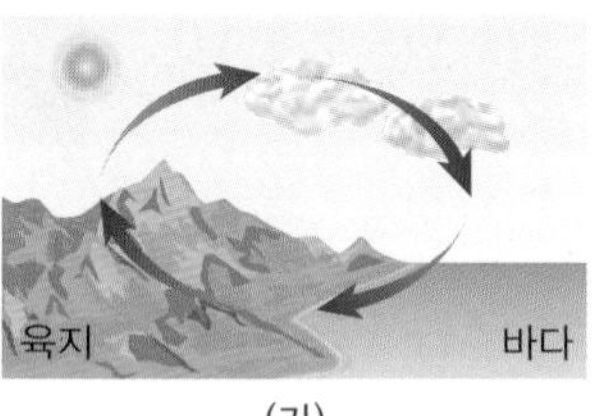

(가)

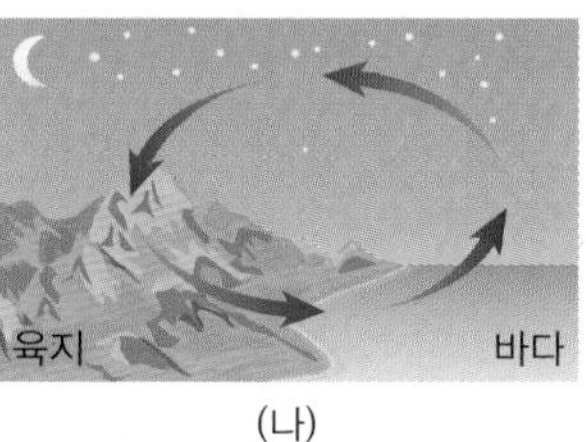

(나)

이에 대한 설명으로 옳은 것을 보기에서 모두 고른 것은?

보기
ㄱ. (가)는 해풍이고, (나)는 육풍이다.
ㄴ. 비열이 작은 육지가 비열이 큰 바다보다 빨리 데워지고 빨리 식는다.
ㄷ. (가)에서 육지의 공기는 바다의 공기보다 차갑다.
ㄹ. 바다와 육지가 햇빛을 받는 양이 달라서 발생하는 현상이다.

① ㄱ, ㄴ ② ㄱ, ㄷ ③ ㄴ, ㄷ
④ ㄴ, ㄹ ⑤ ㄷ, ㄹ

Tip 비열이 ❶ [ ] 육지가 비열이 ❷ [ ] 바다보다 빨리 데워지고 빨리 식기 때문에 해안 지역에서는 낮에는 해풍, 밤에는 육풍이 분다.

답 ❶작은 ❷큰

4 그림은 같은 질량의 물체 A, B에 같은 열량을 가했을 때의 시간에 따른 온도 변화를 나타낸 것이다.

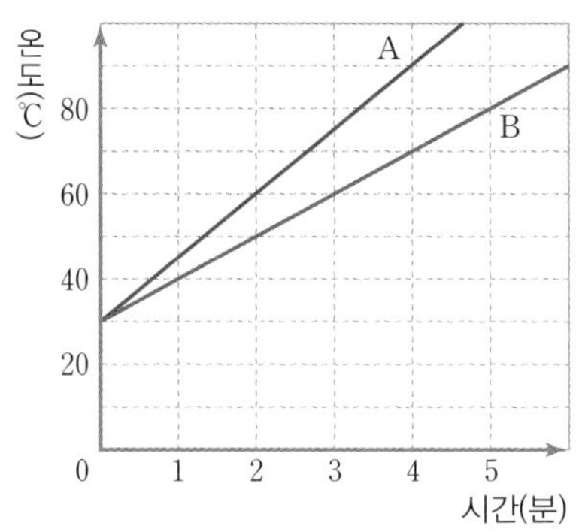

이에 대한 설명으로 옳은 것을 |보기|에서 모두 고른 것은?

|보기|
ㄱ. 두 물체의 질량을 감소시키면 그래프의 기울기가 증가한다.
ㄴ. A와 B 1 kg에 각각 열량 1 kcal를 가했을 때 A의 온도 변화가 12 ℃라면, B의 온도 변화는 10 ℃이다.
ㄷ. A의 질량을 2배로 늘린 후 두 물체에 같은 열을 가했을 때 두 물체의 온도 변화의 비는 4 : 3이 된다.

① ㄱ ② ㄷ ③ ㄱ, ㄴ
④ ㄱ, ㄷ ⑤ ㄴ, ㄷ

Tip 질량이 같을 때 물질이 얻은 열량이 클수록 온도 변화가 ❶ ☐. 또한 질량이 ❷ ☐ 온도를 높이는 데 더 많은 열량이 필요하다. 답 ❶크다 ❷클수록

5 그림은 처음 온도가 같은 다섯 종류의 액체를 유리관에 넣고 뜨거운 물에 넣었을 때, 액체가 유리관을 따라 올라간 높이를 나타낸 것이다. 이에 대한 설명으로 옳은 것을 |보기|에서 모두 고른 것은? (단, 처음 높이는 모두 같았다.)

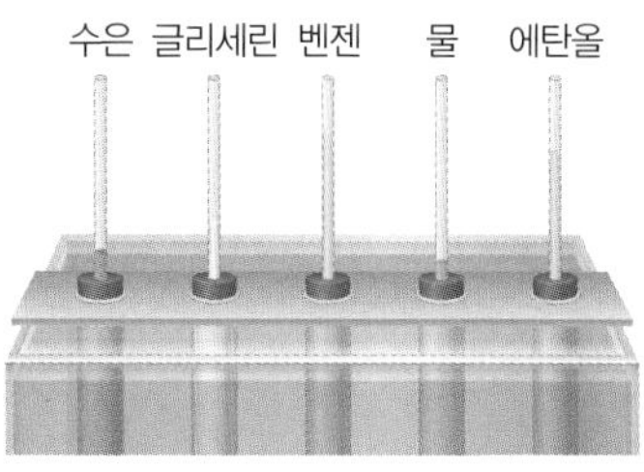

|보기|
ㄱ. 이 실험의 결과로 액체의 종류에 따라 비열이 다르다는 것을 알 수 있다.
ㄴ. 이 실험의 결과로 액체의 종류에 따라 열팽창하는 정도가 다르다는 것을 알 수 있다.
ㄷ. 다섯 종류의 액체 중 열팽창하는 정도가 가장 큰 액체는 벤젠이다.

① ㄱ ② ㄷ ③ ㄱ, ㄴ
④ ㄱ, ㄷ ⑤ ㄴ, ㄷ

Tip 고체와 ❶ ☐는 물질의 종류에 따라 열팽창 정도가 ❷ ☐. 답 ❶액체 ❷다르다

6 다음은 어떤 재해 · 재난에 의한 피해를 줄이는 방안이다.

- 건물을 지을 때 내진 설계를 한다.
- 건물의 창문에 대각선으로 지지대를 설치한다.

이 재해 · 재난과 관련이 있는 내용으로 옳은 것을 |보기|에서 모두 고른 것은?

|보기|
ㄱ. 주로 세균, 바이러스 등의 병원체에 의해 발생한다.
ㄴ. 땅이 흔들리고 갈라지며, 건물이 파손된다.
ㄷ. 짧은 시간에 넓은 지역에 피해를 준다.
ㄹ. 사고가 난 지점보다 높은 곳으로 대피해야 한다.

① ㄱ ② ㄴ ③ ㄴ, ㄷ
④ ㄷ, ㄹ ⑤ ㄱ, ㄴ, ㄹ

Tip 재난에는 지진, 홍수와 같은 ❶ ☐ 재난과 화재, 붕괴와 같은 ❷ ☐ 재난이 있다. 답 ❶자연 ❷사회

2주 누구나 합격 전략

01 그림은 같은 양의 물이 담긴 비커 (가)와 (나)에 같은 양의 잉크를 동시에 떨어뜨렸을 때 잉크가 퍼져나가는 모습을 나타낸 것이다.

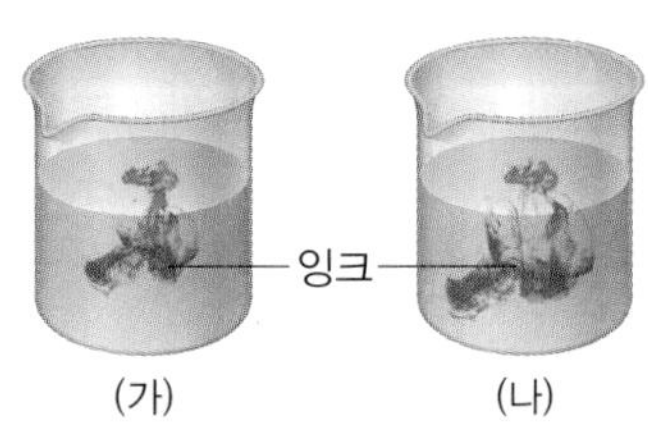

이에 대한 설명으로 옳은 것을 | 보기 | 에서 모두 고른 것은?

보기
ㄱ. 물의 온도는 (나)가 (가)보다 높다.
ㄴ. 물의 입자 운동은 (가)가 (나)보다 활발하다.
ㄷ. 잉크가 퍼져나가는 정도로 온도를 비교할 수 있다.

① ㄴ　② ㄷ　③ ㄱ, ㄴ
④ ㄱ, ㄷ　⑤ ㄱ, ㄴ, ㄷ

02 그림과 같이 온도가 10 ℃인 물체 A와 온도가 80 ℃인 물체 B를 접촉시켰다.

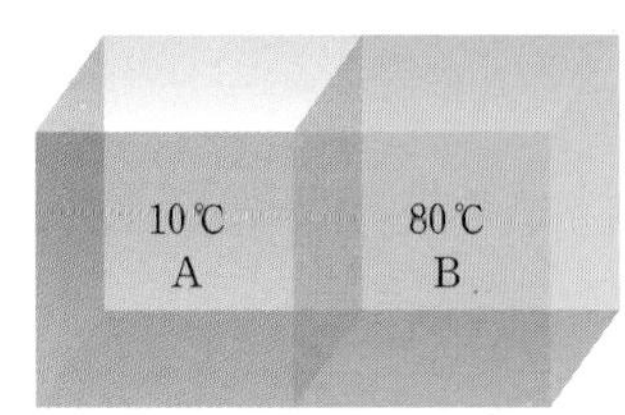

이에 대한 설명으로 옳은 것을 | 보기 | 에서 모두 고른 것은? (단, 열은 A와 B 사이에서만 이동한다.)

보기
ㄱ. B에서 A로 열이 이동한다.
ㄴ. B의 입자 운동은 느려진다.
ㄷ. B의 온도가 10 ℃가 될 때까지 열이 계속 이동한다.

① ㄱ　② ㄷ　③ ㄱ, ㄴ
④ ㄴ, ㄷ　⑤ ㄱ, ㄴ, ㄷ

03 그림은 주전자를 이용하여 물을 끓이는 모습을 나타낸 것으로, 열이 물질의 이동에 의해 전달되는 경우이다. 이와 같이 물질의 이동에 의해 열이 전달되는 예로 옳은 것은?

① 태양열이 지구까지 전달된다.
② 에어컨을 켜면 방 전체가 시원해진다.
③ 난로 옆에 앉아 있으면 따뜻함을 느낀다.
④ 끓고 있는 냄비를 손으로 만지면 뜨겁다.
⑤ 뜨거운 국에 숟가락을 담가 두면 손잡이 부분까지 뜨거워진다.

04 다음은 냉 · 난방 기구에서 열의 이동에 대한 설명이다.

(가) 에어컨을 켜면 방 안 공기가 시원해진다.
(나) 전기장판 위에 앉아 있으면 엉덩이가 따뜻해진다.
(다) 전기난로 앞에 있으면 전기난로를 향한 얼굴이 등보다 따뜻하다.

각각의 냉 · 난방 기구에서 일어나는 열의 이동 방법을 쓰시오.

• (가): (　　　), (나): (　　　), (다): (　　　)

05 그림은 보온병의 구조를 나타낸 것이다. (가) 은도금된 벽면과 (나) 이중벽 사이의 진공이 열의 이동 방법 중 차단한 것을 옳게 짝 지은 것은?

마개
진공
물
은도금된 벽면

	(가)	(나)
①	전도	복사
②	대류	전도
③	전도	복사, 대류
④	대류	전도, 복사
⑤	복사	전도, 대류

06 그림은 질량이 같은 액체 A, B에 같은 열량을 가하면서 온도를 측정한 결과를 나타낸 것이다.

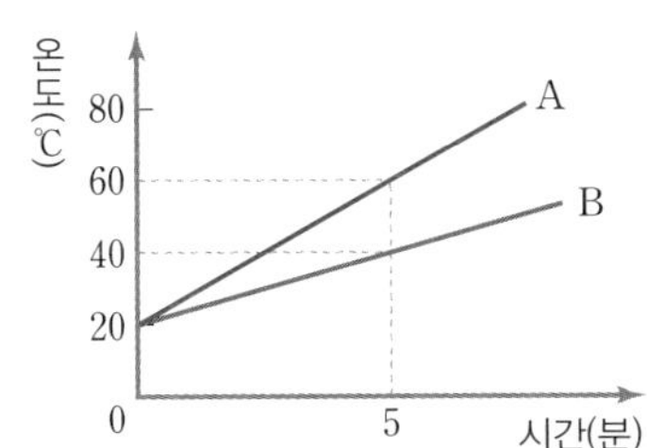

A와 B의 비열의 비(A : B)는?

① 1 : 1　② 1 : 2　③ 1 : 4
④ 2 : 1　⑤ 4 : 1

07 표는 두 물질 A, B의 비열을 나타낸 것이다.

물질	A	B
비열[kcal/(kg·℃)]	0.2	0.4

A와 B에 가한 열량이 같고, A의 질량이 B의 질량의 2배이다. A의 온도가 4 ℃ 높아질 때 B의 온도 변화는?

(　　　　　　　　)

08 그림과 같이 바이메탈을 가열하였더니 아래 방향(B쪽)으로 휘었다.

금속 A와 B 중에서 열팽창 정도가 큰 것과 바이메탈을 냉각시켰을 때 휘는 방향을 옳게 짝 지은 것은?

	열팽창 정도가 큰 것	휘는 방향
①	A	위 방향(A쪽)
②	A	아래 방향(B쪽)
③	B	위 방향(A쪽)
④	B	아래 방향(B쪽)
⑤	B	휘지 않는다.

09 물, 콩기름, 에탄올을 같은 양만큼 유리병에 넣고 입구를 막은 후 뜨거운 물이 담긴 수조에 넣었더니 유리관을 따라 올라간 높이가 그림과 같았다. 이에 대한 설명으로 옳은 것을 보기에서 모두 고른 것은?

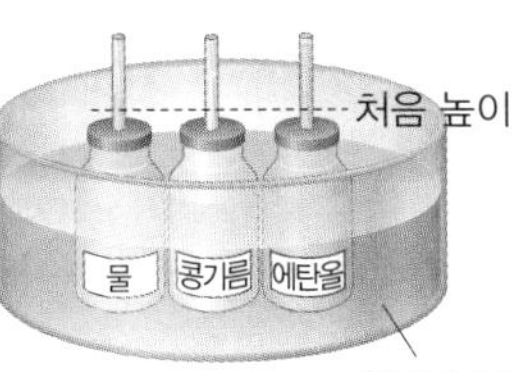

보기
ㄱ. 열팽창 정도는 콩기름 > 에탄올 > 물 순이다.
ㄴ. 액체의 종류에 따라 열팽창 정도가 다르다.
ㄷ. 이 원리로 음료수병에 음료수를 가득 채우지 않아야 하는 까닭을 알 수 있다.

① ㄱ　② ㄷ　③ ㄱ, ㄴ
④ ㄴ, ㄷ　⑤ ㄱ, ㄴ, ㄷ

10 그림은 공항에서 검역이 이루어지는 모습을 나타낸 것이다. 이 재해·재난과 관련 있는 것이 아닌 것은?

① 인구 이동, 무역 증가 등이 확산 원인의 하나이다.
② 대부분 안전 관리 소홀, 안전 규정 무시 등과 관련이 있다.
③ 병원체가 동물이나 인간에게 침입하여 발생하는 질병과 관계가 있다.
④ 병원체의 진화, 모기나 진드기와 같은 매개체의 증가 등이 확산 원인이다.
⑤ 최근에는 야생 동물에게만 발생하던 질병이 인간에게 감염되어 새로운 감염성 질병이 나타나기도 한다.

2주 창의·융합·코딩 전략

1 그림과 같이 뜨거운 음식에 온도계를 꽂으면 음식의 온도를 측정할 수 있어 온도에 맞춰 맛있게 요리를 할 수 있다. 이에 대해 학생들이 대화를 나누었다.

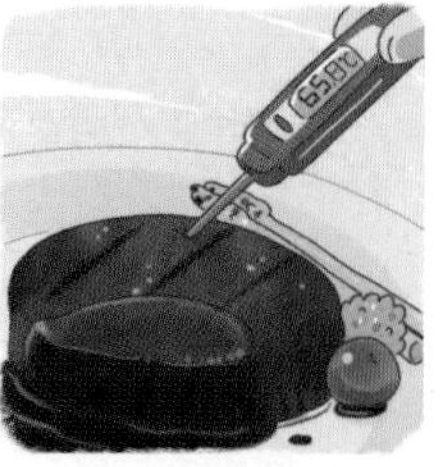

유라
냉장고 속에 음식을 넣어 두는 것도 이와 같은 현상을 이용하는 거야.
수진
계곡물에 수박을 담그는 것도 이와 같은 현상을 이용하는 거야.
상우
한약 팩을 뜨거운 물에 담그는 것도 이와 같은 현상을 이용하는 거야.
준영
프라이팬 손잡이를 다른 재질로 만드는 것도 이와 같은 현상을 이용하는 거야.

옳게 말한 학생을 모두 고른 것은?

① 유라, 수진　② 유라, 준영
③ 상우, 준영　④ 유라, 수진, 상우
⑤ 수진, 상우, 준영

Tip 온도가 높은 물체에서 낮은 물체로 ❶ ☐ 이 이동하여 두 물체의 온도가 같아진 상태를 ❷ ☐ 이라고 한다.

답 ❶ 열 ❷ 열평형

2 소망이는 갓 삶은 뜨거운 달걀을 식히려고 찬물에 담갔다. 그림은 달걀을 찬물에 담갔을 때 달걀과 찬물의 온도 변화를 시간에 따라 나타낸 것이다. 이에 대해 학생들이 대화를 나누었다.

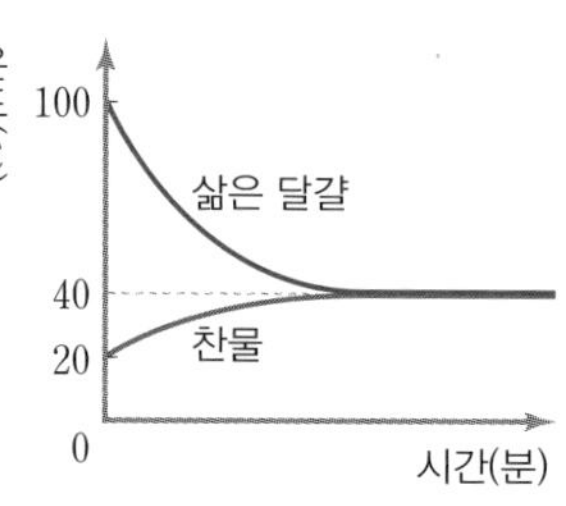

열은 달걀에서 찬물로 이동했어.
달걀과 찬물의 열평형 온도는 40 ℃야.
찬물이 달걀보다 빨리 열평형에 도달해.
정수
진아
연호
수영
영미
어느 정도 시간이 지나면 달걀과 찬물의 온도가 같아져.
달걀이 잃은 열량이 찬물이 얻은 열량보다 많아.

옳게 말한 학생을 모두 고른 것은? (단, 외부와의 열 출입은 없다.)

① 영미, 정수　② 영미, 연호
③ 진아, 수영　④ 연호, 수영
⑤ 영미, 정수, 진아

Tip 온도가 다른 두 물체가 접촉했을 때, 두 물체 온도가 ❶ ☐ 온도 변화가 없는 상태를 ❷ ☐ 이라고 한다.

답 ❶ 같아져 ❷ 열평형

3 그림은 순미가 휴대용 가스버너를 이용하여 요리를 하기 위해 물을 끓이는 모습을 나타낸 것이다. 이때 (가)~(다)는 다양한 열의 이동 방법에 의해 나타나는 현상을 설명한 것이다.

(가) 뜨거운 물에 담긴 국자 손잡이가 뜨거워진다.
(나) 냄비 속 물이 끓는다.
(다) 버너 옆에 있으면 손이 따뜻해진다.

(1) (가)~(다)에서의 열의 이동 방법을 각각 쓰시오.

• (가): (　　　　), (나): (　　　　), (다): (　　　　)

(2) (가)~(다)의 열의 이동 방법에 대한 일상생활에서의 예를 각각 한 가지씩만 서술하시오.

Tip 주로 고체에서 일어나는 열의 이동 방법은 ❶ 　　　이며, 액체나 기체 입자가 직접 이동하여 열을 전달하는 것을 ❷ 　　　라고 한다.

답 ❶ 전도 ❷ 대류

4 다음은 여러 나라의 집 중 세 곳에서 열의 이동 방법을 어떻게 이용하는지를 조사한 것이다.

구분	모습	열의 이동 방법의 이용
(가) 몽골의 게르		벽에 펠트와 천을 씌우고 여름에는 바깥쪽 천을 바닥에서 조금 띄운다.
(나) 북극 지방의 이글루		눈을 벽돌처럼 뭉쳐서 집을 짓는다.
(다) 그리스의 하얀 집		집의 벽을 흰색이나 밝은 색으로 칠한다.

(1) (가)~(다) 각 집들이 이용하는 열의 이동 방법을 쓰시오.

• (가): (　　　　), (나): (　　　　), (다): (　　　　)

(2) 위의 각 집들이 열의 이동 방법을 어떻게 이용하는지 서술하시오.

Tip 물질을 구성하는 입자들이 서로 충돌하면서 열이 이동하는 방법을 ❶ 　　　, 입자가 직접 이동하여 열을 전달하는 방법을 ❷ 　　　, 물질의 도움 없이 열이 직접 이동하는 방법을 복사라고 한다.

답 ❶ 전도 ❷ 대류

5 다음은 물과 식용유의 비열을 비교해 보는 실험이다.

| 실험 과정 |

(가) 두 개의 비커에 물과 식용유를 각각 넣는다.

(나) 그림과 같이 두 비커를 핫플레이트 위에 올려놓고 온도계로 온도를 측정한다.

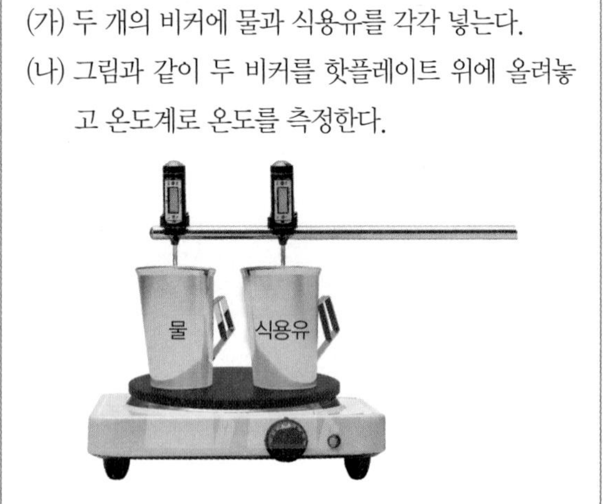

이 실험에서 물과 식용유의 비열을 비교하기 위해서 반드시 같게 해야 하는 것을 모두 고르면? [정답 2개]

① 물과 식용유의 질량
② 물과 식용유의 부피
③ 물과 식용유의 나중 온도
④ 물과 식용유의 온도 변화
⑤ 물과 식용유에 가한 열량

Tip 질량이 같은 서로 다른 두 물질이 같은 ❶ ___ 을 받을 때 온도 변화의 정도가 다른 것은 두 물질의 ❷ ___ 이 다르기 때문이다.

답 ❶열량 ❷비열

6 유리병의 금속 뚜껑이 잘 열리지 않을 때는 그림과 같이 뚜껑 부분을 뜨거운 물에 넣었다가 빼면 뚜껑을 쉽게 열 수 있다.

이러한 현상에 대해 옳게 말한 학생을 모두 고른 것은?

- 정수: 금속 뚜껑의 입자 운동이 활발해져.
- 진아: 유리병을 구성하는 입자 운동은 둔해져.
- 연호: 금속 뚜껑과 유리병 모두 부피가 줄어들어.
- 수영: 열팽창에 의한 현상이야.
- 영미: 금속 뚜껑과 유리병의 열팽창 정도는 같아.

① 영미 ② 수영 ③ 정수, 진아
④ 정수, 수영 ⑤ 연호, 진아

Tip 물체 온도가 높아지면 입자 운동이 ❶ ___ 입자들 사이의 거리가 ❷ ___.

답 ❶활발해져 ❷멀어진다

7 그림은 연수가 아버지와 함께 자동차를 타고 가면서 대화를 나눈 모습을 나타낸 것이다.

다리를 지날 때 왜 계속 덜컹거리는 거예요?
덜컹

다리의 이음매를 설치하여 다리의 연결 부분을 떼어 놓았기 때문이야.

(1) 다리의 연결 부분을 떼어 놓은 것은 어떤 현상과 관련이 있는가?

( )

(2) 다리의 연결 부분을 떼어 놓은 까닭을 서술하시오.

Tip 다리를 만들 때는 반드시 ❶ ______ 을 고려해야 한다. 여름철 온도가 높아져 다리의 길이가 ❷ ______ 하는 것을 미리 대비하지 않으면 사고가 생길 수 있다.

답 ❶ 열팽창 ❷ 팽창

8 그림은 지진 대피 요령 포스터를 보고 학생들이 지진이 발생했을 때의 대처 방안에 대해 이야기를 한 것이다.

건물 밖으로 나갈 때에는 승강기를 이용하는 것이 좋아.
대피할 때에는 가방 등으로 머리를 보호해야 해.
문과 창문은 닫아두어야 해.
영희
소영
혜연
원우
장수
건물에 가까이 붙어서 주위를 살피며 대피해야 해.
가스나 전기는 차단하면 안 돼.

지진의 대처 방안으로 옳은 방법을 제시한 한 학생을 모두 쓰시오.

( )

Tip 지진이 발생한 경우 지진의 흔들림이 멈췄을 때에는 가스와 전기를 ❶ ______ 하고, 문을 ❷ ______ 출구를 확보한다.

답 ❶ 차단 ❷ 열어

기말고사 마무리 전략

핵심 Point 체크

5강_수권의 구성, 6강_해수의 특성과 순환

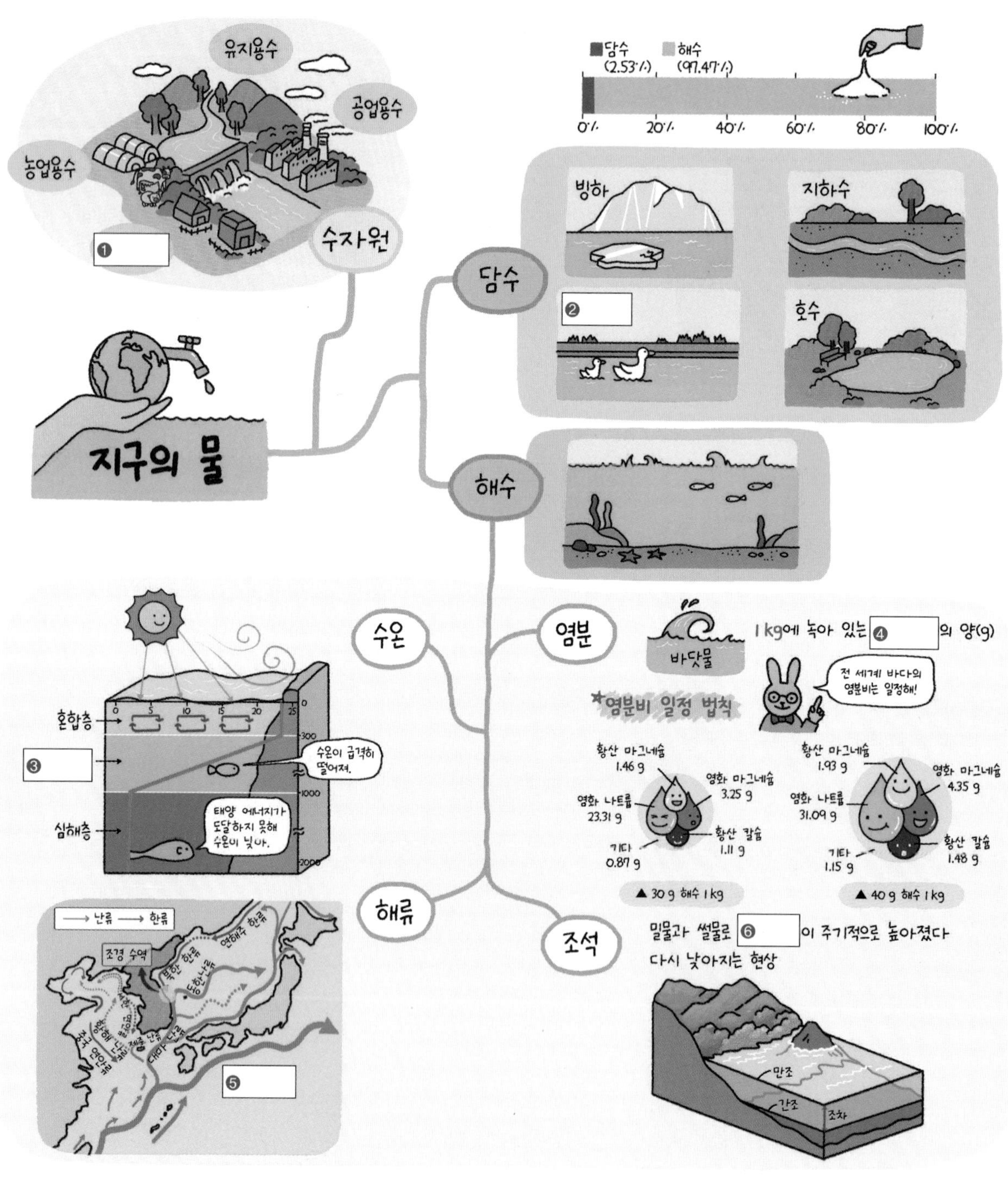

답 ❶생활용수 ❷하천수 ❸수온 약층 ❹염류 ❺쿠로시오 해류 ❻해수면

이어서 공부할 내용	❶ 신유형 · 신경향 · 서술형 전략 ❷ 고난도 해결 전략

7강_온도와 열, 8강_비열과 열팽창~재해·재난과 안전

물체의 차고 뜨거운 정도를 수치로 나타낸 것을 ❶ 라고 한다.
온도가 낮은 물체
온도가 높은 물체
온도가 ❷ 입자 운동이 활발해진다.
온도
입자 운동이 차례로 활발해진다.
입자들이 서로 충돌하면서 열을 이동하는 방법은 ❸ 이다.
입자가 직접 이동하여 열을 전달하는 방법은 ❹ 이다.
물질의 도움 없이 열이 직접 이동하는 방법은 ❺ 이다.
온도
온도가 높은 물체
열평형 상태
온도가 낮은 물체
시간
열의 이동
온도가 다른 두 물체가 접촉했을 때 온도가 높은 물체에서 낮은 물체로 열이 이동하여 두 물체의 온도가 같아진 상태를 ❻ 이라고 한다.
열과 우리 생활
비열
해풍
육풍
온도: 육지 > 바다
온도: 육지 < 바다
육지와 바다의 ❼ 차이로 인해 해안 지방에서 낮에는 해풍이 불고, 밤에는 반대로 육풍이 분다.
열팽창
열팽창 정도가 작은 금속
열팽창 정도가 큰 금속
가열: 팽창한다.
적게 팽창
많이 팽창
열팽창 정도가 다른 두 종류의 금속을 붙여 놓은 것을 ❽ 이라고 한다.
자연 재해 · 재난
자연 재난은 예방하기 어려우며, ❾ 지역에 걸쳐 발생한다.
지진
화산
재해 · 재난과 안전
사회 재해 · 재난
사회 재난은 인간의 활동에 의해 발생하므로 예방이 가능하다.
감염성 질병 확산
화학 물질 유출

답 ❶온도 ❷높을수록 ❸전도 ❹대류 ❺복사 ❻열평형 ❼비열 ❽바이메탈 ❾넓은

신유형·신경향·서술형 전략

신유형 전략

1 우리나라의 수자원

다음은 어느 신문 기사의 일부를 나타낸 것이다.

> ○○신문
>
> ○○○○년 ○월 ○○일
>
> **긴 장마·가을 가뭄에……**
>
> **무·배추 생산 최대 14 % 감소**
>
> [김철수 기자] 올해 △△ 지역에서는 긴 장마에 가을 가뭄이 이어지면서 주요 작물인 감자와 무, 배추의 생산량이 전년과 대비해 최대 14 %까지 감소할 전망이다.
>
> ……
>
> 배추를 재배하는 농민 박모씨는 "지금까지 그럭저럭 배추를 키워 왔는데 앞으로 비가 오지 않으면 피해를 입을 것이 불을 보듯 뻔하다"고 했다. 배추는 다량의 수분이 요구되는 작물이기 때문에……

이와 관련하여 우리나라의 수자원 현황에 대해 옳은 설명을 한 학생을 모두 고른 것은?

연간 강수량의 대부분은 여름철에 집중되어 있어.
강수량이 점점 줄어들면서 바다로 유실되는 양도 줄고 있지.
안정적으로 수자원을 확보하기 위해 댐을 건설하거나 지하수를 개발할 필요가 있어.
준미
지석
영아

① 준미 ② 지석 ③ 준미, 영아
④ 지석, 영아 ⑤ 준미, 지석, 영아

> **Tip** 전 지구적으로 ❶ ____ 증가와 산업의 발달로 물 사용량이 증가하는 추세이므로 수자원을 안정적으로 확보하기 위해 ❷ ____ 를 개발하는 것이 매우 중요하다.
>
> 답 ❶ 인구 ❷ 지하수

2 열의 이동

그림과 같이 추운 겨울날 연수, 지우, 혜경, 원희가 공원에서 만나 공원에 놓인 나무 의자와 금속 의자에 앉았는데, 나무 의자보다 금속 의자가 더 차가웠다.

이에 대한 학생들의 대화에서 옳은 설명을 한 학생을 모두 고른 것은?

연수: 금속 의자가 나무 의자보다 더 차가워서 그래.
지우: 아니야. 나무 의자와 금속 의자의 온도는 같아.
혜경: 의자에 앉았을 때 차게 느껴지는 것은 의자에서 우리 몸으로 열이 이동하기 때문이야.
원희: 금속이 나무보다 전도가 잘 되어 열이 이동이 빨라 더 차게 느껴지는 거야.

① 연수 ② 연수, 혜경
③ 연수, 원희 ④ 지우, 혜경
⑤ 지우, 원희

> **Tip** 나무와 금속 중에서 ❶ ____ 은 열이 잘 전도되는 물질이고, ❷ ____ 는 열이 잘 전도되지 않는 물질이다.
>
> 답 ❶ 금속 ❷ 나무

신경향 전략

3 조석 주기

표는 우리나라 어느 지역의 주간 조석 예보의 일부를 나타낸 것이다.

09.07 (수)	09.08 (목)	09.09 (금)	09.10 (토)
고 01 : 49 735 cm	고 03 : 04 804 cm	고 03 : 59 872 cm	고 04 : 44 923 cm
저 08 : 33 311 cm	저 09 : 38 228 cm	저 10 : 26 149 cm	저 11 : 09 88 cm
고 14 : 16 650 cm	고 15 : 24 732 cm	고 16 : 16 811 cm	고 16 : 59 872 cm
저 20 : 28 193 cm	저 21 : 35 118 cm	저 22 : 28 50 cm	저 23 : 14 6 cm

이에 대해 나눈 대화에서 옳지 않은 해석을 한 학생은?

9월 8일 오후 2시에는 밀물이 있을 거야.
9월 9일 오전 10시 30분 정도에는 갯벌 체험을 할 수 있을 것 같아.
9월7일과 비교했을 때 9월 10일의 조차가 더 작아.
성우
수빈
영주
수진
지훈
9월 7일 오전 8시 33분은 간조야.
이 기간에 하루에 만조와 간조가 각각 두 번씩 있었어.

① 수진 ② 성우 ③ 수빈
④ 영주 ⑤ 지훈

Tip 조석은 바닷가에서 밀물과 ❶ ____ 로 인해 주기적으로 ❷ ____ 이 오르내리는 현상이다. 답 ❶썰물 ❷해수면

4 물의 비열의 특성

다음은 학생들이 질량이 같은 물질들의 비열에 대해 조사한 내용이다.

- 비열이 클수록 같은 온도만큼 높이는 데 더 많은 열량이 필요하다.
- 같은 열량을 가했을 때 비열이 큰 물질은 비열이 작은 물질에 비해 온도 변화가 작다.
- 비열이 작은 물질은 적은 열량을 얻어도 온도가 크게 변한다.
- 비열이 큰 물질은 천천히 데워지고 천천히 식지만 비열이 작은 물질은 빨리 데워지고 빨리 식는다.
- 물은 다른 물질에 비해 비열이 크다.

위 자료를 바탕으로 물의 비열에 대한 특성을 옳게 설명한 학생을 모두 쓰시오.

물은 오랫동안 일정한 온도를 유지하므로 찜질팩 속에 넣어서 이용해.
우리 몸에는 많은 양의 물이 포함되어 있어 체온이 크게 변하지 않아.
자동차 엔진을 식히는 냉각수에 물을 사용하는 것은 물이 많은 열을 받더라도 온도가 적게 올라가기 때문이야.
찬호
영지
연우

( )

Tip 물은 다른 물질보다 비열이 ❶ ____ 온도가 빨리 ❷ ____ 않는 특징이 있다. 답 ❶커서 ❷변하지

서술형 전략

5 수자원의 확보

그림 (가)는 1인당 강수량의 세계 평균과 우리나라 평균을, (나)는 우리나라를 비롯한 일부 국가의 1일 1인당 물 사용량을 비교하여 나타낸 것이다.

15044(m^3/년)

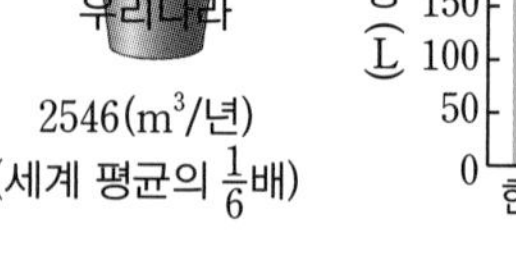

2546(m^3/년)
(세계 평균의 $\frac{1}{6}$배)

(가)

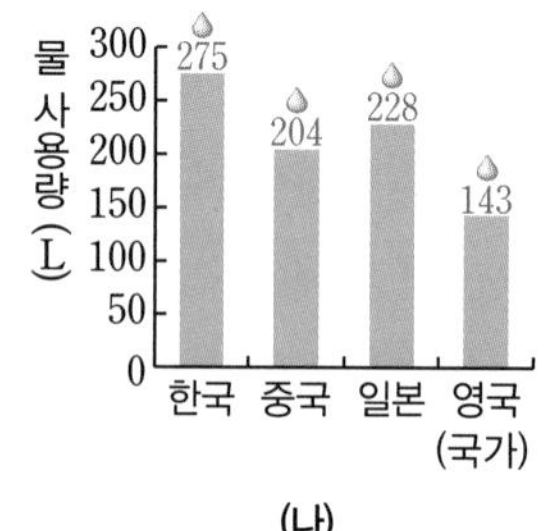

(나)

(1) 우리나라의 연평균 강수량은 세계 평균의 1.6배로 세계 평균보다 높은데, 1인당 강수량이 (가)와 같이 나타나는 이유를 서술하시오.

(2) 그림 (가)와 (나)를 종합하여, 우리나라에서 현재와 같이 수자원을 지속적으로 사용할 때 발생할 수 있는 문제점을 서술하시오.

(3) 실생활에서 실천 가능한 수자원의 확보 방안을 두 가지 서술하시오.

Tip 수자원의 양은 ❶ ______ 하지 않으므로, 물을 항상 깨끗하게 관리하고 ❷ ______ 쓰는 습관을 가져야 한다. 답 ❶ 무한 ❷ 아껴

6 염류와 염분

다음은 철수가 어느 해역의 바닷물로 탐구 활동을 하고, 그 과정과 결과를 정리한 노트의 일부를 나타낸 것이다.

| 준비물 |

바닷물 500 g, 증발 접시, 가열 기구

| 탐구 과정 |

(가) 바닷물 500 g을 가열하여 모두 증발시킨다.
(나) 증발 후 접시에 남아 있는 염류의 양을 측정한다.
(다) 염류의 종류별로 양을 측정한다.

| 탐구 결과 |

염류의 총량(g)	염화 나트륨(g)	염화 마그네슘(g)	기타(g)
18	14.04	1.98	1.98

(1) 이 바닷물의 염분을 구하시오.

( )

(2) 다른 해역의 바닷물 1 kg 속에 염류가 총 30 g 녹아 있을 때, 이 바닷물에 포함된 염화 나트륨과 염화 마그네슘의 양을 각각 구하시오.

• 염화 나트륨(g): ( )
• 염화 마그네슘(g): ( )

Tip 염분은 바닷물 ❶ ______ 에 녹아 있는 염류의 총량을 g 수로 나타낸 것으로, ❷ ______ 를 단위로 사용한다.

답 ❶ 1 kg ❷ psu(실용 염분 단위)

7 냉 · 난방기의 효율적인 이용

그림과 같이 교실이나 사무실, 가정에는 천장에 설치된 냉 · 난방 기구가 있다.

(1) 천장에 설치된 냉 · 난방 기구는 난방기와 냉방기 중 어떤 용도로 사용할 때가 효율적인지 쓰시오.

( )

(2) (1)과 같이 쓴 까닭을 열의 이동 방법과 관련지어 서술하시오.

Tip 공기는 대류에 의해 따뜻한 공기는 ❶ 으로 이동하고, 차가운 공기는 ❷ 으로 이동한다.

답 ❶ 위쪽 ❷ 아래쪽

8 일상생활에서 열팽창의 이용

다음은 일상생활에서 열팽창을 이용하는 예이다.

(가) 금속 뚜껑 열기
유리병의 금속 뚜껑이 잘 열리지 않을 때 뚜껑 부분을 뜨거운 물에 넣었다가 빼면 뚜껑을 쉽게 열 수 있다.
(나) 철근 콘크리트로 된 구조물
건축물을 만들 때 콘크리트 속에 철근을 넣어 튼튼하게 하는데, 이때 두 물질의 열팽창 정도가 다르면 건물에 균열이 생길 수 있다.

(1) (가)와 (나)에 대한 설명에서 A과 B에 들어갈 알맞은 말을 쓰시오.

(가)의 경우는 열팽창 정도가 (A)을 이용하는 경우이며, (나)는 열팽창 정도가 (B)을 이용하는 경우이다.

• A: ( ), B: ( )

(2) 일상생활에서 (나)와 같이 열팽창을 이용하는 다른 예를 한 가지만 서술하시오.

Tip 물체의 온도가 높아질 때 부피가 ❶ 하는 현상을 열팽창이라고 하며, 물질마다 열팽창하는 정도가 ❷ .

답 ❶ 팽창 ❷ 다르다

고난도 해결 전략 1회

빈출도 

5강_수권의 구성

01 그림 (가)는 우주에서 본 지구의 모습을, (나)는 화성의 모습을 나타낸 것이다.

(가)

(나)

이에 대한 설명으로 옳은 것을 |보기|에서 모두 고른 것은?

보기
ㄱ. (가)는 표면의 70 % 이상이 물로 덮여 있다.
ㄴ. (가)에서 액체 상태의 물이 존재하는 영역을 수권이라고 한다.
ㄷ. (나)에서 생명체가 발견되지 않는 이유는 액체 상태의 물이 거의 존재하지 않기 때문이다.

① ㄱ ② ㄴ ③ ㄱ, ㄷ
④ ㄴ, ㄷ ⑤ ㄱ, ㄴ, ㄷ

02 그림 (가)와 (나)는 수권에서 물이 존재하는 서로 다른 형태를 나타낸 것이다.

(가)

(나)

이에 대한 설명으로 옳은 것을 |보기|에서 모두 고른 것은?

보기
ㄱ. (가)는 수권 전체 물의 대부분을 차지한다.
ㄴ. (나)는 대부분 극지방이나 고산 지대에 분포한다.
ㄷ. (가)와 (나)는 모두 소금기가 없는 담수이다.

① ㄱ ② ㄷ ③ ㄱ, ㄴ
④ ㄴ, ㄷ ⑤ ㄱ, ㄴ, ㄷ

1등급 킬러

03 그림은 지구에 있는 물의 분포를 나타낸 것이다.

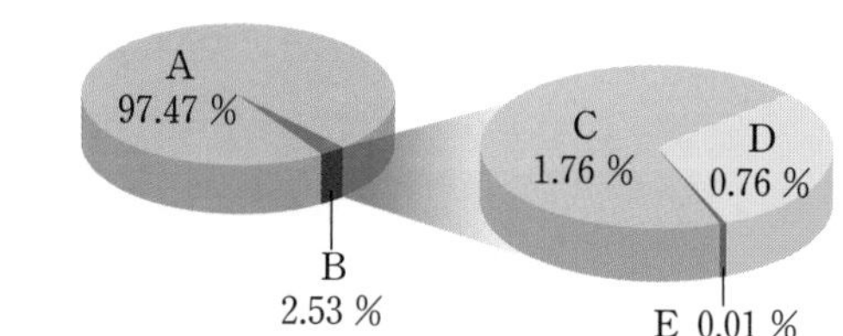

A~E 중 다음 글에서 설명하고 있는 것은?

땅속의 지층이나 암석 사이의 빈틈을 채우고 있거나 그 사이를 흐르는 물이다. 보통 비가 토양과 암석층을 통과하여 지하로 스며들어 형성되는데, 물이 스며들 수 없는 불투수층이 나타나면 그 면의 경사를 따라 바다로 흘러간다.

① A ② B ③ C
④ D ⑤ E

04 다음은 우리나라의 연간 수자원 현황을 나타낸 것이다.

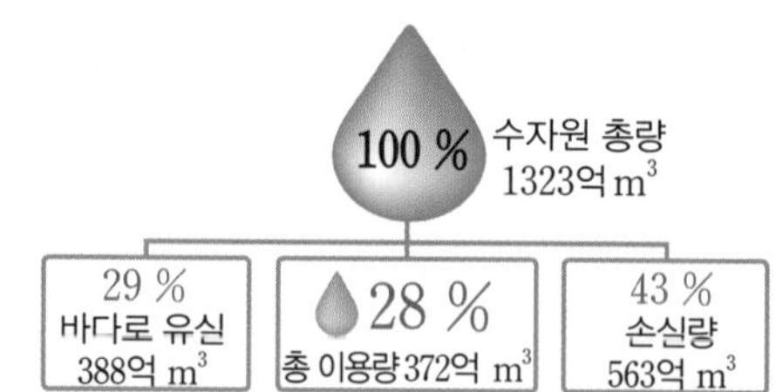

우리나라의 수자원 현황에 대한 설명으로 옳은 것은?

① 계절별 강수량이 대체로 비슷하게 나타나는 경향이 있다.
② 수자원 총 이용량의 대부분은 지하수가 차지한다.
③ 수자원 총량에서 손실량을 제외한 나머지 약 57 %는 수자원으로 이용된다.
④ 국토를 덮고 있는 토양의 특성상 빗물이 잘 스며들지 않고 바다로 유실되는 양이 많다.
⑤ 수자원은 대체로 홍수 시 유출량을 댐과 같은 저류 시설에 저장하였다가 이용하고 있다.

05 그림은 우리나라의 용도별 수자원 이용 현황을 연도별로 나타낸 것이다.

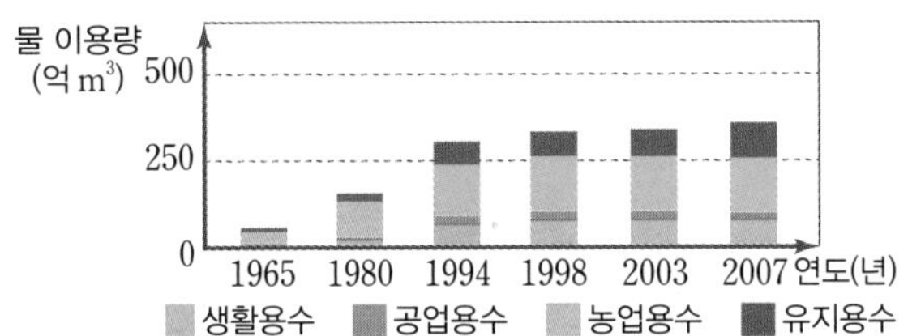

우리나라의 수자원 이용 현황에 대한 설명으로 옳지 않은 것은?

① 수자원은 농업용수로 가장 많이 이용되어 왔다.
② 수자원의 총 이용량은 점차 늘어나는 추세를 보인다.
③ 하천이 제 기능을 유지하는 데 필요한 물이 가장 적게 이용된다.
④ 1990년대 이후 생활용수의 이용량은 공업용수의 이용량보다 항상 많다.
⑤ 안정적인 수자원 확보를 위한 대책과 미래를 위한 수자원 관리 방안이 마련되어야 한다.

06 자원으로서 물의 가치에 대한 설명으로 옳은 것을 | 보기 | 에서 모두 고른 것은?

보기
ㄱ. 수력 발전이나 조력 발전 등과 같은 방법으로 전기를 얻는 데 사용한다.
ㄴ. 생명을 유지하는 데 반드시 필요하며, 다양한 생물의 서식지를 제공한다.
ㄷ. 인류의 문명이 발달하는 데 필요하지만, 삶의 질이 높아지면 물 사용량은 자연히 감소한다.
ㄹ. 다양한 제품을 생산하는 데 직접 이용되며, 상하수도 사업 등 물 관련 산업의 비중도 높아지고 있다.

① ㄱ, ㄴ ② ㄱ, ㄷ ③ ㄷ, ㄹ
④ ㄱ, ㄴ, ㄹ ⑤ ㄴ, ㄷ, ㄹ

07 그림은 제주도에서 지하수가 암석이나 지층의 틈을 통해 솟아나는 용천수의 모습을 나타낸 것이다.

(출처: 제주환경운동연합)

제주도와 같은 지역에서 수자원을 확보하고 활용하는 방안에 대한 설명으로 옳은 것을 | 보기 | 에서 모두 고른 것은?

보기
ㄱ. 육지처럼 하천이 발달하지 않아서 수자원으로써 지하수 의존도가 높다.
ㄴ. 추가적인 수자원 확보 방안으로는 빗물 저장 시설 구축 등이 있다.
ㄷ. 주로 주변의 바닷물이 지하수로 저장되기 때문에 고갈의 염려가 없다.

① ㄴ ② ㄷ ③ ㄱ, ㄴ
④ ㄱ, ㄷ ⑤ ㄱ, ㄴ, ㄷ

서술형

08 글을 읽고 (가)~(라)에 들어갈 알맞은 말을 쓰시오.

전 지구적으로 인구가 증가하고 산업이 발달하면서 물 사용량은 (가) 하는 추세이다. 하지만 기후 변화로 (나) 등이 잦아지면서 물의 확보와 효율적인 관리가 어려워지고 있다. 따라서 (다) 의 개발은 수자원 확보를 위해 매우 중요한데, 비교적 양이 풍부하고 간단한 정수 과정을 거쳐 바로 이용할 수 있기 때문이다. 그렇지만 무분별한 개발로 지반이 침하되거나 (라) 또는 오염이 발생하지 않도록 주의해야 한다.

• (가): (　　　), (나): (　　　),
(다): (　　　), (라): (　　　)

6강_ 해수의 특성과 순환

빈출도 ● > ● > ●

09 그림은 전 세계 해양의 표층 수온 분포를 나타낸 것이다.

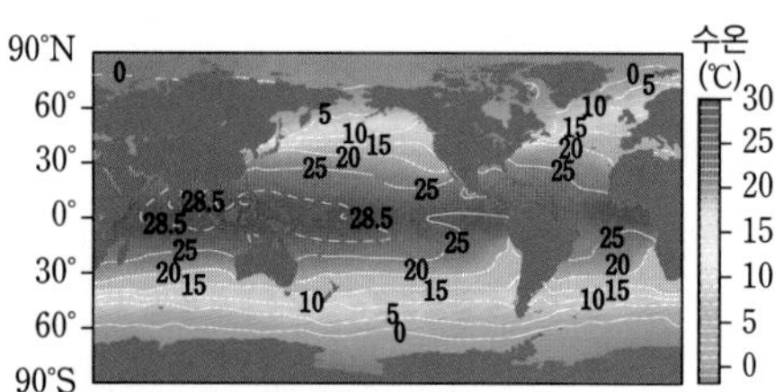

이에 대한 설명으로 옳은 것을 | 보기 |에서 모두 고른 것은?

| 보기 |
ㄱ. 표층 수온에 가장 큰 영향을 미치는 요인은 대륙의 분포이다.
ㄴ. 표층 해수의 등온선은 대체로 위도와 나란한 분포를 보인다.
ㄷ. 저위도에서 고위도로 갈수록 표층 해수에 도달하는 태양 복사 에너지의 양은 증가한다.

① ㄱ ② ㄴ ③ ㄱ, ㄷ
④ ㄴ, ㄷ ⑤ ㄱ, ㄴ, ㄷ

∴ 1등급 킬러

10 그림 (가)와 (나)는 저위도와 중위도 어느 해역의 연직 수온 분포를 순서 없이 나타낸 것이다.

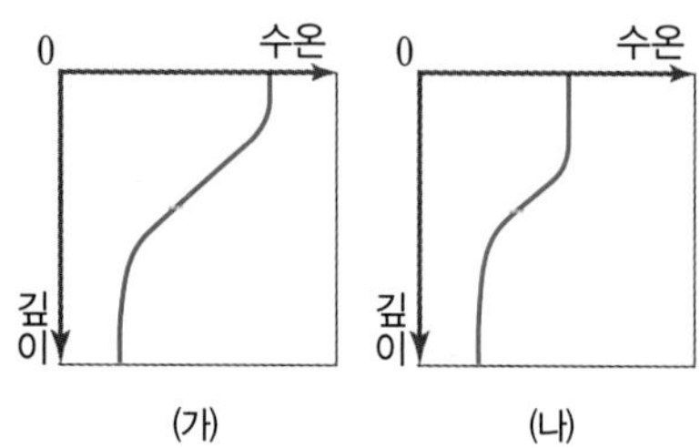

이에 대한 설명으로 옳지 않은 것은?

① (가)는 (나)보다 바람이 강하게 부는 해역이다.
② (가)는 (나)보다 수온 약층이 뚜렷하게 나타난다.
③ (가)는 (나)보다 표층의 태양 에너지 흡수량이 많다.
④ (가)는 저위도, (나)는 중위도 해역의 연직 수온 분포이다.
⑤ (가)와 (나)는 모두 심해층에서의 연간 수온 변화가 거의 없다.

11 그림은 어느 해역의 해수 1 kg에 녹아 있는 염류의 양을 나타낸 것이다.

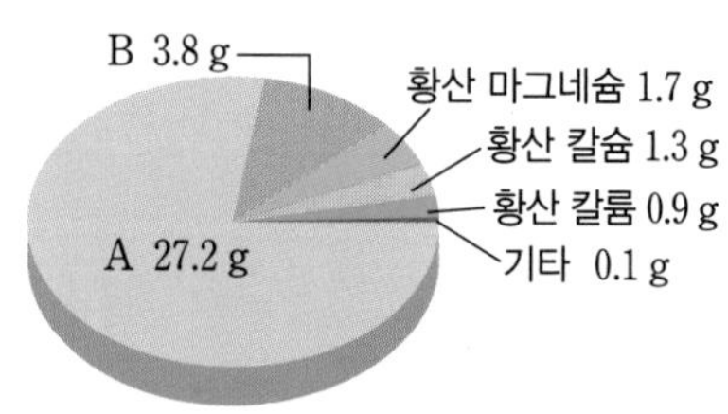

이에 대한 설명으로 옳은 것을 | 보기 |에서 모두 고른 것은?

| 보기 |
ㄱ. A는 염화 나트륨이다.
ㄴ. 바닷물에서 짠맛이 나는 이유는 B 때문이다.
ㄷ. 이 해수의 염분은 37 psu이다.

① ㄱ ② ㄷ ③ ㄱ, ㄴ
④ ㄴ, ㄷ ⑤ ㄱ, ㄴ, ㄷ

12 그림 (가)는 위도별 증발량과 강수량의 분포를, (나)는 위도별 표층 염분의 분포를 나타낸 것이다.

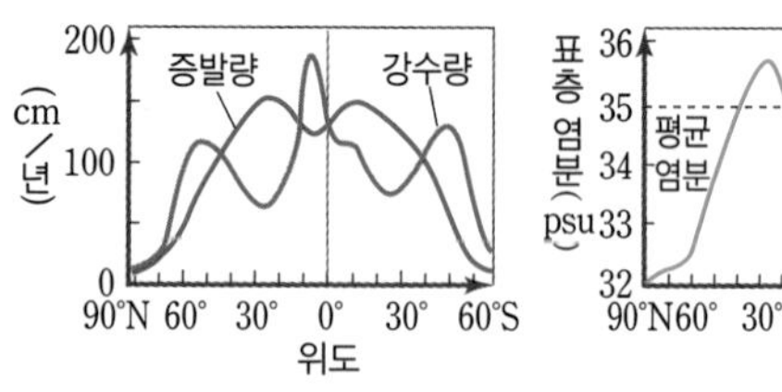

이에 대한 설명으로 옳은 것은?

① 증발량은 표층 염분에 영향을 주지 않는다.
② 강수량이 많을수록 표층 염분이 높게 나타난다.
③ 증발량과 강수량의 차이가 적을수록 표층 염분이 높게 나타난다.
④ 증발량이 적으면서 강수량이 많을수록 표층 염분이 낮게 나타난다.
⑤ 북극 부근 해역은 남극 부근 해역보다 표층 염분이 높게 나타난다.

서술형 ⁂ 1등급 킬러

13 표는 서로 다른 두 해역 (가)와 (나)의 해수 1 kg 속에 녹아 있는 염류의 양을 나타낸 것이다.

해역	염화 나트륨(g)	염화 마그네슘(g)
(가)	31.2	4.4
(나)	24.96	A

(가) 해역의 염분이 40 psu라고 할 때, A를 구하시오.

( )

14 그림은 우리나라 주변을 흐르는 해류를 나타낸 것이다.

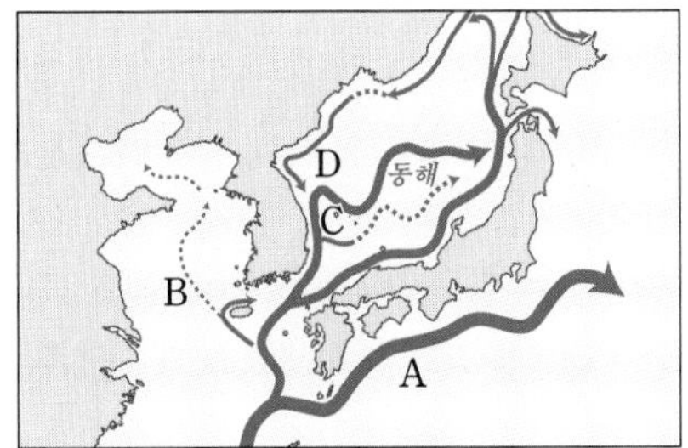

이에 대한 설명으로 옳은 것을 |보기|에서 모두 고른 것은?

보기
ㄱ. A는 우리나라 주변을 흐르는 해류의 근원이다.
ㄴ. B는 황해를 따라 흐르는 한류이다.
ㄷ. C와 D는 동해에 조경 수역을 형성한다.
ㄹ. D는 연해주 한류로부터 갈라져 나온 해류이다.

① ㄱ, ㄴ ② ㄱ, ㄷ ③ ㄴ, ㄹ
④ ㄱ, ㄷ, ㄹ ⑤ ㄴ, ㄷ, ㄹ

15 표는 우리나라 어느 지역에서 이틀 동안 만조와 간조가 나타난 시각과 그때 해수면의 높이를 나타낸 것이다.

10월 11일		10월 12일	
시각	해수면 높이	시각	해수면 높이
03 : 59	872 cm	04 : 44	923 cm
10 : 26	149 cm	11 : 09	88 cm
16 : 16	811 cm	16 : 59	872 cm
22 : 28	50 cm	23 : 14	6 cm

이 지역에서 바다 갈라짐 체험을 하기에 가장 적절한 날짜와 시간대는?

① 10월 11일 오후 3시 ~ 오후 4시 사이
② 10월 11일 오후 5시 ~ 오후 6시 사이
③ 10월 12일 오전 11시 ~ 오후 12시 사이
④ 10월 12일 오후 3시 ~ 오후 4시 사이
⑤ 10월 12일 오후 5시 ~ 오후 6시 사이

16 그림은 한 달 동안 어느 바닷가의 해수면의 높이 변화를 나타낸 것이다.

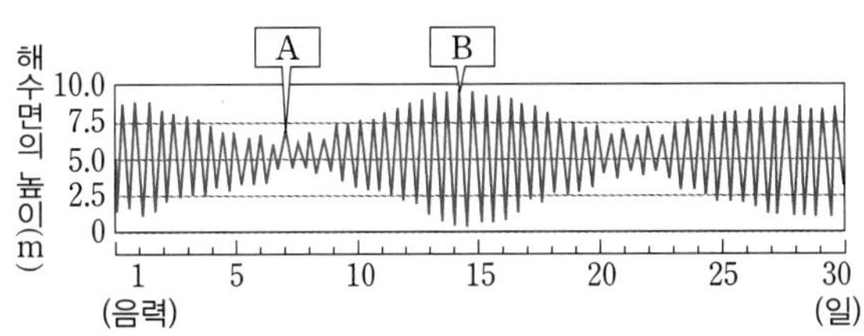

이에 대한 설명으로 옳은 것을 |보기|에서 모두 고른 것은?

보기
ㄱ. A는 사리이다.
ㄴ. B일 때 태양 – 지구 – 달은 일직선 상에 위치한다.
ㄷ. 만조와 간조의 해수면 높이 차이는 매일 조금씩 달라진다.

① ㄱ ② ㄷ ③ ㄱ, ㄴ
④ ㄴ, ㄷ ⑤ ㄱ, ㄴ, ㄷ

고난도 해결 전략 2회

빈출도 ● > ● > ●

7강_온도와 열

01 그림 (가), (나)는 온도가 다른 물의 입자 운동 모습을 나타낸 것이다.

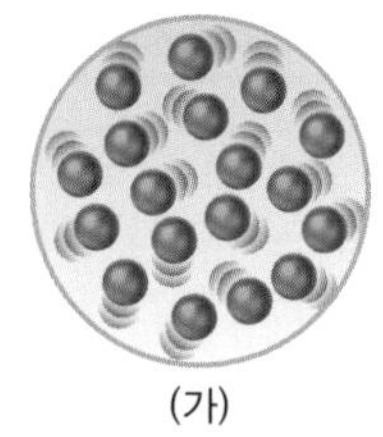
(가)

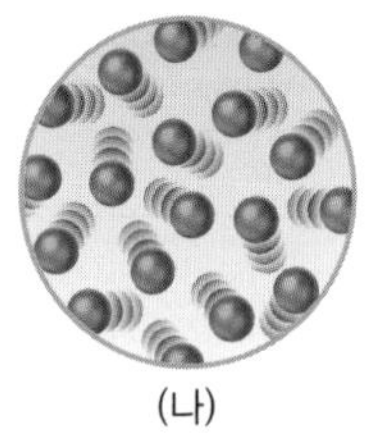
(나)

이에 대한 설명으로 옳은 것은?

① (가)의 온도가 (나)보다 높다.
② (가)에 열을 가하면 입자 운동이 둔해진다.
③ (나)에 열을 가하면 입자 운동이 활발해진다.
④ (가)와 (나)를 접촉하면 (가)에서 (나)로 열이 이동한다.
⑤ (가)와 (나)를 접촉하면 (나)의 입자 운동은 더 활발해진다.

⁂ 1등급 킬러

02 그림과 같이 열 변색 붙임 딱지를 붙인 금속판과 유리판을 따뜻한 물에 넣었더니 금속판의 색이 더 빨리 변했다. 이에 대한 설명으로 옳은 것을 |보기|에서 모두 고른 것은?

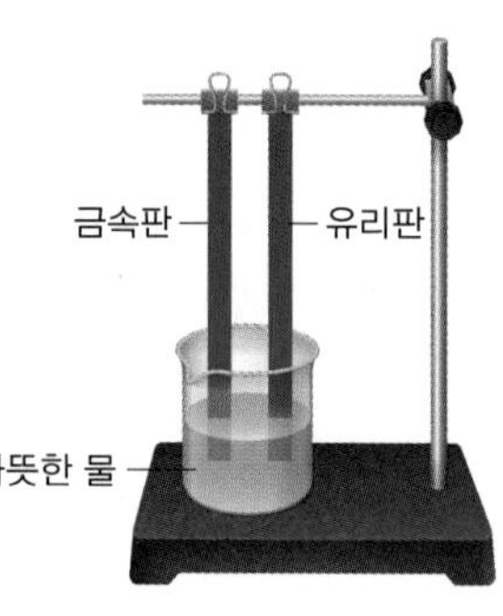

보기
ㄱ. 금속이 유리보다 열을 잘 전달한다.
ㄴ. 물에 들어 있는 부분의 온도는 금속판이 유리판보다 높다.
ㄷ. 물질에 따라 열이 전도되는 정도가 다르다.

① ㄱ ② ㄴ ③ ㄱ, ㄴ
④ ㄱ, ㄷ ⑤ ㄱ, ㄴ, ㄷ

03 그림과 같이 따뜻한 물이 담긴 플라스크 위에 투명 필름을 얹고 찬물이 든 플라스크를 뒤집어 놓았다.

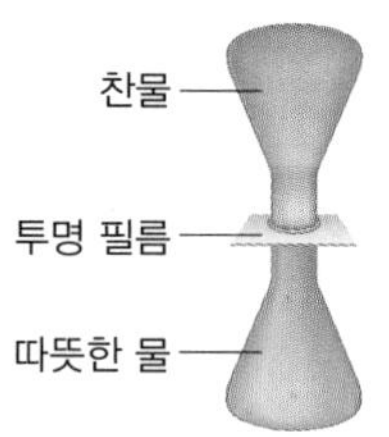

투명 필름을 제거하였을 때, 이에 대한 설명으로 옳은 것을 |보기|에서 모두 고른 것은?

보기
ㄱ. 전도로 열이 이동한다.
ㄴ. 시간이 지나면 열평형 상태가 된다.
ㄷ. 물 입자가 직접 이동하면서 열이 이동한다.

① ㄱ ② ㄷ ③ ㄱ, ㄴ
④ ㄴ, ㄷ ⑤ ㄱ, ㄴ, ㄷ

04 그림 (가)는 얼음을 시험관 위에 놓고 가열하는 경우이고, (나)는 얼음을 시험관 아래에 놓고 가열하는 경우이다.

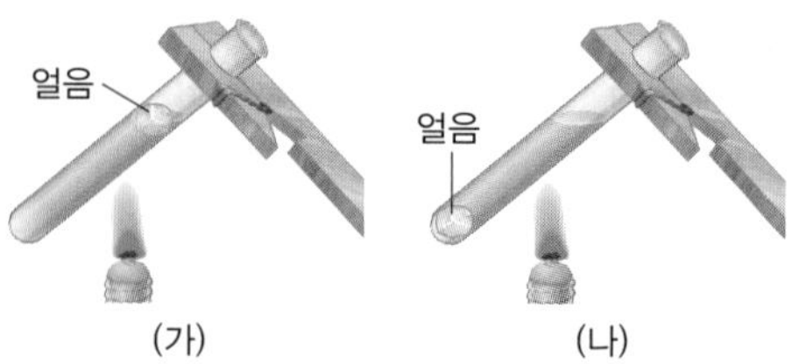

이때 얼음이 더 빨리 녹는 것과 이와 관련된 열의 이동 방법을 쓰시오.

(1) 더 빨리 녹는 것: (   )
(2) 열의 이동 방법: (   )

05 그림과 같은 방 안의 A 위치 또는 B 위치에 여름철에는 냉방을 위해 에어컨을, 겨울철에는 난방을 위해 난로를 설치하려고 한다. 효율적인 냉·난방을 위해 에어컨과 난로를 설치해야 하는 위치를 각각 쓰시오.

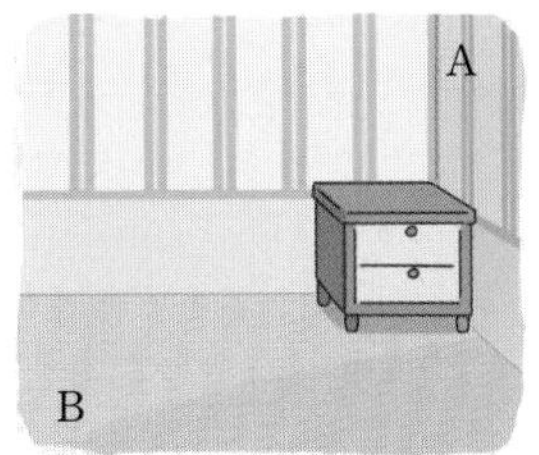

(1) 에어컨: (　　　　　　　　)

(2) 난로: (　　　　　　　　)

서술형

06 그림은 질량이 같은 두 물질 A와 B가 접촉해 있을 때 두 물질의 시간에 따른 온도 변화를 나타낸 것이다. (단, 열의 이동은 A, B 사이에서만 일어난다.)

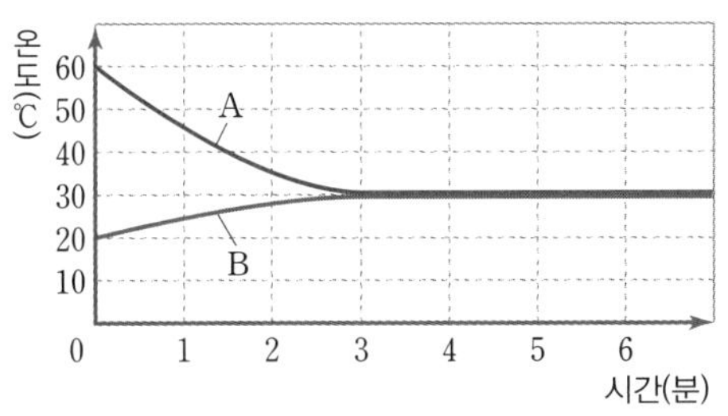

(1) 열평형에 도달할 때까지 A와 B를 구성하는 입자들의 입자 운동 변화를 서술하시오.

(2) A와 B 중 비열이 큰 물질을 쓰시오.

(　　　　　　　　)

(3) (2)와 같이 쓴 까닭을 주어진 단어를 모두 사용하여 서술하시오.

잃은 열량	얻은 열량	온도 변화

07 그림은 음료수에 얼음을 넣은 모습을 나타낸 것이다. 이에 대한 설명으로 옳은 것은?

① 음료수의 입자 운동은 활발해진다.
② 얼음의 입자 운동은 둔해진다.
③ 얼음에서 음료수로 열이 이동한다.
④ 시간이 지난 후에는 얼음에서 음료수로 열이 이동한다.
⑤ 음료수의 온도는 낮아지지만 처음 얼음의 온도보다는 높아진다.

08 그림과 같이 큰 유리병과 작은 유리병, 알루미늄 포일, 에어캡을 이용하여 얼음이 잘 녹지 않는 단열 장치를 만들었다.

이에 대한 설명 중 옳은 것을 보기 에서 모두 고른 것은?

보기
ㄱ. 뚜껑을 덮으면 공기의 대류가 잘 일어나지 않는다.
ㄴ. 유리병 사이의 에어캡은 전도에 의한 열의 이동을 막을 수 있다.
ㄷ. 알루미늄 포일로 작은 유리병을 감싸면 복사에 의한 열의 이동을 막을 수 있다.

① ㄷ　② ㄱ, ㄴ　③ ㄱ, ㄷ
④ ㄴ, ㄷ　⑤ ㄱ, ㄴ, ㄷ

8강_비열과 열팽창~재해·재난과 안전

빈출도 ● > ● > ●

09 그림은 밤에 해안가에서 바람이 부는 과정을 나타낸 것이다.

이에 대한 설명으로 옳은 것을 보기 에서 모두 고른 것은?

보기
ㄱ. 대류의 방법으로 공기가 이동하는 것이다.
ㄴ. 바다와 육지의 비열 차로 나타나는 현상이다.
ㄷ. 육지의 비열이 바다보다 작아서 밤에는 육지의 온도가 더 낮게 내려간다.

① ㄴ ② ㄷ ③ ㄱ, ㄴ
④ ㄱ, ㄷ ⑤ ㄱ, ㄴ, ㄷ

서술형

10 표는 질량이 같은 6가지 물질의 비열을 나타낸 것이다.

물질	물	식용유	알루미늄
비열	1.00	0.47	0.21
물질	모래	철	구리
비열	0.19	0.11	0.09

[비열의 단위: kcal/(kg·℃)]

같은 세기의 불꽃으로 가열했을 때 (1) 5분 동안 온도 변화가 가장 큰 물질과 (2) 온도를 10 ℃ 높이는 데 가장 많은 시간이 걸리는 물질을 각각 쓰시오. (단, 모든 물질의 질량과 처음 온도는 같다.)

(1): ( )

(2): ( )

11 그림은 질량이 같은 두 물질 A, B를 같은 세기의 불꽃으로 동시에 가열할 때 시간에 따른 온도 변화를 나타낸 것이다.

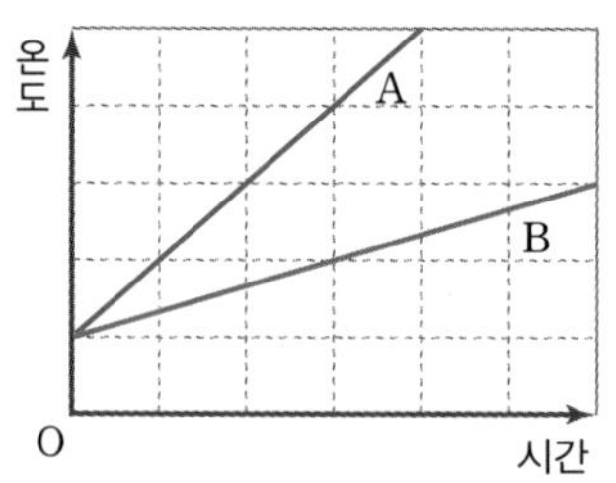

이에 대한 설명으로 옳은 것을 보기 에서 모두 고른 것은?

보기
ㄱ. A의 비열이 B보다 크다.
ㄴ. A의 온도 변화가 B보다 크다.
ㄷ. 같은 온도 변화에 필요한 열량은 B가 A보다 많다.

① ㄴ ② ㄱ, ㄴ ③ ㄱ, ㄷ
④ ㄴ, ㄷ ⑤ ㄱ, ㄴ, ㄷ

1등급 킬러

12 그림 (가)는 물체 A와 B를 접촉시킨 후 시간 따른 온도 변화를 그래프로 나타낸 것이고, (나)는 물체 A와 C를 접촉시켰을 때의 온도 변화를 그래프로 나타낸 것이다.

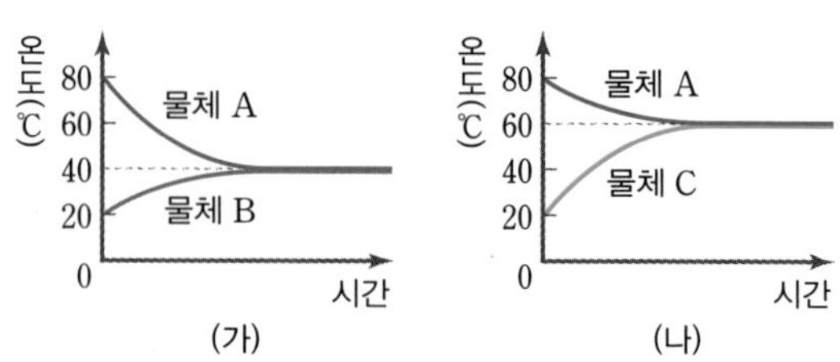

(1) A, B, C 세 물체의 비열의 크기를 비교하고 (2) 온도가 다른 B와 C를 접촉시켰을 때 온도 변화 더 큰 것을 쓰시오. (단, 물체 A, B, C의 질량은 같고, 외부와의 열 출입은 없다.)

(1): ( )

(2): ( )

13 그림은 여름철 전깃줄에 앉은 참새를 나타낸 것이다.

겨울철과 비교했을 때의 여름철 전깃줄에 대한 설명으로 옳은 것을 | 보기 |에서 모두 고른 것은?

보기
ㄱ. 전깃줄의 길이가 길어진다.
ㄴ. 전깃줄을 구성하는 입자의 크기가 커진다.
ㄷ. 전깃줄을 구성하는 입자 운동이 활발해진다.
ㄹ. 전깃줄을 구성하는 입자 사이의 거리가 가까워진다.

① ㄱ ② ㄱ, ㄷ ③ ㄱ, ㄹ
④ ㄴ, ㄷ ⑤ ㄴ, ㄹ

14 그림과 같은 말굽 모양의 금속 고리를 알코올램프를 이용하여 가열하였다. 가열 후의 모습으로 옳은 것은? (단, 점선은 처음 고리의 모습이다.)

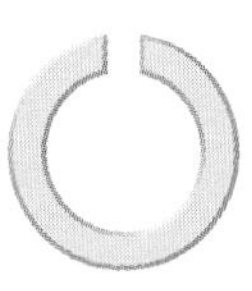

① 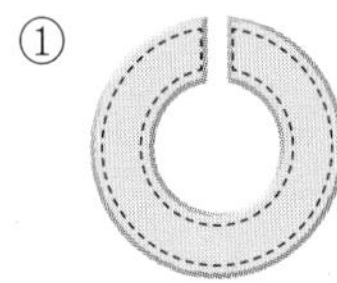

② 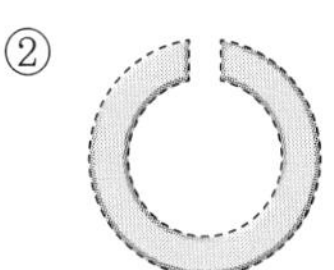

③ 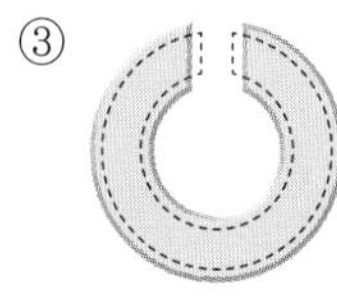

④ 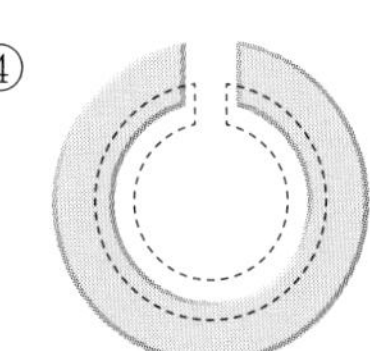

⑤ 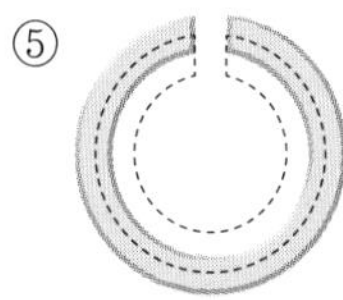

15 그림은 바다에 기름이 유출된 모습이다.

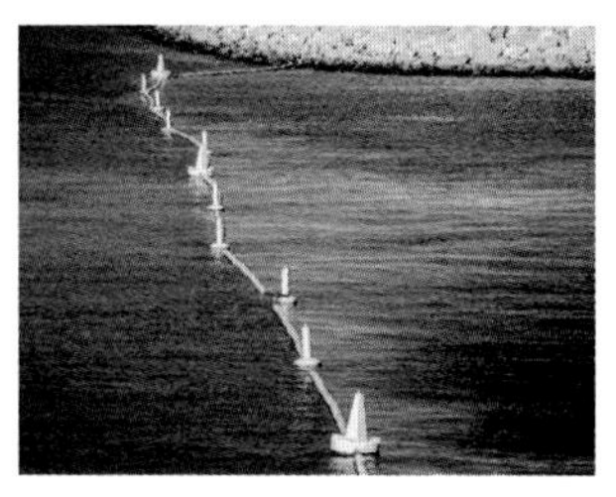

이러한 재해·재난과 관련이 있는 설명으로 옳은 것은?

① 무분별한 자연의 개발이 원인이다.
② 접촉이나 호흡기를 통해 전염된다.
③ 태풍, 집중 호우 등 기상 재해로 발생한다.
④ 안전 관리 소홀, 안전 규정 무시 등이 원인이다.
⑤ 모기나 진드기와 같은 매개체의 증가, 인구 이동, 무역 증가 등이 원인이다.

서술형

16 그림은 공장이 폭발하여 화학 물질이 유출되는 모습을 나타낸 것이다. 이때 바람은 화살표 방향으로 불고 있다.

(1) 유독가스의 밀도를 고려하여 대피 방법을 서술하시오.

(2) 사고 발생 지역과 바람의 방향을 고려하여 대피 방법을 서술하시오.

memo

정답과 해설

정답과 해설 BOOK 1

1주 V 동물과 에너지

1일 개념 돌파 전략 1 확인Q 8~9쪽

1강_소화와 순환

1 조직 2 단백질 3 청람색 4 소화 5 이자 6 판막
7 ① 산소, ② 식균 8 온몸 순환

1 동물의 구성 단계 중 모양과 기능이 비슷한 세포가 모여 이루어진 단계를 조직, 여러 조직이 모여 고유한 모양과 기능을 갖춘 단계를 기관, 서로 연관된 기능을 하는 여러 기관이 모여 유기적 기능을 수행하는 단계를 기관계, 여러 기관계가 모여 이루어진 독립된 생물체를 개체라고 한다.

2 단백질은 주로 몸을 구성하는 영양소로, 청소년기에 특히 많이 필요하다.

3 녹말은 아이오딘-아이오딘화 칼륨 용액과 반응하여 청람색을, 포도당은 베네딕트 용액과 반응하여 황적색을, 단백질은 뷰렛 용액(5 % 수산화 나트륨 수용액+1 % 황산 구리 수용액)과 반응하여 보라색을, 지방은 수단 Ⅲ 용액과 반응하여 선홍색을 나타낸다.

4 음식물 속의 크기가 큰 영양소를 작은 크기의 영양소로 분해하는 과정을 소화라고 한다.

5 이자는 녹말, 단백질, 지방의 소화 효소가 모두 들어 있는 이자액을 만들어 소장으로 분비한다.

6 심장의 심방과 심실 사이, 심실과 동맥 사이, 정맥 내에는 혈액이 거꾸로 흐르는 것을 막기 위한 판막이 있다.

7 적혈구에는 헤모글로빈이 있어 온몸의 조직 세포에 산소를 전달한다. 백혈구는 몸속에 침입한 세균 등을 잡아먹는 식균 작용을 한다. 혈소판은 상처 부위의 혈액을 응고시켜 출혈을 막는다.

8 온몸에 영양소와 산소를 공급하고 돌아온 혈액이 우심실에서 나와 폐로 이동하여 이산화 탄소를 내보내고 산소를 공급받아 좌심방으로 돌아오는 과정을 폐순환이라고 하며, 폐에서 산소를 받은 혈액이 좌심실에서 나와 온몸의 조직 세포에 영양소와 산소를 공급하고 노폐물과 이산화 탄소를 받아 우심방으로 돌아오는 과정을 온몸 순환이라고 한다.

1일 개념 돌파 전략 1 확인Q 10~11쪽

2강_호흡과 배설

1 폐포 2 들숨 3 ① 올라가고, ② 내려간다 4 ① 폐포, ② 모세 혈관 5 ① 단백질, ② 간 6 네프론 7 분비 8 세포 호흡

1 폐는 한 겹의 얇은 세포층으로 이루어진 수많은 폐포로 이루어져 있어 공기와 닿는 표면적이 넓고 폐포와 폐포를 둘러싼 모세 혈관 사이에서 산소와 이산화 탄소의 기체 교환이 효율적으로 일어난다.

2 호흡 운동 모형에서 고무막을 아래로 잡아당길 때는 들숨, 고무막을 놓을 때는 날숨에 해당한다.

3 들숨일 때 갈비뼈는 올라가고, 가로막은 내려간다.

4 산소는 폐포에서 모세 혈관으로 확산되고, 혈액에 의해 온몸의 조직 세포로 전달된다.

5 우리 몸에서 단백질이 분해될 때 생성되는 암모니아는 간에서 독성이 약한 요소로 바뀌어 오줌을 통해 몸 밖으로 내보내진다.

6 네프론은 오줌을 만드는 기본 단위로 사구체, 보먼주머니, 세뇨관으로 이루어진다.

7 크기가 작은 물질이 사구체에서 보먼주머니로 이동하는 현상을 여과, 몸에 필요한 물질이 세뇨관에서 모세 혈관으로 이동하는 현상을 재흡수, 여과되지 않은 노폐물이 모세 혈관에서 세뇨관으로 이동하는 현상을 분비라고 한다.

8 세포 호흡은 조직 세포에서 영양소가 산소와 결합하여 분해되면서 에너지를 얻는 과정으로, 호흡계에서 흡수한 산소와 소화계에서 흡수한 영양소가 순환계에 의해 조직 세포로 운반되어 세포 호흡에 사용된다.

1일 개념 돌파 전략 2 12~13쪽

1 ② 2 ② 3 ① 4 ①
5 ㄱ, ㄷ 6 ①

1 소화

바로 알기 ㄴ. 단백질의 최종 소화 산물은 아미노산이다.
ㄷ. 침 속에 있는 소화 효소인 아밀레이스는 녹말을 분해한다.

2 혈관

자료 분석 + 혈관 비교

- 혈관 벽 두께: 동맥 > 정맥 > 모세 혈관
- 혈관 총 단면적: 모세 혈관 > 정맥 > 동맥
- 혈관 벽의 탄력성: 동맥 > 정맥
- 혈압: 동맥 > 모세 혈관 > 정맥
- 혈액이 흐르는 속도: 동맥 > 정맥 > 모세 혈관

혈압의 세기는 동맥 > 모세 혈관 > 정맥의 순으로 높다. 혈관의 총 단면적은 모세 혈관 > 정맥 > 동맥 순으로 넓다.

3 심장의 구조와 기능

심장은 근육으로 이루어져 있는 주먹만한 크기의 기관으로, 두 개의 심방과 두 개의 심실로 이루어져 있으며 수축과 이완을 반복하면서 혈액을 순환시킨다.

ㄱ. 심장에서 판막은 심방과 심실 사이, 심실과 동맥 사이에 있다.

ㄷ. 온몸 순환은 폐에서 산소를 받은 혈액이 좌심실에서 나와 온몸의 조직 세포에 영양소와 산소를 공급하고 노폐물과 이산화 탄소를 받아 우심방으로 돌아오는 과정이다.

바로 알기 ㄴ. 좌심실에는 폐를 돌고 와 산소가 풍부한 동맥혈이 흐른다.

ㄹ. 심장으로 혈액이 들어오는 부분은 심방으로 정맥과 연결된다.

4 호흡계

호흡은 생명 활동을 위해 공기 중의 산소를 받아들이고 몸속에서 생긴 이산화 탄소를 내보내는 작용으로, 폐포와 폐포를 둘러싼 모세 혈관 사이에서 기체 교환이 일어난다.

바로 알기 ① 폐는 근육이 발달되어 있지 않아 스스로 수축하거나 이완할 수 없으므로 흉강을 둘러싸고 있는 갈비뼈와 가로막의 움직임에 의해 호흡 운동이 일어난다.

5 오줌 생성 과정

ㄱ. 네프론은 콩팥의 구조적, 기능적 단위로 사구체, 보먼주머니, 세뇨관으로 이루어져 있다.

ㄷ. 사구체를 지나는 혈액 속의 포도당, 아미노산, 요소와 같은 작은 물질이 높은 혈압에 의해 보먼주머니로 이동하는 것을 여과라고 한다.

바로 알기 ㄴ. 사구체에서 보먼주머니로 여과된 여과액 중 우리 몸에 필요한 성분이 세뇨관에서 모세 혈관으로 이동하는 것을 재흡수라고 한다.

6 소화, 순환, 호흡, 배설

자료 분석 + 소화계, 순환계, 호흡계, 배설계의 유기적 작용

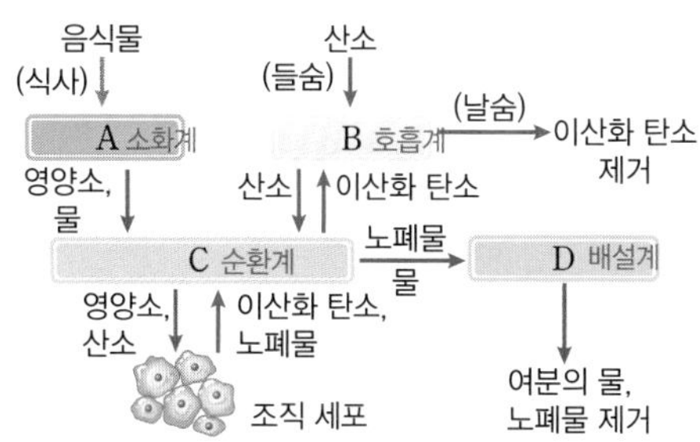

- 소화계(A): 음식물을 소화하여 영양소를 흡수한다.
- 호흡계(B): 산소를 몸 안으로 받아들이고 이산화 탄소를 몸 밖으로 내보낸다.
- 순환계(C): 조직 세포에 산소와 영양소를 운반해 주고, 조직 세포에서 생긴 이산화 탄소와 노폐물을 운반해 온다.
- 배설계(D): 콩팥에서 혈액 속의 노폐물을 걸러 오줌을 만들어 몸 밖으로 내보낸다.

소화계, 순환계, 호흡계, 배설계가 서로 유기적으로 작용하여 생명을 유지하며, 모든 작용은 에너지를 생성하는 세포 호흡을 위해 긴밀하게 관련되어 있다.

A는 소화계, B는 호흡계, C는 순환계, D는 배설계이다. 순환계(C)는 소화계(A)의 소장에서 흡수한 영양소와 호흡계(B)의 폐로 들어온 산소를 온몸의 조직 세포로 운반하고, 노폐물을 배설계(D)로 운반한다.

2일 필수 체크 전략 1 기출 선택지 All 14~17쪽

❶-1 (가)-(라)-(나)-(다)-(마)
❷-1 ㉠ 황적색, ㉡ 단백질 ❸-1 ④ ❹-1 ②
❺-1 ⑤ ❻-1 ③ ❼-1 ⑤ ❽-1 A: 폐정맥, B: 좌심실, C: 폐동맥, D: 우심방, E: 대정맥

❶-1 동물의 구성 단계

자료 분석 + 동물의 구성 단계

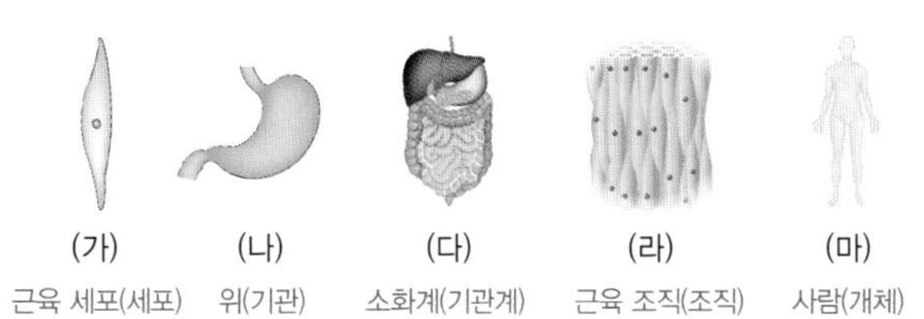

• 세포(가): 생물을 구성하는 기본 단위
• 조직(라): 모양과 기능이 비슷한 세포들이 모여 이룬 단계
• 기관(나): 여러 조직이 모여 특정한 기능을 수행하는 단계
• 기관계(다): 서로 연관된 기능을 수행하는 기관들이 모인 것
• 개체(마): 여러 기관계가 유기적으로 연결되어 이루어진 독립된 생물체

(가)는 세포, (나)는 기관, (다)는 기관계, (라)는 조직, (마)는 개체이다. 동물의 몸은 작은 단계부터 세포(가)－조직(라)－기관(나)－기관계(다)－개체(마)를 거쳐 이루어진다.

❷-1 영양소 검출 반응

포도당은 베네딕트 반응에 황적색으로, 단백질은 뷰렛 반응에 보라색으로 색깔 변화를 나타낸다.

❸-1 소화 기관

자료 분석 + 소화 기관

간(A): 지방의 소화를 돕는 쓸개즙을 생성한다.
쓸개(B): 쓸개즙을 저장하였다가 십이지장으로 분비한다.
십이지장(C): 쓸개즙과 이자액이 분비된다.
이자(D): 3대 영양소의 소화 효소가 모두 들어 있는 이자액을 생성하여 십이지장으로 분비한다.

A는 간, B는 쓸개, C는 십이지장, D는 이자이다.

바로 알기 ④ 이자(D)에서는 3대 영양소의 소화 효소를 모두 포함하는 이자액이 생성되어 십이지장(C)으로 분비된다.

❹-1 영양소 흡수

자료 분석 + 융털

• 융털은 가운데에 암죽관(A)이 있고, 그 주변을 모세 혈관이 둘러싸고 있다.
• 모세 혈관으로는 수용성 영양소(포도당, 아미노산, 무기 염류, 수용성 바이타민)가 흡수되고, 암죽관으로는 지용성 영양소(지방산, 모노글리세리드, 지용성 바이타민)가 흡수된다. → 흡수된 영양소는 심장을 거쳐 온몸의 세포로 운반된다.

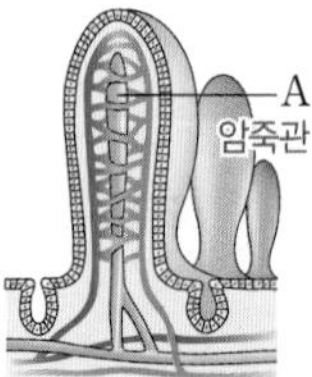

A는 암죽관이며 지방산, 모노글리세리드, 지용성 바이타민 등 지용성 영양소가 흡수된다. 포도당, 아미노산, 무기 염류 등 수용성 영양소는 모세 혈관으로 흡수된다.

❺-1 심장의 구조와 기능

자료 분석 + 심장

우심방(A): 대정맥과 연결, 온몸을 돌고 온 이산화 탄소가 많은 혈액이 들어오는 곳
좌심방(C): 폐정맥과 연결, 폐를 지나온 산소가 많은 혈액이 들어오는 곳
우심실(B): 폐동맥과 연결, 폐로 혈액을 내보내는 곳
좌심실(D): 대동맥과 연결, 온몸으로 혈액을 내보내는 곳으로 근육이 가장 두꺼움

• 폐동맥: 심장에서 폐로 나가는 혈액이 흐름
• 폐정맥: 폐를 거친 혈액이 심장으로 들어오는 혈액이 흐름
• 대동맥: 온몸으로 나가는 혈액이 흐름
• 대정맥: 온몸을 돌고 온 혈액이 흐름

• 심장에서 혈액 이동: 대정맥 → 우심방(A) → 우심실(B) → 폐동맥, 폐정맥 → 좌심방(C) → 좌심실(D) → 대동맥

A는 우심방, B는 우심실, C는 좌심방, D는 좌심실이다.

바로 알기 ① A(우심방)는 대정맥과 연결되어 있다.
② D(좌심실)의 근육이 B(우심실)의 근육보다 두껍다.
③ D(좌심실)와 대동맥 사이, B(우심실)와 폐동맥 사이에 판막이 있어 혈액이 역류하지 않는다.
④ D(좌심실)가 수축하면 혈액이 대동맥으로 나간다.

❻-1 혈관의 구조와 기능

A는 동맥, B는 모세 혈관, C는 정맥이다.

바로 알기 ㄷ. 혈관의 총 단면적은 모세 혈관(B)이 가장 넓다.

❼-1 혈액의 구성

혈액은 액체 성분인 혈장(A)과 세포 성분인 혈구(B)로 이루어져 있다. 혈장(A)은 영양소와 이산화 탄소, 노폐물 등을 운반하고, 혈구(B)에는 적혈구, 백혈구, 혈소판이 있다.

바로 알기 ㄱ. 혈소판은 혈구(B)에 포함된다.

❽-1 혈액 순환 경로

폐순환 경로는 우심실 → 폐동맥(C) → 폐(모세 혈관) → 폐정맥(A) → 좌심방이고, 온몸 순환 경로는 좌심실(B) → 대동맥 → 온몸의 조직 세포(모세 혈관) → 대정맥(E) → 우심방(D)이다.

2일 필수 체크 전략 2 최다 오답 문제			18~19쪽
1 ⑤	2 ㄹ	3 ①	4 ④
5 ①	6 ②	7 ③	

1 동물의 구성 단계

적혈구는 세포이고 위와 심장은 기관이므로 (가)는 조직, (나)는 세포, (다)는 기관이다.

ㄱ. 동물의 조직에는 상피 조직, 신경 조직, 근육 조직 등이 있다.

ㄴ. 세포(나)는 생물의 몸을 구성하는 기본 단위이다.

ㄷ. 여러 종류의 조직이 모여 기관(다)을 이룬다.

2 소화

자료 분석 + 소화가 일어나야 하는 까닭

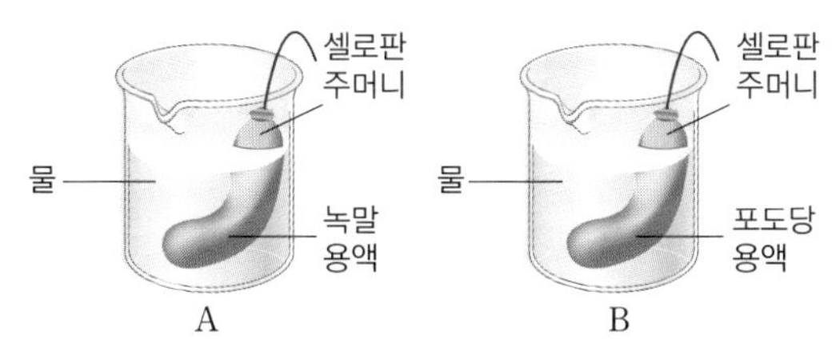

구분	검출 반응	색깔 변화
비커 A의 셀로판 주머니 안 용액	아이오딘 반응	청람색 → 녹말 있음
비커 A의 물	아이오딘 반응	변화 없음 → 녹말 없음(녹말은 크기가 커서 셀로판 주머니를 통과할 수 없다.)
비커 B의 셀로판 주머니 안 용액	베네딕트 반응	황적색 → 포도당 있음
비커 B의 물	베네딕트 반응	황적색 → 포도당 있음(포도당은 크기가 작아 셀로판 주머니를 통과할 수 있다.)

셀로판 주머니의 막을 세포막이라고 생각할 때 크기가 큰 녹말은 셀로판 주머니의 막을 통과하지 못하고, 크기가 작은 포도당만 셀로판 주머니의 막을 통과하는 것을 알 수 있다. 이는 영양소가 세포막을 통과할 수 있을 정도의 작은 크기로 분해되는 소화가 일어나야 하는 까닭을 알 수 있는 실험이다.

선택지 분석

~~ㄱ~~ 비커 A의 물에서 청람색이 나타난다. → 변화 없음

~~ㄴ~~ 비커 B의 물에서 청람색이 나타난다. → 황적색

~~ㄷ~~ 비커 A의 셀로판 주머니 안의 용액에서 황적색이 나타난다. → 청람색

ㄹ 비커 B의 셀로판 주머니 안의 용액에서 황적색이 나타난다.

녹말은 입자의 크기가 커서 셀로판 주머니를 통과하지 못하며, 포도당은 입자의 크기가 작아서 셀로판 주머니를 통과할 수 있다. 녹말은 아이오딘 반응에 의해 청람색을, 포도당은 베네딕트 반응에 의해 황적색을 나타낸다.

바로 알기 ㄱ. 녹말은 크기가 커서 셀로판 주머니를 통과할 수 없기 때문에 비커 A의 물에는 녹말이 없다. 그러므로 비커 A의 물에 아이오딘 반응 실험을 하면 변화가 없다.

ㄴ. 포도당은 크기가 작아 셀로판 주머니를 통과할 수 있기 때문에 비커 B의 물에는 포도당이 있다. 그러므로 비커 B의 물에 베네딕트 반응 실험을 하면 황적색으로 변한다.

ㄷ. 비커 A의 셀로판 주머니 안에는 녹말이 있으므로 아이오딘 반응 실험을 하면 청람색으로 변한다.

3 소화 과정

(가)는 침과 이자액 속의 아밀레이스에 의해, (나)는 이자액 속의 라이페이스에 의해 영양소가 분해되는 과정이다.

바로 알기 ㄴ. 단백질의 최종 소화 산물은 아미노산이다.

ㄷ. 소장에서 (나) 과정이 일어난다.

4 영양소 검출과 영양소 흡수

혼합 용액 A+B에서 뷰렛 반응과 수단 Ⅲ 반응만 나타나고 베네딕트 반응은 나타나지 않았으므로, A와 B는 포도당이 아닌 단백질이나 지방임을 알 수 있다. 혼합 용액 B+C에서 뷰렛 반응과 베네딕트 반응만 나타나고 수단 Ⅲ 반응은 나타나지 않았으므로, B와 C는 지방이 아닌 단백질이나 포도당임을 알 수 있다. 혼합 용액 A+B와 B+C에서 모두 뷰렛 반응이 나타났으므로 두 혼합 용액에 모두 포함된 B가 단백질이고, A는 지방, C는 포도당임을 알 수 있다.

소장 융털의 구조에서 (가)는 모세 혈관이며, 모세 혈관으로 포도당, 아미노산 등 수용성 영양소가 흡수된다.

ㄴ. B는 단백질로, 단백질은 위에서 펩신에 의해 소화된다.

ㄷ. C는 포도당으로, 포도당은 탄수화물의 한 종류이다.

바로 알기 ㄱ. A는 지방으로, 소화된 후 융털의 암죽관으로 흡수된다.

5 심장 박동의 원리

이 시기에는 대정맥에서 우심방으로, 폐정맥에서 좌심방으로 혈액이 이동하고, 심방과 심실 사이의 판막이 열리면서 우심방으로 들어온 혈액은 우심실로, 좌심방으로 들어온 혈액은 좌심실로 이동한다.

ㄱ. 이 시기에는 심방과 심실 사이의 판막이 열려 심방에서 심실로 혈액이 이동한다.

바로 알기 ㄴ. 이 시기에는 대정맥에서 우심방으로, 폐정맥에서 좌심방으로 혈액이 이동한다.
ㄷ. 이 시기에는 심방과 심실이 모두 이완한다.

6 혈액 순환

자료 분석+ 혈액 순환 경로

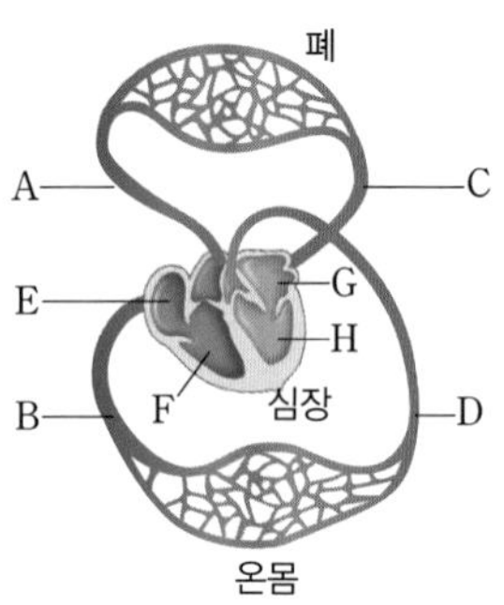

- 폐순환 경로: 우심실(F) → 폐동맥(A) → 폐(모세 혈관) → 폐정맥(C) → 좌심방(G)
- 온몸 순환 경로: 좌심실(H) → 대동맥(D) → 온몸(모세 혈관) → 대정맥(B) → 우심방(E)

ㄴ. 온몸 순환 경로에서 혈액은 좌심실(H) 수축 시 대동맥(D)으로, 폐순환 경로에서 혈액은 우심실(F) 수축 시 폐동맥(A)으로 이동한다.
바로 알기 ㄱ. 폐순환 경로에서 혈액은 우심실(F) → 폐동맥(A) → 폐의 모세 혈관 → 폐정맥(C) → 좌심방(G)으로 흐른다.
ㄷ. 좌심방(G)에서 좌심실(H)로 이동하는 혈액은 성분 변화가 없다.

7 혈액의 구성

자료 분석+ 혈액 관찰

| 실험 과정 |
(가) 혈액을 받침유리 위에 한 방울 떨어뜨린다.
(나) 혈액 위에 ㉠ 에탄올을 한 방울 떨어뜨리고 말린다.
→ 혈구를 살아 있는 상태에 가까운 모습으로 고정한다.
(다) ㉡ 김사액을 2~3방울 떨어뜨려 염색한 다음 물로 씻어낸 후 현미경으로 관찰한다.
→ 김사액은 세포의 핵을 보라색으로 염색하는 용액으로, 백혈구의 핵을 보라색으로 염색하여 관찰이 잘 되도록 한다.

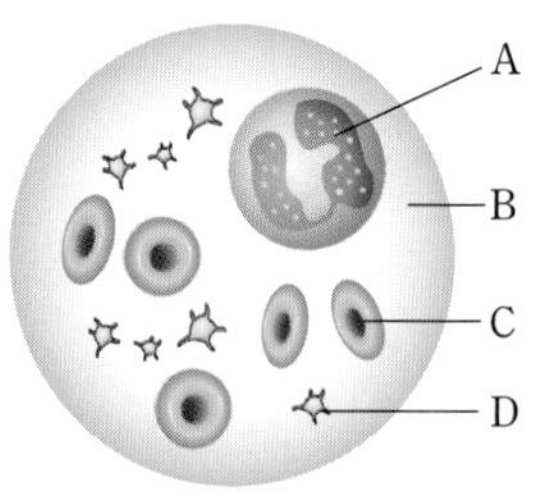

- 백혈구(A): 식균 작용
  → 염증이 생기면 수가 증가함
- 혈장(B): 영양소와 노폐물 운반
- 적혈구(C): 산소 운반
  → 부족하면 빈혈
- 혈소판(D): 혈액 응고
  → 부족하면 혈액 응고가 잘 안 됨

ㄱ. 세포의 모양이 변형되지 않고 살아 있는 상태에 가깝게 고정하기 위해 에탄올을 이용한다.
ㄷ. 혈소판(D)은 혈액 응고 작용을 하기 때문에 정상인에 비해 부족할 경우 상처 부위의 혈액이 잘 응고되지 않는다.
바로 알기 ㄴ. 김사액은 세포의 핵을 보라색으로 염색하는 용액이다. 적혈구(C)는 붉은색을 띠고 있어 혈구 관찰 시 염색할 필요가 없고, 백혈구(A)는 핵이 있어 김사액에 의해 보라색으로 염색되면 관찰이 잘 된다.

3일 필수 체크 전략 1 기출 선택지 All 20~23쪽

❶-1 ㄴ, ㄷ ❷-1 ② ❸-1 ㄷ ❹-1 ㄴ, ㄷ
❺-1 A: 물, B: 간, C: 요소 ❻-1 B, C, D ❼-1 ②
❽-1 ①

❶-1 호흡계

자료 분석+ 호흡계

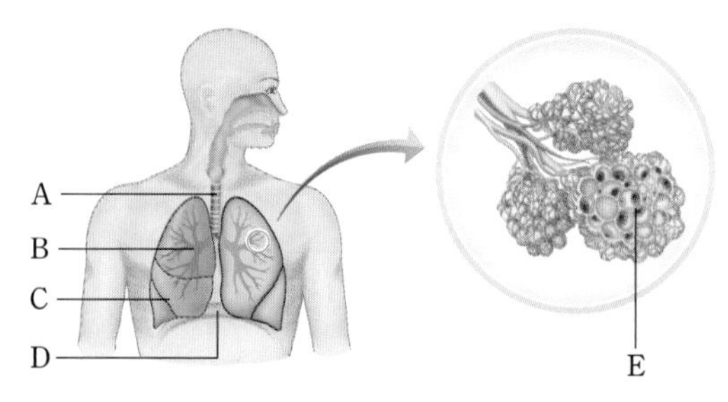

기관(A)	기관 안쪽 벽에는 섬모가 있어 먼지나 세균 등을 거른다.
기관지(B)	기관에서 나누어져 좌우 폐로 들어가며, 폐 속에서 더 많은 가지로 갈라져 폐포와 연결된다.
폐(C)	흉강 속에 좌우 한 쌍이 존재하며, 수많은 폐포로 이루어진다.
가로막(D)	가슴과 배를 구분하는 근육으로 된 막이다.
폐포(E)	한 겹의 얇은 세포층으로 이루어져 있고, 공기와 접촉하는 표면적을 넓혀 기체 교환이 효율적으로 일어나게 한다.

A는 기관, B는 기관지, C는 폐, D는 가로막, E는 폐포이다.
ㄴ, ㄷ. 기관(A)은 두 개의 기관지(B)로 갈라져 좌우 폐(C)와 연결되며, 기관지(B)는 폐(C) 속에서 더 많은 가지로 갈라져 폐포(E)와 연결된다.
바로 알기 ㄱ. A는 기관이다.

❷-1 호흡 운동

들숨 시에는 갈비뼈가 올라가고 가로막이 내려가 흉강의 부피가 커지고 압력이 낮아지면서 폐 내부의 압력이 낮아져 폐보다 압력이 높은 외부 공기가 폐로 들어온다. 날숨 시에는 이와 반대로 갈비뼈가 내려가고 가로막이 올라가 흉강의 부피가 작아지고 압력이 높아지면서 폐 내부의 압력이 높아져 공기가 폐 외부로 빠져나간다.

❸-1 호흡 운동의 원리

자료 분석 + 호흡 운동 모형을 통한 호흡 운동의 원리

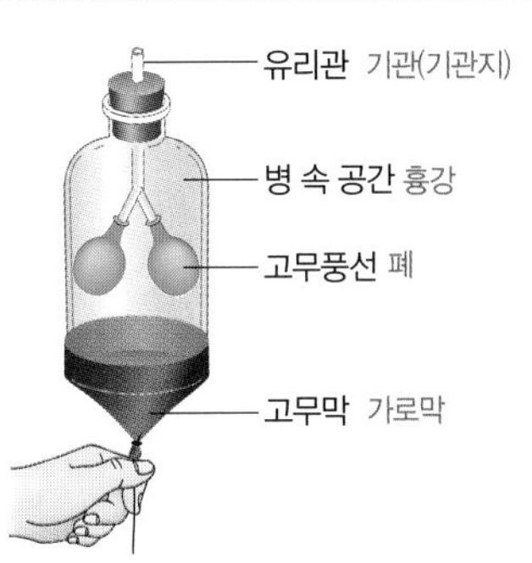

유리관 기관(기관지)
병 속 공간 흉강
고무풍선 폐
고무막 가로막

구분	고무막을 잡아당길 때(들숨)	고무막을 놓을 때(날숨)
병 속의 부피	증가	감소
병 속의 압력	낮아짐	높아짐
공기 이동	밖 → 고무풍선	고무풍선 → 밖

바로 알기 ㄱ. 고무풍선은 우리 몸의 폐에 해당한다.
ㄴ. 고무막을 아래로 당기는 것은 폐로 공기가 들어오는 들숨, 잡아당겼던 고무막을 놓는 것은 폐에서 공기가 밖으로 나가는 날숨에 해당한다.

❹-1 기체 교환

자료 분석 + 폐포에서의 기체 교환

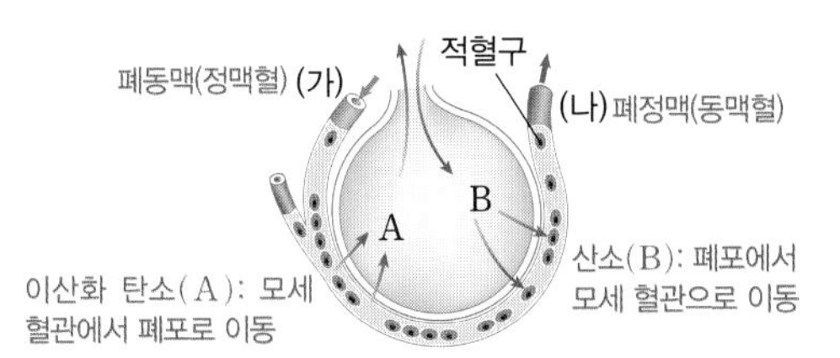

폐동맥(정맥혈) (가)
적혈구
(나) 폐정맥(동맥혈)
A
B
이산화 탄소(A): 모세 혈관에서 폐포로 이동
산소(B): 폐포에서 모세 혈관으로 이동

(가)는 폐동맥, (나)는 폐정맥이고, A는 이산화 탄소, B는 산소이다. 산소가 적고 이산화 탄소가 많은 혈액이 폐동맥(가)에서 폐포 주변의 모세 혈관을 지날 때 폐포에 많은 산소(B)가 모세 혈관으로 이동하고, 모세 혈관에 많은 이산화 탄소(A)가 폐포로 이동하여 모세 혈관 속 혈액의 산소는 많아지고 이산화 탄소가 적어진다. 이 혈액이 폐정맥(나)을 통해 이동한다.

바로 알기 ㄱ. (가)는 폐동맥이다.

❺-1 노폐물의 생성과 배설

탄수화물, 단백질, 지방이 분해되면 물과 이산화 탄소가 생성되고 이때 물(A)은 날숨과 오줌으로, 이산화 탄소는 날숨으로 배출된다. 단백질의 분해로 생성된 암모니아는 독성이 강해 간(B)에서 요소(C)로 전환된 후 오줌을 통해 배설된다.

❻-1 배설계

A는 콩팥 동맥, B는 사구체, C는 보먼주머니, D는 세뇨관, E는 모세 혈관, F는 콩팥 정맥이다. 네프론은 콩팥에 들어 있는 오줌 생성의 기본 단위로 사구체, 보먼주머니, 세뇨관으로 구성된다.

❼-1 오줌의 생성 과정

자료 분석 + 오줌의 생성 과정

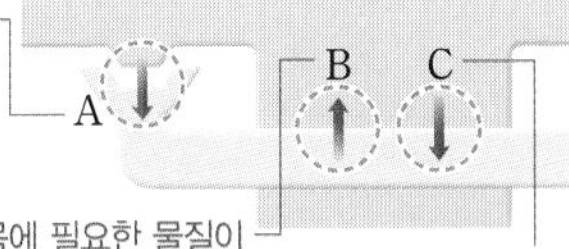

여과 • 사구체의 높은 압력으로 혈액이 사구체에서 보먼주머니로 걸러지는 과정
• 물, 포도당, 아미노산, 요소, 무기 염류 등이 여과됨
A
B
C
재흡수 • 여과된 물질 중 우리 몸에 필요한 물질이 세뇨관에서 모세 혈관으로 다시 흡수되는 과정
• 포도당과 아미노산은 100 %, 물과 무기 염류는 필요한 만큼 재흡수
분비 미처 여과되지 않아서 혈액에 있던 노폐물을 모세 혈관에서 세뇨관으로 분비

사구체에서 보먼주머니로 혈장 성분 일부가 여과(A)되고, 여과액이 세뇨관을 따라 이동하면서 물, 포도당, 아미노산, 무기 염류 등이 모세 혈관으로 재흡수(B)된다. 사구체에서 보먼주머니로 미처 여과되지 않은 혈액에 있던 노폐물은 모세 혈관에서 세뇨관으로 분비(C)된다.

❽-1 소화계, 순환계, 호흡계, 배설계의 유기적 관계

섭취한 음식물은 소화계(가)를 통해 소화 및 흡수되고, 흡수된 영양소는 순환계(나)를 거쳐 조직 세포로 이동하여 호흡계(다)를 통해 들어온 산소와 함께 분해된다. 그 결과 생긴 노폐물 중 물과 요소는 배설계(라)를 통해 오줌으로 배설된다.

3일 필수 체크 전략 2 최다 오답 문제 24~25쪽

1 ㄱ, ㄷ	2 ②	3 ⑤	4 ③, ⑤
5 ①	6 ①, ③	7 ㄱ, ㄴ, ㄷ	

1 호흡계

A는 기관, B는 폐포, C는 모세 혈관, (가)는 폐동맥, (나)는 폐정맥이다. 폐정맥(나)에는 폐포에서 기체 교환을 통해 산소를 얻은 동맥혈이 흐른다.

ㄱ. 기관(A) 내부에는 섬모가 있어 공기 중의 먼지를 걸러 낸다.

ㄷ. 폐포(B)와 모세 혈관(C) 사이에서는 기체 농도 차이에 따른 확산에 의해 기체 교환이 일어난다.

바로 알기 ㄴ. 폐동맥(가)에는 온몸을 돌고 온 혈액인 정맥혈이 흐르고, 폐정맥(나)에는 폐포에서 산소를 받아들인 동맥혈이 흐르기 때문에 폐정맥(나)의 혈액보다 폐동맥(가)의 혈액에 이산화 탄소가 더 많다.

2 기체 교환

자료 분석 + 폐포와 조직 세포에서의 기체 교환

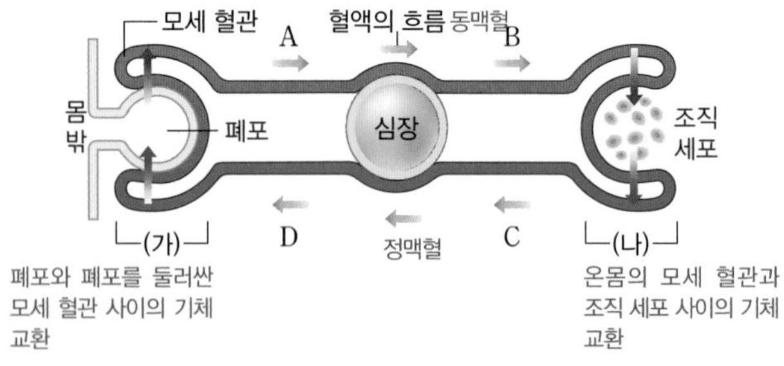

• 기체 교환은 기체의 농도 차이에 따른 확산에 의해 일어난다.
➡ 기체는 농도가 높은 곳에서 농도가 낮은 곳으로 이동한다.

구분	기체 농도	기체 이동
산소	폐포 > 모세 혈관 > 조직 세포	폐포 → 모세 혈관 → 조직 세포
이산화 탄소	조직 세포 > 모세 혈관 > 폐포	조직 세포 → 모세 혈관 → 폐포

선택지 분석

① 산소는 A보다 D의 혈액에 많다. → D보다 A

② 이산화 탄소는 B보다 C의 혈액에 많다.

③ A와 D는 온몸 순환 경로에서 일어나는 혈액의 흐름이다. → 폐순환

④ (가) 과정에서 생활에 필요한 에너지가 생성된다. → (나)

⑤ (나)는 갈비뼈와 가로막의 운동에 의해 일어난다. → (가)

(가)는 폐포와 모세 혈관 사이의 기체 교환이고, (나)는 조직 세포와 모세 혈관 사이의 기체 교환이다. 산소는 몸 밖 → 폐포 → 모세 혈관 → 조직 세포로 이동하고, 이산화 탄소는 조직 세포 → 모세 혈관 → 폐포 → 몸 밖으로 이동한다.

3 호흡 운동

자료 분석 + 호흡 운동의 원리

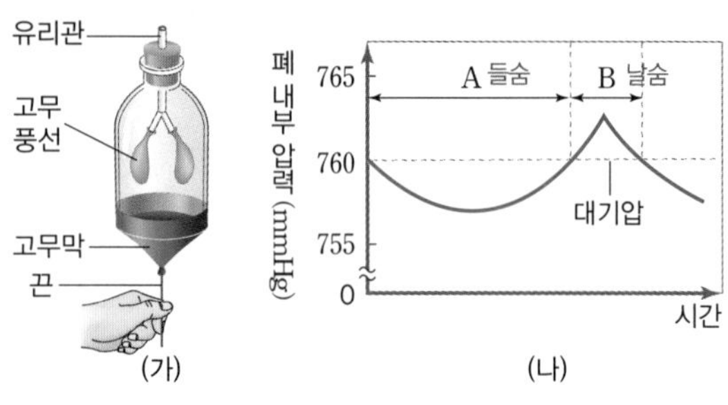

• A 구간: 대기압보다 폐 내부 압력이 낮은 것으로 보아 숨을 들이마실 때(들숨)이고, 이는 호흡 운동 모형에서 고무막 끈을 아래로 잡아당긴 상태에 해당한다.
• B 구간: 대기압보다 폐 내부 압력이 높은 것으로 보아 숨을 내쉴 때(날숨)이다.

들숨(A)일 때는 갈비뼈가 올라가고 가로막이 내려가 흉강의 부피가 커지고 흉강의 압력이 낮아짐에 따라 폐의 부피가 커지고 폐 내부 압력이 낮아져 공기가 몸 밖에서 폐 안으로 들어온다. 날숨(B)일 때는 갈비뼈가 내려가고 가로막이 올라가 흉강의 부피가 작아지고 흉강의 압력이 높아짐에 따라 폐의 부피가 작아지고 폐 내부 압력이 높아져 공기가 폐 안에서 몸 밖으로 나간다.

4 배설계

자료 분석 + 배설계

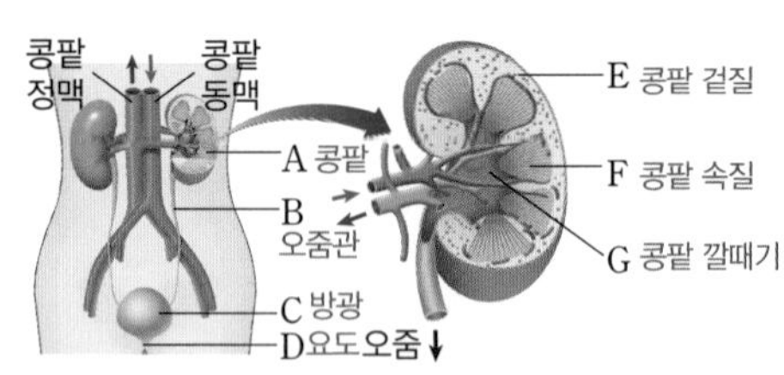

• 콩팥(A): 혈액 속의 노폐물을 걸러 오줌을 생성하는 기관, 오줌을 만드는 기본 단위인 네프론이 있음
• 오줌관(B): 콩팥에서 만들어진 오줌이 방광으로 이동하는 관
• 방광(C): 오줌을 일시적으로 모아 두는 곳
• 요도(D): 방광에 모인 오줌이 몸 밖으로 나가는 통로
• 콩팥 겉질(E): 콩팥 내부의 바깥쪽 부분으로, 주로 네프론의 사구체와 보먼 주머니가 있음
• 콩팥 속질(F): 콩팥 내부의 안쪽 부분으로, 모세 혈관으로 둘러싸인 세뇨관이 있음
• 콩팥 깔때기(G): 콩팥 가장 안쪽의 빈 공간으로 생성된 오줌이 일시적으로 모여 있다가 오줌관으로 나가는 공간

A는 콩팥, B는 오줌관, C는 방광, D는 요도, E는 콩팥 겉질, F는 콩팥 속질, G는 콩팥 깔때기이다.

① 콩팥(A)은 여러 조직으로 구성되어 있다.

② 오줌관(B)은 콩팥과 방광을 연결하는 긴 관으로, 콩팥에서 만들어진 오줌이 방광으로 이동하는 통로이다.

④ 콩팥 내부의 바깥쪽 부분인 콩팥 겉질(E)에 주로 네프론의 사구체와 보먼주머니가 있다.

바로 알기 ③ 오줌이 생성되어 이동하는 경로는 콩팥 동맥 → 콩팥(A) → 오줌관(B) → 방광(C) → 요도(D)이다.

⑤ 콩팥 내부의 안쪽 부분인 콩팥 속질(F)에 모세 혈관으로 둘러싸인 세뇨관이 있고, G는 네프론에서 만들어진 오줌이 일시적으로 모이는 곳인 콩팥 깔때기이다.

5 오줌의 생성 과정

(가)는 100 % 재흡수되는 물질, (나)는 여과되지 않는 물질을 나타낸 것이다.

ㄱ. 포도당은 우리 몸에서 100 % 재흡수된다.

바로 알기 ㄴ. 적혈구와 단백질같이 입자의 크기가 커서 사구체를 통과하지 못하는 물질은 (나)의 방식으로 이동한다.

ㄷ. 요소는 일부 여과되어 오줌으로 배설된다.

6 오줌의 성분

A는 물, B는 단백질, C는 요소, D는 포도당이다.

바로 알기 ② 단백질(B)은 크기가 커서 여과되지 않으므로 재흡수도 되지 않는다.

④ 포도당(D)은 여과된 후 100 % 재흡수된다.

⑤ 오줌 속에서 가장 많이 농축된 물질은 요소(C)이다.

7 소화계, 순환계, 호흡계, 배설계의 통합적 작용

A는 배설계, B는 호흡계, C는 소화계이고, ㉠은 콩팥, ㉡은 폐, ㉢은 소장이다.

ㄱ. 요소는 배설계(A)를 통해 배설된다.

ㄴ. 콩팥은 배설계(A), 폐는 호흡계(B), 소장은 소화계(C)에 해당하며, 이들 기관에는 모두 상피 조직이 있다.

ㄷ. 소장에서는 단백질의 최종 소화 산물인 아미노산이 융털의 모세 혈관으로 흡수된다.

1주차 누구나 합격 전략 26~27쪽

01 (가) 녹말, (나) 단백질, (다) 지방			02 ①, ⑤
03 ②, ③	04 ①	05 ③	06 ③
07 ③	08 A: 사구체, B: 보먼주머니, C: 세뇨관		
09 ⑤	10 ③		

01 소화 과정

자료 분석 + 3대 영양소의 소화 과정

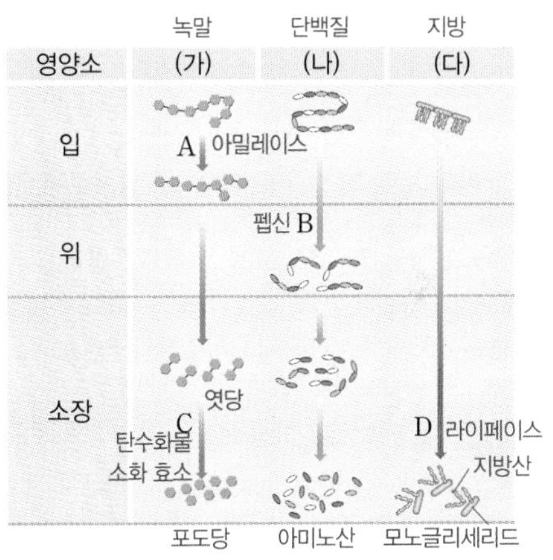

녹말은 입과 소장에서 소화되어 최종적으로 포도당으로 분해된다. 단백질은 위와 소장에서 소화되어 최종적으로 아미노산으로 분해된다. 지방은 소장에서 소화되어 최종적으로 지방산과 모노글리세리드로 분해된다.

02 소화 과정

선택지 분석

① A는 침 속에 들어 있는 아밀레이스이다.

② ~~B는 단백질을 아미노산으로 분해한다.~~ → 작은 크기의 단백질

③ ~~C는 강한 산성일 때 활발하게 작용한다.~~ → B

④ ~~D는 간에서 생성된다.~~ → 이자

⑤ A~D는 모두 소화 효소이다.

A는 아밀레이스, B는 펩신, C는 탄수화물 소화 효소, D는 라이페이스이다.

바로 알기 ② 펩신(B)은 단백질을 최종 소화 산물인 아미노산으로 분해하는 것이 아니라 작은 크기의 단백질로 분해한다.

③ 소장에서 작용하는 대부분의 소화 효소는 중성~약염기성일 때 활발하게 작용하며, 염산이 포함된 위액에 들어 있는 펩신(B)은 강한 산성에서 활발하게 작용한다.

④ 라이페이스(D)는 이자액에 들어 있는 소화 효소이다. 간에서 생성되는 쓸개즙은 소화 효소를 포함하고 있지 않지만 지방의 소화를 돕는다.

03 영양소 검출 반응

바로 알기 ② 지방은 수단 Ⅲ 용액과 반응하여 선홍색을 나타낸다.

③ 포도당은 베네딕트 용액을 넣고 가열하였을 때 황적색을 나타낸다.

04 혈액의 관찰

자료 분석+ 혈구 관찰 실험

(가) 채혈침으로 손가락 끝을 찔러 받침유리에 혈액을 한 방울 떨어뜨린 후 덮개 유리로 얇게 편다. → 혈구가 겹쳐 보이지 않도록 함

(나) 혈액 위에 에탄올을 떨어뜨려 건조한 후, 김사액을 한 방울 떨어뜨리고 다시 건조한다. (에탄올을 떨어뜨려 → 세포의 고정, 김사액 → 백혈구의 핵 염색)

(다) 받침유리를 증류수로 씻어 낸 뒤 덮개 유리를 덮어 현미경으로 관찰한다. (증류수로 씻어 낸 → 남은 염색액 제거)

선택지 분석

ㄱ 가장 많이 관찰되는 혈구는 적혈구이다.

ㄴ ✗ 에탄올은 백혈구의 핵을 보라색으로 염색한다. → 김사액

ㄷ ✗ 세포를 살아 있는 것과 같은 상태로 고정하기 위해 김사액을 떨어뜨린다. → 에탄올

ㄱ. 혈구 중 가장 수가 많은 것은 적혈구이다.

바로 알기 ㄴ. 에탄올은 세포를 살아 있는 것과 같은 상태로 고정하기 위해 사용한다.

ㄷ. 백혈구는 무색으로, 염색하지 않으면 관찰하기 어려워 핵을 보라색으로 염색하는 김사액을 이용하여 관찰한다.

05 심장과 혈관

자료 분석+ 심장과 혈관의 구조

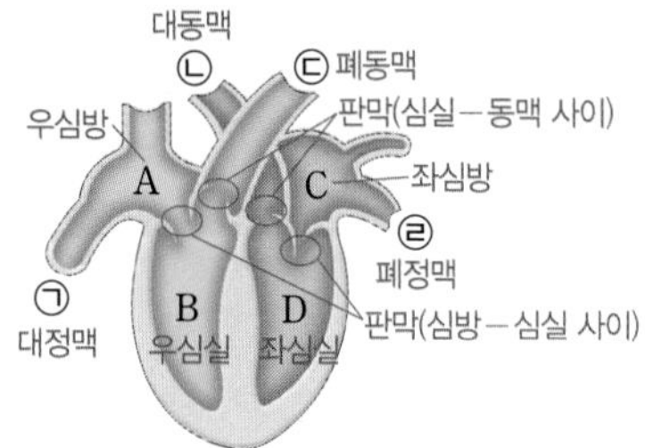

• 혈액은 우심방이 수축하면 우심실로, 좌심방이 수축하면 좌심실로, 우심실이 수축하면 폐동맥으로, 좌심실이 수축하면 대동맥으로 이동한다.

선택지 분석

ㄱ A가 수축하면 혈액은 B로 이동한다.

ㄴ ㉠은 대정맥이고, ㉡보다 평균 혈압이 낮다.

ㄷ ✗ 산소가 풍부한 혈액이 흐르는 혈관은 ㉡, ㉢, ㉣이고 심장의 구조에서는 A, B이다. (㉡, ㉢, ㉣ → ㉡, ㉣ / A, B → C, D)

㉠은 대정맥, ㉡은 대동맥, ㉢은 폐동맥, ㉣은 폐정맥이고, A는 우심방, B는 우심실, C는 좌심방, D는 좌심실이다.

ㄱ. 심장에서 심방이 수축할 때 혈액은 심실로 이동한다. 우심방(A)이 수축하면 혈액은 우심실(B)로 이동한다.

ㄴ. ㉠은 심장의 우심방과 연결된 정맥으로, 대정맥이다. ㉡은 심장의 좌심실과 연결된 동맥으로, 대동맥이다. 혈압은 동맥이 정맥보다 높다.

바로 알기 ㄷ. 산소가 풍부한 혈액은 심장의 좌심방(C)과 좌심실(D), 대동맥(㉡)과 폐정맥(㉣)으로 흐른다.

06 호흡 운동의 원리

ㄱ. 고무막을 아래로 당겼을 때 고무풍선이 부풀어오른 것은 가로막이 내려가 폐로 공기가 들어오는 들숨이 일어남을 의미한다.

ㄷ. 가로막이 내려가면 흉강의 부피가 커지므로 압력은 낮아진다.

바로 알기 ㄴ. 들숨이 일어날 때 갈비뼈가 올라가고 가로막이 내려간다.

07 기체 교환의 원리

자료 분석+ 조직 세포와 모세 혈관 사이에서의 기체 교환

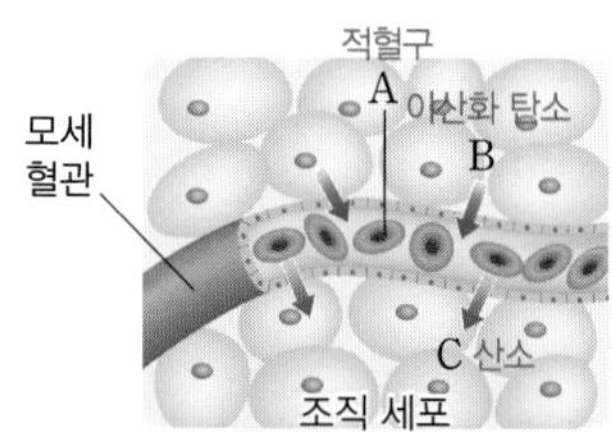

• 혈액 성분 중 원반 모양의 혈구는 적혈구(A)이다.

• 이산화 탄소(B)의 농도는 모세 혈관보다 조직 세포에서 높아 조직 세포에서 모세 혈관으로 이산화 탄소가 이동하고, 산소(C)의 농도는 조직 세포보다 모세 혈관에서 높아 모세 혈관에서 조직 세포로 산소가 이동한다.

선택지 분석

ㄱ A에 헤모글로빈이 있다.

ㄴ B는 3대 영양소의 분해 결과 공통적으로 생성된다.

ㄷ ✗ C는 들숨보다 날숨에 많이 들어 있다. → 산소는 날숨보다 들숨에 많다.

ㄱ. 원반 모양의 혈구인 적혈구(A)에는 산소와 결합하는 헤모글로빈이 있다.

ㄴ. B는 이산화 탄소이며, 이산화 탄소는 3대 영양소가 세포 호흡에 이용되었을 때 공통적으로 생성된다.

바로 알기 ㄷ. C는 산소이며, 산소는 날숨보다 들숨에 많이 들어 있다.

08 오줌 생성 과정

A는 사구체, B는 보먼주머니, C는 세뇨관, D는 모세 혈관이다. 오줌 생성의 기본 단위인 네프론은 사구체(A), 보먼주머니(B), 세뇨관(C)으로 구성되어 있다.

09 오줌 생성 과정

ㄱ. (가)는 여과 과정으로, 사구체의 높은 혈압에 의해 크기가 작은 물질이 사구체에서 보먼주머니로 여과되고 크기가 큰 단백질과 혈구는 여과되지 않는다.

ㄴ. (나)는 재흡수 과정으로, 건강한 사람은 포도당이 여과된 후 100 % 재흡수되므로 E에서 포도당이 검출되지 않는다.

ㄷ. 여과된 물은 대부분 모세 혈관으로 재흡수되기 때문에 여과액이 세뇨관을 지나면서 물의 비율이 크게 줄어들어 요소는 초기에 여과되었을 때보다 오줌에서 농도가 높아진다.

10 세포 호흡

자료 분석 + 세포 호흡 과정

(㉠) + 산소 → (㉡) + 물 + 에너지

영양소 + 산소 → 이산화 탄소 + 물 + 에너지

㉠은 영양소이고, ㉡은 이산화 탄소이다.

① 세포 호흡의 에너지원인 영양소에는 3대 영양소의 최종 소화 산물이 해당된다.

② 영양소는 포도당, 아미노산 등 세포 호흡에 필요한 에너지원으로, 소화계를 통해 몸속으로 흡수되어 순환계를 통해 이동한다.

④ 이산화 탄소(㉡)는 조직 세포의 세포 호흡 결과 생성되므로, 모세 혈관보다 조직 세포에서 농도가 높아 조직 세포에서 모세 혈관으로 확산된다.

⑤ 영양소(㉠)는 소장에서 흡수되어 순환계를 통해 조직 세포로 운반된다. 이산화 탄소(㉡)는 조직 세포에서 순환계에 속하는 모세 혈관으로 확산되어 폐로 운반된다.

바로 알기 ③ 이산화 탄소(㉡)는 호흡계를 통해 날숨으로 배출된다.

1주차	창의 · 융합 · 코딩 전략		28~31쪽
1 ④	2 ①	3 ④	4 해설 참조
5 ①	6 ②	7 ③	8 ④

1 영양소

자료 분석 + 영양소 구분 순서도

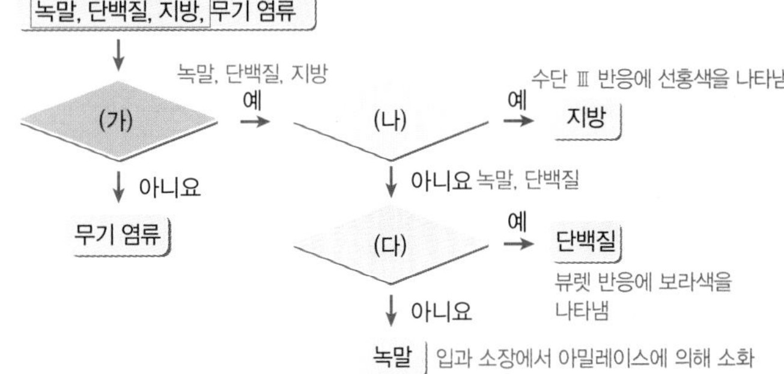

선택지 분석

~~①~~ (가): 음식물을 통해 섭취하고, 기능을 조절하는 영양소인가?
→ 에너지원으로 이용되는 영양소인가? 혹은 3대 영양소에 해당하는가?

~~②~~ (나): 에너지원으로 이용되는 영양소인가?
→ 수단 Ⅲ 반응에 선홍색을 나타내는가? 혹은 라이페이스에 의해 소화되는가?

~~③~~ (나): 소장에서 최종 소화 산물로 소화되는가?
→ 수단 Ⅲ 반응에 선홍색을 나타내는가? 혹은 라이페이스에 의해 소화되는가?

④ (다): 뷰렛 반응에 보라색을 나타내는가?

~~⑤~~ (다): 입에서 소화 효소에 의한 소화 작용이 일어나는가?
→ 위에서 소화 작용이 일어나는가? 혹은 최종 소화 산물이 아미노산인가?

녹말, 단백질, 지방은 에너지원으로 이용되는 3대 영양소에 해당되고, 무기 염류는 몸의 기능을 조절하는 부영양소이다. 단백질은 뷰렛 반응에 보라색을 나타내고, 녹말은 입과 소장에서, 단백질은 위와 소장에서 소화 효소에 의해 소화된다.

④ 단백질은 뷰렛 반응에 보라색을 나타내고, 녹말은 반응하지 않는다.

바로 알기 ① 녹말, 단백질, 지방, 무기 염류는 모두 음식물을 통해 섭취한다.

② 녹말, 단백질, 지방은 모두 에너지원으로 이용되는 3대 영양소에 해당한다.

③ 녹말, 단백질, 지방은 모두 소장에서 최종 소화 산물로 소화된다.

⑤ 녹말은 입에서 아밀레이스에 의해 소화되고, 단백질은 입에서 소화 효소에 의해 소화되지 않는다.

2 소화 작용

자료 분석 + 쓸개즙과 이자액

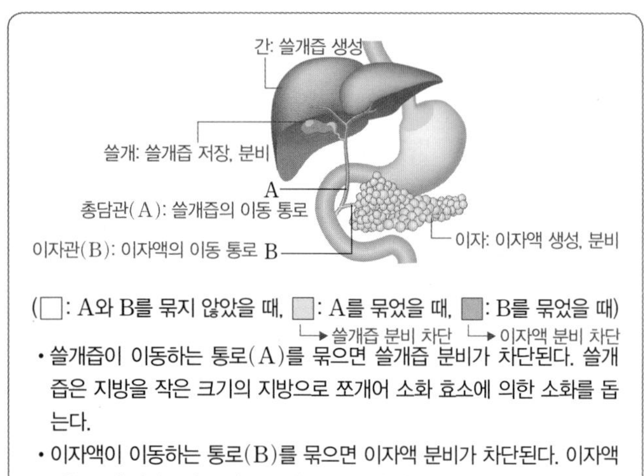

(□: A와 B를 묶지 않았을 때, ▨: A를 묶었을 때, ■: B를 묶었을 때)
└→ 쓸개즙 분비 차단 └→ 이자액 분비 차단

- 쓸개즙이 이동하는 통로(A)를 묶으면 쓸개즙 분비가 차단된다. 쓸개즙은 지방을 작은 크기의 지방으로 쪼개어 소화 효소에 의한 소화를 돕는다.
- 이자액이 이동하는 통로(B)를 묶으면 이자액 분비가 차단된다. 이자액에는 3대 영양소의 소화 효소가 모두 들어 있다.

선택지 분석 소화 작용이 억제될수록 시간 길어짐

① 시간(상댓값) / 녹말 단백질 지방

✗ 시간(상댓값) / 녹말 단백질 지방 — 쓸개즙은 녹말, 단백질 소화와 관련 없음 / 쓸개즙보다 이자액 속의 라이페이스가 지방 소화에 크게 관여함

✗ 시간(상댓값) / 녹말 단백질 지방

✗ 시간(상댓값) / 녹말 단백질 지방 — 쓸개즙은 지방의 소화에 관여함 / 이자액에는 3대 영양소의 소하 효소가 모두 들어 있으므로 녹말, 단백질, 지방의 소화에 모두 관여함

✗ 시간(상댓값) / 녹말 단백질 지방

- 녹말: 쓸개즙에 영향을 받지 않으므로 A를 묶어 쓸개즙 분비를 차단할 경우 소화되는 데 걸리는 시간이 변하지 않는다. B를 묶어 이자액 분비를 차단할 경우 이자액 속의 아밀레이스에 의한 소화가 일어나지 않아 완전히 소화되는 데 걸리는 시간이 길어진다.
- 단백질: 쓸개즙에 영향을 받지 않으므로 A를 묶어 쓸개즙 분비를 차단할 경우 소화되는 데 걸리는 시간이 변하지 않는다. B를 묶어 이자액 분비를 차단할 경우 이자액 속의 트립신에 의한 소화가 일어나지 않아 완전히 소화되는 데 걸리는 시간이 길어진다.
- 지방: A를 묶어 쓸개즙 분비를 차단할 경우 지방이 작은 크기의 지방으로 쪼개지지 않아 완전히 소화되는 데 걸리는 시간이 다소 길어진다. B를 묶어 이자액 분비를 차단할 경우 이자액 속의 라이페이스에 의한 소화가 일어나지 않아 완전히 소화되지 않는다.

녹말과 단백질은 이자액 속의 소화 효소 이외의 소화 효소에 의한 소화가 일어나는 데 비해 지방은 소화 효소가 이자액 속의 라이페이스가 유일하므로 이자관을 묶을 경우 지방은 완전히 소화되지 않는다.

3 혈액 순환 경로

자료 분석 + 혈액 순환 경로를 애니메이션으로 코딩하기

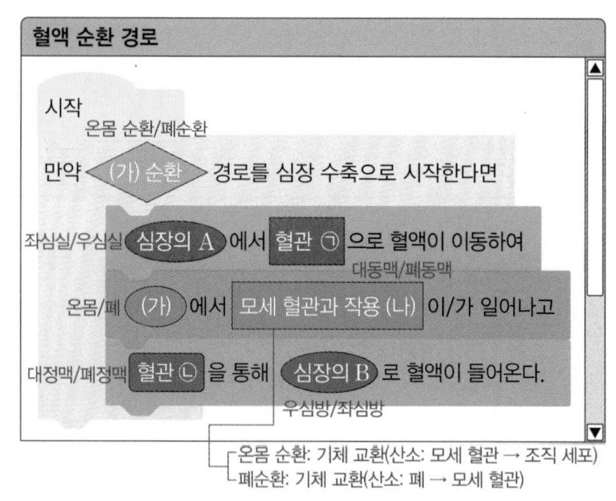

혈액 순환 경로
시작
온몸 순환/폐순환
만약 (가) 순환 경로를 심장 수축으로 시작한다면
좌심실/우심실 심장의 A 에서 혈관 ㉠ 으로 혈액이 이동하여
대동맥/폐동맥
온몸/폐 (가) 에서 모세 혈관과 작용 (나) 이/가 일어나고
대정맥/폐정맥 혈관 ㉡ 을 통해 심장의 B 로 혈액이 들어온다.
우심방/좌심방
온몸 순환: 기체 교환(산소: 모세 혈관 → 조직 세포)
폐순환: 기체 교환(산소: 폐 → 모세 혈관)

① 온몸 순환 경로에서는 좌심실 수축으로 좌심실(A)에서 대동맥(㉠)으로 혈액이 이동한다.

② 폐순환 경로에서는 우심실 수축으로 우심실에서 폐동맥(㉠)으로 혈액이 이동한다.

③ 온몸 순환 경로에서는 온몸의 모세 혈관을 거쳐 대정맥(㉡)으로 혈액이 이동하여 우심방으로 혈액이 되돌아온다.

⑤ 온몸 순환에서 조직 세포와 모세 혈관 사이에서 물질 교환과 기체 교환이 이루어진다.

바로 알기 ④ 폐순환 경로에서는 폐의 모세 혈관을 거쳐 폐정맥(㉡)을 통해 심장의 좌심방(B)으로 혈액이 들어온다.

4 심장 박동

자료 분석 + 심폐소생술

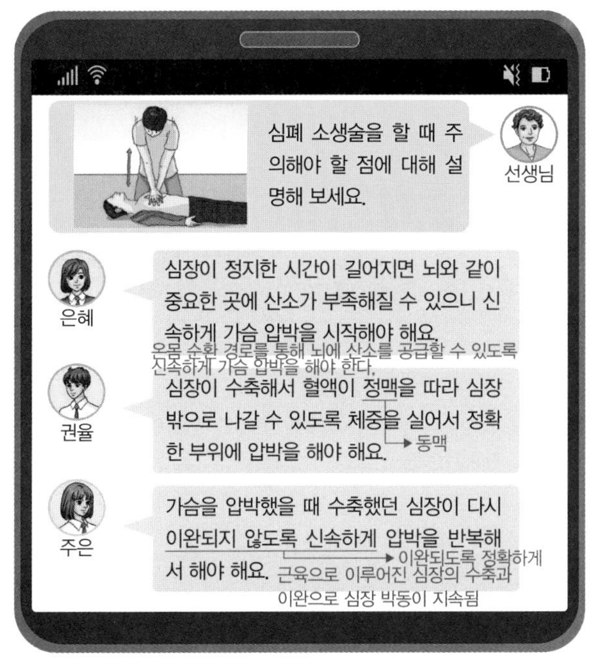

심폐 소생술을 할 때 주의해야 할 점에 대해 설명해 보세요.
선생님
은혜
심장이 정지한 시간이 길어지면 뇌와 같이 중요한 곳에 산소가 부족해질 수 있으니 신속하게 가슴 압박을 시작해야 해요.
온몸 순환 경로를 통해 뇌에 산소를 공급할 수 있도록 신속하게 가슴 압박을 해야 한다.
권율
심장이 수축해서 혈액이 정맥을 따라 심장 밖으로 나갈 수 있도록 체중을 실어서 정확한 부위에 압박을 해야 해요.
동맥
주은
가슴을 압박했을 때 수축했던 심장이 다시 이완되지 않도록 신속하게 압박을 반복해서 해야 해요.
이완되도록 정확하게
근육으로 이루어진 심장의 수축과 이완으로 심장 박동이 지속됨

심장 박동으로 인한 혈액 순환을 통해 온몸에 영양소와 산소를 공급할 수 있으며, 심장은 근육 구조로 되어 있어 수축과 이완이 일어나 심장 박동이 이루어진다.

모범 답안 • 권율: 정맥 → 동맥

• 주은: 이완되지 않도록 신속하게 → 이완되도록 정확하게

채점 기준	배점(%)
옳지 않게 말한 학생을 모두 옳게 쓰고, 옳지 않은 부분을 각각 옳게 수정한 경우	100
옳지 않게 말한 학생 중 한 명만 옳게 쓰고, 이 학생의 대화 내용을 옳게 수정한 경우	50

5 호흡 운동 모형

자료 분석 + 호흡 운동 모형의 원리 설명하기

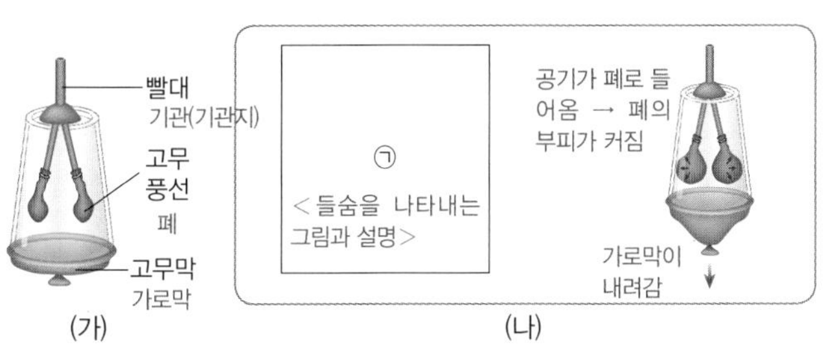

호흡 운동 모형에서 고무막이 아래로 내려가 고무풍선이 부푼 것은 들숨이 일어날 때 가로막이 내려가고 폐로 공기가 들어와 폐의 부피가 커진 것을 의미한다. 그러므로 ㉠에는 학생 A가 제시한 것같이 들숨을 표현하는 그림을 넣어야 한다.

바로 알기 • 학생 B: 갈비뼈가 올라가고 가로막이 내려가 밖에서 안으로 공기가 들어오는 것을 나타내는 그림을 넣어야 한다.

• 학생 C: 유리병 내부는 흉강, 고무풍선은 폐에 해당한다.

6 호흡 운동 원리

• 학생 C: 공기는 압력이 높은 곳에서 낮은 곳으로 이동하며, 압박을 가해 가로막이 위로 올라가도록 하면 흉강의 압력이 높아지면서 폐의 압력이 높아져 폐 내부 압력이 대기압보다 높아지게 되고 이때 강한 날숨이 유발되어 공기가 폐에서 기도로 나가게 된다. 이때 이물질이 밀려 밖으로 나가게 된다.

바로 알기 • 학생 A: 복부를 눌러 흉강의 압력이 높아지도록 하는 것이다.

• 학생 B: 압박을 가해서 가로막이 위로 올라가도록 하는 것이다.

7 배설 과정

건강한 사람의 경우 포도당은 사구체에서 보먼주머니로 여과된 후 세뇨관에서 모세 혈관으로 모두 재흡수되어 오줌으로 배설되지 않는다.

③ 물질이 사구체에서 보먼주머니로 이동하는 것은 여과된다는 것을 의미하고, 모세 혈관 쪽으로만 이동하는 것은 오줌으로 나가지 않는 것을 나타내고 있다.

바로 알기 ① 물질이 사구체에서 보먼주머니 쪽으로 이동하지 않는 것으로 보아 여과되지 않음을 알 수 있으며, 여과되지 않으면 재흡수도 되지 않는다.

② 물질이 사구체에서 보먼주머니로 이동하는 것으로 보아 여과되고 있음을 알 수 있다. 그 후 일부가 모세 혈관 쪽으로 이동하는 것으로 보아 재흡수가 일어나며, 오줌으로 나가기도 한다.

④ 물질이 사구체에서 보먼주머니로 이동하는 것으로 보아 여과되고 있음을 알 수 있다. 그 후 물질이 모세 혈관으로 이동하지 않는 것으로 보아 재흡수되지는 않으며, 물질이 모세 혈관에서 세뇨관으로 이동하는 것으로 보아 분비되고 있음을 알 수 있다. 따라서 여과된 양과 분비된 양이 합쳐진 만큼 오줌으로 배설된다.

⑤ 물질이 사구체에서 보먼주머니로 이동하는 것으로 보아 여과되고 있으며 물질이 모세 혈관에서 세뇨관으로 이동하지 않는 것으로 보아 분비되고 있지 않음을 알 수 있다. 또한, 물질이 세뇨관에서 모세 혈관으로 이동하지 않는 것으로 보아 재흡수되고 있지 않음을 알 수 있다. 즉, 사구체에서 보먼주머니로 여과된 후 재흡수, 분비가 일어나지 않고 여과액이 그대로 오줌으로 배설되는 것을 나타낸다.

8 기관계의 통합적 작용

자료 분석 + 소화계, 순환계, 호흡계, 배설계의 통합적 작용

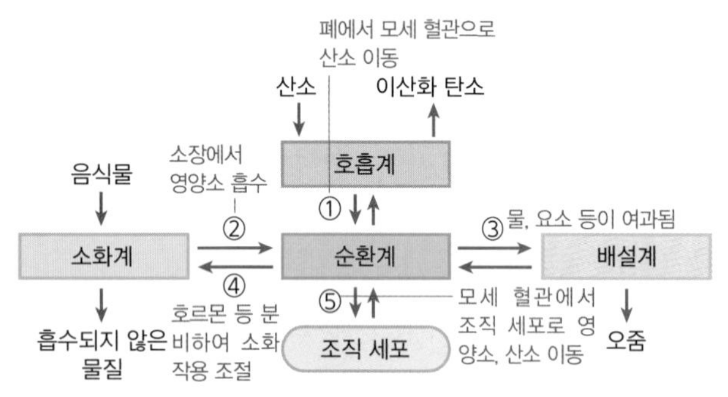

① 폐(호흡계)에서 모세 혈관(순환계)으로 산소가 확산되어 혈액을 통해 조직 세포로 이동한다.

② 소장(소화계)에서 혈액(순환계)으로 이동한 영양소는 조직 세포의 에너지원으로 이용된다.

③ 혈액 속의 물, 요소 등은 콩팥 동맥(순환계)을 통해 콩팥(배설계)으로 이동하며, 콩팥을 통해 오줌으로 나간다.

⑤ 온몸 순환 경로에서 영양소와 산소가 포함된 혈액(순환계)이 온몸의 조직 세포로 이동하여 세포 호흡을 통해 에너지가 생성된다.

바로 알기 ④ 항문을 통해 대변이 배출되는 것은 순환계로부터 노폐물을 전달받아 이루어지는 것이 아니라, 외부에서 들어온 음식물이 소화 기관 내에서 소화되지 않고 남은 찌꺼기가 그대로 소화 기관에서 외부로 배출되는 것이다.

2주 VI 물질의 특성

1일 개념 돌파 전략 1 확인Q 34~35쪽

3강_물질의 특성

1 ㄷ, ㄹ 2 낮은 3 높아 4 ㄹ 5 A, C 6 A<C<B
7 A 8 ㉠ 낮을, ㉡ 높을

1 공기와 식초는 두 가지 이상의 물질로 이루어진 혼합물이고, 설탕과 산소는 한 가지 물질로 이루어진 순물질이다.

2 소금물은 물과 소금의 혼합물이며, 물의 어는점인 0 ℃보다 낮은 온도에서 얼기 시작한다.

3 끓는점은 외부 압력의 영향을 받는다. 외부 압력이 증가하면 끓는점이 높아지고 외부 압력이 감소하면 끓는점이 낮아진다.

4 ㄱ~ㄷ은 물이므로 녹는점(어는점)이 모두 0 ℃로 같고, ㄹ은 바닷물이므로 녹는점(어는점)이 0 ℃보다 낮다.

5 밀도는 단위 부피당 질량이므로 A와 C는 1.5 g/cm^3, B는 1.2 g/cm^3이다.

6 위로 떠오른 액체 A가 밀도가 가장 작고, 액체 C가 밀도가 가장 크다.

7 용해도 곡선의 기울기가 더 큰 물질 A가 온도에 따른 용해도의 변화가 더 크다.

8 이산화 탄소 기체의 물에 대한 용해도는 온도가 낮을수록, 압력이 높을수록 증가한다.

1일 개념 돌파 전략 1 확인Q 36~37쪽

4강_혼합물의 분리

1 끓는점 2 B 3 아래쪽 4 아래층
5 신선한 달걀 6 재결정 7 붕산 8 크로마토그래피

1 증류는 액체 상태의 혼합물을 가열하여 나오는 기체를 다시 냉각하여 순수한 액체 물질을 얻는 방법이다. 성분 물질의 끓는점 차가 클수록 쉽게 분리할 수 있다.

2 에탄올의 끓는점은 78.3 ℃이고, 물의 끓는점은 100 ℃이다.

물과 에탄올의 혼합물을 가열하면 온도가 일정한 구간이 두 번 나타난다. 에탄올의 끓는점보다 약간 높은 B 구간에서는 물보다 끓는점이 낮은 에탄올이 주로 끓어 나오고, 물의 끓는점과 비슷한 온도인 D 구간에서는 물이 끓어 나온다.

3 원유를 높은 온도로 가열하여 증류탑으로 보내면 끓는점이 낮은 물질이 증류탑의 위쪽에서 먼저 증류되어 나오고, 끓는점이 높은 물질은 증류탑의 아래쪽에서 나중에 분리된다.

4 서로 섞이지 않는 액체 혼합물에서 밀도가 큰 물질은 아래층에, 밀도가 작은 물질은 위층에 위치한다.

5 달걀을 소금물에 넣으면 오래된 달걀은 위로 뜨고, 신선한 달걀은 아래로 가라앉는다.

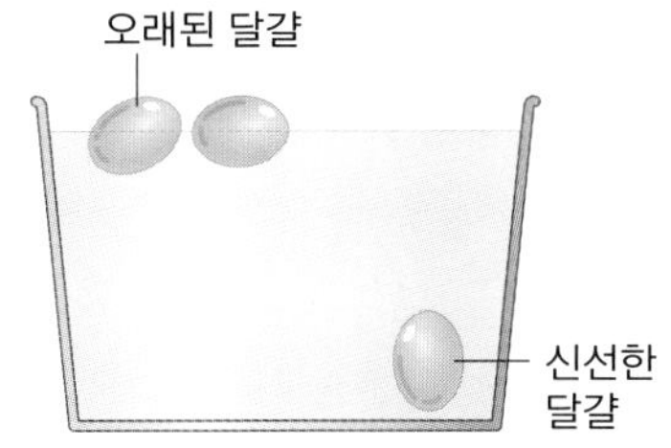

6 해열제, 진통제 등으로 쓰이는 아스피린은 최초의 합성 의약품이다. 합성한 아스피린은 불순물이 포함되어 있기 때문에 재결정을 이용해 순도를 높여 의약품으로 사용한다.

7 붕산은 온도에 따른 용해도 차가 염화 나트륨보다 더 크다. 염화 나트륨과 붕산의 혼합물을 재결정하면 온도에 따른 용해도 차가 큰 붕산이 석출된다.

8 혼합물을 이루는 각 물질이 용매를 따라 이동하는 속도의 차를 이용하여 혼합물을 분리하는 방법을 크로마토그래피라고 한다. 크로마토그래피는 운동선수들의 도핑 테스트, 과학 수사, 농약 성분 검출, 엽록소의 색소 분리 등에 이용한다.

1일 개념 돌파 전략 2 38~39쪽

1 ③	2 ③	3 ④
4 ④	5 ④	6 ⑤

1 순물질과 혼합물

물과 산소는 한 종류의 물질로 이루어져 있으므로 순물질이다. 공기의 성분은 질소, 산소, 아르곤, 이산화 탄소, 수증기 등이고, 암석의 성분은 정장석, 석영, 방해석, 각섬석, 백운모, 흑운모 등이며, 액화 석유 가스의 성분은 프로페인, 뷰테인 등이므로 암석, 공기, 액화 석유 가스는 두 가지 이상의 성분 물질로 이루어진 혼합물이다.

2 밀도

금속 도막의 부피는 금속 도막을 물속에 넣었을 때 증가한 물의 부피와 같으므로 $18.2-15.7=2.5(\text{mL})$이다. 따라서 금속의 밀도$=\dfrac{26.25\text{ g}}{2.5\text{ mL}}=10.5\text{ g/mL}$이다.

3 용해도

고체 물질의 용해도 곡선에서 곡선의 기울기가 클수록 같은 질량의 용매에 고체 용질을 녹여 만든 포화 용액을 냉각시킬 때 석출되는 고체의 양이 증가한다. 따라서 석출되는 고체 물질이 가장 적은 용액은 염화 나트륨 용액이고, 가장 많은 용액은 질산 칼륨 용액이다.

바로 알기 그래프에서, 60 ℃의 물 100 g에 용질을 녹여 포화 상태로 만든 용액을 20 ℃로 냉각시킬 때 석출되는 양을 질산 나트륨은 x, 질산 칼륨은 y, 염화 칼륨은 z, 염화 나트륨은 w라고 할 때, 그 크기를 비교하면 $y>x>z>w$이다. 즉, 용해도 곡선의 기울기가 클수록 높은 온도(60 ℃)에서 낮은 온도(20 ℃)로 냉각시켰을 때 석출되는 용질의 양이 더 많다.

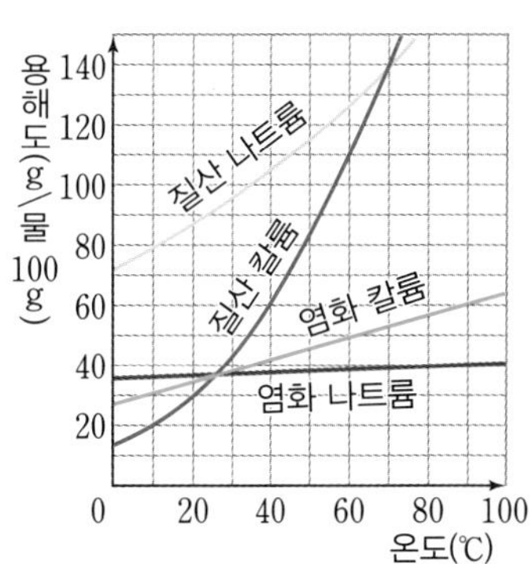

4 물과 에탄올의 혼합물 분리

물과 에탄올의 혼합물은 끓는점 차를 이용하여 분리할 수 있다. 혼합물을 가열하면 끓는점이 낮은 에탄올이 78.3 ℃보다 약간 높은 온도에서 먼저 기화되어 시험관 (가)에서 액화된다. 물과 에탄올의 혼합물을 가열하면 온도가 일정한 구간이 두 번 나타난다.

5 서로 섞이지 않는 액체 혼합물 분리

분별 깔때기를 이용하면 서로 섞이지 않으면서 밀도 차가 나는 액체 혼합물을 분리할 수 있다. 물과 소금의 혼합물과 물과 에탄

BOOK 1

올의 혼합물은 끓는점 차를 이용하여 분리할 수 있고, 꽃잎의 색소는 용매와 함께 이동하는 속도 차를 이용하여 분리할 수 있으며, 질산 칼륨과 모래는 용매에 따른 용해도 차를 이용하여 분리할 수 있다.

6 사인펜 잉크의 색소 분리하기

혼합물을 이루는 각 물질이 용매를 따라 이동하는 속도의 차를 이용하여 혼합물을 분리하는 방법을 크로마토그래피라고 한다. 혼합물을 크로마토그래피로 분리하는 경우 용매의 종류에 따라 분리되는 성분 물질의 수 또는 이동한 거리가 달라진다. 제시된 실험에서는 거름종이에서 가장 위쪽에 분리되는 색소의 이동 속도가 가장 빠르고, 가장 아래쪽에 분리되는 색소의 이동 속도가 가장 느리다.

2일 필수 체크 전략 1 기출 선택지 All 40~43쪽

❶-1 (가) ㄷ, ㅁ, (나) ㄱ, ㄴ, ㄹ, ㅂ ❷-1 ㄱ, ㄷ
❸-1 ㄴ, ㄷ ❹-1 A: 녹는점, B: 끓는점 ❺-1 A, E
❻-1 ④ ❼-1 B, C ❽-2 ㉠ 감소, ㉡ 감소

❶-1 순물질과 혼합물

(가)는 성분 물질이 두 가지이므로 혼합물, (나)는 성분 물질이 한 가지이므로 순물질의 모형이다. 따라서 합금과 소금물은 혼합물이므로 (가)에 해당하고, 금, 산소, 에탄올, 이산화 탄소는 순물질이므로 (나)에 해당한다.

❷-1 순물질과 혼합물의 끓는점과 어는점 비교

제시된 그래프는 순물질인 물과 혼합물인 소금물의 냉각 곡선이다. 따라서 혼합물이 얼기 시작하는 온도가 순물질의 어는점보다 더 낮아지는 경우와 관련된 현상을 찾아야 한다. 스프를 넣은 물이 끓기 시작하는 온도가 물의 끓는점보다 높아지는 현상은 혼합물에서 끓는점의 변화와 관련된 현상이다.

ㄱ. 자동차의 워셔액은 물과 에탄올, 세제 성분 등으로 구성되어 있는 혼합물이다. 제품에 따라 얼기 시작하는 온도가 다를 수 있지만 KS 인증 마크가 있는 워셔액의 어는 온도는 약 -25 ℃ 이하이다.

ㄷ. 눈이 쌓인 도로에 염화 칼슘을 뿌리면 염화 칼슘의 일부가 녹으면서 열에너지를 방출하고, 이 열에너지와 햇볕 등의 원인으로 눈이 녹게 된다. 이러한 과정으로 눈이 녹아 생성된 물은 염화 칼슘이 섞여 있는 액체 혼합물이므로 영하의 날씨에도 쉽게 얼지 않는다.

바로 알기 ㄴ. 물에 스프를 넣고 가열하면 100 ℃보다 높은 온도에서 끓는다. 이것은 물에 고체 물질이 녹아 있는 액체 혼합물이 100 ℃보다 높은 온도에서 끓기 시작하는 성질이 있기 때문으로 혼합물이 어는 온도가 순물질의 어는점보다 낮아지는 현상에 해당하지 않는다.

❸-1 끓는점

ㄴ. A, B, C는 모두 78 ℃에서 수평한 구간이 나타나므로 A, B, C의 끓는점은 모두 78 ℃이다.

ㄷ. A, B, C는 끓는점이 같으므로 같은 종류의 물질이다.

바로 알기 ㄱ. 질량이 작을수록 빨리 끓게 되므로 질량은 A<B<C이다. 즉, 질량이 가장 큰 것은 C이다.

❹-1 녹는점과 끓는점

자료 분석 + 고체의 가열 곡선과 녹는점, 끓는점

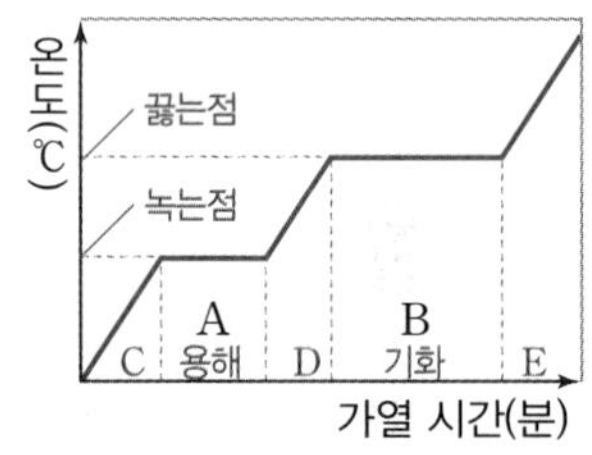

- C, D, E 구간에서는 각각 차례대로 물질이 고체, 액체, 기체 상태로만 존재하며, 가해 준 열에너지가 물질의 온도를 높이는 데 쓰인다.
- 첫번째 수평한 A 구간에서는 물질이 고체에서 융해하여 액체로 변하며, 가해 준 열에너지가 물질의 상태를 고체에서 액체로 변화시키는 데 모두 쓰인다.
- B 구간에서는 물질이 액체에서 기화하여 기체로 변하며, 가해 준 열에너지가 물질의 상태를 액체에서 기제로 변화시키는 데 모두 쓰인다.

A에서는 융해가 일어나므로 이때 일정하게 유지되는 온도는 녹는점이다. B에서는 기화가 일어나므로 이때 일정하게 유지되는 온도는 끓는점이다.

❺-1 밀도 비교

물질 A~E의 밀도를 계산하면 다음 표와 같다.

물질	A	B	C	D	E
밀도 (g/mL)	$\frac{10}{20}=0.5$	$\frac{10}{5}=2$	$\frac{30}{20}=1.5$	$\frac{15}{10}=1.5$	$\frac{15}{20}=0.75$

물보다 밀도가 작은 물질은 밀도가 0.5(g/mL)인 A와 밀도가 0.75(g/mL)인 E이다.

❻-1 뜨고 가라앉는 현상과 밀도

밀도가 큰 물질은 밀도가 작은 물질 아래로 가라앉고, 밀도가 작은 물질은 밀도가 큰 물질 위로 뜬다. 밀도가 금속은 2.7 g/cm^3, 글리세린은 1.26 g/cm^3, 수은은 13.55 g/cm^{3}이고, 이 세 물질의 밀도 크기를 비교하면 글리세린 < 금속 < 수은이므로 금속 조각은 글리세린과 수은 사이에 위치한다.

❼-1 고체의 용해도

자료 분석 + 포화, 과포화, 불포화

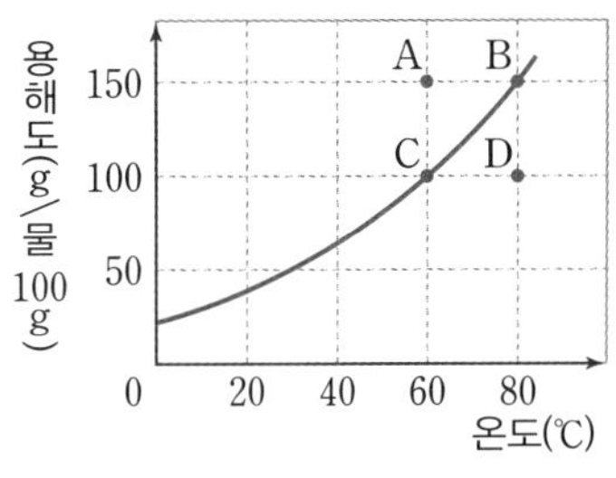

• A: 과포화 용액
• B, C: 포화 용액
• D: 불포화 용액

어떤 온도에서 용매 100 g에 최대로 녹을 수 있는 용질의 g수를 용해도라고 한다. 고체 물질의 용해도는 대체로 온도가 높아질수록 증가하며, 용매의 종류에 따라 다르다. 용해도 곡선 상의 점은 포화 용액, 용해도 곡선 아래에 있는 점은 불포화 용액, 용해도 곡선의 위쪽 영역에 있는 점은 과포화 용액을 나타낸다. 문제에서 그래프가 고체 물질 X의 용해도 곡선이며, A~D는 물 100 g에 X를 녹인 용액을 나타내므로 각 점의 용액은 해당 온도의 물 100 g에 고체 물질 X가 '곡선이 세로축과 만나는 곳의 숫자에 해당하는 질량만큼 녹아 있는 용액이다.

• B 용액: 80 ℃의 물 100 g에 물질 X가 150 g 녹아 있는 용액이다. 이 용액은 물 100 g에 물질 X가 80 ℃에서 용해도에 해당하는 만큼 녹아 있으므로 포화 용액이다.

• C 용액: 60 ℃의 물 100 g에 물질 X가 100 g 녹아 있는 용액이다. 이 용액은 물 100 g에 물질 X가 60 ℃에서 용해도에 해당하는 만큼 녹아 있으므로 포화 용액이다.

바로 알기 • A 용액: 60 ℃의 물 100 g에 물질 X가 150 g 녹아 있는 용액이다. 이 용액은 물 100 g에 물질 X가 60 ℃에서 용해도에 해당하는 만큼보다 50 g이 더 녹아 있는 용액이므로 과포화 용액이다.

• D 용액: 80 ℃의 물 100 g에 물질 X가 100 g 녹아 있는 용액이다. 이 용액은 물 100 g에 물질 X가 80 ℃에서 용해도에 해당하는 만큼(150 g)보다 적은 양이 녹아 있으므로 불포화 용액이다.

❽-1 기체의 용해도

기체는 압력이 높을수록, 온도가 낮을수록 용해도가 증가한다. 따라서 감압 용기에 탄산음료를 넣고 용기에서 공기를 빼내면 온도는 일정하지만 압력이 감소한다. 이때 압력의 감소로 이산화탄소의 용해도가 감소하게 되므로 탄산음료에 녹아 있는 이산화탄소 기체 중 일부는 더 이상 녹아 있지 못하고 기포가 되어 빠져나온다.

암기 Tip 압력, 온도와 기체의 용해도

2일 필수 체크 전략 2 최다 오답 문제			44~45쪽
1 ②	2 ③	3 ①	4 ④
5 ⑤	6 ⑤	7 ②	8 ⑤

1 순물질과 혼합물

자료 분석 + 순물질과 혼합물의 분류 기준

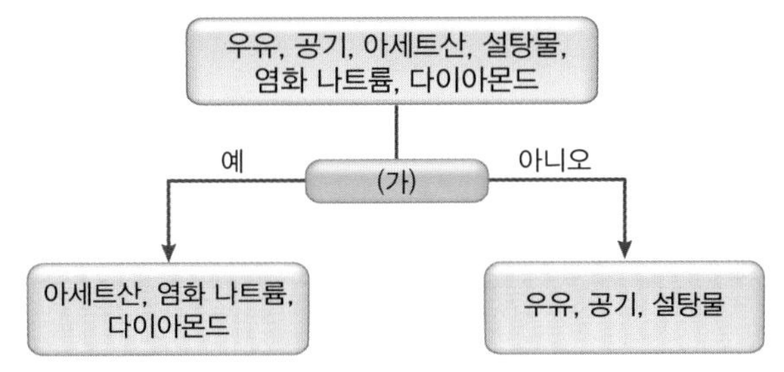

• 물질은 순물질과 혼합물로 분류할 수 있고, 순물질은 홑원소 물질과 화합물, 혼합물은 균일 혼합물과 불균일 혼합물로 분류할 수 있다.
• 제시된 물질 중 우유, 공기, 설탕물은 혼합물이고, 아세트산, 염화 나트륨, 다이아몬드는 순물질이다.
• 분류 기준 (가)에 의해 순물질과 혼합물로 무리지었으므로 (가)는 순물질과 혼합물의 분류 기준이어야 하고, (가)의 질문에 '예'라고 할 수 있는 물질에 순물질이 있으므로 (가)는 순물질의 특징을 가지는지 묻는 질문이어야 한다.

선택지 분석

~~①~~ 물에 잘 녹는가? ⟶ 순물질 중에서는 물에 잘 녹는 것도 있고 그렇지 않은 것도 있다. 이 기준은 순물질 여부를 판단하는 기준이 될 수 없다.

② 녹는점이 일정한가? ⟶ 순물질인지 여부를 판단하는 기준이 될 수 있다. 아세트산 같이 이 질문에 '예'로 답할 수 있는 물질은 순물질이다.

~~③~~ 25 ℃에서 액체 상태인가? ⟶ 순물질인지 아닌지에 대한 판단 기준이 되지 못한다. 순물질 중에는 그 물질의 녹는점과 끓는점에 따라 25 ℃에서 고체, 액체, 기체가 될 수 있다.

~~④~~ 25 ℃에서 모양과 부피가 일정한가? ⟶ 순물질 여부에 대한 판단 기준이 되지 못한다. 25 ℃에서 모양과 부피가 일정한 물질은 25 ℃에서 고체 상태인 물질로 염화 나트륨, 다이아몬드, 철 등이 있다.

~~⑤~~ 두 가지 이상의 물질이 혼합되어 있는가? ⟶ 혼합물인지 아닌지를 판단할 수 있는 기준이다. 이 질문에 '예'라고 답할 수 있는 물질은 혼합물인 우유, 공기, 설탕물 등이 있다.

(가)는 순물질과 혼합물을 구분할 수 있는 기준이어야 하며, 순물질인가? 녹는점이 일정한가?, 밀도가 일정한가? 등이 될 수 있다. 제시된 순물질 중 아세트산과 염화 나트륨만 물에 잘 녹는다. 25 ℃에서 액체 상태인 순물질은 아세트산이다. 25 ℃에서 모양과 부피가 일정한 것은 고체 상태이므로 염화 나트륨과 다이아몬드이다.

② (가)의 예로 '녹는점이 일정한가?'는 알맞다.

바로 알기 ① 물에 잘 녹는가? → 물에 용해되는 성질과 관련된 기준은 순물질인지 판단하는 기준이 되지 못한다.

③ 순물질 중에 녹는점이 25 ℃보다 낮고 끓는점이 25 ℃보다 높으면 25 ℃에서 액체 상태이다. 이러한 순물질은 물, 에탄올, 아세트산 등 매우 많다.

④ 25 ℃에서 모양과 부피가 일정한 물질은 25 ℃에서 고체 상태로 존재하는 물질로 염화 나트륨, 다이아몬드, 철 등이 있다.

⑤ 두 가지 이상의 물질이 혼합되어 있는 물질은 혼합물이다.

2 끓는점

자료 분석 + 끓는점과 물질의 특성

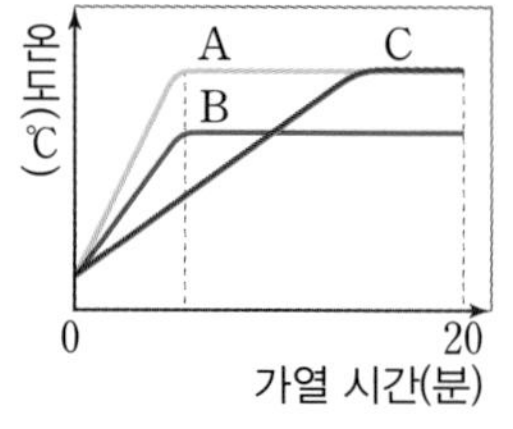

• A와 C는 끓는점이 같으므로 같은 종류의 물질이다. 하지만, 끓기 시작하는 데 걸린 시간이 다르므로 두 물질의 양은 서로 다르다. ➡ A와 C는 같은 종류의 물질로 양은 서로 다르다.

• A와 B는 끓는점이 다르므로 서로 종류가 다른 물질이며, 끓기 시작하는 데까지 걸린 시간은 같다. ➡ A와 B는 서로 다른 물질이다.

끓는점은 물질의 양이나 화력(불꽃의 세기)에 따라 변하지 않는 물질의 특성이다.

③ A와 C는 끓는점이 같으므로 같은 종류의 물질임을 알 수 있다. 하지만, 끓기 시작한 시간이 다르므로 양이 다르다는 것을 알 수 있다.

바로 알기 ① A와 B는 동시에 끓었다. 하지만 끓는점이 다르므로 다른 종류의 물질이며, 제시된 자료만으로는 두 물질의 양을 비교할 수 없다.

② A와 C는 끓는점이 같으므로 같은 물질이고, A와 B는 끓는점이 다르므로 서로 다른 물질이다. 따라서 A와 B를 혼합하여 가열해도 C와 같은 결과가 나오지 않는다.

④ 끓는점은 물질의 특성이므로 B를 더 강한 화력으로 가열해도 끓는 온도는 달라지지 않는다.

⑤ A와 C는 끓는점이 같으므로 같은 물질이고, A(=C)와 B는 끓는점이 다르므로 서로 다른 종류의 물질이다.

3 끓는점, 녹는점과 물질의 상태

자료 분석 + 끓는점, 녹는점과 실온에서 물질의 상태

<실온(약 20 ℃)에서 물질 A~D의 상태>

물질	녹는점(℃)	끓는점(℃)	물질의 상태
A	1538.0	2861.0	고체
B	0	100	액체
C	−114.1	78.3	액체
D	−218.8	−183.0	기체

• 실온(약 20 ℃)에서 물질의 상태: 어떤 물질의 녹는점이 실온보다 높으면 고체 상태이고, 끓는점이 실온보다 낮으면 실온에서 기체 상태이다.
➡ 예를 들어 질소는 끓는점(−196.8 ℃)이 실온보다 낮으므로 실온에서 기체 상태이다. 또, 납은 녹는점(327.5 ℃)이 실온보다 높으므로 실온에서 고체 상태이다. 그리고 실온이 물의 녹는점(0 ℃)과 끓는점(100 ℃) 사이에 위치하므로 물은 실온에서 액체 상태이다.

물질은 녹는점보다 낮은 온도에서는 고체 상태, 끓는점보다 높은 온도에서는 기체 상태로 존재하고, 녹는점과 끓는점 사이에서는 액체 상태로 존재한다. 실온은 보통 약 20 ℃로 본다. A는 녹는점이 실온보다 높으므로 실온에서 고체 상태이고, B와 C는 녹는점이 실온보다 낮고 끓는 점이 실온보다 높으므로 실온에서 액체 상태이며, D는 끓는점이 실온보다 낮으므로 실온에서 기체 상태이다.

4 물질의 특성인 녹는점

물질은 녹는점에서 융해되며, 융해되는 동안 고체 상태와 액체 상태가 함께 존재한다. 녹는점은 물질의 특성이므로 물질의 종류가 같으면 질량에 관계없이 녹는점이 일정하다. 라우르산은 43.2 ℃에서 융해되고 팔미트산은 62.3 ℃에서 융해된다.

④ 같은 종류의 물질은 질량에 관계없이 녹는점이 같다.

바로 알기 ① 팔미트산은 62.3 ℃에서 융해된다.

② 녹는점은 물질의 특성이므로 물질의 종류가 같으면 질량이 달라도 녹는점이 같다.

③ 라우르산은 43.2 ℃에서 융해되므로 43.2 ℃에서 고체 상태와 액체 상태가 함께 존재한다.

⑤ 30 g의 라우르산을 가열해도 10 g이나 20 g일 때와 마찬가지로 43.2 ℃에서 융해되며, 융해되는 동안 온도가 일정하게 유지된다.

5 순물질의 가열 곡선

자료 분석+ 양을 늘렸을 때 가열 곡선의 변화

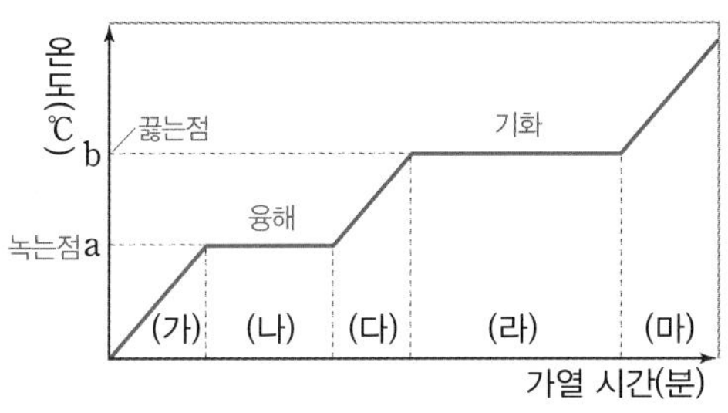

- 물질의 종류는 같고 물질의 양만 2배로 늘릴 때 가열 곡선의 변화: 녹는점과 끓는점은 변하지 않고, 녹는점이나 끓는점에 이르는 데 걸리는 시간은 길어진다.
- (가)~(마) 구간 모두 구간의 길이가 길어진다.
- (가), (다), (마) 구간의 그래프의 기울기가 완만해진다.
- (나) 구간의 온도 a(녹는점)와 (라) 구간의 온도 b(끓는점)는 변하지 않는다.

녹는점과 끓는점은 물질의 특성이므로 양에 관계없이 일정하다. 같은 화력을 사용할 때, 물질의 양이 많아지면 각 구간의 길이는 길어지고, (가), (다), (마) 구간의 기울기는 완만해진다.

⑤ (라) 구간의 온도는 끓는점이므로 물질의 양을 늘려도 변하지 않는다.

바로 알기 ① (가) 구간의 길이가 길어진다.

② (나) 구간의 길이가 길어진다.

③ (나) 구간의 온도는 녹는점으로 물질의 양에 따라 변하지 않는다.

④ (다) 구간의 기울기가 완만해진다.

6 밀도

항아리에서 흘러넘친 물의 부피는 각 물체의 부피와 같다. 흘러넘친 물의 부피는 순금<왕관<순은 순이고, 순금, 순은, 왕관은 질량이 같으므로 밀도는 순금>왕관>순은 순이다.

⑤ 순금과 왕관의 부피가 다르므로 왕관은 순금으로 만들어지지 않았다는 것을 알 수 있다.

바로 알기 ① 순금이 들어 있는 항아리에서 흘러넘친 물의 부피가 가장 작으므로 순금의 부피가 가장 작다.

② 질량은 모두 같고 부피는 순은이 가장 크므로 밀도는 순은이 가장 작다.

③ 순금의 밀도가 왕관의 밀도보다 크다.

④ 흘러넘친 물의 부피는 각 물체의 부피와 같다.

7 기체의 용해도

기체는 온도가 높을수록, 압력이 낮을수록 용해도가 감소한다. 꿀을 냉장 보관하면 포도당 결정이 생기는 것은 온도에 따른 고체 포도당의 용해도와 관계있고, 가열하여 수돗물 속의 염소 기체를 제거하는 것은 온도에 따른 염소 기체의 용해도와 관계있다.

ㄱ. 탄산음료의 뚜껑을 열면 압력이 감소하여 이산화 탄소 기체의 용해도가 감소하므로 기포가 많이 발생한다.

ㄹ. 깊은 바닷속에 있다가 수면으로 올라올 경우 혈액 속 질소 기체가 용해도 감소로 기포가 되어 발생한다.

바로 알기 ㄴ. 꿀을 냉장고에 두면 흰색 포도당 결정이 생기는 것은 온도가 낮아져 고체의 용해도가 감소하기 때문이다.

ㄷ. 가열하여 수돗물 속의 염소 기체를 제거하는 것은 온도가 높아질 때 기체의 용해도가 감소하는 것을 이용한 것이다.

8 고체의 용해도

자료 분석+ 고체의 용해도 곡선

- 각 온도에서 물질의 종류에 따른 용해도는 서로 다르다. ➡ 용해도는 물질의 특성이다.
- 온도에 따른 용해도 곡선의 기울기는 물질에 따라 다르다.
- 용해도 곡선의 기울기가 클수록 온도를 낮추었을 때 석출되는 양이 많다. ➡ 고온의 같은 온도에서 같은 양의 물에 용질을 포화 상태로 녹인 후 용액을 냉각시킬 경우, 곡선의 기울기가 가장 큰 질산 칼륨이 석출되는 양이 가장 많다.

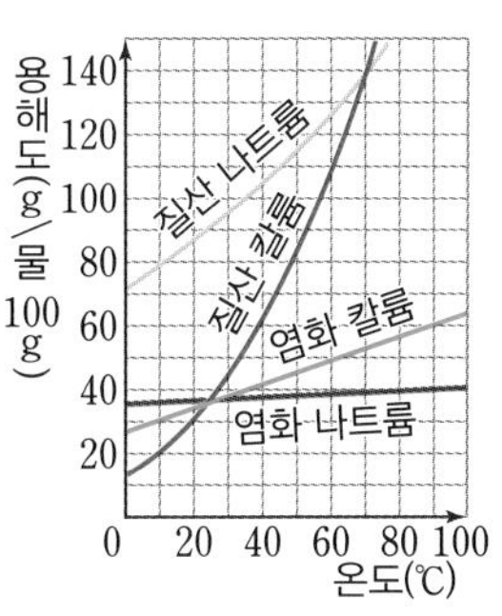

용해도 곡선의 기울기가 큰 물질일수록 온도 변화에 따른 석출량이 더 크다. 예를 들어 60 ℃의 물 100 g에 제시된 용질을 각각 포화 상태로 녹인 용액을 20 ℃로 냉각시킬 경우, 가장 많은 양이 석출되는 물질은 곡선의 기울기가 가장 큰 질산 칼륨이다. 이때 석출되는 양을 비교하면 질산 칼륨 > 질산 나트륨 > 염화 칼륨 > 염화 나트륨 순이다.

① 고체의 용해도는 온도가 높아질수록 증가한다.

② 40 ℃에서 용해도가 가장 작은 물질은 염화 나트륨이다.

③ 제시된 물질 중 온도에 따른 용해도 차가 가장 큰 물질은 질산 칼륨이다.

④ 고체의 용해도는 물질에 따라 다르므로 물질의 특성 이다.

바로 알기 ⑤ 70 ℃의 포화 용액을 10 ℃로 냉각할 때 가장 많은 양이 석출되는 것은 곡선의 기울기가 가장 큰 물질인 질산 칼륨이다.

3일 필수 체크 전략 1 기출 선택지 All 46~49쪽

❶-1 C ❷-1 (가) 증류, (나) 끓는점 ❸-1 ①
❹-1 ④ ❺-1 (가) 재결정, (나) 온도에 따른 용해도 차
❻-1 ② ❼-1 B, C, D
❽-1 A－모래, B－에탄올, C－소금

❶-1 액체 혼합물을 증류 장치로 분리하기

자료 분석 + 액체 혼합물의 분리

성분 물질	A	B	C
끓는점(℃)	100	78.3	64.7

- 끓는점 비교: A > B > C
- 액체 혼합물을 가열하면 C는 64.7 ℃보다 약간 높은 온도에서 먼저 끓어 나와 시험관에서 액화되어 분리된다. → 가장 먼저 분리
- B는 78.3 ℃보다 약간 높은 온도에서 그 다음 끓어 나와 시험관에서 액화되어 분리된다.
- A는 100 ℃와 비슷한 온도에서 가장 나중에 끓어 나와 시험관에서 액화되어 분리된다.

증류는 잘 섞이는 액체 혼합물을 성분 물질의 끓는점 차를 이용하여 분리하는 방법이다. 끓는점이 다른 액체 혼합물을 가열하면 끓는점이 낮은 물질이 먼저 끓어 나오고, 끓는점이 높은 물질은 나중에 끓어 나온다. 따라서 각 구간에서 끓어 나온 기체를 냉각하면 성분 물질을 분리할 수 있다.

❷-1 소줏고리를 이용한 혼합물의 분리

소줏고리의 아래쪽 솥에 곡물을 발효시켜 만든 탁한 술을 넣고 가열하면 끓는점이 낮은 에탄올이 먼저 끓어 나온다. 끓어 나온 에탄올 기체가 찬물이 담긴 그릇에 닿아 냉각되면서 액화되므로 에탄올 비율이 높은 술을 얻을 수 있다. 이와 같은 분리 방법을 증류라고 한다. 소줏고리는 끓는점 차를 이용한 도구이다.

❸-1 여러 가지 종류의 플라스틱 분리

자료 분석 + 밀도 차를 이용한 고체 혼합물의 분리

- 밀도 비교: 플라스틱 A < 물 < 플라스틱 B

여러 가지 종류의 플라스틱이 섞여 있을 때 물을 부으면 물보다 밀도가 작은 플라스틱 A는 물 위에 뜨지만 물보다 밀도가 큰 플라스틱 B는 아래에 가라앉는다.

❹-1 분별 깔때기로 분리할 수 있는 혼합물

자료 분석 + 분별 깔때기

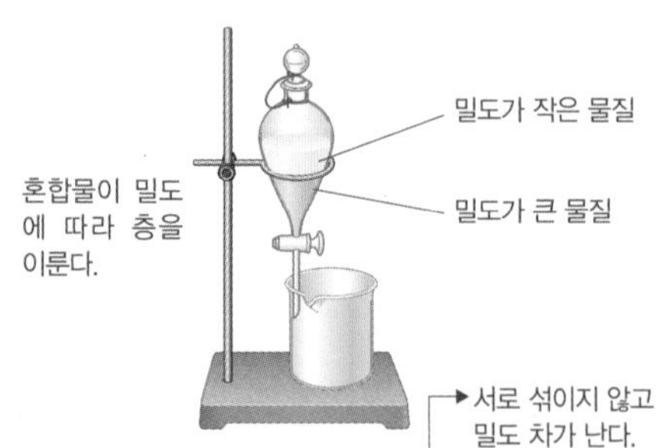

- 분별 깔때기로 분리할 수 있는 액체 혼합물의 예: 물과 에테르의 혼합물, 물과 사염화 탄소의 혼합물, 간장과 참기름의 혼합물, 물과 식용유의 혼합물 등
- 분별 깔때기로 액체 혼합물을 분리하면 밀도가 작은 물질은 위에, 밀도가 큰 물질은 아래에 위치한다.

혼합물		물과 에테르	물과 사염화 탄소	간장과 참기름
밀도 비교		물>에테르	사염화 탄소>물	간장>참기름
분별 깔때기	위층	에테르	물	참기름
	아래층	물	사염화 탄소	간장

선택지 분석

① 염전에서 소금 얻기 (×)
② 꽃잎의 색소 분리하기 (×)
③ 탁한 술에서 맑은 술 얻기 (×)
④물과 식용유의 혼합물 분리하기
⑤ 염화 나트륨과 붕산의 혼합물 분리하기 (×)

분별 깔때기를 이용하여 서로 섞이지 않으며, 밀도 차가 나는 액체 혼합물을 분리할 수 있다.

바로 알기 ① 염전에서는 바닷물에서 물을 증발시켜 소금을 얻는다.
② 꽃잎의 색소를 분리할 때에는 크로마토그래피를 이용한다.
③ 소줏고리를 이용하여 탁한 술에서 맑은 술을 얻는다.
⑤ 재결정을 하면 염화 나트륨과 붕산의 혼합물에서 순수한 붕산을 얻을 수 있다.

5-1 불순물이 포함된 질산 칼륨에서 순수한 질산 칼륨 얻기

자료 분석 + 재결정으로 순수한 질산 칼륨 얻기

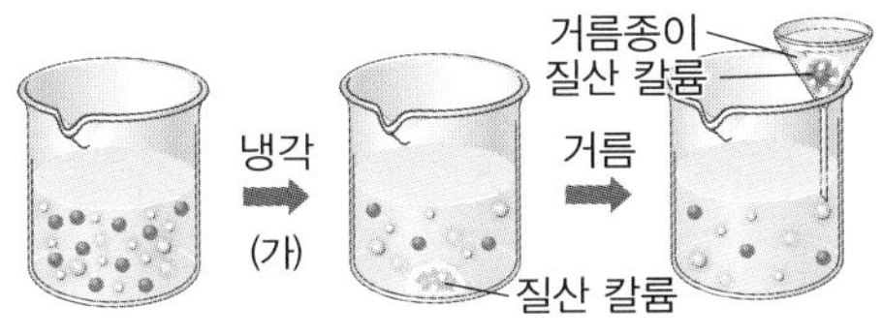

• 소량의 황산 구리(Ⅱ)가 섞여 있는 질산 칼륨을 높은 온도의 물에 녹인 다음 용액의 온도를 낮추면 온도에 따른 용해도 차가 큰 질산 칼륨이 석출된다.
• 황산 구리(Ⅱ)는 양이 적어 포화 상태에 이르지 않았으므로 용액 속에 그대로 녹아 있다.

두 물질의 온도에 따른 용해도 차를 이용하여 고체 혼합물을 분리하는 방법을 재결정이라고 한다.

6-1 사인펜 잉크의 색소 분리하기

사인펜 잉크를 찍은 점이 용매에 잠기지 않도록 하고, 거름종이의 끝부분이 용매에 잠기도록 한다. 용매의 증발을 막기 위해 입구를 마개로 닫는다.

선택지 분석

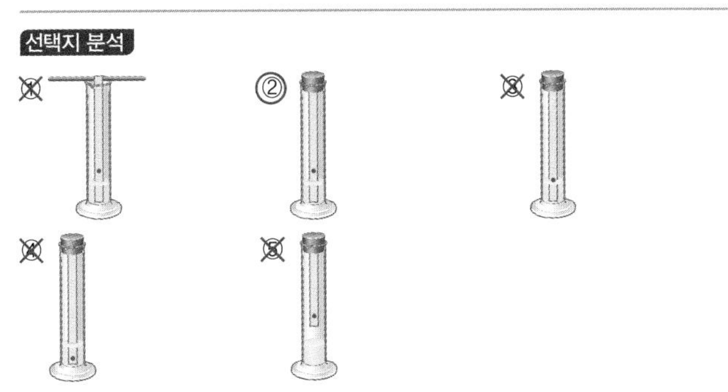

바로 알기 ① 시험관의 입구를 마개로 닫아야 한다.
③, ④ 색소점은 용매에 잠기지 않아야 한다.
⑤ 거름종이의 끝부분이 물에 닿아야 한다.

7-1 크로마토그래피로 혼합물에서 색소 분리하기

자료 분석 + 혼합물에서 색소 분리하기

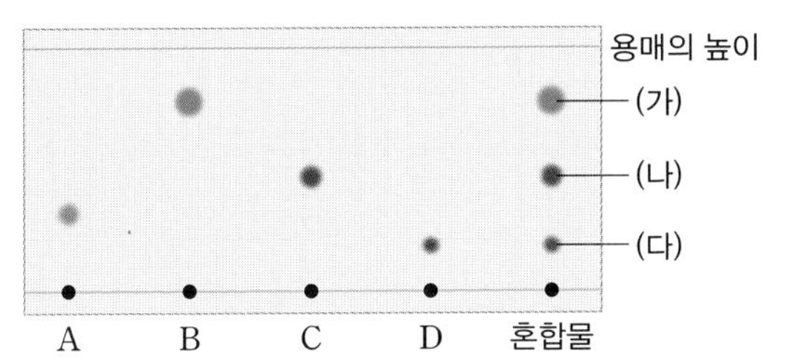

• 혼합물에서 분리된 색소는 3가지이다.
• 용매가 올라간 높이는 모두 같다.
• 색소가 올라가 거리가 (가)는 B와 같고, (나)는 C와 같으며, (다)는 D와 같으므로 혼합물에 포함된 색소는 B, C, D이다.

물질의 종류에 따라 성분 물질이 올라간 높이와 용매가 올라간 높이의 비는 일정하다.

8-1 복잡한 혼합물의 분리하기

자료 분석 + 복잡한 혼합물 분리하기

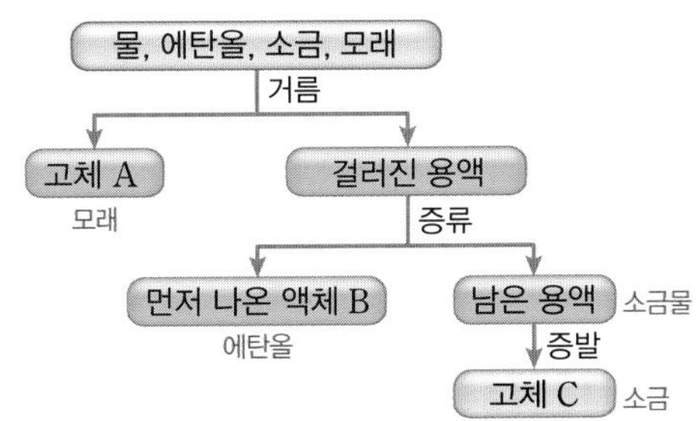

- 소금은 물에 녹고, 물과 에탄올은 서로 섞인다. 모래는 물과 에탄올에 섞이지 않으므로 거름 장치로 거르면 모래만 분리할 수 있다. → 고체 A: 모래
- 물의 끓는점은 100 ℃, 에탄올의 끓는점은 78.3 ℃, 소금의 끓는점은 매우 높다. 따라서 물, 에탄올, 소금의 혼합물을 증류하면 끓는점이 낮은 에탄올이 먼저 끓어 나오고, 이를 냉각하면 에탄올을 분리할 수 있다. → 먼저 나온 액체 B: 에탄올
- 소금물을 증발시키면 물은 수증기가 되어 공기 중으로 날아가고, 결국에 소금만 남는다. → 고체 C: 소금
- 증발된 수증기를 모아 냉각시키면 수증기가 액화되어 물을 얻을 수 있다.

거름은 용해도 차를, 증류는 끓는점 차를 이용한 혼합물 분리 방법이다.

3일 필수 체크 전략 2 최다 오답 문제 50~51쪽

1 ④	2 ⑤	3 ⑤	4 ③
5 ②	6 ⑤		

1 원유의 증류 과정

자료 분석 + 증류탑의 특징

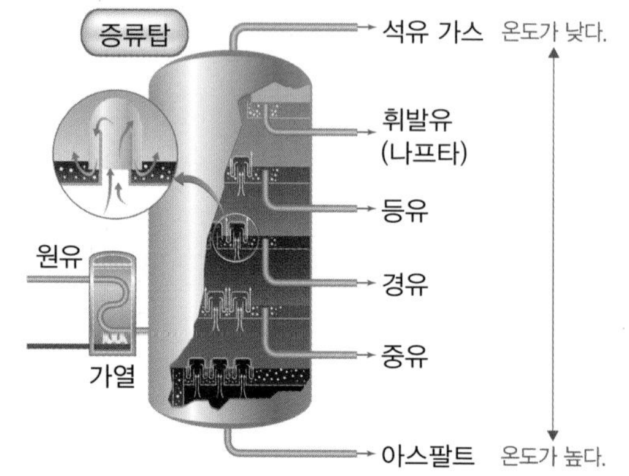

- 여러 개의 층으로 되어 있다.
- 증류탑 안에서 증류가 여러 번 일어난다.
- 많은 양의 원유를 한꺼번에 분리할 수 있다.
- 증류탑의 높이가 높을수록 분리가 잘 된다.
- 증류탑의 온도는 아래쪽이 높고, 위쪽이 낮다.

선택지 분석

㉠ 증류탑 안에서 증류가 여러 번 일어난다.
㉡ 끓는점이 낮은 물질은 증류탑의 위쪽에서, 끓는점이 높은 물질은 증류탑의 아래쪽에서 분리된다.
㉢ 각 층에서 끓는점이 비슷한 물질끼리 분리된다.
~~㉣~~ 증류탑 내부 온도는 높이에 관계없이 모두 같다.

원유를 높은 온도로 가열하여 증류탑으로 보내면 끓는점이 낮은 물질이 증류탑의 위쪽에서 먼저 증류되어 나오고, 끓는점이 높은 물질은 증류탑의 아래쪽에서 나중에 분리된다.

2 분별 깔때기로 분리할 수 있는 혼합물

자료 분석 + 분별 깔때기로 분리할 수 있는 혼합물

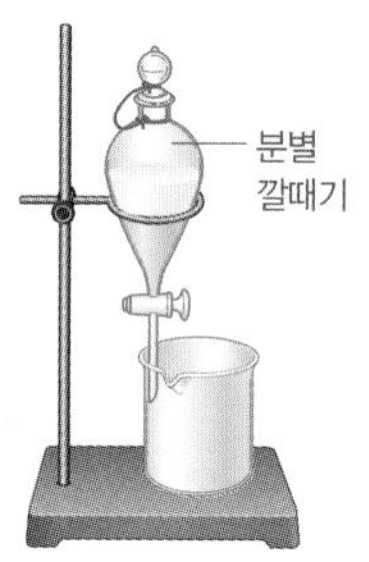

- 밀도가 다르고 서로 섞이지 않는 액체 혼합물은 분별 깔때기를 이용하여 분리한다.
- 이 혼합물을 분별 깔때기에 넣으면 밀도가 작은 물질은 위로 뜨고, 밀도가 큰 물질은 아래로 가라앉아 층을 이룬다. 물과 포도씨유의 혼합물, 간장과 참기름의 혼합물, 물과 사염화 탄소의 혼합물은 밀도가 다르고 서로 섞이지 않으므로 분별 깔때기로 분리할 수 있다.

선택지 분석

~~㉠~~ 물과 소금
~~㉡~~ 물과 메탄올
~~㉢~~ 물과 에탄올
㉣ 물과 포도씨유
㉤ 간장과 참기름
㉥ 물과 사염화 탄소

물과 소금의 혼합물, 물과 메탄올의 혼합물, 물과 에탄올의 혼합물은 모두 끓는점 차를 이용한 증류의 방법으로 분리할 수 있다.

바로 알기 ㄱ, ㄴ, ㄷ. 물과 소금, 물과 메탄올, 물과 에탄올은 서로 섞인다.

3 여러 가지 종류의 혼합물을 분리하는 다양한 방법

선택지 분석

~~①~~	원유	거름 – 증류	끓는점
~~②~~	소금물	증류	녹는점 – 끓는점
~~③~~	물과 식용유	재결정 – 분별 깔때기법	밀도
~~④~~	사인펜 잉크의 색소	크로마토그래피	끓는점 – 물질이 용매와 함께 이동하는 속도
⑤	붕산과 염화 나트륨	재결정	용해도

붕산과 염화 나트륨의 혼합물은 용해도 차를 이용한 재결정 방법으로 분리할 수 있다.

바로 알기 ① 원유는 끓는점 차를 이용한 증류 방법을 이용하여 분리한다.

② 소금물은 끓는점 차를 이용한 증류 방법을 이용하여 분리한다.

③ 물과 식용유는 밀도 차를 이용한 분별 깔때기법을 이용하여 분리한다.

④ 사인펜 잉크의 색소는 용매와 함께 이동하는 속도 차를 이용한 크로마토그래피로 분리한다.

4 기체 혼합물의 분리

자료 분석 + 기체 혼합물의 분리

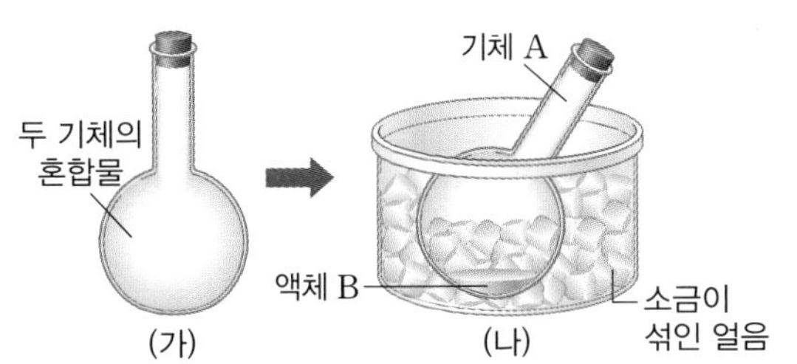

• 뷰테인(끓는점 −0.5 ℃)과 프로페인(끓는점 −42.1 ℃)의 혼합 기체를 −0.5 ℃ 이하로 냉각시키면 끓는점이 높은 뷰테인이 먼저 액체로 분리된다.

선택지 분석

ㄱ 기체 A는 프로페인이다.

ㄴ 액체 B는 뷰테인이다.

~~ㄷ~~ 기체 혼합물을 분리할 때 이용한 물질의 특성은 어는점 차이다.

기체 혼합물도 끓는점 차를 이용하여 분리할 수 있다.

5 재결정

자료 분석 + 온도에 따른 질산 칼륨과 질산 나트륨의 용해도

온도(℃)	0	20	40	60	80
질산 칼륨	13.3	31.6	63.9	110	169
질산 나트륨	73	88	105	125	148

• 용해도는 어떤 온도에서 용매 100 g에 최대한 녹는 용질의 질량을 나타낸 것이다.

• 80 ℃의 물 200 g에 녹을 수 있는 질산 칼륨과 질산 나트륨의 양은 각각 169×2 g, 148×2 g이므로 질산 칼륨 100 g, 질산 나트륨 100 g은 80 ℃의 물 200 g에 모두 녹는다.

• 20 ℃의 물 200 g에 녹을 수 있는 질산 칼륨과 질산 나트륨의 양은 각각 31.6×2 g, 88×2 g이므로 질산 칼륨은 36.8 g이 석출되고, 질산 나트륨은 모두 녹아 있다.

질산 칼륨의 석출량=100 g−(31.6×2) g=36.8 g

6 크로마토그래피

자료 분석 + 여러 가지 색소의 분리

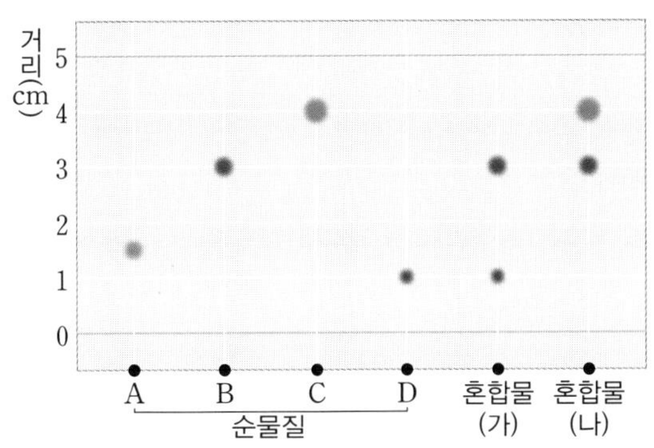

• 순물질: A, B, C, D

• 혼합물 (가)는 순물질 B와 D를 포함한다.

• 혼합물 (나)는 순물질 B와 C를 포함한다.

• 색소가 용매를 따라 이동한 속도: C>B>A>D

선택지 분석

~~ㄱ~~ A는 B보다 용매를 따라 이동하는 속도가 빠르다.

~~ㄴ~~ A~D 중에서 용매를 따라 이동하는 속도가 가장 빠른 것은 D이다.

ㄷ 혼합물 (가)와 (나)에는 같은 종류의 순물질이 한 가지 포함되어 있다.

ㄹ 혼합물 (가)와 (나)를 섞은 다음, 크로마토그래피로 분리하면 3종류의 성분 물질로 분리된다.

물질의 종류에 따라 성분 물질이 올라간 높이와 용매가 올라간 높이의 비는 일정하다. 따라서 혼합물 (가)는 순물질 B와 D의 혼합물이고, 혼합물 (나)는 순물질 B와 C의 혼합물이다.

바로 알기 ㄱ. A는 B보다 용매를 따라 이동하는 속도가 느리다.

ㄴ. A~D 중에서 용매를 따라 이동하는 속도가 가장 빠른 것은 C이다.

암기 Tip 크로마토그래피

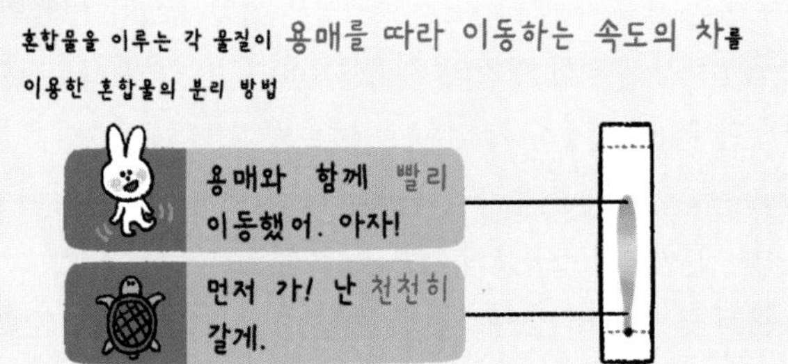

혼합물을 이루는 각 물질이 용매를 따라 이동하는 속도의 차를 이용한 혼합물의 분리 방법
용매와 함께 빨리 이동했어. 아자!
먼저 가! 난 천천히 갈게.

2주차	누구나 합격 전략		52~53쪽
01 ⑤	02 ③	03 ④	
04 (가)>(나)>(다)=(라)		05 ③	06 ②
07 ⑤	08 ①	09 ④	

01 물질의 특성

물질의 특성에는 맛, 냄새, 색깔, 촉감 등의 겉보기 성질과 끓는점, 녹는점, 어는점, 밀도, 용해도 등이 있다.

바로 알기 길이, 부피, 질량은 같은 물질이라도 양이 다르면 달라지는 성질이므로 물질의 특성이 아니다.

02 순물질과 혼합물

물질은 순물질로 혼합물로 나눌 수 있다. 순물질에는 한 가지 원소로만 이루어진 홑원소 물질과 두 가지 이상의 원소로 이루어진 화합물이 있고, 혼합물에는 균일 혼합물과 불균일 혼합물이 있다.

① 순물질은 한 종류의 물질로 구성되어 있으므로 물질의 특성이 일정하다.

② 순물질은 한 종류의 물질로 이루어져 있다.

④ 혼합물은 두 가지 이상의 순물질이 섞여 있는 물질이며, 혼합물에서 각 성분 물질은 고유한 성질을 그대로 가지고 있다.

⑤ 균일 혼합물은 성분 물질이 고르게 섞여 있는 혼합물이다.

바로 알기 ③ 혼합물의 성분 물질의 비율은 일정하지 않다.

03 순물질과 혼합물의 가열 곡선

자료 분석 + 물과 소금물의 가열 곡선

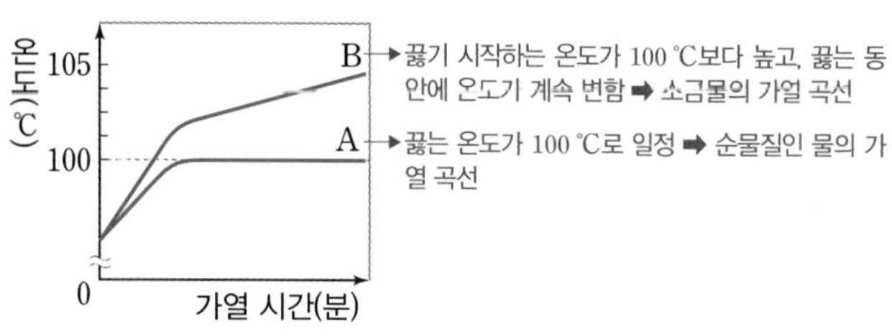

A는 물의 가열 곡선이고, B는 소금물의 가열 곡선이다. 물의 가열 곡선에서 수평한 구간의 온도인 100 ℃는 물의 끓는점으로 양에 관계없이 일정하다.

① A는 순물질인 물의 가열 곡선이다.

② B는 혼합물인 소금물의 가열 곡선이다.

③ B는 끓는 동안 온도가 점점 높아진다. 이것은 소금물이 끓는 동안 물이 수증기가 되어 공기 중으로 날아가므로 액체 상태로 남아 있는 소금물에서 물과 소금의 비율이 계속 변하기 때문이다.

⑤ 물질 B는 소금물이므로 물과 소금이 섞여 있는 혼합물이다.

바로 알기 ④ 물질 A는 물이다. 끓는점은 물질의 특성이므로 질량을 달리해도 끓는점이 변하지 않는다.

04 밀도

자료 분석 + 부피 – 질량 그래프에서 밀도 비교하기

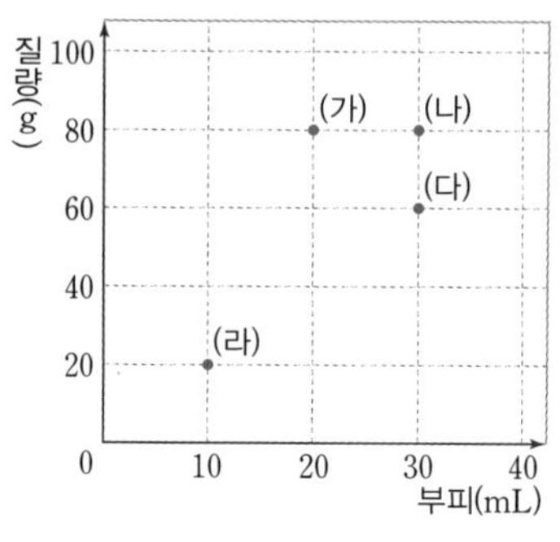

- (다)와 (라)는 직선의 기울기가 같으므로 단위 부피당 질량이 같은 경우이다. 즉 (다)와 (라)는 밀도가 같은 물질이다.
- (가), (나), (다)는 직선의 기울기가 서로 다르므로 종류가 다른 물질이며, 기울기의 크기가 (가)>(나)>(다)이므로 밀도 크기가 (가)>(나)>(다) 순이다.

밀도$=\frac{\text{질량}}{\text{부피}}$이므로 (가)~(라)의 밀도는 다음과 같다. (가)의 밀도$=\frac{80}{20}=4$(g/mL). (나)의 밀도$=\frac{80}{30}\fallingdotseq 2.67$(g/mL). (다)의 밀도$=\frac{60}{30}=2$(g/mL). (라)의 밀도=(다)의 밀도=2(g/mL).

05 용해도

자료 분석 + 온도, 압력에 따른 이산화 탄소 기체의 용해도

<실험 A, B, C 비교하기>

압력은 같고 온도만 다른 경우: 온도에 따른 이산화 탄소 기체의 용해도를 비교할 수 있다.

→ 온도가 높을수록 기포가 많이 발생 → 온도가 높을수록 기체의 용해도가 감소

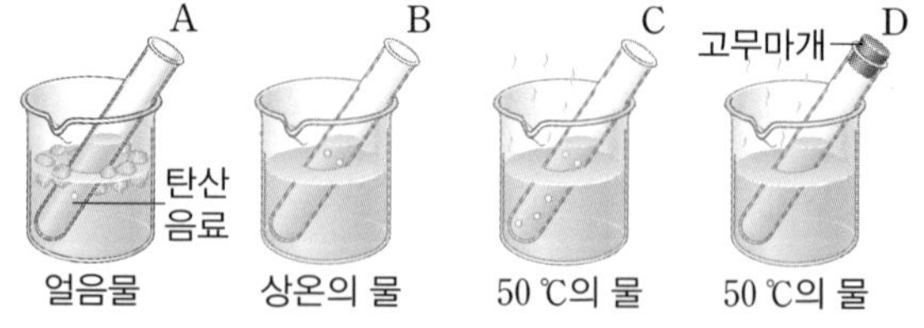

<실험 C와 D를 비교하기>

온도는 같고 압력이 다른 경우: 압력에 따른 이산화 탄소 기체의 용해도를 비교할 수 있다. → 압력이 낮을수록(시험관 입구를 막지 않았을 때) 기포가 많이 발생 → 압력이 낮을수록 기체의 용해도가 감소

A, B, C의 결과를 비교하여 온도가 기체의 용해도에 미치는 영향을 알 수 있고, C와 D의 결과를 비교하여 압력이 기체의 용해도에 미치는 영향을 알 수 있다.

③ 시험관 C와 D에서, 온도는 50 ℃로 같지만 시험관 입구를 고무마개로 막거나 막지 않아 시험관 내부의 압력이 서로 다르다. 이때 시험관 C는 D보다 내부 압력이 낮아 물속에 녹아 있던 이산화 탄소 기체가 기포가 되어 발생하는 양이 더 많다. 즉, 압력이 낮을수록 기체의 용해도가 감소하여 많은 기포가 발생한다.

바로 알기 ① C에서 가장 많은 양의 기포가 발생한다.
② 온도가 높을수록 기체의 용해도가 감소한다.
④ A, B, C의 결과를 비교하여 온도가 기체의 용해도에 미치는 영향을 알 수 있다.
⑤ C와 D의 결과를 비교하여 압력이 기체의 용해도에 미치는 영향을 알 수 있다.

06 물과 에탄올 혼합물의 분리 장치

선택지 분석

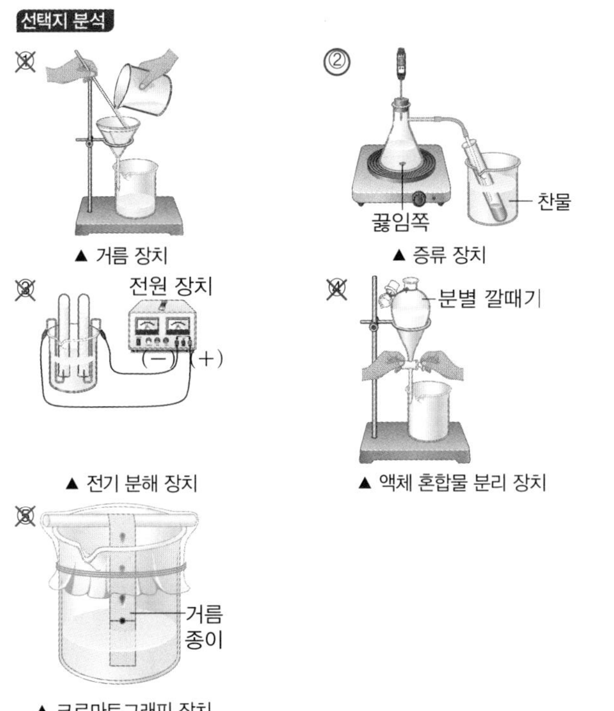

물과 에탄올의 혼합물은 끓는점 차를 이용한 증류 장치를 이용하여 분리할 수 있다.

바로 알기 ① 두 고체 혼합물 중 한 가지 성분만 녹이는 용매에 녹여 성분 물질을 분리할 때 이용하는 거름 장치이다.
③ 물에 전기를 흐르게 하여 수소와 산소로 분해할 때 이용하는 전기 분해 장치이다.
④ 서로 섞이지 않고 밀도 차가 나는 액체 혼합물을 분리할 때 이용하는 장치이다.
⑤ 혼합물을 이루는 성분 물질이 용매를 따라 이동하는 속도의 차를 이용하여 혼합물을 분리하는 장치이다.

07 용해도 곡선 해석하기

자료 분석 + 염화 나트륨과 붕산의 용해도 곡선

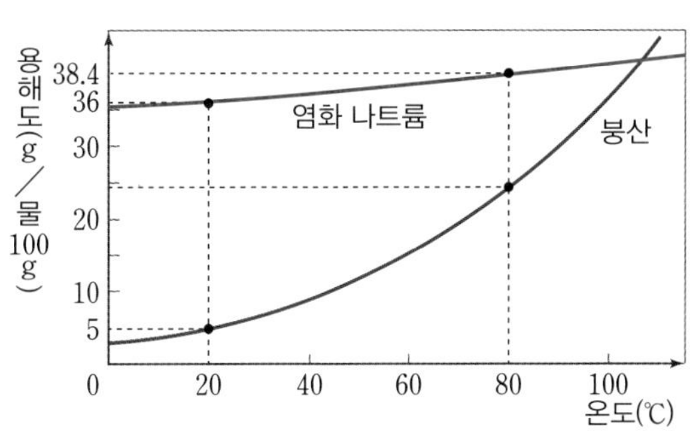

- 80 ℃의 물 100 g에 녹을 수 있는 염화 나트륨과 붕산의 양은 각각 38.4 g, 약 24 g이므로 염화 나트륨 30 g과 붕산 20 g은 80 ℃의 물 100 g에 모두 녹는다.
- 용액의 온도를 20 ℃로 냉각하면 염화 나트륨의 용해도는 36 g/물 100 g, 붕산의 용해도는 5 g/물 100 g이 된다. 따라서, 염화 나트륨 30 g은 모두 녹아 있고, 붕산은 20 g−5 g=15 g이 석출된다.
- 이 용액을 거름 장치로 거르고 남은 용액에는 염화 나트륨 30 g, 붕산 5 g이 녹아 있다.

선택지 분석

①거름종이 위에 붕산이 남는다.
②붕산 15 g이 결정으로 석출된다.
③거른 용액에는 염화 나트륨과 붕산이 들어 있다.
④온도에 따른 용해도 차를 이용한 혼합물 분리 방법이다.
⑤ 0 ℃로 냉각하면 염화 나트륨과 붕산이 모두 결정으로 석출된다.

0 ℃로 냉각하더라도 물 100 g에 염화 나트륨은 30 g 녹아 있고, 붕산은 약 2.5 g 녹아 있다.

08 밀도 차를 이용한 혼합물의 분리 예

주어진 예시는 모두 밀도 차를 이용한 혼합물의 분리 예이다. 작게 자른 폐플라스틱을 물에 넣으면 플라스틱이 깨끗이 세척되는 동시에 밀도가 작은 플라스틱은 물에 뜨고 밀도가 큰 플라스틱은 물속에 가라앉는데, 이를 이용하여 폐플라스틱을 분리한다. 바다에 유출된 기름은 바닷물보다 밀도가 작아 바닷물 위에 뜨므로 기름이 퍼지지 않도록 기름막이를 설치하고 흡착포를 사용하면 기름을 제거할 수 있다. 달걀을 소금물에 넣으면 신선한 달걀은 아래로 가라앉고 오래된 달걀은 위로 뜬다. 혈액을 원심 분리기에 넣고 돌리면 밀도가 큰 혈구는 아래층에, 밀도가 작은 혈장은 위층에 분리된다.

09 크로마토그래피의 이용

크로마토그래피는 다른 분리 방법에 비해 간편하고 여러 가지 성분을 한 번에 분리할 수 있다는 장점이 있다.

바로 알기 ㄷ. 합성한 아스피린에는 불순물이 포함되어 있기 때문에 재결정 과정을 통해 순도를 높인다.

2주차 창의 · 융합 · 코딩 전략 54~57쪽

1 해설 참조 2 (1) 밀도 (2) 끓는점 (3) 해설 참조
3 (1) LPG>공기>LNG (2) 해설 참조 (3) 해설 참조 4 인수
5 (1) ㉠ 기화, ㉡ 액화 (2) 해설 참조 6 ③
7 (1) 밀도 (2) (가) 기름, (나) 혈장, (다) 모래, (라) 오래된 달걀
8 ㉠ 밀도, ㉡ 어는점

1 순물질과 혼합물

자료 분석 + 순물질과 혼합물의 입자 모형

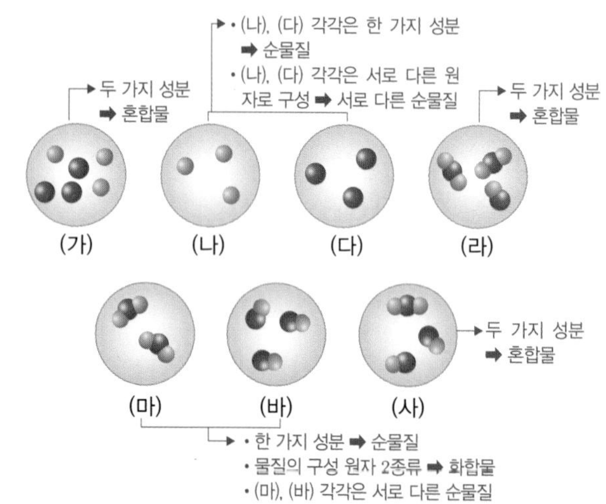

순물질에는 산소, 질소, 철 등과 같이 한 가지 원소로 구성된 물질도 있고, 물, 설탕, 염화 나트륨 등과 같이 두 가지 이상의 원소로 구성된 물질도 있다.

• ㉠: (나)와 (다)는 순물질이다. 한 가지 성분으로만 이루어져 있기때문이다. 한편 (나)와 (다) 각각은 서로 다른 원자로 되어 있으므로 서로 다른 종류의 순물질이다.

• ㉡: (가), (라), (사)는 혼합물이다. 물질을 이루고 있는 성분(순물질)이 두 가지 이상이기 때문이다.

모범 답안 ㉠ 한 가지 물질로 구성되어 있기, ㉡ 두 가지 이상의 순물질이 섞여 있기

	채점 기준	배점(%)
㉠	한 가지 물질, 한 종류의 물질, 한 가지 순물질 등의 표현을 넣어 옳은 내용을 서술한 경우	50
	한 가지 원자, 한 종류의 원자, 한 가지 원소 등의 표현을 사용하여 서술한 경우	10
㉡	'두 가지 이상의 순물질이 섞여 있다'라는 표현을 넣어 옳은 내용을 서술한 경우	50
	'두 가지 이상의 물질이 섞여 있다'라는 의미로 서술했지만 일부 내용이 틀린 경우	10
㉠과 ㉡을 모두 옳게 서술한 경우		100

2 밀도와 끓는점

자료 분석 + 물과 식용유의 밀도와 끓는점

➡ 밀도가 큰 물질은 밀도가 작은 물질의 아래로 가라앉는 성질이 있다. ➡ 식용유보다 밀도가 큰 물은 식용유 아래로 가라앉는다.

물과 기름은 서로 섞이지 않고, 물의 ㉠ ( )는 기름보다 크다. 따라서 끓고 있는 기름에 수분이 많은 재료를 넣으면 ㉠ ( ) 차이 때문에 재료가 가라앉게 된다.

➡ 요리하기 위해 가열한 식용유는 온도가 매우 높다(약 150 ℃). 가열된 식용유에 재료를 넣으면 재료 속의 물은 빠르게 가열되어 끓는점에 도달하여 기화한다. ➡ 액체인 물이 기체인 수증기가 될 때 부피가 매우 크게 증가한다. ➡ 수증기가 주변의 물질을 밀어내고 튀김 솥 밖으로 빠져나오는데, 이것이 기름이 튀는 현상이다.

보통 식용유의 끓는점은 150 ℃ 이상이고 물의 끓는점은 100 ℃이므로, 기름에 가라앉은 재료 속 수분은 주변의 높은 온도 때문에 순식간에 ㉡ ( )에 도달하여 기화하게 된다. 그러면 수분이 수증기로 변하면서 부피가 약 1700배 증가하고, 이 수증기가 기름 밖으로 빠르게 빠져나가면서 기름이 튀는 것이다.

(3) 튀김 요리를 할 때 재료 속 수분을 제거하면 기름이 튀는 것을 줄일 수 있다.

모범 답안 재료 속 수분(물)을 제거한다.

채점 기준	배점(%)
수분(물) 제거의 의미가 포함되도록 서술한 경우	100
수분(물) 제거를 언급하지 않았어도, 재료의 성분과 관련지어 기름이 튀는 양을 줄일 적당한 방법을 서술한 경우	50

3 기체의 밀도

(2) LPG와 LNG는 무색, 무미, 무취이므로 누출되어도 쉽게 알아채기 어렵다. 그래서 인체에 무해하고 독성이 없는 물질 중에서 특유의 냄새가 나는 물질을 LPG와 LNG에 혼합하는데, 이를 부취제라고 한다. 이와 함께 가스 누출 경보기를 설치하여 가스 누출 사고를 예방한다.

모범 답안 LPG는 공기보다 밀도가 커서 바닥에 가라앉는다. 따라서 창문을 열고 방석 등으로 바닥을 쓸어낸다. LNG는 공기보다 밀도가 작아서 위로 올라가므로 환기를 잘한다.

채점 기준	배점(%)
① LPG: 공기보다 밀도가 커서 가라앉는다, 창문을 열고 바닥을 쓸어낸다는 내용을 포함시켜 옳게 서술한 경우	50
② LNG: 공기보다 밀도가 작아서 위로 올라간다, 환기를 한다라는 내용을 포함시켜 옳게 서술한 경우	50
①과 ②를 모두 옳게 서술한 경우	100

(3) LPG는 공기보다 밀도가 커서 누출되면 바닥에 가라앉고, LPG는 공기보다 밀도가 작아서 누출되면 위로 올라간다.

모범 답안 LPG는 공기보다 밀도가 커서 바닥에 가라앉으므로 LPG 누출 경보기는 바닥에 설치하고, LNG는 공기보다 밀도가 작아서 위로 올라가므로 LNG 누출 경보기는 천장 가까운 곳에 설치한다.

채점 기준	배점(%)
① LPG: 공기보다 밀도가 크다, 바닥(아래쪽)에 설치한다는 내용을 포함시켜 옳게 서술한 경우	50
② LNG: 공기보다 밀도가 작다, 천장 가까운 곳(가장 위쪽)에 설치한다는 내용을 포함시켜 옳게 서술한 경우	50
①과 ②를 모두 옳게 서술한 경우	100

4 기체의 용해도

주사기 끝을 막고 피스톤을 당기면 주사기 내부의 압력이 감소하여 기체의 용해도가 감소하므로 발생하는 기포의 양이 늘어난다. 그러나 당겼던 피스톤을 밀어 원래 위치에 두면 주사기 내부 압력이 다시 증가하므로 기체의 용해도가 증가하여 기포의 양이 줄어든다.

• 탄산음료 속 기체의 용해도가 낮아져 생긴 기포에는 주로 이산화 탄소 기체가 들어 있다.

• 주사기 끝을 막고 피스톤을 당기면 주사기 내부 부피가 증가하여 압력이 작아지고, 피스톤을 밀면 내부 부피가 감소하여 압력이 커진다.

• 탄산음료 같은 액체에서 기포가 발생하는 것은 용액 속에 녹아 있는 기체의 용해도 감소로 기체가 더 이상 녹아 있을 수 없어 용액에서 빠져나오는 현상이다.

바로 알기 • 인수: 당겼던 피스톤을 밀어 당기기 전의 위치에 두면 당겼을 때보다 주사기 내부 압력이 다시 증가하므로 기체의 용해도가 증가하여 발생하는 기포의 양이 다시 줄어든다.

5 생활용수를 얻는 방법

워터콘으로 바닷물을 기화시켜 생성된 수증기를 액화시켜 물을 얻을 수 있다. 이와 같은 원리로 바닷물을 증발시켜 생활용수를 얻는 방법에는 해수 담수화 기술 중 증발법이 있다.

모범 답안 (2) 예 탁한 술에서 맑은 술 얻기, 물과 에탄올의 혼합물 분리하기, 원유 분리하기 등

채점 기준	배점(%)
혼합물을 분리하는 옳은 예를 2가지 쓴 경우	100
혼합물을 분리하는 옳은 예를 1가지만 쓴 경우	50

6 재결정으로 혼합물 분리하기

질산 칼륨이 모두 석출되는 것은 아니기 때문에 비커에 남은 용액은 순수한 염화 나트륨 용액이 아니다.

7 밀도 차를 이용한 혼합물의 분리 예

자료 분석 + 밀도 차를 이용한 혼합물의 분리 예

(가) 바다에 유출된 기름 제거	(나) 혈액의 원심 분리
밀도: 바닷물>기름	혈장, 혈구 밀도: 혈구>혈장
(다) 사금 채취	**(라) 신선한 달걀 고르기**
밀도: 사금>모래	오래된 달걀, 신선한 달걀 밀도: 신선한 달걀>소금물>오래된 달걀

밀도가 작은 물질은 위쪽에, 밀도가 큰 물질은 아래쪽에 위치한다. 달걀은 산란 후 시간이 지날수록 내부에 있는 공기집이 커져서 달걀의 밀도가 작아진다. 오래된 달걀이 소금물에 뜨고, 신선한 달걀은 소금물에 가라앉는다.

8 갈비탕 국물에 뜬 기름을 쉽게 제거하는 방법

기름은 물보다 밀도가 작으므로 물 위에 뜬다. 냉장고 안의 온도가 기름의 어는점보다 더 낮기 때문에 냉장고 안에 갈비탕 국물을 넣어 두면 기름이 물 위에 응고된다. 이것을 제거하면 맑은 국물을 쉽게 얻을 수 있다.

중간고사 마무리 신유형·신경향·서술형 전략 60~63쪽

1 ① 2 세리, 아름 3 ③ 4 ㉠ 밀도, ㉡ 서로 섞이지 않기 5 (1) 해설 참조 (2) 해설 참조 6 (1) 해설 참조 (2) 해설 참조 7 (1) 해설 참조 (2) 해설 참조 8 (1) 해설 참조 (2) 해설 참조

1 소화 과정

자료 분석 + 녹말의 소화

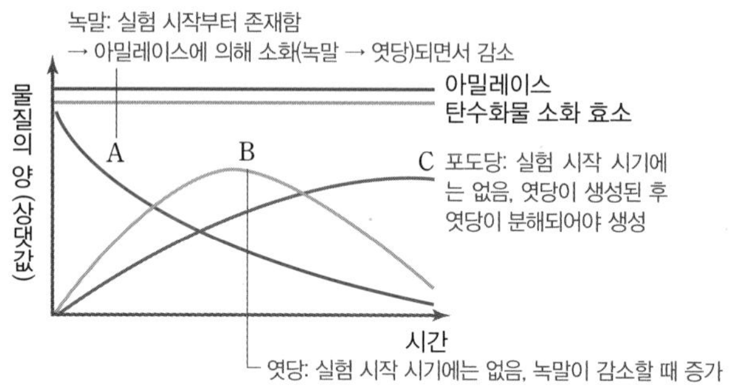

처음에 시험관에 녹말 용액만 넣고 실험을 시작하였으므로, 그래프에서 처음부터 존재하는 A가 녹말이다. 엿당은 녹말이 아밀레이스에 의해 분해되어 생성되므로 이 과정에서 녹말은 감소하고 엿당은 증가한다. 따라서 B가 엿당이다. 포도당은 엿당이 탄수화물 소화 효소에 의해 분해되어야 생성되므로 C가 포도당이다.

2 순물질과 혼합물

자료 분석 + 순물질과 혼합물의 가열 곡선

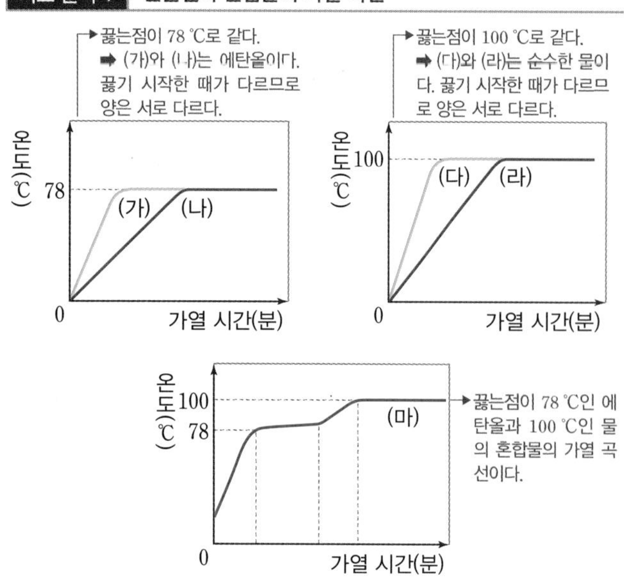

물의 끓는점은 100 ℃이고, 에탄올의 끓는점은 78 ℃이다. 물질의 종류가 같으면 질량이 달라도 끓는점이 같으며, 질량이 작을수록 끓는점에 도달하는 데 걸리는 시간이 짧다. (마)는 에탄올과 물의 혼합물의 가열 곡선이다. 이와 같이 두 가지 액체의 혼합물을 가열하면 끓는점이 낮은 물질이 먼저 기화되고, 끓는점이 높은 물질이 나중에 기화된다.

3 호흡 운동

자료 분석 + 폐활량계를 이용한 호흡 운동 실험

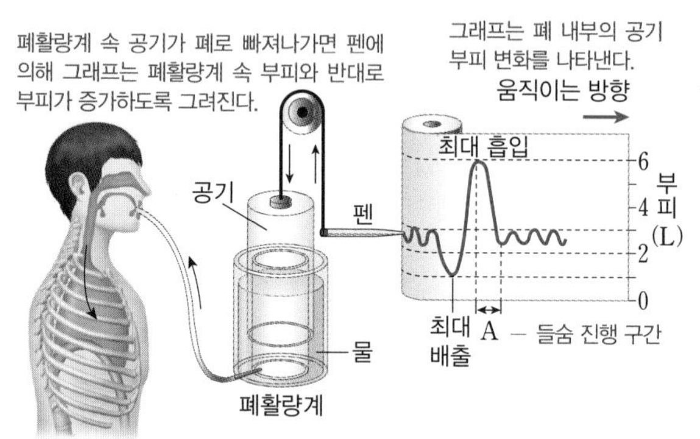

• 들숨: 폐활량계 속 공기가 폐로 들어오면서 폐활량계 속의 공기 부피는 감소하고, 폐 내부의 공기 부피는 증가한다.

ㄱ. 숨을 내쉬면 폐 내부의 공기가 폐활량계 속으로 이동하므로 폐활량계 내부의 공기 부피는 증가한다.

ㄷ. 최대로 흡입했을 때 폐 속의 공기 부피가 6 L이고, 최대로 배출했을 때 폐 속의 공기 부피가 1 L이므로 최대로 들이마셨다가 최대로 내쉴 수 있는 공기량은 5 L이다.

바로 알기 ㄴ. A 구간은 폐 속의 공기 부피가 증가하고 있으므로 들숨이 일어나는 구간이다. 들숨이 일어날 때 갈비뼈는 올라가고 가로막은 내려간다.

4 밀도 차를 이용한 액체 혼합물의 분리

물과 식용유의 혼합물 같이 액체 혼합물이 층을 이루면 분별 깔때기나 스포이트 등을 이용해 비교적 간단히 분리할 수 있다. 또한, 기름이 물 위에 뜨는 성질을 이용하여 그림을 그릴 수 있다. 마블링(marbling)은 기름이 물과 섞이지 않고 물 위에 뜨는 성질을 이용해 작품을 만드는 창작 기법으로, 작품의 모습이 대리석(marble) 무늬와 비슷해서 붙여진 이름이다. 마블링은 수조 같은 넓은 그릇과 물, 마블링 물감, 종이를 준비하고, 이쑤시개나 빨대, 나무젓가락 등 간단한 도구만 있으면 작품을 만들 수 있다.

5 날숨의 성분

자료 분석 + 운동 강도에 따른 날숨의 성분 탐구 실험

실험 과정

(가) 휴식 상태의 날숨 100 mL를 주사기 속에 넣은 후, 그림 ㉠과 같이 장치한다. (→ 들숨에 비해 이산화 탄소가 많음)
(나) 그림 ㉡과 같이 주사기 속 공기를 KOH 용액이 가득 들어 있는 눈금실린더 속으로 모두 밀어 넣은 후, 눈금실린더 속 공기 부피(B)를 측정한다. (KOH 용액은 이산화 탄소를 흡수한다.)

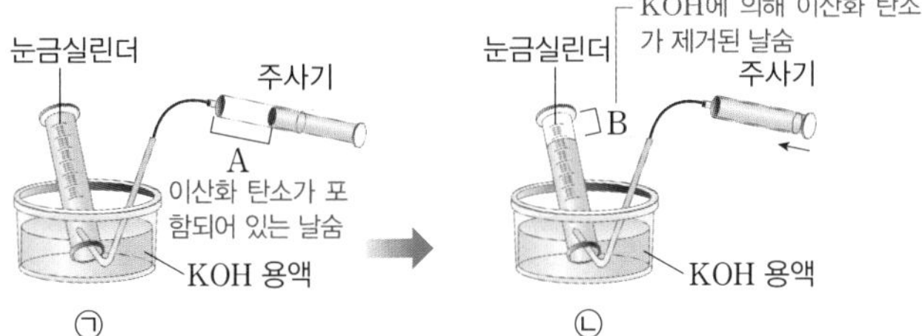

(다) 산책 후의 날숨과 100 m 달리기 후의 날숨으로 각각 (가)와 (나)의 과정을 반복한다. (→ 운동 강도: 산책< 100 m 달리기)

실험 결과

A − B: 날숨에 들어 있는 이산화 탄소의 부피 (단위: mL)

구분	휴식 시	산책 후	100 m 달리기 후
주사기 속 날숨 부피(A)	100	100	100
눈금실린더 속 공기 부피(B)	96	95	92

이산화 탄소가 많이 포함되어 있었던 날숨일수록 부피가 작음

(1) 눈금실린더 속 공기 부피(B)는 초기 주사기 속 날숨 부피(A)에서 KOH 용액에 흡수된 이산화 탄소의 부피를 제외한 값이다.

모범 답안 날숨 속에 들어 있는 이산화 탄소가 KOH 용액에 의해 흡수되어 제거되었기 때문이다.

채점 기준	배점(%)
'날숨'과 '이산화 탄소 제거'라는 말을 포함하여 서술한 경우	100
'이산화 탄소 제거'라는 말을 포함하여 서술하지 않은 경우	40

(2) B의 양이 작을수록 날숨에 포함된 이산화 탄소의 양이 많다. 휴식 시보다 산책 후, 산책 후보다 100 m 달리기 후 B의 양이 더 감소하므로 날숨에 포함된 이산화 탄소의 양이 더 더 많아진다는 것을 알 수 있다.

모범 답안 운동 강도가 세질수록 날숨에 포함된 이산화 탄소의 양이 증가한다.

채점 기준	배점(%)
운동 강도와 날숨에 포함된 이산화 탄소 양의 관계를 포함하여 옳게 서술한 경우	100
운동 강도와 날숨에 포함된 이산화 탄소 양의 관계를 옳게 서술하지 못한 경우	0

6 오줌의 생성 과정

자료 분석 + 콩팥에서의 물질 이동

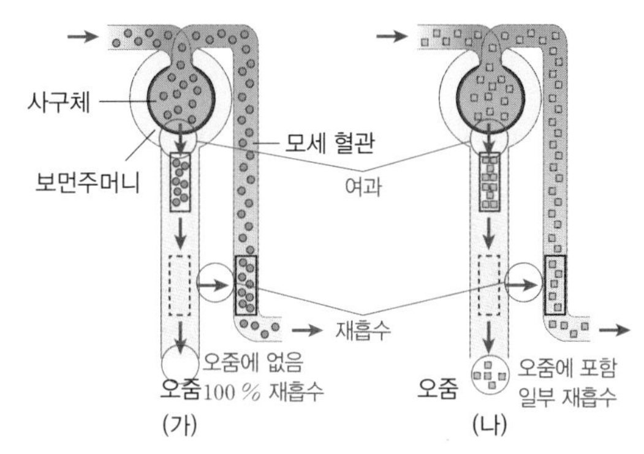

	여과량(g/일)	배설량(g/일)	
A	150.0	0	→ 여과된 후 100 % 재흡수
B	1.5	1.8	→ 여과된 후 분비량 더하여 배설
C	50.0	25.0	→ 여과되고 일부 재흡수된 후 남은 양 배설

(1) 사구체에서 보먼주머니로 물질이 이동하는 것이 여과이고, 여과액이 세뇨관을 지나면서 모세 혈관으로 이동하는 과정이 재흡수이다. 분비는 여과되지 않은 물질이 모세 혈관에서 세뇨관으로 이동하는 것이다.

모범 답안 • 공통점: 여과와 재흡수가 일어나며, 분비는 일어나지 않는다.
• 차이점: (가)에서는 100 % 재흡수되고, (나)에서는 일부만 재흡수된다.

채점 기준	배점(%)
공통점과 차이점을 모두 옳게 서술한 경우	100
공통점과 차이점 중 한 가지만 옳게 서술한 경우	50

(2) (가)에서 여과된 후 100 % 재흡수되는 물질은 오줌으로 배설되지 않는다. (나)에서 여과된 후 물질의 일부가 재흡수되므로 오줌으로 일부 물질이 배설된다.

모범 답안 • (가)와 (나)에서 이동하는 물질: (가)−A, (나)−C
• 까닭: (가)와 같이 여과된 후 100 % 재흡수되는 물질은 여과량은 있지만 배설량은 없는 A이다. (나)와 같이 물질이 여과된 후 일부가 재흡수되는 물질은 여과량에 비해 배설량이 적은 C이다.

채점 기준	배점(%)
(가)와 (나)에 해당하는 물질을 쓰고 그 까닭을 모두 옳게 서술한 경우	100
(가)와 (나)에 해당하는 물질은 옳게 썼으나 그 까닭을 옳게 서술하지 못한 경우	30

7 물질의 특성인 밀도

(1) 작은 고체, 특히 모양이 불규칙적인 고체의 부피를 측정할 때 물이 들어 있는 눈금실린더를 이용하면 편리하다. 이때 고체의 부피는 '고체+물'의 부피에서 물의 부피(처음 부피)를 뺀 값과 같다. 1 mL는 1 cm^3와 같다.

모범 답안 금속 조각을 물에 넣었을 때의 부피에서 물의 부피인 20.0 mL를 뺀다.

채점 기준	배점(%)
다음의 세 가지 중 하나를 포함하거나 같은 의미로 서술한 경우 • 금속을 물에 넣었을 때의 부피에서 20.0 mL를 뺀다. • 금속을 물에 넣었을 때의 부피에서 물의 부피를 뺀다. • (금속+물)의 부피−물의 부피	100

(2) 물질의 밀도는 단위 부피당 질량이다. ㉠의 밀도$=\frac{7.9}{1.0}=7.9$ (g/cm^3), ㉡의 밀도$=\frac{39.5}{5.0}=7.9$ (g/cm^3), ㉢의 밀도$=\frac{2.7}{1.0}=2.7$ (g/cm^3), ㉣의 밀도$=\frac{40.5}{15.0}=2.7$ (g/cm^3)

모범 답안 ㉠ 7.9, ㉡ 7.9, ㉢ 2.7, ㉣ 2.7. 단위 부피당 질량을 밀도라고 한다. 밀도는 물질의 양에는 관계없고 물질의 종류에 따라 다르므로 물질의 특성이다.

채점 기준	배점(%)
㉠~㉣을 모두 옳게 쓴 경우	50
② 밀도의 정의를 바르게 쓰고, 밀도가 양에는 관계없고 종류에 따라서 다르다는 내용을 옳게 서술한 경우	50
①과 ②를 모두 옳게 서술한 경우	100

암기 Tip 부피 – 질량 그래프에서 물질의 밀도

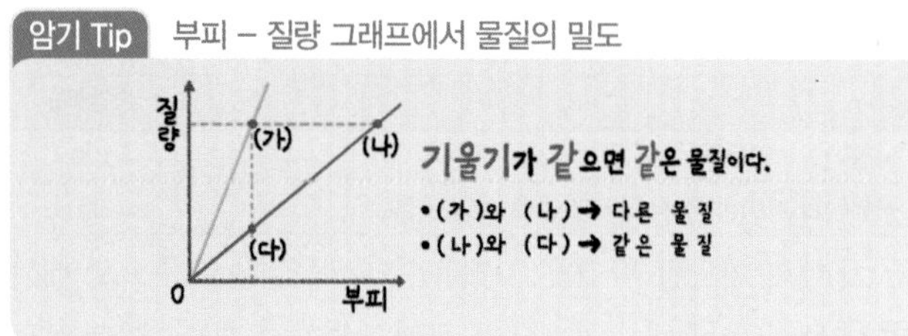

질량
(가)
(나)
(다)
0
부피
기울기가 같으면 같은 물질이다.
•(가)와 (나) → 다른 물질
•(나)와 (다) → 같은 물질

8 끓는점 차를 이용한 혼합물의 분리

자료 분석 + 끓는점 차를 이용한 혼합물의 분리

(가)

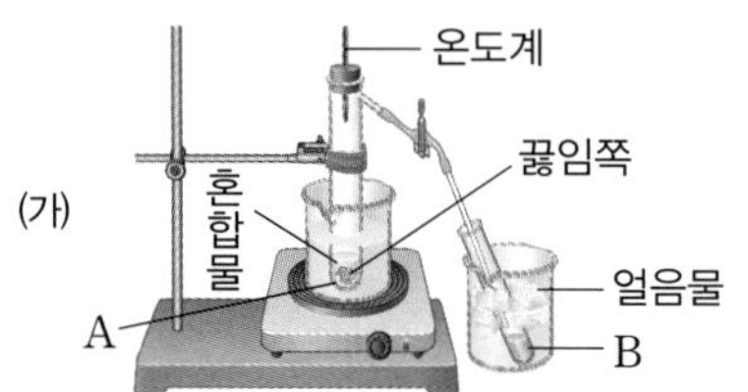

(나)

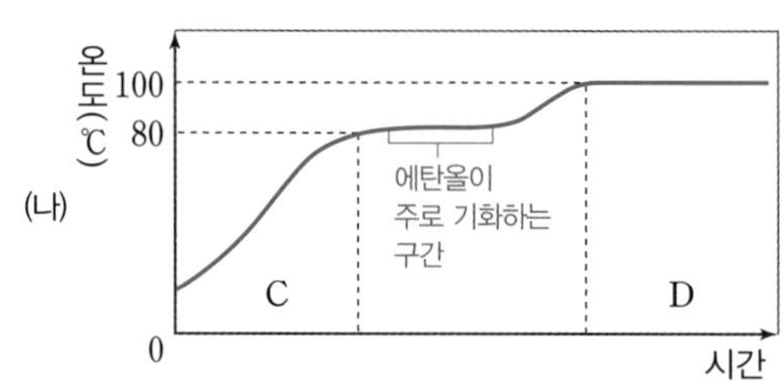

• A에서는 혼합물의 성분 물질 중 끓는점이 낮은 에탄올이 먼저 기화되고, 끓는점이 높은 물은 나중에 기화된다.
• B에서는 기화한 기체 물질이 액화하여 액체가 된다.
• C 구간: 혼합물이 끓기 전이다.
• D 구간: 물이 끓는 구간으로, 물이 수증기로 기화되는 구간이다.

끓는점 차를 이용한 증류 방법으로 분리할 수 있는 액체 혼합물은 서로 잘 섞이고, 끓는점 차이가 나야 한다.

모범 답안 (1) 기체 물질이 액체로 변하는 액화가 일어난다.

(2)

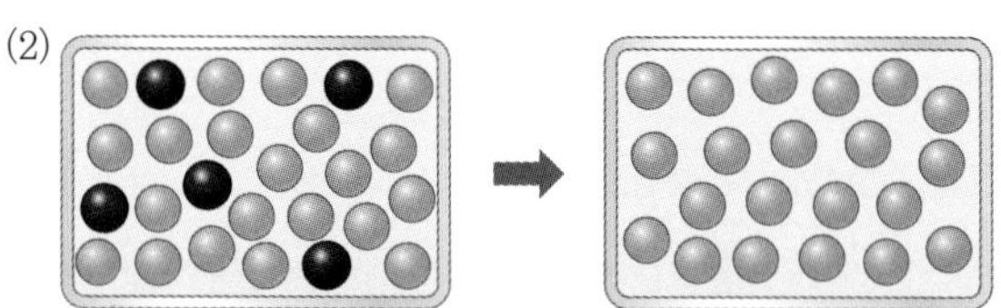

채점 기준	배점(%)
(1)의 답을 정확하게 서술하고 (2)의 입자 모형을 정확하게 나타낸 경우	100
(1)과 (2) 중 한 가지만 정확하게 서술하거나 나타낸 경우	50

중간고사 마무리 고난도 해결 전략 · 1회 64~67쪽

01 ④	02 ①	03 ⑤	04 해설 참조
05 ③	06 ㄱ, ㄷ	07 (1) A: 적혈구, B: 백혈구	
(2) 해설 참조	08 ④	09 해설 참조	10 ③
11 ⑤	12 ①	13 ③	14 ⑤

15 (1) ㉠ 여과, 셀로판지: 사구체, 깔때기: 보먼주머니 (2) 해설 참조

01 동물의 구성 단계

자료 분석 + 동물의 구성 단계의 예

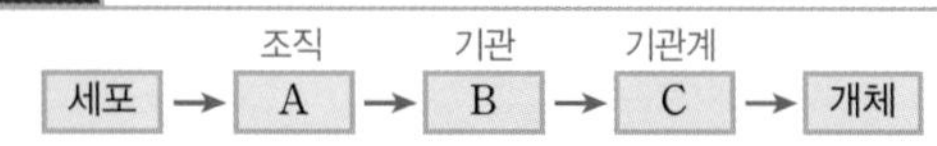

구성 단계	(가) 기관	(나) 조직	(다) 기관계
예	?	상피 조직	소화계

동물의 구성 단계는 세포 → 조직 → 기관 → 기관계 → 개체이므로 A는 조직, B는 기관, C는 기관계이다.

ㄴ. 간은 소화 기관이므로 (가)에 해당한다.

ㄷ. (나)는 조직이므로 A에 해당한다.

바로 알기 ㄱ. B는 여러 조직이 모인 기관이다.

02 3대 영양소의 소화와 흡수

자료 분석 + 3대 영양소의 소화와 소장 융털의 구조

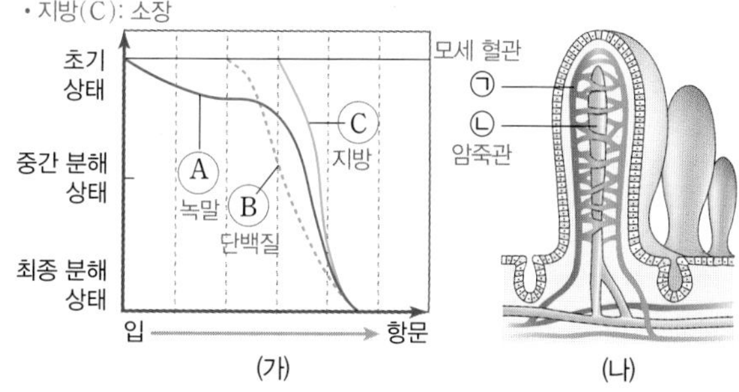

선택지 분석

㉠ A의 최종 소화 산물은 ㉠으로 흡수된다.

✗ B는 위에서(→ 소장) 최종 소화 산물로 소화되어 ㉡(→ ㉠)으로 흡수된다.

✗ C를 분해하는 소화 효소는 쓸개에서(→ 이자) 분비된다.

녹말은 입과 소장에서, 단백질은 위와 소장에서, 지방은 소장에서 소화 효소에 의해 분해된다. 따라서 A는 녹말, B는 단백질, C는 지방이다. ㉠은 모세 혈관, ㉡은 암죽관이고, 포도당, 아미노산, 무기 염류, 수용성 바이타민 등 수용성 영양소는 모세 혈관으로 흡수되고, 지방산, 모노글리세리드, 지용성 바이타민과 같은 지용성 영양소는 암죽관으로 흡수된다.

ㄱ. 녹말(A)의 최종 소화 산물은 포도당으로, 소장 융털의 모세 혈관(㉠)으로 흡수된다.

바로 알기 ㄴ. 3대 영양소는 모두 소장에서 최종 소화 산물로 소화되며, 단백질(B)의 최종 소화 산물인 아미노산은 소장 융털의 모세 혈관(㉠)으로 흡수된다.

ㄷ. 지방(C)을 분해하는 소화 효소는 라이페이스이며, 라이페이스는 이자액에 포함되어 있고, 이자액은 이자에서 십이지장으로 분비된다.

03 부피에 대한 표면적의 비에 따른 소화 효소의 반응 속도

자료 분석 + 부피와 표면적에 따른 엿당의 생성 속도

$\frac{표면적}{부피}$ = 6 < 12 < 24

표면적(cm^2)	6	12	24
부피(cm^3)	1	1	1
엿당 생성 속도	느리다	보통이다	빠르다

➡ $\frac{표면적}{부피}$이 커질수록 엿당 생성 속도는 빨라진다.

선택지 분석

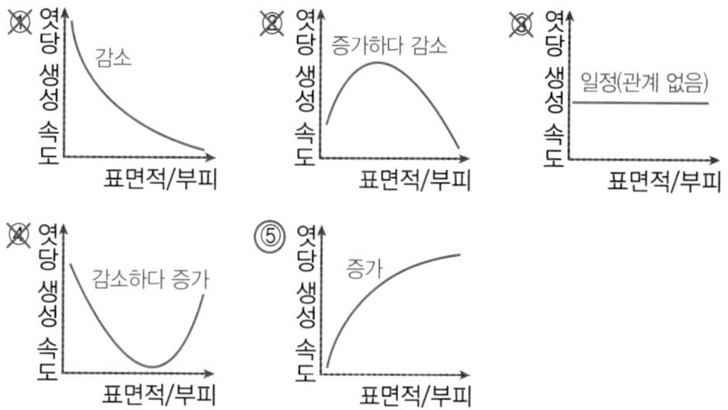

부피에 대한 표면적의 비$\left(\frac{표면적}{부피}\right)$가 커질수록 소화 효소와의 접촉 면적이 넓어져 소화 효소에 의한 소화의 효과(엿당 생성 속도)가 커진다. 따라서 부피에 대한 표면적의 비$\left(\frac{표면적}{부피}\right)$가 증가할수록 엿당 생성 속도가 증가하는 그래프는 ⑤이다.

04 영양소 검출 반응

자료 분석 + 음식물 속 영양소 검출 실험

검출 반응 / 음식물	아이오딘 반응	뷰렛 반응	수단 Ⅲ 반응
A (녹말+단백질+지방)	청람색 (녹말 검출)	보라색 (단백질 검출)	선홍색 (지방 검출)
B (녹말+단백질)	청람색 (녹말 검출)	보라색 (단백질 검출)	적색

녹말은 아이오딘 반응에 의해 청람색이, 단백질은 뷰렛 반응에 의해 보라색이, 지방은 수단 Ⅲ 반응에 의해 선홍색이 나타난다.

수단 Ⅲ 반응에 A는 반응이 나타났고 B는 반응이 나타나지 않은 것으로 보아, A에는 지방이 있고 B에는 지방이 없다. 지방은 3대 영양소 중 하나로 에너지원으로 이용되며 세포막의 구성 성분이고, 이용하고 남은 탄수화물이 전환되어 저장되는 형태이다.

모범 답안 지방, 에너지원으로 이용된다. 세포막 등 생물체의 몸을 구성하는 성분이다. 이용하고 남은 탄수화물이 전환되어 저장되는 형태이다. 등

채점 기준	배점(%)
지방을 쓰고, 지방의 기능 2가지를 모두 옳게 서술한 경우	100
지방은 썼으나 지방의 기능 2가지를 옳게 서술하지 못한 경우	30

05 혈관의 특성

자료 분석 + 혈관의 혈압과 총단면적 크기 비교

혈압이 심장 박동의 영향을 받음 → 심실 수축기 동맥의 혈류 속도는 빠르고, 심실 이완기에는 느리다.

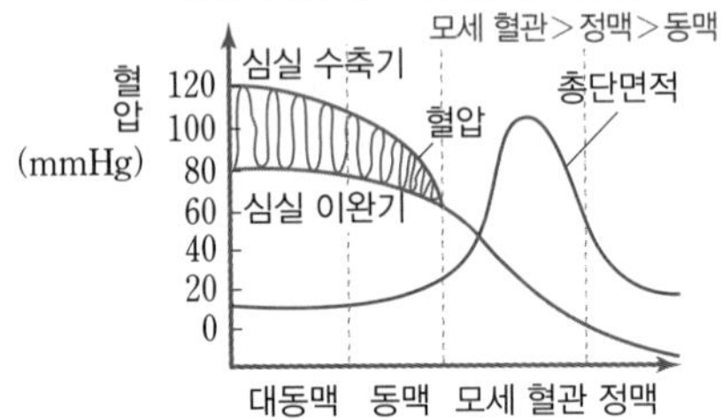

• 동맥: 심장 박동의 영향으로 혈압에 증감이 있으며 정맥, 모세 혈관에 비해 혈압이 높다.
• 모세 혈관: 총단면적이 가장 넓다.
• 정맥: 혈압이 가장 낮다.

• 혈류 속도: 총단면적에 반비례하며, 심장 박동의 영향을 받는다. 동맥>정맥>모세 혈관

③ 혈관의 총단면적은 모세 혈관에서 가장 넓고 정맥, 동맥 순으로 좁아진다. 혈관을 흐르는 혈류 속도는 혈관의 총단면적에 반비례한다. 또한, 동맥에서 심장 박동의 영향으로 심실이 수축할 때 혈류 속도는 빨라지고 심실이 이완할 때 느려진다.

06 혈액의 기능

자료 분석 + 혈장과 혈액의 산소 용해량

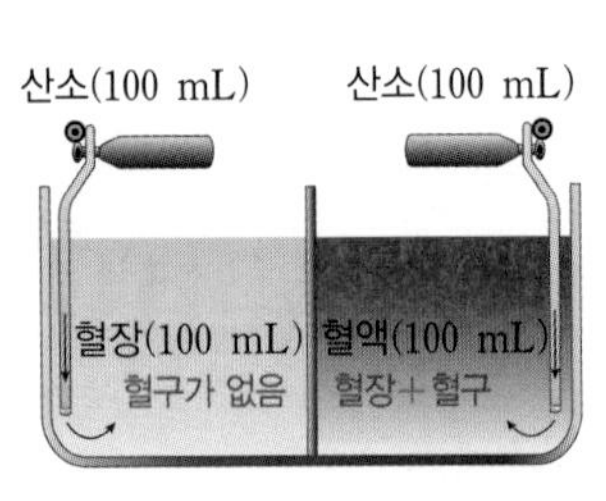

혈구가 없는 혈장에 비해 혈구가 있는 혈액의 산소 용해량이 높다. → 혈액에 있는 적혈구의 산소 운반 기능 때문

혈장에는 소량의 산소가 포함되어 있다는 것을 알 수 있다.

• 혈장=혈액−혈구 • 혈액=혈장+혈구

혈구에는 적혈구, 백혈구, 혈소판이 있다. 적혈구에는 헤모글로빈이 있어 산소와 결합하여 산소를 운반하는 기능을 담당한다. 혈장의 대부분은 물이며, 물은 산소 용해도가 낮다.

ㄱ. 혈액에 들어 있는 세포인 적혈구에는 산소와의 결합력이 높은 헤모글로빈이 있어 산소 운반에 관여한다.

ㄷ. 혈액의 산소 용해량은 적혈구의 헤모글로빈과 결합한 산소에 의해 많아지므로 적혈구 수가 많은 혈액인 경우 혈액의 산소 용해량이 더 많다.

바로 알기 ㄴ. 혈장에도 산소가 소량 녹아 있고, 적혈구 속 헤모글로빈은 산소와 결합하지만 산소가 부족한 조직 세포에서는 산소와 분리되므로 혈액을 통해 운반되는 산소가 모두 헤모글로빈과 결합되어 있는 것은 아니다.

07 혈액의 관찰

(1) 혈액을 관찰하였을 때 수가 많고 붉은색으로 보이는 원반 모양의 세포가 적혈구(A)이며, 김사액에 의해 보라색으로 염색된 핵이 있는 세포가 백혈구(B)이다. 혈소판은 잘 관찰되지 않는다.

(2) 에탄올은 생명 현상을 중단하여 세포를 살아 있는 것과 같은 상태로 고정할 때 사용하고, 김사액은 백혈구의 핵을 보라색으로 염색한다. 백혈구는 무색이므로 염색을 하지 않으면 관찰하기 어렵다.

모범 답안 • (나): 혈구를 살아 있는 것과 같은 상태로 고정하기 위해서이다.
• (다): 백혈구의 핵을 염색하여 뚜렷하게 관찰하기 위해서이다.

채점 기준	배점(%)
세포 고정과 백혈구의 핵 염색이라는 내용을 포함하여 모두 옳게 서술한 경우	100
세포 고정과 백혈구의 핵 염색이라는 내용 중 한 가지만 포함하여 옳게 서술한 경우	50

08 혈액 순환

동맥은 심장에서 나가는 혈액이 흐르는 혈관으로, 폐동맥은 심장의 우심실에서 폐로, 대동맥은 심장의 좌심실에서 온몸으로 나가는 혈액이 흐르는 혈관이다. 따라서 A는 폐이고, ㉠은 폐동맥, ㉡은 대동맥이다.

ㄴ. 폐동맥(㉠)은 우심실이 수축할 때 폐로 나가는 혈액이 흐르는 혈관이다.

ㄷ. 산소는 폐동맥(㉠)보다 대동맥(㉡)에서 많고, 이산화 탄소는 대동맥(㉡)보다 폐동맥(㉠)에서 많다.

바로 알기 ㄱ. 폐(A)는 호흡계에 속하는 기관이다. 심장과 혈관이 순환계에 속하는 기관이다.

09 호흡 기관

자료 분석 + 폐와 폐포의 구조

(가) 폐포는 한 층의 얇은 세포층으로 이루어져 있으며, 모세 혈관으로 둘러싸여 있다. 인접한 두 부분(폐포와 모세 혈관)의 표면이 모두 얇아 물질이나 기체가 쉽게 통과할 수 있다. → 기체 교환에 유리함
(나) 폐는 크기가 매우 작은 폐포가 여러 개 모여 이루어져 있다.
수가 적고 크기가 큰 경우보다 부피 대비 표면적이 넓다.
→ 한꺼번에 많은 기체 교환이 가능하다.

인접해 있는 폐포와 모세 혈관의 표면은 모두 얇아 물질이나 기체가 쉽게 통과할 수 있어 기체 교환에 유리하다. 작은 폐포가 여러 개인 것은 공기와 접촉하는 표면적을 넓혀 기체 교환이 효율적으로 일어날 수 있게 한다.

모범 답안 • (가): 산소와 이산화 탄소가 폐포와 모세 혈관 사이에서 쉽게 이동할 수 있어 기체 교환에 유리하다.
• (나): 공기와 접촉하는 표면적을 넓혀 기체 교환이 효율적으로 일어나게 한다.

채점 기준	배점(%)
(가)와 (나)를 모두 옳게 서술한 경우	100
(가)와 (나) 중 한 가지에 대해서만 옳게 서술한 경우	50

10 호흡 기관과 호흡 운동

자료 분석 + 폐포와 흉강의 압력 변화에 따른 폐의 부피 변화

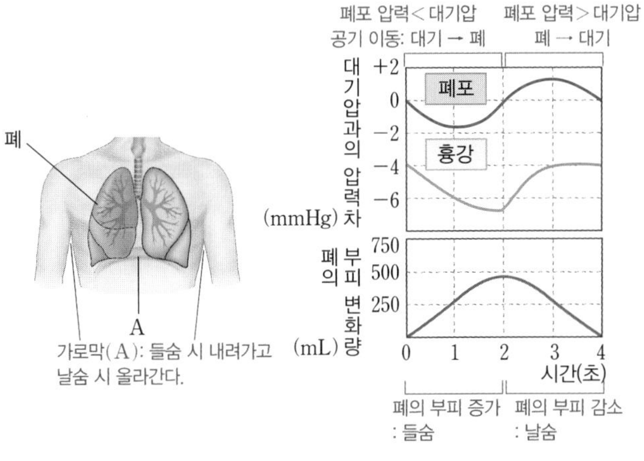

A는 가로막이고, 가로막이 내려가고 갈비뼈가 올라가면 흉강의 부피가 커지고 압력이 낮아지면서 폐의 압력이 낮아져 들숨이 일어난다. 공기는 압력이 높은 곳에서 낮은 곳으로 이동하므로 폐포의 압력이 대기압보다 낮은 0~2초 사이에 대기에서 폐로 공기가 들어온다.

ㄱ. 0~2초 사이에 폐포의 압력은 대기압보다 낮고, 폐의 부피는 증가하고 있으므로 들숨에 의해 대기 중의 공기가 폐로 들어온다.
ㄴ. 2초일 때 흉강의 압력이 가장 낮으므로 갈비뼈와 가로막에 의한 흉강의 부피가 가장 큰 시점이고, 흉강의 부피는 가로막이 최대로 내려가 있을 때 가장 크다.
바로 알기 ㄷ. 들숨이 일어날 때 폐로 들어온 공기의 부피는 증가하므로 들숨이 끝난 2초일 때 폐로 들어온 공기의 부피는 최대가 된다. 이때 흉강의 압력이 최저이며, 폐포의 압력은 1초 시점에서 최저가 된다.

BOOK 1

11 호흡 운동

갈비뼈가 A에서 B로 되는 것은 들숨이 일어날 때이다. 갈비뼈가 올라가고 가로막이 내려가 흉강의 부피가 커지면서 흉강의 압력이 낮아지고 폐의 압력이 낮아지면서 공기가 폐로 들어오는 들숨이 일어난다.

12 기체 교환

자료 분석 + 폐포와 조직 세포에서의 기체 교환

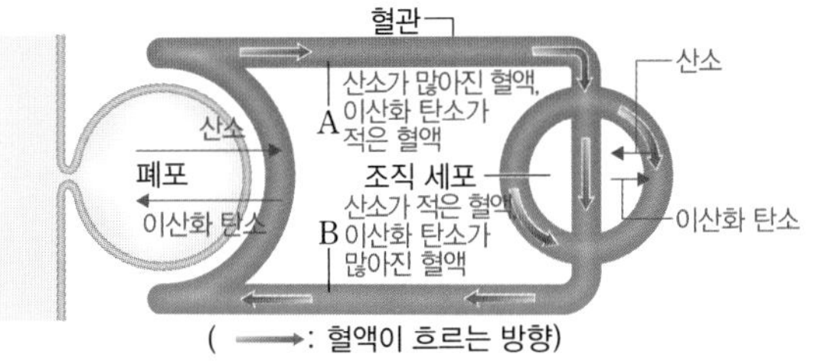

선택지 분석
㉠ A에 포함된 산소는 조직 세포에서 에너지를 생성하는 데 이용된다.
ⓛ 산소 농도는 B가 폐포보다 더 높다. → 폐포가 B보다
ⓒ 이산화 탄소의 농도는 A가 조직 세포보다 더 높다. → 조직 세포가 A보다

폐포와 조직 세포에서 기체는 농도가 높은 곳에서 낮은 곳으로 확산된다. 산소 농도는 폐포 > 모세 혈관 > 조직 세포이므로, 산소는 폐포 → 모세 혈관 → 조직 세포로 이동한다. 이산화 탄소 농도는 조직 세포 > 모세 혈관 > 폐포이므로, 이산화 탄소는 조직 세포 → 모세 혈관 → 폐포로 이동한다.
ㄱ. A에는 폐포에서 기체 교환에 의해 산소가 많아진 혈액이 흐르고, 산소는 조직 세포에서 에너지를 생성하는 반응인 세포 호흡에 이용된다.

바로 알기 ㄴ. B에는 조직 세포에서 기체 교환에 의해 산소가 적어진 혈액이 흐르며, 폐포는 대기 중의 산소가 들어와 산소가 많은 곳이다. 따라서 B보다 폐포에 산소가 더 많다.

ㄷ. A에는 폐포로 이산화 탄소가 빠져나가 이산화 탄소가 적어진 혈액이 흐른다. 조직 세포에서는 세포 호흡이 일어나 이산화 탄소가 생성되므로 조직 세포의 이산화 탄소가 A에서보다 많다.

13 노폐물의 생성과 배출

자료 분석 + 노폐물 생성과 배출 경로

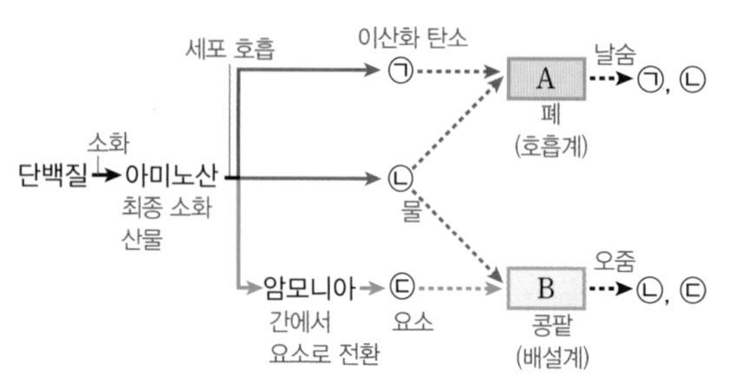

물질대사의 결과 생성되는 노폐물 중 이산화 탄소(㉠)는 폐(A)에서 날숨으로, 물(㉡)은 폐(A)와 콩팥(B)에서 각각 날숨과 오줌으로, 암모니아는 요소로 전환되어 콩팥(B)에서 오줌으로 배설된다.

ㄱ. A는 호흡계이고, 폐는 호흡계에서 속하는 기관이다.

ㄷ. B는 배설계이고, 배설계에서 일부 물(㉡)이 재흡수된다.

바로 알기 ㄴ. ㉠은 날숨으로만 배출되는 물질이므로 이산화 탄소이다.

14 콩팥의 구조와 기능

자료 분석 + 콩팥의 구조와 각 부위별 성분

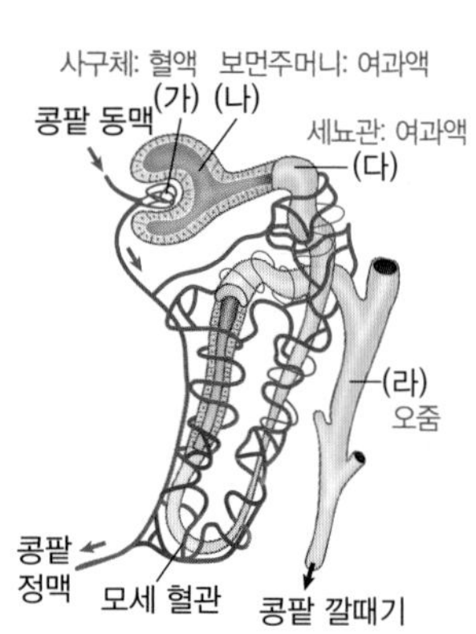

사람	검사 결과
A	(가)에서 단백질, 혈구, 포도당, 아미노산이 모두 검출된다. → 혈액에 포함되어 있는 성분
B	(나)에서 단백질과 혈구가 검출되지 않는다. → 여과되지 않는 물질
Ⓒ	(다)에서 다량의 단백질이 검출된다. 건강한 사람의 경우 여과되지 않는 물질
Ⓓ	(라)에서 아미노산과 포도당이 다량 검출된다. 건강한 사람의 경우 100 % 재흡수 되어 오줌에 포함되지 않는 물질

정상적인 콩팥 기능을 하는 경우 검출되지 않는 물질이 검출됨

(가)는 사구체이므로 혈액 성분이 들어 있고, (나)는 보먼주머니이므로 여과액이 들어 있다. (다)는 세뇨관이므로 여과액이 이동하면서 재흡수와 분비에 의해 성분이 조절되는 부분이다. (라)에는 오줌이 들어 있다.

- A: 건강한 사람의 (가)에 있는 혈액 성분에는 단백질, 혈구, 포도당, 아미노산, 요소 등이 들어 있다.
- B: 단백질과 혈구 등은 크기가 크기 때문에 사구체에서 보먼주머니로 여과되지 않는다. 그렇기 때문에 건강한 사람의 (나)에 있는 여과액에는 단백질과 혈구가 검출되지 않는다.

바로 알기 • C: 건강한 사람의 (다)에 있는 여과액에는 단백질이 들어 있지 않으므로 단백질이 검출되지 않아야 하는데, C에서는 단백질이 다량 검출되었으므로 콩팥 기능에 이상이 있음을 알 수 있다.

- D: 건강한 사람의 (라)에 있는 오줌에는 아미노산과 포도당이 모두 모세 혈관으로 재흡수되기 때문에 아미노산과 포도당이 검출되지 않아야 하는데, D에서는 아미노산과 포도당이 다량 검출되었으므로 콩팥 기능에 이상이 있음을 알 수 있다.

15 오줌 생성 과정

자료 분석 + 오줌 생성 과정 모의 실험

| 실험 과정 |

(가) 포도당 수용액과 달걀흰자 희석액을 준비한다.
- 포도당: 크기가 작아 사구체의 모세 혈관 벽을 통과함(여과됨)
- 달걀흰자: 크기가 커서 사구체의 모세 혈관 벽을 통과하지 못함(여과되지 않음)

(나) 그림과 같이 장치하여 A의 깔때기에는 포도당 수용액을, B의 깔때기에는 달걀흰자 희석액을 붓는다.

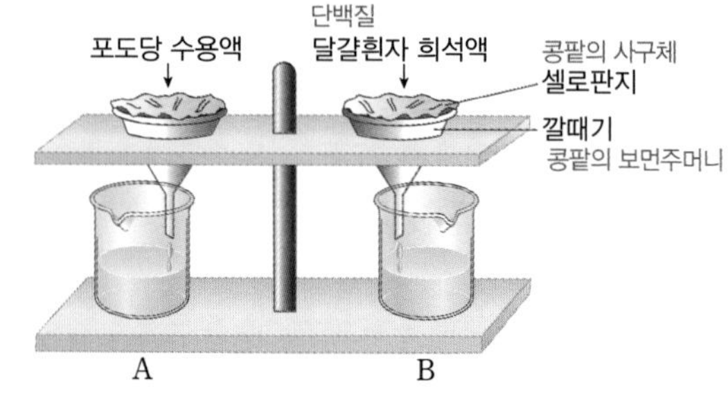

(다) A의 비커 용액에는 베네딕트 반응을, B의 비커 용액에는 뷰렛 반응을 실시한다.
- 베네딕트 반응: 포도당 검출 시 황적색으로 변함
- 뷰렛 반응: 단백질 검출 시 보라색으로 변함

| 실험 결과 |

- A의 비커 용액은 황적색을, B의 비커 용액은 연한 청색을 띠었다.
  - A: 포도당이 셀로판지를 통과함
  - B: 단백질이 셀로판지를 통과하지 못 함

(1) 오줌 생성 과정은 여과, 재흡수, 분비로 이루어진다. 여과는 사구체에서 보먼주머니로 물질이 이동하는 것이므로, 셀로판지가 사구체이고 깔때기가 보먼주머니에 해당된다.

(2) 사구체의 높은 혈압에 의해 크기가 작은 혈장의 성분이 보먼주머니로 이동하는 것이 여과이다.

모범 답안 여과가 일어날 때 사구체 속의 혈액 성분 중 크기가 작은 포도당은 여과되지만, 크기가 큰 단백질은 여과되지 않는다.

채점 기준	배점(%)
여과의 특징을 포도당과 단백질의 크기 차이에 따른 물질의 이동으로 옳게 서술한 경우	100
포도당과 단백질의 크기에 대한 설명을 빼고 서술한 경우	50

중간고사 마무리 고난도 해결 전략 · 2회 68~71쪽

01 ④ 02 ④, ⑤ 03 ⑤ 04 ④
05 ① 06 ③ 07 ④ 08 31 g
09 해설 참조 10 ③ 11 ② 12 ④
13 ② 14 재결정 15 ⑤ 16 ③
17 붕산 17 g 18 (1) B (2) 해설 참조

01 물질의 특성

물질의 특성에는 겉보기 성질, 끓는점, 녹는점, 어는점, 밀도, 용해도 등이 있다.

ㄱ. 단위 부피당 물질의 질량 ➡ 밀도의 정의이다. 밀도는 물질의 종류에 따라 다르고, 물질의 종류가 같으면 양에 관계없이 밀도가 같다.

ㄴ. 액체 물질이 끓는 동안 일정하게 유지되는 온도 ➡ 끓는점의 정의이다. 같은 종류의 물질은 양에 관계없이 끓는점이 일정하고, 물질의 종류가 다르면 끓는점도 다르다.

ㄷ. 어떤 온도에서 용매 100 g에 최대로 녹을 수 있는 용질의 g 수 ➡ 용해도의 정의이다. 용해도는 물질의 종류에 따라 다른 물질의 특성이다. 고체의 용해도는 일반적으로 온도가 높아질수록 증가하고 압력의 영향을 받지 않는다.

바로 알기 ㄹ. 용액 속에 녹아 있는 용질의 질량을 백분율로 나타낸 농도 ➡ 일정한 양의 용매에 용질을 적게도 많게도 녹일 수 있으므로 퍼센트 농도는 물질의 특성이 아니다.

02 물질의 특성인 녹는점

자료 분석 + 얼음과 팔미트산의 녹는점

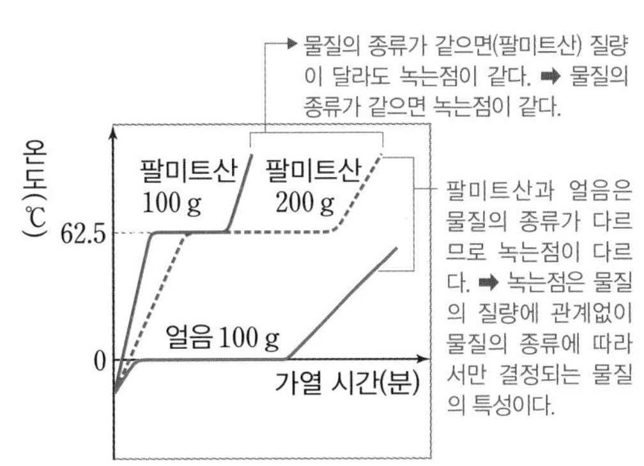

녹는점은 같은 종류의 물질이면 양에 관계없이 그 성질이 같고, 다른 종류의 물질이면 양이 같더라도 그 성질이 다르다.

④ 물질의 종류가 같으면 양이 달라도 녹는점이 같다는 점은 녹는점이 물질의 특성임을 보여 주는 근거이다.

⑤ 물질의 종류가 다르면 녹는점이 다르므로 녹는점이 물질의 특성임을 알 수 있다.

바로 알기 ① 같은 물질이라도 양에 따라 녹는점에 도달하는 데 걸리는 시간이 다른 것은 녹는점이 물질의 특성인 것과 관계가 없다.

② 고체 물질을 가열하면 고체가 융해하여 액체로 변하는 것은 일반적인 현상으로, 물질의 특성이 아니다.

③ 얼음은 물의 고체 상태로, 가열하여 충분한 시간이 지나면 녹아 액체인 물로 변한다. 이 현상은 녹는점이 물질의 특성인 것과 관계가 없다.

03 순물질과 혼합물의 가열 냉각 곡선

자료 분석 + 물과 소금물의 가열 곡선과 냉각 곡선

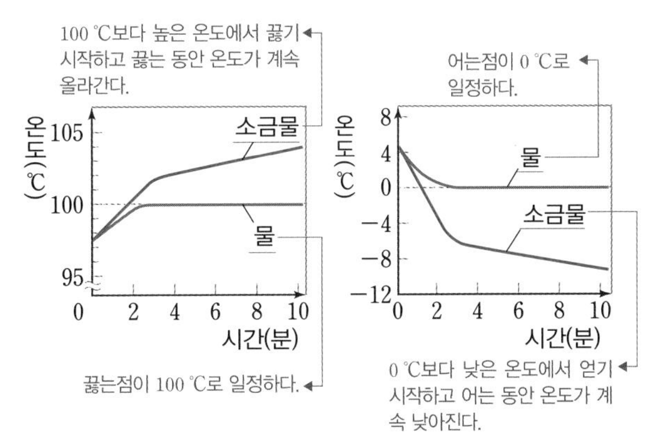

고체 물질이 녹아 있는 물은 순수한 물의 끓는점보다 더 높은 온도에서 끓기 시작하고 순수한 물보다 더 낮은 온도에서 얼기 시작한다. 즉, 소금물이 끓기 시작하는 온도는 100 ℃보다 높고 소금물이 얼기 시작하는 온도는 0 ℃보다 낮다.

① 소금물은 끓는 동안 물만 기화하여 수증기가 되어 날아가므로 남아 있는 소금물의 농도는 점점 진해진다.

② 소금물은 어는 동안 액체 상태로 남아 있는 소금물의 농도가 진해지고 어는 온도는 점점 낮아진다.

③ 순물질은 끓는점이 일정하지만, 혼합물은 일정하지 않고 계속 변한다.

④ 물과 소금물의 가열 곡선이 다른 것처럼 순물질과 혼합물의 가열 곡선에서 끓는점이나 어는점을 비교함으로써 순물질과 혼합물을 구별할 수 있다.

바로 알기 ⑤ 소금물은 물보다 끓기 시작하는 온도는 더 높고 얼기 시작하는 온도는 더 낮다.

04 에탄올의 끓는점

자료 분석 + 에탄올의 끓는점 측정과 에탄올의 가열 곡선

<에탄올의 끓는점 측정>

- (가) 시험관: 에탄올의 기화가 일어난다.
- (나) 시험관: 관을 통해 이동해 온 기체 에탄올이 찬물에 의해 냉각되어 액화된다.

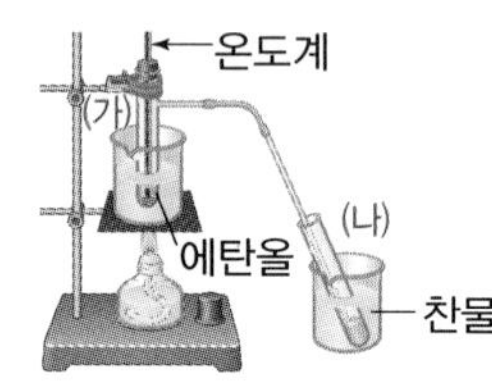

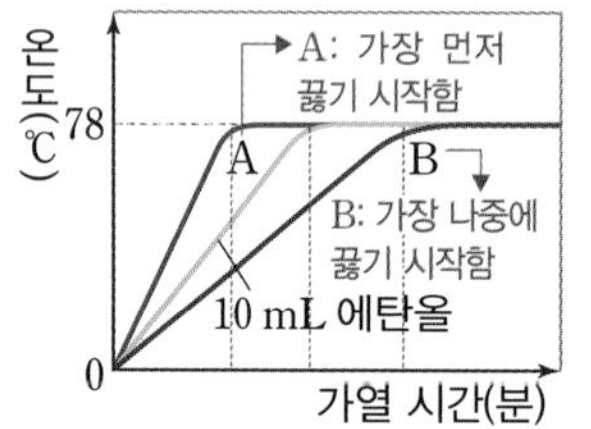

<에탄올의 가열 곡선>

- 모두 78 ℃에서 끓으므로 세 물질 모두 에탄올이다.
- 먼저 끓시 시작한 A는 10 mL보다 적고, 맨 나중에 끓기 시작한 B는 10 mL보다 많다.

A와 B는 모두 에탄올이고, A는 B보다 먼저 끓었으므로 A의 부피가 B보다 작다. A와 B를 혼합해도 순수한 에탄올이므로 끓는점은 변하지 않는다.

ㄱ. A가 B보다 먼저 끓었으므로 A의 부피가 B보다 작다.

ㄴ. 에탄올의 끓는점은 78 ℃이다.

바로 알기 ㄷ. A와 B를 혼합한 물질도 순수한 에탄올이므로 끓는점은 78 ℃로 같다.

05 고체의 밀도

자료에서 각 금속의 밀도(단위: g/cm^3)는 알루미늄은 2.70, 철은 7.87, 구리는 8.96, 은은 10.50이다. 밀도는 단위 부피당 질량이므로 밀도가 클수록 같은 부피에 해당하는 질량이 크고, 밀도가 작을수록 같은 부피에 해당하는 질량이 작다.

① 은은 제시된 물질 중에서 밀도가 가장 크므로 단위 부피당 질량이 가장 크다.

바로 알기 ② 철보다 알루미늄의 밀도가 작다. 따라서 철 1 kg보다 알루미늄 1 kg의 부피가 더 크다.

③ 질량이 모두 같을 때 밀도가 가장 작은 알루미늄의 부피가 가장 크다.

④ 부피가 모두 같을 때 밀도가 가장 큰 은의 질량이 가장 크다.

⑤ 알루미늄과 철은 모두 물($1\ g/cm^3$)보다 밀도가 크다.

06 기체의 밀도

선택지 분석

㉠ 헬륨 입자는 이산화 탄소 입자보다 가볍다. ⟶ 입자 수가 같은데, 헬륨의 질량이 이산화 탄소의 질량보다 가벼우므로 헬륨 입자의 질량이 이산화 탄소 입자의 질량보다 작다.

~~ㄴ~~ 헬륨의 밀도가 이산화 탄소의 밀도보다 크다. ⟶ 같은 부피에 해당하는 질량이 헬륨이 이산화 탄소보다 작고, 밀도$=\frac{질량}{부피}$이므로 밀도도 헬륨이 이산화 탄소보다 작다.

~~ㄷ~~ 헬륨 기체 2 L의 밀도가 이산화 탄소 기체 1 L의 밀도보다 크다. ⟶ 밀도는 물질의 특성이므로 부피의 크기와 관계없다. 헬륨의 밀도는 이산화 탄소의 밀도보다 작다.

㉣ 같은 부피 속에 같은 수의 입자가 들어 있어도 물질의 종류에 따라 입자의 질량이 다르므로 밀도가 다르다. ⟶ 기체의 경우 온도와 압력이 같은 조건에서, 같은 부피 속에는 같은 수의 입자가 들어 있다. 하지만 기체 물질의 종류가 다르면 입자 자체의 종류와 질량이 달라서 밀도가 다르다.

같은 부피의 풍선에 들어 있는 기체의 질량을 윗접시 저울로 측정할 때 기울어진 쪽의 물질이 질량이 더 크다. 즉 이산화 탄소의 질량이 헬륨의 질량보다 더 크다. 이때 두 기체의 부피가 같으므로 질량이 더 큰 이산화 탄소가 밀도도 더 크다.

07 고체 물질의 용해도

자료 분석 + 고체의 용해도 곡선

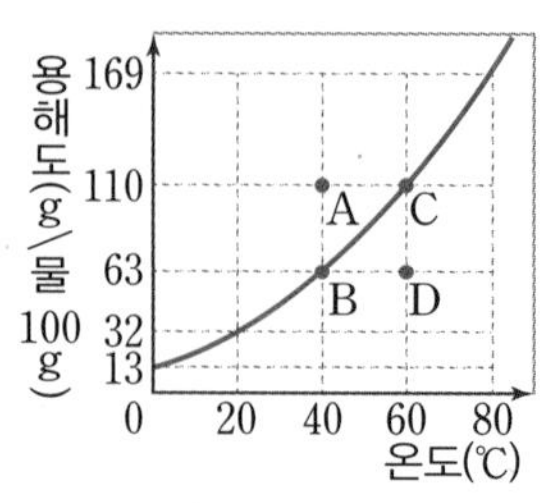

- 용해도 곡선상의 점은 포화 용액에 해당한다. ➡ B와 C 용액은 포화 용액이다.
- 용해도 곡선보다 위쪽 영역에 있는 점은 과포화 용액이다. ➡ A는 과포화 용액이다.
- 용해도 곡선의 아래쪽 영역에 있는 점은 불포화 용액이다. ➡ D는 불포화 용액이다.

A 용액은 과포화 용액, B와 C 용액은 포화 용액이다. B 용액을 가열하면 용질을 더 녹일 수 있다. D 용액은 불포화 용액으로 40 ℃로 냉각시키면 포화 용액이 된다.

④ C 용액은 60 ℃의 용매 100 g에 용질이 110 g 녹아 있는 것이다. 따라서 C 용액에는 용매보다 더 많은 양의 용질이 녹아 있다.

바로 알기 ① A 용액은 과포화 용액이다.

② B와 C 용액은 포화 용액이다.

③ B 용액을 가열하면 용질을 더 녹일 수 있다.

⑤ D 용액을 40 ℃로 냉각시키면 포화 용액이 된다.

08 용액을 냉각시킬 때 석출되는 양

B 용액 163 g에는 용매 100 g과 용질 63 g이 혼합되어 있다. 이 고체 물질의 20 ℃에서의 용해도는 32 (g/물 100 g)이므로 63−32=31 (g)의 용질이 석출된다.

09 기체의 용해도

자료 분석 + 이산화 탄소 기체의 용해도 알아보기

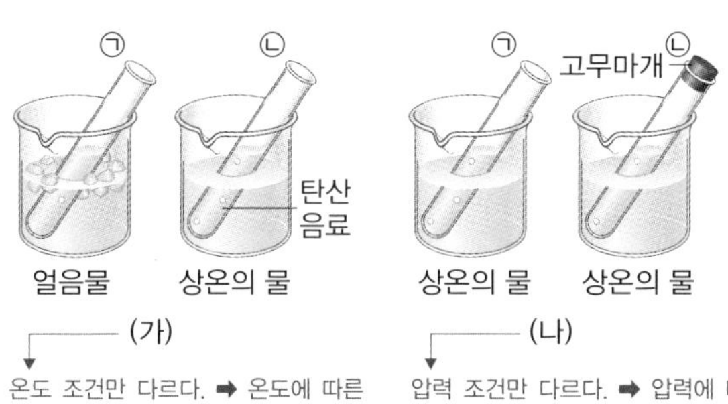

온도 조건만 다르다. ➡ 온도에 따른 기체의 용해도 변화를 알아보는 실험으로 기포 발생량은 ㉠<㉡이다. 온도가 낮을수록 기포가 적게 발생하므로 온도가 낮을수록 기체의 용해도가 큰 것을 알 수 있다.

압력 조건만 다르다. ➡ 압력에 따른 기체의 용해도 변화를 알아보는 실험으로 기포 발생량은 ㉠>㉡이다. 압력이 높을수록 기포가 적게 발생하므로 압력이 높을수록 기체의 용해도가 큰 것을 알 수 있다.

• (가): 얼음물보다 상온의 물에서 발생하는 기포의 양이 더 많은 것으로부터 기체의 용해도는 온도가 높을수록 감소함을 알 수 있다.

• (나): 입구를 고무마개로 막지 않은 시험관이 입구를 막은 시험관보다 발생하는 기포의 양이 많은 것으로부터 기체의 용해도는 압력이 낮을수록 감소한다는 것을 알 수 있다.

모범 답안 (가): ㉡, 온도가 높을수록 이산화 탄소의 용해도가 감소하기 때문이다., (나): ㉠, 압력이 낮을수록 이산화 탄소의 용해도가 감소하기 때문이다.

	채점 기준	배점(%)
(가)	① ㉡을 쓴 경우	20
	② 온도에 따른 기체의 용해도 변화를 옳게 서술한 경우	30
	①과 ②를 모두 옳게 서술한 경우	50
(나)	① ㉠을 쓴 경우	20
	② 압력에 따른 기체의 용해도 변화를 옳게 서술한 경우	30
	①과 ②를 모두 옳게 서술한 경우	50
(가)와 (나)를 모두 옳게 서술한 경우		100

10 바닷물에서 식수를 얻는 방법

자료 분석 + 바닷물에서 식수를 얻는 방법

• 소금물을 가열하면 소금보다 끓는점이 낮은 물이 먼저 기화하여 수증기가 되고, 이 수증기를 냉각하면 순수한 물을 얻을 수 있다.

선택지 분석

① 액화한 물은 순물질이다.

② 소금물 중에서 물이 기화한다.

③̸ 기화한 수증기는 순물질이 아니다.

④ 소금과 물의 끓는점 차를 이용하여 혼합물을 분리한다.

⑤ 소금물은 순수한 물의 끓는점보다 높은 온도에서 끓기 시작한다.

물이 기화한 수증기는 순물질이다.

11 물과 에탄올 혼합물의 가열 곡선

자료 분석 + 물과 에탄올 혼합물의 가열 곡선 해석하기

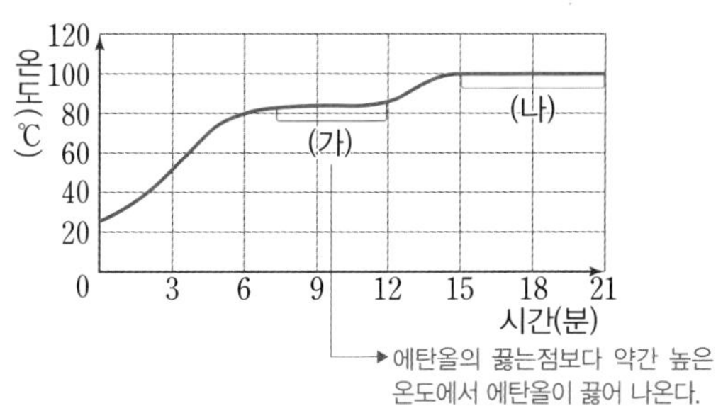

• (가)에서는 주로 에탄올이 끓어 나온다.

• (나)에서는 물이 끓어 나온다.

선택지 분석

~~ㄱ~~. (가)에서는 주로 물이 분리된다. → 에탄올

ㄴ. (가)에서 일정한 온도는 에탄올의 끓는점보다 약간 높다.

~~ㄷ~~. (나)에서 일정한 온도는 물의 끓는점보다 약간 높다. → 비슷하다.

(가)에서 일정한 온도는 에탄올의 끓는점보다 약간 높은 온도이므로 주로 에탄올이 분리된다. (나)에서 일정한 온도는 물의 끓는점에 해당한다.

12 밀도 차를 이용하여 분리할 수 있는 혼합물의 특징

분별 깔때기를 이용하여 분리할 수 있는 혼합물은 서로 섞이지 않고 밀도 차가 나는 액체 혼합물이다. 따라서 물질 B와 C의 혼합물은 분별 깔때기를 이용하여 분리할 수 있다.

바로 알기 물질 A와 D는 녹는점이 실온보다 높아 실온에서 고체 상태로 존재하므로 분별 깔때기로 분리하기에 적절한 물질이 아니다.

암기 Tip 밀도 차를 이용한 액체 혼합물의 분리

서로 섞이지 않고,
밀도 차가 나는
액체 혼합물을 분별 깔때기로
분리할 수 있다.

밀도 비교:
물>기름

밀도가 큰 내가 먼저 나갈게. 안녕!

13 밀도 차를 이용하여 플라스틱 분리하기

자료 분석 + 밀도 차를 이용하여 플라스틱 분리하기

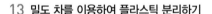

• 밀도 비교: 플라스틱 A<물<플라스틱 B
• 물에 소금을 녹이면 소금물이 되어 밀도가 높아진다.

선택지 분석

✗ㄱ. 플라스틱 A와 B는 단위 부피당 질량(→밀도)이 같다.
㉡ 밀도는 플라스틱 A<물<플라스틱 B이다.
✗ㄷ. 물에 소금을 많이 녹이면 플라스틱 A와 B가 모두 가라앉을 것이다.

물 위에 뜬 플라스틱 A는 물보다 밀도가 작고, 아래에 가라앉은 플라스틱 B는 물보다 밀도가 크다.

바로 알기 ㄱ. 플라스틱 A와 B의 밀도가 같지 않으므로 단위 부피당 질량이 같지 않다.

ㄷ. 물에 소금을 많이 녹여 소금물의 밀도가 플라스틱 A와 B의 밀도보다 커지면 플라스틱 A와 B가 모두 떠오를 것이다.

14 재결정

자료 분석 + 질산 칼륨과 황산 구리(Ⅱ) 혼합물의 분리

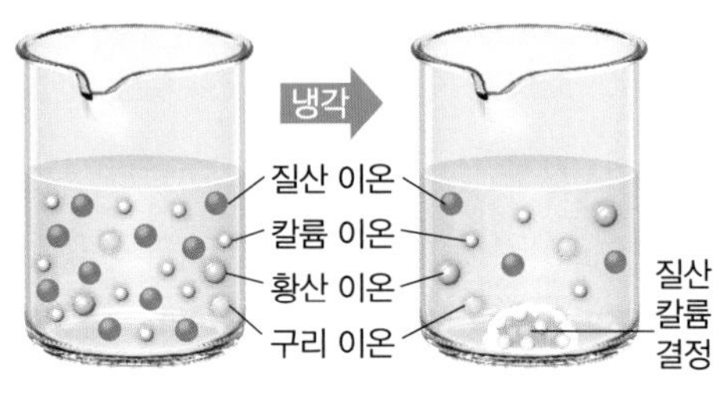

• 질산 칼륨과 황산 구리(Ⅱ)의 혼합물은 온도에 따라 용해도가 다른 특성을 이용하여 분리한다.
• 온도를 낮추면 온도에 따른 용해도 차가 큰 질산 칼륨이 석출된다.
• 황산구리(Ⅱ) 역시 온도를 낮추면 용해도가 줄어들지만 소량이 녹아 있기 때문에 온도가 내려가도 포화 상태에 도달하지 못해 용액 속에 그대로 녹아 있다.

두 물질의 온도에 따른 용해도 차를 이용하여 불순물을 제거하고 순수한 결정을 얻는 방법을 재결정이라고 한다.

15 재결정으로 혼합물을 분리하는 예

선택지 분석

✗ㄱ. 소줏고리를 이용하여 소주를 만든다.
✗ㄴ. 하수 처리장의 침사지에서 이물질을 분리한다.
✗ㄷ. 바다에 유출된 기름을 제거하기 위해 기름막이를 설치한다.
㉣ 불순물이 포함된 아스피린의 순도를 높여 의약품으로 사용한다.
㉤ 천일염을 물에 녹여 가열한 뒤 물을 증발시키거나 냉각하여 제재염을 만든다.

아스피린과 제재염의 순도를 높이기 위해 두 물질의 온도에 따른 용해도 차를 이용한다.

바로 알기 ㄱ. 끓는점 차를 이용한 증류의 방법을 적용하여 소줏고리로 소주를 만든다.

ㄴ. 하수 처리장의 침사지에서 이물질을 분리할 때에는 밀도 차를 이용한다.

ㄷ. 바다에 유출된 기름을 제거할 때에는 바닷물과 기름의 밀도 차를 이용한다.

16 여러 가지 혼합물의 분리 방법

선택지 분석

①거름 – 소금과 모래
②증류 – 물과 에탄올
~~③~~ 분별 깔때기법 – 소금물
④재결정 – 붕산과 염화 나트륨
⑤크로마토그래피 – 시금치 색소

소금물은 물과 소금의 끓는점 차를 이용한 증류의 방법으로 분리할 수 있다.

17 염화 나트륨과 붕산을 분리하기

온도에 따른 용해도 차가 큰 붕산이 결정으로 석출된다. 붕산의 석출량=22 g−5 g=17 g

물질	80 ℃ 물 100 g에 녹아 있는 양	20 ℃의 물 100 g에 녹을 수 있는 양	석출량
염화 나트륨	20 g	35.9 g	없음
붕산	20 g	5 g	15 g

암기 Tip 온도에 따른 용해도 차를 이용한 혼합물의 분리

온도에 따른 용해도 차가 큰 물질과 작은 물질의 혼합물을 온도가 높은 용매에 녹인 후 냉각하면,
온도에 따른 용해도 차가 큰 물질이 석출되어 분리된다.

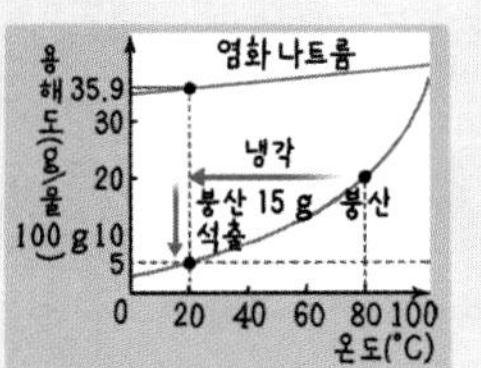

18 크로마토그래피로 분리한 결과 해석하기

(1) 물질 B를 구성하는 순물질의 종류가 가장 많다.

(2) 물질 E에 나타난 성분 물질은 2가지로, 이 물질은 용매를 따라 이동하는 속도가 물질 A, C와 같다. 따라서, 물질 E에는 물질 A와 C가 포함되어 있다.

모범 답안 A, C / 물질 A, C는 E에 나타난 성분 물질과 용매를 따라 이동하는 속도가 같기 때문이다.

채점 기준	배점(%)
물질 E에 포함된 성분의 기호를 바르게 쓰고, 주어진 단어를 모두 사용하여 이유를 옳게 서술한 경우	100
물질 E에 포함된 성분의 기호만 바르게 쓴 경우	50

정답과 해설 BOOK 2

1주 VII 수권과 해수의 순환

1일 개념 돌파 전략 1 확인Q 8~9쪽

5강_수권의 구성

1 물　2 하천수와 호수　3 해수　4 자원
5-1 가축　5-2 농업용수　6 온도　7 한정, 부족

1 수권은 지구계 내에서 해수, 빙하, 강, 호수, 지하수 등을 포함하는 물이 존재하는 영역이다.
2 일상생활에서 쉽게 이용할 수 있는 물은 지표 부근의 담수인 하천수와 호수이며, 수권 전체에서 매우 적은 양을 차지한다.
3 지구에 분포하는 물 중 약 97.47 %는 해수이다.
4 자원으로서 이용되는 물을 수자원이라고 하며, 수자원은 사람이 살아가는 데 다양하게 이용된다.
5-1 농사, 가축 사육에 이용하는 물을 농업용수라고 한다.
5-2 우리나라는 수자원을 용도에 따라 농업용수로 가장 많이 이용하고, 이외에 유지용수, 생활용수, 공업용수 순으로 많이 이용한다.

암기 Tip 우리나라 수자원의 이용

6 물은 비열이 커서 온도가 쉽게 오르내리지 않으므로 지구 표면의 약 70 %를 덮고 있는 바다는 지구의 급격한 온도 변화를 막아준다.
7 물은 인류의 생존에 꼭 필요한 자원으로, 수자원의 양은 무한하지 않으므로 물을 깨끗하게 관리하고 아껴 써야 한다.

1일 개념 돌파 전략 1 확인Q 10~11쪽

6강_해수의 특성과 순환

1 태양　2 대류　3 psu(실용 염분 단위)　4 낮게
5 (1) 쿠로시오 해류 (2) 조경 수역　6 조차　7 2

1 해수는 태양 에너지를 흡수하여 따뜻해지므로, 지구로 들어오는 태양 에너지의 양이 많은 적도 지역의 표층 수온이 높다.
2 수온 약층은 안정하여 해수가 잘 섞이지 않는다.
3 염분은 바닷물 1 kg 속에 녹아 있는 염류의 총량을 g 수로 나타낸 것이다.
4 적도 부근은 비가 많이 내리기 때문에 강수량이 증발량보다 많아 염분이 낮은 반면, 중위도는 건조하여 염분이 높다.
5 (1) 쿠로시오 해류는 북태평양 서쪽 해역에서 북상하는 난류로, 우리나라 주변 해류의 근원이 되는 해류이다.
(2) 조경 수역은 난류와 한류가 만나는 해역으로, 다양한 어종이 모여들어 좋은 어장을 형성한다.
6 조차는 지역에 따라 다르게 나타나고, 매일 조금씩 달라진다.
7 한 달 중 조차가 가장 큰 사리와 가장 작은 조금이 약 두 번씩 생긴다.

1일 개념 돌파 전략 2 12~13쪽

1 ③　2 ⑤　3 ①　4 ②
5 ④　6 ④

1 수권에 존재하는 물의 형태

ㄱ. 담수 중 가장 많은 양을 차지하는 물은 극지방이나 고산 지대에 존재하는 빙하이다.
ㄴ. 지하수는 땅속을 흐르며, 주로 비나 눈이 지하로 스며들어 생성된다.
바로 알기 ㄷ. 지구에 분포하는 물의 대부분은 소금기가 있어 짠맛이 나는 해수로, 지구 전체 물의 약 97.47 %를 차지한다.

2 용도별 수자원의 이용

⑤ 수자원은 사람이 살아가는 데 필요한 자원으로 이용되는 물이다.
바로 알기 ① 우리나라는 강수량이 특정 시기에 집중되어 있어 수자원 총량 중 바다로 유실되는 양이 많다.
②, ③ 우리나라에서는 수자원을 농업용수로 가장 많이 이용하고 있으며, 유지용수는 하천으로서의 기능을 유지하기 위해 필요한 물을 말한다.
④ 인간이 자원으로 가장 쉽게 이용할 수 있는 물은 하천수와 호수이다.

3 수자원의 가치와 확보

ㄱ. 지하수는 정수 과정이 간단하고 하천수에 비해 양이 풍부하므로 매우 중요한 수자원이다.

ㄴ. 전 지구적으로 인구가 증가하고 산업이 발달하여 물 사용량이 증가하고 있다.

바로 알기 ㄷ. 우리가 수자원으로 활용할 수 있는 물의 양은 한정되어 있으며, 인구가 증가하고 산업이 발달하면서 수자원이 점차 부족해지고 있다.

ㄹ. 기후 변화로 가뭄이나 홍수 등이 잦아지면서 물의 확보와 효율적 관리가 어려워지고 있는 실정이다.

4 해수의 층상 구조

② 혼합층은 바람의 영향으로 해수가 섞여 수온이 일정한 층으로, 바람이 강할수록 두껍게 발달한다.

바로 알기 ① 표층 수온에는 태양 에너지가 가장 큰 영향을 미친다.

③ 수온 약층은 혼합층과 심해층 사이에서 수온이 급격히 감소하므로 대류가 일어나지 않아 안정한 층이다.

④, ⑤ 심해층은 태양 에너지가 도달하지 못해 수온이 낮으며, 전체 해수의 약 80 %로 가장 큰 비율을 차지한다.

암기 Tip 해수의 깊이에 따른 층상 구조

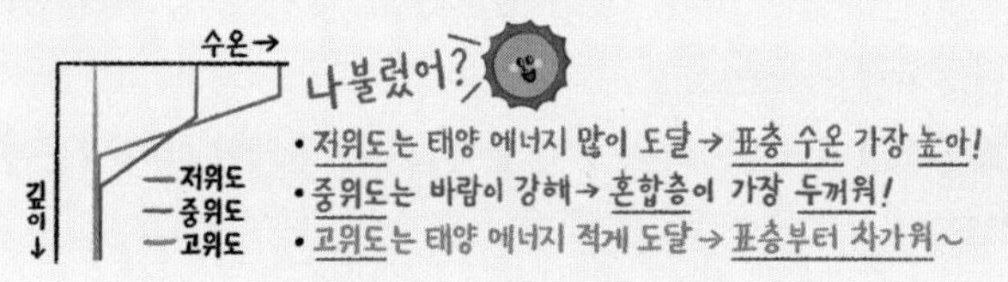

수온→
깊이↓
저위도
중위도
고위도
나불렀어?
• 저위도는 태양 에너지 많이 도달 → 표층 수온 가장 높아!
• 중위도는 바람이 강해 → 혼합층이 가장 두꺼워!
• 고위도는 태양 에너지 적게 도달 → 표층부터 차가워~

5 해수의 표층 염분 분포

표층 염분에 영향을 주는 요인에는 증발량과 강수량, 담수의 유입, 해수의 결빙과 해빙 등이 있다. 증발량보다 강수량이 많고, 담수가 유입되며, 해빙이 일어나는 지역은 표층 염분이 낮다.

① (증발량−강수량)<0인 해역은 증발량보다 강수량이 많은 것이므로 표층 염분이 낮다.

② 강물(담수)이 유입되는 해역은 표층 염분이 낮다.

③ 빙하가 녹는(해빙) 해역은 표층 염분이 낮다.

④ 건조한 날씨가 나타나는 해역은 강수량보다 증발량이 많으므로 표층 염분이 높다.

⑤ 대기가 불안정한 적도 부근 해역은 비가 자주 내리므로 표층 염분이 낮다.

6 조석 현상

ㄴ. 한 달 중 조차가 가장 크게 나타나는 시기를 사리, 가장 작게 나타나는 시기를 조금이라고 한다.

ㄷ. 조석 현상에 가장 큰 영향을 주는 것은 달이고, 태양은 달의 절반 정도의 영향을 준다.

바로 알기 ㄱ. 밀물로 해수면이 가장 높아졌을 때를 만조, 썰물로 해수면이 가장 낮아졌을 때를 간조라고 한다.

BOOK 2

2일 필수 체크 전략 1 기출 선택지 All 14~17쪽

❶-1 ㄱ, ㄴ, ㄷ ❷-1 ㄱ, ㄴ ❸-1 ㄴ, ㄷ
❹-1 ㄴ, ㄷ ❺-1 ㄱ, ㄴ, ㄷ ❺-2 ㄱ, ㄷ
❻-1 ㄱ, ㄴ ❼-1 ㄱ

❶-1 지구계와 수권

ㄱ, ㄴ. 수권은 지구계에서 해수, 빙하, 강, 호수, 지하수 등의 물이 존재하는 영역으로, 그중 해수는 지구 표면의 70 % 이상을 덮고 있다.

ㄷ. 액체 상태의 물이 있어야 생명체가 존재할 수 있다.

❷-1 수권의 구성

자료 분석 + 담수의 종류와 양

(가) 빙하

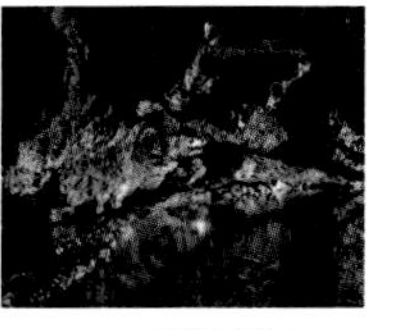
(나) 지하수

선택지 분석

㉠ (가)는 눈이 쌓여 굳어서 만들어진 얼음이다.
㉡ (나)는 물이 부족할 때 개발하여 이용할 수 있다.
✗ (가)는 (나)보다 담수에서 차지하는 양이 적다. → (가)가 더 많음

ㄱ, ㄴ. (가)는 빙하, (나)는 지하수로, 지하수는 간단한 정수 과정을 거쳐 사용할 수 있는 중요한 수자원이다.

바로 알기 ㄷ. 담수 중에서 가장 많은 양을 차지하는 것은 빙하이다.

❸-1 수권에서 물의 분포 비율

자료 분석 + 수권에서 물의 분포 비율

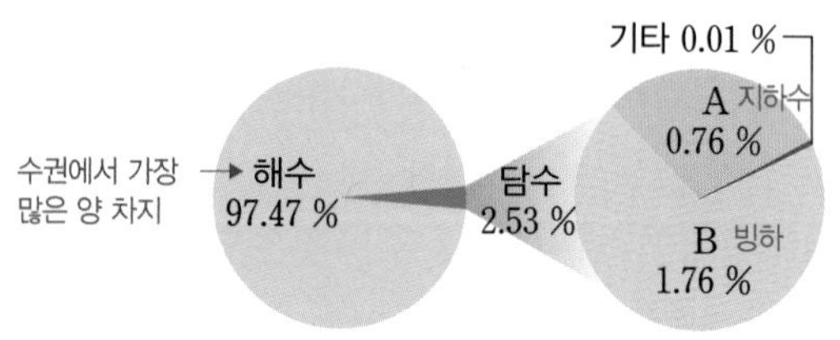

선택지 분석

~~ㄱ~~ A는 하천수와 호수이다. → 지하수
ㄴ B는 눈이 쌓여 굳어서 만들어진 얼음이다.
ㄷ B는 대부분 극지방이나 고산 지대에 분포한다.

ㄴ, ㄷ. B는 빙하로, 대부분 극지방이나 고산 지대에 눈이 쌓이고 굳어서 만들어진다.

바로 알기 ㄱ. A는 지하수이며, 하천수와 호수는 기타에 속하는 물이다.

❹-1 우리나라의 수자원 이용 현황

자료 분석 + 우리나라의 수자원 이용 현황

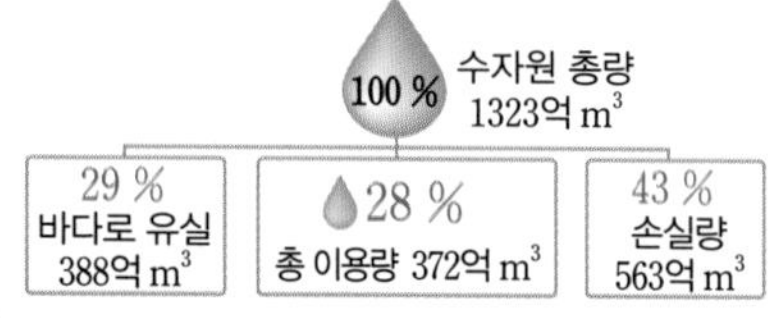

• 손실량(43 %) > 바다로 유실되는 양(29 %) > 이용량(28 %)
➡ 수자원의 총량 중 우리가 이용하는 양은 28 %에 불과함

선택지 분석

~~ㄱ~~ 수자원의 총 이용량이 손실량보다 많다. → 적음
ㄴ 바다로 유실되는 양이 총 이용량보다 많다.
ㄷ 댐 건설을 통해 유실되는 양을 줄이면 안정적으로 수자원을 확보할 수 있을 것이다.

ㄴ. 우리나라 수자원 총량 중 바다로 유실되는 양은 29 %로, 총 이용량인 28 %보다 많다.

ㄷ. 댐을 건설하면 유실되는 수자원의 양을 줄이고 이용할 수 있는 수자원의 양을 늘릴 수 있다.

바로 알기 ㄱ. 우리나라의 수자원 총 이용량은 수자원 총량의 28 %로, 손실량인 43 %보다 적다.

❺-1 수자원의 용도

자료 분석 + 우리나라의 수자원 이용 현황

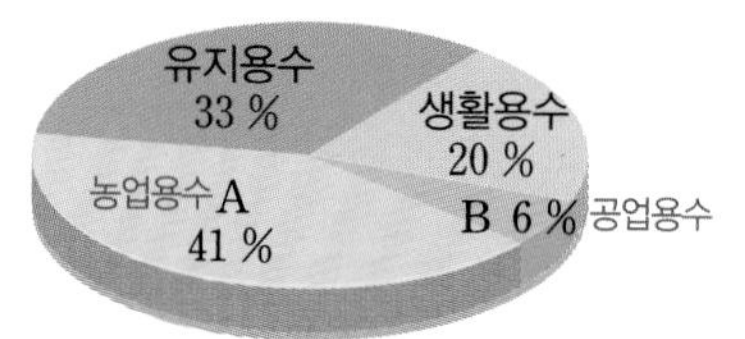

A는 농사와 가축 사육에 이용하는 농업용수, B는 공장에서 이용하는 공업용수이다. 우리나라에서는 수자원을 농업용수로 가장 많이 이용하며, 이외에 유지용수, 생활용수, 공업용수 순으로 이용한다.

❺-2 우리나라 수자원의 용도별 이용 현황

ㄱ. 우리나라는 수자원을 농업용수로 가장 많이 이용한다.

ㄷ. 일상생활에서 이용하는 물은 생활용수로, 전체 수자원 이용량의 약 20 %를 차지한다.

바로 알기 ㄴ. 하천으로서의 기능을 유지하는 데 이용되는 물은 유지용수로, 전체 수자원 이용량 중 약 33 %를 차지하며, 수자원 중 약 6 %는 공업용수로 이용된다.

❻-1 수자원의 가치

ㄱ, ㄴ. 수자원은 공산품 생산, 생명 유지, 전기 생산, 여가 생활 등 다양하게 이용된다.

바로 알기 ㄷ. 인간 삶의 질이 높아질수록 필요한 물의 양은 증가한다.

❼-1 수자원의 확보

선택지 분석

ㄱ 수자원의 양은 한정되어 있다.
~~ㄴ~~ 산업의 발달로 물 사용량은 감소하는 추세이다. → 증가하는 추세
~~ㄷ~~ 빗물을 받는 것은 수자원의 오염을 막기 위한 방안 중 하나이다. → 양을 늘리기 위한 방안

ㄱ. 수자원의 양은 한정되어 있으므로 고갈 또는 오염되지 않도록 주의해야 한다.

바로 알기 ㄴ. 인구가 증가하고 산업이 발달하면서 물 사용량은 점차 증가하는 추세이다.

ㄷ. 빗물을 받아 사용하면 수자원을 확보하여 양을 늘릴 수 있다.

2일 필수 체크 전략 2 최다 오답 문제			18~19쪽
1 ⑤	2 ⑤	3 ④	4 ①
5 ③	6 ②, ⑤		

1 지구상 물의 분포

자료 분석 + 수권의 물의 분포

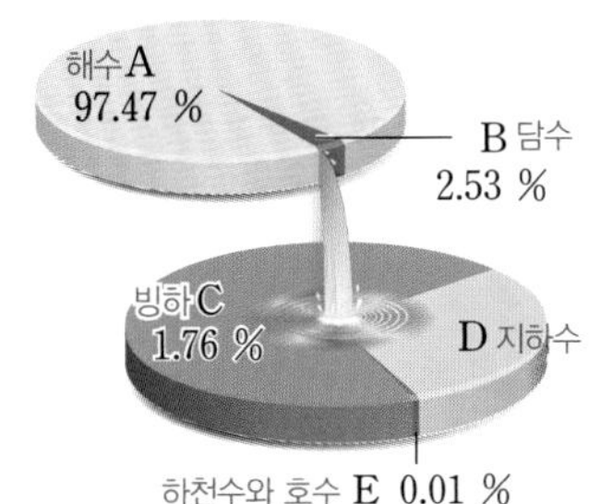

선택지 분석

~~①~~ A는 인간이 직접 이용할 수 있는 물이다. → 직접 이용할 수 없음
~~②~~ B는 소금기가 있어 짠맛이 나는 물이다. → 짠맛 없음
~~③~~ C는 땅속을 흐르는 물이다. → 극지방이나 고산 지대
~~④~~ D는 주로 고산 지대나 극지방에 분포한다. → 땅속
⑤E는 사람이 가장 쉽게 이용할 수 있는 물이다.

⑤ E는 하천수와 호수로, 사람이 가장 쉽게 이용할 수 있는 물이다.

바로 알기 ① A는 해수로, 소금기가 있어 짠맛이 나므로 정수 과정을 거쳐야 이용할 수 있다.
② B는 담수로, 소금기가 없는 물이다.
③ C는 빙하로, 주로 고산 지대나 극지방에 분포한다.
④ D는 지하수로, 물이 부족할 때 개발하여 사용할 수 있다.

2 우리나라의 수자원 이용 현황

우리나라는 강수량이 늘어나는 추세이지만 특정 시기에 집중되어 있어 바다로 유실되는 양 역시 증가하고 있다. 안정적으로 수자원을 확보하는 방안으로 댐을 건설하거나 지하수를 개발하는 것 등이 있다.

바로 알기 ⑤ 우리나라의 수자원 총 이용량은 수자원 총량의 약 28 %를 차지한다.

3 수자원 이용량 변화

ㄱ. 1965년부터 2014년까지 인구는 증가했다.
ㄷ. 이 기간에 인구는 계속 증가하고, 수자원 이용량도 계속 증가하다가 2003년 이후로 소량 감소한 것으로 보아, 인구가 증가하면 수자원 이용량도 증가하거나 비슷하게 유지되는 것으로 볼 수 있다.
ㄹ. 우리나라 수자원 이용 현황을 보면 농업용수로 가장 많이 이용하는 것을 알 수 있다.

바로 알기 ㄴ. 1965년에는 생활용수보다 공업용수가 더 많이 이용되었으나, 이후 생활용수가 더 많이 이용되는 추세로 바뀌었다.

4 연평균 강수량과 1인당 강수량 비교

자료 분석 + 세계와 우리나라의 강수량 비교

(가)

(나)

• 연평균 강수량은 813 mm < 1300 mm로 우리나라가 세계 평균보다 많다.
• 1인당 강수량은 15044 m^3/년 > 2546 m^3/년으로 우리나라가 세계 평균보다 적다.

선택지 분석

ⓐ 우리나라의 1인당 강수량은 세계 평균보다 적다.
ⓑ 우리나라의 연평균 강수량은 세계 평균보다 많다.
~~ⓒ~~ 우리나라는 인구 밀도가 세계 평균보다 낮을 것이다. → 높음
~~ⓓ~~ 우리나라는 1인당 사용할 수 있는 수자원의 양이 세계 평균보다 많을 것이다. → 적음

ㄱ, ㄴ. 우리나라의 연평균 강수량은 세계 평균보다 많지만, 1인당 강수량은 세계 평균보다 적다.

바로 알기 ㄷ, ㄹ. 우리나라는 인구 밀도가 높고 강수가 특정 시기에 집중되어 있어 유실되는 양이 많기 때문에, 1인당 사용 가능한 수자원의 양은 세계 평균보다 적다.

5 지하수의 개발과 이용

선택지 분석

~~①~~ 지하수의 양은 거의 무한하다. → 제한되어 있음
~~②~~ 지하수는 정수 과정이 매우 복잡하다. → 간단함
③수자원의 확보를 위해 매우 중요하다.
~~④~~ 식수나 농업용수로는 거의 사용할 수 없다. → 간단한 정수 과정을 거쳐 바로 이용 가능
~~⑤~~ 비나 눈이 땅으로 스며들어 채워지므로 고갈될 염려가 없다. → 무분별하게 개발하면 고갈될 수 있음

③ 지하수는 하천수보다 양이 풍부하고 간단한 정수 과정을 거쳐 사용할 수 있으므로 수자원을 확보하기 위해 매우 중요하다.

바로 알기 ①, ②, ④, ⑤ 지하수는 간단한 정수 과정을 거쳐 바

로 이용할 수 있으나, 그 양이 한정되어 있으므로 무분별하게 개발하여 지반 침하, 오염 또는 고갈되지 않도록 주의해야 한다.

6 수자원 확보 방안

선택지 분석

① 바닷속 생명체에게 악영향을 줄 수 있다.
~~②~~ 바다는 매우 넓으므로 모든 쓰레기를 정화할 수 있다. → 자정 능력에 한계가 있음
③ 수자원 확보를 위해서는 물을 깨끗하게 관리해야 한다.
④ 인구가 증가하면서 바다에 버려지는 쓰레기의 양이 증가하고 있다.
~~⑤~~ 인간은 대체로 육지에 거주하므로 바다의 쓰레기로부터 피해를 입지는 않는다. → 피해 입음

①, ③, ④ 인구가 증가하면서 바다에 버려지는 쓰레기의 양도 많아지고 있다. 바다 쓰레기는 바다 생명체뿐 아니라 육지에 사는 인간에게도 악영향을 주기 때문에 바다가 오염되지 않도록 쓰레기의 양을 줄여야 한다.

바로 알기 ②, ⑤ 바다는 매우 넓고 자정(오염된 물이나 땅이 저절로 깨끗해짐) 능력이 있지만, 너무 많은 쓰레기를 처리할 수는 없으며, 그 쓰레기는 결국 인간에게 악영향을 미칠 것이다.

3일 필수 체크 전략 1 기출 선택지 All 20~23쪽

❶-1 ㄴ, ㄷ	❷-1 ㄴ, ㄷ	❸-1 ㄱ, ㄴ, ㄷ
❹-1 ㄱ	❺-1 ㄱ	❻-1 ㄱ, ㄷ
❼-1 ㄱ, ㄴ	❼-2 ㄱ, ㄴ, ㄷ	

❶-1 우리나라 주변의 표층 수온 분포

자료 분석 + 우리나라 주변 해역의 표층 수온 분포

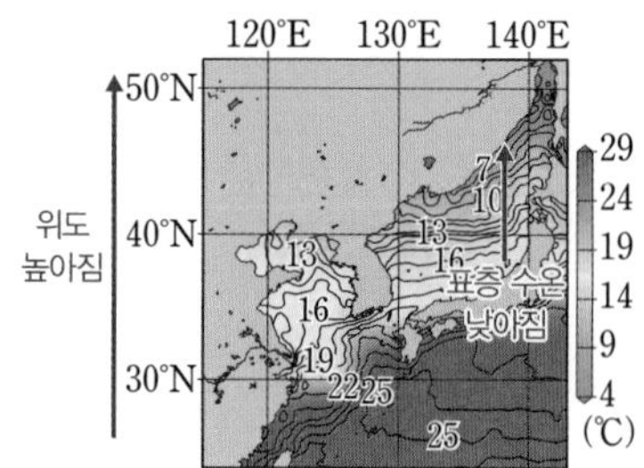

선택지 분석

~~ㄱ~~. 고위도로 갈수록 표층 수온이 높아진다. → 낮아짐
ㄴ. 남해는 동해보다 표층 수온이 대체로 높다.
ㄷ. 해수 표층의 등온선은 위도와 거의 나란하다.

ㄴ. 동해의 표층 수온은 약 12 ℃~18 ℃, 남해의 표층 수온은 약 18 ℃~25 ℃로, 동해보다 남해의 표층 수온이 더 높은 편이다.
ㄷ. 표층 해수의 등온선은 대체로 위도와 나란한 편이다.

바로 알기 ㄱ. 위도가 30° N에서 50° N으로 높아짐에 따라 표층 수온은 약 29 ℃에서 약 4 ℃로 낮아진다.

❷-1 깊이에 따른 수온 분포

자료 분석 + 위도가 다른 해역의 깊이에 따른 수온

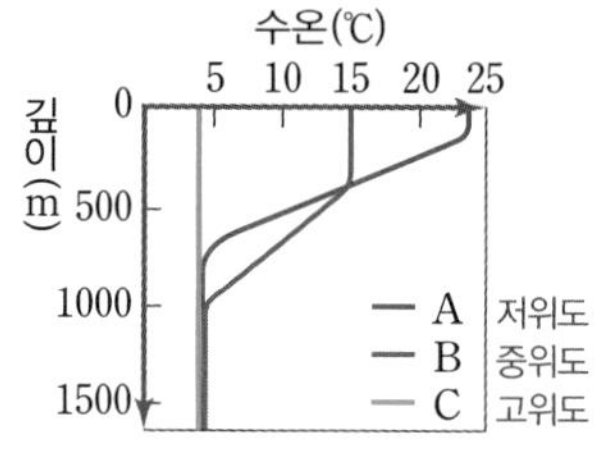

선택지 분석

~~ㄱ~~. A 해역은 B 해역보다 바람의 세기가 강하다. → 약함
ㄴ. A 해역은 C 해역보다 표층에 도달하는 태양 에너지의 양이 많다.
ㄷ. A~C 중 C 해역의 위도가 가장 높다.

ㄴ. C 해역보다 A 해역의 표층 수온이 더 높은 것으로 보아 A 해역에 태양 에너지가 더 많이 도달하는 것을 알 수 있다.
ㄷ. A~C 중 C 해역의 표층 수온이 가장 낮으므로 가장 고위도의 해역은 C이다.

바로 알기 ㄱ. 바람이 강하게 부는 지역에서 혼합층이 두껍게 발달하므로 A와 B 중 바람이 더 강하게 부는 해역은 B이다.

❸-1 염류의 비율

자료 분석 + 해수에 포함된 염류의 비율

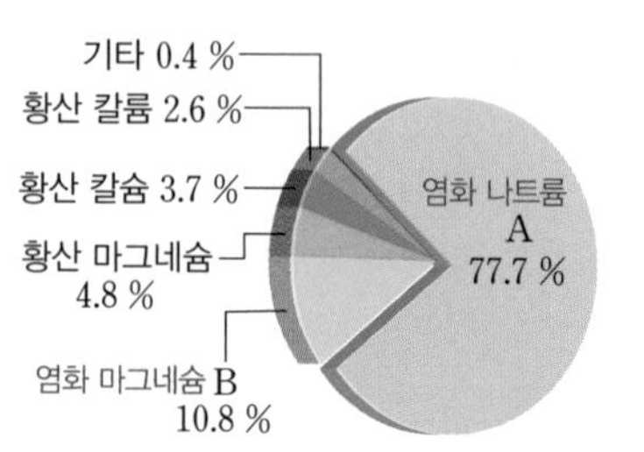

ㄱ, ㄴ. 해수에서 가장 많은 양을 차지하는 염류는 염화 나트륨이고, 다음으로 염화 마그네슘의 양이 많다.

ㄷ. 바다의 염분은 지역이나 계절에 따라 다르지만, 해수에 녹아 있는 염류 사이의 비율은 거의 일정하다.

4-1 표층 염분 분포

자료 분석 + 우리나라의 계절별 표층 염분 분포

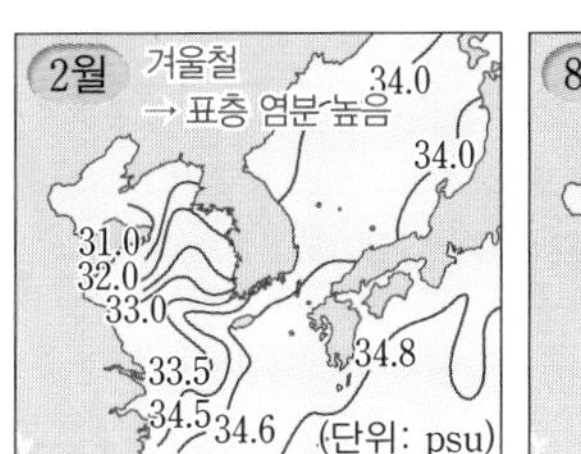

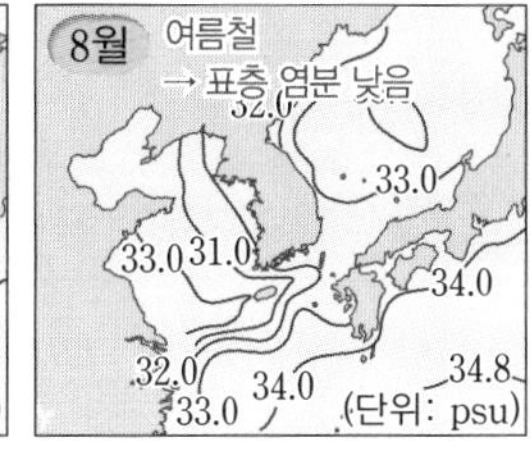

선택지 분석

㉠ 서해가 동해보다 염분이 대체로 낮다.
✗ 여름철이 겨울철보다 염분이 대체로 높다. → 낮음
✗ 담수가 유입되면 표층 염분은 대체로 높아진다. → 낮아짐

ㄱ. 담수가 유입되는 서해가 동해보다 표층 염분이 낮다.

바로 알기 ㄴ. 여름철에는 강수량이 많아 우리나라 주변 해역의 표층 염분이 겨울에 비해 대체로 낮게 나타난다.
ㄷ. 담수가 유입되면 표층 염분은 낮아진다.

5-1 해류

자료 분석 + 우리나라의 주변의 해류

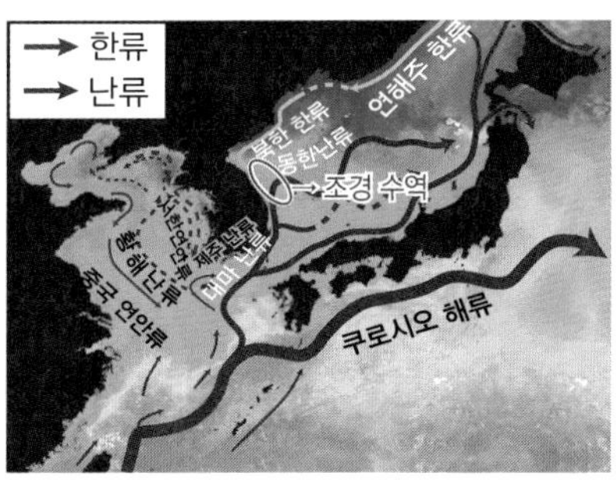

• 난류: 따뜻한 해류
저위도 → 고위도 이동
• 한류: 차가운 해류,
고위도 → 저위도 이동

선택지 분석

㉠ 쿠로시오 해류는 난류이다.
✗ 우리나라 황해에는 조경 수역이 형성된다. → 동해
✗ 한류는 저위도에서 고위도로 향하는 흐름이다. → 고위도에서 저위도로

ㄱ. 쿠로시오 해류는 상대적으로 수온이 높고 저위도에서 고위도로 흐르는 난류이다.

바로 알기 ㄴ. 우리나라는 동한 난류와 북한 한류가 만나는 동해에 조경 수역이 형성된다.
ㄷ. 한류는 고위도에서 저위도로 흐르는 비교적 차가운 해류이다.

6-1 조석

자료 분석 + 만조와 간조

(가) 만조

(나) 간조

선택지 분석

㉠ (가)는 만조, (나)는 간조의 모습이다.
✗ (가) 이후 (나)까지 약 12시간 25분이 걸린다.
→ (가)에서 (나)를 지나 다시 (가)가 되기까지
㉢ (가)와 (나)일 때의 해수면 높이 차이를 조차라고 한다.

ㄱ, ㄷ. (가)는 만조, (나)는 간조의 모습이며, 만조와 간조의 해수면 높이 차이를 조차라고 한다.

바로 알기 ㄴ. 만조에서 다음 만조까지, 또는 간조에서 다음 간조까지 걸린 시간을 조석 주기라고 하며, 조석 주기는 약 12시간 25분이다.

암기 Tip 조석 주기 그래프의 이해

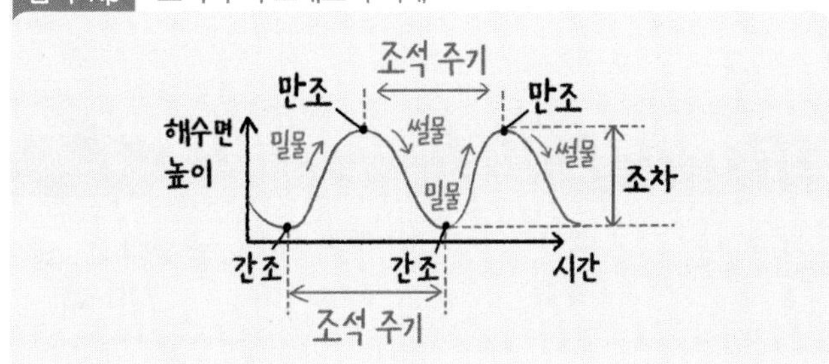

7-1 조석 현상

자료 분석 + 조금과 사리

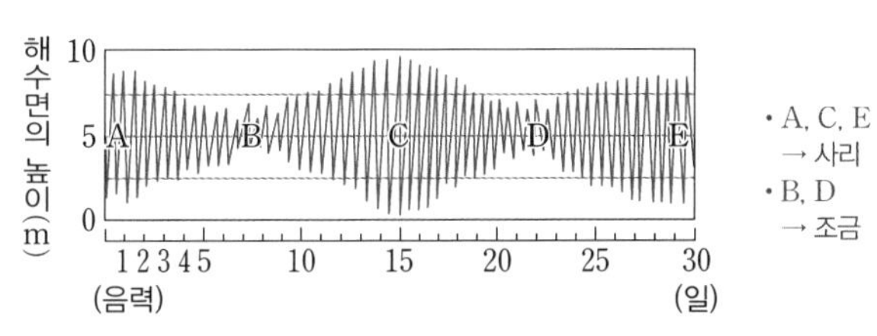

• A, C, E
→ 사리
• B, D
→ 조금

선택지 분석

㉠ A~E 중 C일 때 조차가 가장 크게 나타난다.
㉡ B, D와 같은 시기를 조금이라고 한다.
~~㉢~~ E일 때 조석 주기가 가장 짧아진다. → 변하지 않음

ㄱ. 사리인 A, C, E 중 C일 때 해수면의 높이 차이가 가장 크게 나타나므로 조차가 가장 크다.

ㄴ. 한 달 중 해수면 높이 차이가 가장 작은 시기인 B, D를 조금이라고 한다.

바로 알기 ㄷ. 조차는 지구, 달, 태양의 위치 관계에 따라 매일 조금씩 달라지지만, 조석 주기는 달라지지 않는다.

7-2 조석 현상의 이용

ㄱ. 만조와 간조의 해수면 높이 차이를 이용하여 전기를 생산(조력 발전)할 수 있다.

ㄴ. 죽방렴은 대나무 막대를 촘촘히 꽂아 만든 함정으로, 밀물일 때 들어온 멸치가 썰물일 때 빠져나가지 못하게 하는 전통적인 멸치잡이 방식이다.

ㄷ. 썰물일 때 드러나는 갯벌은 다양한 생물의 서식지이다.

3일 필수 체크 전략 2 최다 오답 문제 24~25쪽

1 ⑤	2 ④	3 ㉠: 23.4 g, ㉡: 1.8 g	
4 ④	5 ③	6 ④	7 ⑤

1 표층 수온 분포

자료 분석 + 전 세계 해양의 표층 수온 분포

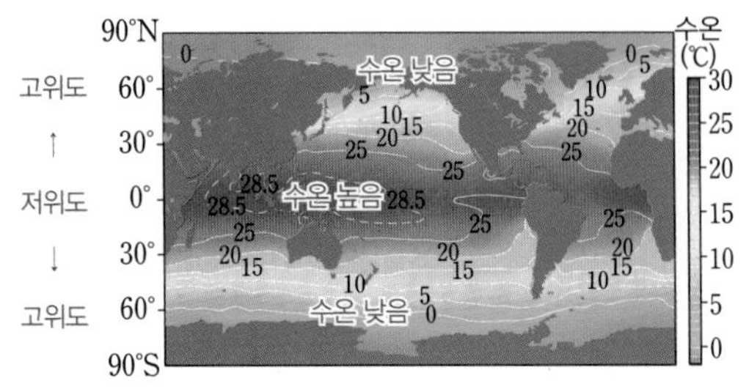

표층 해수의 온도는 해수가 흡수하는 태양 에너지의 양에 따라 다르며, 저위도에서 고위도로 갈수록 들어오는 태양 에너지의 양이 줄어들어 수온이 낮아진다. 표층 해수의 등온선은 대체로 위도와 나란하게 나타나며, 해안선 모양이나 해류에도 영향을 받는다.

바로 알기 ⑤ 위도가 높을수록 태양 에너지가 적게 들어온다.

2 깊이에 따른 해수의 온도

자료 분석 + 전 세계 해양의 표층 수온 분포

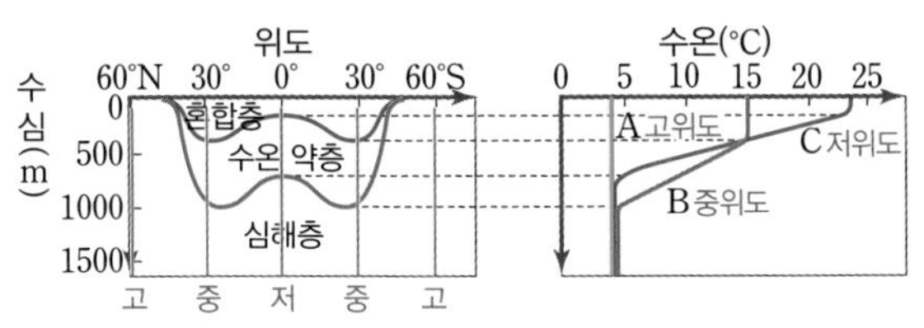

ㄱ. A, B, C는 차례로 고위도, 중위도, 저위도 지역이다.

ㄴ. 중위도 지역에서 바람이 가장 강하게 불기 때문에 중위도에서 혼합층이 가장 두껍게 발달한다.

ㄹ. 표층에서 흡수하는 태양 에너지의 양은 고위도에서 가장 적고 저위도에서 가장 많다.

바로 알기 ㄷ. 해수의 층상 구조는 혼합층이 두껍게 발달하는 중위도에서 잘 나타난다.

3 염분비 일정 법칙

자료 분석 + 해수 1 kg에 녹아 있는 염류의 양

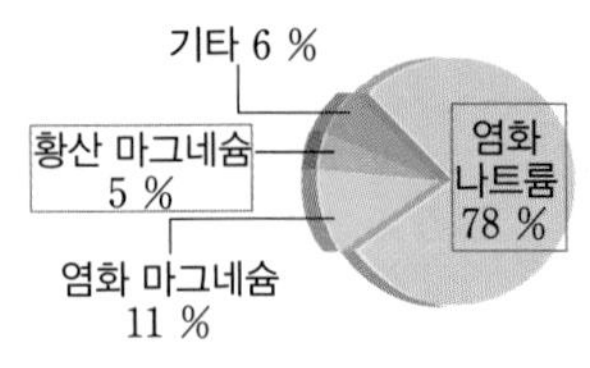

해역	염분 (psu)
A	30
B	36

• A와 B 해역의 염분이 서로 다르지만 염류 사이의 비율은 일정함
➡ 염분비 일정 법칙

• A 해역의 염화 나트륨(㉠): $30\times\frac{78}{100}=23.4(\text{g})$

• B 해역의 황산 마그네슘(㉡): $36\times\frac{5}{100}=1.8(\text{g})$

따라서 ㉠은 23.4 g, ㉡은 1.8 g이다.

4 해수의 표층 염분

자료 분석 + 강수량과 증발량에 따른 해수의 염분 분포

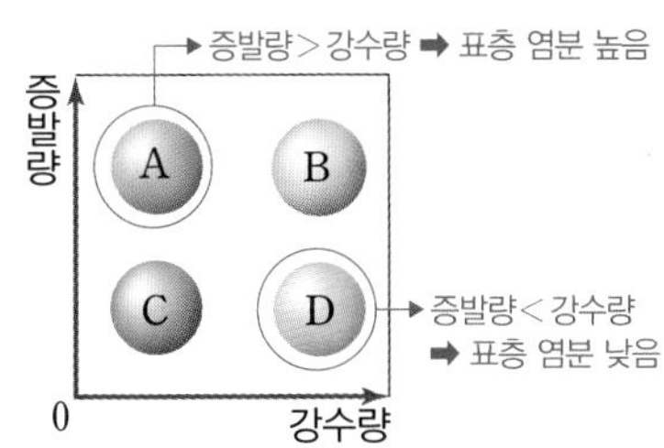

• 표층 염분 비교: A>B≒C>D

ㄴ, ㄷ. 강수량이 많고 증발량이 적을수록 표층 염분이 낮으므로 표층 염분이 가장 낮은 해역은 D이다.

바로 알기 ㄱ. A와 B는 증발량이 비슷하지만 강수량은 B에서 더 많으므로, 표층 염분은 B보다 A에서 더 높게 나타난다.

암기 Tip 해수의 염분에 영향을 미치는 요인

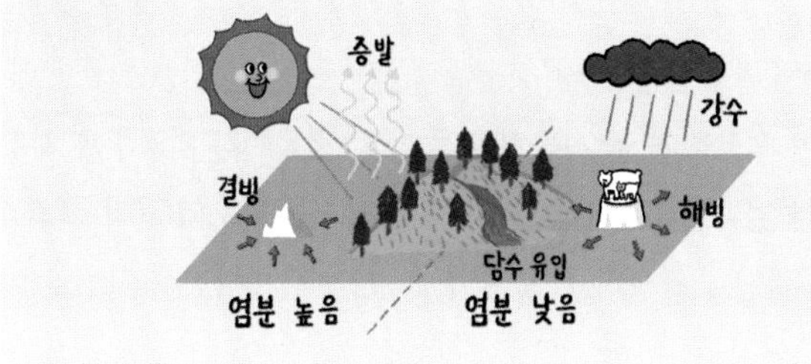

5 해류

자료 분석 + 우리나라 주변의 해류

①, ② 북한 한류(A)와 동한 난류(B)가 만나는 곳에 조경 수역이 형성된다.

④, ⑤ 우리나라 주변 해류의 근원인 쿠로시오 해류(D)에서 황해 난류(C)가 갈라져 나온다.

바로 알기 ③ 동한 난류(B)는 쿠로시오 해류에서 갈라져 나와 동해로 흐르는 난류이다.

6 조석 현상

자료 분석 + 해수면의 높이 그래프 이해

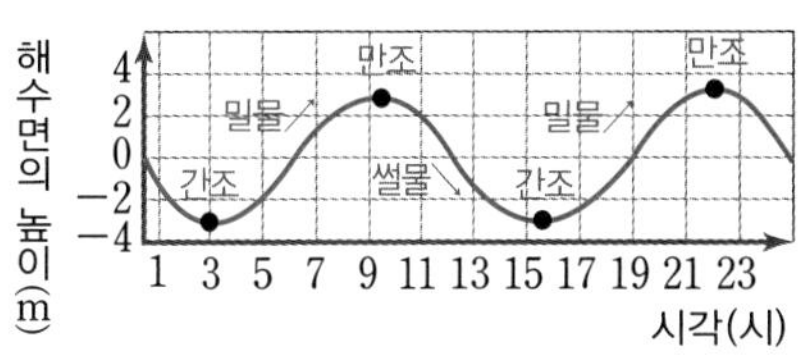

④ 이날 오후 3~5시경에는 해수면의 높이가 가장 낮았으므로 갯벌이 드러나서 조개잡이를 할 수 있었다.

바로 알기 ① 오전 7시경에는 해수면이 높아지고 있었으므로 밀물이었다.

② 오전 9시경에 해수면이 가장 높았으므로 갯벌이 드러나지 않았다.

③ 오후 1시경에는 해수면이 낮아지고 있었으므로 썰물이었다.

⑤ 이날 해수면이 가장 높았을 때의 높이는 약 3 m, 가장 낮았을 때의 높이는 약 −3 m였으므로 조차는 약 6 m였다.

7 사리와 조금

자료 분석 + 조석 현상

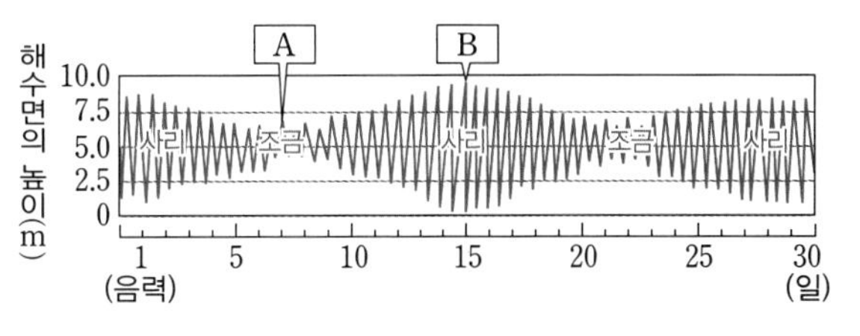

ㄱ, ㄷ. 한 달 중 조차가 가장 작게 나타나는 때를 조금(A), 가장 크게 나타나는 때를 사리(B)라고 한다.

ㄹ. 조석 현상에 영향을 미치는 것은 달과 태양이며, 태양보다 지구에 더 가까이에 있는 달의 영향이 더 크다.

바로 알기 ㄴ. 태양, 달, 지구의 위치 관계에 따라 매일 조차가 조금씩 달라지지만, 조석 주기는 변하지 않는다.

1주차	누구나 합격 전략		26~27쪽
01 ②	02 ⑤	03 ①	04 ④
05 ④	06 ③	07 ②	08 ②
09 ㉠: 3.74, ㉡: 31.2	10 ③		

01 수권의 구성

자료 분석 + 지구상 물의 분포

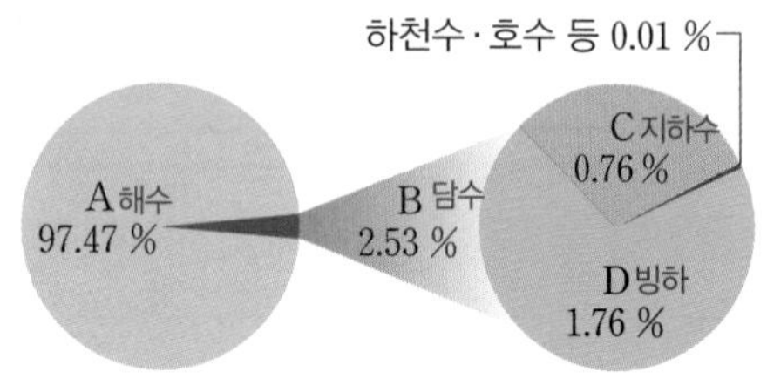

선택지 분석

㉠ A는 소금기가 있어 짠맛이 난다.
~~ㄴ~~ B는 모두 액체 상태로 존재한다. → 빙하는 고체
㉢ C는 주로 비나 눈이 지하로 스며들어 생성된다.
~~ㄹ~~ D는 인간이 비교적 쉽게 이용할 수 있는 물이다. → 이용하기 어려움

ㄱ. A는 해수로, 소금기가 있어 짠맛이 난다.
ㄷ. C는 지하수로, 비나 눈이 지하로 스며들어 생성된다.
바로 알기 ㄴ, ㄹ. B는 담수, D는 빙하로, 담수 중 빙하는 고체 상태로 존재하며 고산 지대나 극지방에 분포하므로 이용하기 어렵다.

02 수자원 확보

댐 건설, 빗물 저장, 지하수 개발, 수돗물 재사용 등으로 수자원을 확보할 수 있다.
바로 알기 ⑤ 빗물이 땅으로 스며들지 못하면 유실되는 수자원의 양이 많아진다.

03 수자원 이용

자료 분석 + 우리나라의 용도별 수자원 이용 현황

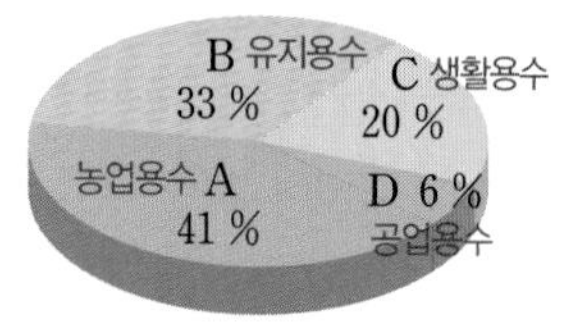

① 농사 또는 가축을 기를 때 이용하는 물은 농업용수로, A이다.
바로 알기 ② 공장에서 이용하는 물은 공업용수로, D이다.
③ 하천 기능 유지에 필요한 물은 유지용수로, B이다.
④ 일상생활에서 이용하는 물은 생활용수로, C이다.
⑤ 우리나라는 주로 댐 등의 저류 시설에 저장한 물 또는 지표를 흐르는 하천수의 수자원 이용 비율이 높으며, 지하수의 이용 비율은 가장 낮다.

04 자원으로서 물의 가치

물은 여가 생활, 생명 유지, 공산품 생산, 전기 생산 등에 이용되며, 지구의 온도가 급격하게 변하는 것을 막아 주는 역할을 한다.
바로 알기 ④ 기후 변화로 가뭄이나 홍수 등이 자주 발생하면서 물을 확보하고 효율적으로 관리하는 것이 어려워지는 추세이다.

05 수자원 확보 방안

물을 받아 사용하여 물 사용량을 줄이고, 빗물이나 지하수를 사용하여 수자원의 양을 늘리며, 쓰레기 배출을 줄여 오염을 막는다.
바로 알기 ㄷ. 설거지를 할 때 물을 받아 사용하면 수자원을 아낄 수 있다.

06 해수의 연직 수온 분포

자료 분석 + 해수의 층상 구조와 연직 수온 분포

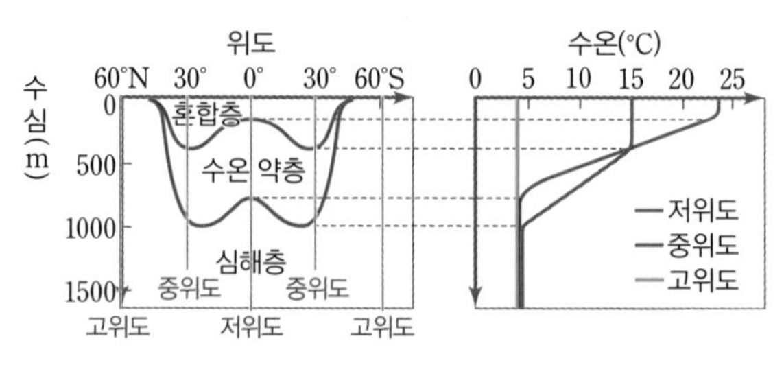

ㄱ. 해수 표층에서 흡수하는 태양 에너지의 양이 가장 많은 곳은 저위도 지역이다.
ㄴ. 해수 표층에서 바람이 가장 강하게 부는 곳은 중위도 지역이다.
바로 알기 ㄷ. 해수의 층상 구조는 바람이 강하게 부는 중위도 지역에서 가장 뚜렷하게 나타난다.

07 염분

① A는 염류 중 두 번째로 양이 많은 염화 마그네슘으로, 쓴맛이 난다.

③ 증발량이 많고 강수량이 적은 지역의 해수는 염분이 높다.

④ 염류 중 가장 많은 양을 차지하는 염화 나트륨은 짠맛을 낸다.

⑤ 지역이나 계절에 따라 염분이 달라도 해수에 녹아 있는 염류 사이의 비율은 거의 일정하다. (염분비 일정 법칙)

바로 알기 ② 이 해역의 염분은 $27.2+3.8+1.7+1.3+0.9+0.1=35$(psu)이다.

08 우리나라 주변의 해류

자료 분석 + 우리나라 주변의 해류

② 북한 한류(A)와 동한 난류(B)가 만나 조경 수역을 형성한다.

바로 알기 ① A는 비교적 수온이 낮은 북한 한류이다.

③ B는 쿠로시오 해류에서 동해로 갈라져 나온 동한 난류이다.

④ C는 저위도에서 고위도로 흐르는 황해 난류이다.

⑤ D는 우리나라 주변을 흐르는 해류의 근원인 쿠로시오 해류이다.

09 염분비 일정 법칙

A 해역을 통해 염화 나트륨이 차지하는 비율은 $\frac{26.52}{34}\times100=78(\%)$이고, B 해역을 통해 염화 마그네슘이 차지하는 비율은 $\frac{4.4}{40}\times100=11(\%)$임을 알 수 있다. 따라서 ㉠은 $34\times0.11=3.74$(g), ㉡은 $40\times0.78=31.2$(g)이다.

10 조석 현상

자료 분석 + 하루 동안의 해수면 높이 변화

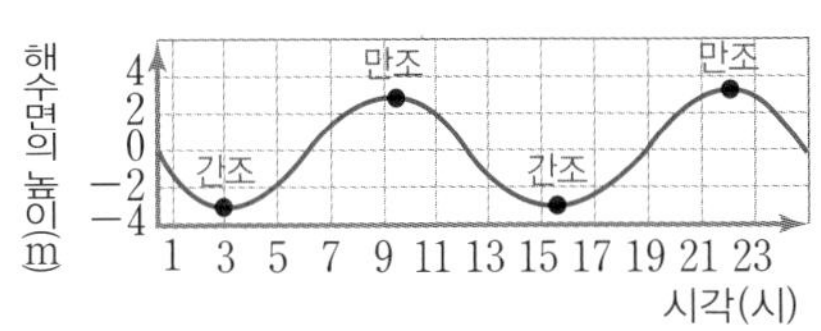

• 간조: 03시경, 15시 30분경 • 만조: 09시 30분경, 22시경

갯벌이 드러나는 시각은 간조인 오전 3시경과 오후 3시 30분경이므로 조개잡이를 하기에 가장 적절한 시간은 오후 2시~4시이다.

1주차 창의・융합・코딩 전략 28~31쪽

1 (1) 바다, 해수, 물 등 (2) ③ 2 ⑤ 3 ④
4 ③ 5 ④ 6 (1) 염분비 일정 법칙
(2) 35 psu (3) (가) 3.52 (나) 27.3 (다) 40 7 ①
8 ③

1 푸른 행성 지구

자료 분석 + 지구가 푸른색을 띠는 이유

우주에서 본 지구는 파란색
→ 지구 표면의 70 % 이상을 물(바다)이 덮고 있기 때문

선택지 분석

㉠ 지구의 급격한 온도 변화를 막아 주는 역할을 한다.
㉡ 지구계에서 ㉠이 속한 영역은 생명체가 존재하기 위해 반드시 필요하다.
~~㉢~~ 우주로부터 자외선이 지상에 도달하지 못하도록 막아 주는 역할을 한다.
→ 기권의 역할

ㄱ, ㄴ. 우주에서 본 지구가 파란색을 띠는 것은 지구 표면의 70 % 이상이 바다로 덮여 있기 때문이다. 수권에서 특히 바다는 급격한 온도 변화를 막아 주며, 물은 생명체가 존재하기 위해 반드시 필요하다.

바로 알기 ㄷ. 지구에 물이 존재하는 영역을 수권이라고 하며, 우주로부터 지상에 도달하는 자외선을 막아주는 것은 기권의 역할이다.

2 수권에서 물의 존재 형태

자료 분석 + 수권에서 물이 존재하는 형태 이해

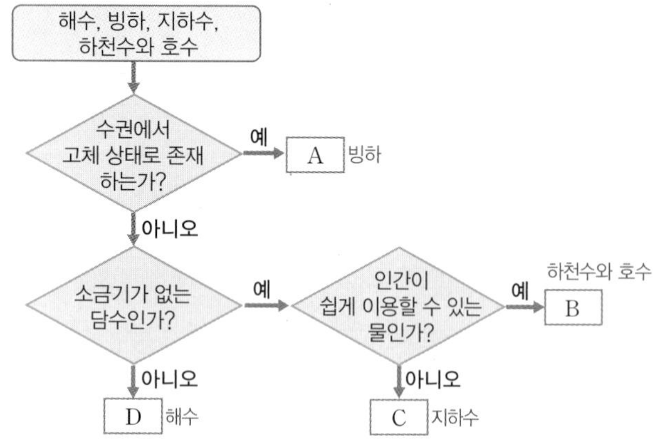

선택지 분석

㉠ A는 담수 중 가장 많은 양을 차지한다.
~~㉡~~ B는 주로 비나 눈이 지하로 스며들어 생성된다. → 지하수
㉢ C는 물이 부족할 때 개발하여 이용할 수 있다.
㉣ D는 수권 전체 물의 대부분을 차지한다.

ㄱ. A는 빙하로, 주로 극지방이나 고산 지대에 분포하며, 담수 중 가장 많은 양을 차지한다.

ㄷ. C는 지하수로, 수자원 확보를 위해 개발하여 이용할 수 있는 물이다.

ㄹ. D는 해수로, 수권 전체 물의 대부분(약 97.47 %)을 차지한다.

바로 알기 ㄴ. B는 하천수와 호수로, 지표 근처에 분포하는 물이며, 인간이 바로 이용할 수 있다.

3 우리나라의 용도별 수자원 이용

자료 분석 + 우리나라의 용도별 수자원 이용량 변화

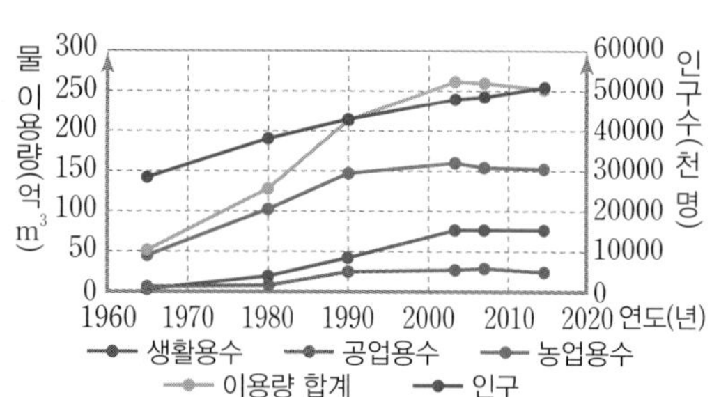

• 인구가 늘어남에 따라 수자원 이용량 또한 대체로 증가하는 경향을 보인다.
• 우리나라의 수자원 이용량: 농업용수 > 유지용수 > 생활용수 > 공업용수

선택지 분석

① 혜민: 1970년대 이후로 물은 항상 공업용수보다 생활용수로 많이 쓰였구나.
② 승수: 이 기간에 우리나라의 인구수는 꾸준히 증가했어.
③ 나라: 우리나라는 물을 농업용수로 가장 많이 이용하고 있네.
~~④~~ 영현: 인구와 수자원의 이용량은 대체로 반비례하는 경향을 보이는구나. → 비례
⑤ 윤아: 2000년대 초반까지 우리나라의 수자원 이용량은 지속적으로 증가해 왔어!

바로 알기 인구가 증가할수록 수자원의 이용량도 함께 증가하고 있으므로 인구와 수자원 이용량은 비례하는 경향을 보이는 것을 알 수 있다.

4 수자원의 가치

물은 인류 문명 발달에 필요한 자원이다. 전기 생산, 공산품 생산 등에 이용하고, 지구의 온도 유지에 중요한 역할을 한다.

바로 알기 정한. 인류의 문명이 발달하고 삶의 질이 높아질수록 필요한 물의 양은 증가한다.

5 해수의 층상 구조

자료 분석 + 수온의 연직 분포를 알기 위한 실험

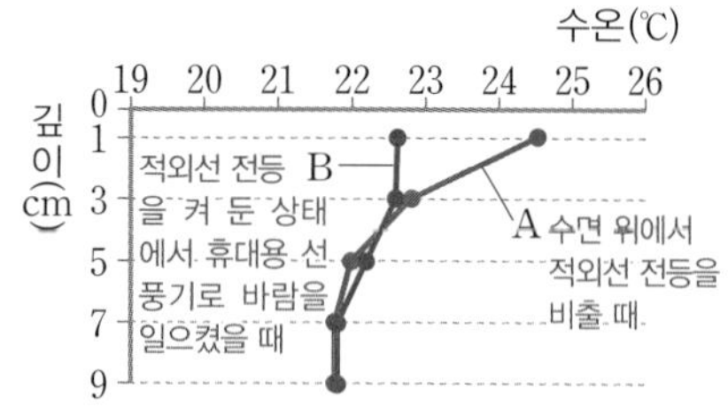

선택지 분석

~~㉠~~ (나)의 결과는 실험 결과 그래프의 B와 같다. → A
㉡ 휴대용 선풍기로 바람을 일으키면 물의 표층에서 혼합이 일어난다.
㉢ 적외선 전등을 비추는 것은 태양 에너지가 해수면을 가열하는 것과 같다.

ㄴ. 휴대용 선풍기로 바람을 일으키는 것은 해수 표층에서 바람이 부는 것과 같으며, 혼합층이 형성되는 원리에 해당한다.

바로 알기 ㄱ. (나)에서는 바람 없이 적외선 전등에 의해 물이 가열되고 있으므로, 표층의 수온이 가장 높고 깊이가 깊어질수록 수온이 낮아지는 A에 해당한다.

6 염분비 일정 법칙

자료 분석 + 염분비 일정 법칙의 활용

해역	염화 나트륨(g) (→78 %)	염화 마그네슘(g) (→11 %)	염류의 총량(g)
A	24.96	(가)	32 → 32 psu
B	(나)	3.85	35 → 35 psu
C	31.2	4.4	(다)

(2) 바닷물 1 kg에 염류가 총 35 g 녹아 있으므로 해역 B의 염분은 35 psu이다.
(3) 해역 A의 자료로부터 염화 나트륨의 비율은 $\frac{24.96\text{ g}}{32\text{ g}}\times100$ =78(%)라는 것을 알 수 있고, 해역 B의 자료로부터 염화 마그네슘의 비율은 $\frac{3.85\text{ g}}{35\text{ g}}\times100=11$(%)라는 것을 알 수 있다. 따라서 (가)는 3.52, (나)는 27.3, (다)는 40이다.

7 우리나라 주변을 흐르는 해류

자료 분석 + 우리나라 주변 해류의 특징

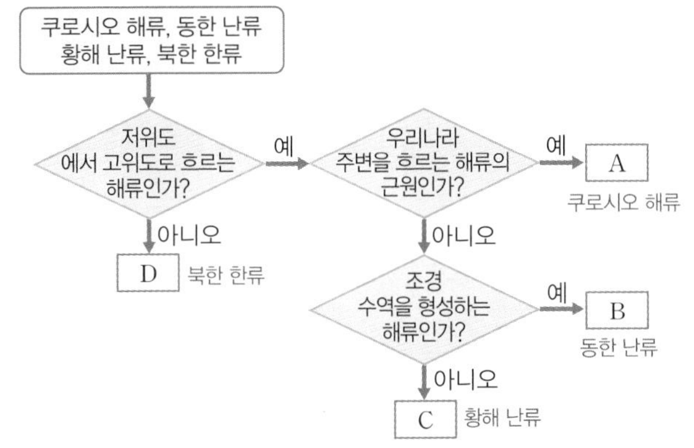

선택지 분석

정연: A는 난류인 쿠로시오 해류지.
~~영훈~~: B와 C는 우리나라 동해안을 따라 흘러. → C는 황해로 흐름
~~가은~~: D는 황해로 흐르는 해류인 황해 난류야. → 동해로 흐르는 북한 한류

• 정연: A는 우리나라 주변을 흐르는 해류의 근원인 쿠로시오 해류로, 이 해류는 저위도에서 고위도로 흐르는 난류이다.

바로 알기 • 영훈: B는 동한 난류이고, C는 황해 난류이다. 동한 난류는 동해로 흘러 북한 한류와 만나 조경 수역을 형성한다.
• 가은: D는 우리나라 동해로 흐르는 한류인 북한 한류이다.

8 조석 현상

자료 분석 + 조석 주기의 이해

끝으로 오늘 태안 지역의 조석 예보를 전해드리겠습니다. 오늘은 한 달 중 조차가 가장 크게 나타나는 날인데요. 오늘 평균 조차는 약 590 cm로 나타날 전망입니다.
사리
해수면이 가장 높은 시각은 오전 4시 54분과 오후 5시 20분, 해수면이 가장 낮은 시각은 오전 11시 5분과 오후 11시 41분이 되겠습니다. 이상 바다 날씨 전해드렸습니다.
만조
간조

선택지 분석

~~ㄱ~~. 이날은 조금이 나타나는 날이다. → 사리
ㄴ. 오후 9시경에는 썰물이 있다.
~~ㄷ~~. 하루 동안 만조와 간조가 한 번씩 나타난다. → 두 번씩
ㄹ. 오전 11시경에 조개잡이를 할 수 있다.

ㄴ. 이날 오후 9시경은 만조 이후 간조가 나타나기 전 시각에 해당하므로, 썰물로 해수면 높이가 낮아지고 있다.
ㄹ. 오전 11시경에는 간조로 갯벌이 드러나 있을 것이므로, 조개잡이가 가능하다.

바로 알기 ㄱ. 한 달 중 조차가 가장 크게 나타나는 시기를 사리, 조차가 가장 작게 나타나는 시기를 조금이라고 한다. 이날은 한 달 중 조차가 가장 크게 나타나므로 사리에 해당한다.
ㄷ. 조석 주기는 약 12시간 25분으로, 하루에 대략 두 번씩의 만조와 간조가 생긴다.

2주 VIII 열과 우리 생활 ~IX 재해·재난과 안전

1일 개념 돌파 전략 1 확인Q 34~35쪽

7강_온도와 열

1 303 K 2 높아 3 전도 4 대류 5 복사 6 대류 7 높은, 낮은 8 열평형

1 절대 온도(K)=섭씨온도(℃)+273이므로 30+273=303이다.

2 온도는 입자의 움직임이 활발한 정도를 나타내며, 온도가 높을수록 입자 운동이 활발해진다.

6 이중 유리벽의 진공 공간에는 공기가 거의 없어 전도와 대류에 의한 열의 이동을 막는다.

1일 개념 돌파 전략 1 확인Q 36~37쪽

8강_비열과 열팽창-재해·재난과 안전

1 열량, kcal 2 0.25 kcal/(kg·℃) 3 작다 4 열팽창 5 작은 6 팽창 7 재해·재난 8 병원체

2 비열(kcal/(kg·℃))$=\frac{\text{열량(kcal)}}{\text{질량(kg)} \times \text{온도 변화(℃)}}$이므로

비열$=\frac{5}{10 \times 2}$=0.25(kcal/(kg·℃))이다.

5 바이메탈은 열팽창 정도가 다른 두 종류의 금속을 붙여 놓은 것으로 가열하면 열팽창 정도가 큰 금속이 더 많이 팽창하여 열팽창 정도가 작은 금속 쪽으로 휘어진다.

6 다리의 이음매의 틈은 여름철 온도가 높아져 다리의 길이가 팽창하였을 때 다리가 파손되는 것을 방지한다.

8 병원체는 바이러스, 세균 등 병을 일으키는 미생물을 말하며 감염성 질병은 이러한 병원체가 동물이나 인간에게 침입하여 발생한다.

1일 개념 돌파 전략 2 38~39쪽

1 ⑤ 2 ③ 3 ④ 4 ④
5 ① 6 ⑤

1 온도와 입자 운동

①, ② 보온병을 흔들면 물의 입자 운동이 활발해지므로 물의 온도가 올라간다.
③ 물 입자들은 끊임없이 스스로 움직이는 입자 운동을 한다.
④ 보온병을 많이 흔들수록 물의 입자 운동은 더 활발해지므로 물의 온도는 더 올라간다.

바로 알기 ⑤ 보온병 속의 물의 입자 수는 정해져 있다. 따라서 많이 흔들어도 물의 입자 수에는 변화가 없다.

암기 Tip 온도와 입자 운동

온도를 높이자!!
→온도가 높을수록 입자 운동 활발

2 복사

③ 손과 얼굴이 따뜻해지는 것은 전기난로에서 복사에 의해 열이 전달되기 때문이다. 복사는 물질의 도움 없이 열이 직접 이동하는 방법이다.

바로 알기 ① 전도는 물질을 구성하는 입자들이 서로 충돌하면서 열이 이동하는 방법이다.
② 대류는 액체나 기체 입자가 직접 이동하여 열을 전달하는 방법이다.
④ 열팽창은 물체가 열을 받아 물체의 길이나 부피가 늘어나는 현상이다.
⑤ 단열은 전도, 대류, 복사에 의한 열의 이동을 막는 것을 말한다.

3 열평형

④ 온도가 높은 삼각 플라스크의 물에서 온도가 낮은 수조의 물로 열이 이동하므로, 삼각 플라스크에 든 물의 온도는 낮아지고 수조에 든 물의 온도는 높아지다가 두 물의 온도가 같아지면 더 이상 온도가 변하지 않는다.

4 비열

④ 비열은 어떤 물질 1 kg의 온도를 1 ℃ 높이는 데 필요한 열량으로 물질마다 서로 다르다. 따라서 같은 종류의 물질은 질량에 관계없이 비열이 같다.

5 비열에 의한 현상

ㄱ. 육지가 비열이 작아 바다보다 빨리 가열되므로 낮에는 육지의 온도가 바다의 온도보다 높다.

바로 알기 ㄴ. 물은 비열이 크고 모래는 비열이 작아서 해륙풍이 나타나며, 열팽창은 관계없다.

ㄷ. 밤에는 바다의 온도가 육지보다 높아 바다 쪽의 공기는 상승하고 육지 쪽의 공기가 하강하면서 육지에서 바다로 바람이 불어 낮과 반대 방향으로 공기가 순환한다.

암기 Tip 해풍

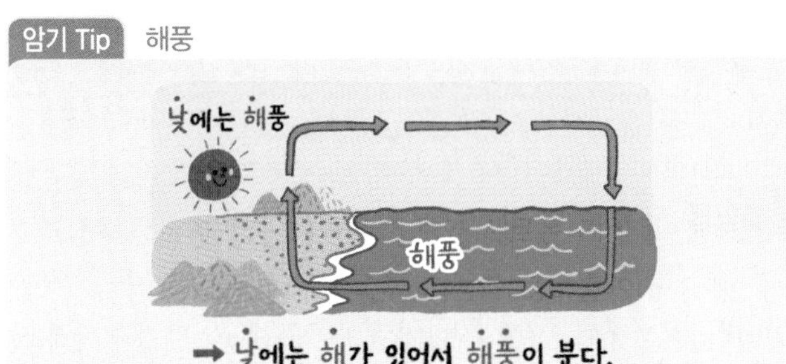
낮에는 해풍
해풍
➡ 낮에는 해가 있어서 해풍이 분다.

6 열팽창

⑤ 다리의 이음매에 틈을 두면 여름철 온도가 높아져 다리의 길이가 팽창하였을 때 다리가 파손되는 것을 방지할 수 있다. 이것은 고체의 열팽창과 관계되는 사례이다.

바로 알기 ① 열량은 온도가 높은 물체에서 온도가 낮은 물체로 이동한 열의 양이다.

② 비열은 어떤 물질 1 kg의 온도를 1 ℃ 높이는 데 필요한 열량이다.

③ 복사는 열이 물질의 도움 없이 직접 이동하는 방법이다.

⑤ 다리의 이음매에 틈을 만드는 것은 고체 열팽창의 사례이며 액체의 열팽창과 관계없다.

2일 필수 체크 전략 1 기출 선택지 All 40~43쪽

❶-1 ㄷ ❷-1 ⑤ ❸-1 ㄴ ❹-1 정아, 서준 ❺-1 다혜 ❻-1 ㄱ ❼-1 ③ ❽-1 ㄱ, ㄷ

❶-1 온도와 온도계

ㄷ. 섭씨온도는 1기압에서 물이 어는 온도를 0 ℃, 물이 끓는 온도를 100 ℃로 하고 그 사이를 100 등분한 온도로, 단위는 ℃를 사용한다.

바로 알기 ㄱ. 섭씨온도가 1 ℃ 낮아지면 절대 온도는 1 K 낮아진다.

ㄴ. 알코올 온도계는 특정 범위의 온도만 측정할 수 있다.

❷-1 물의 입자 운동

모든 물질은 그 물질의 고유한 성질을 갖는 작은 입자로 되어 있고, 이 입자들은 끊임없이 스스로 움직인다. 액체 상태인 물을 가열하면 온도가 높아질수록 물 입자의 운동이 활발해진다. 즉, 입자 운동이 활발할수록 온도가 높다. 따라서 물의 온도는 C>B>A 순이다.

❸-1 전도

선택지 분석

ⓧ 복사에 의한 열의 이동을 나타낸 것이다. → 전도

ⓛ 입자들 사이의 충돌로 인해 열이 전달된다.

ⓧ 방의 아래쪽에 난로를, 위쪽에 에어컨을 설치하는 것과 관계 있는 열의 이동이다. → 대류에 의한 열의 이동을 이용한 예

ㄴ. 그림은 물질을 구성하는 입자들이 서로 충돌하면서 열을 전달하는 전도에서의 열의 이동을 나타낸 것이다.

바로 알기 ㄱ. 전도에 의해 열이 이동한다.

ㄷ. 방의 아래쪽에 난로를, 위쪽에 에어컨을 설치하는 것은 대류에 의한 열의 이동을 이용한 예이다.

❹-1 대류

• 정아: 열을 받아 뜨거워진 물이 위로 이동하므로 가열할 때는 위쪽보다는 아래쪽을 가열해야 대류가 잘 일어난다.

• 서준: 대류는 액체나 기체 상태의 물질이 직접 다른 곳으로 이동하면서 열을 전달하는 방법이다.

바로 알기 • 선미: 대류가 일어날 때 열을 전달하는 물질은 직접 이동한다.

❺-1 복사

• 다혜: 복사는 물질의 도움 없이 열이 직접 이동하는 방법이다. 토스터나 오븐으로 요리할 때 열은 복사에 의해 전달된다.

바로 알기 • 주영: 물체를 구성하는 입자들이 서로 충돌하면서 열이 이동하는 방법은 전도이다.

• 상민: 부엌용 장갑은 뜨거운 냄비를 잡을 때 냄비의 열이 손으로 전도되는 것을 막아준다.

BOOK 2

6-1 단열

선택지 분석

㉠ 이중창의 공기층이 열이 전도되는 것을 막아준다.
ⓧ 이중창의 공기층에 있는 공기가 전도를 잘 하여 열을 전달한다.
→ 공기는 전도가 잘 되지 않는 물질
ⓧ 이중창을 설치하면 전자기파를 반사하여 복사로 빠져나가는 열을 막을 수 있다. → 복사와 관계없다.

ㄱ. 이중창을 사용하면 유리와 유리 사이에 공기층이 생긴다. 공기는 입자 사이의 거리가 멀고 빈 공간이 많기 때문에 입자의 충돌에 의한 열의 전도가 잘 이루어지지 않으므로 단열에 효과적이다.

바로 알기 ㄴ. 이중창의 공기층에 있는 공기는 전도가 잘 되지 않는 물질이다.

ㄹ. 이중창의 공기층은 전도를 차단하는 데 효과적이며 복사와는 관계가 없다.

7-1 열평형

온도가 다른 두 물체가 접촉했을 때 온도가 높은 물체에서 낮은 물체로 열이 이동하여 두 물체의 온도가 같아진 상태를 열평형이라고 한다. 온도가 50 ℃인 금속 추를 물속에 넣고 물의 온도를 측정하면 열평형 상태에서 물과 금속 추의 온도는 같으므로 물과 금속 추의 온도는 변하지 않는다. 따라서 금속 추의 온도가 변하지 않을 때가 열평형 상태이며, 이때 금속 추의 온도는 23 ℃이다.

8-1 열평형 그래프

ㄱ. 열은 온도가 높은 A에서 낮은 B로 이동한다.

ㄷ. 온도가 높은 A가 잃은 열의 양과 온도가 낮은 B가 얻은 열의 양은 같다.

바로 알기 ㄴ. A와 B의 입자 수는 변하지 않는다. 단, 시간이 지날수록 A의 입자 운동은 둔해지고, B의 입자 운동은 활발해진다.

2일 필수 체크 전략 2 최다 오답 문제 44~45쪽

1 ②	2 ①	3 ②	4 ②
5 ②	6 ④		

1 온도와 열

② 물의 온도가 5분 동안 낮아진 것은 금속구의 온도가 물의 온도보다 낮아 물에서 금속구로 열이 이동하였기 때문이다. 따라서 5분 동안 열을 얻은 금속구의 온도는 높아지다가 일정해진 물의 온도와 같은 28 ℃에서 일정해진다.

2 온도와 입자 운동

ㄱ, ㄴ. 찻잔은 뜨거운 물로부터 열을 얻기 때문에 뜨거워진다. 열을 얻은 물체는 온도가 높아지고, 입자 운동이 활발해지므로 찻잔의 입자 운동은 활발해진다.

바로 알기 ㄷ. 물은 열을 잃고 찻잔은 열을 얻는다.

ㄹ. 물질을 이루는 입자들은 온도가 올라가면 입자 운동이 활발해진다.

3 열평형

ㄷ. 열은 온도가 높은 비커의 물에서 온도가 낮은 수조의 물로 이동하며, 어느 정도 시간이 지나면 두 물의 온도가 더는 변하지 않고 일정한 열평형 상태에 도달하게 된다.

바로 알기 ㄱ. 열은 온도가 높은 물체에서 온도가 낮은 물체로 이동하므로 비커의 물은 열을 잃는다.

ㄴ. 열은 온도가 높은 비커의 물에서 온도가 낮은 수조의 물로 이동한다.

ㄹ. 열이 이동할 때 외부와의 열 출입이 없다면 고온의 물체가 잃은 열의 양은 저온의 물체가 얻은 열의 양과 같다.

4 열의 이동 방법

자료 분석 + 열의 이동 방법의 비유

(가) 책을 던진다. → 복사
(나) 책을 뒤로 건네준다. → 전도
→ 대류
(다) 책을 들고 간다.

- (가) 복사: 열이 물질의 도움 없이 직접 이동하는 방법
- (나) 전도: 물질을 구성하는 입자들이 서로 충돌하면서 열이 이동하는 방법
- (다) 대류: 액체나 기체 입자가 직접 이동하여 열을 전달하는 방법

ㄱ. (가)는 열이 물질의 도움 없이 직접 이동하는 방법인 복사를 나타낸다.

ㄹ. 액체나 기체에서는 (다)와 같이 대류의 방법으로 주로 열이 전달된다.

바로 알기 ㄴ. 에어컨을 위쪽에 설치하는 것은 찬 공기가 아래로, 더운 공기가 위로 대류하는 것을 이용한 것으로 (다)와 관련 있다.

ㄷ. (나)는 입자의 운동이 차례로 전달되어 열이 이동하는 전도를 나타내고, (다)는 입자가 직접 이동하면서 열이 전달되는 대류를 나타낸다.

5 단열

선택지 분석

✗ 신문지가 가장 효율적인 단열재이다. → 솜
ⓛ 모래에 싸인 시험관 C 물의 온도 변화가 가장 크다.
✗ 내부에 공기를 포함하는 공간이 많을수록 단열 효과가 작다. → 크다

ㄴ. 열이 전도되는 정도는 모래 > 신문지 > 솜 순이므로 모래에 싸인 시험관 C 물의 온도 변화가 가장 크다.

바로 알기 ㄱ. 열이 전도되는 정도는 모래 > 신문지 > 솜 순이므로 솜이 가장 효율적인 단열재이다.

ㄷ. 공기에서는 열의 전도가 매우 느리게 일어나기 때문에 공기를 포함한 공간이 많을수록 단열 효과는 크다.

6 열평형

ㄱ. 두 물의 온도가 변하지 않고 일정해지는 열평형 상태에 도달하는 시간은 4분이다.

ㄷ. 고온의 물체가 얻은 열의 양은 저온의 물체가 얻은 열의 양과 같으므로 열평형 온도를 T ℃라고 하면 $1\text{ kcal/(kg}\cdot℃)\times 0.04\text{ kg}\times(60-T)℃=1\text{ kcal/(kg}\cdot℃)\times 0.06\text{ kg}\times(T-10)℃$이므로 열평형 온도 $T=30$ ℃이다. 따라서 열평형 상태에 도달했을 때의 온도는 30 ℃이다.

바로 알기 ㄴ. 열은 온도가 높은 물체에서 온도가 낮은 물체로 이동하므로 열평형이 될 때까지 온도가 높은 비커의 물은 열을 잃고 온도가 낮은 수조의 물은 열을 얻는다. 비커의 60 ℃의 물은 열평형이 될 때까지 온도가 낮아지므로 입자 운동이 느려진다.

3일 필수 체크 전략 1 기출 선택지 All 46~49쪽

❶-1 ㄴ	❷-1 ②	❸-1 ㄱ, ㄷ	❹-1 ㄱ, ㄴ
❺-1 ①	❻-1 ④	❼-1 ㄷ	❽-1 민서, 정민

❶-1 비열

선택지 분석

✗ 같은 시간 동안 온도 변화가 더 큰 물질은 물이다. → 식용유
ⓛ 식용유와 물 중 비열이 더 큰 것은 물이다.
✗ 비열이 큰 물질일수록 온도를 변화시키는 데 필요한 열량이 적다. → 많다.

ㄴ. 비열이 큰 물질일수록 온도를 변화시키는 데 필요한 열량이 많으므로 같은 열량을 가할 때 비열이 큰 물질은 온도 변화가 작고, 비열이 작은 물질은 온도 변화가 크다. 따라서 식용유와 물 중에서 비열이 더 큰 것은 물이다.

바로 알기 ㄱ. 같은 시간 동안 온도 변화가 더 큰 물질은 식용유이다.

ㄷ. 비열이 큰 물질일수록 온도를 변화시키는 데 필요한 열량이 많다.

암기 Tip 비열 비교

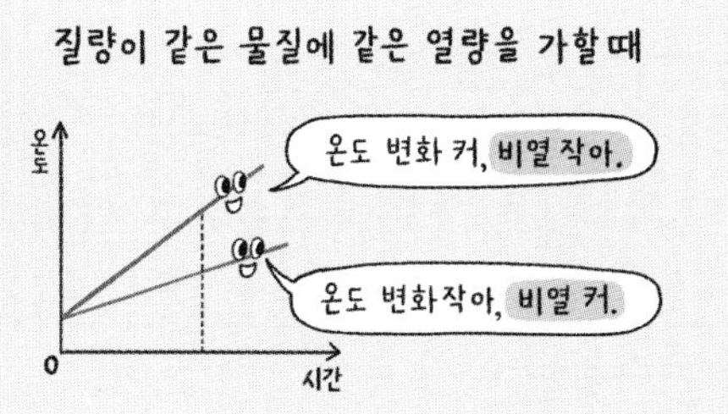
질량이 같은 물질에 같은 열량을 가할 때
온도
온도 변화 커, 비열 작아.
온도 변화 작아, 비열 커.
0
시간

❷-1 비열에 의한 현상

② 바닷물의 비열이 육지보다 커서 육지가 바다보다 빨리 데워지고 빨리 식기 때문에 낮에는 해풍이, 밤에는 육풍이 분다.

바로 알기 ① 육지와 바닷물의 무게는 해풍과 육풍이 부는 원리와 관계없다.

③ 바닷물의 비열이 육지보다 크다.

④, ⑤ 태양에서 바닷물과 육지까지의 거리는 해풍과 육풍이 부는 원리와 관계없다.

❸-1 고체의 열팽창

ㄱ. 금속 막대가 열을 받으면 온도가 높아진다.

ㄷ. 금속 막대가 열을 받으면 금속 막대를 이루는 입자의 운동이 활발해진다.

바로 알기 ㄴ. 금속 막대가 열을 받으면 온도가 높아지고 입자 운동이 활발해져 입자 사이의 거리가 멀어지면서 부피가 팽창해 길이가 늘어난다.

4-1 액체의 열팽창

선택지 분석
㉠ 물에서 알코올 온도계로 열이 전달된다.
㉡ 알코올의 열팽창을 이용하여 온도를 측정한다.
~~㉢~~ 온도계의 온도가 올라가면 알코올의 질량이 증가한다. → 질량은 변함없다

ㄱ. 20 ℃를 가리키는 알코올 온도계의 온도는 20 ℃이므로 알코올 온도계를 온도가 40 ℃인 물에 넣으면 물로부터 열을 받아 온도가 높아지고 부피가 팽창하여 알코올의 높이가 높아지게 된다.
ㄴ. 40 ℃ 물에 20 ℃ 알코올 온도계를 넣으면 온도계 속 알코올이 열팽창하여 유리관을 따라 올라가 온도를 측정한다.
바로 알기 ㄷ. 온도가 올라가도 온도계의 알코올의 질량은 변함없다.

5-1 바이메탈

① 전기다리미의 내부에는 온도가 높아지면 휘어서 회로의 연결을 차단하는 바이메탈이 있다. 이러한 바이메탈을 이용한 기구로는 화재경보기, 전기밥솥, 자동 온도 조절 장치 등이 있다.

6-1 생활 속 열팽창

다리 이음매는 온도가 높아질 때 열팽창에 의해 다리가 파손되는 것을 막기 위해 설치한다.
바로 알기 ④ 에어컨을 위쪽에, 난로를 아래쪽에 설치하는 것은 찬 공기는 아래로, 더운 공기는 위로 올라가는 대류 현상을 이용하여 효율적으로 냉방이나 난방을 하기 위해서이다.

7-1 자연 재해 · 재난

선택지 분석
~~㉠~~ 당황하지 말고 실외에 머문다. → 건물 내부로 대피
~~㉡~~ 바람막이숲을 조성한다. → 강풍 대비
㉢ 방진 마스크를 착용한다.

ㄷ. 화산이 폭발하면 공기 중에 부유하는 분진을 들이마시지 않도록 방진 마스크를 착용한다.
바로 알기 ㄱ. 화산이 폭발하면 불필요하게 실외에 있는 것을 피하고 실외에 있을 경우 화산재에 노출되지 않도록 자동차 등으로 대피해야 한다.
ㄴ. 바람막이숲은 강풍의 피해를 막기 위해 만든 숲이다.

8-1 사회 재해 · 재난

• 민서: 사회 재해 · 재난인 감염성 질병은 병원체가 동물이나 인간에게 침입하여 발생한다.
• 정민: 사회 재해 · 재난인 화학 물질이 유출되면 주로 유독가스가 발생하는데, 대부분 공기보다 밀도가 크므로 높은 곳으로 대피하고, 대피할 때는 바람의 방향을 고려해야 한다.
바로 알기 • 소희: 사회 재해 · 재난은 인간의 활동에 의해 발생하므로 예방이 가능하며, 자연 재난에 비해 상대적으로 좁은 범위에서 발생한다.

3일 필수 체크 전략 2 최다 오답 문제 50~51쪽

1 ③	2 ②	3 ①	4 ①
5 ⑤	6 ③		

1 비열

ㄱ. 질량이 같으므로 같은 열량을 가할 때 비열이 클수록 온도 변화가 작고, 비열이 작을수록 온도 변화가 크다. 따라서 물의 온도 변화가 가장 작고, 납의 온도 변화가 가장 크다.
ㄴ. 질량이 같으므로 비열이 클수록 온도를 높이는 데 더 많은 열량이 필요하다. 따라서 표에서 비열이 가장 큰 물이 다른 물질에 비해 같은 온도만큼 높이는 데 더 많은 열량이 필요하다.
바로 알기 ㄷ. 물질에 가한 열량과 질량이 모두 같으면 비열이 클수록 온도 변화가 작다. 구리가 납보다 비열이 3배크므로 같은 열량을 받았을 때 온도 변화는 $\frac{1}{3}$배이다. 따라서 구리의 온도가 9 ℃ 높아졌다면 납의 온도는 27 ℃ 높아진다.

2 바이메탈

자료 분석 + 바이메탈의 원리

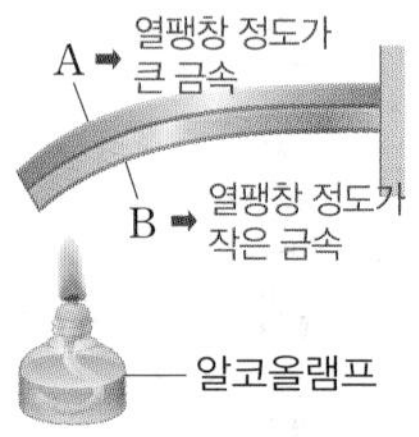

• 열팽창 정도가 다른 두 종류의 금속을 붙여 놓은 것을 바이메탈이라고 한다.
• 바이메탈은 온도가 높아지면 열팽창 정도가 작은 금속 쪽으로, 온도가 낮아지면 열팽창 정도가 큰 금속 쪽으로 휘어진다.

ㄴ. 바이메탈을 가열할 때 바이메탈이 아래쪽으로 휘어지므로 열팽창 정도는 A가 B보다 크다.

바로 알기 ㄱ. A와 B의 온도는 같다.

ㄷ. 바이메탈은 열팽창 정도의 차가 큰 두 금속을 붙여서 만든다.

3 해륙풍

자료 분석 + 해풍과 육풍

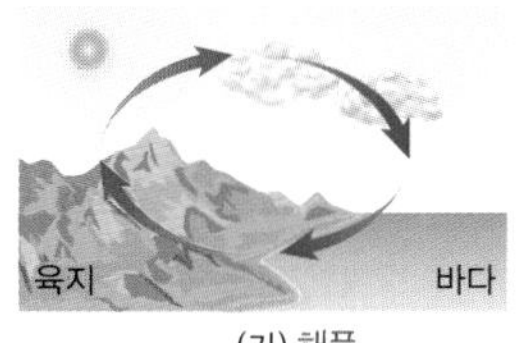

(가) 해풍

(나) 육풍

- 해안 지역에서는 바다가 육지보다 비열이 크기 때문에 낮과 밤에 부는 바람의 방향이 바뀌는 해륙풍이 분다.
- 낮에는 육지가 바다보다 온도가 높아서 바다에서 육지로 바람(해풍)이 분다.
- 밤에는 낮과 달리 육지가 바다보다 온도가 낮아서 육지에서 바다로 바람(육풍)이 분다.

ㄱ. 해안 지역에서 낮에는 온도가 높은 육지의 공기가 가벼워져 상승하므로 바다에서 육지로 부는 해풍이 불고, 밤에는 온도가 높은 바다의 공기가 가벼워져 상승하므로 육지에서 바다로 부는 육풍이 분다.

ㄴ. 해안 지역에서는 비열이 작은 육지가 비열이 큰 바다보다 빨리 데워지고 빨리 식어서 바다와 육지의 기온 차 때문에 낮과 밤에 방향이 바뀌어 부는 해륙풍이 분다.

바로 알기 ㄷ. (가)에서 육지의 공기는 바다의 공기보다 따뜻해서 상승한다.

ㄹ. 해륙풍은 육지의 비열이 바다의 비열보다 커서 발생하는 현상이다.

4 시간 – 온도 그래프 분석

ㄱ. 두 물체의 질량을 감소시키면 온도 변화량이 증가하므로 기울기는 증가한다.

바로 알기 ㄴ. A와 B의 온도 변화와 비열의 비는 다음과 같으므로 A의 온도 변화가 12 ℃라면, B의 온도 변화는 8 ℃이다.

구분	A : B
질량	1 : 1
온도 변화	3 : 2
비열	2 : 3

ㄷ. A의 질량을 2배로 늘린 후 같은 실험을 하면 질량과 비열의 곱의 비가 A : B=4 : 3이 되므로 온도 변화의 비는 A : B= 3 : 4가 된다.

5 액체의 열팽창

ㄴ. 유리관을 따라 액체의 높이가 올라간 것은 액체의 부피가 증가했기 때문이다. 액체의 종류에 따라 유리관을 따라 올라가는 높이가 다르므로 액체의 종류에 따라 열팽창하는 정도가 다름을 알 수 있다.

ㄷ. 열팽창 정도가 가장 큰 액체는 유리관을 따라 가장 높이 올라간 벤젠이다.

바로 알기 ㄱ. 이 실험의 결과로 액체의 종류에 따라 열팽창 정도가 다름을 알 수 있으며, 비열이 다르다는 것은 알 수 없다.

6 재해 · 재난의 특징

ㄴ, ㄷ. 설명은 지진에 의한 피해를 줄이기 위한 대처 방안이다. 지진은 땅이 흔들리고 갈라지며 도로나 건물 등이 파손된다. 또한 짧은 시간 동안 넓은 지역에 피해를 준다.

바로 알기 ㄱ. 감염성 질병의 확산 원인이다.

ㄹ. 지진이 일어난 경우 운동장, 공원 등 넓은 장소로 대피해야 한다.

2주차 누구나 합격 전략 52~53쪽

01 ④ 02 ③ 03 ②
04 (가): 대류, (나): 전도, (다): 복사 05 ⑤
06 ② 07 4 ℃ 08 ① 09 ④
10 ②

01 온도와 입자 운동

ㄱ, ㄷ. 물이 담긴 비커에 잉크를 떨어뜨렸을 때 잉크가 퍼져나가는 모습을 보고 물의 온도를 비교할 수 있다. 온도가 높을수록 입자 운동이 활발하므로 잉크가 잘 퍼지는 (나)의 온도가 (가)보다 높다.

바로 알기 ㄴ. 물의 입자 운동은 잉크가 더 빨리 퍼지는 (나)가 (가)보다 활발하다.

02 열평형

ㄱ, ㄴ. 온도가 높은 B에서 온도가 낮은 A로 열이 이동하므로 B는 열을 잃어 입자 운동이 느려진다.

바로 알기 ㄷ. B의 온도가 열평형 온도에 도달할 때까지 열이 계속 이동한다. 이때 열평형 온도는 10 ℃와 80 ℃ 사이이다.

03 대류에 의한 열의 이동

선택지 분석

- ~~①~~ 태양열이 지구까지 전달된다. → 복사
- ②에어컨을 켜면 방 전체가 시원해진다.
- ~~③~~ 난로 옆에 앉아 있으면 따뜻함을 느낀다. → 복사
- ~~④~~ 끓고 있는 냄비를 손으로 만지면 뜨겁다. → 전도
- ~~⑤~~ 뜨거운 국에 숟가락을 담가 두면 손잡이 부분까지 뜨거워진다. → 전도

② 물질의 이동에 의해 열이 전달되는 방법은 대류이다. 에어컨을 켜면 방 안의 공기가 열을 이동시키므로 방 전체가 시원해진다.

바로 알기 ① 태양열이 지구까지 전달되는 것은 복사에 의한 열의 전달이다.

③ 난로 옆에 앉아 있으면 따뜻함을 느끼는 것은 복사에 의한 열의 전달이다.

④ 끓고 있는 냄비를 손으로 만지면 뜨거운 것은 전도에 의한 열의 전달이다.

⑤ 숟가락의 손잡이 부분까지 뜨거운 것은 전도에 의한 열의 전달이다.

04 냉·난방 기구에서 열의 이동

에어컨은 대류에 의해 열이 이동하고, 전기장판은 전도에 의해 열이 이동하며, 전기난로 앞에서는 복사에 의해 열이 이동한다.

05 보온병에서의 단열

자료 분석 + 보온병에서의 단열

- (가): 보온병은 안쪽과 바깥쪽이 은으로 도금되어 있는데, 뜨거운 액체에서 나오는 복사 에너지를 반사하여 열이 바깥으로 이동하는 것을 막아준다.
- (나): 진공 상태에서는 운동하는 기체 입자가 거의 존재하지 않으므로 대류에 의한 열의 이동을 막을 수 있고, 안쪽과 바깥쪽 용기에 접근하는 입자가 거의 없으므로 전도로 일어나는 열의 이동도 막을 수 있다.

⑤ 보온병 내부의 은도금은 복사에 의한 열의 이동을 차단하며, 이중벽 사이는 진공 상태로 되어 있어서 대류와 전도에 의한 열의 이동을 차단한다.

06 비열의 비

자료 분석 + 비열과 온도 변화

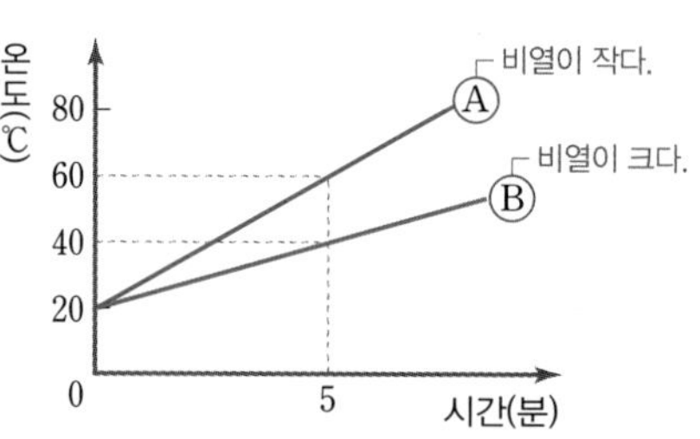

- 비열이 클수록 같은 온도를 높이는 데 더 많은 열량이 필요하다.
- 질량이 같은 물질에 같은 열량을 가했을 때 비열이 큰 물질은 비열이 작은 물질에 비해 온도 변화가 작다.
- 비열이 작은 물질은 적은 열량을 얻어도 온도가 크게 변한다.

➡ 같은 열량을 가할 때 온도 변화가 큰 A의 비열이 B보다 작다.

② A, B의 질량이 같다면 온도 변화는 비열에 반비례한다. 5분 동안 온도가 A는 40 ℃, B는 20 ℃ 높아졌으므로 A와 B의 비열의 비는 1 : 2이다.

07 비열의 크기

가한 열량이 같을 때 온도 변화는 비열×질량에 반비례한다. A의 질량이 B의 2배이고 비열은 B의 $\frac{1}{2}$배이므로 온도 변화는 같다. 따라서 A의 온도가 4 ℃ 높아질 때 B의 온도도 4 ℃ 높아진다.

08 바이메탈과 열팽창

① 가열할 때 아래 방향(B쪽)으로 휘었다면 A의 열팽창 정도가 B보다 크다는 것이다. 따라서 냉각시키면 A가 더 많이 수축하므로 바이메탈은 위 방향(A쪽)으로 휜다.

09 액체의 열팽창

ㄴ. 이 실험으로부터 액체의 종류에 따라 열팽창 정도가 다름을 알 수 있다.

ㄷ. 액체의 열팽창 때문에 음료수병이 깨지는 것을 방지하기 위해서 음료수병에 음료수를 가득 채우지 않는다.

바로 알기 ㄱ. 그림으로부터 액체가 올라간 높이는 에탄올>콩기름>물 순이므로, 열팽창 정도도 에탄올>콩기름>물 순이다.

10 재해·재난의 원인

그림은 공항에서의 감염성 질병 검사 과정을 나타낸 것이다. 감염성 질병은 병원체가 동물이나 인간에게 침입하여 발생하는 질

병으로, 확산 원인으로는 병원체의 진화, 모기나 진드기와 같은 매개체의 증가, 인구 이동, 무역 증가 등이 있다.

바로 알기 ② 대부분 안전 관리 소홀, 안전 규정 무시 등과 관련이 있는 재해·재난에는 운송 수단 사고 등이 있다.

2주차	창의·융합·코딩 전략	54~57쪽

1 ④ 2 ⑤ 3 (1) (가): 전도, (나): 대류, (다): 복사 (2) 해설 참조 4 (1) (가): 대류, (나): 전도, (다): 복사 (2) 해설 참조 5 ①, ⑤ 6 ④ 7 (1) 열팽창 (2) 해설 참조 8 소영

1 열평형의 이용

온도계를 음식에 꽂으면 뜨거운 음식에서 온도계로 열이 이동하여 열평형에 도달하여 음식의 온도를 측정할 수 있다. 유라, 수진, 상우는 이러한 열평형을 이용하는 경우를 말한 것이다.

• 유라: 냉장고 속에 음식을 넣어 두면 열평형 상태가 되어 음식의 온도가 냉장고 속 공기의 온도와 같아진다.

• 수진: 수박을 시원한 계곡물에 담가 두면 열평형 상태가 되어 수박이 시원해진다.

• 상우: 한약 팩을 뜨거운 물에 담그면 열평형이 되어 따뜻하게 데워진다.

바로 알기 • 준영: 프라이팬 손잡이를 다른 재질로 만드는 것은 물질에 따른 전도 차이를 이용하는 경우이다.

2 열평형 상태

자료 분석 + 뜨거운 달걀과 찬물의 열평형

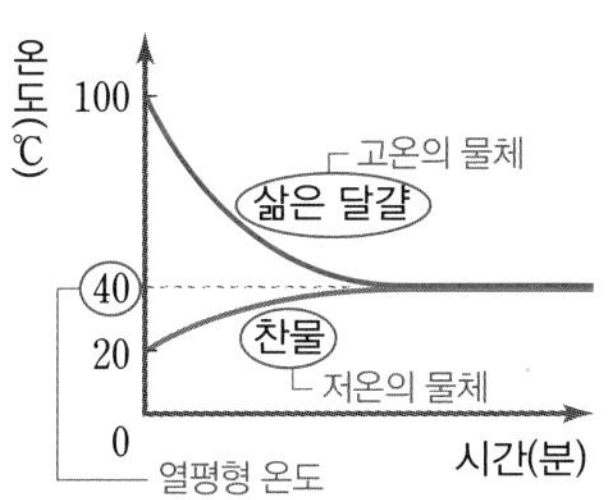

• 온도가 높은 뜨거운 달걀에서 찬물로 열이 이동한다.
• 열평형 온도는 40 ℃이다.
• 달걀이 잃은 열량과 찬물이 얻은 열량은 같다.
• 달걀과 찬물은 같은 시간에 열평형에 도달한다.

선택지 분석

⊙ 영미: 어느 정도 시간이 지나면 달걀과 찬물의 온도가 같아져.
⊙ 정수: 열은 달걀에서 찬물로 이동했어.
⊙ 진아: 달걀과 찬물의 열평형 온도는 40 ℃야.
✕ 연호: 찬물이 달걀보다 빨리 열평형에 도달해. → 동시에
✕ 수영: 달걀이 잃은 열량이 찬물이 얻은 열량보다 많아. → 같다

• 영미, 정수: 삶은 달걀을 찬물에 넣으면 달걀에서 찬물로 열이 이동하여 어느 정도 시간이 지나면 달걀과 찬물의 온도가 같아져 열평형에 도달한다.

• 진아: 시간에 따른 온도 변화 그래프를 보면 달걀과 찬물의 열평형 온도는 40 ℃이다.

바로 알기 • 연호: 찬물과 달걀이 열평형에 도달하는 시간은 같다.

• 수영: 달걀이 잃은 열량과 찬물이 얻은 열량은 같다.

3 일상생활에서의 열의 이동

자료 분석 + 전도, 대류, 복사

(가) 뜨거운 물에 담긴 국자 손잡이가 뜨거워진다.
(가) 전도
(나) 냄비 속 물이 끓는다.
(나) 대류
(다) 복사
(다) 버너 옆에 있으면 손이 따뜻해진다.

• (가) 전도: 물질을 구성하는 입자의 운동이 이웃한 입자에 차례대로 전달되어 열이 이동하는 현상으로 국자에서 열은 전도에 의해 이동한다.
• (나) 대류: 물질을 구성하는 입자들이 직접 이동하면서 열이 이동하는 현상으로, 냄비 속의 물은 대류에 의해 열이 이동한다.
• (다) 복사: 열이 다른 물질을 거치지 않고 직접 이동하는 현상으로, 버너 옆이 따뜻한 것은 복사열 때문이다.

(1) (가)는 고체에서 전도에 의한 열의 이동, (나)는 액체에서 대류에 의한 열의 이동, (다)는 복사로 열이 직접 전달되는 방식이다.

(2) 그림에서 (가)는 전도, (나)는 대류, (다)는 복사에 의해 나타나는 현상이다.

모범 답안 • (가)의 예: 뜨거운 국 그릇 속의 숟가락이 뜨거워진다.
• (나)의 예: 난로를 켰더니 방 안 전체가 따뜻해졌다.
• (다)의 예: 겨울철 햇빛 아래에 있으면 따뜻하다.

채점 기준	배점(%)
세 경우에 대해 각각 예를 모두 옳게 서술한 경우	100
두 경우에 대해 각각 예를 모두 옳게 서술한 경우	70
한 경우에 대해 각각 예를 모두 옳게 서술한 경우	40

4 열의 이동을 이용한 세계의 집들

(1) 몽골의 게르는 공기의 이동을 이용한 대류를, 북극 지방의 이글루는 공기를 이용한 전도를, 그리스의 하얀 집은 복사를 이용한다.

(2) 몽골 게르의 펠트와 천은 외부로부터 차가운 바람을 막아 대류에 의한 열의 이동을 막는다. 또한 여름에는 바깥쪽 천을 바닥에서 조금 띄워 아래로 시원한 공기가 들어오고, 위로 더운 공기가 빠져나가도록 한다. 북극 지방의 이글루는 눈송이 사이사이에 들어 있는 공기가 열이 전도에 의해 빠져나가는 것을 막는다. 그리스 하얀 집의 흰색이나 밝은 색 벽은 태양으로부터 복사되어 오는 열을 잘 반사한다.

모범 답안 • (가) 몽골의 게르는 펠트와 천으로 대류에 의한 열의 이동을 막고, 여름에 바깥쪽 천을 바닥에서 조금 띄워 대류를 이용하여 아래로 시원한 공기가 들어오고, 위로 더운 공기가 빠져나가도록 한다.

• (나) 북극 지방의 이글루는 눈송이 사이사이에 들어 있는 공기가 열이 전도에 의해 빠져나가는 것을 막는다.

• (다) 그리스 하얀 집의 흰색이나 밝은 색 벽은 태양으로부터 복사되어 오는 열을 잘 반사한다.

채점 기준	배점(%)
열의 이동 방법의 이용을 세 경우 모두 옳게 서술한 경우	100
열의 이동 방법의 이용을 두 경우만 옳게 서술한 경우	70
열의 이동 방법의 이용을 한 경우만 옳게 서술한 경우	40

5 물질의 비열 비교

자료 분석 + 질량이 같은 두 물질의 비열 비교하기

• 핫플레이트에 비커 두 개를 동시에 올려놓고 가열하는 것은 같은 열량을 공급해야 하기 때문이다.
• '비열$=\frac{\text{열량}}{\text{질량}\times\text{온도 변화}}$'이므로 온도 변화로부터 비열의 차를 알기 위해서는 두 물질의 질량과 받은 열량이 같아야 한다.
• 질량과 가한 열량이 같다면 비열은 온도 변화에 반비례한다.

①, ⑤ 실험과 같이 온도 변화로부터 물과 식용유의 비열을 비교하기 위해서는 물과 식용유의 질량은 같아야 하며, 두 물질에 가한 열량도 같아야 한다.

6 열팽창의 이용

자료 분석 + 생활 속 열팽창을 이용하는 예

• 금속 뚜껑이 잘 열리지 않는 까닭: 금속은 유리보다 열팽창 정도가 크다. 따라서 냉장고 안에서 열을 잃어 금속과 유리가 수축할 때 금속이 유리보다 수축하는 정도가 커서 금속 뚜껑이 유리병에 꽉 끼게 된다.
• 금속 뚜껑을 열 수 있는 방법: 냉장고에서 꺼낸 유리병의 금속 뚜껑이 잘 열리지 않을 때는 뜨거운 물속에 잠시 넣었다가 꺼내면 금속이 유리보다 열팽창하는 정도가 커서 금속 뚜껑과 유리병 사이가 느슨해지기 때문에 쉽게 열 수 있다.

유리병과 금속 뚜껑은 열팽창 정도가 다르다. 따라서 금속 뚜껑을 뜨거운 물에 넣었다가 빼면 유리병보다 금속 뚜껑이 더 많이 팽창하므로 뚜껑을 쉽게 열 수 있다.

• 정수: 뜨거운 물에 넣으면 금속 뚜껑의 입자 운동은 활발해진다.
• 수영: 금속이 유리보다 열팽창을 하는 정도가 커서 금속 뚜껑과 유리병 사이가 느슨해지기 때문에 뚜껑을 열 수 있는 열팽창에 의한 현상이다.

바로 알기 • 진아: 유리병도 열을 받아 팽창한다. 따라서 유리병을 구성하는 입자 운동은 활발해진다.
• 연호: 금속 뚜껑과 유리병 모두 부피가 늘어난다.
• 영미: 금속 뚜껑과 유리병의 열팽창 정도는 달라서 뚜껑을 열 수 있다.

7 다리의 이음매와 열팽창

(1) 다리의 연결 부분을 떼어 놓은 것은 콘크리트와 쇠와 같은 고체가 열에 의해 팽창하기 때문이다.

(2) 다리의 중간에 다리 이음매를 설치하여 틈을 주면 여름철 온도가 높아져 다리의 길이가 팽창하여 늘어나더라도 이음매의 틈이 좁아질 뿐 다리의 변형은 생기기 않는다.

모범 답안 여름철 온도가 올라가 다리의 길이가 팽창하였을 때 다리가 파손되는 것을 방지하기 위해서이다.

채점 기준	배점(%)
다리의 연결 부분을 떼어 놓은 것을 열팽창과 관련지어 옳게 서술한 경우	100
다리의 연결 부분을 떼어 놓은 것을 열팽창의 언급없이 서술한 경우	40

8 지진 대피 요령

선택지 분석

✕ 혜연: 문과 창문은 닫아두어야 해. → 열어둔다.
✕ 원우: 가스나 전기는 차단하면 안 돼. → 차단한다.
⊙ 소영: 대피할 때에는 가방 등으로 머리를 보호해야 해.
✕ 장수: 건물에 가까이 붙어서 주위를 살피며 대피해야 해. → 거리를 두고
✕ 영희: 건물 밖으로 나갈 때에는 승강기를 이용하는 것이 좋아. → 계단 이용

• 소영: 건물 밖에서는 유리창, 간판 등이 떨어져 위험하므로 가방 등으로 머리를 보호하며, 주위를 살피며 대피한다.

바로 알기 • 혜연: 문과 창문을 열어 출구를 확보한다.
• 원우: 가스나 전기를 차단하여 화재가 발생하지 않도록 한다.
• 장수: 건물 밖에서는 유리창, 간판 등이 떨어져 위험하므로 건물과 거리를 두고 주위를 살피며 대피한다.
• 영희: 건물 밖으로 나갈 때에는 계단을 이용한다. 승강기는 전기가 차단되면 갇힐 수 있으므로 이용하지 않는다.

기말고사 마무리 신유형·신경향·서술형 전략 60~63쪽

1 ③ 2 ⑤ 3 ④ 4 찬호, 영지, 연우
5 (1) 해설 참조 (2) 해설 참조 (3) 해설 참조
6 (1) 36 psu (2) 23.4, 3.3 7 (1) 냉방기 (2) 해설 참조
8 (1) A: 다름, B: 비슷함 (2) 해설 참조

1 우리나라의 수자원

선택지 분석

⊙ 준미: 연간 강수량의 대부분은 여름철에 집중되어 있어.
✕ 지석: 강수량이 점점 줄어들면서 바다로 유실되는 양도 줄고 있지. → 강수량 증가, 동시에 유실량도 증가
⊙ 영아: 안정적으로 수자원을 확보하기 위해 댐을 건설하거나 지하수를 개발할 필요가 있어.

• 준미: 연간 강수량은 주로 여름철의 장마 시기에 집중되는 경향을 보인다.
• 영아: 연간 사용할 수자원을 안정적으로 확보하기 위해 댐을 건설하거나 지하수를 개발하는 등의 노력이 필요하다.

바로 알기 지석. 우리나라는 강수량이 늘어나는 추세이나, 특정 시기에 강수가 집중되어 있어서 바다로 유실되는 양 또한 증가하고 있다.

2 열의 이동

자료 분석 + 열의 이동과 열평형

금속 의자 나무 의자

• 금속 의자와 나무 의자는 외부의 공기와 열평형 상태이므로 두 의자의 온도는 같다.
• 의자에 앉으면 온도가 높은 우리 몸에서 온도가 낮은 의자로 열이 이동한다.
• 금속이 나무보다 전도가 잘 되므로 금속 의자에 앉으면 우리 몸에서 의자로의 열이 더 빠르게 이동하여 더 차게 느껴진다.

선택지 분석

✕ 연수: 금속 의자가 나무 의자보다 더 차가워서 그래 → 온도는 같다.
⊙ 지우: 아니야. 나무 의자와 금속 의자의 온도는 같아.
✕ 혜경: 의자에 앉았을 때 차게 느껴지는 것은 의자에서 우리 몸으로 열이 이동하기 때문이야. → 온도가 높은 몸에서 의자로 열이 이동한다.
⊙ 원희: 금속이 나무보다 전도가 잘 되어 열의 이동이 빨라 더 차게 느껴지는 거야.

• 지우: 공기와 열평형 상태이므로 금속 의자와 나무 의자의 온도는 외부의 온도와 같다.
• 원희: 금속 의자가 더 차게 느껴지는 것은 의자에 앉아 몸의 열이 금속이나 나무로 전도될 때 나무보다 금속으로 열이 잘 전도되어 몸의 온도가 빨리 내려가기 때문이다.

바로 알기 • 연수: 금속과 나무로 된 의자는 같은 온도이다.
• 혜경: 열은 온도가 높은 몸에서 의자로 이동한다.

3 조석 주기

자료 분석 + 조석 현상의 이해

09.07 (수)	09.08 (목)	09.09 (금)	09.10 (토)	
고 01 : 49 735 cm	고 03 : 04 804 cm	고 03 : 59 872 cm	고 04 : 44 923 cm	→ 만조
저 08 : 33 311 cm	저 09 : 38 228 cm	저 10 : 26 149 cm	저 11 : 09 88 cm	→ 간조
고 14 : 16 650 cm	고 15 : 24 732 cm	고 16 : 16 811 cm	고 16 : 59 872 cm	→ 만조
저 20 : 28 193 cm	저 21 : 35 118 cm	저 22 : 28 50 cm	저 23 : 14 6 cm	→ 간조

BOOK 2

선택지 분석

수진: 9월 7일 오전 8시 33분은 간조야.
성우: 9월 8일 오후 2시에는 밀물이 있을 거야.
수빈: 9월 9일 오전 10시 30분 정도에는 갯벌 체험을 할 수 있을 것 같아.
~~영주~~: 9월 7일과 비교했을 때 9월 10일의 조차가 더 작아. → 큼
지훈: 이 기간에 하루에 만조와 간조가 각각 두 번씩 있었어.

• 수진: 9월 7일 오전 8시 33분과 20시 28분은 간조였다.
• 성우: 9월 8일 오후 2시는 간조 이후, 만조 이전의 시각이므로, 밀물로 해수면 높이가 높아지고 있다.
• 수빈: 9월 9일 오전 10시 30분은 간조로 갯벌이 드러났을 것이다.
• 지훈: 조석 주기는 약 12시간 25분으로 하루에 대략 두 번씩의 만조와 간조가 생긴다.

바로 알기 • 영주: 조차는 만조와 간조의 해수면 높이 차이를 말한다. 조석 예보에서 9월 7일의 조차가 9월 10일의 조차보다 작은 것을 확인할 수 있다.

4 물의 비열의 특성

물은 다른 물질에 비해 비열이 매우 크다. 따라서 같은 열량을 가해도 다른 물질에 비해 온도 변화가 작다.
• 찬호: 물은 온도 변화가 작아 오랫동안 일정한 온도를 유지하므로 찜질팩 속에 넣어 이용한다.
• 영지: 우리 몸에는 많은 양의 물이 포함되어 있는데, 물은 온도 변화가 작으므로 체온이 크게 변하지 않는다.
• 연우: 자동차 엔진을 식히는 냉각수에 물을 사용하는 것은 물이 많은 열량을 받더라도 온도 변화가 작아서 온도가 적게 올라가기 때문이다.

5 수자원의 확보

자료 분석 + 우리나라 수자원의 특징과 확보 방안

15044(m³/년)

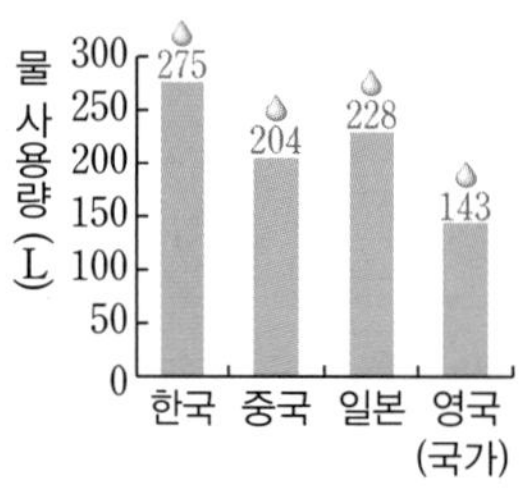

2546(m³/년)
(세계 평균의 $\frac{1}{6}$배)

(가)

물 사용량(L): 한국 275, 중국 204, 일본 228, 영국 143 (국가)

(나)

우리나라의 인구 1인당 강수량은 세계 평균의 $\frac{1}{6}$에 불과하다.

우리나라의 1일 1인당 물 사용량은 중국, 일본, 영국보다 많다.

(1) 우리나라의 연평균 강수량은 1986~2015년 기준 1300 mm로 세계 평균의 1.6배이지만, 높은 인구 밀도로 인해 1인당 강수량은 세계 평균의 약 $\frac{1}{6}$에 불과하다.

모범 답안 우리나라는 세계 평균보다 인구 밀도가 높기 때문이다.

채점 기준	배점(%)
세계 평균보다 인구 밀도가 높기 때문임을 정확하게 서술한 경우	100
1인당 강수량이 세계 평균보다 적다는 것은 알고 있으나, 인구 밀도와 연결하여 서술하지 못한 경우	60

(2) 수자원은 그 양이 한정되어 있으므로 아껴 써야 한다.

모범 답안 1인당 강수량은 적지만, 물을 너무 많이 사용하고 있어서 수자원이 고갈될 수 있다.

채점 기준	배점(%)
(가)와 (나)를 종합하여 1인당 강수량이 적고 1인당 물 사용량도 많음을 문제점으로 모두 서술한 경우	100
(가)와 (나)를 각각 해석할 수 있으나, 1인당 강수량이 적으면서, 물 사용량도 많은 것이 문제임을 모두 서술하지는 못한 경우	60

(3) 물은 인류의 생존에 꼭 필요한 자원으로, 수자원의 양은 무한하지 않으므로 물을 깨끗하게 관리하고 아껴 써야 한다.

모범 답안 1. 변기 물통에 벽돌을 넣어 둔다.
2. 양치나 세수를 할 때 물을 받아서 사용한다.
3. 빗물을 저장하여 화장실이나 화분의 물로 사용한다.
4. 지하수를 개발하여 사용한다.
5. 세제 사용량을 줄이고 음식물 쓰레기를 분리 배출한다. 등

채점 기준	배점(%)
실생활에서 실천 가능한 수자원의 확보 방안을 두 가지 이상 서술한 경우	100
실생활에서 실천 가능한 수자원의 확보 방안을 한 가지만 서술한 경우	60

6 염류와 염분

(1) 바닷물 500 g에 염류가 총 18 g 녹아 있으므로 1 kg 기준으로 계산하면 염분은 $18\times2=36$(psu)이다.

(2) 염분비 일정 법칙에 따라 해수에 녹아 있는 염류 사이의 비율은 거의 일정하므로, 철수가 실험한 바닷물과 비교하면 다음과 같이 구할 수 있다.

• 염화 나트륨(x) → $36\text{ g} : 28.08\text{ g} = 30\text{ g} : x$

$$\therefore x = \frac{28.08\text{ g}\times 30\text{ g}}{36\text{ g}} = 23.4(\text{g})$$

• 염화 마그네슘(y) → $36\text{ g} : 3.96\text{ g} = 30\text{ g} : y$

$$\therefore y = \frac{3.96\text{ g}\times 30\text{ g}}{36\text{ g}} = 3.3(\text{g})$$

7 냉 · 난방기의 효율적 이용

(1) 천장에 설치된 냉 · 난방 기구는 난방기보다는 냉방기로 사용하는 것이 효율적이다.

(2) 천장에 설치된 난방기를 켜면 난방기에서 나오는 따뜻한 공기가 아래쪽으로 잘 내려오지 못한다. 즉, 공기의 대류가 잘 일어나지 않기 때문에 교실이 위쪽부터 천천히 따뜻해진다. 따라서 천장에 설치된 냉 · 난방기는 난방기로 사용할 때는 비효율적이다.

모범 답안 따뜻한 공기는 위쪽으로 이동하고, 차가운 공기는 아래쪽으로 이동한다. 따라서 천장에 설치된 냉 · 난방 기구는 냉방기로 사용할 때가 더 효율적이다.

채점 기준	배점(%)
열의 이동 방법과 관련지어 옳게 서술한 경우	100
열의 이동 방법과는 관련 없이 옳게 서술한 경우	30

8 일상생활에서 열팽창의 이용

(1) 금속 뚜껑 열기는 열팽창 정도가 다름을 이용하는 예이며, 철근 콘크리트 구조물은 열팽창 정도가 비슷함을 이용하는 예이다.

(2) 입안 온도는 먹는 음식 온도에 따라 변한다. 만약 치아 충전재의 열팽창 정도가 치아의 열팽창 정도와 다르면 충전재가 치아에서 빠지거나 충전재에 균열이 생길 수 있다. 따라서 충전재는 치아와 열팽창 정도가 비슷한 물질을 사용한다.

모범 답안 치아 충전재는 치아와 열팽창 정도가 비슷한 물질을 사용한다.

채점 기준	배점(%)
(나)와 같이 열팽창을 이용하는 예를 옳게 서술한 경우	100
(나)와 같지는 않지만 열팽창을 이용하는 예를 옳게 서술한 경우	40

기말고사 마무리 고난도 해결 전략 · 1회 64~67쪽

01 ③ 02 ④ 03 ④ 04 ⑤
05 ③ 06 ④ 07 ③ 08 (가): 증가
(나): 가뭄, 홍수 (다): 지하수 (라): 고갈
09 ②
10 ① 11 ① 12 ④ 13 3.52
14 ④ 15 ③ 16 ④

01 지구계와 수권

자료 분석 + 수권의 특징

(가) 지구

(나) 화성

선택지 분석

㉠ (가)는 표면의 70 % 이상이 물로 덮여 있다.
✕ (가)에서 액체 상태의 물이 존재하는 영역을 수권이라고 한다. → 고체 상태의 물도 존재함
㉢ (나)에서 생명체가 발견되지 않는 이유는 액체 상태의 물이 거의 존재하지 않기 때문이다.

ㄱ. 지구의 표면은 70 % 이상이 물로 덮여 있어, 우주에서 보았을 때 푸른색으로 보인다.

ㄷ. 화성에는 액체 상태의 물이 거의 존재하지 않으며, 지금까지 밝혀진 바에 의하면 태양계에서 액체 상태의 물이 대량으로 존재하는 행성은 지구가 유일하다.

바로 알기 ㄴ. 지구에서 수권은 물이 존재하는 영역으로, 빙하와 같은 고체 상태의 물도 포함한다.

02 수권에서 물의 존재 형태

자료 분석 + 수권에서 물이 존재하는 형태

(가) 하천수

(나) 빙하

선택지 분석

✕ (가)는 수권 전체 물의 대부분을 차지한다. → 해수
㉡ (나)는 대부분 극지방이나 고산 지대에 분포한다.
㉢ (가)와 (나)는 모두 소금기가 없는 담수이다.

ㄴ. 빙하는 눈이 쌓여 굳어서 만들어진 얼음으로, 주로 극지방이나 고산 지대에 분포한다.

ㄷ. 담수에는 빙하, 지하수, 호수, 하천수 등이 있다.

바로 알기 ㄱ. 하천수는 수권 전체에서 매우 적은 양을 차지하며, 수권 전체 물의 대부분을 차지하는 것은 해수이다.

03 수권에서 물의 분포 비율

자료 분석 + 수권에서 물의 존재 형태별 분포 비율

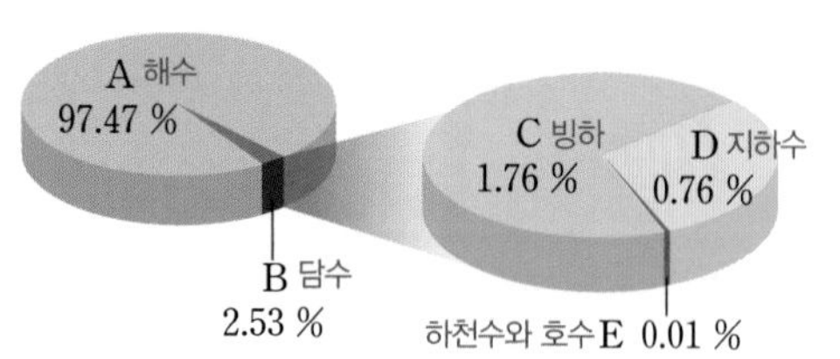

A는 해수, B는 담수, C는 빙하, D는 지하수, E는 하천수와 호수이며, 글은 지하수에 대한 설명이다.

04 우리나라의 수자원 현황

자료 분석 + 우리나라의 수자원 현황 이해

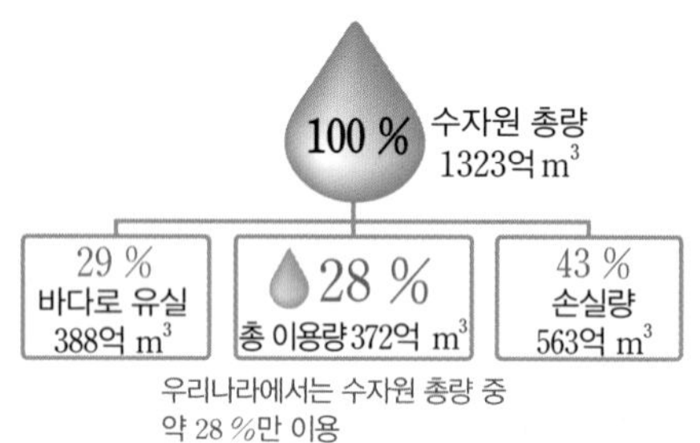

선택지 분석

~~①~~ 계절별 강수량이 대체로 비슷하게 나타나는 경향이 있다. → 여름에 집중
~~②~~ 수자원 총 이용량의 대부분은 지하수가 차지한다. → 대부분 하천수와 호수
~~③~~ 수자원 총량에서 손실량을 제외한 나머지 약 57 %는 수자원으로 이용된다. → 약 28 % 이용
~~④~~ 국토를 덮고 있는 토양의 특성상 빗물이 잘 스며들지 않고 바다로 유실되는 양이 많다. → 토양 문제보다는 특정 계절에 강수가 집중되어 있기 때문
⑤ 수자원은 대체로 홍수 시 유출량을 댐과 같은 저류 시설에 저장하였다가 이용하고 있다.

⑤ 우리나라의 수자원 총 이용량은 수자원 총량 대비 28 % 정도이며, 홍수 시 유출량을 댐 등의 저류 시설에 저장하였다가 이용하고 있다.

바로 알기 ① 우리나라는 강수량이 주로 여름철에 집중되어 있다.
② 우리나라에서 이용되는 수자원은 대부분 저류 시설에 저장한 물이다.
③ 수자원으로 이용되는 총 이용량은 수자원 총량의 약 28 % 수준이다.
④ 바다로 유실되는 양이 많은 것은 강수량이 특정 시기에 집중되어 있기 때문이다.

05 우리나라의 용도별 수자원 이용 현황

자료 분석 + 용도별 수자원 이용 현황 이해

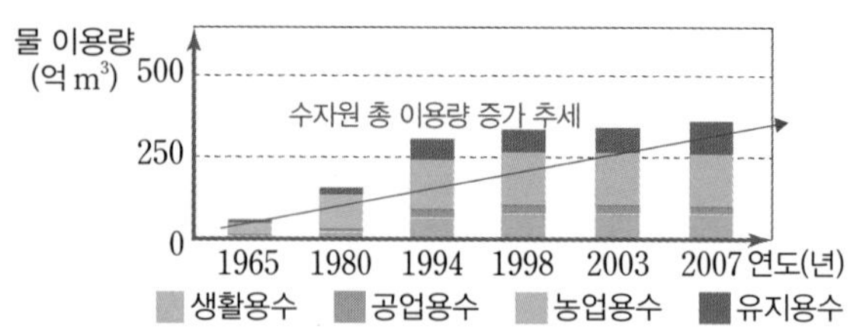

선택지 분석

① 수자원은 농업용수로 가장 많이 이용되어 왔다.
② 수자원의 총 이용량은 점차 늘어나는 추세를 보인다.
~~③~~ 하천이 제 기능을 유지하는 데 필요한 물이 가장 적게 이용된다. → 공업용수가 가장 적게 이용됨
④ 1990년대 이후 생활용수의 이용량은 공업용수의 이용량보다 항상 많다.
⑤ 안정적인 수자원 확보를 위한 대책과 미래를 위한 수자원 관리 방안이 마련되어야 한다.

①, ④ 우리나라의 수자원은 농업용수로 가장 많이 쓰이며, 이외에 유지용수, 생활용수, 공업용수의 순으로 많이 사용된다.
②, ⑤ 인구가 늘어남에 따라 수자원의 총 이용량은 점차 늘어나는 추세를 보이므로 안정적인 수자원 확보를 위한 대책이 마련되어야 한다.

바로 알기 ③ 하천이 제 기능을 유지하는 데 필요한 물은 유지용수로 우리나라에서는 농업용수 다음으로 많이 이용되고 있다.

06 수자원의 가치

선택지 분석

㉠ 수력 발전이나 조력 발전 등과 같은 방법으로 전기를 얻는 데 사용한다.
㉡ 생명을 유지하는 데 반드시 필요하며, 다양한 생물의 서식지를 제공한다.
~~㉢~~ 인류의 문명이 발달하는 데 필요하지만, 삶의 질이 높아지면 물 사용량은 자연히 감소한다. → 증가
㉣ 다양한 제품을 생산하는 데 직접 이용되며, 상하수도 사업 등 물 관련 산업의 비중도 높아지고 있다.

ㄱ, ㄴ, ㄹ. 자원으로서 물은 다양한 공산품 제작, 생명 유지 및 생물의 서식지 제공, 인류 문명 발달, 전기 생산 등 다양한 분야에서 가치있게 활용되고 있다.

바로 알기 ㄷ. 문명은 물을 중심으로 발달하였으며, 인간이 여가를 즐기고 풍족하게 사는 데 물은 많은 역할을 한다.

07 수자원의 확보

자료 분석 + 수자원의 확보 방안

제주도의 용천수

- 제주도는 육지처럼 하천이 발달하지 않아 생활에 필요한 물을 지하수에 의존하고 있다.
- 지하수의 양이 무한하지 않으므로, 지하수의 체계적 관리와 빗물 이용 등의 추가적인 수자원 확보 방안이 필요하다.

선택지 분석

ㄱ 육지처럼 하천이 발달하지 않아서 수자원으로써 지하수 의존도가 높다.
ㄴ 추가적인 수자원 확보 방안으로는 빗물 저장 시설 구축 등이 있다.
~~ㄷ~~ 주로 주변의 바닷물이 지하수로 저장되기 때문에 고갈의 염려가 없다. → 빗물이 스며들어 지하수가 됨

ㄱ, ㄴ. 제주도는 하천이 발달하지 않아 생활에 필요한 물을 지하수에 의존하고 있으나, 지하수의 양이 무한하지 않으므로 빗물 이용 등의 추가적인 수자원 확보 방안을 이용할 수 있다.

바로 알기 ㄷ. 지하수는 주로 빗물이 지하로 스며들어 생성되며, 그 양이 무한하지 않기 때문에 체계적인 관리와 추가적인 수자원 확보 방안이 필요하다.

08 수자원 확보의 필요성

인구가 증가함에 따라 수자원 이용량도 증가하고, 홍수나 가뭄 등의 재해로 수자원의 확보와 관리가 어려워지고 있다. 따라서 수자원 확보를 위해 지하수를 개발하는 것은 매우 중요하다.

09 표층 수온의 분포

자료 분석 + 전 세계 해양의 표층 수온 분포

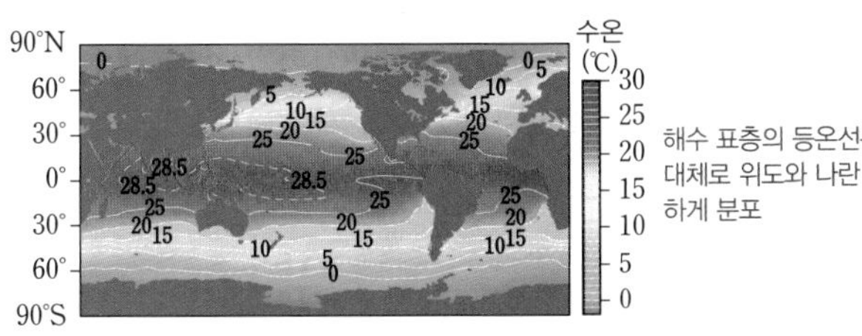

해수 표층의 등온선은 대체로 위도와 나란하게 분포

선택지 분석

~~ㄱ~~ 표층 수온에 가장 큰 영향을 미치는 요인은 대륙의 분포이다. → 태양 에너지
ㄴ 표층 해수의 등온선은 대체로 위도와 나란한 분포를 보인다.
~~ㄷ~~ 저위도에서 고위도로 갈수록 표층 해수에 도달하는 태양 복사 에너지의 양은 증가한다. → 감소

바로 알기 ㄱ. 표층 수온 분포에 가장 큰 영향을 주는 요인은 태양 에너지의 양이다.

ㄷ. 지구로 들어오는 태양 에너지 양은 저위도에서 고위도로 갈수록 줄어든다. 따라서 표층 수온도 저위도에서 고위도로 갈수록 대체로 낮아진다.

10 해수의 층상 구조

자료 분석 + 해수의 깊이에 따른 수온 분포

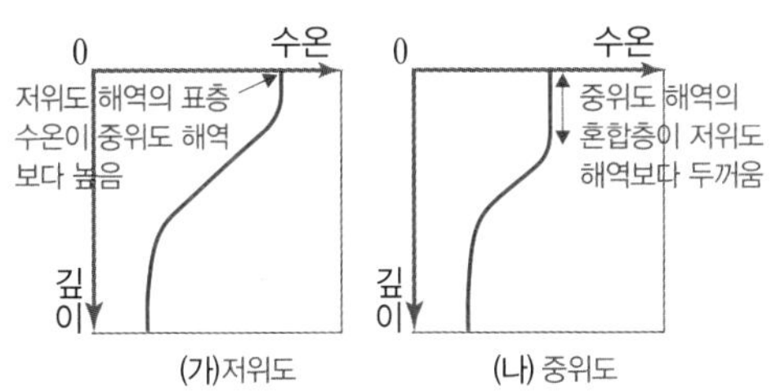

선택지 분석

~~①~~ (가)는 (나)보다 바람이 강하게 부는 해역이다. → 약하게
② (가)는 (나)보다 수온 약층이 뚜렷하게 나타난다.
③ (가)는 (나)보다 표층의 태양 에너지 흡수량이 많다.
④ (가)는 저위도, (나)는 중위도 해역의 연직 수온 분포이다.
⑤ (가)와 (나)는 모두 심해층에서의 연간 수온 변화가 거의 없다.

② 저위도 해역은 중위도 해역보다 표층 수온이 높으므로, 수온 약층이 뚜렷하게 나타난다.

③ 저위도 해역은 중위도 해역보다 태양 에너지 흡수량이 많아 표층 수온이 높다.

⑤ 심해층은 계절이나 지역에 따른 수온 변화가 거의 없는 층이다.

바로 알기 ① 중위도 해역은 저위도 해역보다 바람이 강하게 불기 때문에 혼합층이 두껍게 나타난다.

11 염류와 염분

자료 분석 + 해수에 녹아 있는 염류의 종류와 양

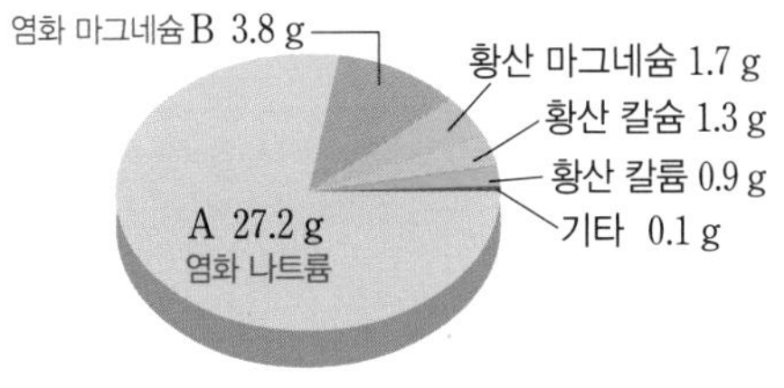

선택지 분석

ㄱ A는 염화 나트륨이다.
~~ㄴ~~ 바닷물에서 짠맛이 나는 이유는 B 때문이다. → A
~~ㄷ~~ 이 해수의 염분은 37 psu이다. → 35 psu

ㄱ. 염류 중 가장 많은 양을 차지하는 것은 염화 나트륨이다.

바로 알기 ㄴ. 바닷물에서 짠맛이 나는 이유는 염류 중 염화 나트륨(A)이 가장 많은 양을 차지하기 때문이며, B는 쓴맛이 나는 염화 마그네슘이다.

ㄷ. 이 해수의 염분은 각 염류의 양을 모두 더한 35 psu이다.

12 위도별 표층 염분의 분포

자료 분석 + 표층 염분에 영향을 주는 요인 이해

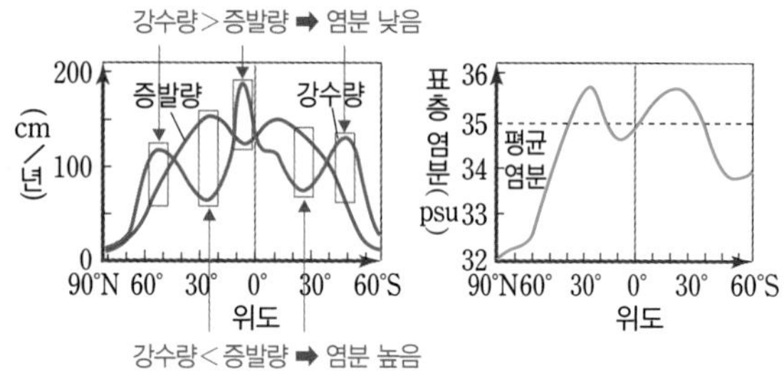

선택지 분석

~~①~~ 증발량은 표층 염분에 영향을 주지 않는다. → 영향을 줌

~~②~~ 강수량이 많을수록 표층 염분이 높게 나타난다. → 적을수록

~~③~~ 증발량과 강수량의 차이가 적을수록 표층 염분이 높게 나타난다. → 증발량과 강수량의 차이만으로는 알 수 없음

④ 증발량이 적으면서 강수량이 많을수록 표층 염분이 낮게 나타난다.

~~⑤~~ 북극 부근 해역은 남극 부근 해역보다 표층 염분이 높게 나타난다. → 낮게 나타남

④ 증발량이 강수량보다 적은 해역의 표층 염분은 낮게 나타난다.

바로 알기 ①, ②, ③, ⑤ 표층 염분에 영향을 주는 요인에는 증발량과 강수량, 담수의 유입, 해수의 결빙과 해빙 등이 있다. 증발량이 강수량보다 많은 건조한 지역, 바닷물이 어는 지역에서는 표층 염분이 높게 나타나는 반면, 강수량이 증발량보다 많은 지역, 담수가 흘러드는 지역, 빙하가 녹는 지역에서는 표층 염분이 낮게 나타난다.

13 염분비 일정 법칙

자료 분석 + 염분비 일정 법칙의 활용

해역	염화 나트륨(g) (→78 %)	염화 마그네슘(g) (→11 %)
40 psu (가)	31.2	4.4
32 psu (나)	24.96	A

• 해역마다 염분이 달라도 염류가 차지하는 비율은 거의 일정

(가) 해역의 염분이 40 psu이므로 여기에 녹아 있는 염류 중 염화 나트륨의 비율은 $\frac{31.2}{40}\times100=78(\%)$이고, 염화 마그네슘의 비율은 $\frac{4.4}{40}\times100=11(\%)$임을 알 수 있다. 염분비 일정 법칙에 따라 (나) 해역의 염분은 $24.96\times\frac{100}{78}=32(\text{psu})$라는 것을 알 수 있고, 따라서 A는 $32\times\frac{11}{100}=3.52(\text{g})$이다.

14 우리나라 주변을 흐르는 해류

자료 분석 + 우리나라 주변 해류의 특징

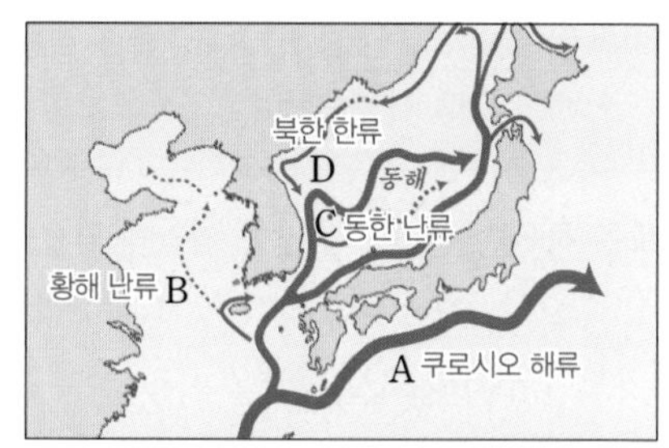

선택지 분석

ㄱ A는 우리나라 주변을 흐르는 해류의 근원이다.

~~ㄴ~~ B는 황해를 따라 흐르는 한류이다. → 난류

ㄷ C와 D는 동해에 조경 수역을 형성한다.

ㄹ D는 연해주 한류로부터 갈라져 나온 해류이다.

ㄱ. 쿠로시오 해류는 우리나라 주변 해류의 근원이다.

ㄷ. 동한 난류와 북한 한류가 만나는 동해에는 조경 수역이 형성된다.

ㄹ. 북한 한류는 연해주 한류로부터 갈라져 나온 한류이다.

바로 알기 ㄴ. B는 황해 난류로, 저위도에서 고위도로 흐르는 비교적 따뜻한 해수의 흐름이다.

15 조석 현상

자료 분석 + 조석 현상의 이해

10월 11일		10월 12일	
시각	해수면 높이	시각	해수면 높이
03 : 59	872 cm → 만조	04 : 44	923 cm → 만조
10 : 26	149 cm → 간조	11 : 09	88 cm → 간조
16 : 16	811 cm → 만조	16 : 59	872 cm → 만조
22 : 28	50 cm → 간조	23 : 14	6 cm → 간조

바다 갈라짐 체험을 하기 위해서는 썰물로 해수면이 가장 낮아진 간조 즈음이 적절하다.

16 조금과 사리

자료 분석 + 한 달 동안 해수면의 높이 변화

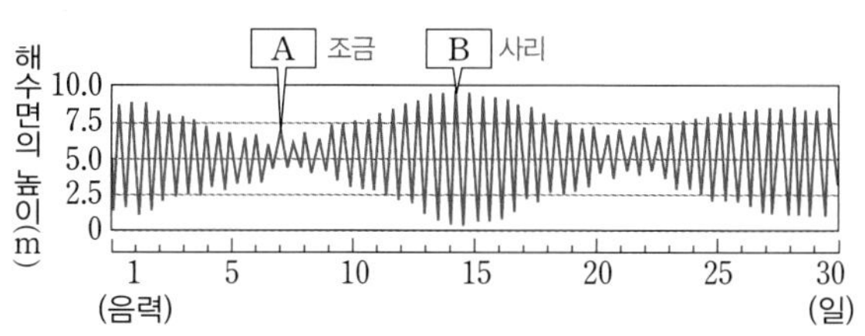

선택지 분석

~~ㄱ~~ A는 사리이다. → 조금
ⓛ B일 때 태양－지구－달은 일직선 상에 위치한다.
ⓒ 만조와 간조의 해수면 높이 차이는 매일 조금씩 달라진다.

ㄴ. 조석 현상의 원인이 되는 태양과 달이 일직선 상에 위치하면 두 천체의 영향이 더해져 조차가 크게 나타난다.
ㄷ. 태양－지구－달의 위치 관계에 따라 조차는 매일 조금씩 달라진다.

바로 알기 ㄱ. A는 조금이다. 사리와 조금은 한 달에 약 두 번씩 나타난다.

기말고사 마무리 고난도 해결 전략 · 2회			68~71쪽
01 ③	02 ④	03 ④	04 (1) (가)

(2) 대류 05 (1) A (2) B 06 (1) A는 입자 운동이 둔해지고, B는 입자 운동이 활발해진다. (2) B (3) 해설 참조 07 ⑤

08 ⑤	09 ⑤	10 (1) 구리 (2) 물	
11 ④	12 (1) B>A>C (2) C		13 ②
14 ④	15 ④	16 (1) 해설 참조 (2) 해설 참조	

01 입자의 운동

자료 분석 + 온도에 따른 물질의 입자 운동

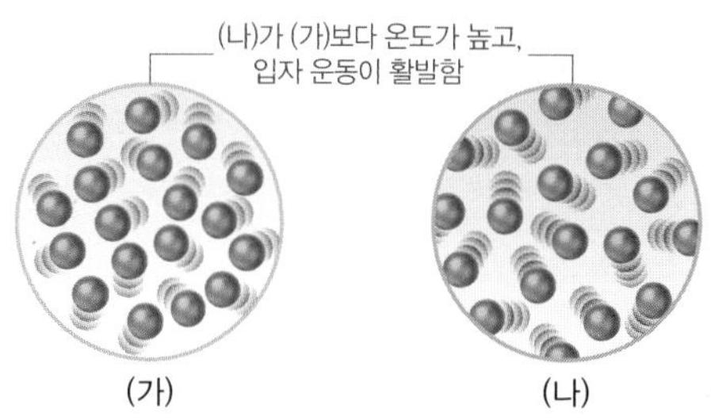

• 온도는 물질을 이루고 있는 입자의 평균 운동 에너지와 관계가 있는데, 온도가 낮을수록 입자들의 움직임이 둔하고, 온도가 높을수록 입자들의 움직임이 활발하다.
• 물질의 종류가 같을 때, 온도가 낮을 때보다 높을 때가 입자 운동이 더 활발하다.

선택지 분석

~~①~~ (가)의 온도가 (나)보다 높다. → (나)의 온도가 (가)보다 높다.
~~②~~ (가)에 열을 가하면 입자 운동이 둔해진다. → 활발해진다.
③ (나)에 열을 가하면 입자 운동이 활발해진다.
~~④~~ (가)와 (나)를 접촉하면 (가)(→(나))에서 (나)(→(가))로 열이 이동한다.
~~⑤~~ (가)와 (나)를 접촉하면 (나)의 입자 운동은 더 활발해진다. → 둔해진다.

③ 물체에 열을 가하면 입자 운동이 활발해지므로 (가)와 (나) 모두 열을 가하면 입자 운동은 더 활발해진다.

바로 알기 ① 입자 운동이 활발한 (나)의 온도가 (가)보다 높다.
② (가)에 열을 가하면 입자 운동이 활발해진다.
④ (나)의 입자 운동이 (가)보다 더 활발하므로 (나)의 온도가 (가)보다 높다. 따라서 (가)와 (나)를 접촉하면 (나)에서 (가)로 열이 이동한다.
⑤ 온도가 높은 물체 (나)와 낮은 물체 (가)를 접촉하면 온도가 높은 물체 (나)는 온도가 내려가므로 입자 운동이 둔해진다.

02 전도

선택지 분석

ⓣ 금속이 유리보다 열을 잘 전달한다.
~~ㄴ~~ 물에 들어 있는 부분의 온도는 금속판이 유리판보다 높다. → 같다.
ⓒ 물질에 따라 열이 전도되는 정도가 다르다.

ㄱ, ㄷ. 열 변색 붙임 딱지를 붙인 금속판과 유리판을 따뜻한 물에 넣을 때 금속판의 색이 더 빨리 변했으므로 금속이 유리보다 열의 전도가 빠르다. 이로부터 물질에 따라 열이 전도되는 정도가 다름을 알 수 있다.

바로 알기 ㄴ. 따뜻한 물에 유리판과 금속판을 넣으면 유리판과 금속판의 온도는 열평형에 의해 물의 온도와 같아진다.

03 대류

선택지 분석

ㄱ. ~~전도로 열이 이동한다.~~ → 대류
ㄴ. 시간이 지나면 열평형 상태가 된다.
ㄷ. 물 입자가 직접 이동하면서 열이 이동한다.

ㄴ. 대류로 열이 이동하며 찬물은 아래로, 따뜻한 물은 위로 올라간다. 그러다 충분한 시간이 지나면 찬물과 따뜻한 물의 온도가 같아지는 열평형 상태가 된다.
ㄷ. 대류에서는 입자가 직접 이동하면서 열이 이동한다.

바로 알기 ㄱ. 위쪽의 찬물은 아래로 내려오고 아래쪽의 따뜻한 물은 위로 올라가므로 대류로 열이 이동한다.

04 대류

자료 분석 + 대류로 얼음 녹이기

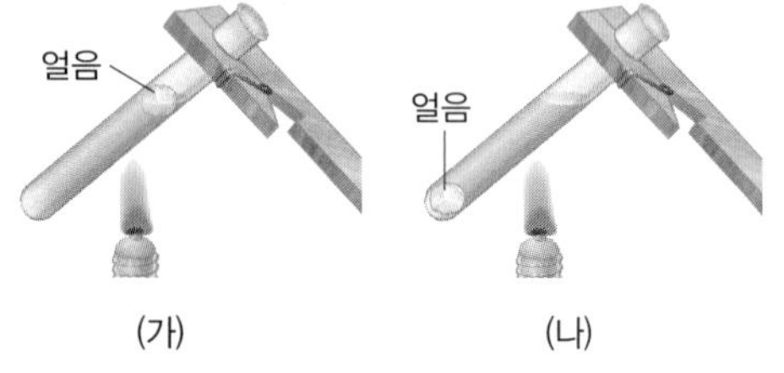

• (가): 아래에서 가열된 물이 대류에 의해 위로 올라가므로 위에 있는 얼음은 빨리 녹는다.
• (나): 가열된 물이 위쪽에 있어 대류가 일어나지 않으므로 아래에 있는 얼음은 잘 녹지 않는다.
• 액체를 가열하면 그 부분의 온도가 높아지면서 입자 운동이 활발해지고, 부피가 증가한다. 온도가 높아진 물은 위로 올라가고, 위쪽에 있던 상대적으로 차가운 물은 아래로 내려오면서 전체적으로 순환하여 열이 전달된다.

물 아래쪽을 가열하면 대류가 잘 일어나 물 전체의 온도가 서서히 올라간다. 그러나 물 위쪽을 가열하면 대류가 잘 일어나지 않아 시간이 지나도 아래쪽 물의 온도는 크게 변하지 않는다. 이와 같은 원리로 (가)의 위쪽에 있는 얼음은 빨리 녹지만 (나)의 아래쪽에 있는 얼음은 잘 녹지 않는다.

05 생활 속 효율적인 냉·난방

찬 공기는 아래쪽으로 내려오고 더운 공기는 위쪽으로 올라가므로 여름철 냉방기는 방의 위쪽인 A에 설치해야 하고, 겨울철 난방기는 방의 아래쪽인 B에 설치해야 한다. 즉, 냉방기를 방의 위쪽에, 난방기를 방의 아래쪽에 설치하면 공기의 대류가 잘 일어나기 때문에 냉·난방 기구를 효율적으로 사용할 수 있다.

06 열평형

(1) A는 열을 잃으므로 입자 운동이 점점 둔해지고, B는 열을 얻으므로 입자 운동이 점점 활발해진다.
(2) A가 잃은 열량과 B가 얻은 열량이 같다. 받은 열량이 같을 때 온도 변화가 작을수록 비열이 크다. 따라서 온도 변화가 작은 B의 비열이 A보다 크다.
(3) 열평형에 도달하기까지 온도가 높은 물질의 입자 운동은 점점 둔해지고, 온도가 낮은 물질의 입자 운동은 점점 활발해진다. 또한 같은 질량, 같은 열량일 때 온도 변화가 클수록 비열이 작다.

모범 답안 A가 잃은 열량과 B가 얻은 열량은 같고 질량이 같으므로 온도 변화가 작은 B의 비열이 A보다 크다.

채점 기준	배점(%)
주어진 단어를 모두 사용하여 옳게 서술한 경우	100
주어진 단어의 일부만 사용하여 옳게 서술한 경우	60

07 생활 속 열평형

자료 분석 + 음료수와 얼음에서의 열평형

• 음료수에서 얼음으로 열이 이동한다.
• 음료수는 열을 잃어 입자 운동이 둔해진다.
• 얼음은 열을 얻어 입자 운동이 활발해진다.
• 열평형 온도가 음료수와 얼음의 온도 사이가 된다.

얼음
열 이동
음료수

선택지 분석

① ~~음료수의 입자 운동은 활발해진다.~~ → 둔해진다.
② ~~얼음의 입자 운동은 둔해진다.~~ → 활발해진다.
③ ~~얼음에서 음료수로 열이 이동한다.~~ → 음료수에서 얼음으로
④ ~~시간이 지난 후에는 얼음에서 음료수로 열이 이동한다.~~ → 이동하지 않는다.
⑤ 음료수의 온도는 낮아지지만 처음 얼음의 온도보다는 둔해진다.

음료수에서 얼음으로 열이 이동한다. 이때 음료수의 입자 운동은 느려지고 얼음의 입자 운동은 활발해진다. 시간이 충분히 지나면 열평형 상태가 되어 얼음과 음료수의 온도는 같아진다.
⑤ 열평형 온도는 음료수와 얼음의 온도 사이가 된다. 따라서 음료수의 온도는 낮아지지만 처음 얼음의 온도보다는 높아진다.

바로 알기 ① 얼음은 열을 얻으므로 입자 운동은 활발해진다.
② 음료수는 열을 잃으므로 입자 운동은 둔해진다.

③ 음료수의 온도가 높으므로 음료수에서 얼음으로 열이 이동한다.
④ 시간이 지난 후 열평형 상태가 되면 열은 이동하지 않는다.

08 단열

ㄱ. 병뚜껑을 닫아 유리병을 밀폐하면 대류에 의한 열의 이동을 막을 수 있다.
ㄴ. 공기는 열의 전도가 매우 느린 물질이므로 공기층을 이용하면 전도에 의한 열의 이동을 효과적으로 막을 수 있다. 따라서 유리병 사이의 에어캡은 전도에 의한 열의 이동을 막을 수 있다.
ㄷ. 작은 유리병 표면을 반사가 잘되는 알루미늄 포일로 감싸면 복사에 의한 열의 이동을 막을 수 있다.

09 비열에 의한 현상

ㄱ. 밤에는 육지의 온도가 바다의 온도보다 더 낮게 내려가므로 그림과 같은 대류의 방법으로 공기가 이동한다.
ㄴ. 물은 다른 물질에 비해 비열이 큰 물질이다. 따라서 육지와 바다의 비열 차는 크며, 해륙풍은 바다와 육지의 비열 차로 나타나는 현상이다.
ㄷ. 육지의 비열이 바다보다 작아서 밤에는 육지의 온도가 바다의 온도보다 더 낮게 내려가서 육풍이 분다.

10 비열

자료 분석 + 물질에 따른 비열의 크기

물질	물 (→ 비열 가장 큼)	식용유	알루미늄
비열	1.00	0.47	0.21
물질	모래	철	구리 (→ 비열 가장 작음)
비열	0.19	0.11	0.09

• 비열이 가장 큰 물질은 물이고 가장 작은 물질은 구리이다.
• 질량이 같을 때 같은 세기의 불꽃으로 가열한다면 온도 변화가 가장 큰 물질은 비열이 가장 작은 구리이다.
• 질량이 같을 때 같은 세기의 불꽃으로 가열한다면 같은 온도만큼 높이는 데 가장 많은 시간이 걸리는 물질은 비열이 가장 큰 물이다.

(1) 질량과 가한 열량이 같다면 비열이 작을수록 온도가 빨리 변한다. 따라서 5분 동안 온도 변화가 가장 큰 물질은 비열이 가장 작은 구리이다.
(2) 같은 세기의 불꽃으로 가열할 때 질량이 같다면 비열이 클수록 온도가 천천히 변한다. 따라서 온도를 10 ℃ 높이는 데 가장 많은 시간이 걸리는 물질은 비열이 가장 큰 물이다.

11 시간 – 온도 그래프 분석

자료 분석 + 비열과 온도 변화의 관계

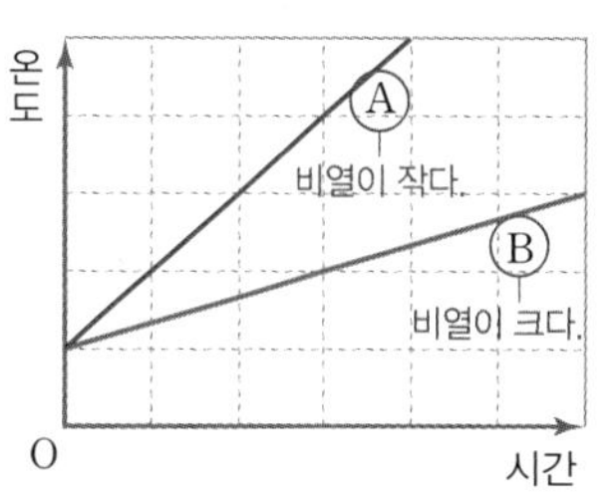

• 같은 질량에 같은 열량을 동시에 가열하므로 비열이 큰 물질 B의 온도 변화가 작고, 비열이 작은 A의 온도 변화가 크다.

선택지 분석
ㄱ. A의 비열이 B보다 크다. → 작다.
ⓛ A의 온도 변화가 B보다 크다.
ⓒ 같은 온도 변화에 필요한 열량은 B가 A보다 많다.

ㄴ, ㄷ. 질량이 같고 가한 열량이 같으므로 같은 시간 동안 온도 변화가 큰 A가 B보다 비열이 작다. 즉, 같은 온도 변화에 필요한 열량은 B가 A보다 많다.
바로 알기 ㄱ. 같은 시간 동안 온도 변화가 A가 B보다 크므로 A의 비열이 B보다 작다.

12 열평형과 비열

자료 분석 + 열평형에서의 비열

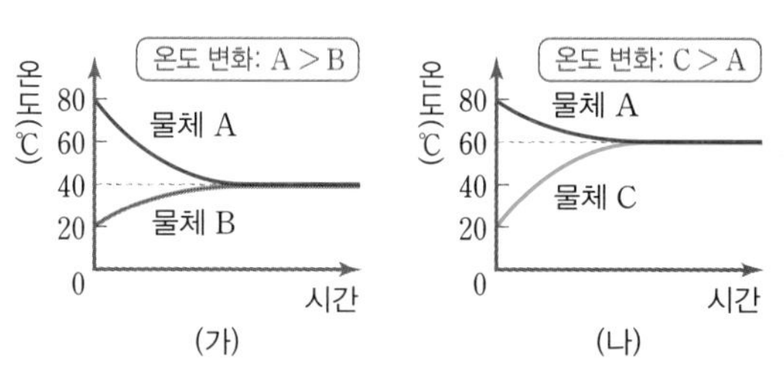

• 열평형에서 한 물체가 잃은 열량은 다른 물체가 얻은 열량과 같다.
• 질량이 같고 열량이 같을 때 온도 변화가 클수록 비열이 작다.
• (가): 온도 변화 A > B, 비열 B > A
• (나): 온도 변화 C > A, 비열 A > C
➡ 따라서 비열의 크기는 B > A > C 순이다.

(1) 질량과 열량이 같을 때 온도 변화가 클수록 비열이 작으므로 비열의 크기는 B>A>C 순이다.
(2) 온도가 다른 B와 C를 접촉시킬 때에는 비열이 작은 C의 온도 변화가 B보다 크다.

13 생활 속 열팽창

자료 분석 + 전깃줄의 열팽창

• 추운 겨울에 팽팽하던 전깃줄은 여름철이 되면 온도가 올라가 전깃줄을 구성하는 입자들의 운동이 활발해지므로 입자들 사이의 거리가 멀어지게 된다.
• 여름철의 전깃줄의 길이는 겨울철보다 더 길어지게 되어 전깃줄은 아래로 늘어지게 된다.

선택지 분석

ㄱ 전깃줄의 길이가 길어진다.
~~ㄴ~~ 전깃줄을 구성하는 입자의 크기가 커진다. → 변화없다.
ㄷ 전깃줄을 구성하는 입자 운동이 활발해진다.
~~ㄹ~~ 전깃줄을 구성하는 입자 사이의 거리가 가까워진다. → 멀어진다.

ㄱ, ㄷ. 여름철이 되면 온도가 올라가 전깃줄을 구성하는 입자들의 운동이 활발해지므로 입자들 사이의 거리가 멀어지게 된다. 따라서 전깃줄의 길이가 겨울철보다 더 길어지게 되어 전깃줄은 아래로 늘어지게 된다.

바로 알기 ㄴ. 전깃줄을 구성하는 입자의 크기는 온도에 관계없이 일정하다.
ㄹ. 온도가 높아지면 전깃줄을 구성하는 입자 사이의 거리가 멀어진다.

14 열팽창

자료 분석 + 금속 고리의 열팽창

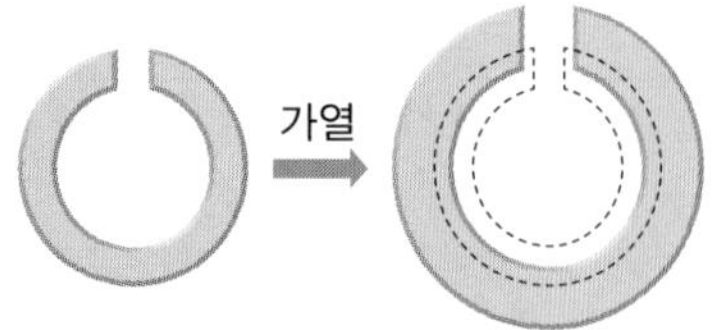

• 금속 고리의 모든 부분이 열팽창하여 부피가 커진다.
• 금속 고리의 틈새도 팽창하여 넓어진다.
• 금속 고리의 안쪽 원과 바깥쪽 원의 지름이 커진다.

④ 금속 고리를 가열하면 금속 고리의 모든 부분이 열팽창을 하여 부피가 늘어나므로 안쪽 원과 바깥쪽 원의 지름이 커지고, 틈 사이의 간격도 넓어진다.

15 재해 · 재난

선택지 분석

~~①~~ 무분별한 자연의 개발이 원인이다. → 자연 재해
~~②~~ 접촉이나 호흡기를 통해 전염된다. → 감염성 질병 확산
~~③~~ 태풍, 집중 호우 등 기상 재해로 발생한다. → 자연 재해
④ 안전 관리 소홀, 안전 규정 무시 등이 원인이다.
~~⑤~~ 모기나 진드기와 같은 매개체의 증가, 인구 이동, 무역 증가 등이 원인이다. → 감염성 질병 확산

④ 유조선의 충돌 사고 등으로 원유가 인근 해역으로 유출되면 바닷물이 혼탁해지고 용존 산소량이 줄어들면서 인근 양식장의 굴, 김, 바지락 등의 어패류가 대량으로 폐사한다. 이러한 운송 수단 사고는 대부분 안전 관리 소홀, 안전 규정 무시 등이 원인이다.

16 재해 · 재난과 대처 방안

자료 분석 + 화학 물질 유출에 대처하는 방안

• 화학 물질에 직접 노출되지 않도록 하고, 최대한 멀리 대피한다.
• 화학 물질에 노출되면 비눗물로 씻고, 깨끗한 옷으로 갈아입는다.
• 실내로 대피한 경우 창문을 닫고 외부 공기와 통하는 에어컨, 환풍기 등의 작동을 멈춘다.
• 화학 사고로 유출된 독성 가스는 대부분 공기보다 무겁다. 따라서 사고가 발생한 지역보다 높은 곳으로 대피한다.
• 유독가스를 피해 실외로 대피할 때에는 바람을 안고 이동해야 하며, 대피하려고 하는 방향에서 유독 가스가 날아오는 경우에는 바람이 불어오는 방향의 직각 방향으로 이동해야 한다.

(1) 유독가스는 대부분 공기보다 밀도가 크므로 높은 곳으로 대피해야 한다. 하지만 공기보다 밀도가 작은 경우도 있는데, 이때에는 낮은 곳으로 대피한다.

모범 답안 유독가스가 공기보다 밀도가 크면 높은 곳으로, 공기보다 밀도가 작으면 낮은 곳으로 대피한다.

채점 기준	배점(%)
유독가스의 밀도를 고려하여 옳게 서술한 경우	100
높은 곳이나 낮은 곳으로 대피한다고만 서술한 경우	40

(2) 독성이 있는 화학 물질이 유출되면 직접 피부에 닿지 않게 하고, 흡입하지 않게 옷이나 손수건 등으로 코와 입을 감싸고 최대한 멀리 대피해야 하는데, 이때에는 바람의 방향을 고려해야 한다.

모범 답안 바람이 사고 발생 장소 쪽으로 불면 바람 방향의 반대 방향으로 대피하고, 바람이 그림과 같이 사고 발생 장소에서 불면 바람 방향의 직각 방향으로 대피한다.

채점 기준	배점(%)
사고 발생 지역과 바람의 방향을 고려하여 옳게 서술한 경우	100
바람 방향의 반대 방향으로 대피한다고만 서술한 경우	30

memo

정답은
이안에
있어 !